黄土高原食用豆类

邢宝龙　杨晓明　王梅春　主编

中国农业科学技术出版社

图书在版编目（CIP）数据

黄土高原食用豆类 / 邢宝龙，杨晓明，王梅春主编. -- 北京：中国农业科学技术出版社，2015.12

ISBN 978-7-5116-2367-6

Ⅰ.①黄… Ⅱ.①邢… ②杨… ③王… Ⅲ.①黄土高原－豆类作物－栽培技术 Ⅳ.①S52

中国版本图书馆 CIP 数据核字（2015）第 268678 号

内容简介

全书由 7 章组成。第一章从环境特征和自然条件特点等方面对黄土高原进行了概述，并对黄土高原食用豆类生产现状和发展进行了阐述。第二章到第七章分别对绿豆、赤（红）小豆、莱豆、豇豆、豌豆、蚕豆 6 种豆类作物从种质资源、生产布局、品种沿革以及栽培要点、病虫草害防治与防除、品质利用等方面，理论和实践相结合，对其进行了综合性阐述。涉及的各种食用豆生产技术措施简单明了，可操作性强。

责任编辑 于建慧
责任校对 贾海霞

出 版 者 中国农业科学技术出版社
北京市中关村南大街 12 号 邮编：100081
电 话 （010）82109194（编辑室）（010）82109702（发行部）
（010）82109702（读者服务部）
传 真 （010）82106629
网 址 http://www.castp.cn
经 销 者 各地新华书店
印 刷 者 北京富泰印刷有限责任公司
开 本 787mm × 1 092mm 1/16
印 张 25
字 数 503 千字
版 次 2015 年 12 月第 1 版 2015 年 12 月第 1 次印刷
定 价 60.00 元

《黄土高原食用豆类》编委会

策　划：

曹广才（中国农业科学院作物科学研究所）

主　编：

邢宝龙（山西省农业科学院高寒区作物研究所）

杨晓明（甘肃省农业科学院作物研究所）

王梅春（定西市农业科学研究院）

副主编（按汉语拼音排序）：

连荣芳（定西市农业科学研究院）

刘　飞（山西省农业科学院高寒区作物研究所）

刘小进（延安市农业科学研究所）

刘支平（山西省农业科学院高寒区作物研究所）

王　斌（榆林市农业科学研究院）

王　孟（榆林市农业科学研究院）

王桂梅（山西省农业科学院高寒区作物研究所）

编写委员（按汉语拼音排序）：

杜红梅（延安市农业科学研究所）

封　伟（延安市农业科学研究所）

冯　高（山西省农业科学院高寒区作物研究所）

冯　钰（山西省农业科学院高寒区作物研究所）

晋凡生（山西省农业科学院旱地农业研究中心）

井　苗（榆林市农业科学研究院）

李海涛（延安市农业科学研究所）
刘安玲（延安市农业科学研究所）
刘延军（延安市农业科学研究所）
陆建英（甘肃省农业科学院作物研究所）
马　涛（山西省农业科学院高寒区作物研究所）
马永安（榆林市农业科学研究院）
墨金萍（定西市农业科学研究院）
谭爱萍（延安市农业科学研究所）
王　昶（甘肃省农业科学院作物研究所）
王彩兰（榆林市农业科学研究院）
王根义（延安市农业科学研究所）
王金明（延安市农业科学研究所）
肖　贵（定西市农业科学研究院）
徐万岗（延安市农业科学研究所）
杨　芳（山西省农业科学院高寒区作物研究所）
杨　霞（延安市农业科学研究所）
殷　霞（延安市农业科学研究所）
殷丽丽（山西省农业科学院高寒区作物研究所）
张　芳（榆林市农业科学研究院）
张旭丽（山西省农业科学院高寒区作物研究所）
张耀文（山西省农业科学院作物科学研究所）

前言
PREFACE

黄土高原是世界第一大黄土型高原，位于中国中部偏北。除少数石质山地外，高原上覆盖深厚的黄土层。黄土高原主要包括山西省、陕西省、甘肃省、青海省、宁夏回族自治区、内蒙古自治区和河南省，是中国乃至世界上水土流失最严重、生态环境最脆弱的地区。

黄土高原是中国主要的旱作农区，是中国旱作农业的起始地区，也是中国北方农业的发祥地。黄土高原四面环山、远离海洋，使得长年干旱少雨，但黄土高原太阳辐射强，日照时间长，气温日较差大，雨热同季，有利于秋熟作物的光合作用和干物质积累。黄土高原地区人口密度较小，相对耕地较多，是发展旱作农业的必然选择。食用豆耐旱、耐瘠薄、抗逆性强，与旱区秋季雨热同季的气候特点相适应，可充分利用旱区的光、热、水、土资源，具有年际间产量变异幅度小、稳定的特点，再者黄土高原地区黄土深厚，降水入渗存储能力强，为植物生长发育创造了优越的条件，十分适合食用豆的栽培。

绿豆、赤（红）小豆、菜豆、豇豆、蚕豆、豌豆等食用豆类在粮食组成和人类生活中占有重要的地位，尤其对于干旱贫困地区，豆类更是蛋白质的主要来源。作为黄土高原农作区“小杂粮”的主体农作物种类，食用豆适应范围广、生育期短，长期栽培进化过程中对黄土高原生态环境形成了特殊的适应性，还可有效地减少水土流失。

据《中国农业年鉴》统计，2013 年山西省绿豆种植面积为 49.1 万 hm^2，总产量 4.5 万 t，每公顷产量 916kg；红小豆种植面积为 8.1 万 hm^2，总产量 1 万 t，每公顷产量 1 217kg。陕西省绿豆种植面积为 35.1 万 hm^2，总产量 3.6 万 t，每公顷产量 1 024kg；红小豆种植面积为 12.3 万 hm^2，总产量 1.7 万 t，每公顷产量 1 378kg。甘肃省绿豆种植面积为 0.5 万 hm^2，总产量 0.1 万 t，每公顷产量 1458kg；红小豆种植面积为 4.7 万 hm^2，总产量 0.7 万 t，每公顷产量 1 435kg。

中国是食用豆生产大国，品种和产量均居世界第一位。食用豆类是黄土高原小杂粮的主体作物，不仅营养丰富，有些还是药、食同源作物，是贫困地区农民增收不可替代的重要特色作物。近年来，农业科技部门对食用豆生产给予了很大关注，育种成就，良种的应用，为食用豆类的优质高产栽培提供了保证。食用豆生产的可持续发展是黄土高原农业可持续发展不可分割的重要组成部分，撰写此书是作者们的共识。

本书由山西省农业科学院高寒区作物研究所、甘肃省农业科学院作物研究所、定西市农业科学研究院、榆林市农业科学研究院、延安市农业科学研究所、山西省农业科学院旱地农业研究中心、山西省农业科学院作物科学研究所等单位科研人员共同完成。

参考文献编排以作者姓氏的汉语拼音为序。同一作者的则按年代先后排序。英文文献排在中文文献之后，未公开在正式刊物上发表的文章、学位论文以及未正式出版的资料不作为参考文献引用。

在本书的编写过程中，承蒙中国农业科学院作物科学研究所曹广才研究员为此书策划以及统稿等方面付出了很多时间和很大的精力。书的出版也得力于中国农业科学技术出版社的大力配合，谨致谢忱。

此书的出版得到了“十二五”国家科技支撑计划项目（2014BAD07B05）和国家食用豆产业技术体系（CARS-09）以及陕西省科技统筹创新工程计划课题（2014KTZB02-03-02）和山西省农业科学院财政支农项目（YJKT1430）、山西省农业科学院攻关项目（YGG1405）的资助。

本书可供农业管理部门、农业院校、科研单位以及食用豆类种植、加工、生产等领域的人员参考。

限于作者水平，不当或纰漏之处，敬请同行专家和读者指正。

邢宝龙
2015 年 7 月

目录

CONTENTS

第一章 黄土高原概述

第一节　环境特征和自然条件特点

一、地形地貌

（一）地理位置和范围

黄土高原是世界第一大黄土型高原，是全球最大的黄土沉积区，位于中国中部偏北。西起乌鞘岭，东至太行山，南靠秦岭，北连内蒙古高原（大致以长城为界）。北纬34°~40°，东经103°~114°。东西千余千米，南北700 km，海拔800~2500m。除少数石质山地外，高原上覆盖深厚的黄土层，黄土厚度在50~80m，最厚达150~180m。

黄土高原主要包括山西省、陕西省、甘肃省、青海省、宁夏回族自治区以及内蒙古自治区和河南省7省（区）46个地（盟、州、市），282个县（旗、市、区）。面积40万km^2，水土流失面积45.4万km^2（水蚀面积33.7万km^2、风蚀面积11.7万km^2），年均输入黄河泥沙16亿t，是中国乃至世界上水土流失最严重、生态环境最脆弱的地区。占世界黄土分布70%，为世界上黄土面积覆盖最大的高原。

（二）地貌类型和特征

黄土高原广布黄土，由于历代战乱、盲目开荒放牧及乱砍滥伐导致高原的植被遭到严重的破坏，加之黄土的土质疏松，水土流失极为严重，形成“千沟万壑”的黄土地貌。

1. 塬　黄土塬简称塬，是黄土高原谷间地地貌的一种类型，塬为顶面平坦宽阔的黄土高地，又称黄土平台。其顶面平坦，边缘倾斜3°~5°，周围为沟谷深切，它代表黄土的最高堆积面。目前面积较大的塬有陇东董志塬、陕北洛川塬和甘肃会宁的白草塬。塬的成因多样，或是在山前倾斜平原上黄土堆积所成，如秦岭中段北麓和六盘山东麓的缓倾斜塬（称为靠山塬）；或是河流高阶地被沟谷分割而成，如晋西乡宁、大宁一带的塬；或是在平缓分水岭上黄土堆积形成，如延河支流杏子河中游的杨台塬；或是在古缓倾斜平地上由黄土堆积形成，如董志塬、洛川塬；或是黄土堆积面被新构造断块运动抬升成塬（称为台塬），如汾河和渭河下游谷地两侧的塬。著名的有甘肃东部的董志塬，陕西北部的洛川塬。塬面宽阔，适于机械化耕作，是重要的农业区。在中国西北，由于长期沟谷侵蚀，面积较大的塬已保存不多。面积大、形态完整的塬，破碎塬是由塬四周沟谷塬侵蚀分割塬而形成的，它基本上保留着塬面平坦，塬边坡折明显的主要特征。

2. 峁　黄土峁简称峁，是椭圆形或圆形的黄土丘陵。峁顶面积很小，呈明显的穹起。由中心向四周的斜度一般在 3° ~ 10° 。峁顶以下直到谷缘的峁坡，面积很大，坡度变化于 10° ~ 35° ，为凸形斜坡。峁的外形呈馒头状。两峁之间有地势明显凹下的窄深分水鞍部，当地群众称为“墕”。若干个峁大体排列在一条线上的为连续峁，单个的叫孤立峁。连续峁大多是河沟流域的分水岭，由黄土梁侵蚀演变而成；孤立峁或者是黄土堆积过程中侵蚀形成，或者是受黄土下伏基岩面形态控制生成。黄土峁可见于甘肃环县、永登等地。

3. 坪　分布在黄土高原河流两侧的平坦阶地面或平台，称为黄土坪，简称坪。有些黄土坪即是黄土梁峁区河流的阶地，沿谷坡层层分布。另一些是由于现代侵蚀沟的发展使黄土塬遭到切割而留的局部条带状平坦地面。黄土地区的河流阶地，每一级平台的下方有明显的陡坡，平台面向河流轴部方向倾斜。它是黄土地区主要农耕地区之一。

4. 梁　黄土梁简称梁，是长条形的黄土丘陵。梁顶倾斜 3° ~ 5° 至 8° ~ 10° 者为斜梁。梁顶平坦者为平梁。丘与鞍状交替分布的梁称为峁梁。平梁多分布在塬的外围，是黄土塬为沟谷分割生成，又称破碎塬。六盘山以西黄土梁的走向，反映了黄土下伏甘肃系地层构成的古地形面走向，其梁体宽厚，长度可达数千米至数十千米；六盘山以东黄土梁的走向和基岩面起伏的关系不大，是黄土堆积过程中沟谷侵蚀发育的结果。梁可分为 3 种：平顶梁、斜梁、起伏梁。分布在高原沟壑区的主要是平顶梁（简称平梁），分布在丘陵沟壑区的以斜梁和起伏梁为主。

5. 塬　黄土塬简称塬或塬地，它是黄土覆盖古河谷，形成宽浅长条状的谷底平地，又与两侧谷坡相连，组合成宽线的凹地，宽度一般数百米至几千米，长度可达几十千米。多出现在现代河流向源侵蚀尚未到达的河源区，平面图形常呈树枝状。主要分布在陕北白于山和甘肃省东部的河源地区。马兰黄土充填了古河沟长条凹地，尚未被现代沟谷切开，宽几百米至数千米，长达几千米至数十千米，成树枝状格局组合。黄土塬受现代流水侵蚀沟的破坏，谷坡两侧仍保存着局部平坦地形，则称黄土坪。

6. 滑坡　厚层黄土高边坡地段土体在重力作用下沿软弱面整体下滑的现象。滑坡边界多呈半圆形或弧形，破裂壁呈陡坎，有较陡的滑动面，常发生于 40° ~ 60° 的黄土谷坡上部或谷坡最下部。滑坡发生后，稳定坡面为 35° 左右，多发生于地下水溢出处，可见于兰州白塔山等。

7. 陷穴　地表水容易汇集的沟间地或谷坡上部，由于地表水下渗进行潜蚀作用而形成的圆形或椭圆形洼地。地表水沿黄土中节理进行侵蚀，潜蚀，并把可溶性盐带走，使下部蚀空表层黄土崩陷而形成的。它可分为漏斗状、竖井状和串珠状 3 种类型。中国西北称“灌眼”或“龙眼”，深度很大的称黄土井。黄土陷穴往往出现在水流容易汇集的谷间地边缘地带，谷坡坡折的上方和冲沟中跌水和沟头陡崖的上方，常呈串珠状分布。陷穴的发育对促进沟头的伸展、谷坡的扩展有很大的作用。可见于甘肃定西市等地。

二、自然条件

（一）气候

1. 总体动态变化　黄土高原地区位于中国北部，欧亚大陆南部，地理上为过渡性地区。兼具中温带和暖温带气候特征，由北向南逐渐过渡，大部分地区处于干旱、半干旱区。黄土高原气候的形成既有经、纬度作用，又受地形干预，为典型大陆季风气候。春季多风沙；夏季短暂且炎热；秋季多暴雨；冬季寒冷干燥、降水稀少。黄土高原年平均温度为 3.6~14.3℃，1 月份最低气温为 -36~12℃，7 月份最高气温可达 28℃ ~36℃，气温年较差一般在 28℃ 左右，且温度分布空间差异较大，东部地区平均气温高于西部地区，但总体仍为冬季严寒，夏季暖热。

黄土高原年降水量为 150 ~750mm，降水量最大的地区为黄土高原东北部的山西南部地区以及河南北部的黄土丘陵区，年降水达到 600~750mm；而西部的青海境内和西北部内蒙古黄河沿岸地带、鄂尔多斯高原西部库布齐沙漠和毛乌素沙地的年降水量仅为 150~250mm。黄土高原被沿榆林至固原北部一带的降水 400mm 等值线划分为降水差异较大的两部分，降水量自西北向东南逐渐增加。黄土高原降水峰值出现在夏秋季（7—9 月），此时的降水量占全年总降水量的 60%~80%，春季降水量次之，冬季降水稀少一般只占到年总量的 5% 左右。从整体来评估黄土高原的地表蒸散量是高于实际降水量的，年总蒸发量在 1 400 ~2 000mm，蒸发量也同降水量一样存在明显的空间差异，西北部地区蒸发量高于东南部地区。

黄土高原地区降水稀少，蒸散量大，且受季风影响大部分地区冬春季节大风肆掠，强劲的风力使沙性土壤发生明显的吹蚀。除此之外，日益剧烈的人类活动使得本就残破的植被覆盖状况和自然景观遭到更严重的破坏。植被退化，水土流失，土壤盐碱化，城市热岛效应等间接影响气候的变化，使得黄土高原成为中国乃至世界生态环境极为脆弱的地区之一。

2. 温度　黄土高原地区年均温在秦岭以北的地区中，以东南部分最高，在 15℃上下，向西由于高度增加而下降，如关中同一纬度的天水谷地（海拔 1 170m）为 1.6℃，岷县附近（海拔 2 246m）为 7.8℃；向北由于纬度和高度的同时增加，因而年均温急剧下降，如榆林（海拔 1 120m）为 9.3℃，但与本地区边缘相邻的大同市（海拔 1 048.8m）则为 7.2℃，西北边沿由于海拔较低，年均温度比高原的中部为高，如庆阳、平凉、固原等处都在 10℃以下，而靖远、中卫、吴忠等处反在 10℃以上。秦岭以南山地的年均温一般也常在 15℃上下。就本地区现有的观测数字看来，年均温以关中安远镇（海拔 365m）最高，为 16℃，华家岭（海拔 2 407.4m）最低，为 4.3℃。年均温的高低，不但在很大程度上显示着植物生长季节的长短，也影响了作物的分布，同时也和本区内土壤黏化过程的强弱有着密切的联系，它对土壤分布规律来说，将和降水因素一样同样起着强有力的制约作用。

全区气温日较差一般比较显著，但南部较小，其年平均值约为 10~12℃上下，和黄淮平原相似，西北部则可达 16℃，较相同纬度的华北平原高。在一年内，春末日较差最大，如延安在 1951 年 5 月间有一天竟达 29.4℃。显著日较差，有利于岩石的物理风化，尤其在山区，裸露基岩比较松脆易碎，黄土地区土壤质地均匀，含黏粒较少，面粉沙粒极多等，可能与此有一定联系。

在全球变暖的背景下，黄土高原气候发生了很大的变化。主要体现为气温上升，降水量减少，气候向暖干方向发展。黄土高原的气候既受经、纬度的影响，又受地形的制约，冬季寒冷干燥，夏季炎热湿润，雨热同期。1982—2006 年，黄土高原年气候变暖趋势明显，年均温由 8.5℃ 上升至 9.9℃，升温明显，平均增温速度较小的地区为黄土高原西北部边缘的青海境内和甘肃西南部等地区；年均增温速最快的是黄土高原中部陕、甘、宁、晋接壤地区等。气候的暖干化致使地区旱情加重，加剧了黄土高原土壤干层的进一步发展，对黄土高原植树造林产生了较大影响。

3. 光照 太阳辐射是地球上一切生物的能量源泉。黄土高原区太阳辐射强，空气干燥，云量稀少、日照时间长。光能资源丰富，光合生产潜力大，能提供较多的太阳辐射能源，是中国辐射能源丰富的地区之一。全年日照时数为 2 000~3 100h，北部在 2 800h 以上，较同纬度的华北地区多 200~300h。

高蓓等（2012 年）对陕西日照时数的研究指出，近 50 年来，陕西黄土高原年日照时数的变化主要呈减少趋势，减少区域主要位于长城沿线风沙区、丘陵沟壑区的中部、高原残塬区的大部和渭北旱塬区的大部；增加区域主要位于丘陵残塬区的西部与东北部、高原残塬区西南部和渭北旱塬区局部。从四季变化趋势来看，除春季日照时数呈增加趋势外，其他季节均呈现出不同程度的减少趋势。其中，以夏季减幅最显著，平均减少 24.34h/10a。陕西黄土高原年、季日照时数气候趋势系数呈上升趋势的区域，主要分布在米脂、子洲、绥德、延安、延长和安塞，其余区域为下降趋势。近 50 年来，陕西黄土高原年日照时数在 1972 年和 2003 年发生突变，并存在 5~7 年的振荡周期。近年来，大气污染严重，混浊程度加大，从而增强了大气对太阳光的反射及吸收作用，使太阳辐射减小，由此造成年日照时数减少。

4. 降水 黄土高原地区降水年际变化大，年降水总量，南北相差约在 500mm 以上，且绝大部分以降雨的形式下降，降雪较少，且比较集中而多暴雨，因而水土流失都为暴雨所引起，雪融水的侵蚀作用，仅在东南近山两侧地带出现。南部降水较多，约在500~700mm间，年雨线常作东西走向，北部和西部降水较少，常在350mm以下，西北浜河一带甚至不足200mm，年雨线则作东北—西南走向。区内降水量的变化，除局部地区和山地外，常和气温的分布相一致，这样就多少缓冲了降水不同的差异，且降水季节一般都在夏季，丰水年的降水量为枯水年的3~4倍；年内分布不均，汛期（6—9月）降水量占年降水量的70%左右，且以暴雨形式为主。每年夏秋季节易发生大面积暴雨，24h暴雨笼罩面积可达5~7万km^2，河口镇至龙门、泾洛渭汾河、伊洛沁河为三大暴雨中心。形成的暴雨有两大类，一类是在西风带内，受局部地形条件影响，形成强对流而导致的暴雨，范围小、历时短、强度大，如1981年6月20日陕西省渭南地区的暴雨强度达每小时267mm。另一类是受西太平洋副高压的扰动而形成的暴雨，面积大、历时较长、强度更大。如1977年7—8月，晋陕蒙接壤地区出现了历史罕见的大暴雨，笼罩面积达2.5万km^2。日降水量大的如安塞（7月5日，225mm）、子洲（7月27日，210mm）、平遥（8月5日，365mm），暴雨中心内蒙古乌审旗的木多才当（8月1日）10h雨量高达1400mm。

5. 黄土高原气候分区　黄土高原地区属（暖）温带（大陆性）季风气候，冬春季受极地干冷气团影响，寒冷干燥多风沙；夏秋季受西太平洋副热带高压和印度洋低压影响，炎热多暴雨。多年平均降水量为466mm，总的趋势是从东南向西北递减，东南部600~700 mm，中部300~400mm，西北部100~200mm。以200mm和400mm等年降水量线为界，西北部为干旱区，中部为半干旱区，东南部为半湿润区。

（1）中部半干旱区　包括黄土高原大部分地区，主要位于晋中、陕北、陇东和陇西南部等地区。年均温4~12℃，年降水量400~600mm，干燥指数1.5~2.0，夏季风渐弱，蒸发量远大于降水量。该区的范围与草原带大体一致。

（2）东南部半湿润区　主要位于河南西部、陕西关中、甘肃东南部、山西南部。年均气温8~14℃，年降水量600~800mm，干燥指数1.0~1.5，夏季温暖，盛行东南风，雨热同季。该区的范围与落叶阔叶林带大体一致。

（3）西北部干旱区　主要位于长城沿线以北，陕西定边至宁夏同心、海原以西。年均温2~8℃，年降水量100~300mm，干燥指数2.0~6.0。气温年较差、月较差、日较差均增大，大陆性气候特征显著。风沙活动频繁，风蚀沙化作用剧烈。该区的范围与荒漠草原带大体一致。

（二）土壤

土壤是在多种成土因素，如地形、气候、植被、母质和人类活动等共同作用下形成的。中国典型黄土高原系指黄河中游厚层黄土连续覆盖地面的地区，面积约28万km^2。黄土高原地处中国第二级地形阶梯之上，是中国四大高原之一，也是世界上黄土沉积最厚、集中分布面积最大和黄土地貌最为典型的独特的地理单元。地域辽阔，自然条件复杂，气候多异，植被类型纷繁，土壤母质多变，加上农耕历史悠久，形成了丰富的土壤资源。黄土作为一种特殊的成土母质以及与之相关的自然环境，对土壤的形成产生十分复杂和深刻的影响。

1. 黄土高原土壤类型和结构 黄土高原气候、植被的分带性，决定了土壤分布和性质，森林地带主要土壤为褐土，包括山地褐土、山地棕壤。南部平原在多年耕作影响下形成了特殊的塿土，土壤有机质含量高，水肥条件好，生产力较高，土壤一般呈现褐色，中下部出现明显的黏化层。山地有粗骨土及少量淋溶褐土分布，森林草原地带主要为黑垆土带，如黑垆土、暗黑垆土及在黄土母质上发育的黄土类土壤，如黄绵土、黄善土、白善土等。典型的黑垆土（如林草黑垆土）腐殖质层厚，有机质含量在1%~3%，颜色暗棕褐，呈碱性反应，黄土类土壤属侵蚀土类，质地为壤土，肥力低，有机质含量多在0.6%~0.8%，耕性好，经改良生产潜力大。

草原地带发育了灰钙土，其北部边缘有栗钙土、棕钙土，质地由壤土向轻壤土过渡，腐殖质含量较高，碱性反应强烈，有钙积层，有利于牧草生长。

青藏高原的东北西宁周围及山地，主要分布栗钙土、浅栗钙土和高山草甸土，腐殖质层厚，含量高，含量为4%~6%，质地为轻壤土到壤土，有明显的钙积层，适宜牧草生长。

黄土高原土质松散，垂直节理发育，干燥时坚如岩石，遇水则容易溶解。黄土质地疏松，富含N、P、K等养分，自然肥力高，适于耕作。中国黄河中游地区所孕育的古代文明，大概就得益于此，因为它为当时生产力落后的社会提供了理想的基本生产资料。黄土的又一个特点是垂直节理发达，直立性很强，这又为当地居民提供了凿窑洞而居的便利条件。不过，黄土有一个很大的弱点，对流水的抵抗力弱，易受侵蚀，一旦土面天然植被遭受破坏和大面积土地被开垦，土壤侵蚀现象就会迅速蔓延发展，使原来平坦而连片的土地变成为一个个孤立的塬、垛等地形，出现千沟万壑、支离破碎的地面。

2. 黄土高原土壤肥力 黄土高原地区大部分为黄土覆盖，是世界上黄土分布最集中、覆盖厚度最大的区域。黄土颗粒细，土质松软，孔隙度大，透水性强，含有丰富的各种矿物质养分，利于耕作。因此，从物理和化学性质来说，黄土是性能优良的土壤，但是易遭冲刷，抗蚀、抗旱能力均较低，土壤肥力不高，制约了农业生产。黄土是经过风吹移而堆积的，颗粒多集中在不粗不细的粉沙粒（颗粒直径0.05~0.002mm），含量超过60%，沙粒和黏粒的含量都很少，同时，土壤经过长期耕垦和流失，有机质含量低，土壤中颗粒的胶结，主要是靠碳酸钙，有机质和黏粒的胶结作用很小，碳酸钙是慢慢可被溶解的，同时水又容易渗进碳酸钙和土粒的接触界面，所以，土壤很易在水中碎裂和崩解，导致严重冲刷。根据黄土高原地区有关土壤有机质、全N和有效P含量分级组合研究成果表明，极低养分地区面积占21.1%，低养分地区面积占19.4%，中等养分地区面积占26.7%。

3. 黄土高原土壤改良途径 良好的土壤结构可以提高土壤入渗能力，增强土壤抗侵蚀性，降低水土流失量。改良土壤结构、提高土壤抗侵蚀能力，成为黄土高原农业和生态环境领域研究的一个重要方面。生物炭可对土壤理化性质产生影响，其中包括对土壤的结构和水分状况产生影响。结合黄土高原地区的气候、水分特点，生物炭的应用对土壤水分状况的改善有潜在应用价值，而其对土壤结构的改善则有可能提高土壤的抗蚀性，减少当地的水土流失。

（三）植被

1. 黄土高原植被类型 黄土高原的植被与气候区域变化相适应。本区农业生产历史悠久，广大的黄土塬和黄土丘陵皆已开垦，天然植被保存较少，仅于谷坡和梁顶部有少量的次生植被。由于黄土地貌沟壑纵横，不同的地形部位往往出现不同的植物群落，所以在一个小范围内，植被往往以各种群落组合的形式出现。在水平地带上，自东南而西北出现下列的植被组合：侧柏疏林、榆树疏林与旱生灌丛的结合；以酸枣、荆条狼牙刺为主的旱生灌丛与白羊草草原的结合；白羊草草原与蒌蒿和铁秆蒿草原的结合；以赖草、早熟禾、鹅冠草为主的草原；长芒草草原与蒌蒿和铁秆蒿草原的结合；以长芒草为主的草原；以短花针茅为主的荒漠草原；以红砂、珍珠为主的草原化荒漠等类型。此外，在黄土高原的东北部地区，还分布着克氏针茅和大针茅草原。

黄土高原地区的山地上，保存着较完好的天然植被，而且具有明显的垂直分布。若以坐落在本区东南部的某些山地为例，自下而上分布着侧柏疏林与旱生灌丛，以虎榛子、绣线菊、沙棘为主的灌丛，以山杨、白桦、辽东栋为主的落叶阔叶林与灌丛的结合，以云杉为主的亚高山针叶林，以杂类草为主的亚高山草甸以及以蒿草为优势的高山芜原等。

2. 气候变化和生产活动对黄土高原植被的影响 植被作为重要的陆地生态因子，既是气候变化的承受者，同时又对气候变化有着积极的反馈作用，植被覆盖的高低在一定程度上指示着生态系统结构和功能的好坏。影响植被覆盖的因素复杂多样，其中气候变化和人类活动是最为主要的因素。这就使植被与气候相互作用的研究成为生态研究的核心内容之一。

（1）气候变化对植被的影响 气候与植被一直处于一种动态平衡中，一旦气候（植被）发生变化，植被（气候）必然会随之发生响应。植被覆盖变化主要通过改变地气间的能量、水分和动量交换来影响气候变化的。植被相对于裸土有较低的反照率，其差异可达 0.15 以上，从而使植被吸收的太阳辐射比裸土多得多；同时，植被覆盖区域和裸土区域与大气的感热、潜热交换也有很大差异。植被可以滞留和截留 10%~40% 的降水并再次蒸发，减少了到达地面降水，增加了向大气的水汽输送，加快了水分循环，而且，植被还具有较大的粗糙度高度，能够对低层大气运动产生较大阻力；同时，较高的粗糙度会增加湍流通量，有助于向大气的能量和水汽输送。另一方面，植被覆盖的变化又要受到辐射、温度和降水等气候因子的影响。在热带湿润地区，其温度和降水条件一般都适宜于植被生长，但由于地面较强的加热使得对流云增多，达到地面的太阳辐射差异较大，因此到达地面辐射是影响植被生长的最主要的因子。在干旱半干旱地区，由于其水分比较缺乏，降水则变为最主要的影响因子。在高纬度地区，由于温度常年较低，因此温度是高纬度地区影响植被生长的最主要因子。

植被是连接土壤、大气和水分的自然“纽带”，在全球气候变化中起到指示器的作用。同时，植被覆盖变化是生态环境变化的直接结果，它很大程度上代表了生态环境总体状况。植被和气候的关系一直是国内外全球变化研究的重要内容，植被生长和温度、降水等气候条件密切相关。信忠保（2007 年）研究认为，温度对植被覆盖的影响主要表现在对植被生长年内韵律的控制和对春秋季节植被生长期的增长，同时，通过加快蒸发加剧了土壤干旱化。从年际变化看，植被覆盖变化和降水变化具有很好的一致性，生长期的植被对降水具有很好的响应，并存在 1 个月的滞后现象。

（2）人类活动对植被的影响　植被覆盖变化是气候因素和人类活动共同作用的结果，人类活动已成为植被覆盖变化不可忽视的重要驱动因子。农业生产、生态建设等人类活动是影响植被覆盖变化的重要因素。黄土高原生态环境脆弱，气候暖干趋势日趋严重，使得植被的生长环境更加恶劣，人类正面积极驱动对于恢复改善植被覆盖必不可少。

据西北农林科技大学研究人员的最新成果显示，自 1999 年开始实施的大规模植被建设促进了黄土高原的植被恢复。该区植被覆盖总体状况明显好转，呈现出明显的区域性增加趋势，其中以丘陵沟壑区植被恢复态势最为明显，黄土高原易发生土壤侵蚀的坡地植被覆盖状况明显改善，对控制水土流失可产生积极影响。

3. 植被的动态变化对黄土高原气候的影响　黄土高原是世界上水土流失最严重的地区之一。由于其特殊的自然环境状况和人类长期的不合理开发利用，导致原本脆弱的生态环境日趋恶化，土地质量严重退化。而植被覆盖度能够反映黄土高原地区生态环境的整体状况，因此，及时、准确地评价黄土高原地区植被覆盖动态变化及其对气候变化和人类活动的响应，对评估区域生态环境、促进区域环境经济社会的可持续发展以及理解气候变化与陆地生态系统的相互关系都有着重要的意义。

地表植被变化与气候的密切关系表现在两个方面：一方面，气候变化影响着植被的生长和分布；另一方面，地表植被变化通过影响该地区的反射率、下垫面粗糙度、土壤湿度、叶面积指数等发生变化，在各种时间尺度上，通过生物物理反馈过程和地球生物化学反馈过程与大气进行广泛复杂的动量、热量、水汽及物质的交换，使得该地区水分循环和热量循环发生改变，最终导致区域气候的变化。

黄土高原地区植被覆盖度总体呈现由西北向东南逐渐增加的趋势，这与黄土高原地区的水热条件分布基本一致。近 22 年来黄土高原大部分地区植被活动在增强的同时，局部地区出现了植被退化或者恶化的现象。其中植被覆盖显著增加的区域主要分布在黄土高原地区的北部，即鄂尔多斯高原、山西北部、河套平原等地区，同时，在兰州的北部、渭河的支流葫芦河流域的中东部、泾河的中下游和北洛河的下游以及清水河谷地等区域也存在不同程度的植被覆盖增加趋势；植被覆盖下降的区域主要分布在从西峰、延安向东到离石、临汾以至太原以西呈条带状分布的黄土高原中部地区，六盘山山区以及秦岭北坡，同时，在包头—呼和浩特一带、银川南部青龙峡附近呈斑块状分布。这种负变化主要与局部地区气候恶化有关，也和人为活动有关，植被退化和恶化也会反作用于气候系统，使局地气候条件劣变，从而使黄土高原地区局部生态环境变得更加脆弱。

黄土高原地区植被覆盖变化的驱动因素主要是气候因素和人为因素。气候驱动因素中主要的是降水因子和温度因子。人为驱动因素主要包括农业活动、土地利用方式和人类生态工程建设。气候因素和人为因素共同作用形成了黄土高原地区植被覆盖变化的时空演化格局，构建了交互作用驱动机制，并指出了人为因素特别是人类重大生态工程的作用。在区域尺度上，植被恢复的气候效应表现为大风日数减少，大气能见度好转，局部水土流失得到控制，在一定范围内遏制了土地沙漠化的扩展，促进了高寒草甸产草量提高。

第二节　黄土高原食用豆生产

一、黄土高原的水资源

（一）天然降水

黄土高原地区年降水量受地理位置及地形变化的影响，空间分布很不均匀，总的特点是南部多、北部少，山区多、平原谷地少，平均年降水量等值线自东南部的800mm，递减到西北部的150mm。

降水是地表水、地下水资源的主要补给来源，一个地区水资源优劣与该地区降水的多少有密切联系。黄土高原地区平均年降水量为442.7mm，折合降水资源总量为2 757 $\times 10^8 m^3$，在黄土高原70%左右的降水都集中在植物生长季节，如榆林气温高于10℃期间的降水量为312mm，占全年降水量的77%，兰州气温高于10℃期间的降水为252mm，占全年降水量的79%，而此时正是植物需水热最多、生长最旺盛的时候，对水分利用率较高，生产潜力相对增大。黄土高原降水多集中在6—9月，降水量占全年总降水量的60%~79%，且多暴雨，暴雨量可达年雨量的50%以上，黄土高原由于地势起伏不平，植被稀少，一旦暴雨出现，极易造成洪水灾害。

黄土高原天然降水年内分配不均，年、季间变化大。春季降水量占年降水量的8%~15%，夏季降水量最多，占年降水量的55%~65%，秋季降水量比春季略多，占年降水量的20%，冬季降水量最少，占年降水量的3%~5%。黄土高原降水的另一特点是年相对变率大，平均在20%~30%，多雨年雨量是少雨年雨量的3~10倍，北部个别地区甚至高达30~40倍，如太原的少雨年雨量仅50mm，而多雨年雨量可达700mm，毛乌素沙漠以北一次降水高达1 400mm。此外，季节降水年际变率也较大，除汾渭谷地区域季节降水年际变率低于40%以外，黄土高原大部分地区变率高达50%~90%，其中，夏季降水相对变率较小，为30%~40%，秋季为30%~50%。

据1950—1980年306个县级气象站测量，黄土高原年平均降水量为442.5mm，低于全国年平均降水量水平。汾渭盆地的年降水量为600~800mm，是黄土高原自然降水量最丰富的地区，从呼和浩特至乌审旗、吴旗、同心、兰州一线以东的黄土丘陵沟壑区和黄土源区的年降水量为400~600mm，以西至河套银川平原以东的年降水量为200~400mm，河套及银川平原及其西部降水量最少，只有150~200mm。

(二) 地表水

黄土高原地区河流有黄河、海河以及内陆闭流水系，主要河流是黄河。黄土高原自产河川径流量443.71×10^8m^3，其中，黄河流域392.83×10^8m^3，海河流域47.51×10^8m^3，内陆河3.37×10^8m^3，入境水量210.92×10^8m^3。黄河自龙羊峡进入黄土高原地区，流经青海、甘肃、宁夏回族自治区、内蒙古自治区、陕西、山西，于河南省花园口流出黄土高原地区，黄河流域在本区的面积52.27×10^4km^2，占黄土高原地区总面积的84%，流域面积在1000km^2以上，直接汇入黄河的支流有48条，其中，水土流失严重、对干流影响较大的支流有32条，包括洮河、湟水、庄浪河、祖历河、清水河、浑河、杨家川、偏关河、皇甫川、清水川、县川河、孤山川、朱家川、岚漪河、蔚汾河、窟野河、秃尾河、佳芦河、湫水河、三川河、屈产河、无定河、清涧河、昕水河、延河、汾川河、仕望川、汾河、泾河、洛河、渭河、伊洛河。海河流域位于黄土高原东部，流域面积5.91×10^4km^2，占黄土高原地区总面积的9.4%，在黄土高原的水系主要是永定河上游桑干河、滹沱河上游及漳河上游，河流比较短，径流较小。内陆河闭流区位于鄂尔多斯高原毛乌素沙地、陕宁蒙接壤区。流域面积4.2×10^4km^2，占黄土高原地区总面积的6.6%，流域内有大小不等的咸水湖，占河流流域面积比例不大。

整个黄土高原地区地表水资源105.56亿m^3，人均536m^3，亩①均263m^3。黄土高原地表水的主要补给途径是天然降水，也有一部分径流，径流的分布是自南向北减少，山区大于原区谷地。

黄土高原处在东南季风影响区的边缘，是东南湿润季风气候向西北内陆干旱气候过渡带。该地区生态环境和农业生产对降水量变化的响应十分敏感，是典型的气候变化敏感地带，也是生态和农业脆弱地区。山西省是全国严重缺水省份之一，有十年九旱之称。以山西境内地表水为例，全省地表径流矿化度多在300~500mg/L，属中等矿化度。汾河上游段、沁河润城以上、漳河山区各河上游及吕梁山区各河上中游等河段，矿化度一般小于300mg/L，属低矿化度；汾河中下游、永定河山区桑干河固定桥以下河段，矿化度在300~500mg/L，属较高矿化度；高矿化度水在省内较为少见，仅分布在涑水河运城以下河段。全省绝大多数地表径流总硬度在150~300mg/L，为微硬水。吕梁山区湫水河总硬度在75~150mg/L，为软水；汾河义棠以下河段总硬度在300~450mg/L，为硬水；涑水河运城以下河段，总硬度大于450mg/L，为极度硬水。河流天然水化学状况较好，以重碳酸盐钙质水为主。在涑水河运城以下、永定河山区桑干河固定桥、御河利仁皂等少数河段分布有氯化钠Ⅱ型水；汾河中下游部分河段为硫酸类水，汾河入黄口河津断面为硫酸钙Ⅱ型水；吕梁山区湫水河、三川河、昕水河等

① 注：1亩≈667m^2，全书同。

部分河段，水化学类型为重碳酸盐钠质水。

（三）地下水

根据地质矿产部黄土高原地区地下水资源评价的研究结果，黄土高原地区年地下水天然资源总量为 $333.45 \times 10^8 m^3$，但因气候、水文、地质、构造等条件的差异，水资源在时间、空间上的分布不均衡。在空间上，黄土高原气候由东南向西北可明显分成几个带，降水量由东南向西北递减，导致水资源呈贫富的带状分布。在时间上，该区属东南亚季风气候，年内多显示明显干湿、旱、雨季节，年际之间又有枯丰交替，形成地下水资源的季节性和年际间变化，导致地下水天然资源由黄河上游至下游递增，并出现黄土高原各省区的差异。黄土高原地下水的大部分为重碳酸型低矿化度淡水，矿化度大于1g/L 的微咸水、咸水主要分布在宁夏银北、西海固地区和甘肃陇西及内蒙古河套地区。

山西省多年平均（1956—2000 年）地下水资源量为 86.35 亿 m^3，平均年降水量为508.8mm，平均年降水入渗补给量为 84.04 亿 m^3，其中，盆地平原区地下水资源量为31.83 亿 m^3，降水入渗补给量为 16.39 亿 m^3，山丘区地下水资源量为 67.65 亿 m^3。山西省地下水可利用量为 51.38 亿 m^3（包括岩溶大泉泉口引提水可利用量 5.6 亿 m^3），地下水利用量占全省总取水量的 60% 以上，在个别严重超采的县（市、区）地下水利用量占全县总取水量的 80% 以上。

陕西省地下水资源的地区分布极不平衡，山丘区多年平均基流模数为 $7.22 \times 10^8 m^4/km^2$，其中最高值位于秦岭西段和米仓山一带，达到（20~25）$\times 10^8 m^4/km^2$，最低值在陕西北、中部黄土、丘陵沟壑区，为（1~2.5）$\times 10^8 m^4/km^2$。地下水实际开发利用现状各地差别较大，其中，关中平原为 21.92 亿 m^3，占该区总补给量的 66.6%，可开采量的 87.2%；陕北风沙草原为 0.78 亿 m^3，占该区总补给量 6.5%，可开采量的 21.1%；汉中盆地为 0.98 亿 m^3，占该区总补给量的 14.9%，可开采量的 33.2%；平原区合计23.68 亿 m^3，占平原总补给量的 46.1%，可开采量的 68.5%。

甘肃省多年平均地下水总补给量为 196.41 亿 m^3，其中，山丘区为 128.54 亿 m^3，平原区为 67.87 亿 m^3，总补给量中，平原区与山丘区的重复计算量 27.09 亿 m^3，地下水资源量为 169.32 亿 m^3，其中，地下水与地表水的重复计算量为 160.588 亿 m^3，纯地下水资源量为 8.73 亿 m^3。

（四）水资源利用

黄土高原地区水资源除具有中国北方河流水资源的地区分布不均，年内、年际变化大的特点外，还兼有水少、沙多、连续枯水段长等特点。黄土高原地区自产河川径流量 $443.71 \times 10^8 m^3$，平均径流深 75.6mm，相当于全国平均径流深 276mm 的 27%，亩均水量 171m^3，为全国亩均水量 1 752m^3 的 9.8%，人均水量 585m^3，相当于全国人均水量2 760m^3 的 22%，在全国属于较低水平。

1. 发展旱作农业　旱作农业是黄土高原农业发展的必然选择。旱作农业在世界食物生产过程中占有举足轻重的地位，食物安全依赖于旱作农业的可持续发展，生态环境的改善更离不开旱作农业地区生态的良性循环。北方旱农地区是中国旱作农业的重点区域，而年降水250~600mm的黄土高原地区又是北方旱农区的重中之重。黄土高原深居中国内陆腹地，东有太行山阻隔太平洋暖湿气流，南有伏牛山、秦岭阻隔孟加拉湾的印度洋暖湿气流，故形成典型的大陆性干旱、半干旱气候特征。多数地区年降水仅400mm左右，且由于地形地貌所限，远离冰川雪山、大江大河，进行调水实现补充灌溉较难，加之坡耕地比重大，黄土高原水土流失地区的耕地约占半干旱地区的1/3，坡耕地却占到耕地面积的75%，从而使得高原成为中国主要的旱作农业实施区。

2. 多种节水灌溉方式，提高水分利用效率 “荒岭秃山头，水缺贵如油”是黄土高原丘陵地区水资源现状的真实反应。20世纪80年代以来，北方地区河川径流量明显减少，如山西省1980—2000年，20年间的水资源量由142亿m^3下降到123.8亿m^3，减少了12.8%，人均水资源占有量由574m^3下降到381m^3，减少了33.63%。由于水资源的匮乏，山西省有65%的灌溉面积只能灌溉1~2次，建设的许多灌溉工程因水资源缺少而荒废，导致水浇地面积的萎缩和土地资源的荒漠化。因此，黄土高原丘陵区灌溉方式的研究成为水资源开发利用的重要途径，以提高水分利用效率。受地形、降雨资源和经济条件的限制，黄土高原丘陵区的集雨节水灌溉应根据作物的需水特点实施不同灌溉方式。例如，坐水下种是晋、陕、蒙接壤地区春旱下种时普遍采用的抗旱方法之一，程序是刨穴或开沟、注水、点种、施肥、覆盖和碾压；出苗以后，抽穗期和灌浆期是水肥补给的关键时期，由于微灌技术具有省水节能、适应性强，可充分利用小水源等特点，最适用于集雨节水灌溉，微灌技术包括滴灌、微喷灌和涌泉灌，根据不同的面积、地形特点采用不同的灌溉方式；此外，还有瓦罐渗灌技术，瓦罐渗灌的灌水器就是用不上釉的粗黏土烧制而成的，这种瓦罐四周有微孔，也可根据技术要求制成罐壁厚4~6cm、直径lmm微孔、一定间距的瓦罐，灌水时需人工向罐内注水，水从罐四周微孔渗入，借助土壤毛细管的作用，渗入到作物的根区，瓦灌埋深30~40cm，底面不打孔，上口加盖，盖中心留10mm的圆孔，供排气和向罐内注水用，其渗水半径随土质不同可达30~40cm。

3. 集雨农业 水资源是能够循环使用的特殊资源。水资源主要包括三个方面：地表水资源、地下水资源和降水资源。黄土高原地区，地表水和地下水资源贫乏，而且地下水埋藏深，仅靠开发地表水和地下水资源解决干旱问题，不仅在技术上难以实现，经济上也难以承受。因此，雨水资源的利用是解决或缓解干旱状况的最重要途径。

黄土高原是中国以旱作为主的地区，由于耕地地势较高，且远离地表水域，地下水较深，利用客水灌溉的比例很小，是典型的雨养农业区。由于地处季风气候的边缘，平均年降水量也常常是所种植的主要作物需水量的边际区，研究如何就地合理利用雨水提高作物产量，对保证区域粮食生产安全和提高生活质量都有重要意义。雨水作为黄土高原可利用的潜在资源已得到了认可。黄土高原降水的时空分布极不均匀，这既是造成雨水严重流失的主要原因，同时也为雨水的蓄集利用提供了可能。20世纪70年代以来，人们通过旱井水窖的蓄水方式，缓解了人畜吃水的困难，但至今尚未在农田灌溉方面形成规模。随着雨水资源日益紧缺、用水矛盾不断加剧，蓄集利用降水资源得到了高度重视，使雨水资源可持续利用得以实现。黄土高原雨季多大雨和暴雨，除一部分被土壤与作物直接渗入或吸收外，大量多余水分可供蓄集，且大面积的缓坡丘陵地形可用来修建集雨面或作为天然集水面。此外，较大的地势差有利于自流灌溉，因此，发展集雨农业实现洪水资源的有效利用措施，也是构建良好生态环境的主要措施。实践证明，在黄土高原根据当地降雨量、降雨强度和集雨面积的大小，修建蓄水 50~200m^3 的旱井、水窖等蓄水设施，并配套适宜的灌溉系统，除可解决人畜饮水、发展庭院经济之外，还可进行农作物的灌溉。此外，不同集雨面的集流效益不同，在建立集雨旱井或集水窖时，要根据其体积和集雨面材料的集流效率，合理确定集雨面，保证 80% 以上的年份达到满意的集雨效果。根据降水规律可利用自然地面进行田间集雨，利用土壤库容保存降水供作物生产之用。由于黄土高原降水量绝大部分都流失了，设法集蓄其中的一小部分，就足以解决当地人民的基本生存，并可有部分蓄水可用于补充灌溉。因此，修建集雨蓄水工程、发展节水灌溉是改善农业基础条件，增加粮食产量，提高农民收入的重要途径。

甘肃黄土高原尽管十年九旱，但当地靠雨水补给的土壤水资源量是十分巨大的。陈颂平（2009）证明了如果充分利用“双平双膜不透水梯田”技术手段，就有可能从根本上改变黄土高原的现状。“双平双膜不透水梯田”基本原理就是在水平梯田之下深 1m 处铺设塑料薄膜（厚度约为 0.1mm），作为不透水层，其作用是：一方面截留土壤水分，阻止其继续下渗，使在膜上方一定厚度保持高含水层，维持作物生长的适宜土壤含水率。可以起着储存水分，调节土壤含水率的作用。同时，在耕作上采用地表覆膜技术（双平双膜），作用是聚集雨水，增加土壤含水量，减少无效蒸发，调节和保持土层中适宜的墒情。另一方面，调节降水量年、季分配不均造成的影响，如将较多的秋雨储蓄于“土壤水库”中，满足春季缺雨干旱之需，做到秋雨春用。同时也可以做到春夏调剂，成为防旱抗旱，使作物丰产的有力保证。

二、黄土高原食用豆生产形势

（一）黄土高原食用豆种植的有利条件

绿豆、赤（红）小豆、菜豆、豇豆、蚕豆、豌豆等食用豆类是黄土高原农作区所谓“小杂粮”的主体农作物种类，当地气候条件适合这些作物的种植。这些食用豆栽培历史悠久、种类繁多、品种优良、资源丰富，具有传统的种植优势。其种植环境、种植技术等方面一般都能达到要求，具备发展食用豆的优势和潜力。同时，随着人们保健意识增强，食用豆因其特有蛋白质含量和药用价值深受人们青睐。近年来，各省区充分利用当地独特的农业资源，积极引入高新技术，挖掘食用豆的营养保健功能，紧抓市场需求，大力发展食用豆生产，赢得了广阔市场。食用豆种植现已成为黄土高原地区农业和农村经济发展中最具竞争优势和发展潜力的种植业。

1. 地域优势　黄土高原发展食用豆类生产具有地区优势。黄土高原是中国主要的旱作农区，是中国旱作农业的起始地区，也是中国北方农业的发祥地。黄土高原四面环山、远离海洋，使得长年干旱少雨，旱灾频繁，加之其独特的丘陵沟壑地貌和其地质条件使土壤物理结构粗松，水土侵蚀严重，生态环境条件严酷。随着气候干暖化，该区水资源更加短缺，旱情加剧。但黄土高原太阳辐射强，日照时间长，气温日较差大，雨热同季，有利于秋熟作物的光合作用和干物质积累。黄土高原人口密度较小，相对耕地较多。据调查，西北黄土高原地区人均耕地 0.24 hm^2，是全国人均耕地的 3 倍。因此，发展旱作农业将是高原的必然选择。而食用豆耐旱、耐瘠薄、抗逆性强，与旱区秋季雨热同季的气候特点相适应，可充分利用旱区的光、热、水、土资源，具有年际间产量变异幅度小、稳定的特点。黄土高原地区黄土深厚，降水入渗存储能力强，2 m 土层蓄水可达 450~500mm，渗入能力较红壤高出 3 倍，为植物生长发育创造了优越的条件，十分适合食用豆的栽培。食用豆类作物不仅具有较强的抗旱能力，而且营养丰富，又具有增肥地力的作用，长期以来在黄土高原的作物布局中占有重要地位。食用豆类作物种类很多，其中以豇豆的抗旱力最强，豇豆的耐旱机制主要通过控制叶片的蒸腾失水，同时保持发达的吸水系统来保持高水势的耐旱能力。豇豆叶片蒸腾量少、根系深、吸水力强，对土壤湿度有较强的适应能力，耐土壤干旱能力比耐空气干旱能力强。此外，绿豆植株需水量平均为 3.2mm/d，低于大豆和玉米（3.2~3.3mm/d），具有较强的抗旱能力。同时，绿豆等豆类作物生殖阶段较长，并具重叠特点，短期受旱后产量构成之间有一定的补偿作用，如开花中期至结荚期出现干旱，下部节位的荚大量脱落，但上部节位的荚反而增加，下部节位荚中籽粒也有所增大，因而仍可获得较高产量。因此，在旱区食用豆类栽培具有生产潜力。

2. 生产优势 长期以来，食用豆在粮食组成和人类生活中占有重要的地位，对于干旱贫困地区，豆类是蛋白质的主要来源。食用豆适应范围广、生育期短，长期栽培进化过程中对黄土高原生态环境形成了特殊的适应性，还可有效减少水土流失。食用豆类作物还是旱区的养地作物，大量研究和生产实践表明，将豆科作物进行旱地轮作，可起到增肥改土作用，食用豆根系具有根瘤，可以固定空气中的游离 N 素，是其他作物的良好前作。此外，食用豆的籽粒、荚壳、茎叶的蛋白质含量较高，粗脂肪丰富，茎叶柔软，易消化，饲料报酬率高，为发展黄土高原畜牧业提供优质饲料。作为黄土高原传统的粮食作物，食用豆的这些特点决定了其在种植业结构调整中的重要地位，属首选作物。

黄土高原农作区的种植制度基本上是一年一熟制，种植方式以单作为主。为了提高土地利用效率，常有间作、套种、轮作等种植方式，适宜发展食用豆类生产。例如，实行合理的轮作技术，可利用不同作物间的互补性，达到均衡利用土壤养分和水分的目的，对于黄土高原土壤肥力低下、水分供应不足的旱作农田更为重要。合理轮作的效应主要表现在以下 3 个方面：①改善土壤肥力条件。豌豆在黄土高原两熟地区大面积种植，在作物轮作和当地居民食物构成中居重要地位。据测定，每公顷生产 750kg 豌豆地，能使土壤增加 97.5~142.5kg N 素，有效调节 N、P 比例，增加土壤蓄墒能力。据定西、渭北等地调查，豌豆茬的小麦较重茬小麦增产20%~30%。②均衡利用土壤水分，协调旱地作物水分供需，促进作物对当地自然降水的有效利用。食用豆属节水作物，根系浅，耗水系数低，是其他作物的优质前茬，较其他茬口有显著的增产效果。③有效减少病虫草害的发生，从而减少农药、除草剂等化学物质的施用，为绿色农产品的产出创造有利条件。

中国是食用豆生产大国，品种和产量均居世界第一位，其中蚕豆年产量2.5×10^6t，占世界产量的一半，绿豆、小豆占世界产量的1/3。中国是食用豆出口大国，出口总量占中国粮食出口总量的10%左右，年出口额3亿美元左右。其中，小豆常年出口7万t，创汇0.5亿美元以上，是中国粮食出口中第八大创汇农产品。食用豆是贫困地区农民增收不可替代的重要特色作物。

3. 品质优势 黄土高原旱作农区光照充足，气温差较大，土地类型丰富多样，地域气候明显，所产食用豆品质优良。如陕西甘泉红小豆、横山大明绿豆等都是食用豆中的名牌产品，在国内外市场上享有盛誉。山西省农业科学院对山西省主要食用豆营养成分的研究表明，与全国平均值比较，食用豆类蛋白质高0.8%，热量高65.6kcal，膳食纤维高1.0%，表明了黄土高原食用豆的品质优势。

食用豆营养丰富，既是黄土高原人民的传统粮食，又是现代保健品。随着人们健康需要和膳食结构的改善，作为医食同源的新型食品资源，食用豆在现代保健食品中占有重要地位。食用豆蛋白质含量高，蛋白质含量不仅比禾谷类粮食高1~2倍，而且氨基酸齐全、配比合理。又由于含有核酸、胡萝卜素、膳食纤维、维生素V_B、V_C、V_E等，在食品工业中广泛用作奶类代用品。豆类中脂肪含量较低，一般为0.5%~2.5%，主要脂肪酸为亚油酸、亚麻酸、油酸及软脂酸，其中，不饱和脂肪酸含量高于饱和脂肪酸。

（二）黄土高原食用豆类生产现状和发展

1. 生产现状和布局 据2013年《中国农业年鉴》记载，山西省绿豆种植面积为49.1万hm^2，总产量4.5万t，每公顷产量916kg；红小豆种植面积为8.1万hm^2，总产量1万t，每公顷产量1 217kg。陕西省绿豆种植面积为35.1万hm^2，总产量3.6万t，每公顷产量1 024kg；红小豆种植面积为12.3万hm^2，总产量1.7万t，每公顷产量1 378kg。甘肃省绿豆种植面积为0.5万hm^2，总产量0.1万t，每公顷产量1 458kg；红小豆种植面积为4.7万hm^2，总产量0.7万t，每公顷产量1 435kg。

山西省是全国豆类主产区之一。种植面积较大的品种有豌豆、绿豆和红小豆。新中国成立初期，山西省食用豆类的种植面积为56.16万hm^2，总产量32.8万t；20世纪60年代以后，种植面积逐渐下降，到1985年种植面积只有25.9万hm^2，总产量29.3万t；90年代以来，种植面积基本保持在20万hm^2以上，总产量27.1万t，其中，豌豆8.66万hm^2，每公顷产1 275kg；绿豆4.667万hm^2，每公顷产1 350kg；红小豆3.33万hm^2，每公顷产1 800kg；其他豆类3.33万hm^2，平均公顷产1 050kg。

甘肃省地形复杂，气候多变，食用豆类种质资源十分丰富，有豌豆、蚕豆、绿豆、红小豆、饭豆等豆类。这些食用豆在粮食生产、轮作倒茬、出口创汇和改善人民生活方面都有着重要作用。食用豆的面积经历了发展、压缩和恢复3个阶段。1957年全省豆类种植面积约500万亩，占粮食播种面积的10%多，总产2.5亿kg，占粮食总产的8%，以后一度下降到200多万亩。1986年全省食用豆面积（不包括黄豆）278.23万亩，总产量约2.28亿kg。随着人民生活水平的不断提高，对植物蛋白质需求量的增加以及出口的需要，近年来豆类种植面积又有所回升。

2. 发展前景 在黄土高原种植食用豆具有特殊的资源优势。首先，具有自然资源潜力。黄土高原光热资源充裕，属于日照充足地区，能够充分满足食用豆喜光喜温、生育期短的特性；其次，食用豆具有种质资源潜力，具有耐干旱、耐瘠薄、抗逆性强的特点，适合黄土高原种植。在黄土高原种植食用豆具有市场潜力和经济潜力。籽粒中约含40%的蛋白质、30%~33%碳水化合物和10%的脂肪，并含有多种矿物质和维生素，蛋白质含量高于其他粮食作物，属于“完全蛋白质”，且易被人体所吸收。与豆类作物共生的根瘤菌能固定空气中的N，具有培肥土壤的特殊作用。食用豆类植物具有固N能力，既可以减少N肥工业生产中的环境污染，又能有效改善土壤环境，实现农业可持续发展。利用豆科植物培肥地力的种植模式来解决目前广泛存在的耕地地力下降问题，具有重要实用价值，有望在改良土壤的同时增加农业产值，形成农业循环经济增长模式。如豆科作物与其他作物间作、套种等。

随着温饱问题的解决，人们对食物的要求从数量转向质量，从单一转向多样。长期以来，植物性蛋白一直在中国居民的膳食结构中占有重要位置。食用豆类植物具有深加工的潜力，逐步开展食用豆营养品质分析和功能食品开发研究成为食用豆深加工的重点方向。利用豆类植物可开发出一些豆类副食品和生物制剂等，例如，植物蛋白饮料、保健饮料、保健食品和功能食品等。随着人民生活水平的提高，市场对豆类的需求增多，要求开发出新型优质的豆类新品种，如大豆粉、组织蛋白、浓缩蛋白、分离蛋白等新兴制品以及各种油脂制品。其次，利用食用豆类大力发展芽苗菜生产和开发应用。芽苗类蔬菜多数属于速生蔬菜，作为优质高档蔬菜受到了人们的重视和青睐，其生产和开发应用都有很好的发展前景。因此，发展食用豆生产，将对改善居民膳食结构和营养水平具有十分重要的意义。食用豆及其加工产品成为市场看好的农产品，市场需求量不断增大，价格逐年攀升。

人们生活水平的提高、膳食结构的调整和保健意识的增强，加大了对食用豆的需求量。食用豆富含蛋白质、多种维生素和矿物质，极有利于人体吸收，在许多发展中国家，特别是低收入人群，食用豆是重要的蛋白质和能量来源。常见食用豆类中的蛋白质含量通常在20%~40%，显著高于其他植物蛋白，属于“完全蛋白质”。例如，黑豆中蛋白质含量达45%~55%，比大豆高24.5%，为鸡蛋的3.38倍。食用豆类中碳水化合物含量一般在55%~70%（其中，淀粉占40%~60%），粗纤维含量达8%~10%，大部分存在于食用豆种皮中，还有一定含量的低聚糖，主要包括水苏糖、棉籽糖和蔗糖等。食用豆类中膳食纤维的可溶性部分与不可溶性部分比例较均衡，可明显降低人体的血清胆固醇，降低冠心病、肠癌及糖尿病的患病概率。常见食用豆类中脂肪含量较低，一般在0.5%~3.6%，主要含亚油酸、亚麻酸、油酸及软脂酸等不饱和脂肪酸。此外食用豆类中还含有硫胺素、尼克酸、核黄酸、抗坏血酸及Ca、P、K、Fe、Zn等多种矿物质，被视为V_{B1}的重要来源。

食用豆类是黄土高原小杂粮的主体作物，不仅营养丰富，有些还是药、食同源作物。例如食用豆中的红小豆被誉为粮食中的“红珍珠”，蛋白质含量为16.9%~28.6%，淀粉含量为41.8%~59.9%，人体必需的8种氨基酸含量是禾谷类作物的2~3倍，是典型的高蛋白、低脂肪、药食同源作物。中医记载红小豆具有通便利尿、和血排脓、利水除湿、消肿解毒等功效，对心脏病和肾病也有疗效，已被载入国家药典。红小豆是食品、饮料加工业的重要原料，可以制作豆沙包、面包、糕点、甜品、果冻、饮料等多种食品，深受人们欢迎。绿豆性凉，味甘，营养丰富，籽粒含蛋白质20%~24%，脂肪0.5%~1.5%，碳水化合物55%~65.4%。中医学认为绿豆性味甘寒，入心肺二经，内服具有清热解毒、消暑利水、抗炎消肿、保肝明目、止泻痢、润皮肤、降低血压和血液中胆固醇、防止动脉粥样硬化等功效，外用可治疗创伤、烧伤等症。因此，食用豆在消费市场上备受欢迎。黄土高原农区发展食用豆生产，不但具有地域优势，也是提高土地利用率、农民增收的有效途径。随着社会的发展，科学的进步，以及生产体制的变革和市场经济的日趋完善，食用豆必将走向大市场，以食用豆为原料的食品、医药、酿造、饲料等加工业会有更大的发展，国内外市场对食用豆产品的需求将不断增加。

近年来，农业科技部门对食用豆生产给予了很大关注。针对食用豆生产中品种老化、栽培管理粗放等突出问题，进行了相关技术研究和示范推广，引进和选育了一批食用豆优良品种，如大豆有晋豆系列，蚕豆有青海3号、临蚕系列，芸豆有黑、白、红及其他杂豆品种等，开展了丰产栽培技术的示范推广，如侧膜栽培、大粒化精量播种、合理密植、科学施肥、病虫害防治等技术都得到应用，促进了食用豆生产技术的进一步提高，为发展食用豆生产提供了充分的技术支持，随着育种成就，良种的应用，为食用豆类的优质高产栽培提供了品种保证。探查食用豆生产潜力，在相关科学技术进步前提下，确立有助于持续增进其生产潜力，扩大食用豆生产种植规模，进而促进其加工业的发展，实现高产高效，是黄土高原食用豆生产得以持续进行下去的根本。食用豆生产的可持续发展是黄土高原农业可持续发展不可分割的重要组成部分，对实现黄土高原农业可持续发展具有重要的战略意义。

本章参考文献

陈渠昌，白霞．黄土丘陵沟壑区小流域多水源联合配置研究．水资源保护，2010，26（1）：1-5.

陈少勇，董安祥．中国黄土高原土壤湿度的气候响应．中国沙漠，2008，28（1）：66-72.

陈颂平．甘肃中东部黄土高原土壤水资源的有效利用．水利技术监督，2009，17（5）：22-23.

杜虎平．黄土高原小杂粮降水生产潜力开发和增进的技术途径．中国农学通报，2005，21（12）：428-431.

杜虎平．黄土高原小杂粮生产可持续发展技术体系构建．中国农学通报，2006，22（7）：268-271.

高蓓，范建忠，李化龙，等．陕西黄土高原近50年日照时数的变化．安徽农业科学，2012，40（4）：2 246-2 250.

宫慧慧，孟庆华．山东省食用豆类产业现状及发展对策．山东农业科学，2014，46（9）：134-137.

韩骏飞．黄土高原丘陵区集雨节水灌溉技术．山西农业科学，2010，38（6）：91-92.

郝建全，周晓萍．甘南豆类生产现状及发展对策．西藏农业科技，2007，29（4）：46-48.

何瑞华．甘肃省地下水资源状况研究．资源分析，2001，9：34-35.

景可，申元村．黄土高原水土保持对未来地表水资源影响研究．中国水土保持，2002，1（7）：12-14.

李斌，张金屯．黄土高原地区植被与气候的关系．生态学报，2003，23（1）：82-89.

李印颖，李印泉，李继育．黄土高原植被与空气负离子关系的研究．干旱区资源与环境，2008，22（1）：70-73.

刘慧．中国食用豆贸易现状与前景展望．中国食物与营养，2012，18（8）：45-49.

刘毅，李世清，邵明安，等．黄土高原不同土壤结构体有机碳库的分布．应用生态学报，2006，17（6）：1 003-1 008.

刘晓清，赵景波，于学峰．黄土高原气候暖干化趋势及适应对策．干旱区研究，2006，23（4）：627-631.

刘咏梅，李京忠，夏露．黄土高原植被覆盖变化动态分析．西北大学学报（自然科学版），2011，41（6）：1 054-1 058.

刘志鹏，邵明安．黄土高原小流域土壤水分及全氮的垂直变异．农业工程学报，2010，26（5）：71-76.

罗慧，陶健红，仲伟周，等．陕北黄土高原气候干旱特征的混沌研究．高原气象，2005，24（5）：666-671.

穆晓慧，李世清，党蕊娟．黄土高原石灰性土壤不同形态磷组分分布特征．中国生态农业学报，2008，16（6）：1 341-1 347.

潘学标，龙步菊，魏玉蓉．内蒙古高原区降水规律与集雨利用潜力分析．干旱区资源与环境，2007，21（4）：65-71.

索安宁，王兮之，胡玉喆，等．DCCA在黄土高原流域径流环境解释中的应用．地理科学，2006，26（2）：205-210.

滕志宏，张银玲，胡巍，等．黄土高原地下水资源与水质初步评价．西北大学学报，2000，30（1）：60-64.

汪文霞，周建斌，严德翼，等．黄土区不同类型土壤微生物量碳、氮和可溶性有机碳、氮的含量及其关系．水土保持学报，2006，20（6）：103-106，132.

王力，邵明安，张青峰．陕北黄土高原土壤干层的分布和分异特征．应用生态学报，2004，15（3）：436-442.

王润元，杨兴国，张九林，等．陇东黄土高原土壤储水量与蒸发和气候研究．地球科学进展，2007，22（6）：625-635.

王毅荣，尹宪志，袁志鹏．中国黄土高原气候系统主要特征．灾害学，2004，19（增刊）：39-45.

王毅荣，张强，江少波．黄土高原气候环境演变研究．气象科技进展，2011，1（2）：38-42.

王政友．山西省地下水超采问题及其治理对策．水资源管理，2011，11：28-30.

信忠保，许炯心，郑伟．气候变化和人类活动对黄土高原植被覆盖变化的影响．中国科学 D 辑：地球科学，2007，37（11）：1 504-1 514.

信忠保，许炯心．黄土高原地区植被覆盖时空演变对气候的响应．自然科学进展，2007，17（6）：770-778.

徐勇，杨波，刘国彬，等．黄土高原作物产量及水土流失地形分异模拟．地理学报，2008，63（11）：1218-1226.

姚玉璧，李耀辉，王毅荣，等．黄土高原气候与气候生产力对全球气候变化的响应．干旱地区农业研究，2005，23（2）：202-208.

姚玉璧，王毅荣，李耀辉，等．中国黄土高原气候暖干化及其对生态环境的影响．资源科学，2005，27（5）：146-152.

余海龙，吴普特，冯浩，等．黄土高原小流域雨水资源化途径及效益分析．节水灌溉，2004（1）：16-18.

张晓，张雄．黄土高原小杂粮资源优势及产业开发研究．西北工业大学学报（社会科学板）2007，27（1）：28-30，63.

张雄，山仑，李增嘉，等．黄土高原小杂粮作物生产态势与地域分异．中国生态农业学报，2007，15（3）：80-85.

张雄，王立祥．小杂粮在黄土高原旱作农业中的地位和作用．西北农业学报，2008，17（5）：333-336.

张雄．黄土高原主要小杂粮作物的干旱适应性研究．干旱区资源与环境.2007，21（8）：111-115.

张宝庆，吴普特，赵西宁．近 30a 黄土高原植被覆盖时空演变监测与分析．农业工程学报，2011，27（4）：287-293.

张俊英．陇东黄土高原小杂粮开发潜力与对策．甘肃农业，2002（6）：23-25.

赵红岩，张旭东，王有恒，等．陇东黄土高原气候变化及其对水资源的影响．干旱地区农业研究，2011，29（6）：262-268.

赵西宁，吴普特，冯浩，等 . 黄土高原降雨径流调控利用潜力定量评价模型 . 自然灾害学报，2009，18（3）：32-36.

朱显谟 . 黄土高原土壤与农业 .1989. 北京：农业出版社 .

朱周平，解松峰，李海菊，等 . 西部食用豆产业发展战略研究 . 安徽农业科学，2011，39（30）：18 867-18 869.

第二章
黄土高原绿豆种植

第一节　绿豆品种

一、种质资源

绿豆在中国已有2000多年的栽培历史，早在《吕氏春秋》《齐民要术》等古农书上就有关于绿豆栽培技术的记载，是中国主要的粮食作物，资源丰富，种类繁多。1966年前，中国绿豆栽培面积和总产量曾居世界第一位。此后，面积和产量下降，1978年以后又逐渐上升，20世纪末种植面积稳定在80万 hm^2 左右，居世界第2位。

（一）绿豆的起源与地理分布

1986年德·孔多尔（De Candolle）最早在《栽培作物的起源》一书中，认为绿豆起源于印度及尼罗河流域；瓦维洛夫（Н. И. Вавилов）1935年在《育种的理论基础》一书中认为绿豆起源于“印度起源中心”及“中亚中心”。现在一般认为绿豆的起源中心或最主要的多样性中心是东南亚洲。但一些中外学者认为绿豆起源于中国，如E·布雷特施耐德（E. Bretschneider）1898年在考证绿豆模式时，认为绿豆起源于广州一带。20世纪50年代以来，中国学者先后在云南、广西等地区发现了野生绿豆，并发现其具有不同的变异类型，加之绿豆品种资源遍及全国各地，因此现在普遍认为中国也是绿豆的一个起源中心。

绿豆是温带、亚热带和热带高海拔地区广泛种植作物。全世界以亚洲的印度、中国、泰国、菲律宾等东南亚国家栽培最为广泛，非洲、欧洲和美洲也有种植。中国绿豆不仅栽培历史悠久，而且分布地域十分广阔。从黑龙江省到海南省均有栽培，主要产区集中在黄河、淮河流域的平原地区，以河南、河北、山东、山西、陕西、吉林和安徽等省最多，辽宁、江苏、四川、湖北等省次之，其中河南、山西、陕西属于黄土高原地区。

（二）绿豆种质资源的收集、保存和研究

国际上许多国家十分重视对绿豆种质资源的搜集。全世界收集和保存的绿豆种质资源有3万多份，其中，中国6 000多份、亚洲蔬菜研究与发展中心（ARC-AVRDC）5 274份、印度5 200多份、印度尼西亚3 139份、菲律宾5 736份、美国5 900份。

自1978年起，中国绿豆种质资源研究工作被正式列入国家重点研究课题和攻关内容。1978—1985年期间，重点进行搜集、农艺性状鉴定和整理、保存。由中国农业科学院作物品种资源研究所牵头，组织20多个省（区、市），开展了绿豆品种资源搜集、保存、鉴定和利用等研究工作，先后从河南、山西、山东、河北、湖北和安徽等多个省、区、市共搜集绿豆品种资源6 000多份，完成4719份的农艺性状鉴定并编入《中国食用豆类品种资源目录》。这些绿豆品种主要分布在25个省（自治区、直辖市，重庆市和四川省未分开），其中，黄土高原地区以河南省最多，有916份，占品种资源总数的19.4%，山西省409份，占8.7%。1986年以后，在原有基础上又开展了抗病、抗蚜、抗旱、耐盐及品质分析等鉴定评价工作。

二、品种类型

绿豆（*Vigna radiata* Linn. Wilczek）属于豆科（Leguminosae）蝶形花亚科（Papilionaceae）菜豆族（Phaseoleae）豇豆属（Vigna）植物中的一个种，英文名Mungbean。绿豆别名青小豆，因其颜色青绿而得名。

栽培中，有众多的品种，并且育种理论、技术和方法的不断创新，不断地涌现新品种。其品种类型上，从不同角度有不同的分法。

（一）光周期类型

绿豆是短日植物。根据其对短日条件的敏感程度不同可分为光敏型和光钝型。

绿豆是短日照、喜光且又耐阴的C_3作物，需要有一定的短日照条件，才能正常开花结实。日照越短，绿豆开花结实成熟越早，植株生长则较矮小；相反，日照延长，绿豆枝叶徒长，植株高大，生育期延迟，甚至霜前不能开花。试验证明大多数栽培品种对光周期反应不敏感，一般南—北、东—西引种都能开花结实，并有相当多的品种不论春播、夏播或秋播均能收获到种子。但是，就绿豆的个体发育而言，有光照敏感期，在绿豆由营养生长转入生殖生长的花芽分化的过程中，始终需要充足的光照。花萼原基形成和雌雄蕊分化期一直到生殖细胞形成期都需要强烈的光照。光照条件好，光合产物多，碳氮比值（C/N）相对提高，有利于花芽分化；若光照条件不能满足，会使植株光合作用降低，所合成的有机物质不能满足花芽分化对养分的需要，就会延缓开花。影响花粉母细胞的形成，而减少可孕小花数。某些品种，由于长期适应于某种光照条件，改

变播期其籽粒产量会受到一定影响，故适用于夏播的品种，在春、秋播时要慎重。

（二）熟期类型

按绿豆生育期长短分为早熟型（全生育期 70d 以下），中熟型（全生育期 70~90d），晚熟型（全生育期 90d 以上）3 种。

在中国绿豆资源的熟期分布中，4719 份绿豆资源生育期分布在 50~151d 之间，平均 85d，其中，生育期 60d 以下的特早熟品种有 99 份，特早熟品种中黄土高原地区的河南省 90 份，占总数的 90.9%，陕西 3 份，而广西 2 份、北京、河北、山东、江西各 1 份。在特早熟品种中 C04647 生育期仅 50d，C03463 和 C03464 的生育期 55d。生育期 130d 以上的晚熟品种有 125 个，主要分布在内蒙古自治区（以下简称内蒙古）、黑龙江、黄土高原地区的甘肃、宁夏回族自治区（以下简称宁夏）等春播区和湖北等省的一些半野生类型当中。

黄土高原推广面积较大的绿豆优良品种中，早熟型如秦豆 2 号生育期 60~70d，秦豆 4 号生育期是 65~75d，秦豆 6 号 62~75d，豫绿 2 号夏播生育期 65d 左右；中熟型晋绿豆 6 号生育期春播 80~90d，复播 70~80d；晚熟型晋绿豆 7 号生育期约 95d，榆绿 1 号生育期 90~100d。

（三）播期类型

孙壮林等（1991）在绿豆种植史考略中引清·郭云升《教荒简易书》，绿豆播种“不宜太早、不宜太迟”。不同品种有不同播期，“短秧绿豆三月种、小暑熟，四月种、大暑熟，五月种较普遍，六月种、白露熟”，长秧绿豆农历四月、五月、六月均可播种（公历五、六七月）。七月、八月（公历八、九月份）播种则选择品种为“六十日快绿豆”，八月种绿豆不能正常成熟，“水角可食”。范保杰等（2011）在播期对春播绿豆产量及主要农艺性状的影响中指出，播期是影响春播绿豆产量和生育期的主要因素。播期对株高、单株荚数和产量影响较大，对主茎分枝数、主茎节数和百粒重影响很小。孙桂华等（2004）对夏播绿豆产量及性状研究指出，影响沈阳夏播绿豆产量的因素顺序是：播种期、密度、施肥量。王英杰（2011）在播期对辽绿 8 号生长发育和产量的影响中指出，播种越早，生育期越长，播种越晚，生育期越短。以花荚期为界限，各播期营养生长期的总趋势是，随着播期的推迟，营养生长期的天数相差不大，而生殖生长期却明显递减，作物适时播种，不仅能保证作物高产丰收，还能提高作物抵御外界不良环境的能力。各种作物的适宜播期是靠严密设计的分期播种试验和长期的气象资料分析得出的。

按绿豆品种的适宜播期分为春播型、夏播型、秋播型。习称“春绿豆，夏绿豆，秋绿豆”。

黄土高原绿豆品种中，榆绿 1 号、晋绿豆 7 号是春播型，晋绿豆 4 号、6 号、豫绿 2 号春夏播均可。

三、黄土高原绿豆的品种沿革

（一）山西省绿豆品种沿革

山西省是全国绿豆主产区，常年种植面积 7 万 hm^2，总产量 7 000 万 ~8 000 万 kg，约占全国的 1/10。山西省自然条件适宜发展绿豆生产，且栽培历史悠久，经验丰富。

1. 种植面积与品种变化 新中国成立初期，山西省绿豆种植面积为 27 万 hm^2，总产约 10 万 t。20 世纪 60 年代以后，种植面积逐渐下降，到 1985 年种植面积只有 8 万 hm^2，总产约 5 万 t。到 90 年代中期，种植面积在 4 万 hm^2 以上，90 年代末期以来种植面积基本保持在 7 万 hm^2 左右，总产量近 10 万 t。从有绿豆种植历史以来到 80 年代末期前所用品种全部是农家品种，1986 年中绿 1 号引进山西后，它的品种特性和产量表现逐渐被人们认识和接受，1990 年中绿 1 号认定后种植面积迅速扩大，2~3 年内成为山西省的主干品种，实现了山西省第一次绿豆品种的更新换代。随后几年内，中绿 2 号、晋引 2 号也相继引入山西，这一段时期是山西省绿豆品种最丰富也是最混乱的时期。1998 年晋绿豆 1 号审定后，种植面积逐渐扩大，逐渐成为山西省绿豆主栽品种。

2. 绿豆的研究 绿豆的研究工作在国外 200 年前就已经开始，且已选育出许多优良品种。中国食用豆类的研究是 20 世纪 60 年代开始，只有极少数单位进行蚕豆、豌豆的育种。70 年代中期，国家才把食用豆类品种资源的研究列入计划。绿豆的研究工作是 70 年代开始的，山西省也随之开始一系列工作，近年来工作卓有成效。

（1）*品种资源的征集保存* 山西省绿豆资源极为丰富。自 20 世纪 80 年代以来，先后征集并入目录各种绿豆资源共 2000 份，国外资源 100 余份，并从中选育出一批好材料，在生产中发挥了一定作用。山西省建成了全国最早的省级品种资源保存库，可进行种质资源中期保存工作，但缺乏系统的中、长期发展规划和严格的管理制度，使得品种所有者不提供品种进行保存，导致利用率很低。

（2）*育种工作* 山西省绿豆的育种工作包括 3 个部分：① 地方品种筛选、引种；② 杂交育种；③ 诱变育种（包括辐射处理、化学诱变等）。先后育成并通过审（认）定的绿豆品种有 9 个：中绿 1 号、晋引 2 号、晋绿豆 1 号、晋绿豆 2 号、黑珍珠绿豆和抗虫 1 号、晋绿豆 4 号、晋绿豆 6 号、晋绿豆 7 号。此外，还育成一批特殊类型的苗头材料。

（二）陕西省绿豆品种沿革

陕西省农垦科研中心从 20 世纪 70 年代后期开始，先后数次收集绿豆种质资源。通过系统选择、Co^{60} 辐射诱变、人工杂交等手段，开展了绿豆新品种的选育工作，并先后育成 3 个绿豆品种。1985 年经陕西省农作物品种审定委员会审定，命名了陕西省第一个绿豆品种——秦豆 2 号绿豆，之后又相继育成了秦豆 4 号（1989 年）、秦豆 6 号（1997 年）2 个绿豆品种。随着秦豆系列绿豆品种的育成、推广和中绿 1 号的引种，陕西省绿豆生产迅速回升，种植面积从 70 年代的 4.7 万 hm^2 左右（其中陕南、陕北各 2.0

万 hm^2，关中 0.7 万 hm^2）扩大到了 90 年代的 10 万 hm^2 以上。据统计，1992 年关中地区（以渭北旱塬为主）绿豆面积中仅秦豆 4 号就有 3.4 万 hm^2，每公顷产量也由 750kg 提高到了 1 565.6kg。

榆林市是陕西绿豆的最主要产区，在 20 世纪 80 年代以前，绿豆栽培面积约 2 万 hm^2，且多以带种为主。80 年代以来，绿豆生产由自给自足的粮食生产转为商品化生产，栽培面积增长迅速，1998 年全市绿豆种植面积达 5 万 hm^2，总产达 3.8 万 t。1999 年以来，种植面积下滑，到 2009 年全市种植面积为 3 万 hm^2。境内丘陵沟壑区为绿豆优生区。1984 年由市农工站组织各县农技部门在全市范围内进行绿豆品种资源征集，对征集到的 75 份材料进行了综合评价，1986 年初步确定横山黑荚大明绿豆、横山黄荚大明绿豆、横山小绿豆、横山 60 天明绿豆、佳县小油绿、神木绿豆为当时的推广品种。经过多年的推广种植，从横山黑荚大明绿豆群体系统选育而来的榆绿一号现成为全市的主栽品种，约占总面积的 85%。

四、黄土高原绿豆良种

（一）豫绿 2 号

品种来源　选用综合性状好的农家种“博爱砦和”作母本，从亚洲蔬菜研究与发展中心引进的抗病材料“Vc1562A”作父本进行有性杂交，对杂交后代的产量、品质、抗病性进行同步测试、鉴定，按育种目标经多年严格选择，1990 年由河南省农业科学院粮食作物研究所选育。

审定时间　1994 年经河南省农作物品种审定委员会审定。

特征特性　早熟。春夏播均可，夏播生育期 65d 左右。株型直立，株高 65~70cm。主茎节数 10~12 个，主茎分枝数 2~4 个，单株荚数 20.31 个，单荚粒数 11.79 个，百粒重 6.2g。幼茎紫色，花黄色，分枝较长，与主茎夹角较大，株型松散，叶片圆阔，荚皮黑色，籽粒明光碧绿。

经河南省农业科学院科学实验中心测定，籽粒蛋白质含量为 25.05%，脂肪含量为 0.47%，粗淀粉含量为 49.4%，蛋白质含量达国家绿豆优异种质一级标准（25%），且种皮明光碧绿，商品性好。

抗旱、耐涝、抗倒、抗叶斑病。

产量水平　经多年多点试验，豫绿 2 号表现高产、稳产。1991—1993 年河南省绿豆区域、生产试验结果，豫绿 2 号平均亩产 111.82kg，比中国主栽品种中绿 1 号增产 14.21%。

适宜种植地区　适宜全国绿豆主产区种植。

（二）秦豆 6 号

品种来源　从安康绿豆的早熟突变体中系统选育而成。1992 年由陕西省农垦科研中心选育。

审定时间 1997年经陕西省农作物品种审定委员会审定。

特征特性 早熟，生育期70d左右。植株直立、紧凑，茎秆粗壮，抗倒力强。株高55cm。主茎8片叶12个节，有效分枝1~2个。叶浓绿，有茸毛，花色鲜黄，结荚性强，集中于顶部，成熟集中便于收获。每株结荚20个左右。多者可达50个以上，荚长10cm，荚宽0.55cm，每荚13粒种子，粒色深绿明亮，近圆形，百粒重5.5~7.5g。

高抗黄化病毒病和白粉病，中抗叶斑病，是综合抗逆性极强的多抗源新品种。

产量水平 1992—1994年省级区域试验，16个点次平均产量为1 387.9kg/hm^2，比秦豆4号增产17.3%。1994—1995年在9县64点平均产量1 857.0kg/hm^2，较对照秦豆4号增产27.3%，表现了突出的丰产性和良好的适应性。

（三）晋绿豆1号

品种来源 原名89-4。由山西省农业科学院小杂粮室从亚洲蔬菜研究与发展中心、亚洲区域中心（泰国）提供的VC1482A×VC1628A杂交后代VC2768A中选出的优良单株，经多年选育而成。

审定时间 1998年经山西省农作物品种审定委员会审定。

特征特性 生育期80~85d。苗期发育较快，生长势强，无限结荚习性，成熟时不炸荚。植株直立，株型略松散，幼茎、叶柄均呈紫色，叶片较大，呈深绿色。株高50~60cm，主茎10或11节，分枝2~3个。花黄色，成熟荚黑色，呈圆钩形。荚长9~10cm，宽0.5~0.6cm。子粒圆柱形，有光泽，白脐。单株结荚20~30个，单荚10~12粒，千粒重66g。

山西省农业科学院中心实验室分析，蛋白质24.87%，淀粉55.58%，脂肪1.01%。

立枯病、枯萎病发病株和红蜘蛛为害头数均明显少于对照品种中绿1号。

产量水平 1994—1996年参加区域试验，3年22点次平均单产1 180.5kg/hm^2，比对照中绿1号增产14.9%。1997年参加生产试验，8点平均单产1 287.0kg/hm^2，比对照增产21.7%。

适宜种植地区 适宜山西省北部地区春播、中南部地区复播。

（四）晋绿豆2号

品种来源 原名Ⅰ-176-1。由山西农业大学于1994年利用^{60}Co-γ射线对中绿2号种子进行辐射处理，选择变异单株，历时5年选育而成。

审定时间 2001年经山西省农作物品种审定委员会审定通过。

特征特性 生育期80d左右，条件适宜时生育期可延长到120d以上，能形成2~3次开花结荚高峰，可进行多次收获。株型直立，株高55cm左右。主茎分枝2~4个，分枝角度较小，为40°左右。花枝主要分布在第5叶间以上。总状花序，花黄色，簇生在花梗上部，一般3~6荚果花结实。单株结荚约40个，成熟荚深褐色，呈扁圆筒形、稍弯，荚长10cm左右，荚宽0.5cm，单荚粒数8粒以上占85%，单株产量20~25g。籽粒圆柱形，种脐白色，百粒重 6g 左右。植株结荚集中上举，成熟期一致，不炸荚，籽粒碧绿，有光泽。

抗逆性强，耐旱性、抗早衰能力优于中绿 1 号。

子粒粗蛋白含量 24.98%，淀粉含量 49.08 %，脂肪含量 0.8%。

产量水平　1998—2000 年连续 3 年参加山西省绿豆生产试验，平均单产 1593kg /hm^2，比对照中绿 1 号增产 8.9%，增产点占 73.3%。

适应种植地区　适宜山西境内春播或夏播。

（五）黑珍珠

品种来源　从国际绿豆圃试验材料 NM92 中系选，山西省农业科学院小杂粮研究中心、中国农业科学院品种资源研究所选育而成。

特征特性　春播生育期 85d 左右，夏播 75d 左右。幼茎深紫色，株形直立，长势较强，无限结荚习性。株高 50~60cm，单株分枝 2~3 个。花暗紫色，单株荚数 15~25 个，荚长 8~9 cm，荚宽 0.5~0.6m，单株粒数 10 粒左右。成熟不炸荚。千粒重 60g，种皮黑色有光泽，白脐。

含粗蛋白 27.35%、粗脂肪 0.32%、淀粉 54.1%。

产量水平　2001—2002 年生产试验平均亩产 110.9kg，比对照晋绿豆 1 号增产 0.8%。

适宜种植地区　适宜山西省中、北部地区春播，南部地区复播种植。

（六）晋绿豆 3 号

品种来源　从中绿 1 号 / 野生绿豆的后代 Vc6089A 中选出，原名 C-10。由山西省农业科学院小杂粮研究所选育。

特征特性　春播生育期 90 d 左右，夏播生育期 75 d 左右。植株直立，株高 60 cm 左右，分枝 3~4 个。叶色浓绿，花黄色。荚黑褐色，不炸荚，早熟不早衰，单株结荚 20~30 个，单荚粒数 11 粒左右。千粒重 61 g 左右，籽粒绿色有光泽。

具有一定的抗旱、抗倒伏性，高抗绿豆象。

产量水平　2003—2004 年参加山西省绿豆区域性生产试验，平均亩产 93.5 kg。

适宜种植地区　山西省绿豆产区均可种植。

（七）晋绿豆 4 号

品种来源　从山西省汾阳当地农家品种中系统选择变异优良单株鉴定而成。2002 年由山西省农业科学院经济作物研究所选育。

审定时间　2005 年山西省农作物品种审定委员会认定定名。

特征特性　晋中春播生育期为 100d，汾阳一带复播生育期为 85 d 左右。株高 65~80cm。单株分枝 3~5 个，单株荚数 23.7 个，荚长 7~11cm，主茎节数 8~12 个，每节结荚1~5个，单荚粒数9~12粒，百粒重5.8g。三出复叶，小叶心脏形。总状花序腋生，有花10余朵，花黄灰色。无限结荚习性，荚细长筒形。种子圆柱形，灰绿色，白脐、中粒种。

根据农业部谷物品质监督检验测试中心检测：粗蛋白含量为25.19%，粗脂肪含量为0.52%，粗淀粉含量为51.07%，属于高蛋白、高淀粉、低脂肪的优质品种。

该品种适应性广，抗逆性强，耐旱、耐瘠，抗根腐病、叶斑病等。

产量水平 2003年参加山西省直接生产试验。6点平均产量1 557.0 kg/hm^2，比对照（晋绿豆1号）增产7.8%，增产点次100%，位居4个参试品种之首；2004年直接生产试验，7点平均产量1 246.5kg/hm^2，比对照增产6.2%，6增1减，增产点次86%。两年平均产量1 402.5kg/hm^2，比对照增产7.1%，增产点次92.3%。2003年和2004年承试各点之间产量的变异系数（CV）分别为27.0%和30.2%。表明该品种在年度之间、承试各点之间产量无明显差异。稳定性非常好。据山西省生产试验产量结果表明：2003年的增产点次为100%；2004年为6增1减，增产点次为86%，两年平均增产点次为92.3%。所以该品种具有广泛的适应性。

适宜种植地区 适应于山西省中部及同纬度地区春播和中、中南部地区复播。

（八）晋绿豆6号（原名汾绿豆2号）

品种来源 以绛县绿豆为母本，汾阳农家品种灰骨绿为父本，采用人工有性杂交，经多年定向选育而成。2006年由山西省农业科学院经济作物研究所选育。

审定时间 2009年经山西省农作物品种审定委员会认定。

特征特性 生育期春播80~90d，复播70~80d，属早熟绿豆品种。株型半直立，根系发达，长势稳健，成株叶色鲜绿。株高50~75cm，无限结荚习性；子叶肥大，一对真叶呈披针形为单叶，以后为三出复叶，小叶心脏形；主茎节数8~12个，总状花序腋生，有花10余朵，花黄色，花冠蝴蝶形；单株分枝3~5个，单株结荚数27.1个，多者可达70个以上，荚长6~10cm，单荚粒数9~11粒，荚细长筒状、成熟时呈黑褐色。子粒椭圆形，明绿光亮，白脐，百粒重5.6g，大小整齐一致，商品性能好。

根据农业部谷物及制品质量监督检验测试中心（哈尔滨）检测：蛋白质含量24.13%，粗脂肪含量0.74%，粗淀粉含量52.64%。2000年农业部制定了中国商品绿豆质量指标为：蛋白质≥25%，淀粉≥54%，为一级；蛋白质≥23%，淀粉≥52%，为二级；蛋白质≥21%，淀粉≥50%为三级。该品种超过二级绿豆标准。

该品种抗旱耐瘠、抗倒伏，田间自然鉴定抗枯萎病、叶斑病和白粉病，适应性广，适播期长。

产量水平 晋绿豆6号的产量在山西汾阳每公顷产1 120kg（小麦收后回茬）、吉林通榆产1 475kg、陕西榆林产2 275kg、甘肃平凉产998.5kg和海南三亚产900kg（小区面积5m × 2m，2次重复）。

适宜种植地区 全国绿豆主产区种植。

（九）晋绿豆 7 号

品种来源　通过人工杂交技术手段，以抗豆象的野生绿豆资源 TC1966 为亲本，与栽培种绿豆品种 VC1973A，VC2802A 和串地龙等材料杂交后，再从杂交后代中选取较为理想的材料与 NM92 进行杂交，得到 53 个杂交后代，再从后代中定向选择筛选而成。2007 年由山西省农业科学院小杂粮研究中心选育。

审定时间　2011 年经山西省农作物品种审定委员会认定。

特征特性　在太原春播生育期约 95d，属中熟种。长势中等。植株直立，株高 50cm，幼茎绿色，成熟茎褐色，主茎 10 节，主茎分枝 2~3 个。复叶卵圆形。黄花；成熟荚黑色、圆筒形，单株荚数 28.8，单荚粒数 10.6。籽粒圆柱形，种子绿色、有光泽，百粒重 6.5g。

据农业部谷物及制品质量监督检验测试中心（哈尔滨）检验，含蛋白质 22.42%，脂肪 1.11%，淀粉 53.76%。该品种属高蛋白低脂肪绿豆。

抗病性较好，高抗绿豆象。

产量水平　2008—2009 年参加山西省多点生产鉴定试验，2008 年该品种 5 点平均产量为 1 401kg/hm^2，比对照晋绿豆 1 号增产 14.8%，增产点次 100%，位居参试品种之首；2009 年该品种 6 点平均产量为 1 707kg/hm^2，比对照晋绿豆 1 号增产 13.7%，增产点次 100%，位居参试品种之首。

适宜种植地区　适宜山西省北部地区春播、中南部地区复播。

（十）榆绿 1 号

品种来源　从陕西省横山大明绿豆群体系统选育而来。2008 年由横山县农业技术推广中心站选育。

审定时间　2011 年通过陕西省农作物品种审定委员会的鉴定登记。

特征特性　生育期 90~100 d。直立型，无限结荚习性。植株高 50~60cm，茎粗 0.7~1cm，主茎 12~14 节。直根系，幼茎紫色，主茎分枝 3~4 个。叶色浓绿，叶片阔卵形。花黄色。成熟豆荚呈黑褐色，弯圆筒形，平均荚长 12.1cm，最长 16cm，荚粗 0.5cm，成熟不炸荚。子粒长圆柱形，深绿色有光泽，大小均匀，百粒重 7.5~8.5g。单株结荚 30~40 个，最多可达 180 个，平均荚粒数 12.5 粒，最多 19 粒。

2010 年 11 月陕西省农产品质量监督检验站对其进行品质分析：其鲜子粒每 100g 含水分 10.80%、蛋白质 28.66%、脂肪 1.26%、淀粉 42.10%。

高抗病毒病，较抗叶斑病，抗旱，抗倒伏。

产量水平　2010 年，在全榆林市绿豆品种生产试验中，5 个试点平均亩产 108.9kg，较对照横山大明绿豆增产 13.3%。

适宜种植地区　适宜榆林市各县区种植。

第二节 生长发育

一、生育时期和生育阶段

（一）生育时期（物候期）

从播种到收获的全生育期，可以人为地划分为播种期、出苗期、开花期、成熟期、收获期 5 个时期。

1. 播种期 播种的日期，以月 / 日表示。

2. 出苗期 两片子叶顶着种皮，包着幼芽露出地面。子叶出土后由黄变绿，开始进行光合作用。记载标准为 70% 以上出苗的日期，以月 / 日表示。

3. 开花期 当 50% 以上的绿豆植株出现第一朵花时，为开花期，以月 / 日表示。

4. 成熟期 豆荚呈现品种固有色泽和体积，种皮不易被指甲划破，即豆荚成熟。当田间出现 70% 以上的熟豆荚时为成熟期（分期采摘记第一次收获期），以月 / 日表示。

5. 收获期 实际收获的日期，以月 / 日表示。

（二）生育阶段

绿豆从播种到成熟共经历萌发期、幼苗期、枝芽分化期、开花结荚期、成熟期五个阶段。

1. 萌发阶段 从播种到出苗的这段时期。种子发芽最低空气温度 6~7℃，土壤温度在 8℃以上。从土壤湿度来说，田间持水量为 60% 最适宜。小于 50% 以下不利于种子吸收水分，对出苗不利，若土壤水分过多，如播种后遇上雨水过多时，则因缺乏空气而不能发芽或使种子烂掉。温度过高或过低，土壤湿度过高过低对绿豆的发芽都不利，所以绿豆选择适宜的播种期，是保全苗，夺取高产的重要措施。

2. 幼苗阶段 从出苗到第一分枝出现为幼苗阶段。绿豆幼苗阶段，茎、叶、根并列生长，而生根是主流。出苗后生出的真叶是一对单叶，以后继续生出互生的复叶。在绿豆的第 1 复叶展平，第 2~3 复叶初露时，开始进行花芽分化。

3. 枝芽分化阶段 即分枝与花芽分化阶段。绿豆自形成第一分枝到第一朵花出现称为分枝期。绿豆分枝期也是花芽分化时期，此时植株有 6~8 片叶。绿豆出苗后 20~25 d 开始分枝，同时花芽也开始分化。分枝始期后 10~15 d 就能见到开花始期。绿豆分枝与花芽分化期植株开始旺盛生长，一方面形成分枝，花芽分化和继续扎根，另一方面植株积累养分，为下一阶段旺盛生长准备物质条件。从此时起，营养生长和生殖生长并进，以营养生长为主，根系发育旺盛，茎叶生长加快，花芽分化迅速，是营养生长与生殖生长是否协调的关键阶段。

4. 开花结荚阶段 绿豆的开花、结荚是并进的。绿豆主茎或分枝的第一朵花开放就是开花始期。绿豆从出苗到开花一般需要 35~50 d 左右，因品种不同播种期不同而有差异。

绿豆花授粉后，子房开始膨大，形成豆荚。当荚长达 2cm 时称为结荚。结荚的发育规律是先长，次宽，后增厚度。

开花结荚阶段仍是绿豆营养生长与生殖生长并进阶段。一方面植株进行旺盛生长，叶面积系数达到高峰；另一方面，花芽不断产生与长大，开花受精形成荚粒。这一阶段，绿豆的呼吸作用、光合强度随着叶面积增大而增加，到盛花期达到高峰，而后便有所下降。待到结荚盛期，呼吸强度和光合强度再次达到新的高峰，根系活动也达到高峰，而营养生长的速度到结荚后期，开始减慢，并逐步停止。

5. 成熟阶段　绿豆在结荚后，豆粒开始长大，先是宽度增长，然后顺序增加种子的长度和厚度。当豆粒达到最大体积与重量时为鼓粒期。鼓粒期营养生长逐渐停止，生殖生长居于首位，光合作用强度有所降低，无论是光合产物或矿质养分，都从植株各部位向豆荚和子粒转移。鼓粒以后，植株本身逐渐衰老，根条死亡，叶片变黄脱落，种子脱水干燥，由绿变黑、变硬，呈现该品种固有的子粒色泽和种粒大小，并与荚皮脱离，摇动植株时，荚内有轻微响声，即为成熟期。绿豆荚细长，具褐色或灰白色茸毛，也有无毛品种。成熟荚黑色、褐色或褐黄色，呈圆筒形或扁圆筒形，稍弯。荚长 6~16cm，宽 0.4~0.6cm，单荚粒数一般 12~14 粒。

（三）花芽分化

绿豆的生殖器官是茎及分枝的叶腋间分化和发育的。当绿豆第一片复叶长出后，在叶腋处开始分化腋芽。腋芽有两种，即枝芽和花芽。枝芽形成分枝，花芽形成花蕾。当绿豆生长发育到一时期时，在光、温、营养等因素的作用下，茎的分生组织不断形成叶原基和芽原基，称之为分枝期；当分生组织形成的不是叶原基和芽原基，而是花序原基时，则成为花芽分化期。一般早熟品种在第 6~7 复叶的叶腋内长出第一花梗，在以下部位形成的腋芽多分化成分枝。花梗的出现标志着绿豆已进入生殖生长阶段。一般夏播绿豆从出苗到开花的天数，早熟品种 30~35 d，中熟品种 40 d 左右，晚熟品种 50 d 以上。第一花梗着生的主茎节位，也因品种熟性各不相同，一般早熟类型在第 4~5 复叶叶腋内，中熟类型着生在第 6~7 复叶叶腋内，晚熟类型在第 7~8 复叶叶腋内。绿豆开花前 15~25 d 开始花芽分化，其分化过程可分为 5 个期，以夏播早熟品种为例加以说明。

1. 生长锥形成期　当第 2 片复叶展开后，花梗生长锥开始形成。在花梗形成初期，生长锥宽大于长，随着生长锥伸长，逐渐变得长大于宽，并在顶端分化出瘤状小凸起，形成节瘤。当第 3 片复叶展开后，在节瘤上开始呈现球状小花原始凸起，在小花原基两侧分化出苞叶原始体。

2. 花萼分化期　随着花梗生长锥和节瘤伸长，小花原基形成花萼筒，完成花萼分化。此时即第 4 片复叶展开，第 5 片复叶初露。

3. 花瓣分化期 在最先形成的小花中，花瓣原基首先形成，逐渐分化形成旗瓣、翼瓣、龙骨瓣。因花芽分化的同伸关系，同位与不同位的花芽相继生长，形成花簇。当第 5 片复叶展开，第 6 片复叶初露时，有的腋芽已形成明显的分枝，也有的花梗随着复叶同时裸露出来，即现蕾。

4. 雌雄蕊原基分化期 在花器原基的中央，几乎同时分化出乳头状的雄蕊原始体，并在其周围有两圈共 10 个凸起环抱，即雄蕊原始体。雄蕊原始体经分化形成花丝，并迅速分化花药。雌蕊原始体经过纵向分化，发育成花柱。此时幼蕾生长最快。

5. 药隔、胚珠分化期 雄蕊原基体积进一步增大，花药与花丝已经明显区分，形成二体雄蕊，9 个为一体，一个单独生长。进而分化出 4 个花粉囊。花粉母细胞进一步分裂，花粉粒形成。同时，雌蕊原基继续生长，形成半圆球状柱头，向下弯曲与雄蕊等长。子房直接膨大，着生于子房内的胚珠也随之分化形成。雌雄配子体发育成熟后，花蕾各部器官在形态上分化完备，即进入开花期。绿豆开花顺序与花芽分化顺序相同，同一植株上主茎花梗小花先开，然后以分枝出现早晚顺序开花，同一花梗上基部小花先开。全梗开完需 25~40 d。

二、环境条件对绿豆生理的影响

（一）影响绿豆苗期生长的外源因素

绿豆生育前期生长量最大，而绿豆的增产潜力主要取决于生长前期的叶面积系数。迅速达到叶面积系数的最适点，以制造有效的光合产物是取得这一潜力的关键。因此，这一时期适宜的温度、充足的光照、适当的土壤水分和营养是保证绿豆高产的重要条件。

大气中 CO_2 浓度升高可促进作物生长，高浓度 CO_2 下，豆类产量可增加 28%。大气 CO_2 浓度升高后绿豆叶、茎、荚、根生长加快，收获后地上部分生物量及总生物量分别增加 24% 和 25.79%，根冠比显著增加 27.64%。植物生长和生物量的提高必然需要相应增加对养分的需求，打破原来作物和土壤之间的养分供需关系，这不但会影响到养分含量，还有可能会改变养分元素之间的协作或竞争平衡，重新调整作物和土壤的关系。

杨宗鹏（2013）对大气 CO_2 浓度升高对绿豆生理生态的影响研究表明：① CO_2 浓度升高对绿豆功能叶可溶性糖含量影响不明显。使开花期绿豆叶绿素 a 和叶绿素总量升高，类胡萝卜素含量无显著变化。② 大气 CO_2 浓度升高后导致绿豆叶水分利用率升高，净光合速率增加，但气孔导度下降，蒸腾速率变化不显著。③ 大气 CO_2 浓度升高后会导致以下结果：开花期绿豆倒 3 叶叶面积增加，开花期大根瘤数和总根瘤重显著增加，收获期绿豆茎粗增加，但对绿豆的株高、节数、分枝数、根长没有显著影响。④ 自由大气 CO_2 浓度升高对绿豆叶重无显著影响。在荚期，大气 CO_2 浓度升高使绿豆茎重显著增加。并使收获期绿豆荚重显著增加。大气 CO_2 浓度升高对绿豆根重无显著影响，但显著增加开花期根瘤重。大气 CO_2 浓度升高会促进绿豆地上部分生物量的增加。⑤ 大气 CO_2 浓度升高使绿豆生物量以及产量都显著增加，增幅分别为 11.57% 和 14.22%，大气 CO_2 浓度升高对绿豆收获指数无显著的影响。

（二）绿豆的光合生理特性

彭晓邦等（2011）测定了单作及间作农林复合系统中大豆和绿豆的光合荧光参数日变化特征。结果表明：① 从单作到间距核桃 1m 间作模式，距核桃树越近，遮光愈多，各处理大豆、绿豆的净光合速率（P_n）、气孔导度（G_s）和蒸腾速率（T_r）表现出与光合有效辐射（PAR）基本一致的先升后降的日变化模式。② 随着遮阴程度的提高，大豆、绿豆叶绿素含量和表观量子效率升高，而光饱和点（LSP）和光补偿点（LCP）降低。③ 随着遮阴程度的提高，大豆、绿豆叶绿素荧光参数最大光能转换效率（F_v/F_m）、PS Ⅱ电子传递量子效率以及光化学猝灭系数（q^P）均有不同程度的升高，而非光化学猝灭系数（q^N）却逐渐降低。研究发现，大豆和绿豆能适应间作系统的弱光环境，在较低的光照条件下正常生长，植物的光合特性与其生境特点相符。

（三）温度、光照、水分对绿豆光合作用的影响

1. 温度　绿豆是喜温作物。生育要求最低温度 15~18℃，适温 31~37℃，高温 44~50℃，过低或过高温度都不利于植株进行光合作用，使生长发育受阻。幼苗对低温有一定的抵抗力，真叶显现前抗寒力较强，短时间的春寒对幼苗影响不大，真叶出现后抗寒力减弱。出苗后随着植株长高，分枝形成，需要较高温度，一般 18℃以上植株才迅速生长。开花结实前的花芽分化期，温度在 19~21℃较为适宜；花芽分化速度减缓、时间延长，利于花器发育完备，提高可孕率，荚长、粒多。温度低于 17℃以下，影响根系发育，植株停止生长，花芽分化受阻，影响花荚形成，开花很少，并推迟开花和成熟。如温度过高，则营养生长过旺，茎叶繁茂，花芽分化快，时间短，不孕小花增多，并造成荚小、粒少。绿豆开花后，特别是鼓粒期需要高温，26~30℃最佳，昼夜温差越大越好，有利于光合产物积累，绿豆生育健壮，花荚多，荚果生长快，籽粒饱满、色艳，百粒重大。天气晴朗微风，能促进子粒灌浆和增重，有促进成熟和提高单产的作用。绿豆生育后期对温度敏感，温度降至 16℃以下，则植株停止生长，迟迟不熟，温度剧降或遇霜冻，则种子不能完全成熟。当气温降至 0℃以下时，植株会冻死。

2. 光照　绿豆喜光，尤其在花芽分化过程中始终需要充足的光照。从雌、雄蕊分化期到生殖细胞生成期，更需要充足的光照。光照不足会使植株光合作用降低，合成的有机物满足不了花芽分化所需养分，进而影响花粉母细胞的形成，减少可孕小花数。花芽分化期到花荚期如遇连阴雨天会造成严重落花落荚。生长后期也需要晴朗的天气，充足的光照可保证充分灌浆，提高产量。

3. 水分　中国农民中有“旱绿豆，涝小豆”的谚语，说明绿豆具有较耐旱而不耐涝的特性，但绿豆也是需水较多的作物，新鲜植株含水量达 80%~90%。苗期需水较少，花期需水较多，成熟期需水次之。相关研究表明，绿豆植株需水量平均每天为

3.2 mm（大豆、玉米为 3.2~3.3 mm，高粱为 2.8 mm，甘薯为 1.8 mm）。“亚洲蔬菜研究与发展中心”的生理研究指出，绿豆不同生长阶段缺水 7d，光合率减少 76%~99%，并导致单株产量减少 28.4%。

绿豆怕涝，只有在生长后期相对较耐涝。连阴雨天会造成严重落花落荚，或使成熟荚霉烂，地面积水 2~3d 植株即死亡。

第三节　栽培要点

一、种植方式

（一）单作

绿豆既可单作，也可以间作套种。单作时忌连茬。绿豆生育期短，耐瘠耐旱，能肥田，多种植于无霜期较短以及贫瘠的沙薄地、岗坡地上，在干旱半干旱地区、高海拔冷凉山区以及边贫地区有较强的生产优势。20 世纪 80 年代期间，作为填闲作物和开垦沙荒地的先锋作物，绿豆在中国单作面积逐年增加，其优点是便于种植和管理，便于覆盖栽培，便于田间作业的机械化。单作时可露地栽培，也可覆盖栽培。中国多数产区露地种植采用条播，少数产区的零星地块也有穴播或撒播的习惯。

（二）间作

一茬有两种或两种以上生育季节相近的作物，在同一块田地上成行或成带（多行）间隔种植的方式称为间作。

早在公元前 1 世纪中国西汉《氾胜之书》中已有关于瓜豆间作的记载。公元 6 世纪《齐民要术》叙述了桑与绿豆或小豆间作、葱与胡荽间作的经验。明代以后麦豆间作、棉薯间作等已较普遍，其他作物的间作也得到发展。20 世纪 60 年代以来间作面积迅速扩大，有高秆矮秆作物间作和不同作物种类间作，如粮食作物与经济作物、绿肥作物、饲料作物的间作等多种类型，尤以玉米与豆类作物间作最为普遍，广泛分布于东北、华北、西北和西南各地。此外，还有玉米与花生间作，小麦与蚕豆间作，甘蔗与花生、大豆间作，高粱与粟间作等。林粮间作中以桑树、果树或泡桐等与一年生作物间作较多。在印度和许多非洲国家，豆类、玉米、高粱、粟、木薯等采用间作的也较普遍。

间作可提高土地利用率。由间作形成的作物复合群体可增加对阳光的截取与吸收，减少光能的浪费；同时，两种作物间作还可产生互补作用，如宽窄行间作或带状间作中的高秆作物有一定的边行优势、豆科与禾本科间作有利于补充土壤 N 元素的消耗等。但间作时不同作物之间也常存在着对阳光、水分、养分等的激烈竞争。因此对株型高矮不一、生育期长短稍有参差的作物进行合理搭配和在田间配置宽窄不等的种植行距，有助于提高间作效果。当前的趋势是旱地、低产地、用人畜力耕作的田地及豆科、禾本科作物应用间作较多。

1. 绿豆常见间作模式

（1）绿豆与棉花间作 以1.8m为一种植带，两行棉花两行绿豆。棉花株行距为20cm×60cm，于4月15日地膜覆盖播种。绿豆株行距为15cm×40cm，于4月20日地膜覆盖播种。6月份绿豆成熟后一次性收获。于6月底把地整平，利用收获的绿豆再抢种一茬绿豆。

绿豆与棉花间作关键是搞好化控。绿豆化控可在现蕾期用矮壮素控制株高，防止徒长，促壮，调节养分分配，利于棉花的通风透光，增加中下部成铃数减少烂铃。棉花根据长势可用缩节胺进行化控，控制主茎与果枝节间的伸长及蘖芽的生长，控制株型，减少对绿豆的荫蔽。

（2）绿豆与玉米间作 以1.6m为一种植带，两行玉米两行绿豆。绿豆株行距为15cm×40cm。于4月下旬播种，培垄后覆盖地膜。玉米株行距为20cm×40cm，5月上旬播种。春播绿豆成熟时选摘一次荚，剩余豆荚变干时连根拔起收获，利用收获的绿豆于7月初再种一茬绿豆。

（3）绿豆与花生间作 以1.4m为一种植带，两行绿豆两行花生。花生株行距为15cm×30cm，绿豆株行距为15cm×40cm。于4月20日花生和绿豆同时播种培垄覆盖地膜，6月份绿豆成熟后一次性收获，利用头茬收获的绿豆于6月底整地抢种一茬绿豆。

（4）地瓜间绿豆 隔沟间作。45cm左右一墩，每墩2~3株，隔2~3沟间作，33cm左右一墩。多选用早熟、棵矮、结荚集中的品种。

（5）绿豆与谷子间作 绿豆与夏谷间作。麦收后在播种谷子同时以4∶2或2∶2的形式间作。

2. 总体效益分析

（1）绿豆与棉花间作 根据数据统计，产皮棉1 375.5 kg/hm^2，绿豆1 248 kg/hm^2，以市场价格皮棉18元/kg，绿豆5元/kg计算，可收入3.1万元/hm^2，纯收入2.70万元。绿豆能达到出口标准，如按出口价格计算，效益更可观，不但收益比棉花单作效益高，而且与绿豆间作起了养地作用，为下茬作物高产打下了良好的基础。

（2）绿豆与玉米间作 操作简单，投入少，收获绿豆为主，兼收一茬玉米。正常收两季绿豆，春播绿豆产量1 648kg/hm^2，产值8 240元/hm^2，玉米产量6 000kg/hm^2，按市场价玉米1.2元/kg，产值7 200元/hm^2，秋播绿豆产量1 320 kg/hm^2，产值6 600元/hm^2，3项合计2.2万元，纯收入可达2万元左右。如果玉米能作为鲜玉米出售，秸秆作为青饲料割除，不但夏茬绿豆的产量增加，收入还会大幅上升。

（3）绿豆与花生间作 利用地膜覆盖起到保湿增温保温的作用，有利于苗齐苗壮，互不遮阴，互促生长，粒大籽实饱满，有利于发挥增产潜力。春播绿豆产量1 178 kg/hm^2，产值5 890元/hm^2，花生产量3 000kg/hm^2，按市场价花生5.6元/kg，产值16 800元/hm^2，秋播绿豆产量1 064 kg/hm^2，产值5 320元/hm^2，3项合计2.8万元。花生于8月中旬收获提早上市，其收入还要高，同时为绿豆生长提供了有利的条件。

在生产中不同地区可根据种植结构、习惯等选择适宜的作物与之套种，与豆类间作套种，种地与养地相结合，有利于农田的持续高产。

间作套种中各作物的种植密度根据土壤、肥水及品种特性等决定，较肥沃的地块宜稀植，较贫瘠的地块宜密植，在黄淮和华北地区绿豆的种植密度一般较稀，在东北、西北地区绿豆的种植密度一般较密，并且一年种一茬。总之，在不影响产品品质的前提下可适当加大两种作物的种植密度以提高产量。

应用新品种新技术，如绿豆选用直立型，抗倒性强，开花集中，又提高了产量及品质，地膜覆盖可节水增温，利用化控可塑造理想群体，减轻间作作物间的相互影响，并可简化劳动程序，节约成本，且优良绿豆品种每年都有出口，群众可根据市场行情调整间套比例，灵活掌握。

（三）套作

在前季作物生长后期的株、行或畦间播种或栽植后季作物的种植方式。套作的两种或两种以上作物的共生期只占生育期的一小部分时间，是一种解决前后季作物间季节矛盾的复种方式 。套作在中国起源甚早 。公元 6 世纪《齐民要术》中已有大麻套种芜菁的记载。明代麦、棉套种和早、晚稻套种等已有一定发展。中国是世界上实行套作最普遍的国家之一。

套作的主要作用是争取时间以提高光能和土地的利用率。多应用于一年可种 2 季或 3 季作物，但总的生长季节又嫌不足的地区。实行套作后，2 种作物的总产量可比只种 1 种作物的单作产量有较大提高。套作有利于后作的适时播种和壮苗全苗；在一些地方采用套作可以躲避旱涝或低温灾害；还有缓和农忙期间用工矛盾的作用。套作在中国起源甚早。公元 6 世纪《齐民要术》中已有大麻套种芜菁的记载。到明代，麦棉套种、早稻套晚稻等已有一定发展。目前，中国是世界上实行套作最普遍的国家之一。主要的方式有：小麦套玉米，麦、油菜或蚕豆套棉花，稻套紫云英以及水稻套甘蔗、黄麻、甘薯，小麦套种玉米再套甘薯或大白菜等。套作也见于亚洲、非洲、拉丁美洲的一些国家。

不同的作物在其套作共生期间也存在着相互争夺日光、水分、养分等的矛盾，易导致后季作物缺苗断垄或幼苗生长发育不良。调整的措施包括：选配适当的作物组合，尽量使前后作物能各得其所地合理利用光、热、水资源；以及通过适当的田间配置，如调节预留套种行的宽窄、作物的行比、作物的株距行距和掌握好套种时间等。

主要方式如小麦套玉米或再套甘薯或大白菜；麦、油菜或蚕豆套棉花；稻套紫云英和水稻套甘蔗、黄麻、甘薯等。套作的主要作用是争取时间以提高光能和土地的利用率；提高单位面积产量；有利后季作物适时播种；缓和用工矛盾和避免旱涝或低温灾害。套作应选配适当的作物组合，调节好作物田间配置，掌握好套种时间，解决不同作物在套作共生期间互相争夺日光、水分、养分等矛盾，促使后季作物幼苗生长良好。

1. 常见绿豆套作模式

（1）春玉米套种绿豆 春玉米采取大小行种植，大行 1m，小行 50cm，株距 33cm，每亩 2650 株左右；或大行 1.6m，小行 50cm，株距 26cm，每亩 3 000 株左右。玉米授粉后，在大行间套种 3~4 行生长期短、株小、结荚集中的早熟绿豆。行比为 2：4，或 1：1，即单行豆成为单作。

（2）棉花套播绿豆 春播绿豆的最佳播种时期应在 4 月下旬，这个时期可以和棉花一起播种。棉花可以分大小行种植，大行 90~100cm、小行 50~60cm，这样可以提高棉花透光透气性，有利于光合作用。播棉后在棉花大行内播种 1 行绿豆，绿豆株距为 15cm 左右，每穴 1~2 株，过稀过密都会影响绿豆的产量。

（3）绿豆套种西瓜复播白萝卜 采用 80cm 宽的地膜，150cm 宽一带，机械铺膜、播种。4 月下旬播种绿豆，膜侧种植，1 膜双穴，穴距 30cm，1 穴双株，亩留苗 8000 株左右；绿豆播种后接着在两行绿豆中间的地膜垄上播种西瓜，株距 50~60cm，亩留苗 800~900 株。绿豆和西瓜收获后，7 月中旬复播白萝卜，株距 30cm，行距 60cm，亩留苗 3700 株。

2. 总体效益分析 山西省偏关县农技中心同县农广校技术人员推广绿豆套种西瓜复播白萝卜种植模式，取得了较好的经济效益，平均亩产绿豆 178kg、西瓜 2 710kg、白萝卜 4 040kg，总收入达 3 340 元，纯收入达 3 100 元。

（四）轮作

轮作（crop rotation）是指在同一块田地上，有顺序地在季节间或年间轮换种植不同的作物或复种组合的一种种植方式。轮作是用地养地相结合的一种生物学措施。中国早在西汉时就实行休闲轮作。北魏《齐民要术》中有“谷田必须岁易”、“麻欲得良田，不用故墟”“凡谷田，绿豆、小豆底为上，麻、黍、故麻次之，芜菁、大豆为下”等记载，已指出了作物轮作的必要性，并记述了当时的轮作顺序。长期以来中国旱地多采用以禾谷类为主或禾谷类作物、经济作物与豆类作物的轮换，或与绿肥作物的轮换，有的水稻田实行与旱作物轮换种植的水旱轮作。如一年一熟的大豆→小麦→玉米三年轮作，这是在年间进行的单一作物的轮作；在一年多熟条件下既有年间的轮作，也有年内的换茬，如南方的绿肥—水稻—水稻→油菜—水稻→小麦—水稻—水稻轮作，这种轮作有不同的复种方式组成，因此，也称为复种轮作。

绿豆生长快，枝叶茂盛封垄早，能抑制杂草生长，保持土壤养分和水分，并有共生固 N 根瘤，能直接补充土壤中的 N 素。绿豆大量的残根、落叶能丰富土壤有机质，改善土壤结构，提高土壤肥力。早在《齐民要术》中就有“凡美田之法，绿豆为上，小豆胡麻次之”，“凡谷田，绿豆底为上”的记载。另外，绿豆忌连作，农谚有“豆地年年调，豆子年年好”的说法。绿豆连作根系分泌的酸性物质增加，不利于根系生长。多年连作，会因噬菌体的繁衍抑制根瘤菌的发育，从而影响植株的正常生长发育，造成病虫害增多，品质下降。同时，绿豆前茬不能选油菜、向日葵和大白菜，否则会造成菌核病大面积发生，植株矮小，结荚减少，产量下降。因此，种植绿豆要安排好地块，最好是与禾谷类作物玉米、小麦和高粱等轮作。有条件的地区，要实行三年以上轮作制。

1. 绿豆轮作模式

（1）一年一作　绿豆—谷子、高粱或玉米。

（2）一年两作　小麦—绿豆。

（3）二年三作　小麦—绿豆—棉花—小麦—绿豆（谷子）。

（4）三年五作　小麦—绿豆—春甘薯—春玉米—小麦—绿豆（大豆）。

2. 总体效益分析

山西省万荣县农业技术推广中心技术站通过推广小麦—绿豆种植模式和绿豆高产栽培技术，绿豆、小麦产量提高，效益增加，土壤有机质提高。2009 年对示范区调查，小麦—绿豆轮作田绿豆平均产量 145 kg/ 亩，小麦平均产量 200 kg/ 亩，小麦、绿豆每亩共收入 1 310 元；小麦—玉米轮作田小麦平均产量 110 kg/ 亩，玉米平均产量 200 kg/ 亩，小麦、玉米每亩共收 562 元，两种种植模式收入相差 748 元；选用高产栽培技术平均产量 145kg/ 亩，未选用的平均产量 125kg/ 亩，产量相差 20kg，收入相差 60 元。由于小麦、绿豆秸秆全部还田，使土壤理化性状改善，根据土肥站测定，有机质含量增加 0.25%。

二、播种

（一）种子选择和处理

绿豆种子成熟不一致，其饱满度和发芽能力不同，并有 5%~10% 的硬实率。另外，绿豆有炸荚落粒习性，种子易混杂。为了提高品种纯度和种子发芽率，实现苗全苗壮，应选成熟度好，籽粒饱满的种子并进行种子处理。

1. 晒种　在播种前选择晴天，将种子薄薄摊在席子上，晒 1~2d，可增强种子活力，提高发芽势。晒种时要勤翻动，使之晒匀，切勿直接放在水泥地上暴晒。

2. 选种　利用风、水、机械或人工挑选，剔除病斑粒、破碎粒、秕粒、杂质及异类种子。

3. 接种、拌种或浸种　在瘠薄地每亩用 50~100g 根瘤菌接种或 5g 钼酸铵拌种，可增产 10%~20%；在高肥力地块用高产菌、磷酸二氢钾拌种，也能增产 10% 以上；病虫害发生严重田块，建议选用种衣剂拌种，或进行包衣。

（二）播期和密度

1. 选择适宜播期　根据种植品种的不同选择不同播期。绿豆生育期短，播种适宜期长。在许多地区既可春播亦可夏播。北方春播自 4 月下旬至 5 月上旬，夏播在 5 月下旬至 6 月份。虽然绿豆从 3—8 月均可播种，但过早或过晚都不适宜，要根据当地的气候条件和耕作制度，适时播种。一般应掌握“春播适时，夏播抢早”的原则。春播如播种过早，生育期延长，个体发育不良，产量降低；夏播绿豆，播种越早越好，早播幼苗生长健壮，开花结荚期处在高温多湿阶段，有利于花荚形成，荚多、粒多、产量高。另外，早播绿豆苗期正处在雨季到来之前，利于田间管理，能及时间苗、中耕、除草，实现苗齐苗壮，无荒草、无板结、无病虫为害。过晚播种会使前期营养生长不良，分枝数减少，后期花荚不能大量形成，且易遇雨涝和低温影响，有效结荚期缩短，落花落荚严重，荚少、粒小，造成大幅度减产。

绿豆种子发芽最低空气温度6~7℃，土壤温度在8℃以上。从土壤湿度来说，田间持水量为60%最适宜。小于50%以下不利于种子吸收水分，对出苗不利。温度过高或过低，土壤湿度过高过低对绿豆的发芽都不利，所以绿豆选择适宜的播种期，是保全苗，夺取高产的重要措施。黄土高原绿豆种植区多为春播绿豆，一般播种期应选择在5月上中旬，土壤墒情适合就可以播种，最晚不宜迟于6月上旬。

2. 确定合理密度　绿豆种植密度因区域、播种时间、品种、地力和栽培方式不同而异。一般掌握早熟密、晚熟稀；瘦地密、肥地稀；早种稀、晚种密的原则。绿豆的产量是由单位面积总荚数、每荚粒数和粒重3部分构成的，其中以总荚数占主导地位，而适当增加株数，是增加单位面积总荚数的基础。只有合理密植，才能协调好群体生长和个体发育之间的对立统一关系，使个体发育健壮，群体生长一致，充分利用土壤、光能等自然资源，在一定的面积上获得较高的产量。适宜的种植密度是由品种特征特性、土壤肥力和耕作制度来决定的。

绿豆的生态类型较多，其种植密度差异较大。直立或丛生品种，个体植株竖向发展，适宜密植，每亩群体在8 000~15 000株；半蔓生型品种是基部直立，中、上部或顶端匍匐，应适当稀植，每亩留苗6 000~12 000株；蔓生型品种植株横向发展，一般蔓长在100cm左右，要适当稀植，密度应在每亩4 000~6 000株。对于严重干旱地区，半蔓生和蔓生型品种更应稀植，每亩保苗在3 000~4 000株。

土壤肥力和质地对绿豆生长发育影响很大，因此种植密度要随土壤条件而变化，一般在肥沃的土地上，直立品种以亩留苗8 000~12 000株为宜。中等肥力地块，亩留苗以12 000~15 000为宜。瘠薄地块，每亩以15 000~18 000株较好。特殊地块、特殊品种的留苗密度应根据具体情况相应调整。

（三）播种方法

绿豆的播种方法有条播、穴播和撒播，其中，以条播较多。条播时要防止覆土过深、下籽过稠和漏播，并要求行宽一致，一般行距40~50cm。间作、套种和零星种植大多是穴播，每穴3~4粒，行距50~60cm。撒播时要防止稠稀不匀或过稠过稀现象，否则易发生草荒，也不利于除草、打药和收获等田间管理。生产中一般较少采用。

播量要根据品种特性、气候条件和土壤肥力因地制宜。一般掌握下种量要保证在留苗数的2倍以上。适宜的播种量，条播为1.5~2kg，撒播为4kg，间作套种地块用种量应根据绿豆种植行数而定。播深对出苗率影响很大，要根据土壤性状、水分及种子大小和播期等因素来定。在黏土和湿墒地，播深以3~4cm为宜；土松缺水地，播深可至4~5cm。

播种时墒情较差、土块较多、土壤沙性较大的地块，播后应及时镇压，以减少土壤空隙，增加表层水分，促进早出苗、出全苗，根系良好生长。

三、田间管理

（一）间苗定苗

当绿豆出苗后达到两叶一心时，要剔除疙瘩苗。绿豆苗3叶期间苗，每穴留壮苗2~3株，要间小留大、间杂留纯、间弱留壮。4片叶时定苗，株距在13~16cm，单作行距在40~50cm，每亩留苗1万~1.25万株为宜。

（二）中耕

绿豆生育期内进行3次中耕。中耕可以起到增温放寒、控制杂草和扩大土壤水库容量的作用。

在绿豆生长初期，田间易生杂草，及时中耕不仅能消灭杂草，还可破除板结、疏松土壤、减少蒸发、增加土壤通气性、促进植株和根瘤发育，是绿豆增产的有效措施。一般在开花封垄前应中耕2~3次，即在第1片复叶展开后结合间苗进行第1次浅锄；在第2片复叶展开后，开始定苗并进行第2次中耕；到分枝期进行第3次深中耕。同时，要结合深中耕进行封根培土，以防倒伏。

（三）科学施肥

1. 绿豆的需肥规律 绿豆虽有较强的耐瘠性，在瘠薄土壤上也能获得一定的产量，但为了促进绿豆的生长发育，提高产量和产品质量，必须增施肥料。绿豆在生育过程中，要不断从土壤中吸收各种营养元素来合成有机质。一般中等生产水平，每生产100kg籽实需吸收N素9.68kg，P素0.93kg，K素3.51kg，还需要Ca、Mg、S、Cu、Mo等元素。其中，除部分N素靠根瘤菌供给外，其余的元素要从土壤中吸收。

绿豆的吸肥特点是生育前期的营养生长阶段，需吸收一定量的N、P、K等营养元素，以加速绿豆营养体的生长，促进分枝、花芽分化、花器形成及生育。在营养生长和生殖生长并进的生育中期，植株生长迅速，大量开花、结荚和鼓粒，对养分的需求量急剧增高。以生殖生长为主的生育后期，大量的荚开始鼓粒，体内合成的蛋白质、脂肪和其他有机物质不断地向荚果和籽实中转移。

表 2-1　绿豆不同生育期对氮磷钾营养元素的吸收率（林汝法等，1988）　（%）

生育期	前期（出苗—开花）	中期（蕾、花、荚期）	后期（鼓粒期）
氮（N）	17	68	15
磷（P_2O_5）	15	62	23
钾（K_2O）	24	65	11

表 2-1 说明，开花至鼓粒期是三要素的高峰时期，在栽培上抓住开花至鼓粒期增施 N、P 肥，是获得绿豆高产的关键措施之一。

绿豆施肥原则是以有机肥为主，无机肥为辅，有机肥和无机肥混合施用；施足底肥，适当追肥。提倡在绿豆种植上增施有机肥，提高绿豆的品质和产量，增加抗逆性。

2. 施肥时期和方法　绿豆虽有耐瘠性，其根系又有共生固 N 能力，但为了提高中、低产地块的绿豆产量，应增施肥料。春播绿豆结合整地施足底肥。土壤肥力一般的地块，每亩需施有机肥 2 000~3 000 kg，尿素 2.5~5kg，P_2O_5 2~3kg。夏播绿豆如抢墒播种来不及施底肥，每亩可用 2~5kg 尿素或 5kg 复合肥作种肥。苗期追肥应根据土壤肥力和幼苗生长情况，适时适量进行。在地力较差，不施基肥或种肥的山冈薄地，于绿豆第一片复叶展开后，结合中耕，亩追尿素 3kg 或复合肥 8kg，都有明显的增产效果。在中等肥力地块，于第四片复叶展开（即分枝期前后），结合培土亩施尿素 5kg，或磷酸二铵 20kg、尿素 2.5~5kg。在土壤肥力较高，有机质含量高于 2% 的地块，苗期应以控为主，采用相应的蹲苗措施，不宜再追施 N 肥。N 肥过多会抑制根瘤形成和根瘤菌活动，导致营养生长过旺，茎叶徒长，田间隐蔽，遇风植株易倒伏，落花落荚严重，降低产量。

一般间作、套种田要比单作地块每亩多施碳铵 15kg，过磷酸钙 10kg。同时，可根据绿豆生长情况，在开花前期追施少量 N 肥，一般不超过 5kg/ 亩，也可在花荚期结合防治病虫害喷施 0.4% 的磷酸二氢钾和 2% 的尿素混合液。

3. 氮、磷、钾肥的生理作用和产量效应　在低 N 水平下，绿豆产量随 P 肥水平的增加表现出先增加后降低的趋势。在高 N 水平下，随 P 肥水平的增加，绿豆产量呈增加的趋势。在 P 肥水平达到最高时，绿豆产量有小幅度的降低。K 肥用量 20~45 $kg \cdot hm^{-2}$ 和 P 肥用量 130~160 $kg \cdot hm^{-2}$，产量函数值可达到较高值。P 肥在低水平时，绿豆产量随 K 肥水平的增加而增加，P 肥在高水平时，绿豆产量随 K 肥水平的增加而降低。低 K 肥用量配合高 P 肥用量可显著提高绿豆产量。

4. 微量元素肥料的施用　目前，在农业生产中大面积应用的微肥是 B、Zn、Mo，主要品种有硼砂、硫酸锌、钼酸铵等。

作物对微量元素的需要量极少，但它们在作物体内所起的生理作用却很大。如土壤中微量元素供给不足，则会出现不同缺素症状，产量减少、品质下降，严重时会造成失收。

根据多年的试验结果，施用微肥的增产效果和经济效益都十分显著。施用 B 肥，每亩投资 1 元，平均可增产绿豆 12kg；施用 Zn 肥，每亩投资 2 元左右，平均增产绿豆 8kg；施用 Mo 肥，每亩投资 1 元钱，平均增产绿豆 15kg。

施用微肥要想取得良好的增产效果，必须考虑土壤条件和作物种类。首先，要了解土壤中微量元素的含量。一般土壤速效 B 含量 <0.8mg/kg、速效 Zn <0.5mg/kg、速效 Mo <0.15mg/kg 时，就说明作物缺乏这些微量元素，施用相应的微肥就能增产。

5. 绿豆根瘤 绿豆具有与豇豆族根瘤菌 Rhizobium. spp. Cowpea type 共生固 N 的特性。绿豆根上着生根瘤，根瘤中充满好气性细菌即根瘤菌。较多集中于主根上部，体积大、数量多，内部汁液为鲜红色的是有效型（优级）根瘤；在主根及支根较下部，结瘤不多、体积小、内部汁液为棕色的是中间型（中级）根瘤；分散在下部支根或须根上，内部汁液为灰色或青色的是无效型（劣级）根瘤。由于存在不同程度的有效与无效根瘤，根瘤菌从空气中固 N 的数量和效率就不同。

（1）绿豆根瘤菌形态 宫雅琴等（2005）对 12 个绿豆品种根瘤菌形态学进行研究，结果表明在甘露醇—酵母汁培养基上生长的绿豆根瘤菌菌落形状均为圆形，直径在 6.6~9.1mm 之间。供试绿豆品种根瘤菌菌落的其他特征为：低凸，表面光滑，边缘整齐，微乳白或乳白微透明糊状或不透明糊状，均有黏性。在研究中发现，只有长荚绿豆、秦豆 6 的菌落形态型为 R，其余均为 S。在培养基上，不同品种的绿豆根瘤菌生长速度不同，生长速度最快的是长荚绿豆，72h 内直径达 9.1mm，生长速度最慢的是南绿 1 号，72h 内直径为 6.6mm。在培养条件下，绿豆根瘤菌幼小时为短秆状，长大后为长椭圆，近似球状，并且大多成对出现，不形成芽孢。

（2）绿豆根瘤菌的遗传多样性 袁天英等（2006）对分离自中国主要生态区域的 44 株慢生型绿豆根瘤菌和 5 株参比菌株进行了遗传多样性和系统发育研究，16S rRNA PCR_RFLP 分析结果表明：在 76% 的相似水平上，所有供试菌株可分为三大类群：群 I 由 LYG1 等 13 株慢生根瘤菌组成，该群在系统发育上与 *B. japonicum* 和 *B. liaoningense* 的参比菌株存在一定的差异；群Ⅱ由 XJ1 等 21 株供试菌株、*B. japonicum* 和 *B. liaoningense* 的代表菌株组成；群Ⅲ由 10 株来自广东和广西的菌株和 *B.elkanii* 的代表菌株组成。16S_23S rRNA IGS PCR_RFLP 分析将供试菌株分为 A、B 两大群。群 A 由 34 株供试菌株、*B.japonicum* 和 B Ⅲ 3 个亚群。群 B 由 10 株分离自广西和广东的菌株和 *B.elkanii* 的代表菌株组成。在 85% 的相似性水平上，可再分为 BI 和 B Ⅱ两亚群，表现出一定的多样性。分离自中国新疆、广东和广西等地的菌株在分群上具有较为明显的地域特征。

（3）接种和拌种绿豆根瘤菌的固氮效果 据有关报道，绿豆根瘤菌能供给的 N 可达绿豆所需要总 N 量的 50%~70%。也就是说，绿豆一生中所需的 N 素有一半以上来源于根瘤菌的固 N 作用。所以接种根瘤菌是非常经济有效的增产措施之一。绿豆的根瘤菌与小豆、豇豆、花生等豆类的根瘤菌属于同一族，可以相互接种。特别是在多年未种豆类作物的地块上接种根瘤菌，对绿豆增产效果比较显著。

为了提高绿豆的产量，可以在播种的同时，接种根瘤菌。具体的绿豆接种根瘤菌的方法主要有 3 种：①在绿豆地中选择生长旺盛的植株将其根系挖出，放于阴凉处，风干后供第二年种绿豆时接种用。一般的接种用量为每亩 20~25 株的根瘤。接种时将根瘤捣碎，用温水调匀，均匀拌在种子上即可。②每亩用根瘤菌剂 30~70g，用清水调匀后，均匀拌种。③在种植绿豆的上一年地块中，取一些表土，整地时与农家肥拌匀后施入地中，每亩用量为 100kg 左右。此法不要在重迎茬和发生病害的地块上进行，以免土壤带菌。

（四）节水灌溉

1. 绿豆的需水量和需水节律　绿豆耐旱，农民有“旱绿豆，涝小豆”的谚语。但绿豆生育期间还是需要一定水分，苗期需水少些，花期前后需水增加。缺水过多会导致过多的花荚败育，落花落荚，降低产量。绿豆植株需水量平均为 3.2mm/d。绿豆在开花到成熟过程中，土壤持水量从 50%减少到 20%，所产生的硬实会多于 90%。绿豆对水分反应较敏感，在不同的水分条件下，产量相差很大。当田间最大持水量由 50%提高到 70%时，绿豆籽粒产量可增加 59%；当田间持水量由 50%提高到 90%时，绿豆产量可增加 1~2 倍。绿豆耐旱主要表现在苗期，三叶期以后需水量逐渐增加，现蕾期为绿豆的需水临界期，花荚期达到需水高峰，在有条件的地块实施灌水可以促进增加单株荚数及单荚粒数；在旱作地块，可适当调节播种期，使绿豆花荚期赶在雨季。另外，绿豆耐旱不耐涝，土壤过湿易徒长倒伏，花期遇连阴雨天，落花落荚严重，地面积水 2~3d 会造成死亡。生产中同样要注意排涝。采用深沟高畦（垄）种植或开花前培土是绿豆高产的一项重要措施。

2. 节水补灌　中国作为一个农业大国，但水资源却极其缺乏，尤其是在干旱半干旱地区。为确保农业生产，必须采取相应的补灌措施。主要的节水灌溉技术包括管道输水、渠道衬砌防渗、细流沟灌、喷灌、滴灌、渗灌、膜上灌、小管出流、微喷以及其他新灌溉技术等。目前推广的主要节水补灌技术如下。

（1）集雨补灌技术　在半干旱农牧交错带的丘陵和山区，可利用有利地形集聚雨水用于基本农田的补充灌溉，发展高效农业。20 世纪 90 年代以来中国北方大范围推广了水窖和农田微地形集雨技术，取得良好效果。

① 集雨面。利用坡面汇集雨水蓄积在池塘，在作物需水关键期输送到附近农田或大棚。应选择或修成平整光滑的坡面以增大有效径流量。坡面防渗材料有混凝土、塑料薄膜、三合土、黏土等。目前，各地正在研制成本较低和较耐用的集雨面新材料。还可以利用屋顶、场院、路面、操场等不渗水或难渗水地面汇集雨水。

② 蓄水工程。其功能包括蓄水和保持良好水质。为防止泥沙进入，应在蓄水工程前修建沉沙池，在水流入口处建拦污栅。蓄水工程的形式有水窖、水窑、水池、水罐等。

利用房顶或附近山坡汇集雨水入窖，每窖可贮水到数十立方米不等。适合黄土高原丘陵沟壑区的水窖一般为混凝土拱底顶盖圆柱形，由水泥砂浆抹面窖壁、三七灰土翻夯窖基、混凝土现浇窖底、混凝土预制圆形窖颈和进水管等组成。甘肃等地还利用公路汇集雨水入田边水窖，也取得一定效果，但可推广的面积有限且难于管理。

③ 供水和灌溉设施。包括管道、畜舍饮水槽等供水设施和农田节水补灌设施。

④ 农田微地形集雨。陕西推广小麦沟植垄盖技术，最大限度地减少了垄面蒸发，将雨水汇集到播种沟，提高了水分利用率。对于 10mm 以下的降水过程，雨水迅速渗入沟内土壤，可显著提高水分利用效率。水平沟、植物篱和水平梯田等高耕种模式也可以看作是农田集雨措施。

（2）*集雨补灌的配套技术*　输水过程中要基本杜绝渗漏和蒸发损失，可采取滴灌、小管出流等节水灌溉技术，还需要与基本农田建设、土壤改良、筛选高效耐旱作物品种、保护性耕作等技术及种植结构调整措施相结合。

3. 移动式喷灌、移动式软管灌等节水抗旱综合技术模式　该模式是结合抗旱保墒措施，在丘陵山地采取山脚打井、山腰建池或在河沟进行梯级拦蓄和建设高位水囤，提水上山进行抗旱喷灌或管灌；在漫坡漫岗地，以小流域治理为重点，建蓄水工程发展抗旱喷灌或管灌；在平原补源区，合理布局浅井，连片发展抗旱喷灌和管灌；在一家一户分散经营地区，采用集蓄雨水建水窖、水池或利用灌区的回归水打浅井，根据农户经济实力和拥有的农田面积，使用软管输水灌溉或轻小型喷灌机喷灌。

4. 坐水种节水抗旱补灌综合技术模式、补灌后覆膜节水抗旱综合技术模式

坐水种节水抗旱补灌综合技术模式是利用行走式注水点播机，将开沟、注水、点种、施肥、覆土一次作业完成。目前主要用于玉米、大豆、甜菜的抗旱点灌。补灌后覆膜节水抗旱综合技术模式是把“行走式”节水灌溉技术、地膜覆盖技术有机结合起来的一种高度集约化经营的高产栽培技术模式。移动式喷灌抗旱综合技术模式是利用当地水源，采用轻小型移动式喷灌机具在农作物受旱时进行补灌。

5. 注水补灌技术　这项抗旱节水新技术，是利用轻巧便捷的农用注灌机，一边将水管一头放入集雨水窖内，一边将水管另一头的注灌枪，轻轻插入全膜双垄沟播玉米田，开启机器上水泵后，直接把汩汩清流注入作物根部。注水补灌充分利用山旱区集雨水窖，有效解决干旱、半干旱区作物“卡脖子旱”问题，可在大旱之年缓解干旱造成的威胁，凸显明显的抗旱增产效果。

黄土高原属大陆性气候，降雨稀少，多年平均降水量由西部的 200 mm 向东渐增至 600 mm，其中 70%～80% 集中在 7—9 月，且多以暴雨或雷阵雨形式出现，对土壤补给的有效降水很少。因此，黄土高原区十年九旱，春旱、伏旱、秋旱经常出现。

本区半旱地农业有限补灌模式以集蓄雨水发展节水补灌“出苗水”、“保苗水”和“关键水”为主，该模式是根据西北地区水土资源和农业生产特点，采取结合小流域治理的集雨节水补灌、坡面集雨与林草建设节水补灌、道路路面集雨节水补灌、土圆井水源节水补灌、庭院经济集雨节灌、旱作农田就地拦蓄集雨节灌等技术集成，发展集蓄雨水进行节水高效的补灌来实现雨水高效利用，提高农产品产量和质量。节水补灌方式常用低压软管输水地面灌、移动式喷灌和微灌、坐水点灌等。在灌区的边缘也可利用灌溉回归水打浅井，采用低压软管输水灌、移动式喷灌等发展抗旱补灌“关键水”、“增产水”。

（五）防治与防除病、虫、草害

绿豆生长发育过程中常见的病害有叶斑病、白粉病、立枯病、炭腐病、疫病等。河南、山西产区主要病害为叶斑病，陕西产区主要病害为细菌性疫病。

主要虫害有豆蚜、绿豆象、甜菜夜蛾、蛴螬、大豆卷叶螟等。田间主要虫害为蚜虫，仓储期间主要害虫为豆象。

绿豆田块常见杂草有狗尾草、稗草、马唐、牛筋草、藜、猪毛菜、反枝苋、凹头苋、马齿苋、白苋、田旋花、打碗花、圆叶牵牛、荠菜、苣荬菜、山苦荬菜、苦苣菜、苍耳、刺儿菜等。最主要杂草为狗尾草、牛筋草、藜、马齿苋等。

详见后叙。

（六）覆盖栽培

地膜覆盖栽培是广泛应用的一种绿豆保护性生产方式，无论水浇平地还是缓坡、梯田、台地都可采用。地膜覆盖后，能增加有效积温、保持土壤湿度，加快绿豆生育进程，为绿豆高产创造有利的生态环境条件，具有良好的增产作用，尤其在旱地使用效果更加明显。随着地膜覆盖栽培的大面积推广，各地不断改进覆盖技术，由原来的普通平覆膜到双沟覆膜，发展到现在的全膜双垄沟播技术，有的地方已开始应用黑膜覆盖。目前，最为普遍采用的地膜覆盖栽培技术选用幅宽 75~80cm 地膜，耕作带宽 80~100cm。先覆膜后打孔播种，每垄种两行，垄上行距 40cm 左右，株距 30~35cm。在绿豆地膜覆盖栽培中，精细整地、及时引苗出膜及添土封孔几项技术措施尤为重要。精细整地，去除土块、石块、前作秸秆和杂物，有利于薄膜覆严，防止破膜、膜面积水和大风揭膜等，保证盖膜质量；及时引苗出膜可防止因苗与播种孔不正造成的幼苗弯腰、膜内烧苗等现象。一般在出苗后 10d 左右进行为好。及时添土封孔是重新用细湿土把播种时没有封好的播孔及时封严，既可提高增温保湿的效果，也可有效抑制膜内杂草的生长。

四、适时收获

绿豆多数品种为无限结荚习性，由下向上逐渐开花结荚，所以荚果也是自下而上渐次成熟。成熟的豆荚也较易炸裂落粒，因此要适时收摘，不能等到全部豆荚成熟后再收获，一般植株上有 60%~70% 的荚成熟后，应及时开始收摘，以后每隔 6~8d 收摘一次效果最好。一次性收获品种应在 80% 左右的豆荚成熟时及时收获。收获过早，成熟种子少秕粒增多，影响产量和品质；收获过迟，则成熟早的荚果容易开裂，造成损失。特别是在高温条件下，豆荚容易爆裂，应在上午露水未干或傍晚时收获。收获的豆荚应及时晾晒、脱粒、清选后，储藏于冷凉干燥处。

第四节　病虫草害防治与防除

一、病害防治

（一）黄土高原绿豆常见病害种类

1. 叶斑病　绿豆叶斑病有绿豆尾孢菌叶斑病和轮纹叶斑病两种。

病原菌　灰尾孢菌（*Cercospora canescens* Ell.et Martin）。菌丝生长最适培养基是PSA培养基。不同培养基上的菌落颜色不同。病菌生长适宜温度为25~30℃，病菌对pH的适应范围较广，光照有利于菌丝的生长。病菌生长最适C源为麦芽糖，最适N源为酵母膏。

绿豆轮纹病菌（*Ascochyta phaseolorum* Sacc.）能产生毒素，此毒素对绿豆植株有强烈的致萎作用，可对绿豆叶片造成损伤，并抑制绿豆、辣椒、大豆、高粱等种子的萌发。绿豆轮纹病菌毒素耐高压高温、对光稳定。

为害症状　主要为害叶片，也可为害茎、荚和豆粒。出苗后即可染病。病原菌侵染叶片后首先产生水渍状小斑，后逐渐扩大，形成中间灰褐色、边缘红褐色病斑。因品种间感病性不同，病斑可以分为5种类型：①病斑中央灰白色，病健组织交界处有褪绿的黄色晕圈；②病斑中央灰白色，病健组织交界处无褪绿的黄色晕圈；③病斑中央褐色，病健组织交界处有黄色晕圈；④病斑中央褐色，病健组织交界处无黄色晕圈；⑤病斑具有同心轮纹，后期病斑上产生许多黑色颗粒状分生孢子器湿度大时，病斑上密生灰色霉层；干燥时，发病部位破裂、穿孔或枯死。病情严重时，病斑融合成片，导致叶片干枯脱落。

传播途径　以菌丝体和分生孢子器在病残体或种子中越冬，条件适宜时，病残体中分生孢子器的分生孢子借风雨传播，进行初侵染和再侵染。在生长季节，如天气冷凉潮湿或种植过密田间湿度大，有利于病害发生。此外，偏施N肥植株生长势过旺或肥料不足植株长势衰弱，引致寄主抗病力下降，发病重。

2. 白粉病

病原菌　为蓼白粉菌（*Erysiphe polygoni*）。

为害症状　在绿豆的生育后期发生，为害叶片、茎和豆荚。发病初期为点状褪绿，逐渐在病叶表面产生一层白色粉状物，开始点片发生，后扩展到全叶。发生严重时，叶片变黄，提早脱落。

传播途径　病原菌以囊壳表残体上越冬，翌年条件适宜时散出子囊孢子进行侵染。植株发病后，病部产生的分生孢子通过风、雨和昆虫产生再侵染，扩大为害。病害在一个较宽敞的条件范围发生，但中等温度和相对低的湿度有利于侵染和病害发展。

3. 立枯病

病原菌　为立枯丝核菌（*Rhizoctonia solani* Kuhn）。该菌不产生孢子，主要以菌丝体传播和繁殖。初生菌丝无色，后为黄褐色，具隔。粗 8~12 μm，分枝基部缢缩。老菌丝常呈一连串桶形细胞。菌核近球形或无定形，0.1~0.5mm，无色或浅褐至黑褐色。

为害症状　主要为害叶片，也可为害茎、荚和豆粒。出苗后即可染病，病原菌侵染叶片后首先产生水渍状小斑，后逐渐扩大，形成中间灰褐色、边缘红褐色病斑。因品种间感病性不同，病斑可以分为 5 种类型：①病斑中央灰白色，病健组织交界处有褪绿的黄色晕圈；②病斑中央灰白色，病健组织交界处无褪绿的黄色晕圈；③病斑中央褐色，病健组织交界处有黄色晕圈；④病斑中央褐色，病健组织交界处无黄色晕圈；⑤病斑具有同心轮纹，后期病斑上产生许多黑色颗粒状分生孢子器，湿度大时，病斑上密生灰色霉层；干燥时，发病部位破裂、穿孔或枯死。病情严重时，病斑融合成片，导致叶片干枯脱落。

传播途径　该菌能在土壤中存活 2~3 年，也可在病残体或其他作物、杂草上越冬，成为本病初侵染源。土壤中的菌丝体可通过农田操作、耕作及灌溉水、昆虫传播，进行再侵染。植株生长不良或遇有长期低温阴雨天气易发病，多年连作田块、地势低洼、地下水位高、排水不良发病重。以菌丝体和分生孢子器在病残体或种子中越冬，条件适宜时，病残体中分生孢子器的分生孢子借风雨传播，进行初侵染和再侵染。在生长季节，如天气冷凉潮湿或种植过密田间湿度大，有利于病害发生。此外，偏施 N 肥植株生长势过旺或肥料不足植株长势衰弱，引致寄主抗病力下降，发病重。

4. 炭腐病

病原菌　为菜豆壳球孢（*Macrophomina phaseolina*）。

为害症状　病害症状主要在绿豆生育后期（开花结荚期）出现，主要表现为叶片黄化、脉间组织坏死变褐，最后萎蔫和枯死，但附着在叶柄上不脱落，叶柄保留在茎秆上不脱落；在萎蔫植株主根和下部茎秆的表皮、下表皮和维管束组织及髓部产生大量的黑色球形微菌核，使病斑成为银灰特征。

传播途径　病原菌以微菌核在土壤中、病残体或种子上越冬。高温、干旱气候有利于病害发生。

5. 疫病

病原菌　为油菜黄单胞菌菜豆致病变种（*Xanthomonas phaseoli*（Smith）Dowson 异名 *X. campestris* pv. phaseoli）。

为害症状　主要为害叶片，也侵染豆荚和种子。最初，较下部叶片表面出现小的水浸斑，随后坏死，变为淡黄色到棕褐色。围绕病斑产生一个宽的黄绿色晕圈，病斑通常保持直径 1~2mm，晕圈直径可以达到 1cm 左右。后期，病斑在叶脉之间扩展，有时连接成片，病斑黑色，潮湿时病斑上产生白色的菌脓。在严重侵染情况下，染病植株可以产生系统褪绿症状，植株矮化、叶片向下卷缩。

传播途径　病原细菌主要在种子内部或粘附在种子外部越冬。播种带菌种子，幼苗长出后即发病。病部渗出的菌脓借风雨或昆虫传播，从气孔、水孔或伤口侵入，经2~5d潜育即引致茎叶发病。病菌在种子内能存活2~3年，在土壤中病残体腐烂后即失活。

（二）防治措施

1. 叶斑病 综合防治。

选择抗病品种。

适当减少种植密度和加宽行距。

收获后清除病残体，深埋或烧毁。

重病地与禾本科作物实行轮作。

适时播种，高垄栽培，合理施肥。

药剂防治：播种30d后喷施75%多菌灵可湿性粉剂600倍液能够有效控制病害。发病初期喷施75%多菌灵可湿性粉剂600倍液、75%代森锰锌可湿性粉剂600倍液或75%百菌清可湿性粉剂600倍液。隔7~10d喷施1次，连续防治2~3次。

2. 白粉病 综合防治。

选择抗病品种。

收获后及时清除田间病残体，深埋或集中烧毁，减少次年初侵染源。

加强田间管理，增施P、K肥，以提高植株抗性。

与禾本科作物实行轮作。

药剂防治：病害发生初期可喷施40%的氟硅唑（福星）乳油5 000~8 000倍液、10%世高水分散粒剂1 500~2 500倍液、25%的粉锈宁可湿性粉剂2 000倍液、25%敌力脱乳油4 000倍液、70%十三吗啉乳油3 000倍液、70%甲基托布津可湿性粉剂1 000倍液或50%多菌灵可湿性粉剂500倍液等。重病田隔7~10d再喷1次。

3. 立枯病 综合防治。

实行2~3年以上轮作，不能轮作的重病地应进行深耕改土，以减少该病发生。

种植密度适当，注意通风透光。低洼地应实行高畦栽培，雨后及时排水，收获后及时清园。

药剂诊治：发病初期开始喷洒3.2%恶甲水剂（克枯星）300倍液或20%甲基立枯磷乳油1 200倍液、36%甲基硫菌灵悬浮剂600倍液。此外，用30%倍生乳油200~375mg/kg灌根，也有一定防治效果，也可施用移栽灵混剂。

4. 炭腐病 综合防治。

与禾本科作物轮作。

选用抗病或耐病品种。

收获后及时清除病残体，深埋或焚毁。

药剂防治：用0.4%的50%多菌灵或（加）福美双可湿性粉剂拌种。

5. 疫病 综合防治。

实行3年以上轮作。

选留无病种子，从无病地采种。对带菌种子用45℃恒温水浸种15 min捞出后移入冷水中冷却，或用种子重量0.3%的95%敌克松原粉或50%福美双拌种，或用硫酸链霉素500倍液浸种24 h。

加强栽培管理，避免田间湿度过大，减少田间结露。

药剂诊治：发病初期喷洒72%杜邦克露可湿性粉剂800倍液或12%绿乳铜乳油600倍液、47%加瑞农可湿性粉剂700倍液、77%可杀得可湿性微粒粉剂500倍液、50%琥胶肥酸铜可湿性粉剂500倍液、72%农用硫酸链霉素可溶性粉剂3 000~4 000倍液、新植霉素1 000倍液、抗菌剂“401”800~1 000倍液，隔7~10 d 1次，连续防治2~3次。

二、虫害防治

（一）黄土高原绿豆常见害虫

1. 豆蚜　（*Aphis craccivora* Koch）

形态特征　有翅胎生蚜体长1.6~1.8mm，翅展5~6mm。虫体黑色或黑褐色，有光泽。触角6节，第一节、第二节黑褐色，第三节至第六节黄白色，节间褐色，第三节有感觉圈4~7个，排列成行。腹管较长，末端黑色。无翅胎生蚜体长2mm左右，体肥胖黑色、浓紫色或墨绿色，具光泽，中额瘤和额瘤稍隆。触角6节，第一节、第二节和第五节末端及第六节黑色，余黄白色。腹管长圆形，末端黑色。尾片黑色，圆锥形，两侧各具长毛3根。

生活史　豆蚜一年发生20~30代，完成一代需4~17 d。冬季在蚕豆、冬豌豆或紫云英等豆科植物心叶或叶背处越冬。当月平均温度8~10℃时，豆蚜在冬寄主上开始正常繁殖。10月下旬至11月间，随着气温下降和寄主植物的衰老，又产生有翅蚜迁向紫云英、蚕豆等冬寄主上繁殖并在其上越冬。

为害症状　豆蚜为害寄主常群集于嫩茎、幼芽、顶端嫩叶、心叶、花器及荚果处吸取汁液。受害严重时，植株生长不良，叶片卷缩，影响开花结实。又因该虫大量排泄“蜜露”，而引起煤污病，使叶片表面铺满一层黑色霉菌，影响光合作用，结荚减少，千粒重下降。

发生时期　4月下旬至5月下旬和10—11月发生较多。

2. 绿豆象　*Callosobruchus chinensis*（Linnaeus）

寄主　莱豆、豇豆、扁豆、豌豆、蚕豆、绿豆、赤豆。

为害特点　幼虫蛀荚，食害豆粒。

形态特征　成虫体长2~3.5mm，宽1.3~2mm。卵圆形，深褐色。头密布刻点，额部具一条纵脊，雄虫触角栉齿状，雌虫锯齿状。前胸背板后端宽，两侧向前部倾斜，前端窄，着生刻点和黄褐、灰白色毛，后缘中叶有1对被白色毛的瘤状突起，中部两侧各有一个灰白色毛斑。小盾片被有灰白色毛。鞘翅基部宽于前胸背板，小刻点密，灰白色毛与黄褐色毛组成斑纹，中部前后有向外倾斜的2条纹。臀板被灰白色毛，近中部与端部两侧有4个褐色斑。后足腿节端部内缘有一个长而直的齿，外端有一个端齿，后足胫节腹面端部有尖的内、外齿各一个。卵长约0.6mm，椭圆形，淡黄色，半透明，略有光泽。幼虫长约3.6mm，肥大弯曲，乳白色，多横皱纹。蛹3.4~3.6mm，椭圆形，黄色，头部向下弯曲，足和翅痕明显。

生活史　一年可发生1~6代。以幼虫或蛹在豆粒内越冬，次年春天羽化为成虫。成虫善飞，有假死性、群居性，在贮粮仓内产卵于豆粒上，经20~50 d变为成虫。绿豆象完成一生活世代需21~60 d，在25℃ ~30℃、相对湿度80%左右，发育最快。

每年的7月下旬，开始有成虫活动。豆象成虫在田间的活动一直持续到绿豆收获。成虫在田间既不吸食汁液，也不取食植株的任何组织，唯一的活动就是交尾产卵。成虫一般在鼓粒的豆荚上或籽粒上产卵，也可在光滑、坚硬的物体表面产卵。

为害症状　在贮粮仓和田间均能繁殖为害，是绿豆贮藏期的主要害虫。常将籽粒蛀食一空，丧失发芽能力，甚至不能食用。

3. 甜菜夜蛾　*Spodoptera exigua* Hubner

形态特征　幼虫体色变化很大，有绿色、暗绿色、黄褐色、黑褐色等。腹部体侧气门下线为明显的黄白色纵带，有时呈粉红色。成虫昼伏夜出，有强趋光性和弱趋化性，大龄幼虫有假死性，老熟幼虫入土吐丝化蛹。体长10~14mm，翅展25~34mm。体灰褐色。前翅中央近前缘外方有肾形斑1个，内方有圆形斑1个。后翅银白色。

生活史　一年发生6~8代，7—8月发生多，高温、干旱年份更多，常和斜纹夜蛾混发，对叶菜类威胁甚大。幼虫可成群迁移，稍受震扰吐丝落地，有假死性。3~4龄后，白天潜于植株下部或土缝，傍晚移出取食为害。

为害症状　初孵幼虫群集叶背，吐丝结网，在其内取食叶肉，留下表皮，形成透明的小孔。3龄后可将叶片吃成孔洞或缺刻，严重时，可吃光叶肉，仅留叶脉，甚至剥食茎秆皮层。

4. 蛴螬

形态特征　蛴螬体肥大，体型弯曲呈C形，多为白色，少数为黄白色。头部褐色，上颚显著，腹部肿胀。体壁较柔软多皱，体表疏生细毛。头大而圆，多为黄褐色，生有左右对称的刚毛，刚毛数量的多少常为分种的特征。

生活史　蛴螬1~2年1代，幼虫和成虫在土中越冬。成虫即金龟子，白天藏在土中，20~21时进行取食等活动。蛴螬有假死和负趋光性，并对未腐熟的粪肥有趋性。幼虫蛴螬始终在地下活动，与土壤温湿度关系密切。当10cm土温达5℃时开始上升土表，13~18℃时活动最盛，23℃以上则往深土中移动，至秋季土温下降到其活动适宜范围时，再移向土壤上层。

为害症状　蛴螬取食绿豆的须根和主根，虫量多时可将须根和主根外皮吃光，咬断。地下部食物不足时夜间出土活动为害近地面茎秆表皮，造成地上部枯黄早死。

5. 大豆卷叶螟　*Lamprosema indicata* Fabricius

形态特征　成虫体长 10mm，翅展 18~21mm。体色黄褐，胸部两侧附有黑纹，前翅黄褐色，外缘黑色，翅面生有黑色鳞片，翅中有 3 条黑色波状横纹，内横线外侧有黑点，后翅外缘黑色，有 2 条黑色横波状横纹。卵椭圆形，淡绿色。幼虫共 5 龄，老熟幼虫体长 15~17mm，头部及前胸背板淡黄色，口器褐色，胸部淡绿色，气门环黄色，亚背线、气门上下线及基线有小黑纹，体表被生细毛。蛹长约 12mm，褐色。

生活史　一年发生 4~5 代。以蛹在土壤中越冬，越冬代成虫出现于 6 月中、下旬，基本是 1 个月 1 代，第 1、2、3 代分别在 7 月、8 月和 9 月上旬出现，第 4 代在 9 月上旬至 10 月上旬出现成虫，10 月下旬以蛹越冬。

为害症状　成虫产卵于花蕾、叶柄及嫩荚上、单粒散产，卵期 2~3d。初孵幼虫蛀入花蕾和嫩荚，被害蕾易脱落，被害荚的豆粒被虫咬伤，蛀孔口常有绿色粪便，虫蛀荚常团雨水灌入而腐烂。幼虫为害叶片时，常吐丝把两叶粘在一起，躲在其中咬食叶肉、残留叶脉，叶柄或嫩茎被害时，常在一侧被咬伤而萎蔫至凋萎。

（二）防治措施

1. 豆蚜　综合防治。

黄板诱蚜：杀灭迁飞的有翅蚜，加强田间检查、虫情预测预报。

药剂防治：在田间蚜虫点片发生阶段要重视早期防治，用药间隔期 7~10d，连续用药 2~3 次。可选用的药剂有 20% 康福多浓可溶剂 4 000~5 000 倍液（亩用药量 20~25g），12.5% 吡虫啉水可溶性浓液剂 3 000 倍液（亩用药量 30~35 g）喷雾防治，以上药剂用药间隔期 15~25 d；10% 高效氯氰菊脂乳油 2 000 倍液亩用药量 50g），20% 莫比朗乳油 5 000 倍液（亩用药量 20g），2.5% 功夫菊脂乳油 2 500 倍液（亩用药量 40g），0.36% 苦参碱水剂 500 倍液（亩用药量 200g），50% 抗蚜威可湿性粉剂 2 000 倍液（亩用药量 50g），40% 乐果乳剂 1 000 倍液（亩用药量 100g）等，喷雾防治。

2. 绿豆象　综合防治。

（1）高温处理

① 日光暴晒。炎夏烈日，地面温度不低于 45℃时，将新绿豆薄薄地摊在水泥地面暴晒，每 30min 翻动 1 次，使其受热均匀并维持在 3h 以上，可杀死幼虫。

②开水浸烫。把绿豆装入竹篮内，浸在沸腾的开水中，并不停地搅拌，维持 1~2min，立即提篮置于冷水中冲洗，然后摊开晾干。

③开水蒸豆。把豆粒均匀摊在蒸笼里，沸水蒸馏 5min，取出晾干。由于此法伤害胚芽，故处理后的绿豆不宜留种或生绿豆芽。以上经高温处理的绿豆色泽稍暗，适宜于家庭存储的食用绿豆。对于大批量绿豆可用暴晒密闭存储法。即将绿豆在炎夏烈日下暴晒 5h 后，趁热密闭贮存。其原理是仓内高温使豆粒呼吸旺盛，释放大量 CO_2，使幼虫缺氧窒息而死。

（2）低温处理

① 利用严冬自然低温冻杀幼虫。选择强寒潮过境后的晴冷天气，将绿豆在水泥场

上摊成约 6~7cm 厚的波状薄层，每隔 3~4h 翻动 1 次，夜晚架盖高 1.5m 的棚布，既能防霜浸露浴，又利于辐射降温，经 5 昼夜以后，除去冻死虫体及杂质，趁冷入仓，关严门窗，即可达到冻死幼虫的目的。

② 利用电冰箱、冰柜或冷库杀虫。把绿豆装入布袋后，扎紧袋口，置于冷冻室，控制温度在 -10℃以下，经 24h 即可冻死幼虫。对于其他豆类也可用上述方法处理。

（3）药剂处理

① 磷化铝处理。温度在 25℃时，1m^3 绿豆用磷化铝 2 片，在密闭条件下熏蒸 3~5 d，然后再暴晒 2 d 装入囤内，周围填充麦糠，压紧，密闭严实，15 d 左右杀虫率可达到 98%~100%，防治效果最好。这样既能杀虫、杀卵，又不影响绿豆胚芽活性和食用。注意一定要密封严实，放置干燥处，不要受潮伤热，以免出现缺氧走油。

② 酒精熏蒸。用 50g 酒精倒入小杯，将小杯放入绿豆桶中，密封好，1 周后酒精挥发完就可杀死小虫子。

③ 敌敌畏熏蒸。将敌敌畏装入小瓶中，用纱布封口，放在绿豆的表层，将绿豆密封保存 5~7 d 后，取出敌敌畏瓶，然后密封保存。此法杀虫率在 95% 以上。每贮藏 100kg 绿豆，需用 80% 的敌敌畏乳油 10ml。

3. 甜菜夜蛾 综合防治。

结合田间管理，及时摘除卵块和虫叶，集中消灭。

此虫体壁厚，排泄效应快，抗药性强，防治上一定要掌握及早防治，在初卵幼虫未发为害前喷药防治。在发生期每隔 3~5d 田间检查一次，发现有点片的要重点防治。喷药应在傍晚进行。药剂使用卡死克、抑太保、农地乐、快杀灵 1 000 倍，或万灵、保得、除尽 1 500 倍，及时防治，将害虫消灭于 3 龄前。对三龄以上的幼虫，用 30 虫螨腈专攻悬浮液 30ml/ 亩喷雾，每隔 7~10d 喷一次。可达到理想的防效；以除尽、卡克死、专攻防效最佳。可选用 50% 高效氯氰菊酯乳油 1 000 倍液加 50% 辛硫磷乳油 1000 倍液，或加 80% 敌敌畏乳油 1 000 倍液喷雾，防治效果均在 85% 以上。也可用 5% 抑太保乳油、5% 卡死克乳油，或 75% 农地乐乳油 500 倍液或 5% 夜蛾必杀乳油 1 000 倍液喷雾防治，5 d 的防治效果均达 90% 以上。

4. 蛴螬 综合防治。

（1）农业防治　实行水、旱轮作。在玉米生长期间适时灌水。不施未腐熟的有机肥料。精耕细作，及时镇压土壤，清除田间杂草。大面积春、秋耕，跟犁拾虫等。发生严重的地区，秋冬翻地可把越冬幼虫翻到地表使其风干、冻死或被天敌捕食，机械杀伤，防效明显。同时，应防止使用未腐熟有机肥料，以防止招引成虫来产卵。

（2）药剂处理土壤　用 50% 辛硫磷乳油每亩 200~250 g，加水 10 倍喷于 25~30kg 细土上拌匀制成毒土，顺垄条施，随即浅锄。或将该毒土撒于种沟或地面，随即耕翻或混入厩肥中施用；用 2% 甲基异柳磷粉每亩 2~3kg 拌细土 25~30kg 制成毒土；用 3% 甲基异柳磷颗粒剂、3% 呋喃丹颗粒剂、5% 辛硫磷颗粒剂或 5% 地亚农颗粒剂，每亩 2.5~3kg 处理土壤。

（3）药剂拌种　用50%辛硫磷、50%对硫磷或20%异柳磷药剂与水和种子按1∶30∶400~500的比例拌种；用25%辛硫磷胶囊剂或25%对硫磷胶囊剂等有机磷药剂或用种子重量2%的35%克百威种衣剂包衣，还可兼治其他地下害虫。

（4）毒饵诱杀　每亩地用25%对硫磷或辛硫磷胶囊剂150~200g拌谷子等饵料5kg，或50%对硫磷、50%辛硫磷乳油50~100g拌饵料3~4kg，撒于种沟中，亦可收到良好防治效果。

（5）物理方法　有条件地区，可设置黑光灯诱杀成虫，减少蛴螬的发生数量。

5. 大豆卷叶螟　综合防治。

在各代发生期，检查发现有1%~2%的植株有卷叶为害时开始防治，隔7~10d防治一次。药剂可选用16 000国际单位/mg Bt可湿性粉剂600倍液，或1%阿维菌素乳油1 000倍液，或2.5%敌杀死乳油3 000倍液等。也可在防治豆荚螟时兼治。

三、杂草防除

（一）黄土高原杂草分布

黄土高原草害区包括晋中北部、陕北、内蒙古、宁夏南部；山西、陕西以及甘肃、青海、宁夏、河南等省部分地区，海拔1 000m以上，属温带地区。

（二）黄土高原绿豆田常见杂草种类和防除措施

1. 常见杂草种类　黄土高原常见杂草近30余种，代表性杂草有狗尾草、稗草、马唐、牛筋草、黎、猪毛菜、反枝苋、凹头苋、马齿苋、白苋、田旋花、打碗花、圆叶牵牛、荠菜、苣荬菜、山苦荬菜、苦苣菜、苍耳、刺儿菜等。

2. 防除措施　绿豆田间除草主要有人工除草、机械除草2种方式。人工除草包括手工拔草和使用简单的农具除草，耗力多、工效低，不能大面积及时除草。目前黄土高原种植区大部分采用人工除草。机械除草是指使用畜力或机械动力牵引的除草机具，在苗期结合中耕进行，以控制农田杂草的发生与为害，功效高，劳动强度低。缺点是清除不彻底，难以清除苗间杂草。豆田除草的发展方向是利用除草剂进行化学除草。目前，黄土高原区绿豆田间应用的除草剂还少之又少。

第五节　环境胁迫及其应对措施

一、温度胁迫

（一）低温胁迫

绿豆喜温暖湿润气候，种子萌发最适温度为15~25℃，幼苗在25℃左右生育良好，低于20℃或高于35℃对花芽分化不利；在生育后期对温度反应敏感，温度偏高会提早成熟，产量降低。

黄土高原区绿豆种植低温胁迫多发生在春播区苗期，中后期低温对绿豆不敏感。

低温胁迫会抑制绿豆幼苗生长，并产生大量的畸形花，而且低温胁迫时期不同，畸形花出现序位也不同。随着低温胁迫温度的降低，绿豆下胚轴及子叶的电解质外渗率均增加。当外界温度降至10℃低温时绿豆下胚轴细胞质体内淀粉粒数目增加，线粒体数目增加，下胚轴内却有数量较多的细胞开始降解，出现聚集现象；质膜内陷，液泡膜反卷并形成小液泡结构等。当外界温度降至7℃低温条件下时，绿豆幼苗的外观形态和新陈代谢被破坏。发生一些生理生化变化，如酸性磷酸酶同工酶的种类、蛋白质和丙二醛的含量、超氧化物歧化酶的活性以及呼吸速率都有明显改变。

因此，黄土高原绿豆春播区应适当晚播种植。当平均气温稳定通过10℃时，绿豆就能播种，最适气温为15℃。绿豆发芽出苗的速度与播种温度呈正相关，平均气温在10~14℃，需10d以上出苗；15℃时10d出苗；20℃以上时3~5d出苗。由此看出，适当晚播不仅可以加快出苗速度，还可以避免遭遇低温为害。

（二）高温胁迫

绿豆离体叶片分别经25℃、30℃、35℃、40℃、45℃、50℃、55℃处理1h后，发现当温度分别于35℃和40℃时净光合速率和光系统Ⅱ的最大量子效率（Fv/Fm）明显下降；细胞间隙CO_2浓度的变化趋势与净光合速率的基本相反。

田学军等（2010）对绿豆37℃热驯和44℃高温胁迫研究结果表明，植物根的生物量随着热胁迫而减少。通过暴露在亚致死高温下热驯，植物可获得耐热性。在44℃高温胁迫下，绿豆下胚轴的长度明显短于22℃生长的；同时，经37℃热驯1h，返回22℃正常生长条件下恢复1h，再转到44℃高温胁迫，下胚轴长度明显长于直接在44℃下胁迫的。尽管热驯后再高温胁迫的下胚轴长度明显低于对照的，但明显长于直接高温胁迫的。热驯提高了绿豆的耐热性，高温胁迫则抑制了根的生长发育。由于根系承担着植物生长发育所需水分和无机盐的吸收，根系生长发育一旦受到抑制，将影响地上部分的生长发育，进而影响作物的产量和质量。

渗透调节是植物在胁迫下降低渗透势、抵抗逆境胁迫的一种重要方式，这种调节由氨基酸、可溶性糖等渗透调节物质来实现。高温环境下，植物主动积累这些物质，以抵抗热胁迫的伤害。正常条件下，植物游离脯氨酸含量很低，但遇到逆境时，游离脯氨酸便会大量积累，且积累量与植物抗逆性呈正相关，其积累明显提高了植物内部渗透势，同时还能保护相关的酶系统和细胞器。绿豆下胚轴游离脯氨酸和可溶性糖的含量随胁迫温度的升高而升高。绿豆下胚轴中这些物质含量的升高有利于绿豆提高耐热性。

抗坏血酸是植物自由基清除系统中的一种重要抗氧化剂，是减少细胞氧化胁迫和超微结构损伤的有效抗氧化剂，在热胁迫下抗坏血酸含量下降。绿豆下胚轴抗坏血酸含量随胁迫温度的升高而降低，这就可能导致绿豆清除自由基的能力下降，加剧了绿豆的氧化损伤，最终影响其生长发育。

综上所述，高温胁迫抑制了绿豆下胚轴的生长发育，降低了自由基清除剂抗坏血酸的含量，这将影响绿豆根系的生长发育，并可能降低绿豆抵御高温胁迫诱发的氧化损伤的能力。

二、水分胁迫

（一）水分亏缺或干旱

中国北方属于干旱、半干旱地区，年降水量少，水分胁迫常常影响植物生长发育，造成作物严重减产，因此，水分对农作物造成的损失在所有的非生物胁迫中占首位。对于黄土高原地区来说，这种情况尤为明显。

受干旱胁迫时，作物细胞脱水收敛、细胞壁硬化、细胞伸长等生理过程受阻，细胞程序化凋亡加速；干旱主要损伤植株的生理代谢，导致植株生长受阻、叶绿素含量减少、光合作用下降，干物质积累受到抑制。

当植物处于逆境条件（如高光强、干旱、盐渍、高温、冷冻、营养元素缺乏）及衰老等都会导致植物细胞内自由基产生和消除的平衡受到破坏而出现自由基积累。尹智超等（2014）研究绿豆苗期对聚乙二醇模拟旱胁迫的生理响应结果表明，各绿豆品种SOD活性的整体变化趋势为先下降后随PEG旱胁迫增加而增加，但各绿豆品种PEG处理与对照相比变化不显著且无规律，并且各处理之间无明显变化，初步确定苗期绿豆体内SOD活性在不同干旱程度下变化不敏感。

刘世鹏等（2008）对大明绿豆幼苗水分胁迫处理结果表明，在10% PEG胁迫时叶绿素含量较对照上升，脯氨酸、丙二醛、蛋白质小幅度下降；在PEG含量为15%、20%、25%时，随着水分胁迫的加剧，表现出叶绿素含量不断下降，渗透调节物质逐渐上升的变化趋势。当胁迫浓度超过一定范围（大于10%）时，则抑制了幼苗的生长。在水分胁迫下，绿豆幼苗表现出一定的适应、调节胁迫环境的能力，具有一定的耐旱性。

段义忠（2014）研究干旱胁迫对绿豆榆绿1号发芽的影响。结果表明，随着PEG浓度的增加，绿豆种子的发芽率、发芽势、发芽指数和活力指数等指标均呈下降趋势。低浓度PEG处理下各种子发芽率、发芽势、活力指数等指标与对照组相比差异不明显，表明榆绿1号种子有一定的抗旱能力。

申慧芳等（2007）研究水分胁迫对不同抗旱性绿豆突变体经济性状的影响。结果表明，无论是大田还是盆栽试验，不同生育期不同程度水分胁迫对绿豆各性状均有影响，但各不相同。苗期受水分胁迫影响最大的是株高、主茎节数、分枝数、单株荚数和单株产量；花荚期影响较大的是单株荚数、单荚粒数和单株产量；灌浆期对水分较为敏感的性状有荚长、荚宽、单株荚数、百粒重和单株产量。从整个试验结果来看，与抗性弱的品种相比，抗性强的品种在水分胁迫下各性状的影响程度相对较小。

Turner（1979）指出，作物的抗旱性应为在干旱环境下作物进行良好生长并获得较高经济产量的能力。这一观点既具有生产实践意义，也得到许多人的赞同。水分亏缺条件下产量的高低是机体对干旱环境的一个最终协调结果，因此，选择抗旱性强的绿豆品种是应对干旱的措施之一。

（二）渍涝

淹水对植物的为害是由于淹水造成土壤缺氧，使植物根系呼吸受到抑制所造成的。部分作物通过细胞解体等增加组织细胞间的空隙，形成通气组织以适应土壤缺氧。在淹水状态下，不定根内通气组织的形成及其内部孔隙度的增加，为 O_2 在不定根内的运输提供了一条低阻力通道。

张克清等（2008）研究了不同生长时期淹水对绿豆生长、生理性状的影响结果表明，出苗后第 4 周（3 叶期）淹水 1 周处理对绿豆生长及根系活力影响较小，出苗后第 5 周（4 叶期）、第 6 周（分枝期）和第 8 周（开花期）淹水 1 周则使绿豆生长强度、叶绿素含量和根系活力较对照明显下降。4 个生长时期淹水处理均使根系孔隙度有所上升，但只有第 4 周淹水处理较对照差异显著。石蜡切片显示，绿豆下胚轴及根系无通气组织，出苗后第 4 周和第 5 周淹水处埋均能诱导下胚轴皮层细胞解体，融合形成初级通气组织，而第 6 周和第 8 周淹水下胚轴皮层细胞均无明显变化。

试验结果表明，在正常生长情况下，绿豆下胚轴及根系无通气组织。在营养生长早期淹水时，下胚轴皮层部分细胞解体，融合形成低级通气组织，虽然所形成的通气组织没有继续发育成将根系与茎贯通的通气道，但其在一定程度上可以诱导根系细胞间隙增加，导致孔隙度增加，从而在一定程度上缓解了根系的淹水胁迫。

一般情况下，湿害使作物的光合活性下降，光合产物减少。在湿害胁迫下，叶绿素含量显著降低。试验表明，淹水使绿豆的叶绿素含量下降，根系活力降低，生长强度减弱，且后期淹水处理较前期下降幅度大。

综上所述，由于绿豆营养生长早期淹水可以诱导下胚轴处部分皮层细胞解体，形成通气组织并增加根系孔隙度，使植株的生长强度、叶绿素含量及根系活力维持在较高水平上，而后期淹水则无通气组织形成，根系孔隙度增加有限，淹水对其生长伤害较大。从而揭示绿豆虽然较耐土壤湿润，但不耐水淹，尤其是生长后期淹水对其伤害更大。因此，在下湿地或秋连阴雨天多的地区，采用深沟高畦沟厢种植，或者高垄栽培是绿豆高产的一项重要措施。

三、其他胁迫

（一）盐碱胁迫

全球约 20% 的耕地和几乎半数的可灌溉土地受到盐渍化的影响，中国盐碱地资源总面积约为 9913 万 hm^2，盐渍化和盐碱化还在进一步加剧。盐渍化和盐碱化是引起植物渗透胁迫及影响植物正常生长的主要原因之一，设施土壤的次生盐渍化问题日益突出，植物抗盐碱性研究成为热点。高盐造成的植物水分胁迫使叶片气孔关闭，从而降低了植物的光合作用效率。大部分植物在土壤盐含量为 0.3% 时便受到为害，大于 0.5%

时即可能停止生长。在低浓度 Na_2CO_3 胁迫下，绿豆种子发芽率受到较大影响，表明绿豆不耐碱性盐 Na_2CO_3。因此提高农作物对渗透胁迫的耐抗性是农业生产中的一项长期目标。

1. 水杨酸苗期耐盐性鉴定　研究发现，活性氧代谢失衡是盐胁迫导致植物细胞程序化凋亡（programmed cell death，PCD）的重要原因。耐盐性强的植物往往表现为抗氧化酶活性较高，增强抗氧化酶的措施也可以提高植物的耐盐性。水杨酸（salicylic acid，SA）是植物体内产生的一种简单的酚类，被认为是一种内源信号物质和新型的植物激素，参与调节植物的许多生理过程。近些年来，已经陆续发现 SA 能提高植物对非生物逆境的抗性，如增强植物的抗盐性、抗寒性、抗热性、抗旱性、以及重金属的耐受性，提高种子的发芽指数，加快种子的萌发速率等。王艳等（2005）研究表明，SA 能够改善盐胁迫条件下大豆苗期根系性状，提高幼苗相对含水量及可溶性蛋白含量，诱导超氧化物歧化酶和过氧化物酶的活性增加，相对电导率降低；刘爱荣等（2006）发现，SA 能提高盐胁迫下大豆叶片游离脯氨酸、可溶性糖、游离基氨酸和叶绿素含量，增强根系活力和硝酸还原酶活性。

范美华等（2009）研究表明，在单独 NaCl 胁迫下，绿豆种子的发芽率随盐浓度的升高而降低，各 NaCl 胁迫处理的种子萌发显著受抑制；同时各胁迫处理幼苗的根系和芽受到的抑制增强，导致作物植株矮小，根系变短；另外，盐胁迫幼苗叶片的叶绿素含量降低，MDA 与 Pro 含量水平显著上升，细胞膜的透性增加，从而对植物造成了一定程度的氧化伤害。适当浓度的 SA 浸种能够显著提高盐胁迫下绿豆幼苗的芽长、根长、叶绿素的含量，降低了 MDA 和 Pro 含量；在 NaCl 胁迫浓度为 100~300mmol/L 时的 SA 适宜浓度浸种为 60mg/L，而 500mmol/L NaCl 时为 80mg/L。表明适当浓度的 SA 浸种能有效缓解盐胁迫对绿豆幼苗的伤害，提高其耐盐性。

2. 超重力处理作物种子提高抗盐性　超重力环境作为一种极端的物理条件，可以突破地球重力场的限制，创造出更多的新技术，并已在生物科学中逐渐得到应用。应用常规育种方法培育耐盐植物获得变异植株需要的时间长，未有突破性进展。利用重力技术育种是近年来应用的一种重要技术，多集中在航天卫星搭载种子、利用回转器模拟微重力处理，利用超重力选育抗盐品种是个新思路。

杨美红等（2007）探讨利用超重力处理绿豆种子提高其抗盐性。游离脯氨酸积累是植物体抵抗渗透胁迫的有效方式之一。一般认为植物体内游离脯氨酸含量高，耐盐性也强，试验中处理组的游离脯氨酸含量都极显著高于对照组。MDA 作为脂质过氧化的产物，其含量多少可代表膜损伤程度的大小，处理组 MDA 含量比对照组都低，说明超重力处理可提高绿豆幼苗的抗盐性。SOD 活性相应较高，SOD 是生物体内的重要保护酶，能催化超氧阴离子自由基的歧化反应并使之清除，处理组体内较强的 SOD 活性使活性氧维持在一个较低水平，从而减轻活性氧对细胞膜系统的伤害，保持了膜的完整性。植物根系主要供应地上部分生长所需的水分和矿物质，根系活力的大小反映了根系代谢强度的大小，处理组根系活力比对照提高 1~2 倍，说明利用一定程度的超重力处理可以提高绿豆幼苗的抗盐性。分析上述指标的变化趋势，在实际应用中，超重力处理以3000 × g 条件下 4 h 为宜。

（二）有害金属胁迫

植物能够吸收有效态的重金属。当植物体内重金属含量超过一定的水平时，就会对植物及生态环境产生不良影响。重金属在植物体内累积，进而进入食物链，对动物和人类健康形成威胁；植物中毒直接引起植物死亡。研究资料表明，重金属污染中影响植物生长发育和代谢的主要是铜（Cu）、铬（Cr）、铅（Pb）、镉（Cd）、锌（Zn）、钴（Co）和汞（Hg）等。Cu 为人体必需元素，但摄取过多却干扰人体正常的新陈代谢，甚至造成中毒。

1. 铬、铜、铅胁迫对绿豆生长的影响 研究了不同浓度的重金属 Cu^{2+}、Cr^{6+}、Pb^{2+} 胁迫对绿豆种子萌发和幼苗初期生长的影响。结果表明：低浓度抑或高浓度 Cu^{2+}、Pb^{2+} 胁迫对绿豆种子发芽率的抑制不明显，但较高浓度（100mg/L）Cr^{6+} 胁迫严重抑制种子萌发率，在 400mg/L 抑制高达 66%。低浓度抑或高浓度 Cu^{2+}、Pb^{2+} 胁迫对绿豆初期生长抑制不明显，而 Cr^{6+} 胁迫的抑制效应在浓度为 50mg/L 极为明显，并随浓度升高而加重。在 400mg/L 浓度时抑制其主根长、侧根数、株高及生物量分别高达 93%、96%、75%、76%（鲜重计）57%（干重计）。3 种重金属胁迫对绿豆种子萌发和幼苗初期生长影响有差异，其毒害能力顺序为 Cr^{6+}、Cu^{2+}、Pb^{2+}。

2. 磁场处理缓解绿豆镉（Cd^{2+}）胁迫 生物磁学是研究和应用物质的磁性和磁场与生物特性之间相互联系和相互影响的一门新兴边缘学科。大量研究表明，磁场处理能调动植物自身的调节作用，激发其内部活力，改善植物体内部的生理生化代谢，并对逆境胁迫如干旱、盐胁迫、低温等也有一定的缓解作用。李冉（2010）初步探讨了 5 μmol/L Cd^{2+} 胁迫下磁场处理对绿豆幼苗生长发育的影响。研究结果。

与对照相比，0.6T 磁场处理能促进绿豆幼苗株高和主根生长，使幼苗地上部分和根系的鲜、干重增加；相反，Cd^{2+} 胁迫下绿豆幼苗的株高和主根长受到抑制，地上部和根系的鲜、干重降低；而与单纯 Cd^{2+} 胁迫相比，磁场与 Cd^{2+} 复合处理不仅使幼苗株高增加，而且使主根长、地上部和根系的鲜、干重均增加。说明磁场预处理不仅促进了正常生长条件下绿豆幼苗的生长，而且促进了 Cd^{2+} 胁迫下绿豆幼苗的生长。

绿豆幼苗在 Cd^{2+} 胁迫下叶片和根系的 SOD、CAT、POD 等保护酶活性在升高的同时，活性氧 H_2O_2 含量也增高，膜脂过氧化程度也加剧，表现在膜脂过氧化产物 MDA 含量明显增高；磁场预处理使绿豆幼苗叶片和根系的 POD 活性没有受到明显影响，但 SOD 和 CAT 活性均有一定程度的提高，使活性氧 H_2O_2 水平和膜脂过氧化产物 MDA 含量均降低；磁场与 Cd^{2+} 复合处理与 Cd^{2+} 单独处理相比，进一步提高了幼苗叶片和根系的 SOD、CAT、POD 等保护酶的活性，降低了幼苗叶片和根系的 H_2O_2 含量和膜脂过氧化产物 MDA 含量。说明磁场能通过诱导幼苗叶片和根系膜保护酶活性提高，使幼苗活性氧水平降低，进而降低了幼苗在正常生长条件下及 Cd^{2+} 胁迫下的膜脂过氧化程度。

这可能是磁场促进正常生长条件下幼苗生长、显著缓解 Cd^{2+} 胁迫抑制绿豆幼苗生长的原因之一。

与对照相比，磁场处理使绿豆幼苗净光合速率、气孔导度、胞间隙 CO_2 浓度明显升高，而气孔限制值无明显变化，说明磁场提高幼苗净光合速率的主要原因是气孔因素；而 Cd^{2+} 胁迫降低了绿豆幼苗叶片的净光合速率、气孔导度、蒸腾速率、但胞间隙 CO_2 浓度明显升高，而气孔限制值无明显变化，说明 Cd^{2+} 抑制幼苗净光合速率的主要原因是非气孔因素；磁场预处理提高了 Cd^{2+} 胁迫下绿豆幼苗叶片的净光合速率、气孔导度、蒸腾速率，而胞间隙 CO_2 浓度明显降低、气孔限制值无显著变化，说明磁场处理提高了 Cd^{2+} 胁迫下绿豆幼苗叶片叶肉细胞的光合能力，进而缓解 Cd^{2+} 胁迫对绿豆幼苗叶片光合作用的抑制。上述结果也进一步说明磁场预处理促进正常生长条件下和 Cd^{2+} 胁迫下绿豆幼苗生长的另一个原因是其促进了两种生长条件下幼苗的光合作用。磁场促进两种条件下幼苗光合作用的原因不仅有气孔因素，也有非气孔因素，但磁场促进正常生长条件下幼苗光合速率以气孔因素为主，而促进 Cd^{2+} 胁迫幼苗光合速率以非气孔因素为主。

第六节　绿豆品质和综合利用

一、绿豆品质

（一）绿豆的营养成分

绿豆含有碳水化合物、蛋白质、脂质以及多种维生素和矿物质，是一种营养全面的食物。能满足人体对能量和多种营养素的需求，因此具有较高的营养价值。有“食中佳品，济世长谷”之称。

据有关文献记载，每 100g 绿豆含蛋白质 21.6g，脂肪 0.8g，膳食纤维 6.4g，碳水化合物 55.6g，胡萝卜素 13g，视黄醇 22g，硫胺素 0.25mg，核黄素 0.11mg，尼克酸 20mg，维生素 E l0.95mg，K 787mg，Na 3.2mg，Ca 81mg，Mg 125mg，Mn 1.11mg，Zn 2.18mg，Cu 1.08mg，P 337mg，Se 4.28mg，不含有毒微量元素。其中，蛋白质含量是小麦粉的 2.3 倍，玉米面的 3 倍，大米的 3.2 倍；VB_1 是鸡肉的 17.5 倍；VB_2 是禾谷类的 2~4 倍；Ca 是禾谷类的 4 倍、鸡肉的 7 倍；Fe 是鸡肉的 4 倍；P 是禾谷类及猪肉、鸡肉、鱼、鸡蛋的 2 倍。

绿豆的蛋白质大多是球蛋白类，其氨基酸组成中的赖氨酸含量丰富，而蛋氨酸、色氨酸含量较少。绿豆脂肪多属不饱和脂肪酸，磷脂成分中有磷脂酰胆碱、磷脂酰乙醇胺、磷脂酰肌醇、磷脂酰甘油、磷脂酰丝氨酸和磷脂酸等。绿豆的淀粉中含较多的戊聚糖、半乳聚糖、糊精和半纤维素。干绿豆虽然不含维生素 C，但是发芽以后则含有丰富的抗坏血酸。

绿豆除了含有上述人体必需的营养素之外，还含有许多生物活性物质，包括鞣质、香豆素、生物碱、植物甾醇、皂甙和黄酮类化合物等。一般来说，蛋白质、淀粉主要存在于绿豆的子叶内，其他成分大多分布在被称为绿豆衣的绿豆皮中。

（二）绿豆淀粉

1.绿豆淀粉的结构和理化特性 绿豆中含有的碳水化合物为整粒的61.8%~64.9%，包括淀粉、低聚糖和膳食纤维，主要为淀粉，其含量为整粒51.9%~53.7%。与谷物淀粉不同的是绿豆富含直链淀粉，其含量高达30.2%~31.2%，居豆类食物的首位。绿豆淀粉在65~90℃时表现出较高的膨胀性及显著的热糊黏度稳定性。这可能与其含有较高的直链淀粉有关。与其他豆类淀粉糊相比，绿豆淀粉糊具有透明度高、冻融稳定性及凝沉性好等特点。绿豆淀粉中含较多的戊聚糖、半乳聚糖、糊精和半纤维素。

2.绿豆淀粉的提取 实验室绿豆淀粉的提取如下：

绿豆→粉碎→过60目筛→绿豆粉→去离子水调浆（料液比1∶15）→1 mol/L NaOH调pH值9.0→40℃搅拌20 min→过滤网（100目）→收集滤液一离心（3 000 r/min、15 min）→收集沉淀→洗涤沉淀至中性→干燥（50℃）→粉碎→绿豆淀粉。

3.绿豆淀粉的利用 淀粉是绿豆中的主要成分。绿豆淀粉中含有相当数量

的低聚糖，这些低聚糖因人体胃肠道没有相应的水解酶系统而很难被消化吸收，所以绿豆可以提供相比而言较低的能量，对肥胖者和糖尿病患者有辅助治疗的作用，而且低聚糖也是人体肠道内双歧杆菌的增殖因子，经常食用可以改善肠道菌群，减少有害物质吸收，预防某些癌症。

目前，国内的绿豆加工主要以淀粉利用为主。绿豆淀粉宜作勾芡和制作粉丝、粉条、粉皮、凉粉的原料，火腿、午餐肉等肉制品加工的辅料。其中，绿豆粉丝是中国传统的淀粉食品，已有上千年的生产历史。它以晶莹透明，耐煮耐嚼而美誉国内外。由于绿豆淀粉的组成、结构及糊化特性，它具有制作优良粉丝所需要的各种性质，加之粉丝制作过程中的热挤压，能更加促进淀粉分子间的有序排列，形成更多的氢键，因而绿豆粉丝具有坚韧耐煮，口嚼性好的特点。

（三）绿豆蛋白质

1.绿豆蛋白质的特性 绿豆的蛋白质含量因产地和品种的不同而异，为19.5%~33.1%，平均含量为21.6%，低于大豆蛋白质，但高于其他常见谷物蛋白质。其蛋白质含量远高于大米（8.0%）、小麦（9.9%）、玉米（8.5%），是一种优质植物蛋白源。

王鸿飞等（2000）研究了8个绿豆品种的蛋白质组成。结果表明，绿豆种子蛋白质以球蛋白为主，占4种蛋白质总量的60%以上，其次是清蛋白，占25%左右。这两种蛋白质是绿豆种子的主要贮藏物质，谷蛋白占10%左右，醇溶谷蛋白在4种蛋白质中所占的比例最小，只是微量水平。

2.绿豆蛋白质的氨基酸组成 绿豆蛋白质是由17种氨基酸构成，其中包括7种

必需氨基酸。曾志红等（2012）对国内16份绿豆主栽品种的氨基酸组成和含量分析表明，不同绿豆品种蛋白之间氨基酸含量存在差异，其中以谷氨酸含量最高（18.60%），蛋氨酸含量最低（0.95%）。赖氨酸在人类经常食用的谷物中含量往往较少或缺乏，称“第一限制氨基酸”。绿豆品种赖氨酸含量相对丰富，变幅为6.08%~6.79%，平均值为6.45%，高于小麦、大米的2.52%、4%。因此，绿豆与谷物搭配食用可提高谷物蛋白质的生物学价值。因绿豆蛋白质的蛋氨酸含量较低，不宜单独作为人体蛋白质的来源，需要与富含蛋氨酸的动物蛋白搭配使用，以充分发挥蛋白质的互补作用，提高蛋白质的营养价值。

WHO和FAO提出的氨基酸组成模式对绿豆蛋白在7种必需氨基酸评分，蛋氨酸+半胱氨酸化学评分较低，为72%，是绿豆蛋白中的第一限制性氨基酸；其次为苏氨酸，化学评分为77%，为第二限制性氨基酸；其余5种必需氨基酸的化学评分均接近或超过推荐值，其中苯丙氨酸+酪氨酸超过推荐标准的39%，赖氨酸超过推荐标准的17%。

3. 绿豆蛋白质的营养价值和用途　绿豆中蛋白质的含量高达19.5%~33.1%，其组分构成比例较为合理，蛋白质功效高，且氨基酸种类齐全，尤其赖氨酸的含量比较丰富，接近鸡蛋蛋白的赖氨酸含量，具有极高的营养价值。

但目前绿豆的加工，多数厂家以生产绿豆淀粉为主，绿豆蛋白往往被忽略开发，基本用于牲畜饲料或者作为生产废料，造成资源浪费，增加了淀粉的生产成本，使其更不具有价格优势。

绿豆蛋白具有很好的溶解性、保水性、乳化性、凝胶性、发泡性和泡沫稳定性等功能，在食品加工业的应用前景十分广阔。

（四）绿豆膳食纤维

1. 绿豆膳食纤维的结构和性质　膳食纤维主要是不能被人体利用的多糖，即不能被人类的胃肠道中消化酶所消化且不被人体吸收利用的多糖。这类多糖主要来自植物细胞壁的复合碳水化合物，也可称为非淀粉多糖，即非α-葡聚糖的多糖。近年来，膳食纤维已引起各国营养学家极大关注，它虽不具营养价值，但能防治许多疾病，被称为“第七营养素”，它对人体正常代谢是必不可少的。膳食纤维可分为两个基本类型：水溶性纤维与非水溶性纤维。纤维素、部分半纤维素和木质素是3种常见的非水溶性纤维，存在于植物细胞壁中；而果胶和树胶等属于水溶性纤维，则存在于自然界的非纤维性物质中。

绿豆中除淀粉和蛋白质外，另外的重要组成成分就是纤维素、半纤维素，主要存在于绿豆皮中。绿豆皮占绿豆总重量7%~10%，而在豆皮中，纤维素、半纤维素含量约占50%~60%。所以，绿豆皮也具有较高的利用价值。

2. 绿豆膳食纤维的用途　膳食纤维具有润肠通便、平衡肠道菌丛、抗癌、降血糖、降血胆固醇、预防心血管疾病等多种功能。目前，市场上有多种商品化膳食纤维出售，膳食纤维被添加到面包、面条、果酱、糕点等食品中，可补充通常食品膳食纤维含量之不足，并成为高血压、肥胖病患者疗效食品。

绿豆皮是难得的膳食纤维源，纤维含量高、纤维质感好、口感佳，可以加工成高纯度、高品质、高附加值的膳食纤维。合理开发绿豆中的纤维素，并把它转化成功能性食品膳食纤维，将具有很好的发展前景。

3. 绿豆膳食纤维的提取 张洪微等（2006）以绿豆皮为原料，采用加碱蒸煮法提取膳食纤维。结果表明，在浸泡温度50℃，液固比为5，浸泡时间9h，NaOH溶液质量分数为1.0%的条件下，绿豆皮膳食纤维的最佳提取率为64.2%。

二、绿豆的综合利用和深加工

（一）综合利用

1. 粮用 绿豆用途广泛，可药食兼用，既是调节饮食的佳品，又是食品工业的重要原料，亦是防病治病之良药。从古至今，人们一直把绿豆作为主粮的一种搭配，绿豆稀饭早晚食用，老少皆宜。

（1）绿豆粥 先将绿豆、大米洗净，一同放入锅内，加入适量冷水，煮至豆烂、米开、汤稠为佳。如煮小米绿豆粥，应在开锅后下米。该粥不仅营养丰富，氨基酸搭配合理，且具有清热解毒、消暑止渴、降血脂等功效，可防治动脉硬化、冠心病、中暑、疮毒疖肿、食物中毒等。

（2）绿豆汤 将绿豆洗净，放入锅内，加入适量冷水煮汤，代茶饮。可消渴清暑，利水消肿，清热解毒，能防治中暑、水痘、腮腺炎、痢疾等。

（3）绿豆粉皮 取含水量45%~50%的湿淀粉，加入2.5倍的冷水，用木棒搅拌至黏性、弹力均匀一致。将旋盘放入开水锅中，用粉勺取调好的粉糊少许，倒入旋盘内，并用手拨动旋转，使粉糊均匀摊开，糊化成型。待中心没有白点时，置于清水中，冷却后再用制淀粉时的酸浆浸泡3~5min。将水粉皮摊在竹帘上晾晒，待水分降至16%~17%时，包装收藏。

（4）绿豆凉粉 将湿淀粉放在钵内，用大量清水搅拌，等淀粉沉淀后把水倒掉。用上述方法重复6次左右，使粉中酸味彻底消除。把湿淀粉用清水稀释后，加盐搅匀，缓慢倒入装有1.75kg沸水的锅内，边倒边搅拌，使淀粉充分受热膨胀糊化成淀粉糊，煮沸后将锅离火，加入味精，冷却成粉坯。食用后刨制成形，配上调料即可。

（5）自制绿豆沙 绿豆提前用清水泡发。清洗干净，加入适量水，放入压力锅中煮至软烂（水不要过多，大约高于绿豆面1到2cm即可）。而后倒入料理机里搅拌成绿豆泥后倒入锅中，加入白糖，搅拌均匀煮至白糖融化，再分三次加入食用油，每一次加入后都要翻炒至油和绿豆泥完全融合，三次油加完后，绿豆沙也开始变得有点干起来了，再炒片刻，待绿豆沙能成团的时候加入熟面粉，炒至绿豆沙不粘锅，而且抱成团即可装入面盆里晾凉，凉后会变得更干。如果是用来直接食用或者是一般的点心馅料，糖、油的量可根据需要酌情减少。

2. 食品加工 几千年来，绿豆被制成花色多样，风味独特的各色食品。

（1）绿豆饮品的开发　类型多样。常见如下：速溶绿豆粉、黑芝麻绿豆乳、绿豆酸化全乳饮料、绿豆夹心冰淇淋、绿豆啤酒、西瓜绿豆复合汁饮料、绿豆海带茶饮料、绿豆酒。

（2）绿豆传统食品的制作　绿豆可成粥，入饭，可制成绿豆糕、绿豆饴、粉丝、粉皮、豆芽菜、绿豆淀粉、绿豆沙等。粉丝（条）是中国人的传统食品，而绿豆又是制作粉丝的极好原料，因其制出的粉丝色泽透亮，又不易断条，故长期以来深受大家的喜爱。绿豆糕则更是国人都很熟悉的食品，其以绿豆粉制成，风味独特，消暑祛热，老少皆宜。

3. 菜用　绿豆芽，为绿豆的种子经浸泡后发出的嫩芽。食用部分主要是下胚轴。绿豆在发芽过程中，维生素 C 会增加很多，而且部分蛋白质也会分解为各种人体所需的氨基酸，可达到绿豆原含量的七倍，所以绿豆芽的营养价值比绿豆更大。

《本草纲目》云：诸豆生芽、皆腥韧不堪，惟此豆之芽，白美独异，今人视为寻常，而古人未知者也。但受湿热郁浥之气，故颇发疮动气，与绿豆之性，稍有不同。每 100g 绿豆芽干物质中含有蛋白质 27~35g，人体所需的氨基酸 0.3~2.1g，K 981.7~1228.1mg，P 450mg，Fe 5.5~6.4mg，Zn 5.9mg，Mn 1.28mg，Se 0.04mg，Vc18~23mg。

烹制方法：绿豆芽性寒，烹调时应配上一点姜丝，以中和它的寒性，十分适于夏季食用。

烹调时油盐不宜太多，要尽量保持其清淡的性味和爽口的特点。

芽菜下锅后要迅速翻炒，适当加些醋，才能保存水分及维生素 C，口感才好。

绿豆芽 150~200g，煎汤，可解酒毒、热毒。

4. 其他

（1）保健、药用　中医认为绿豆有很高的药用价值。绿豆及其花、叶、种皮、豆芽和淀粉均可入药。其味甘性寒，内服可清热解毒、消肿利尿、明目降压，对治疗动脉粥样硬化，减少血液中的胆固醇及保肝等也有明显的作用；外敷可治疗烫伤、创伤等症。其药用价值有《本草纲目》为证：补益元气，调和五脏，安精神，行十二经脉，去浮风，润皮肤，止消渴，利肿胀，解一切草药、牛马、金石诸毒。此外，在《开宝本草》、《本草经疏》等医学著作中均有记载，绿豆颇受历代医家重视。

① 增强食饮。绿豆中所含蛋白质、磷脂中的磷脂酰胆碱、磷脂酰乙醇胺、磷脂酰肌醇、磷脂酰甘油、磷脂酰丝氨酸磷脂酸均有兴奋神经，增进食欲的功能，为机体许多重要脏器营养所必需。

② 降血脂。研究发现，绿豆中所含的植物甾醇结构与胆固醇相似，植物甾醇与胆固醇竞争酯化酶，使之不能酯化而减少肠道对胆固醇的吸收，并可通过胆固醇异化或在肝脏内阻止胆固醇的生物合成等途径使血清胆固醇含量降低，从而可以防治冠心病、心绞痛。

③ 抗菌。绿豆的抗菌机理主要包括两个方面：其一，绿豆中的某些成分具有直接

的抗菌作用。据有关研究，绿豆含有的单宁能凝固微生物原生质，可产生抗菌活性。绿豆中的黄酮类化合物、植物甾醇等生物活性物质可能也有一定程度的抑菌抗病毒作用。其二，通过提高免疫功能间接发挥抗菌作用。绿豆中所含的众多活性物质如香豆素、生物碱、植物甾醇、皂甙等可以增强机体的免疫能力，增加吞噬细胞的数量或吞噬功能。

④ 抗过敏。据临床实验报道，绿豆的有效成分具有抗过敏作用，可治疗荨麻疹等变态反应性疾病。

⑤ 保护肾脏。绿豆含丰富胰蛋白酶抑制剂，可以保护肝脏，减少蛋白分解，减少氮质血症，从而保护肾脏。

⑥ 抗肿瘤作用。绿豆淀粉中含有相当数量的低聚糖即膳食纤维，所以绿豆可以提供相比而言较低的能量，对肥胖者和糖尿病患者有辅助治疗的作用。而且低聚糖也是人体肠道内双歧杆菌的增殖因子，经常食用可以改善肠道菌群，减少有害物质吸收，预防某些癌症。

⑦ 解毒作用。绿豆中含有丰富的蛋白质，生绿豆水浸磨成的生绿豆浆蛋白含量颇高，内服可保护肠胃黏膜。绿豆蛋白、鞣质和黄酮类化合物可与有机 P 农药、Hg、As、Pb 化合物结合形成沉淀物，使之减少或失去毒性，并不易被胃肠道吸收。

⑧ 治外伤。绿豆对治疗烫伤、皮肤瘙痒、溃疡等常见症状效果显著。

（2）*饲用*　绿豆植株蛋白质含量高，脂肪丰富，茎叶柔软，消化率高，是牲畜的优质饲料。据分析，绿豆秸秆含蛋白质 16.2%，粗脂肪 1.9%，均高于玉米茎秆。将绿豆茎叶及荚皮粉碎，发酵后再拌精料喂猪，适口性好，猪爱吃，易消化，生长快。有些地方用青刈绿豆直接喂猪效果很好。绿豆秸秆，家兔非常爱吃。用新鲜的绿豆秧喂牛其消化率为蛋白质 82%，脂肪 51%，粗纤维 72%。用打谷后的绿豆秸秆喂牛和羊其消化率为蛋白质 54%，脂肪 54%，粗纤维 64%。

绿豆比其他饲料作物适应性广，抗逆性强，生长快。在岗丘薄地、林果隙地、田边地角及短期休闲地都能种植，还可与禾谷类、棉花、甘薯等作物间作套种。播种适期长，春播、夏播、秋播均可，能在短期内获得青体和干草。

（二）深加工

1. 提取淀粉

（1）*绿豆天然淀粉的提取*　绿豆种子的淀粉含量在 50% 以上，而不同品种间稍有差异。绿豆淀粉的提取有水磨法和酸浆法。两种提取方法对淀粉的提取率和质量均有影响，其中以酸浆法为好。用酸浆法提取绿豆淀粉，其淀粉的得率、纯度及提取率均高于水洗法，且淀粉中蛋白质、灰分等杂质含量低，产品质量好。

① 酸浆法。称取绿豆种子 500g，用水冲洗干净，加入 50℃的热水 1 000ml 并保温 20~30min，然后在室温下放置 4~5h，再加入 1 000ml 水，磨浆，过 80 目筛，去掉皮渣，并用 500ml 水反复冲洗皮渣，使淀粉全部洗入下层水中，然后加入 1/4~1/5 体积的酸浆水，使浆液 pH 值达到 6.0~6.2，充分搅拌后静置 4~5h，再反复加水沉淀 4~5 次，

50℃下火共24h，冷却后即得绿豆淀粉。

② 水洗法。操作基本同酸浆法，只是不加入酸浆水。

（2）绿豆变性淀粉开发　天然淀粉用途虽广，但仍不能满足工业上各种特定需要。例如，天然淀粉糊黏度不具热稳定性，抗剪力稳定性不够，冻融稳定性较差，淀粉不具冷水溶解性。为克服天然淀粉性质上缺陷，需要对天然淀粉进行物理或化学方法处理，以改良其原有性能甚至增加新功能，以便更好地满足工业生产需要。淀粉改性即通过物理或化学或酶法处理后，改变淀粉天然性质，增加其性能或引进新特性，使之符合生产生活需要，经过改性处理淀粉即为变性淀粉。

① 羟丙基淀粉。羟丙基淀粉属醚化淀粉一种，与原淀粉相比，糊化温度低，抗老化性、透明性和平滑性都有所改善。广泛用于造纸工业的纸板粘合剂、纸张内部和表面施胶剂、织物精整上浆剂、食品增稠剂、药片崩解剂等。原理是淀粉分子中伯醇基可视为弱酸，与碱作用生成盐，作为亲核试剂与环氧丙烷反应而使淀粉醚化。

生产步骤：

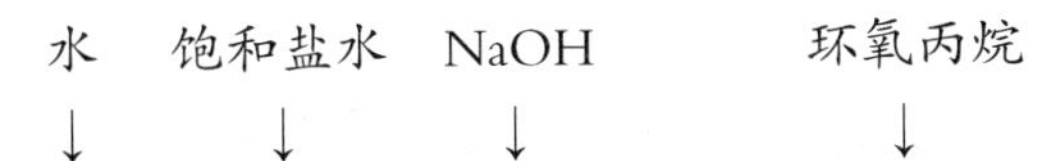

绿豆淀粉→淀粉糊→搅拌→调pH值至9~10→搅拌6小时→盐酸中和→离心水洗→干燥→成品

② 次氯酸钠氧化淀粉。淀粉在氧化剂作用下可制得氧化淀粉。常用氧化剂有

过氧化氢、过硼酸钠、次氯酸钙、次氯酸钠。一般生产颗粒状氧化淀粉以次氯酸钠为宜，其原因是氧化能力较强，成本低廉，产品颜色洁白。原理是淀粉分子中伯醇基，被次氯酸钠氧化成羰基或羧基，生成氧化淀粉。该氧化淀粉可溶于热水中，得到高固体含量呈流动性透明溶液。

生产步骤：

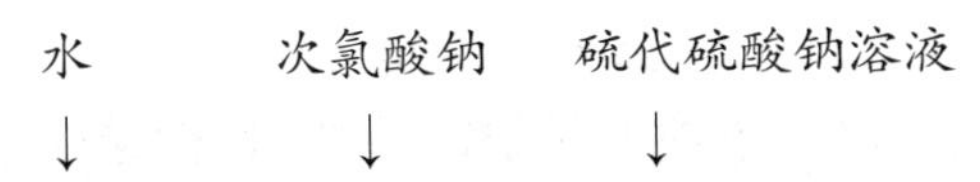

绿豆淀粉→淀粉糊→搅拌3~4小时→中和次氯酸钠→调pH值至中性→离心分离→洗涤脱水→干燥→成品

2. 提取蛋白质　国内外生产分离绿豆蛋白多以碱沉酸提法为主。美国和日

本等国已开始试用超滤法和离子交换法。绿豆粉中大部分的蛋白质都可以溶于酸碱溶液，故利用酸碱调节其pH值使蛋白得以分离。

提取绿豆分离蛋白工艺流程：

绿豆除杂过筛→磨粉→过粉筛（80目）→筛下物（MF）加水浸泡→调至pH值为9→搅拌（20min）→离心→上清液调至pH4→离心→沉淀加水分散→调至pH值为7→蛋白浓浆喷雾干燥→产品（绿豆分离蛋白粉）

3. 提取膳食纤维　采用如下提取工艺流程：

生产后绿豆皮→豆皮→清选→粗粉碎→温水浸泡→异味脱除→碱处理→水洗至中性→

漂白脱色→干燥→微粉碎→膳食纤维

操作要点：

（1）粉碎　粗粉碎粒度控制在1~2mm以内，不可太细，以有利于后道处理顺利进行。

（2）浸泡　浸泡漂洗目的在于软化绿豆皮纤维，洗去豆皮上残留淀粉等可溶性物质。浸泡操作影响参数有加水量、浸泡时间和水温。加水量为豆皮重5~6倍，温度和时间应仔细控制。浸泡水温过高，时间过长，会造成可溶性纤维损失；反之，则起不到作用。通常水温要超过40℃，时间8~l0h。

（3）异味脱除　异味脱除是制备膳食纤维关键步骤之一。豆皮带有明显豆腥味，不加以脱除会给应用带来诸多不便。在异味脱除各种方法中，加碱蒸煮法是脱除异味最简便方法。可使用碱有NaOH、$Ca(OH)_2$和Na_2CO_3等。对NaOH来说，浓度在0.5%~2%之间，时间维持在l0~30min。

（4）碱处理　碱能除去绿豆皮膳食纤维上残留少量蛋白质及脂肪。以2.5% Na_2CO_3处理。

（5）漂白脱色　因绿豆皮本身有很深色泽，加上脱除异味使用碱，使颜色更深，不脱色则无法在食品中使用。可使用脱色剂包括H_2O_2或Cl_2等，使用H_2O_2漂白参数是100mg/kg，30~100min。脱色时温度应仔细调节，温度过高会引起H_2O_2分解而起不到脱色效果，温度过低则脱色时间延长，且效果也不好 。

（6）干燥　经上述处理后渣子离心过滤可得浅色滤饼，干燥至含水6%~8%后进行微粉碎，以扩大纤维外表面积，然后进行功能活化处理。活化处理是制备高活性多功能膳食纤维关键步骤，也是最能最难体现技术水准一步。它包括两方面内容：①纤维内部组成成分优化与组合；②纤维某些基团的包囊，以避免这些基团与矿物元素相结合，影响人体内矿物质代谢平衡。只有经活化处理纤维，才能在功能性食品中使用，没经活化处理纤维，充其量只能属无能量填充剂。经功能活化处理绿豆皮纤维，再经干燥处理，然后用气流式超微粉碎机进行粉碎并过筛，即得到高活性绿豆纤维产品，其外观呈白色。整个处理过程纤维干基总得率为75%~80%。

膳食纤维持水力和膨胀力与最终产品颗粒粒度有关，粒度越小，比表面积越大，则持水力、膨胀力也相应增大，同时又不会造成口感粗糙性。

4. 提取物的加工产品

（1）变性淀粉　羟丙基淀粉广泛用于造纸工业的纸板粘合剂、纸张内部和表面施胶剂、织物精整上浆剂、食品增稠剂、药片崩解剂等。

（2）绿豆分离蛋白　绿豆分离蛋白具有较好起泡性和泡沫稳定性，可代替部分蛋白添加到糕点制品中。

（3）膳食纤维　市场上有多种商品化膳食纤维出售。膳食纤维被添加到面包、面条、果酱、糕点等食品中，可补充通常食品膳食纤维含量之不足，并作为高血压、肥胖病患者疗效食品。

本章参考文献

曹维强，王静．绿豆综合开发及利用．粮食与油脂，2003（3）：37-39．

陈剑，谢甫绨，陈振武，等．施肥对不同株型绿豆品种生长发育及产量的影响．华北农学报，2008，23（增刊）：298-301．

陈秀丽，孙国军，宋立东．绿豆尾孢菌叶斑病田间药剂防治探索．吉林农业，2012（12）：50．

陈旭微，章艺．4℃冷藏和4℃胁迫对蚕豆和绿豆SOD活性的影响．种子，2004，23（3）：24-26．

陈旭微，杨玲，章艺术，等．10℃低温对绿豆和豌豆下胚轴细胞一些抗氧化酶活性和超微结构的影响．植物生理与分子生物学学报．2005，31（5）：539-544．

陈怡平，郑宏春．镉胁迫下磁场对绿豆幼苗根茎叶显微结构的影响．生态毒理学报，2010，5（1）：112-117．

陈振武，孙桂华，赵阳．不同氮磷配比量及密度对春播绿豆产量的影响．辽宁农业科学，2004（6）：13-16．

程须珍，曹尔辰．绿豆．1996，北京：中国农业出版社．

朱振东，段灿星．绿豆病虫害鉴定与防治手册．2012，北京：中国农业科学技术出版社．

程泽强，孙文喜．绿豆新品种豫绿6号．河南科技．2002（1）：8．

代蕾，姬娜，熊柳，等．小麦纤维对绿豆淀粉理化特性影响．粮食与油脂．2013，26（8）：35-37．

邓志汇，王娟．绿豆皮与绿豆肉的营养成分分析及对比．现代食品科技，2010，26（6）：656-659．

段志龙，赵大雷，刘小进，等．绿豆常见病害的症状及主要防治措施．农业科技通讯，2009（6）：151-152，160．

范保杰，刘长友，曹志敏，等．播期对春播绿豆产量及主要农艺性状的影响．河北农业科学，2011，15（8）：1-3．

范富，张庆国，张宁，等．钼、锌、硼微肥对旱作绿豆产量的影响．内蒙古民族大学学报（自然科学版），2003，18（3）：248-252．

范富，张庆国，张宁，等．旱作绿豆优化施肥对产量及生物性状的影响．中国农学通报，2003，19（5）：47-50．

冯云江，杨显国，关健．绿豆机械化种植技术及特点．农机化研究，2001（4）：115，117．

高小丽，孙健敏，高金锋，等．不同基因型绿豆叶片光合性能研究．作物学报，2007，33（7）：1 154-1 161．

高瑶琨．辽宁省绿豆低产原因分析及高产栽培技术．辽宁农业职业技术学院学报，2002，4（2）：6-7.

高运东，徐东旭，尚启兵，等．播期和施肥量对绿豆产量的效应的研究．河北农业科学，2011，15（6）：4-6，11.

宫雅琴，富荣，王晓东，等．绿豆根瘤菌形态研究．内蒙古民族大学学报（自然科学版），2005，20（6）：638-641.

顾立元，薛良鹏，赵成美，等．绿豆田杂草的发生特点与防除研究．杂草科学．1992（1）：20-22.

关洪斌，于卫霞，田明忠，等．海水胁迫下水杨酸对绿豆种子萌发和幼苗生长的影响．安徽农业科学，2008，36（5）：1 748-1 749.

郭锋，樊文华．外源硒对镉胁迫下绿豆幼苗生理特性的影响．水土保持学报．2012，26（4）：256-260.

郭林英，佘小平，贺军民，等．增强 UV-B 辐射和多效唑对绿豆光合作用的影响．光子学报，2006，35（7）：1 071-1 075.

郭鹏燕，王彩萍，左联忠，等．绿豆—花生间作种植技术初探．山西农业科学，2013，41（7）：701-702，706.

韩粉霞．特早熟优质抗病绿豆新品种豫绿 4 号．中国种业，2002，（6）：50.

郝兴宇，李萍，杨宏斌，等．大气 CO2 浓度升高对绿豆生长及 C、N 吸收的影响．中国生态农业学报，2011，19（4）：794-798.

贺学礼，赵丽莉，李生秀．水分胁迫及 VA 菌根接种对绿豆生长的影响．核农学报，1999，14（5）：290-294.

洪梅，梁红，潘伟明．槲皮素对绿豆幼苗生长的影响．农业与技术，2003，23（3）：59-62，68.

侯蕾，韩小贤，郑学玲，等．土豆淀粉和绿豆淀粉理化性质的比较研究．食品研究与开发，2013，34（24）：1-4.

郇美丽，沈群，程须珍．不同品种绿豆物理和营养品质分析．食品科学，2008，29（7）：58-61.

黄真池，张保恩，黄霞．低温胁迫对绿豆幼苗的影响．中山大学研究生学刊（自然科学版）．1997，18（4）：22-25.

纪花，陈锦屏，卢大新．绿豆的营养价值及综合利用．现代生物医学进展，2006，6（10）：143-144，157.

纪晓玲，岳鹏鹏，张静，等．绿豆化控节水技术应用中存在的问题及对策．榆林学院学报，2013，23（4）：10-14.

季保平，郝治安．绿豆 A 级绿色食品生产技术．河北农业科学，2004（5）：28-29.

姜凯喜，刘国安．旱地绿豆双沟覆膜高产栽培技术．中国农学通报，2002，18（6）：147-148.

李翠云，刘全贵，王才道，等．高产早熟绿豆新品种—潍绿 1 号．山东农业科学，1996（3）：45.

李翠云，刘全贵，曹其聪，等．山东绿豆杂交育种进展．作物杂志．2005（2）：61-63.

李积华，郑为完，杨静，等．绿豆膳食纤维的分析．食品研究与开发，2006（7）：176-178．

李莉，万正煌，仲建锋，等．根瘤菌剂拌种和土壤条件对绿豆生长发育的影响．湖北农业科学，2011，50（24）：5 063-5 066，5 074．

李萍，郝兴宇，杨宏斌，等．大气 CO_2 浓度升高对绿豆生长发育与产量的影响．核能学报，2011，25（2）：358-362．

李明安．绿豆锈病的发生与防治．乡村科技，2012（8）：18．

李清泉，王芳，王成，等．北方旱地谷子绿豆立体栽培技术研究．黑龙江农业科学，2007（5）：38-40．

李瑞国，郭少英，王怀远．绿豆萌发期蛋白质和维生素 C 含量及营养价值．食品研究与开发，2012，33（4）：170-173．

李文浩，谭斌，刘宏，等．我国 9 个品种绿豆淀粉的理化特性研究．中国食品学报，2013，13（4）：58-64．

李彦军，韩雪．绿豆病虫害防治技术．科技致富向导，2011（12）：148．

梁红，唐超文，曾志成，等．银杏黄酮处理绿豆黄化幼苗生产保健芽菜的工艺研究．食品科学，2007，28（10）：214-218．

梁　杰，尹智超，王英杰，等．不同密度和施肥条件对绿豆产量的影响．园艺与种苗，2011（6）：81-83．

林妙正，邝伟生．广西绿豆资源性状与生态条件的关系．广西农业科学，1991（1）：11-13．

林汝法，王景月，韩国彪．绿豆．1988，北京：科学普及出版社．

林伟静，曾志红，钟葵，等．不同品种绿豆的淀粉品质特性研究．中国粮油学报，2012，27（7）：47-51．

刘长友，程须珍，王素华，等．中国绿豆种质资源遗传多样性研究．植物遗传资源学报，2006，7（4）：459-463．

刘长友，王素华，王丽侠，等．中国绿豆种质资源初选核心种质构建．作物学报，2008，34（4）：700-705．

刘慧．我国绿豆生产现状和发展前景．农业展望，2012.（6）：36-39．

刘世鹏，曹娟云，刘冲，等．水分胁迫对绿豆幼苗渗透调节物质的影响．延安大学学报（自然科学版），2008，27（1）：55-58．

刘世鹏，徐玉霖．水分胁迫对绿豆抗氧化物质活性的研究．延安大学学报：自然科学版，2008，27（3）：77-81．

刘文菊，沈群，刘杰．两种绿豆淀粉理化特性比较．食品科技，2005（9）：39-42．

刘玉兰，建德锋．吉林省绿豆低产原因及其优质高产栽培技术．中国种业，2006（9）：52-53．

刘振锋，陈洁，田少君，等．绿豆粉及其蛋白质对面条品质影响的研究．粮油加工，2007（3）：75-77，80．

庐贵清，周福红，年少良，等．钾素供应对绿豆产量和品质性状的影响．安徽农学通报，2001，7（1）：52-53．

卢涛，徐强，杨利伟.不同供硼水平对绿豆植株形态和生长发育的影响.干旱地区农业研究，2007，25（2）：67-70，76.

罗高玲，陈燕华，吴大吉，等.不同播期对绿豆品种主要农艺性状的影响.南方农业学报，2012，43（1）：30-33.

马秀杰，张耀安.间作对绿豆产量的影响.农业与技术，2006，26（1）：124，126.

马玉珍，史清亮.绿豆接种根瘤菌的效果.山西农业科学，1989（7）：15.

孟建朝，葛朝红，孙丽敏.冀中南地区棉花套种绿豆技术.现代农村科技，2011（4）：8.

苗明升，公华林，郭　群，等.污灌对绿豆生长发育及某些生理指标的影响.山东师范大学学报（自然科学版），2008，23（2）：117-118.

彭晓邦，王新军，张硕新.黄土区农林复合生态系统中大豆和绿豆的光合生理特性.西北植物学报，2011，31（2）：363-369.

钱春梅，郑雪宜，檀诗前，等.钙与吸胀的绿豆种子脱水耐性的关系.种子，2005，24（11）：7-9，66.

任广鑫，魏其克，闵安成，等.渭北旱原不同轮作方式比较试验.干旱地区农业研究，1997，15（3）：12-16.

任少雄，李仕成.烯效唑对绵阳地区秋播绿豆抗逆性的影响研究初报.西南农业学报，2004，17（6）：800-801.

任顺成，李翠翠，邓颖颖.鹰嘴豆、饭豆、绿豆淀粉性质的比较.中国粮油学报，2011，26（1）：61-64.

佘冬芳，邹琴.温度对绿豆芽苗菜产量和营养成分的影响.安徽农业科学，2007，35（11）：3247，3275.

佘纲哲，张恒.绿豆的营养成分及利用.生物学通报，1991（7）：18-19.

申慧芳，李国柱.不同抗旱性绿豆突变体的抗旱生理特性.核农学报，2006，20（5）：371-374.

申慧芳，李国柱.不同抗旱性绿豆突变体水分胁迫下的生理响应.华北农学报，2007，22（6）：98-102.

石英，张爱军，王红，等.太行山区鹦哥绿豆种植密度的试验研究.安徽农业科学，2008，36（6）：2 289，2 312.

宋玉伟，赵丽英，杨建伟.盐胁迫下绿豆幼苗渗透调节物质和抗氧化酶活性研究.河南农业科学，2009（8）：32-35.

孙桂华，陈振武.不同播种期、密度、施肥量对夏播绿豆产量影响的研究.杂粮作物，2004，24（1）：37-40.

孙桂华，任玉山，杨镇.辽宁杂粮.2006，北京：中国农业科学技术出版社.

孙炬仁，杨翠花.优质绿豆高产栽培技术.农业科技通讯，2010（4）：133-135.

孙振雷，刘海学，刘鹏，等.不同绿豆品种苗期抗旱性的比较研究.内蒙古民族大学学报（自然科学版），2002，17（1）：33-38.

孙壮林，侯跃文，刘建英，等.绿豆种植史考略.中国农史，1991（1）：48-52.

谭洪卓，谷文英，高虹，等 . 绿豆粉丝生产中淀粉粉团的流变学特性研究 . 食品科学，2006，27（9）：100-106.

田书亮，张华 . 豫南地区绿豆高产栽培 . 乡村科技，2010（5）：18.

田学军，罗晶，罗　冰 . 高温胁迫对绿豆下胚轴生长和抗热性物质的影响 . 西南农业学报，2010，23（3）：707-709.

王宝强，范保杰，刘长友，等 . 绿豆籽粒干物质、蛋白质及淀粉积累规律研究 . 河北农业科学，2012，16（10）：12-15，39.

王鸿飞，樊明涛 . 绿豆种子蛋白质和氨基酸组成特性的研究 . 江苏理工大学学报（自然科学版），2000，21（3）：39-41.

王经伦，张玉亭，李素娟 . 河南省发现为害大豆绿豆根瘤的新害虫 . 中国油料，1990（2）：79-81.

王丽侠，程须珍，王素华 . 绿豆种质资源、育种及遗传研究进展 . 中国农业科学，2009，42（5）：1519-1527.

王明海，徐宁，包淑英，等 . 绿豆的营养成分及药用价值 . 现代农业科技，2012（6）：341-342.

王松华，周正义，陈庆榆，等 . 外源一氧化氮对镉胁迫下绿豆幼苗根尖抗氧化酶的影响 . 激光生物学报，2007.16（1）：62-67.

王鑫，原向阳，郭平毅，等 . 除草剂土壤处理对绿豆生长发育及产量的影响 . 杂草科学，2006（1）：26-27.

王小琳，杨国勇，顾正清 . 绿豆花荚期施微肥的效应研究 . 耕作与栽培，2000，（5）：43-44.

王秀琴，李玉民，燕桂英，等 . 绿豆田杂草群落划分确定及化学防除 . 内蒙古农业科技，2002（6）：44.

王颖，耿惠敏，王政军 . 多效唑浸种对绿豆幼苗生长的影响 . 湖北农业科学，2010，49（7）：1 587-1 588.

巫朝福，张先炼，吴淑琴，等 . 绿豆花芽分化的观察 . 内蒙古农牧学院学报，1993，14（1）：6-9.

徐强，焦晓燕，王云中，等 . 硼对绿豆植株生长发育及矿质营养状况的影响 . 华北农学报，2004，19（1）：89-92.

于翠萍，李　静，井婧 . 绿豆在畜禽业中的应用研究 . 营养与日粮，2008（226）：16-17.

袁天英，杨江科，张伟涛，等 . 我国主要生态区域绿豆慢生根瘤菌的遗传多样性和系统发育研究 . 微生物学报，2006，46（6）：869-874.

袁兴淼，张涛，程须珍，等 . 我国绿豆种质资源的芽用特性评价与筛选 . 植物遗传资源学报，2012，13（5）：879-883.

曾玲玲，崔秀辉，李清泉，等 . 氮磷钾配施对绿豆产量的效应研究 . 黑龙江农业科学，2010（7）：48-51.

曾志红，王强，林伟静，等 . 绿豆蛋白营养及功能特性分析 . 中国粮油学报，2012，27（6）：51-55.

张国云，牛秀峰，孙平阳，等 . 旱地绿豆高效栽培及节水补灌技术研究 . 陕西农业科学，2003（3）：58-59.

张海均，贾冬英，姚开 . 绿豆的营养与保健功能研究进展 . 食品与发酵科技，2012，48（1）：7-10.

张洪微，冯传威，陶园钊 . 绿豆皮膳食纤维提取的研究 . 农产品加工学刊，2006（7）：38-40.

张克清，李志华，沈益新 . 不同生长期淹水对绿豆生长及生理性状的影响 . 江苏农业科学，2008（1）：176-178.

张晓红，邹长明，徐小康，等 . 磷肥对绿豆及其根瘤生长的影响研究 . 现代农业，2014（1）：28-29.

张晓霞，马晓彤，曹艳华，等 . 接种根瘤菌对不同品种绿豆生长及产量的影响 . 中国土壤与肥料，2012（6）：70-73.

张雄，山仑，李增嘉，等 . 黄土高原小杂粮作物生产态势与地域分异 . 中国生态农业学报，2007，15（3）：80-85.

张秀玲 . 盐胁迫对绿豆种子萌发的影响 . 北方园艺，2008（4）：52-53.

张泽燕，张耀文 . 干旱胁迫下 21 份山西地方绿豆品种芽期抗旱性鉴定 . 植物遗传资源学报，2011，12（6）：1 010-1 013.

赵存虎，孔庆全，贺小勇，等 . 绿豆田氮、磷、钾最佳用量及平衡施肥技术研究 . 内蒙古农业科技，2013（5）：60-87.

赵吉平，左联忠，王彩萍，等 . 绿豆新品种晋绿豆 6 号高产栽培技术 . 杂粮作物 . 2009，29（5）：343-344.

赵龙飞，徐亚军，徐　珂，等 . 我国绿豆根瘤菌多样性的研究进展 . 广东农业科学，2012（8）：31-34.

赵社敬，卢浩坡，韩瑞华 . 四种杀虫剂防治绿豆野螟田间药效试验 . 华中昆虫研究（第三卷），2006.

郑卓杰 . 中国食用豆类学 . 北京：中国农业出版社，1997.

智健飞，刘忠宽，曹卫东，等 . 棉花—绿豆合理间作模式与效益研究 . 河北农业科学，2010，14（9）：12-13，16.

周文杰，李建明，芦站根 . 外来植物黄顶菊水浸提液对绿豆种子萌发及生长的影响 . 江苏农业科学，2007（4）：72-74.

周雪梅 . 绿豆病害综合防治 . 河南农业，2006（7）：25.

朱文达，倪汉文 . 绿豆田杂草化学防除技术研究 . 杂草科学，1991（2）：34-35.

朱旭，马吉坡，杨厚勇，等 . 不同时期施肥对绿豆产量及地下部分的影响 . 农业科技通讯，2011（8）：86-88.

朱志华，李为喜，张晓芳，等 . 食用豆类种质资源粗蛋白及粗淀粉含量的评价 . 植物遗传资源学报，2005，6（4）：427-430.

Н.И. 瓦维洛夫著 . 董玉琛译 . 主要栽培植物的世界起源中心 . 北京：农业出版社，1982.

第三章
黄土高原赤（红）小豆种植

第一节　赤（红）小豆品种

一、赤（红）小豆的种质资源

小豆（*Vigna umbellate*（Thunb.）Ohwi et Ohashi），古名荅、小菽、赤菽等，别名红小豆、赤豆、赤小豆、五色豆、米豆、饭豆。英文名为 Adzuki bean 或 Small bean。

小豆起源地曾有几种意见。宗绪晓等（2003）对印度喜马拉雅地区、尼泊尔、不丹、中国和中国台湾、韩国和日本的栽培野生和半野生小豆代表性资源 146 份，采用 AFLP 方法分析，初步认为，栽培小豆的起源和演化是多中心的，至少有 4 个不同类型的野生祖先和 3 个不同地理起源。但普遍认为小豆起源于中国，中国是小豆的主要起源中心。其主要依据是：早在公元前五世纪的《神农书》中就有小豆一词的记载；西汉《氾胜之书》明确记载了小豆的播种期、播量、田间管理及其收获和产量等；《神农本草经》《黄帝内经素问》《本草纲目》《群芳谱・谷谱》等古医书都有小豆药用价值的记载；南北朝《齐民要术》中已详细记载有小豆的栽培方法和利用技术；从湖南长沙马王堆出土汉墓中也发现了小豆的炭化种子，这是迄今世界上发现年代最早的小豆遗物。经推测，小豆在中国栽培历史悠久，至少有 2000 年以上的历史。前苏联学者 H.N 瓦维洛夫经过考察研究，在 1935 年《育种的理论基础》一文中指出小豆起源于中国；丁振麟教授 1959 年报道：喜马拉雅山一带尚有小豆的野生种和半野生种存在；近年在云南、山东、湖北、陕西等地均发现并采集到小豆的野生种及半野生种类型，且中国栽培资源形态多样丰富；据户苅 1957 年考证认为，公元 3~8 世纪，小豆由中国经朝鲜半岛传入日本；王述民等 2002 年对小豆种质资源同工酶遗传多样性进行分析与评价，初步说明小豆野生种和中国地方栽培品种都具有较高的等位酶基因分布，明确栽培小豆起源于野生小豆，为小豆起源于中国提供了新的证据。

小豆主要栽培在中国、日本、朝鲜半岛等东南亚国家。近些年澳大利亚、泰国、加拿大、巴西、刚果、新西兰及美国小豆的生产正迅速崛起，目前世界上已有30多个国家种植小豆。中国是最大的小豆生产国和出口国，其种植面积和总产量一直居世界第一位，中国大部分省（区、市）都有种植，但以华北和黄河中下游地区种植面积最大。全国常年播种面积为$30\times10^4hm^2$，年出口4×10^4~8×10^4t，2011年小豆种植面积$25\times10^4hm^2$，年总产30×10^4t。年际间虽有波动，但总体呈渐升趋势。中国种植的小豆类型包括赤（红）小豆、白小豆、绿小豆、黄小豆、黎小豆等，但种植面积最大且在国内外贸易中起较大作用的为赤（红）小豆，占到小豆种植面积90%以上。

中国于20世纪50年代开始广泛征集各种农作物地方种质资源，60—70年代中断。80年代初，由中国农业科学院品种资源研究所牵头，收集当地小豆种质资源，并进行了整理、鉴定、编目。1983年在国内14个省（区、市）征集了2400余份小豆地方品种。1981—1995年，国家科委、农业部委托中国农业科学院组织作物品种资源考察队，分别在西藏自治区（以下简称西藏）、海南岛、广西壮族自治区（以下简称广西）、神农架及三峡地区等原始地域进行资源收集。截至2000年，在国内共征集小豆种质资源4500余份，占世界小豆资源39%。中国现已拥有丰富的小豆种质资源，大部分已存入国家种质库，并被《中国食用豆类品种资源目录》所收录，为小豆新品种选育提供了基础资源材料。中国小豆野生种及近缘野生种，目前收集最多的单位是北京市农林科学院，拥有野生及近缘野生资源200余份。

二、赤（红）小豆的品种类型

赤小豆也称红小豆[*Vigna umbellate*（Thunb.）Ohwi et Ohashi]，是豆科（Leguminosae）蝶形花亚科（Papilionaceae）菜豆族（Phaseoleae）豇豆属（*Vigna*）的一个栽培种。一年生草本自花授粉作物，染色体2n=22。栽培中，有不同的品种。

（一）光周期类型

赤（红）小豆是典型的短日照作物。在昼夜的光照和黑暗的交替中，小豆是需要黑暗时间相对较长，而光照时间相对较短的作物。小豆开花需要一定的短日照，在一年内没有一定的日长度不能通过。日照延长，小豆开花成熟期推迟，茎、枝、叶徒长，甚至霜前不能成熟。只在短于临界日照长度才能开花结实。日照时间越短，小豆开花成熟期越提前，植株变矮，生物产量降低。临界日长度与其地理起源和长期所处的生态环境有很大关系。其临界日长度随赤（红）小豆分布的纬度而改变，生长地区纬度越高，临界日长度越长；生长地区纬度越低，临界日长度越短。赤（红）小豆北移时，夏季日照较长，使发育延迟，往南移时，则提早开花。异地引种要注意赤（红）小豆对光周期的需要。这种光周期反应存在于出苗至成熟的全过程。不同生育阶段对光照反应也有很大差别，一般苗期影响最大，开花期次之，结荚期影响最小。小豆品种间对光照长短的要求有很大差异。一般中晚熟品种反应敏感，早熟品种较迟钝。汪自强等（1995）利用来自不同地区的20个小豆品种在杭州进行分期播种研究，结果表明，随着纬度的增加，小豆感光性减弱，全生育期缩短。早播比迟播生育期延长，高纬度地区品种主要表现为花期延长，而低纬度地区品种主要表现为营养生长期延长，花期基本不变。尹淑丽等（2008）进行苗期日照长度对红小豆生育特性和产量的影响研究表明，短日照处理供试红小豆的生育期缩短，株高降低，茎粗和生育期间最大叶面积指数（LAI）变小。中晚熟品种冀红4号比早熟品种冀红8937生育期、株高和茎粗受日照长度处理影响更大。短日处理供试品种的花期明显提早，开花期持续天数延长。中晚熟品种冀红4号受短日促进效应更明显，开花总量增多，早熟品种冀红8937开花总量减少。

赤（红）小豆为短日作物，根据对短日条件的敏感程度不同分为光敏型和光钝型，这是由于纬度不同而引起生长季节间光照长短的不同，也就造成了南北地区有不同光照反应的品种类型。北方多为适应于长日照条件而对短日条件表现光钝型的早熟品种，如东北地区种植的宝清红、东北大红袍、白红5号、吉红7号等，而南方特别是长江中游流域和滇、黔、川种植的农家品种就多为适应于短日照条件的光敏型晚熟品种，如淮安大粒1号、启东大红袍赤豆等。

（二）熟期类型

根据赤（红）小豆生长发育的气候因子调查数据，金文林（1995）利用模糊数学聚类分级归类方法将中国小豆生态气候资源划分为8个：东北区以早熟类型为主，适宜生长小豆的时间短，全生育期90~120d左右，直立株型为多数，是中国小豆天然早熟性基因库，主要出口品种为宝清红和东北大红袍小豆；陕甘宁区以中熟类型为主，全生育期120d左右，主要出口品种为山西红小豆；黄淮、江淮流域区以中熟、晚熟类型为主，半蔓生株型为多数，全生育期100~150d，较有名的出口品种有天津红小豆、江苏启东大红袍、南通大红袍等；长江中游流域区和滇、黔、川区以晚熟类型为主，全生育期120~150d；华南区以特晚熟类型为主；除新疆维吾尔自治区（以下简称新疆）、内蒙古和青藏高原区不宜大面积种植小豆外，其他6个区都可较大面积发展小豆生产。

三、黄土高原赤（红）小豆品种沿革

（一）山西省赤（红）小豆品种沿革

山西省是中国小豆种植面积较大省份之一。全省各地均有种植。主要分布在忻州市、吕梁市、临汾市、大同市，几乎每个县都有种植。常年种植面积（1.3~1.5）$\times 10^4hm^2$，总产量约（1.3~2）$\times 10^4$ t，单产水平各地区之间差异较大，长治市单产最高为2686kg/hm^2，朔州市单产最低为233kg/hm^2。

山西省是黄河文化的发祥地，有着悠久的农耕文化和经验，自古以来就有小豆种植。解放初期山西省小豆种植面积为$2\times 10^4hm^2$，20世纪70—80年代种植面积急剧下降，最少时不足$1\times 10^4hm^2$。近年来因市场经济的发展，种植面积大幅回升，2004年达

到 $1.8 \times 10^4 hm^2$，总产量为 $2 \times 10^4 t$。

根据山西省生态条件和小豆的种植习惯，晋北、晋中为春播小豆区，晋南为夏播区和春夏混播区。山西省地形复杂，气候差异较大，小豆品种资源十分丰富。1980 年，山西省在全省收集到小豆资源 602 份。按粒色可分红小豆、黄小豆、白小豆、绿小豆、花斑小豆、黑小豆和褐色小豆等；按籽粒大小可分为大粒种、中粒种和小粒种；按结荚习性分为有限结荚习性和无限结荚习性；按生长习性又可分为直立、蔓生和半蔓生 3 种类型。

20 世纪 80 年代以前，山西省小豆生产上仍采用农家品种，主要有朔县红小豆、汾阳红小豆、平鲁红小豆和垣曲红小豆。90 年代后期才通过辐射育种育出晋红小豆 1 号，并利用杂交育种方法培育了一批中间材料和高代品系，如大粒红、89013、89057、89062、613 等。全省重点推广种植了晋小豆 1 号、大粒红小豆、早红 1 号小豆、早红 2 号小豆和冀红 2 号小豆。

（二）甘肃省赤（红）小豆品种沿革

甘肃省是中国春小豆种植区，自古以来就有种植，在粮食生产、轮作倒茬、出口创汇和改善人民生活方面都有着重要作用。在甘肃省，红小豆的种植面积和其他食用豆一样，经历了发展、压缩和恢复 3 个阶段。1957 年，全省豆类（含红小豆）种植面积 $33.3 \times 10^4 hm^2$，占粮食播种面积 10% 多，总产 $25 \times 10^4 t$，占粮食总产 8%，以后下滑到 $13.3 \times 10^4 hm^2$。随着人民生活水平的不断提高，对植物蛋白需求量的增加及出口的需要，近年来面积有所回升。1986 年全省食用豆面积（不含黄豆）$18.5 \times 10^4 hm^2$，总产 $22.8 \times 10^4 t$。近些年，红小豆主产区在庆阳市的华池、庆城、合水等县，年种植面积 $0.2 \times 10^4 hm^2$，其他地区零星种植，全省种植面积不足 $0.33 \times 10^4 hm^2$。

甘肃省地形复杂，气候多变，小豆种质资源十分丰富。但是本省对小豆资源研究起步较晚，1980—1981 年在全省范围进行了广泛征集，甘肃省农业科学院粮食作物研究所品种资源室对小豆品种资源进行了农艺性状鉴定、整理、归类和种子入库工作，小豆全省有 60 个地方品种、2 个野生种编入《中国食用豆类品种资源目录》。甘肃省小豆品种多蔓生，亦有半蔓生和直立型。籽粒颜色有红、白、绿、花纹等四种，粒型均为短圆形。品质方面，经分析，泾川红小豆粗蛋白含量为 21.3%，赖氨酸含量为 0.96%。

甘肃省小豆主要种植在陇南和陇东，年降水量 500~800mm，气温在 10~15℃，属半湿润易旱区。一般在小麦收后进行复种红小豆，小豆收获后是小麦的好前茬。过去一直种植农家种，20 世纪 80 年代后，引进推广了冀红 4 号、冀红 5 号、保红 947、冀红 9218、辽小 2 号、千斤红、陕北红等。

（三）陕西省赤（红）小豆品种沿革

陕西省是中华民族古代文化发源地之一，黄帝陵是中华民族始祖轩辕黄帝陵寝，周、秦、汉、唐等 13 个朝代在这里建都，有着悠久的农耕文化历史。陕西省生产小豆最早见于西汉成帝年间的《氾胜之书》，记有“小豆不保岁，难得”，是说小豆产量不稳定。陕西关中在2000年前已种植小豆，渭北和秦巴山区都有大量野生小豆分布。

陕西省是中国小豆主产区之一，栽培面积约 $4.0 \times 10^4 hm^2$，主要是赤（红）小豆。全省各地均有种植，其中，面积最大的为榆林市的横山、子洲、佳县、米脂各县，延安市的甘泉、志丹、安塞、宝塔等县（区），占全省总面积80%以上，关中、渭北及陕南各县也有一定的种植面积。

陕西省种植赤（红）小豆主要和玉米、高粱、糜谷、薯类等作物混种或间作，在关中、渭北小麦收获后复种红小豆，或在零星闲散地、薄地、菜地单种，管理粗放，单产较低，称作“捎带庄稼”。20世纪80年代以来，由于出口需要，红小豆生产有所发展，在榆林、延安两市有不少单作面积。近些年，在延安市苹果产区，为了养园、早果、丰产，幼园套种红小豆也有很大面积。

20世纪50年代初期至1979年，农业部先后从全省68个县（市）征得过去种植的小豆农家品种300余份，经整理保存编入《陕西省豆类品种资源目录》的有320份，其中陕北20份、渭北旱塬62份、关中平原61份、秦岭山区98份、巴山山区79份，后编入《中国食用豆类品种资源目录》。

陕西省小豆品种有直立、半蔓生、蔓生3种形态，种皮有白、红、绿、黄、黑、麻等颜色，白皮者称白小豆，红皮者称红小豆，绿皮者称绿小豆等。白小豆占40.3%，红小豆占32.8%，绿小豆占17.5%。小豆名以产地和皮色定名，如延安红小豆、黄龙绿小豆、汉中白小豆等。

20世纪80年代后，随着全国一些科研单位通过系选、杂交育种，出现一批高产红小豆品种，陕西省先后引进推广了中红2号、中红5号、冀红4号、顺义小豆、冀红9218等一批优良品种。

四、黄土高原赤（红）小豆良种简介

黄土高原范围内推广面积大的赤（红）小豆良种如下。

（一）陇红小豆1号

品种来源　甘肃省平凉市农业科学研究所以泾川红小豆-2为母本、冀红1号为父本进行有性杂交，采用系谱法选育而成，原代号98-1-3-2-5-2。2013年通过甘肃省农作物品种审定委员会审定定名（甘认豆2013003）。

特征特性　该品种生育期98d。有限结荚习性。直立型，株高31.8cm，分枝4.3个，单株荚数34.6个，荚粒数7.8粒，荚长8.6cm，百粒重23.6g。豆荚成熟后呈乳黄色。抗倒性强、落黄好，籽粒饱满、整齐一致、色泽鲜亮。田间高抗叶锈病，较抗叶斑病。据甘肃省农业科学院农业测试中心2011年12月测定分析，陇红小豆1号含粗蛋白233.1mg/kg（风干基）、粗淀粉535.2mg/kg（风干基）、粗脂肪4.10g/kg（干基）、水分13.1%（风干基）。

产量表现 2007—2008年在平凉市农业科学研究所高平试验场进行的品比试验中，两年平均2219.2kg/hm^2，较对照品种泾川红小豆-2增产17.9%；2009—2011年在平凉市农业科学研究所高平试验场、陇东学院实验农场、正宁县农业技术推广中心试验地、宁县农业技术推广中心试验地、灵台县农业技术推广中心试验地进行的区域试验中，平均1903.1kg/hm^2，较对照品种泾川红小豆-2增产15.7%。2011年的生产试验中，5点（次）平均产量为1869.1kg/hm^2，较对照品种泾川红小豆-2增产14.2%。

适宜地区 适宜于陇东及周边地区种植。

（二）冀红小豆4号

品种来源 河北省农林科学院粮油作物研究所1982年以天津朱砂红（194）为母本，日本大纳言为父本杂交选育而成。原品系代号：8208—32414。1992年通过河北省农作物品种审定委员会审定，审定编号：(92）冀品审字第1号。全国统一编号B03992。1996年获河北省科技进步三等奖。

特征特性 早熟品种，夏播生育期88d左右。有限结荚习性。株型紧凑，直立生长，幼茎绿色，株高40cm。主茎分枝3.0个，叶卵圆形，深绿色。花浅黄色。单株结荚35.0个，豆荚长5.5~6.5cm，镰刀形，成熟荚黄白色，单荚粒数6粒。籽粒短圆柱形，种皮鲜红色，百粒重14.5g，干籽粒蛋白质含量23.19%，淀粉含量54.96%，出沙率74.6%。抗病毒病。

产量表现 1990—1991年河北省小豆区域试验，平均产量1707kg/hm^2，较对照品种冀红1号增产17.0%。1991年生产试验，平均产量1586kg/hm^2，较对照品种冀红1号增产35.6%。1992—1995年在河北、河南、陕西、山西、湖北、山东、吉林、安徽等8个省累计推广11.39×10^4hm^2。

适宜地区 河北、河南、山东、山西、陕西、内蒙古、江苏等地。

（三）晋小豆6号

品种来源 该品种系山西省农业科学院高寒区作物研究所于1999年以天镇红小豆作母本，红301作父本，经改良混选法连续定向选育，2008年育成。原品系代号为：红H801。2013年通过山西省农作物品种审定委员会认定，命名为晋小豆6号。

特征特性 早熟品种，全生育期122d，株高78cm，主茎分枝4个，主茎节数18节，单株成荚32个，荚长9.4cm，圆形叶，绿色，花黄色，荚白色，直形，荚粒数8粒，籽粒圆柱形，种皮浅红色，脐白色，百粒重19g，中粒饱满，株型直立，结荚集中，抗逆性强，适应性广，丰产性好。耐旱抗倒、茎秆粗壮，中抗病毒病、叶斑病，后期不早衰。该品种品质优良，高淀粉、中蛋白，低脂肪，为理想的保健食品，2011年经农业部谷物品质监督检验测试中心分析，粗蛋白质含量25.56%，粗淀粉含量53.15%。

产量表现 2006—2008年参加山西省农业科学院高寒区作物研究所所内品鉴和品

比试验，3 年平均 2817kg/hm^2，比对照冀红 3 号增产 28.4%。2009—2010 年参加山西省早熟组区域试验，两年平均 1737kg/hm^2，比对照晋小豆 1 号增产 8.7%。二年总 10 点（次）增产 8 点（次），增产点（次）率达 80%。

适宜地区　适宜山西晋北春播、晋中南复播及类似生态区栽培种植。

（四）冀红 8937

品种来源　河北省农林科学院粮油作物研究所于 1989 年以天津红小豆与日本大纳言杂交后代 8208—12104 为母本，内蒙古小豆资源 B0653 为父本杂交选育而成。2004 年通过全国小宗粮豆品种鉴定委员会鉴定，鉴定编号：国品鉴杂 2004007。全国统一编号 B04697。2006 年获河北省科技进步二等奖。

特征特性　早熟品种，夏播区生育期 85d 左右，春播区生育期 112d 左右。有限结荚习性，株型紧凑，直立生长，幼茎绿色，夏播株高 53cm，春播 48cm。主茎分枝 3 个，主茎节数 14.2 节，叶卵圆形，深绿色。花浅黄色。单株结荚 25 个，豆荚长 8cm，圆筒形，成熟荚黄白色，单荚粒数 5.5 粒。籽粒短圆柱形，种皮鲜红，百粒重 15.9g。干籽粒蛋白质含量 22.27%，淀粉含量 52.11%，出沙率 77.2%。田间抗病毒病、叶斑病和锈病。

产量表现　2001—2002 年度国家区试，平均产量 1408 kg/hm^2，较冀红 3 号增产 14.4%。2003 年生产试验，平均产量 1979 kg/hm^2，较对照冀红 3 号增产 46.1%。2004—2006 年在河北、陕西、山西、辽宁等省累计推广 7.93×10^4hm^2。

适宜地区　适宜河北、山西、陕西、新疆、河南、江苏等地种植。

（五）冀红 9218

品种来源　河北省农林科学院粮油作物研究所于 1992 年以遵化小豆为母本，京小 3 号为父本杂交选育而成，原品系代号：9218—816。2004 年通过全国小宗粮豆品种鉴定委员会鉴定，鉴定编号：国品鉴杂 2004006。全国统一编号 B04704。2006 年获河北省科技进步二等奖。

特征特性　早熟品种，夏播生育期 85d 左右，春播生育期 115d 左右。有限结荚习性。株型紧凑，直立生长。幼茎绿色。夏播株高 55cm，春播 50cm。主茎分枝 3.2 个，主茎节数 13.5 节。叶卵圆形，深绿色，花浅黄色。单株结荚 23.8 个，豆荚长 8.1cm，圆筒形，成熟荚黄白色，单荚粒数 5.6 粒。籽粒短圆柱形，种皮鲜红，百粒重 15.9g。干籽粒蛋白质含量 23.69%，淀粉含量 51.99%，出沙率 82.9%。抗病毒病、叶斑病和锈病。

产量表现　2001—2002 年国家区域试验，平均产量 1416kg/hm^2，较对照冀红 3 号增产 16.3%，居所有参试品种第一位。2003 年生产试验，平均产量 1922kg/hm^2，较对照冀红 3 号增产 28.8%。2004—2006 年河北、陕西、山西、辽宁等省份累计推广约 10.0×10^4hm^2。

适宜地区 适宜黑龙江、辽宁、山西、陕西、新疆、宁夏等地春播和河北、河南、江苏、四川、北京、山东等地夏播。

（六）晋小豆1号

品种来源 由山西省农科院小杂粮研究室辐射冀红小豆，选出变异单株，经多年选育而成。原名89072。1999年4月通过山西省农作物品审定委员会审定。审定编号：1999S305。

特征特性 太原地区春播生育期120d，属中熟品种。株型直立，抗倒伏，生长旺盛不早衰，株高60~70cm。主茎18~20节，3~4个分枝。幼茎叶柄均为浅绿色。子粒圆柱形，种皮红色、皮薄、色鲜、有光泽，白脐。有限结荚习性，单株结荚20个，单荚粒数6~8粒，百粒重13g。籽粒含粗蛋白24.87%，粗脂肪0.14%，淀粉56.69%。

产量表现 1994—1996年参加山西省红小豆品种区试，3年平均产量1 230kg/hm^2，比对照天津红增产20.1%。1996—1997年在晋中、大同、吕梁、忻州、临汾等地进行大面积生产试验，1996年平均产量1 120.5kg/hm^2，比对照天津红增产12.5 %;1997年平均产量1 285.5kg/hm^2，比对照天津红增产13.0%。

适宜地区 适宜山西省各地区春播种植，临汾以南可以夏播种植。

（七）晋小豆2号

品种来源 山西省农业科学院经济作物研究所从柳林小豆中系选选育的品种。原名：汾红小豆1号。审定（登记）编号：晋审小豆（认）2006001。

特征特性 生育期125d左右，比对照晋小豆1号略晚熟。叶色浓绿色，叶背、腹沟均有茸毛，株高平均80cm。主茎节数10节左右，茎半蔓生，有效分枝数平均5条。花黄色。无限结荚习性，单株荚数约31个，荚细棒状。单荚粒数16粒左右，百粒重约10g。种子圆柱形，红色，白脐。

产量表现 2004—2005年参加山西省红小豆区域试验，平均1 860kg/hm^2，比对照晋小豆1号增产13.1%。

适宜地区 适宜山西省各地春播，南部复播。

（八）中红2号

品种来源 中国农业科学院作物科学研究所于1997年从北京农家品种“密云红小豆”中系统选育而成，原品系代号：E1226，京小152。2004年通过全国小宗粮豆品种鉴定委员会鉴定，鉴定编号：国品鉴杂2004010。全国统一编号B03605–l。

特征特性 早熟品种，华北地区夏播生育期90d左右。有限结荚习性，植株直立。幼茎绿色，株高约70cm。主茎分枝2~4个，叶卵圆形。花黄色。单株结荚25~50个，多者可达100个以上。豆荚长约7.5cm，镰刀形，成熟荚黄白色，单荚粒数7.4个。籽粒短圆柱形，种皮鲜红色，有光泽，百粒重16g左右。干籽粒蛋白质含量24.36%，淀粉含量 50.3% ~54.3%。抗逆性强，抗病性、耐寒性较好，后期不早衰。

产量表现　一般产量 1 500~2 250kg/hm^2，高者可达 3 450kg/hm^2 以上。1998 年鉴定圃试验产量 4 036kg/hm^2，比原亲本增产 32.2%。1999—2000 年品比试验，平均产量 2 673kg/hm^2，比原亲本增产 21.7%。2000 年品种生产适应性试验，产量 3 266kg/hm^2，比对照冀红 4 号增产 11.5%。2001—2002 年国家区试，12 个试点两年平均产量 1 439kg/hm^2，比对照冀红 3 号增产 26.9%。2003 年国家生产示范试验，山西太原、长治，陕西杨凌 3 个试点平均产量 1 727kg/hm^2，比对照冀红 3 号增产 19.8%。2002 年陕西延安产量 2 775kg/hm^2，比当地对照增产 17.8%。

适宜地区　适应性广，中国东北南部、华北中北部、西北及西南小豆产区种植表现良好。

（九）京农 8 号

品种来源　北京农学院以京农 2 号作为辐射受体，利用中国农业科学院原子能所钴源 γ 射线对其风干种子样品进行辐照诱变处理，经多年混合选择育成。

特征特性　京农 8 号在晋北地区生育期 120d，幼茎嫩绿色，成熟茎黄白色，复叶中等大小，小叶呈卵圆形，花黄色，株高 38~45cm，植株直立紧凑，主茎节数 14.4 节，主茎有效分枝数 2~4 个、单株荚数 18~25 个，单荚粒数 5~6.8 粒，荚长 9.9cm，荚宽 0.65cm，荚圆筒型，成熟荚白色，籽粒近圆，粒色浅红，有艳丽光泽，百粒重 14~16g，属中大粒型，籽粒均匀，饱满度好。外观品质符合日本红小豆进口标准。耐旱抗倒、茎秆粗壮，中抗白粉病、锈病，后期不早衰。该品种品质优良，高淀粉、中蛋白，低脂肪，为理想的营养保健及出口、加工品种，2012 年经农业部谷物及制品质量监督检验测试中心（哈尔滨）品质分析：粗蛋白质含量 21.39%，粗淀粉含量 53.76%。

产量表现　2011 年参加山西省早熟组区域试验，六点次平均亩产 1 630.5 kg/hm^2，比对照晋小豆 1 号增产 11.2%，2012 年参加山西省早熟组区域试验，4 点次平均亩产 2 193 kg/hm^2，比对照晋小豆 3 号增产 9.4%，两年平均亩产 1 912.5kg/hm^2，比对照增产 10.3%。两年总 10 点次全部增产，点次增产率达 100%。

适宜地区　适宜山西晋北春播、晋中南复播及类似生态区栽培种植。

（十）晋小豆 5 号

品种来源　由山西四合农业科技有限公司、山西省农业科学院作物科学研究所共同选育而成，通过 B4810 和日本红小豆杂交，B4810 和日本红小豆均来源于引进资源。试验名称“JH986-5”。审定编号：晋审小豆（认）2012001。

特征特性　春播生育期 110d 左右，夏播生育期 90d 左右。株型紧凑，有限结荚习性，茎秆直立，生长势中等，株高 42cm，茎绿色，茎上有少量黄绿色绒毛，主茎节数 14 节左右，主茎分枝 3~4 个，复叶卵圆形，花黄色，成熟荚黄白色、圆筒形，单株荚数 26 荚左右，单荚粒数 6 粒，籽粒短圆柱形，种皮红色有光泽，百粒重 16g。农业部谷物及制品质量监督检验测试中心（哈尔滨）检测，粗蛋白（干基）20.66%，粗脂肪

（干基）1.00%，粗淀粉（干基）52.57%。

产量表现 2010—2011 年参加山西省红小豆试验，两年平均 1 927.5kg/hm^2，比对照晋小豆 1 号（下同）增产 15.9%，试验点 12 个，全部增产。其中，2010 年平均 2 137.5 kg/hm^2，比对照增产 14.7%；2011 年平均 1 717.5kg/hm^2，比对照增产 17.2%。

适宜地区 山西省北部地区春播南部地区夏播。

第二节 生长发育

一、生育时期和生育阶段

（一）生育时期

赤（红）小豆由于栽培制度的不同，生育期长短不一。位于黄土高原区的陕西省、山西省北部及甘肃省、宁夏回族自治区大部属于中国北方春小豆区，以早熟中粒类型品种为主。春季 5—6 月播种，全生育期 90~120d；陕西省的关中、渭北，山西省的晋南，甘肃省的陇东、陇南地区，属于中国北方夏小豆区，一般在冬小麦收获后复种红小豆，以中晚熟中粒型品种为主，全生育期 100~150d。

小豆的一生需要经历播种（发芽）期、出苗期、开花期、成熟期和收获期等发育过程。

1. 播种（发芽）期 即播种日期。播期与栽培制度关系极为密切，不同栽培类型小豆的播种期差别很大，但都要适期播种。小豆种子发芽的最低温度为 8℃，最适宜的发芽温度为 14~18℃。因此，黄土高原春小豆播种时间不能过早，田间 5cm 地温应稳定在 14℃以上，一般年份最佳高产播期为 4 月下旬至 5 月中旬。黄土高原夏小豆在北方麦豆两熟区，以 6 月中、下旬播种为宜。播种过早易造成茎叶徒长，郁蔽捂花；晚播不能正常成熟，降低产量和品质。

2. 出苗期 种子在适宜的条件下，开始吸水膨胀，胚的幼根先入土，然后胚轴伸长，子叶不出土，胚芽（真叶）突破土壤露出地面，当第一对真叶开始展开称为出苗。全田 70% 以上出苗的日期定为出苗期。延安春播一般在 5 月中旬，播种至出苗期一般需要 10~14d，若遇低温，可延迟 5~7d。小豆出苗长出两片对生单叶，单叶多为圆形，个别品种为披针形。

3. 开花期 花芽分化结束后，花器发育完善，花梗自叶腋长出，梗的先端着生数花，呈短总状花序。花由苞叶、花萼、花冠、雄蕊和雌蕊五部分组成。在花梗顶端着生 2~6 朵花。花为黄色，蝶形花冠。全田 50% 以上植株第一朵花开的日期定为开花期。开花期的适宜温度为 20~30℃。一般播种后 45d 左右开花，多于 7—8 时开花，一株开花约 30d。

4. 成熟期 小豆为自花授粉作物，开花后结荚鼓粒，每花梗上结荚 1~5 个，荚长 5~14cm。未成熟荚绿色，少数带有紫红色，成熟后的荚有黄白、浅褐、褐、黑四种颜色。每荚有种子 4~11 粒，椭圆或长椭圆形种子，种子为赤褐色。全田 70% 的豆荚变黄，籽粒变硬的日期定为成熟期。

5. 收获期　实际收获的日期。

6. 生育日数　出苗至成熟的天数。

（二）生育阶段

赤（红）小豆一生可划分为营养生长和营养生长与生殖生长并进两个阶段。

1. 营养生长阶段　苗期到开花是以营养生长为主的阶段。此阶段以根系生长为中心，根系生长比地上部快，营养物质主要供给根系的发育，应供给适量的水分和养分，以促进根系发育和幼苗健壮，但不宜过多。如果肥水过量，易使茎叶徒长，节长茎细，根系发育不良，引起早期倒伏。一般施足基肥和种肥的田块，苗期不再追肥。应加强田间管理，及时间苗、定苗，中耕除草，增温保墒，运用蹲苗促进根系下扎，提高抗旱能力。此阶段栽培主攻方向是调节好水、肥、光、热，使幼苗发育正常，生长健壮。

2. 营养生长与生殖生长并进阶段　开花期到成熟期是营养生长和生殖生长并进阶段。赤（红）小豆开花结荚以后，营养生长进入旺盛阶段，茎枝加粗，节数增多，株型基本定型，叶片增多而加大，叶面积指数达到高峰。同时生殖生长日渐旺盛，花芽不断分化和形成，开花结荚达到盛期，光合强度和呼吸强度达到高峰，根系活动能力最强，是需水肥最多阶段。此时根瘤固 N 能力较苗期旺盛，N 素一般可以满足，应结合灌水，注意施用 P、K 钾肥。此阶段栽培主攻方向是处理好小豆和环境条件（水、肥、光）的关系，注意防治病虫害，减少落花、落荚，提高产量。

（三）花芽分化

王庆亚等（1995）在光镜和扫描电镜下，对小豆花芽分化的外部形态及内部组织分化和营养物质变化等进行了综合研究。结果表明，花芽形态分化的进程可划分为：未分化期、花序原基分化期、花原基分化期、萼片原基分化期、花瓣原基分化期、雄蕊和雌蕊原基分化期、雄蕊和雌蕊结构分化期等 7 期。

1. 未分化期　在 6 月 10 日播种之后至 6 月 30 日之前，小豆尚未进入花芽分化阶段。此时芽体积甚小，芽体的宽度大于长度，呈扁而矮的等腰三角形，内部表现为生长锥窄小，呈低圆丘形，其周边有小的叶原基突起，依次向外周生有不同发育时期的幼叶。

2. 花序原基分化期　小豆在播种后，经约 20d 的生长发育，在 6 月 21 日花序原基开始分化。花序原基的生长锥与叶芽生长锥相比，更隆起且先端略宽。花序原基生长锥形成后，分裂旺盛，其两侧交替出现小突起，并且逐步形成鳞片状的大苞片原基，发育为大苞片。在花序轴的大苞片腋内形成新的次生突起，为花序原基，每一茎端生长锥分化的花序原基为 4~10 个，总分化时间为 20d 左右。

3. 花原基分化期　从 7 月 20 日直到 8 月 10 日是小豆花原基形成发生时期，分化高峰期为7月26日。随着整个总花序顶端生长锥不断延伸，其侧面依次出现苞片原基和花序原基。苞片原基因形成先后的不同，其形状由顶部到基部逐渐减小。每一个花序原基进一步发育，两侧的细胞分裂旺盛，形成两个突起的小苞片原基，并进一步增大，在其腋内又分别形成1枚花原基。每一个花原基进一步发育，生长锥变宽，在两侧基部形成突起的花苞片原基，并发育形成2枚长条状花苞片。内侧分化成可育的完全花。在完全花的上部又先后分化出1~2个苞片原基，形状狭长，每个苞片内侧各着生1个到后期就停止发育的花原基，花原基的形态比完全花小。

4. 萼片原基分化期 完全花花苞片内的花芽生长锥顶端变得平坦，并从侧面产生萼片原基小突起，扫描电镜下可见到5个萼片原基呈辐射状排列。不完全花的生长锥展平，形成5个萼片原基小突起，以后即停止发育，还有的甚至停留在生长锥阶段，最后相继退化消失，因而成熟植株看不到不完全花。不完全花发育较迟，在正常花的雄蕊和雌蕊结构分化期，不完全花仍处于生长锥状态或萼片期。完全花的萼片原基分化期为7月4日前后，高峰期为7月18日。

5. 花瓣原基分化期 此期从7月6日开始，高峰期在7月20日。此时芽体伸长较快，基部尤为显著，但芽体的宽度变化不大。芽的内部在稍许伸长的萼片原基内侧分化出花瓣原基小突起，扫描电镜下可见5个花瓣原基和5个萼片原基交互而生。

6. 雄蕊、雌蕊原基分化期 此期从7月8日开始，高峰期在7月22日。在花瓣原基的内侧出现多数雄蕊原基小突起，其中间渐渐隆起，形成一个体积较大的突起，此即为组成雌蕊的心皮原基。

7. 雄蕊、雌蕊结构分化期 雄蕊原基和雌蕊心皮原基形成后，其内部结构继续分化，此期延续时间较长，从7月10日开始，高峰期在7月25日左右。花芽继续增大，芽内雄蕊原基延伸，端部稍大，造孢组织出现。雌蕊心皮原基也相应伸长。后期雄蕊可以辨清花药和花丝，花粉囊中已形成花粉母细胞。雌蕊出现柱头、花柱和子房，并在子房内部形成多个胚珠原基小突起。

二、环境条件对赤（红）小豆生理活动的影响

1. 光周期对赤（红）小豆生理活动的影响 光周期是决定植物开花时间的关键因素之一，而叶片是感受光周期诱导的主要部位，作为植物感受光周期的源头器官，叶片内生理指标的变化与成花有重要关系，并直接或间接的影响植物后期的生长发育。尹宝重（2011）以中晚熟红小豆品种冀红小豆4号为材料，于2006—2008年，设置自然光周期（CK）、12h光照期处理、零叶龄（0LF）、四叶龄（4LF）、幼苗5个处理，以CK作为对照，从对生真叶出土开始观测不同处理的生育进程、成花及生理指标，成熟时测定干物质积累、产量组分及小区产量。结果表明，短日照降低株高、茎粗，减少主茎节数，促进花枝形成，使植株初花部位下移，成花集中区下降，对较小叶龄植株作用明显；短日照诱导抑制植物各部位干物质的积累量，主要在真叶至第一复叶展平期间影响显著，其中对生物产量和经济产量影响最大；短日照影响生育进程，二叶龄之前的影

响较为明显，不利于产量的形成。短日照诱导明显缩短生长前期，另外三叶龄短日照处理可显著提高百粒重；短日照明显增强超氧化物歧化酶（SOD）与过氧化物酶（POD）活性，增加游离氨基酸（SAA）、可溶性蛋白（SDRO）、赤霉素（GA）、细胞分裂素（CTK）与脱落酸（ABA）含量，并在一定程度上提高 GA/ABA。短日照诱导对不同叶龄红小豆生长、生理及产量所产生的影响，整体趋势是生长前期效应相对显著。王艳锋（2009）以中晚熟品种冀红 4 号为材料，在开花前进行遮光处理，研究曙暮光对小豆始花期及叶片生理参数产生的影响。结果表明：曙暮光全遮处理下开花促进率为 18.9%，遮去曙光处理的开花促进率为 16.2%，遮去暮光处理的开花促进率为 13.5%；曙暮光处理的植株始花节位较对照降低了 1~2 个节位，且始花数显著增加；曙暮光全遮和遮去暮光处理下植株的叶绿素含量显著高于遮去曙光处理和对照植株，且曙暮光全遮和遮去暮光后植株叶片中叶绿素 a 与叶绿素 b 的比值变小；遮光后植株叶片可溶性蛋白含量变化不稳定，处理间差异不明显；遮去曙光处理和遮去暮光处理对植株叶片游离氨基酸总量影响显著。

2. 温度、光照、水分对赤（红）小豆生长发育的影响　温度、光照、水分是影响红小豆生育结构及开花结荚的主要因素。王石宝等（1997）采用分期播种法，分析了光、温、水等气候因素和赤（红）小豆生育期、生育结构及开花结荚的关系。结果表明，随着播期推迟，全生育日数、播种至出苗日数、出苗到始花日数、始花至终花日数都逐渐缩短。日平均温度的升高是播种至出苗阶段缩短的主要原因。日平均温度升高，光照时数缩短，共同促进了出苗至始花日数的减少。光照时数缩短使始花至终花逐渐缩短。适期早播有利于单株花数、单株结荚数的提高。播种过早，个体发育过大，造成徒长、倒伏，一定程度上影响了开花结荚；播种太晚，除了各个生育阶段缩短影响个体发育外，晚播花期推迟，花期降雨量减少是影响单株花数、单株结荚数提高的又一原因。

3. 播期和化学调控物质对赤（红）小豆花芽分化、C、N 代谢及光合性能的影响　花芽分化是植物由叶芽生理和组织状态转变为花芽生理和组织状态，发育成花器管雏形的过程。花芽的数量和质量直接影响作物的产量。碳水化合物和含 N 化合物代谢在花芽分化过程中起着重要作用。赵翠媛等（2011）以早熟品种“冀红 8937”为材料，研究了不同播期对小豆花芽分化及 C、N 代谢的影响。结果表明：播期的推迟使小豆花芽分化各时期进程加快，主茎初花节位降低，初花总数增加；在花芽分化期，小豆株高和单株分枝数随着播期的推迟增速明显；晚播能够显著提高花器官完成期可溶性糖和淀粉的含量，使全 N 含量下降，C/N 比值增高。

植物从种子萌发、生出枝叶到开花结实的整个生长发育过程中，除受环境条件（光照、温度、水肥、空气）所引起的内部生理变化的影响外，还受一些微量化学物质的调控。这些化学物质包括在代谢过程中自身合成的植物激素，还包括一些人工合成的植物生长调节剂，他们广泛应用生产，对提高作物产量，改进产品品质，辅助机械收获，增加植物抗性等获得显著成效。朱嘉倩等（1991）通过浸种处理方法研究了新型植物生长调节剂 β－吡啶基丙醇（商品名 784－1）对红小豆苗期至分枝期光合作用有关因素的影响。结果表明，处理的单株叶面积略有增加，真叶和复叶叶重提高，叶片增厚。处理能提高叶片的光合作用速率，尤其对 RuBP 羧化酶活性有促进作用；处理还提高了叶片可溶性蛋白质含量和叶绿素含量，并使叶绿体基粒片层增多，因此，使红小豆植株光合作用增强。

第三节　栽培要点

一、种植方式

（一）单作

1. 地块选择　赤（红）小豆有一定的固 N 养地能力，耐旱、耐瘠薄、耐阴，适应性广，对土壤要求不严，各类土壤均可种植。适于在中性偏酸土壤、疏松的腐殖质土壤或沙土地上种植。红小豆喜肥、抗旱、不耐涝，一般不适于低洼地、积水地种植。土壤要求耕层深厚、疏松通气为好。以排水良好、保水保肥、前茬无药害影响、富含有机质的中等肥力以上沙壤土最为适宜。春播红小豆地块选择后，一般进行秋深翻，蓄水保墒，春季耙耱保墒给播种创造适宜条件。夏播红小豆，由于夏收复种时间紧，可采取旋耕灭茬抢墒播种。

2. 茬口安排　赤（红）小豆为一年生豆科作物。黄土高原春小豆区，在一年一熟制条件下，年际间茬口应选择 3 年未种过豆类作物的禾本科作物（小麦、谷子、玉米、高粱等），夏播小豆区一般以小麦为前茬，因禾本科高秆作物是须根系，一般入土浅，豆类直根系，主根较深，且对土壤营养元素的种类及数量要求也不同。谷类作物喜 N，豆类作物喜 P。这两种作物轮作，可使土壤中不同层次、不同种类的养分得以均衡利用，因而增产效果显著。其次是西瓜、甜瓜和南瓜茬口。红小豆忌重迎茬，因重茬易导致根腐病、枯萎病、病毒病等病虫害多发与加重，以及营养的过度消耗，特别是 P、K、Ca、Mo、Cu 等微量元素含量减少，造成营养失衡，在常规施肥条件下易造成缺肥和偏肥现象。连作还会使土壤中的噬菌体和噬菌素（毒素）大量繁衍，抑制根瘤菌的发育。此外，根系分泌的酸性物质过多，也不利根系的生长，导致根系发育不良，轻者减产 10%，重者减少 50% 左右。

3. 种植规格和模式

（1）平作　赤（红）小豆平作有条播和穴播两种。单作以条播为主，人工开沟撒播或机械播种。播量多少直接影响种植密度和幼苗壮弱。播量过多，易造成高脚苗，降低幼苗抗性，播量过少，易造成缺苗断垄。一般播量应控制在 30~45kg/hm^2，播深 3~5cm，行距 40~60cm，株距 10~20cm，留苗（12~18）×10^4 株 /hm^2。穴播，穴距 15~25cm，每穴 3~4 粒种子，穴留苗 2~3 株。

（2）垄作　低凹地必须防涝害，秋季起垄，春季垄上播种，利于提高地温促苗早发。垄作栽培条播，垄距 60cm，株距 10~15cm，播深 3~4cm。播量 45~60kg/ hm^2，保苗数以（25~28）× 10^4 株 /hm^2 为宜。采用埯播（穴播）形式，株距 25~30cm，每埯播 3~4 粒，覆土深度 3cm 左右。一定要保证播种质量，将小豆种在湿土上，防止芽干、落干，播后及时镇压，以抗旱保墒，出苗一致，实现一次播种保全苗。

（3）丰产沟　20 世纪 90 年代以来，延安市研制和推广了丰产沟栽培技术，这是一项改土、蓄水、聚肥的新型耕作技术。在 25° 以下的坡地上，夏季、秋季利用畜力沿开挖线（等高线）向外翻二犁，人工起垄，种植沟宽 46~50cm，生土垄宽 34~40cm，高 18~20cm，沟底深松 10~15cm。第一沟完成后，取上表土回填入沟，再犁翻第二沟，形成沟垄相连的带状畦田。5 月下旬至 6 月上旬，抢墒早播红小豆，在丰产沟内条播 2~3 行，播深 3cm，播后随时用石磙镇压保全苗。

（二）间作、套作与轮作

间、套、轮作是中国一项重要的耕作制度，是精耕细作的传统经验之一。黄土高原春小豆区，在川水、台塬、梁地，红小豆一般可与玉米、甘薯间作，在坡地、梯田采用水平沟、丰产沟可与谷子带状间作，近年在苹果幼园套种红小豆也有很大面积。在夏小豆区，除了麦收后复种红小豆外，也有和棉花间作、夏玉米间套种植。

1. 红小豆与春玉米间作　春季播种时，采用 1∶2、2∶1、4∶2 或 5∶3 栽培组合，玉米适期早播，玉米出苗后，结合中耕除草在玉米行间种植红小豆，红小豆株距 5cm 左右。

2. 红小豆与夏玉米间套种　在夏玉米区，采用 2∶2 或 2∶3 栽培组合。麦收前 15d 套种两行玉米，株距 30cm，麦收后种 2~3 行红小豆。或麦收后复种玉米和小豆，采用 2∶1 种植形式，玉米宽窄行种植，宽行内种 1 行红小豆。

3. 红小豆与甘薯间作　甘薯小行距种植，隔两沟种 1 行红小豆；大行距种植，隔 1 沟种 1 行红小豆。小豆条播，株距 10~15cm；点播穴距 30~50cm，每穴 2~3 株。

4. 红小豆与棉花间作　待春播棉花出苗后，在宽行内穴播 1 行红小豆，穴距 33cm，每穴 3~5 株。红小豆要选择生育期短而株型小的品种。

5. 红小豆与谷子间作　黄土高原春小豆区，春季 4 月下旬至 5 月中旬，根据地温和墒情适时播种红小豆和谷子。采用 3∶3 栽培组合，3 行红小豆 3 行谷子成带状间作。红小豆条播，株距 10~15cm。

6. 果园间作红小豆　延安市地处黄土高原梁峁丘陵沟壑区，是苹果优生和适生区。大面积苹果幼园套种红小豆，即增加收入又可以解决幼园资金投入不足问题。同时通过小豆根系固 N 可达到养园、早果、丰产的目的。幼园采用 4m × 5m 的株行距栽植，为避免小豆根系与苹果幼树根系交叉生长，小豆行与苹果幼树保持 1m 距离，第一年种 3m（7 行）；第二年种 2.5m（6 行）；第三年种 2m（5 行）；第四年种 1.5m（4 行）；第五年种 1m（3 行）红小豆。根据地力状况，肥力水平较高地块，红小豆株距可适当放窄，反之适当放宽，小豆留苗（1.5~7.5）× 10^4 株 /hm^2。

7. 轮作 单作红小豆实行 3 年以上轮作制。陕西省主要轮作方式为：谷子→红小豆→马铃薯、红小豆→糜子→马铃薯、油料→马铃薯→红小豆。山西省轮作方式为：红小豆→谷子→玉米、小豆→玉米→高粱、小豆→小麦→玉米等。

间作套种由于能合理配制作物群体，使作物交替延续，高矮成层，相间成道。这样有利于改善田间通风透光条件，变平面采光为立体采光，发挥边行效应，扩大绿色体的受光面积和 CO_2 供应。充分利用空间和时间提高光热利用率。变一年一熟为两熟或多熟，能早种早收腾茬口，有利各种作物整地、施肥、适时播种，使作物能在有利的生长季节进行生长发育，从而获得早熟、高产、优质、高效，实现全年丰收，得到最大经济效益。

陈振武等（2011）通过玉米套种红小豆高产高效试验研究，4 月 29 日播种辽早黄 1 号玉米，7 月 12 日、15 日采收玉米鲜穗，玉米出苗至采收天数为 65d。7 月 8 日套种辽小豆 1 号，10 月 6 日收获。效益分析为：玉米成本费 2 340 元 /hm^2，红小豆为 1 275 元 /hm^2，两茬合计成本为 3 615 元 /hm^2；鲜玉米收入为 9 450 元 /hm^2，红小豆收入 2 700 元 /hm^2，两茬纯收入 8 535 元 /hm^2。与清种一茬玉米比较，玉米籽产量 7 500kg/hm^2，按 0.8 元 /kg 计算，收入为 6 000 元 /hm^2，减去成本 2 340 元 /hm^2，纯收入为 3 660 元 /hm^2。玉米套种红小豆比一茬玉米增加纯收入 4 875 元 /hm^2，效益相当可观。刘振兴等（2012）进行小豆玉米间作行比与密度研究，通过效益分析表明，小豆单作效益最低，为 14 311.5 元 /hm^2，玉米单作经济效益为 23 820.0 元 /hm^2；2 行玉米 4 行小豆间作，小豆密度为 13.5×10^4 株 /hm^2 时的经济效益最大为 26 364.0 元 /hm^2。张春明等 2014 年进行间作模式下红小豆光合特征及产量效益研究表明，5 : 3 的小豆与玉米间作模式效益高达 31 378 元 /hm^2，适合晋中推广种植。何桃元 1999 年进行红小豆与玉米间作试验，指出 2 行玉米间作 6 行小豆和 3 行玉米间作 5 行小豆的经济效益相当，效益最佳。冯秀英等 2002 年进行夏玉米与红小豆间作试验，提出 1 行玉米间作 2 行小豆经济效益最佳。这与当地的光热密切相关，间作模式不能千篇一律。

不同作物根系入土深浅不同，可合理吸收土壤中不同层次养分和水分。同时，小豆有共生根瘤菌，可固定空气中 N 素，提高土壤中 N 素营养，充分利用和培养地力，能很好解决粮棉、粮经、粮果争地矛盾，更好地实现多种、多收和多种经营。在不利自然条件下实行间作套种，还有稳产保收的积极意义。实行间作套种，可充分利用作物间的协调互利关系，抑制和减轻病虫害的发生，作物交替覆盖，抑制杂草滋生，防止水土流失和土壤反盐，获得很好的生态效益。

二、播种

（一）种子选择和处理

黄土高原区红小豆生产中，选择优质、高产品种是获得高产、高效的关键，应根据当地气候条件、生产条件、土壤肥力，选择适宜于该区域种植的熟期适宜（中熟高产或早熟高产），粒大，结荚多而集中，粒色鲜艳、皮薄、出沙率高、抗逆性强、市场适销的优良品种。如冀红 4 号、冀红 5 号、中红 2 号、中红 5 号、冀红 9218、冀红 8937、保红 947、保 876-16 等红小豆品种。

种子播前须经机械或人工粒选，剔除不饱满、秕瘦、青豆、有病、带菌、霉变、虫口粒、杂色粒和破碎粒，选出无病虫、饱满籽粒，达到精量点播的种子标准，即净度＞98%、纯度＞99%、发芽率＞95%，粒型大小均匀一致，并进行发芽试验，发芽率达90% 以上方可做种子用。

种子用钼酸铵、B 肥、根瘤菌拌种或浸种有明显增产作用。如果加用农药一起处理，还有防治地下害虫和蚜虫的效果。可用微肥或根瘤菌剂配合种子量 1% 的大豆种衣剂包衣；可用微肥或根瘤菌剂配合种子量 0.2% 多菌灵 +0.2% 福美双 +0.1% 辛硫磷进行湿拌种；也可用微肥或根瘤菌剂配合种子量 0.3% 的 50% 福美双或种子量 0.4% 的 50% 辛硫磷拌种，可有效防治根腐病和地下害虫。药剂拌种后，必须当天用完，不能隔夜。

种子播前晒种，可有效提高种子活力，提高发芽率与发芽势，提早出苗 1~2d。晒种时应薄铺勤翻，防止中午强光暴晒，造成种皮破裂而导致病菌侵染。

（二）播期和密度

1. 选择适宜播期　播期与栽培制度有极其密切关系，不同栽培类型小豆的适宜播期不同。

黄土高原春小豆：一年一熟制的北方春播区，地表 5cm 地温稳定在 14℃以上，陕西省榆林市适宜播期为 5 月中旬，延安市为 5 月上、中旬；山西省晋北为 5 月中旬，忻州市为 5 月上、中旬；甘肃省庆阳市为 4 月下旬至 5 月中旬。黄土高原夏小豆以 6 月上、中旬播种为宜。

2. 确定合理密度　合理密植是小豆增产的主要措施，应根据产量目标、品种特性、地力水平、肥水条件、管理水平及气象因素，因地制宜确定各地的适宜密度。在黄土高原春播条件下，采用单作条播，陕西省榆林市播种量一般控制在 45~60kg/hm^2，留苗 25×10^4~28×10^4 株 /hm^2；延安市播种量控制在 37.5~45kg/hm^2，留苗 12×10^4~18×10^4 株 /hm^2；山西省晋北地区播种量控制在 30~45kg/hm^2，留苗 12×10^4~18×10^4 株 /hm^2；山西省忻州市播量控制在 40kg/hm^2 左右，留苗 15×10^4~18×10^4 株 /hm^2；甘肃省庆阳市播种量控制住 30~45kg/hm^2，留苗 15×10^4 株 /hm^2。

3. 播期和密度对赤（红）小豆的影响　赵志强等（2011）通过对不同密度、施肥量、播期小豆的三因素两水平试验研究结果表明：小豆产量与密度、施肥量、播期之间的关系，经过显著性测验，达到了显著水平。相同的施肥量、播期和不同密度条件下，产量最高的是早播高密度低肥和早播高肥低密度；相同播期、密度和不同施肥量的条件下，产量最高的是最适宜播期、密度、施肥量，其次是早播低密度高肥条件下的产量；相同播期、密度在高肥条件下产量的变化不太明显，早播高肥条件下产量略高于低肥的产量；早播低密度低肥或高肥条件下产量都高于晚播的产量。在相同施肥量、密度和不同播期的条件下，产量有明显的差异。适宜施肥量、密度、播期的产量最高；高肥高密和高肥低密条件下产量随播期早晚也有明显差异，高密度条件下产量高；而适度早播对产量提高有益，晚播产量略有降低；适宜施肥量和密度条件下播期过早或过晚都会对产量有影响，且产量较低；低肥高密的产量均高于低肥低密的产量。

凡选用直立有限生长型品种、土壤瘠薄、旱地和晚播条件，均应适当密植，留苗 16.5×10^4~18×10^4 株 /hm^2；相反，选用无限结荚习性、蔓生型品种，土壤肥沃，有灌水条件和早播种情况的，均应适当稀植，留苗 12×10^4 株 /hm^2；若有条件介于以上两者之间，留苗约 15×10^4 株 /hm^2 为宜。如延安市川地肥水条件好，红小豆留苗 10.5×10^4~12×10^4 株 /hm^2，山坡地瘠薄、干旱，留苗密度 18×10^4~19.5×10^4 株 /hm^2，梯田介于两者之间 15×10^4 株 /hm^2。

（三）播种方法

红小豆播种方式主要是条播或点播（穴播）。条播适于平作区。单作以条播为主，人工开沟撒播种子或机械播种。间作套种和零星种植常用点播。

三、田间管理

红小豆田间管理的目的，在于根据红小豆生育期间气候、墒情、苗情、肥情的变化，及时采取措施，调节群体结构，依照小豆生长的不同阶段进行科学管理，满足红小豆生长发育的需要，促进光、温、水、热、肥的有效利用，保证株、粒、重得到最大限度的平衡发展，是红小豆高产栽培的一个重要环节。简而言之就是“抓全苗、促壮苗，争早发，多开花、多结荚，增粒重，创高产”。

（一）间定苗及查苗补苗

红小豆出苗后要及时查苗，发现漏播、断垄、缺苗、断穴的现象要及时补种或移苗，对于后补种或补栽的苗要施些偏心肥，这是抓“四苗”的重要措施。当幼苗出齐后第 1 复叶展开时间苗，第 2 片三出复叶展开时定苗，结合间苗和定苗拔除病株和弱株，留大苗和壮苗，做到苗全、苗齐、苗均、苗壮，不出现“拉腿”地段。

（二）锄地

第 1 片复叶展开后结合间苗第一次浅锄；第 2 片复叶展开后结合定苗第二次中耕；小豆秆弱易倒，下部结荚位低，防霉烂，应在分枝期封垄前，结合培土第三次中耕，以利防旱、排涝、防倒伏。

（三）科学施肥

1. 赤（红）小豆需肥规律　赤（红）小豆是需肥较多的作物，每生产 100kg 红小豆籽粒，约需要 N 3.42kg、P 0.85kg、K 2.26kg。红小豆苗期对 P 素的吸收量约占全生育期的 0.004%，初花期约占 13.8%，结荚期约占 50.7%，成熟期约占 35.5%。N 素的 2.2% 来源于肥料，24.5% 来源于土壤，73.3% 来源于自身固 N。

2. 施肥时期和方法 根据红小豆的营养特点和需肥规律，全生育期应掌握好“四肥”，即基肥、种肥、花肥、鼓粒肥的合理施用。单作和轮作豆田，以平衡施肥原则，坚持底追结合方法，把握“基肥和种肥为主，追肥为辅，P 肥为主，N 肥为辅”的原则。基肥约占总肥量的 2/3，以施人粪尿、草木灰、坑土以及猪、鸡、羊粪等农家肥为最好。于起垄时结合松土开沟深施土中，深 8~12cm，施腐熟农家肥 15~45t/hm^2，过磷酸钙 22.5~30.0kg/hm^2。种肥约占总肥量 1/3，随播种同时施入，种肥要尽量与种子隔开，以防烂芽烧苗。一般地力种植，可以施 N、P 复合肥 225kg/hm^2，或施磷酸二铵 150~180kg/hm^2，尿素 75kg/hm^2，磷酸钾 75 kg/hm^2。除沙荒地外，一般地力不宜单施尿素，以防止贪青晚熟，施肥以深施覆土为宜。夏播小豆因麦茬抢时抢墒播种未施底肥，每公顷可用 30~75kg 尿素或 75kg 复合肥做种肥。开花前可追施复合肥并灌水，促进茎叶生长和开花座荚。在开花期追肥有明显的增花保荚作用，结合浇水于初花期施尿素 75~150kg/hm^2，磷酸钾 75kg/hm^2，促进多花多粒、壮粒。间、套种豆田应比单作田多施碳铵 225kg/hm^2，过磷酸钙 150kg/hm^2。

3. 氮、磷、钾肥的生理作用和产量效应 N 是植物体内蛋白质、核酸、树脂等的主要成分，是原生质的重要组成部分。酶也是蛋白质，对植物体内的新陈代谢有控制和调节作用。N 也是叶绿素的成分，与光合作用有密切关系。N 的多少直接影响细胞的分裂和延伸生长。N 供应充足，枝叶繁茂，分蘖分枝力强，籽实中蛋白含量高。缺 N 时枝叶变黄甚至干枯，产量降低。过多叶片大而幼嫩不耐旱，细胞内酰胺积累，易引起病害，机械组织不发达易倒伏。

P 是核酸、核蛋白和树脂的主要成分，与细胞分裂有密切关系。P 是许多酶的成分，参与光合和呼吸过程；磷是三磷酸腺甙（ATP）和二磷酸腺甙（ADP）的成分，是植物体贮存和传递能量的主要化合物；还参与碳水化合物的合成、分解、运输过程。P 对 N 代谢有重要影响，缺 P 可阻碍氨基酸和蛋白质形成。施 P 对分蘖与枝条及根系生长有良好作用，并促进花芽分化。N、P 混合施用，能互相促进吸收利用。缺 P 分蘖减少，幼芽、幼叶生长停滞，茎秆纤细，生长矮小，成熟延迟。P 过多时，叶上出现小焦斑。

K 在植物体内以离子状态存在。K 是某些酶的活化剂，参与碳水化合物和蛋白质的转化，主要形成和贮藏在种子、叶子和块茎中。K 可使茎秆坚硬，抗倒能力强，减少种子不发育比率。缺 K 糖转化受阻，光合降低，茎秆软弱，易受病虫为害，易倒伏。农业上的施肥主要是因不同作物合理施用，满足 N、P、K 三大元素，获得优质高产。崔秀辉（2007）对小豆品种“小丰 2 号”进行 N、P 肥试验。结果表明，N、P 施肥水平不同小豆产量不同，两者之间变化曲线呈抛物线形状，即产量随 N、P 肥施入量增加而增加，当施纯 N 90kg/hm^2、纯 P 135kg/hm^2 时小豆达到产量最高、利润最大，此后产量随 N、P 肥施入量增加反而降低。N、P 肥之间互作极显著，以施纯 N 90kg/hm^2 × 纯 P 135 kg/hm^2 产量最高，比 N、P 单施产量分别提高 10.78% 和 21.98%。从而确定了在风沙干旱生态条件下小豆最佳 N、P 施肥量为 N 90kg/hm^2、P 135 kg/hm^2。王双全等（2004）通过对陕北山地新修梯田不同 N、P 配比对小豆效应研究的结果表明：N、P 肥均对小豆产量效应极显著，以 N 为甚，且 N、P 之间互作非常显著；N、P 肥对小豆植株个体性状的正效应，主要是通过增加荚数而增加了粒数，使单株粒重显著增加；在 N 112.5kg/hm^2 和 P_2O_5 65kg/hm^2 的施用量下，小豆水分利用效率最高，这是陕北新修梯田小豆施肥中最经济有效的 N、P 配比施用量。

4. 微量元素肥料的施用 微量元素是植物需要量很小，但缺乏时植物不能正常生长，若稍多，反而对植物有害，故称微量元素。主要有 Fe、B、Mg、Zn、Ca、S、Cu、Mn、Mo 等。

硼 B 与植物开花结实有密切关系。花粉形成和萌发、受精都需要 B，B 有利糖的运输，能促进根系发育，增加植物抗病能力。缺 B 时豆科植物不能形成根瘤。顶芽死亡，分枝矮小，幼叶黄绿，易落蕾落花。缺 B 应施用 B 肥来应对。B 肥有硼酸（含 B17.5%）、硼砂（含 B11.3%）和硼美肥（含 B1.2%~1.5%）。可分两次施用，一次作种肥或基肥，一次作追肥。硼酸用量 0.25~7.5kg/hm^2。

锰 Mn 能促进种子发芽和幼苗生长，加强花粉和花粉管生长。它与叶绿素的合成也有关。缺 Mn 叶子出现贫绿，但叶脉仍为绿色。Mn 是硝酸还原酶的辅助因素，缺 Mn 硝酸不能还原成氨，而体内大量积累硝态 N，植物不能合成氨基酸和蛋白质。缺 Mn 可导致叶绿素破坏并引起生长停滞。缺 Mn 时施用 Mn 肥应对。Mn 肥有硫酸锰（含 Mn24.6%）和锰矿渣（含 Mn 约 12%~22%）。硫酸锰可作种肥、追肥和根外追肥，用量为 15~37.5kg/hm^2。锰矿渣只能做基肥，75~150kg/hm^2。

钼 Mo 是硝酸还原酶的成分，它对植物体内氧的运输是必需的，同时对植物生长、根瘤菌固 N 有良好的作用。缺 Mo 硝酸不能还原，常呈现缺 N 病症，可施 Mo 肥应对。Mo 肥有钼酸铵（含 Mo50% 左右，N6%）和钼酸钠（含 Mo50% 左右），可用作基肥、种肥、追肥和根外追肥（0.02% 液），并可浸种，用量 375g/hm^2。

铁 Fe 是细胞色素氧化酶、过氧化氢酶、过氧化物等的成分，在植物呼吸中起重要作用。Fe 是叶绿素形成过程不可缺少的元素，缺 Fe 叶绿素不能合成。缺 Fe 时植物的顶芽和幼叶发黄，渐变黄色或白色，但下部叶仍为绿色。缺 Fe 症应施 Fe 肥应对。常用的 Fe 肥是硫酸亚铁（黑矾）、宜铁灵，可与有机肥混合做基肥、追肥，也可叶面喷施。

锌 Zn 为碳酐酶的成分，参与植物细胞的呼吸过程，是植物体内氧化还原过程的催化剂。它能促进蛋白质氧化并影响生长刺激素的形成，还可促进土壤中 N、P、K 和腐殖质转化为可移动并可为植物吸收的形态。缺 Zn 生长受阻，叶绿素含量降低，形成小叶病和白芽病。缺 Zn 症施 Zn 肥来应对。常用 Zn 肥有硫酸锌（含 Zn40.5%）和氧化 Zn（含锌 48%），可作追肥，15~30kg/hm^2；可浸种，溶液浓度 0.03%~0.05%，3~5kg

加水 10000kg。

在红小豆生长发育中使用的微量元素肥料主要有硼酸、硫酸锰、钼酸铵、硫酸锌、宜铁灵等。播种前用 Mo 肥和 Zn 肥进行拌种和浸种；在初花、初荚、初果期喷施钼酸铵 150~225 kg/hm^2，对水 450~600kg，喷施时避开中午强烈日光照射或雨天，并充分溶解，现用现配。也可叶面喷施 B、Mn、硫酸锌等微肥。对于大面积心叶发黄，缺 Fe 地块，可用 400 倍宜铁灵防治。刘振兴（2012）以唐山小豆为材料，研究不同施肥方法对小豆农艺性状和产量的影响。结果表明，底施 B 肥（开沟每亩底施硼酸 0.5kg）和 Zn 肥（开沟每亩底硫酸锌肥 1kg）能促进小豆提前开花和分枝。

5. 赤（红）小豆根瘤

（1）赤（红）小豆根瘤菌形态　何一等（2003）通过对生长在陕西黄土高原的豆科 21 属 34 种植物根瘤的形态结构观察研究表明，其根瘤生长在主根和侧根上或者仅生在侧根上。外表白色、粉红色或浅棕色，呈圆形、长圆形或扇形，多不分叉，少数分枝。其根瘤结构都由 4 部分组成，由外向内依次为：保护层、皮层、鞘细胞层和中心组织（浸染组织）。据统计，不同种植物的根瘤中上述各部分的层数不同，其中，中心组织内浸染细胞所占的百分比在种间也存在差异。赤（红）小豆根瘤形状为圆形，根瘤颜色为红色，根瘤直径 2~3.5mm，着生在主根和侧根上。根瘤结构：保护层 3~9，皮层 2~3，鞘细胞层 2~3，中心组织 83.5%，浸染细胞 71.4%。

（2）接种和拌种赤（红）小豆根瘤菌的结瘤效果和产量效应　根瘤菌与豆科植物结瘤的共生固 N 细菌，可以在豆科植物的根或基上诱发其皮层细胞增生，形成根瘤。根瘤可将空气中的分子态 N 还原为植物可利用的 N，满足植物对 N 的需求。吴宝美等（2010）设计不同的小豆根瘤菌及菌液浓度、浸染时间和接种方式接种小豆推广品种京农 5 号和京农 6 号，研究其对小豆结瘤数的影响。根瘤菌 BAU73042 菌液浓度 0.6 OD 接种，单株平均结瘤数最多；BAU11017 菌株菌液浓度 0.2 OD 接种，单株平均结瘤数最多。BAU73042 浸染京农 6 号 15 min 单株结瘤数最多，BAU11017 浸染京农 5 号 45 min 单株结瘤数最多。菌液浇灌接种方式优于菌液侵染接种；不同品种接种不同根瘤菌的结瘤反应不同。

P 细菌是一种活菌制剂，能够通过自身生长，源源不断地活化土壤中的矿物质，将土壤中结合态 P 转化为可被作物吸收的 P 素营养。赵从波等（2014）在豆科作物红小豆上，将 P 细菌剂进行拌种施用，试验设施用 P 细菌剂 0（CK_1，不施肥，不接菌）、3 750、5 250 和 6 750mL/hm^2 以及过磷酸钙 225kg/hm^2（CK_2，沟施）5 个处理，研究了 P 细菌剂不同施用量对红小豆根际结瘤数、生育性状以及籽粒产量和品质的影响。结果表明：用 P 细菌剂拌种，能够极显著地促进红小豆根际结瘤和生长发育，有效提高籽粒产量和品质。本研究条件下，P 细菌剂施用量为 6 750mL/hm^2 时效果最好，且优于使用过磷酸钙的效果，其中对促进根际结瘤和提高籽粒蛋白质含量的影响效果达到了极显著水平。

（四）节水灌溉

1. 赤（红）小豆的需水量和需水节律 红小豆需水量较多，每形成 1g 干物质需吸收 600~650g 的水分，且不同生育阶段需水量也有较大差异。苗期植株小，生长慢需水量少，耐旱能力强，一般只要田间出苗情况良好，苗期不进行灌溉。苗期水分过多不利蹲苗，分枝期土壤水分过多易引起倒伏和落蕾落花。盛花期是红小豆的水分临界期，此时需水较多，应在开花前灌水一次，延长开花结荚时间，增加单株结荚数和单荚粒数。鼓粒灌浆期是小豆生殖生长旺盛期，同样需要一定水分，结荚期以增加粒重再灌水一次。

2. 节水补灌 没有灌溉条件的地区，应适当调节播种期，使小豆花荚期赶在雨季。水源紧张地区，应集中在盛花期灌水一次，或实行节水补灌，朱光利（2007）在陕北黄土高原丘陵沟壑区的横山县、佳县、米脂县选 4 个旱地梯田试验点，通过试验对微灌、滴灌和喷灌 3 种节水补灌方式进行了应用研究。通过成本核算和经济效益分析，从增产增收看，3 种节灌方式以喷灌效果最好，较对照平均增产 57.93%，增收 2 695 元 /hm^2；微喷灌次之，较对照平均增产 37.52%，增收 2 303.4 元 /hm^2；滴灌较对照平均增产 30.08%，增收 951.1 元 /hm^2。从灌水效率看，3 种节灌方式以滴灌较高，微喷灌次之，喷灌较低。

（五）防治与防除病、虫、草害

黄土高原红小豆常见病害，陕西省有病毒病、叶斑病和白粉病；山西省有病毒病、锈病、根腐病、叶斑病和白粉病等；甘肃省有病毒病、叶斑病和锈病等。常见虫害，陕西省有豆蚜、豆野螟、豆象、蛴螬等；山西省有豆蚜、豆荚螟、豆象、红蜘蛛、棉铃虫、钻心虫、地老虎和豆天蛾等。在陕西省延安市小豆田里，禾本科杂草有马唐、旱稗、狗尾草、牛筋草；阔叶杂草有苍耳、马齿苋、灰绿藜；难治的杂草有刺儿菜、打碗花、苦苣菜等以地下茎繁殖为主的多年生杂草。

详见后叙。

（六）覆盖栽培

地膜覆盖是红小豆创高产以及旱地保水有效途径。采用 75cm 宽地膜，机械覆膜一次完成，膜间行距 60cm，膜上行距 40cm，双行区，穴距 20~27cm，每穴留苗 1.5~2 株，留苗密度 15×10^4 株 /hm^2。

四、适时收获

全田红小豆 70% 以上的籽粒变硬，呈现本品种特征的日期定为成熟期。

人工采收可在田间 60%~70% 豆荚成熟后开始，每隔 6~8d 收摘一次；机械收割，田间 50% 以上植株 70%~80% 豆荚成熟后一次性收获。收获过早，粒色不佳，粒型不整齐，秕粒增多，降低品质。收获偏晚，易裂荚落粒，籽粒光泽减退，粒色加深，异色粒增多，外观品质降低。

收获后的红小豆要及时晾晒、脱粒，豆粒要充分晒干（含水量低于13%）。精选用磷化铝熏蒸入库，保持低温（低于20℃），密闭缺氧保管，以防止变色。在适宜条件下保存，有效发芽率可达4~5年。在干燥、药剂熏蒸较好的贮存条件下，保存8~10年仍有60%~90%的发芽率。用现代化低温库保存，种子寿命更长。

第四节　病虫草害防治与防除

一、病害防治

（一）黄土高原赤（红）小豆常见病害

1.小豆叶斑病　小豆叶斑病由变灰尾孢菌（*Cercospora cawesens*）引起的一种真菌病害。主要为害叶片。叶部病斑散生，大小不一，形状不规则，病斑中部灰白色，边缘红褐色。在条件适宜时，病斑迅速扩展并相连成片。病菌在病株残叶中越冬，是初侵染来源。病菌靠雨水和空气传播，在多雨高湿年发生普遍而严重。

2.小豆锈病　小豆锈病由疣顶单胞锈菌（*Uromyces azukicos* Hirata）引发的一种真菌病害。主要为害叶片。侵染初期叶片上有苍白色褪绿斑点，逐渐在叶片两面出现夏孢子堆，有时周围有褪绿色晕圈，叶片表皮破裂后散发出黄褐色夏孢子。发病后期产生深褐色冬孢子，在病残叶中越冬，是初侵染来源。病菌靠雨水和气流传播，在多雨高湿年份发生普遍而严重。

3.小豆白粉病　小豆白粉病由子囊菌（*Sphaerotheca fuliginea*）引起的真菌病害，主要为害叶片和茎秆。在叶片正面生长霉斑（气生菌丝和分生孢子），环境适宜，霉斑扩大，严重的叶片多枯萎、卷缩。分生孢子随气流传播，重复侵染，在高温高湿年份发生严重。秋季霉斑上出现黑色小粒点，为病害的有性时期的闭囊壳，随病株残留土表越冬，为翌年田间病害初侵染来源。

4.小豆病毒病　小豆病毒病是由过滤性病毒引起的病毒病。主要为害小豆的茎、叶。受害植株变矮，节间变短，分枝增多，叶片浅绿或浓绿相间，叶片皱缩不平或畸形，结荚少而小，直接影响小豆的产量和品质。病毒在种皮或种脐内越冬，可随种子远距离传播。在田间靠蚜虫刺吸传播病害。

5.小豆根腐病　小豆根腐病由腐皮镰刀菌（*Fusarium solani*）和尖孢镰刀菌（*Fusarium oxysporum*）引起的真菌病害。苗期和成株期发病，主根上病斑初为黑褐色或赤褐色小斑点，逐渐扩大呈梭形、长条形、不规则形大斑，使整个根变成红褐色或黑褐色溃疡状，皮层腐烂，病部凹陷，侧根和须根脱落，叶片发黄瘦小，植株矮化，分枝少，重者死亡，轻者虽可生长，但叶片发黄，提早脱落，结荚少，粒小，产量低。土壤过湿，发病严重。病原菌分生孢子和厚垣孢子随病株残体在土壤中越冬，是初侵染来源。

（二）防治措施

1. 小豆叶斑病、锈病和白粉病防治 以农业防治法为主，即培育并选用抗病或耐病品种；小豆与禾本科作物实行为期3年以上的轮作倒茬；清除和烧毁病叶残株；适当稀植，控制灌水，降低土壤湿度等防病措施。多雨年份，叶斑病发生期用代森锌500倍液或75%多菌灵可湿性粉剂1000倍液及160倍等量式波尔多液进行防治。在白粉病发生时，可用50%多菌灵、75%百菌清500~600倍液喷洒或甲基托布津、苯莱特等防治。在锈病发生期可用粉锈宁2000倍液等农药进行防治。

2. 小豆病毒病防治 在综合防治措施中，主要选育抗病毒病优良品种，选用无病植株留种；发病初期，采取灌水、追肥等措施，增强抗病力；用有机磷（氧化乐果）或菊酯类农药杀灭传毒媒介（蚜虫），达到灭虫防病的效果。

3. 小豆根腐病防治 采取以农业防治方法为主的综合防治法。选用抗病品种。适时晚播，播种深度不能超过5cm。与禾本科作物实行3年以上轮作制。注意田间清洁。加强栽培管理，采取垄作栽培，有利降湿、增温减轻病情。雨后注意排除田间积水，防止土壤过干、过湿。增施有机肥料，改进土壤物理性状，有利防病。用35%多福克种衣剂拌种；对于发病田块，用75%百菌清或50%多菌灵可湿性粉剂600倍液喷洒，或用25%甲霜灵可湿性粉剂800倍液或72%克露可湿性粉剂700倍液喷雾。

二、虫害防治

（一）黄土高原赤（红）小豆常见害虫

1. 豆蚜 *Aphis craccivora Koch*

形态特征 豆蚜属同翅目，蚜科。有翅胎生雌蚜体长1.5~1.8mm，翅展5~6mm，黑绿色带有光泽；触角第三节有5~7个圆形感光圈，排成一行；腹管较长，末端黑色。无翅胎生雌蚜体长1.8~2.0mm，黑色或紫黑色带光泽；触角第三节无感光圈；腹管较长，末端黑色。

生活史 在黄土高原一年发生几十代，冬季以卵越冬，每年6—7月为害红小豆。特别在干旱少雨的春、夏季繁殖力强，4~6d可完成一代，每头无翅胎生雌蚜可产若蚜100多头，极易造成严重为害。

为害症状 成虫和若虫刺吸嫩叶、嫩茎、花及豆荚的汁液，使叶片萎缩发黄，严重时生长停滞，植株矮小，结荚减少，降低产量和品质。

2. 豆荚螟 *Etiella zinckenella Treitschke*

形态特征 豆荚螟属鳞翅目，螟蛾科。成虫体长10~12mm，翅展20~24mm，体灰褐色。前翅狭长，灰褐色，夹杂有深褐、黄白色鳞片，近前缘自肩角至翅尖有一白色纵带，近翅基1/3处有一条金黄色宽横带。后翅黄白色，沿外缘褐色。雄蛾触角基部有白色毛丛。幼虫体长14mm，体淡绿色，老熟时变紫红色，前胸背板近前缘中央有“人”

字形黑斑一对，近后缘中央与前缘两角各具较大的黑斑一对。

生活史　一年发生 4~5 代，以老熟幼虫在寄主附近土下结茧化蛹越冬。4 月下旬成虫出现，在其他寄主上转移为害。7 月下旬在小豆结荚期产卵于豆荚上，幼虫孵化即从荚外蛀孔入荚内，食害豆粒，可转荚为害。幼虫共五龄，老熟后在荚上咬一孔外出，落至地面，入土约 3cm 处结茧化蛹。一世代需 25~29d，越冬世代需 180d。

为害症状　1~3 龄幼虫吐丝结网为害嫩顶尖、花蕾及花器，3 龄后蛀食豆荚豆粒，使被食豆粒破碎、霉烂。

3. 红蜘蛛　*Tetranychus cinnbarinus*

形态特征　红蜘蛛属蜱螨目，叶螨科。成螨长 0.42~0.52mm，雄螨体色一般为红色，梨形，体背两侧各有黑长斑一块。雌成螨深红色，体两侧有黑斑，椭圆形。

生活史　一年发生 13 代，以卵越冬。越冬卵一般 3—4 月孵化，1~3 代主要在杂草上为害，4 代以后为害红小豆。

为害症状　成虫和若虫从小豆叶、茎、花、荚等幼嫩处吸食汁液，使叶片枯黄、脱落，抑制生长，造成减产。

4. 豆象　*Bruchus chinensis Linne*

形态特征　豆象属鞘翅目，豆象科。成虫体长 4.5~5.5mm，深灰褐色，遍体密生细毛。触角锯齿状，鞘翅后半部有灰白色变形斑纹为主要特征。

生活史　一年发生 2~4 代。成虫有假死性。成虫在田间把卵产在未成熟的豆荚上，每头雌虫一生产卵 70~80 粒，卵经 7~8d 孵化为幼虫。幼虫钻入豆荚，后钻入豆粒，以幼虫在豆粒内休眠越冬。

为害症状　豆象是小豆的主要贮藏害虫，也为害绿豆、豇豆、豌豆等。种子被害后影响发芽，降低品质，不能食用。

5. 蛴螬　蛴螬是鞘翅目金龟甲科（Scarabeidae）幼虫的通称。在黄土高原为害严重的有天鹅绒金龟甲（陕北叫路虎）、棕色金龟甲、黑金龟甲等。

形态特征　以天鹅绒金龟甲为例。体长 8~10mm，宽 5~6 mm，卵形，黑褐或黑紫色。体上密被天鹅绒状毛，有光泽。鞘翅短，上有 10 列刻点等为主要特点。幼虫（蛴螬）体长 16~20mm，体型弯曲呈“C”形，多为白色。头部褐色，上颚显著，腹部肿胀，体壁柔软多皱，疏生细毛。胸足 3 对，后足较长。腹部 10 节，臀节横列一排略呈弧形的刚毛。

生活史　天鹅绒金龟甲一年发生 1 代，主要以成虫在土中 20cm 深处越冬。春季 4 月爬出地面为害，转主为害小豆苗叶。6 月上旬开始产卵，卵经 10d 孵化为幼虫，60d 老熟后土中化蛹，10d 羽化为成虫越冬。

为害症状　成虫喜食树木嫩叶，继之转移为害小豆、大豆等作物嫩叶幼茎。5~6 月份气温升高，成虫白天潜伏，晚上黄昏时活动，在气温低的地区，白天活动。幼虫（蛴螬）在地下活动，当 10cm 土温达 5℃时上升地表层，13~18℃活动最盛，咬食地下根茎，造成缺苗。夏季地温达 23℃以上又下迁深土层，至秋季土温下降，再移向土壤上层活动。

（二）防治措施

1. 豆蚜防治 可选用40%乐果乳剂1000~1500倍液，或用高效氯氰菊酯、氯氟氰菊酯、溴氰菊酯2 000~3 000倍液，吡虫啉2 000倍液喷雾防治。也可用50%辛硫磷2 000倍液，或50%硫铵乳剂3 000~5 000倍液，或50%西维因可湿性粉剂400倍液喷洒。喷粉可用1.5%乐果粉、2%杀螟粉剂或2.5%亚胺硫磷粉剂22.5~30kg/hm^2。

2. 豆荚螟防治 成虫期用40%氧化乐果乳剂1000倍液喷雾防治；幼虫期用50%杀螟松乳剂1 000倍液或80%敌敌畏1 000倍液或90%晶体敌百虫800~1 000倍液喷雾，600kg/hm^2，或用2.5%敌百虫粉22.5kg/hm^2；在不影响小豆产量前提下，适当提前收获，及时打场，将尚未离荚的幼虫扎死；小豆收获后及时深耕，消灭越冬幼虫。

3. 红蜘蛛防治 早春清除田间杂草，使越冬卵孵化时红蜘蛛找不到食物而死亡；用1.5%乐果粉剂喷撒，30~45kg/hm^2；开花初期用50%氧化乐果乳剂1 000~1 500倍液喷雾，450~600kg/hm^2，或用40%三氯杀螨醇乳油1 000~1 500倍液，或螨死净可湿性粉剂2 000倍液，或15%哒螨灵2 000倍液喷雾，均可达到理想的效果。

4. 豆象防治 暴晒种子。选择晴热天气，将小豆摊于晒场约3cm左右厚，进行暴晒，可将豆象幼虫晒死，并降低种子含水量；用100℃开水浸种，少量小豆晒干后开水浸烫20~30s，立即捞出摊开散热，晒干后置于干燥处保存；磷化铝药剂薰蒸，每吨小豆用药量10片，将药片用“粮探”送入麻袋的中部即可，若大量袋装，可将药片撒布在麻袋的空隙间，然后密封，12~15℃条件下需5d，20℃以上时只需3d。小豆薰蒸后需经2周方无残存毒气，才可以食用。

5. 蛴螬防治 在金龟甲5~6月产卵盛期进行几次中耕除草，对消灭该虫有很大作用。秋耕和春翻时把幼虫翻到地表使其风干、冻死或被天敌捕食。对于幼虫为害严重的田块可进行药剂防治：①药剂处理土壤。用50%辛硫磷乳油3~3.75kg/hm^2，加水10倍喷于细土上，375~450kg/hm^2，拌匀制成毒土，顺垄条施，随即浅锄，或将毒土撒于种沟或地面，随即耕翻或混入厩肥中使用；或用2%甲基异柳磷粉30~45kg/hm^{2}拌细土375~450kg/hm^{2}制成毒土；也可用3%甲基异柳磷颗粒剂、3%呋喃丹颗粒剂、5%辛硫磷颗粒剂、5%地亚农颗粒剂37.5~45kg/hm^{2}处理土壤。②药剂拌种。用50%辛硫磷、50%对硫磷或20%异柳磷药剂与水和种子按1 : 30 :（400~500）比例拌种；用25%辛硫磷胶囊剂或25%对硫磷胶囊剂等有机磷药剂或用种子重量2%的35%克百威种衣剂包衣，可兼治其他地下害虫。③毒饵诱杀。用25%对硫磷或辛硫磷胶囊剂2.25~3 kg/hm^{2}拌谷子等饵料75kg，或用50%对硫磷、50%辛硫磷乳油0.75~1.5 kg/hm^{2}拌饵料45~60kg，撒于种沟中，亦可收到良好防治效果。

三、杂草防除

（一）黄土高原赤（红）小豆田常见杂草

黄土高原赤（红）小豆田常见杂草有禾本科杂草和阔叶杂草两大类。禾本科杂草主要有狗尾草（*Setaria viridis* Beauv.）、旱稗（*Echinochloa crusgalli* Beauv.）、马唐（*Digitaria sanguinalis*（L.）Scop.）等。阔叶杂草有苍耳（*Xanthium sibiricum* Patrin ex Widder）、马齿苋（*Portulaca oleacea* L.）、刺儿菜（*Cirsium setosum* MB.）、灰绿藜（*Chenopodium glaucum* L.）、苦苣菜（*Digitaria sanguinalis* L.）。这些杂草在小豆生长期发生，与小豆根系争水争肥，发生草荒影响小豆正常生长发育，严重者造成减产。

（二）防除措施

1. 中耕除草　结合间、定苗进行中耕，清除垄间杂草。在小豆全生育期中耕 2~3 次为宜。

2. 药剂除草　药剂防除小豆田杂草，要根据田间生长的杂草种类，本着安全、有效、经济的原则，确定使用的药剂品种。田间以禾本科杂草为主的田块，可在红小豆出苗前选用禾耐斯、地乐胺、金都尔、杜尔精禾草克、拉索、拿捕净等进行土壤封闭防治，配方为 96% 金都尔 1 500ml/hm^2+75% 宝收 18g/hm^2，或用 12.5g 拿捕净 1 200~1 500 ml/hm^2 对水 750~900kg 喷雾。田间单双子叶杂草混合发生时，可在出苗前选用地乐胺、地乐胺 + 禾耐斯（或金都尔）等进行土壤封闭防治。小豆出苗后 2~3 片复叶且杂草 5 叶前，使用阔草清 + 高盖、虎威 + 威霸（或精喹禾灵）等进行防治，配方为 12.5% 拿捕净 1 200~1 500ml/hm^2+25% 虎威 900~1 200 ml/hm^2，对水 750kg，进行定向喷雾，防除禾本科和阔叶杂草。王鑫等（2006）研究了适合于红小豆田的化学除草技术，结果表明，收乐通作为茎叶处理剂，对红小豆田禾本科杂草防效达 100%，且对红小豆安全；另外，高效盖草能、拿捕净、威霸、精稳杀得对红小豆也安全，并且防效都在 90% 以上，是红小豆田安全有效的除草剂。在除草剂的土壤处理中，禾耐斯（1 500ml）+ 赛克（750g）+ 水（750g）是一种理想配方，对红小豆安全，且对阔叶杂草的防效也好（＞80%）；对红小豆安全且对禾本科杂草防效较好（＞77%）的处理为 90% 禾耐斯。化学除草要严格掌握用药量，出苗后喷药除草，喷头要戴防护罩，切记药液不能喷在红小豆植株上，防止除草剂药害。刘辉等（2003）针对当前红小豆农业生产中大量应用的酰胺类除草剂异丙草胺、异丙甲草胺，研究其对红小豆苗期的安全性。研究表明，在低温、土壤墒情好的条件下两种药剂均对红小豆不安全，主要表现在影响出苗率、抑制生长、根体积明显减少、真叶叶片皱缩扭曲、严重的叶缘开始发黄、根瘤减少、逐渐枯死。两种药剂药害程度相近，随剂量增加症状明显加重，高用量时拱土期施药比播后立即施药的药害相对较轻，随有机质含量的降低而药害加重。对于难治的以地下茎繁殖为主的多年生杂草，如刺儿菜、苦苣菜、打碗花等，可用 48% 异恶草松（广灭灵）1 000ml/hm^2+25% 氟磺胺草醚（虎威）1 000ml/hm^2，48% 异恶草松

+1 000ml/hm^2+48% 灭草松 1 500ml/hm^2，在难治杂草 3~5 叶期，小豆第一复叶期喷洒。稀释液中加入 1% 植物油型喷雾助剂可提高防效。在秋深翻时把多年生杂草地下茎翻入耕层下部，可以减少出土数量，抑制杂草的发生。

第五节　环境胁迫及应对措施

一、温度胁迫

（一）低温胁迫

赤（红）小豆是喜温作物，对温度适应范围较广，从南方亚热带到北方温带都有栽培。生育期间对温度变化反应敏感。小豆种子最适宜的发芽温度为 14~18℃，温度低于 14℃和高于 30℃时植株生长缓慢。小豆从播种至开花需积温 1 000℃以上，从开花至成熟需积温大约 1 500℃，全生育期共需积温 2500℃左右。小豆全生育期中最适宜的昼夜平均温度为 20~24℃，花芽分化和开花期最适宜温度为 24℃，低于 16℃时花芽分化受到影响，而使开花结荚减少。小豆有两个时期最怕低温和霜害，一是苗期不抗晚霜冻，二是成熟期的低温早霜，遇霜害易造成秕荚小粒，降低产量和品质。

黄土高原春小豆区，大部分在 5 月上、中旬播种，平均气温在 14℃以上，适宜小豆播种出苗。但这些地区早春往往受寒流影响有倒春寒，小豆苗期受低温胁迫。延安当地就有“四月八，冻死黑豆芽”的农谚。古历四月八是公历 5 月 25 日，正是红小豆出苗期，低温易冻伤幼苗。黄土高原初霜日一般年份在 10 月上旬，最早在 9 月中、下旬，红小豆若播种偏晚，成熟期遇早霜冻，易造成秕荚小粒，降低产量和品质。濮绍京（2008）对来自北京 187 份、天津 33 份、河北 25 份、山西 16 份、山东 6 份、河南 1 份、安徽 1 份、江苏 22 份、四川 2 份、陕西 3 份、辽宁 18 份、吉林 33 份、黑龙江 5 份，日本 31 份，韩国 1 份，共 384 份小豆资源进行发芽期耐冷性鉴定，并以 31 份资源和 18 个品种为试验材料，进行三叶期耐冷性鉴定研究。结果表明：筛选出发芽期耐冷性较好（耐冷指数＞0.80）的资源 31 份。从来源地看，北京、吉林耐冷性资源较丰富，在三叶期低温 8~5℃胁迫 7d，资源 G-1-34、JN95-0 和 E0064 等表现出较强的耐冷性；北京、日本、吉林、陕西、山东、河北这些地区存在着该生育期耐冷性较强的资源。

针对低温胁迫，首先应选育和推广耐低温胁迫红小豆品种；在早春低温地区，推广地膜覆盖栽培和起垄栽培，有利提高地温促苗早发；出苗后及时中耕除草，松土提高地温和保墒，促根发育健壮生长，提高抗性；适期早播，使红小豆成熟期避过初霜冻为害。

（二）高温胁迫

高温胁迫就是热害。在 38℃以上高温天气影响下，当叶温高于气温 5℃时，体内会出现异常生理现象，细胞原生质发生理化特性改变，生物胶体的分散性下降，电解质与非电解质大量外渗，脂类化合物成层状，有时出现细胞结构破坏。高温破坏体内代谢过程，使呼吸强度加强，体内合成受阻，蛋白质分解，毒物生成，生化上某些代谢产物缺少，酶、叶绿素、维生素结构破坏，饥饿失水；光合作用受抑制，叶片上出现死斑，叶色变褐、变黄，未老先衰；种性退化，配子异常而出现雄性不育，花序或子房脱落等，造成严重减产。高温持续时间愈长，或温度愈高，引起伤害愈严重。薛国栋等（2015）利用40℃对红小豆品系幼苗进行高温胁迫处理，检测高温下，红小豆可溶性蛋白含量、丙二醛（MDA）含量、质膜的相对透性、过氧化氢酶（CAT）活性、过氧化物酶（POD）活性、超氧化物歧化酶（SOD）活性的变化。结果表明，红小豆各种生理指标都发生了变化。其中细胞膜相对透性增加，说明植物受到逆境胁迫时，丙二醛（MDA）含量增加，膜脂过氧化产物多，细胞膜易受到破坏，细胞内物质易渗出，可溶性蛋白质减少。因胁迫易产生自由基，过氧化氢酶（CAT）活性、超氧化物歧化酶（SOD）活性增加，可以清除植物体内自由基，使其不受自由基为害。该研究为耐高温品系选育奠定了基础。

从气象历史资料看，黄土高原大部分地区常年6—7月极端最高气温不超过40℃，很少发生高温胁迫。而在陕西的关中、渭北和晋南6—7月超过40℃极端最高温天气出现过，对红小豆苗期生长可造成一定的高温胁迫。

在生产上应注意选育推广耐高温（热害）的小豆品种；在小豆苗期结合抗旱进行蹲苗，促进根系生长，提高抗逆性；根据天气预报，在极端最高温出现时，有条件地区可灌水降温。

二、水分胁迫

（一）水分高缺或干旱

红小豆是喜湿需水量较多的作物，每形成1g干物质需水600~650g。苗期因叶面积小，蒸腾量较少，故小豆苗期较耐干旱。从花芽分化以后需水量逐渐增加，到开花、结荚期是需水高峰，又是小豆需水的关键时期。这一阶段每昼夜单株蒸腾水分300~350g，主要用于植株的营养生长和生殖生长，故有“涝小豆”之农谚。此阶段若水分不足，或遇天气干旱，都会影响小豆植株的正常生长，造成大量落花落荚、秕荚、小粒。严重干旱造成植株永久性萎蔫，最后死亡。

黄土高原大部分属半干旱地区，年降水250~500mm，南部属半湿润易旱区，年降水500~600mm，主要靠天然降水从事农作物种植。黄土高原又属半干旱大陆季风气候，年降水不仅偏少，且分布不均，年际间变率大，干旱频繁，有“十年九旱”之说，且多春旱。红小豆春播出苗期（4—5月），气温回升，雨量开始增多，占全年降水13%~15%，但由于气温升高，蒸发量大，因而常有春旱发生。只要适墒播种抓全苗，出苗后遇干旱还有利于蹲苗。夏季降水集中，占全年降水量50%，此期正是小豆生长旺季，对生产有利，但因多为高强度的阵雨出现，时间短，雨量集中，影响农业利用降水的有效性。应结合秋翻地多施有机肥，改善土壤理化性状。苗期封垄前，及时中耕松土，接纳雨水保墒。由于旱涝不均，夏季往往也出现伏旱，影响红小豆正常生长，造成减产。有灌水条件的要适时灌溉。尹宝重（2011）通过盆栽方法研究了不同程度干旱胁迫对红小豆叶片质膜抗氧化系统、叶片渗透调节物质含量及叶片色素含量的影响。结果表明，干旱胁迫可显著降低超氧化物歧化酶（SOD）、过氧化物酶（POD）的活性，抑制可溶性糖（WSG）、可溶性蛋白质（Wpr）的积累，促进叶绿素和类胡萝卜素（Car）的分解，提高丙二醛（MDA）和游离脯氨酸（Pro）的产生，加速细胞内含物的外渗；胁迫程度越重，对植株影响越明显。

应该加强抗旱品种的筛选和提高抗旱栽培技术的研究应用。

（二）渍涝

红小豆生长发育过程，虽然喜湿需水量较多，但是，土壤中水分过多，通气不良，对根瘤菌生长发育将会造成不良后果，致使植株早衰。红小豆成熟阶段要求干燥的气候条件，若遇阴雨连绵天气，则易造成荚霉烂、粒发芽。刘世鹏（2011）通过实验运用不同浓度的 PEG-6000 模拟水分胁迫，分别取 5%、10%、15%、20%、25% 的 PEG（聚乙二醇）浓度，对红小豆进行胁迫实验，研究水分胁迫下红小豆中的抗氧化物质的变化情况。结果表明，在 5% 时 SOD（超氧化物歧化酶）、POD（过氧化物酶）、CAT（过氧化氢酶）活性均呈现上升趋势；10% 时 MDA（丙二醛）含量显著上升；而当浓度达到 20% 时，SOD、POD 二者活性均呈现下降趋势。说明这些抗氧化物质在红小豆受到水分胁迫时各自发挥着清除体内活性氧的作用，并且它们之间是相互影响的。它们作为一个统一的整体，在红小豆受到水分胁迫时发挥着重要的保护作用。说明红小豆在一定程度范围内既耐涝又耐旱，适于黄土高原种植。

黄土高原受季风影响，7—9 月是降雨季节，秋季降水占全年降水 26%~31%，少数年份秋季阴雨连绵，低温影响红小豆的成熟。在生产上应做好低凹地的排涝，采用高垄栽培，秋季深翻地结合施底肥起垄，春季播种，秋季有利排涝。

三、其他胁迫

在黄土高原少数河川低洼地与沟坝地，由于气候干燥，降水量少，蒸发强烈，促进地下水位上升，且流动不畅，出现地面积盐现象。0~20cm 土层内含盐量 0.2% 左右，冬春地表有盐霜，呈斑块状散布。当土壤中盐类以碳酸钠和碳酸氢钠（Na_2CO_3、$NaHCO_3$）等主要成分时为碱土；若以氯化钠和硫酸钠（NaCl、Na_2SO_4）等为主时，则称盐土；但因盐土和碱土常混合存在，故习惯上称为盐碱土。这类土壤中盐分含量过高，严重胁迫阻碍作物正常生长，导致产量降低或颗粒不收。丁军香（2010）研究了不同浓度 NaCl 对红小豆萌发与生理生化特性的影响。结果表明，随着 NaCl 浓度的升高，红小豆发芽率、发芽势逐渐降低；株高、根系长度也呈下降趋势。植物过氧化氢酶（CAT）的活性、可溶性糖和丙二醛（MDA）含量随着 NaCl 浓度的增高而不断升高，说明红小豆的抗逆性越差。张永清（2009）采用添加 NaCl 和 Na_2CO_3 模拟盐胁迫和碱胁迫的水培方式，研究了 La（NO_3）$_3$（稀土）浸种对盐胁迫和碱胁迫下红小豆幼苗生长和抗氧化酶活性的影响。结果表明：与无胁迫对照组相比，盐碱胁迫明显抑制了红小豆幼苗的生长。在 Na^+ 质量、浓度相同的情况下，碱胁迫对红小豆幼苗生长的影响明显大于盐胁迫；使用 La（NO_3）$_3$ 浸种可缓解盐碱胁迫带来的不良影响，使受胁迫红小豆的株高、叶面积、总根长、叶绿素、根活力、SOD（过氧化物歧化酶）活性、POD（过氧化物酶）活性及 CAT（过氧化氢酶）活性增加，并显著降低幼苗 MDA（丙二醛）含量水平，且表现出在盐碱胁迫下变化幅度高于无胁迫处理的现象；在本试验条件下，30mg/L La（NO_3）$_3$ 浸种具有显著促进红小豆根系及地上部分生长的作用。

第六节　赤（红）小豆品质和综合利用

一、赤（红）小豆品质

（一）赤（红）小豆的营养品质

1. 赤（红）小豆的营养成分　小豆营养丰富。根据河南省农业科学院实验中心对中国小豆种质资源 1479 份进行分析化验结果，蛋白质含量在 16.86%~28.32%，平均 22.56%，常见变幅为 20.92%~24.00%；脂肪含量为 0.01%~2.65%，平均 0.59%；总淀粉含量为 41.83%~59.89%，平均 53.17%，其中，直链淀粉为 8.32%~16.36%，平均 11.5%。每 100g 样品氨基酸总含量为 22.47%~26.18%，其中天门冬氨基酸 2.6%~3%，丝氨酸 0.61%~1.26%，谷氨酸 4.19%~5.16%，甘氨酸 0.86%~1.05 %，丙氨酸 0.94%~1.25%，胱氨酸 0.32%~0.49%，酪氨酸 0.36%~0.7 %，组氨酸 0.52%~0.76%，精氨酸 1.64%~1.99%，脯氨酸 0.46%~1.31 %，苏氨酸 0.61%~0.9 %，缬氨酸 1.25%~1.81%，蛋氨酸 0.07%~0.26%，异亮氨酸 0.96%~1.52%，亮氨酸 1.83%~2.43%，苯丙氨酸 1.43%~1.89%，赖氨酸 1.72%~1.97%，色氨酸 0.16%~0.21%。

据分析，禾谷类作物籽粒中蛋白质含量一般为 7%~12 %，而小豆为 20.92%~24.00%，比禾谷类高 2~3 倍。小豆籽粒中蛋白质与碳水化合物的比例约 1∶（2~2.5），而禾谷类仅为 1∶（6~7）。小豆蛋白质含量也比畜产品的含量高。例如瘦猪肉含蛋白质为 16.7%，牛肉为 17.7%，鸡蛋为 14.7%，牛奶为 3.3%。小豆营养成分较全，含有 18 种氨基酸，其中 8 种是人体必需氨基酸。

红小豆除了含有高蛋白、低脂肪、大量淀粉、18 种氨基酸外，还含有 4.9% 的粗纤维和丰富的矿质元素和维生素。每 100g 干种子平均含 Ca 67mg，P 478mg，K 1 230mg，Fe 5.6mg，维生素 $B_1$0.31mg，维生素 $B_2$0.11mg，硫胺素 0.43mg，核黄素 0.15mg，尼克酸 2.7mg，另有 3 种结晶苷类物质，比禾谷类和薯类营养价值高得多。

2. 赤（红）小豆营养品质的品种间差异　小豆的品质性状一般包括外观品质、加工品质和营养品质。籽粒大小、种皮色泽等外观品质性状影响商品流通和价格；籽粒出沙率、淀粉粒大小、直链淀粉和支链淀粉含量等加工品质影响产品成本和价格；而蛋白质、氨基酸、微量元素等营养品质是人们需求和重视的。武晓娟等（2011）以北京、河北、东北3个红小豆主产区的15个有代表性的红小豆品种为试验材料，对其10个品质性状进行3个主成分（百粒重、蛋白质含量、淀粉粒大小）分析和综合判断，结果表明：3个主成分累计贡献率已高达84.252%，可以反映红小豆品质的绝大部分信息，籽粒明度值、百粒重、蛋白质、出沙率、沙质感、淀粉粒径为影响小豆品质的主要因子。通过对红小豆品质评价指标相关性分析可知，百粒重与粒形显著正相关，与籽粒明度、出沙率、生沙沙质感、淀粉粒大小极显著正相关。说明百粒重大的红小豆比小粒豆粒形好，饱满度整齐度好；红小豆百粒重大，粒色越明亮，出沙率越高，淀粉粒越大，沙质感也越强。蛋白质含量与出沙率、生沙沙质感显著正相关；出沙率与沙质感、淀粉粒大小极显著正相关；淀粉粒大小与沙质感极显著正相关。说明红小豆籽粒蛋白质含量高，生沙沙质感强；出沙率高的红小豆淀粉粒大、沙质感强。总体看，大籽粒红小豆的绝大部分品质性状相对小粒豆要好。用这3个主成分代替原来的10个品质因子（粒形、明度值L、彩度C、百粒重、蛋白质、淀粉、支链淀粉、出沙率、淀粉粒径、生沙沙质感）对小豆进行综合评判，筛选出外观品质好的品种为日本红、农安红、保红947、中农科2号，加工品质和综合品质好的品种为中农科3号、保8824-17、保876-16、京农8号。金文林（2006），对来源于中国主产区小豆地方品种籽粒百粒重、种皮色泽、出沙率、淀粉含量及淀粉粒大小等品质性状进行了鉴定评价。结果表明：

中国小豆籽粒百粒重平均为11.63g，变幅5.28~24.47g；小豆淀粉粒几何平均值为57.71μm，变幅46.21~83.46μm；红小豆粒色红度值（a）平均值为19.71，变幅13~26；黄度值（b）平均为9.58，变幅5.2~16.8；亮度值（L）平均为26.47，变幅为18.1~34；出沙率平均值为68.08%，变幅61.9%~75.98%；总淀粉含量平均为57.06%，变幅44.79%~67.44%；支链淀粉相对含量平均为82.24%，变幅62.61%~98.94%；所调查的8个籽粒品质性状品种间都存在显著差异。

筛选出了一批优异地方品种可应用于生产和小豆品质育种。从安徽、黑龙江、江苏、吉林、山东、陕西等地区收集到高淀粉含量的地方品种；从山西、陕西、北京、河北地域可收集到支链淀粉相对含量较高的地方品种；河北、北京、山西的品种出沙率相对较高。

（二）赤（红）小豆淀粉

1. 赤（红）小豆淀粉的理化特性 杜双奎等（2007）以红小豆为材料，采用水磨法提取红小豆淀粉，以玉米淀粉、红薯淀粉作对照，对其颗粒特性以及糊化黏度特性等理化特性进行研究。实验结果表明，红小豆淀粉颗粒呈椭圆卵形，颗粒完整，表面光滑，粒径较长，偏光十字明显，具有类似树木年轮的轮纹结构，脐点位于颗粒中心。与对照相比，红小豆淀粉具有较低的糊化温度，较高的糊黏度，较差的冷热稳定性，易发生老化。pH、蔗糖对红小豆淀粉湖的黏度性质有影响，红小豆淀粉糊抗酸能力差，随着 pH 增加，淀粉糊稳定性增强，冷却形成的凝胶性增大，淀粉容易老化。蔗糖的存在可使红小豆淀粉黏度参数有所提高，随着蔗糖量增加，冷热稳定性降低，淀粉结合水能力增强，糊稳定性降低，冷却形成的凝胶性增强，淀粉糊老化速度加剧。

2. 赤（红）小豆淀粉的提取　随着人们生活水平不断提高，生活节奏的加快，方便即食食品越来越受到人们青睐，其中由豆类食品制成的即食粉，以丰富的营养和出色的口味，受到消费者广泛欢迎。小豆食品和饮料的加工业已展示出广阔的前景。艾启俊等（2003）对即食红小豆粉两种生产工艺进行了研究，着重分析了浸泡条件、水煮时间、增稠剂用量等几个影响产品质量的因素，并确定了即食红小豆粉的工艺流程和配方。

（1）工艺流程：红小豆→挑选→清洗→浸泡→软化→搓沙→去皮→静置→混合调配→搅拌→干燥→粉碎→成品→包装。

（2）红小豆粉制备工艺

① 红小豆的挑选、清洗：选取豆粒饱满、种皮红或紫红、发亮、新鲜度好的红小豆，去除干瘪、虫蛀、霉变的豆粒及石块、豆秆等杂物，用流水洗去泥土及杂质。

② 浸泡：将选好的原料红小豆放入容器中加水浸泡，水豆比例至少为 5∶1，以红小豆充分吸水为准。水温 15℃以上。浸泡时间 15h 以上。将糯米浸泡 4h，待用。

③ 软化：将吸水充分的红小豆放入锅中，进行常压煮制 2h，煮制期间要经常搅动红小豆，防止糊锅。从锅中取出豆粒，用手指搓捻，手感粉状无硬块，软烂熟透时，将红小豆取出控水。将糯米放入锅中煮至软烂，锅中汁液浓稠即可，一般 50min 左右。用单层纱布滤去糯米，留糯米汁待用。

④ 搓沙、去皮：将煮好的红小豆用手搓碎，将豆沙充分揉出，注意用力均匀，防止豆皮被揉碎，影响红豆沙的口感。取单层纱布滤出豆皮，并用煮汁多次冲洗纱布，以提高红小豆的出沙率。

⑤ 静置、混合调配：将红小豆煮液静置约 3h，红豆沙与水分分层，除去上清液，将红小沙与糯米汁（增稠剂）混合，加入白砂糖、可可粉、枸杞汁或香精等调节不同的口味，搅拌即食。红小豆粉的最佳配方为：红小沙 80g，糯米汁 35g、白砂糖 45g。

⑥ 干燥、粉碎：将调好口味的红豆沙倒入不锈钢浅盘中，厚度不超过 0.5cm，薄厚均匀，放入鼓风干燥机内恒温烘干一定时间，至红豆沙表面完全干燥，用探针插入内部，感觉坚硬无黏稠感，干燥彻底即可。待冷却后用小铲铲出干透的红豆沙，放入粉碎机粉碎成粉末状，过 100 目筛。

⑦ 包装、成品：将红豆沙每 30g 一包分别包装入袋，用热封机热封，即为成品。

3. 赤（红）小豆淀粉的利用　艾启俊等（2003）利用红小豆粉研究了保健型枸杞红小豆粉最佳调配比例是 30g 红小豆粉加 10g 枸杞粉；保健型草莓口味小豆粉最佳调配比例是 30g 红小豆粉加草莓香精 1.0ml；保健型可可口味小豆粉最佳调配比例是 30g 红小豆粉加可可粉 1g。

二、赤（红）小豆的综合利用和深加工

（一）综合利用

1. 粮用 中国人民自古以来，就有食用小豆的习惯。在一年四季中，尤其是盛夏，小豆汤不仅解渴，还有清热解暑的功效。用小豆与大米、小米、高粱米等煮粥做饭，用小豆面粉与小麦粉、大米面、小米面、玉米面等配合成杂粮面，能制作多种饭食，用来调节人们的生活。这是中国人民传统的食用方法。小杂粮的合理搭配，也发挥了人体营养的平衡作用。

红小豆营养丰富，蛋白质含量高，脂肪含量低，具有大量淀粉、膳食纤维，以及Fe、Ca、P、K矿质元素。特别是含有人体必需的8种氨基酸，还含有脂肪酸、维生素、黄酮、皂甙、植物甾醇和天然色素等活性物质。药食同源。所以红小豆具有较高的营养保健作用。人们称红小豆是高蛋白、低脂肪、多营养的功能食品，是亚洲国家及全世界人们喜爱的豆类作物，被誉为粮食中的“红珍珠”。

黄土高原种植区，海拔高，偏远不发达，红小豆耐瘠薄、耐旱又耐涝，抗逆性强，又是重要的救灾作物，是这一区域适生的小杂粮作物。病虫害发生轻，农药、化肥施用少，又远离工业污染，生态环境良好，没有土质和空气污染，生产的红小豆是真正的无公害、天然绿色食品。在这里发展红小豆生产有广阔的发展前景。

2. 食品加工 中国小豆食品的加工技术还多为手工操作，主要是初加工先制作豆沙（淀粉）。用豆沙可制作豆沙包、水晶包、油炸糕、什锦小豆粽子；小豆沙还可制作冰棍、冰糕、冰激凌、冷饮；用豆沙可制成多种中西式四季糕点，如小豆沙糕、豆沙月饼、沙仁饼、豆沙春卷、豆阳羹、奶油小豆沙蛋糕、玫瑰豆沙糕等，还可做小豆香肠、粉肠及咖啡和可可制品的填充料。近年来，还用大粒红小豆制作红小豆罐头。红小豆食品加工类型多样化，丰富了饮食文化。

3. 药用 赤（红）小豆有重要的药用价值。自古以来，有很多国家就有用小豆治病、防病的传统习惯和经验。赤（红）小豆作为药用植物见于多种医药典籍记载。如陶弘景的《名医别录》中称小豆味甘、酸，性平、温，无毒。主治寒热、消渴止泻等。李时珍的《本草纲目》中称赤小豆味甘、酸，性平、无毒。主治多种疾患，并附处方。还有《养生要集》《千金·食治》《食性本草》《汤液本草》《药性论》《本草再新》等都有记载。1975年版《中华中药大辞典》、2010年版《中华人民共和国药典》载入赤小豆（红小豆），味甘、酸，性平，归心、小肠经。利水消肿、解毒排浓。用于水肿胀满、脚气浮肿、黄疸尿赤、风湿热痹、痈肿疮毒、肠痈腹痛。并记载选方19个。

治水肿坐卧不得，头面身体悉肿：桑枝烧灰、淋汁，煮赤小豆空心食令饱，饥即食尽，不得吃饭（《梅师集验方》）。

治卒大腹水病：白茅根一大把，小豆三升，煮取干，去茅根食豆，水随小便下（《补缺肘后方》）。

治水肿从脚起，入腹则杀人：赤小豆一升，煮令极烂，取汁四、五升，温渍膝以

下；若已入腹，但服小豆，勿杂食（《独行方》）。

治脚气：赤小豆五合，葫一头，生姜一分（并破碎），商陆根1条，同水煮，豆烂汤成，适寒温，去葫等，细嚼之，豆空腹食，旋旋啜汁令尽（《本草图经》）。

治脚气气急，大小便涩，通身肿，两脚气胀，变成水者：赤小豆半升，桑根白皮（炙，锉）二两，紫苏茎叶一握（锉，焙）。上三味除小豆外，捣罗为末。每服先以豆一合，用水五盏煮熟，去豆，取汁二盏半，入药末四钱匕，生姜一分，拍碎，煎至一盏半，空心温服，然后择取豆任意食，日再（《圣济总录》赤小豆汤）。

治伤寒瘀热在里，身必黄：麻黄二两（去节），连轺二两，赤小豆一升，杏仁四十个（去皮、尖），大枣十二枚（擘），生梓白皮（切）一升，生姜二两（切），甘草二两（炙）。上八味，以水一斗，先煮麻黄再沸，去上沫，纳诸药，煮取三升，去滓，分温三服，半日服尽（《伤寒论》麻黄连轺赤小豆汤）。

治急黄身如金色：赤小豆一两，丁香一分，黍米一分，瓜蒂半分，熏陆香一钱，青布五寸（烧灰），麝香一钱（细研）。上药捣细罗为散，都研令匀。每服不计时候，以清粥饮调下一钱；若用少许吹鼻中，当下黄水（《圣惠方》赤小豆散）。

赤治肠痔大便带血：小豆一升，苦酒五升，煮豆熟，出干，复纳清酒中，候酒尽止，末。酒服方寸匕，日三度（《肘后方》）。

治热毒下血，或因食热物发动：赤小豆杵末，水调下方寸匕。（《梅师集验方》）

治疽初作：小豆末醋敷之，亦消（《小品方》）。

治大小肠痈，湿热气滞瘀凝所致：赤小豆、薏苡仁、防己、甘草，煎汤服（《疡科捷径》赤豆薏苡汤）。

治小儿天火丹，肉中有赤如丹色，大者如手，甚者遍身，或痛或痒或肿：赤小豆二升。末之，鸡子白和如薄泥敷之，干则易。一切丹并用此方（《千金方》）。

治腮颊热肿：赤小豆末和蜜涂之，或加芙蓉叶末（《纲目》）。

治小儿重舌：赤小豆末，醋和涂舌上（《千金方》）。

治舌上忽出血，如簪孔：小豆一升，杵碎，水三升，和搅取汁饮（《肘后方》）。

下乳汁：煮赤小豆取汁饮（《产书方》）。

治妇人催奶：赤小豆酒研，温服，以滓敷之（《妇人良方补遗》）。

治风瘙瘾疹：赤小豆、荆芥穗等分，为末，鸡子清调涂之（《纲目》）。

治食六畜肉中毒：烧小豆一升，末，服三方寸匕（《千金方》）。

王增（2006）在“红小豆多功能的补养品”一文中写道：据考，红小豆入药最早载于《本草经》，说红小豆可以“下水肿，排痈肿脓血”。张仲景在《伤寒杂病论》、《金匮要略》中运用红小豆与其他药物配伍创制了“瓜蒂散”、“麻黄连翘红小豆汤”、“红小豆当归散”等方剂。从而进一步扩大了它的应用范围。

明代著名医药学家李时珍把红小豆称为“心之谷”，《本草纲目》说，红小豆“治产难，下胞衣，通乳汁。和鲤鱼、蠡鱼、鲫鱼、黄雌鸡煮食，并能利水消肿”。并说：“赤小豆小而色赤，心之谷也。其性下行，通乎小肠，能入阴分，治有形之病。故行津液，利小便，消胀除肿止呕，而治下痢肠澼，解酒病，除寒热痈肿，排脓散血……”《药性本草》记载：“治热毒，散恶血，除烦满，通气，健脾胃，令人美食。捣末同鸡子白，涂一切热毒痈肿。煮汁，洗小儿黄烂疮，不过三度。”

历代医药学家的临床经验也说明：红小豆具有消热毒、利水消肿、健脾止泻等功能，可治小腹胀满，小便不利，烦热口渴，酒病诸症。

现代医学研究证明：红小豆含有皂草甙物质成分，具有通便、利尿和消肿作用，能解酒、解毒，对于肾脏病和心脏病，均有一定疗效。

收集在民间常用红小豆滋补、治病的方法如下。

热毒下血：红小豆杆适量，研成末，取1g水调服。

乳汁不通：红小豆适量，加水煮汤，代茶饮之；或红小豆250 g，加粳米适量，煮粥食之。

疮痈肿毒：红小豆适量，研末，用蛋清调涂患处。

产后恶露不下及腹痛：红小豆适量，微炒，水煎代茶，随意饮用。

妊娠水肿及其他水肿：赤小豆30g，麦片30g。加水适量，同煮成粥，再加入麦芽糖1匙，食用；或红小豆120g，鲤鱼1条，陈皮6g，加水适量，用文火煮烂，服食；或红小豆、粳米各15g。分别用清水洗净，水煮成粥，加麦芽糖1匙调食。

肝腹水、硬化：红小豆500g，鲤鱼1条。加清水2 000~3 000ml。用文火清炖至烂，将豆、鱼、汤一并食用。

大腹水病：白茅根1把，红小豆1500g。清洗干净，水煎至干，去茅根，食豆，水随小便下。

闭经、痛经：红小豆25g，粳米30g。清水洗净，水煮成粥，加麦芽糖1匙调食。

细菌性痢疾：红小豆、糯米各60g。清水洗净，水煮成粥（赤痢者加白糖60g，白痢者加红糖60g)，分1~2次服完。儿童酌减。

肝脓肿：连翘9g，当归12g，赤小豆15g。清洗干净，放入砂锅内，加水适量，煎成浓汤，饭后食之。

流行性腮腺炎：红小豆适量，研成细末，以鸡蛋、蜂蜜、水、醋调成糊状，涂于患处，涂药面积略大于腮腺肿大范围，每天换药1次。

预防麻疹：红小豆、绿豆、黑豆、甘草各适量。将三豆用清水洗净，入锅加水，文火煮熟，晒干，与甘草同研成粉，开水冲服。1岁每次服用3g，2岁每次服用6g，3岁每次服用9g，每日服用3次，连续服用1周。

水肿从足起：红小豆适量。清水洗净，用水煮烂，取汁温渍膝以下；若水肿已入腹，但食小豆，勿杂食。

丹毒：红小豆适量，研成粉末，以鸡蛋清调成糊，敷患处，干后再换敷；或红小豆18g，黄柏10g。清洗干净，放入砂锅内，加水适量，煎成浓汤，内服。

热淋血淋：红小豆适量，研末，煨葱1根，捣烂，酒热调服10g。

妊娠后仍有月经（胎漏）：红小豆生出芽适量，烘干研成末，制成小豆散，温酒服用1g，每天服用3次。

急性肾炎：红小豆适量，水煮软烂，加红糖适量，每日服用2次，每次服用15~30g。加入糖溶化后服用。

小便多：红小豆叶500g，于豉汁中煮，调和作羹或煮粥食之。

脚气：红小豆与大蒜、生姜、商陆根（中药名）各等份，水煮至豆烂去药渣，空腹食豆及饮药。

脚湿气痹肿：桑根白皮、紫苏茎叶焙干，研末，取25g红小豆煮烂，取浓汁。加生姜0.5g。再用文火煎，制成红小豆汤空腹服之。

小便不利、水肿：红小豆250g，洗净，加水煮烂，加白糖调味当茶饮之；或红小豆100g，鲤鱼1条，去鱼杂洗净，加水煮浓汤食之；或红小豆120g，冬瓜1个，洗净，水煮分3次饮服。

痄腮：红小豆70粒，研成末，敷之；或红小豆50~70粒，捣碎末以温水或鸡蛋白，和蜂蜜调和，成稀浆糊状、摊在布上，敷于患处即可，一般1次即消肿痛。

血丝虫病：红小豆30g，研成粉，黄泥土适量，加水搅拌，滗去上部清水，取细泥糊和红小豆粉外敷，每日换1次。一般2~3日炎症可消。

清热止渴、醒酒解毒：红小豆花适量，用清水洗净，水煎服之。

除烦止渴、利尿解酒：红小豆50g，白茅根100g。清水洗净，加水适量，共煎煮，半熟加入洗净的粳米200g，煮成粥，酒后食之。

解酒：红小豆120g，清洗干净，加水适量，文火煎煮浓汤，酒后，当茶饮之。

赤小豆入药的化学成分很复杂，可归纳为糖类、皂甙类、糖甙类、皂醇类等。宁颖等（2013）通过大孔吸附树脂D101、正相硅胶、Sephadex、LH-20、ODS、反相HPC等多种色谱分离方法相结合，从赤小豆70%乙醇提取物中分离得到8个化合物；借助ESI-MS、NMR等光谱技术鉴定其结构为2β，15α-二羟基-贝壳杉-16-烯-18，19-二羧酸（1），2β-O-β-D-葡萄吡喃糖-15α-羟基-贝壳杉-16-烯-18，19-二羧酸（2），2β-（O-β-D-葡萄吡喃糖）atractyligenin（3），3R-O-[β-L-阿拉伯吡喃糖基-（1→6）-β-D-葡萄吡喃糖]辛-1-烯-3-醇（4），（6s，7E，9R）-6，9-二羟基-megastigman-4，7-二烯-3-酮-9-0-β-D-葡萄吡喃糖苷（5），刺五加苷D（6），白藜芦醇（7）和麦芽酚（8）。

从医学数据库中心药学论坛中查到赤小豆中药化学成分：赤小豆含糖类，三萜皂甙。每百克含蛋白质20.7g，脂肪0.5g，碳水化物58g，粗纤维4.9g，灰分3.3g，Ca 67mg，P 305mg，Fe 5.2mg，硫胺素0.31mg，核黄素0.11mg，烟酸2.7mg等。从赤豆中分离得到3-呋喃甲醇-β-D-吡喃葡萄糖甙、右旋儿茶精-7-0-β-D-吡喃葡萄糖甙和1D-5-0-（a-D-吡喃半乳糖基）-4-0-甲基肌醇。还分离得到6个齐墩果烯低聚糖甙：赤豆皂甙Ⅰ，赤豆皂甙Ⅱ，赤豆皂甙Ⅲ，赤豆皂甙Ⅳ，赤豆皂甙Ⅴ，赤豆皂甙Ⅵ。从赤豆的热水提取物中还得到3种黄烷醇鞣质：D-儿茶精（D-catechin）、D-儿茶精（D-epicatechin）和表没食子儿茶精。从新鲜种子中分离到原矢车菊素和B3。

现代研究表明，红小豆入药的这些化学成分，如多酚、丹宁、黄酮、硫胺素、核黄素、烟酸、皂素类具有很强的抗氧化活性，能够帮助保护血管健康和减少癌症风险。皂甙类为豆类作物特有的生物活性物质，有许多重要生理功能，对于保肝护肝、抗肝损伤、防治血栓塞、高血压、高血脂、动脉硬化、艾滋病和恶性肿瘤等疾病，尤其对心脑血管疾病有良好的治疗作用。小豆膳食纤维具有保持消化系统健康、增强免疫系统、降低胆固醇、降低三酸甘油脂、降低胰岛素作用，可调控糖尿病人的血糖水平，对糖尿病有益，在防治结肠癌和便秘，预防肥胖病、胆结石和护肾等方面都有好的生理功能。

（二）深加工

红小豆除直接粮用外，常以传统的手工操作制成豆沙或豆馅，初加工成各种即食食品。

近年来，随着红小豆产业的发展，为红小豆深加工淀粉的提取、红小豆发酵食品饮料及其他产品的开发，进行了进一步研制，已展示出加工业的广阔前景。宋莲军等（2003）研究了以优质红小豆为原料，采用真空浸渍技术，既缩短了红小豆的加工时间，节约了能耗，又保证了原料特有的色香味，经实验确定了最佳工艺操作条件，为红小豆深加工开拓了一条新途径。胡静等（2013）以红小豆为试验材料，采用单因素试验研究红小豆粉的液化糖化规律，优化液化糖化条件。结果表明：α－淀粉酶加量、糖化酶加量、液化温度、糖化温度以及 pH 值对红小豆液化、糖化的还原糖含量有显著影响。α－淀粉酶加量 0.035%、60℃、pH 值 5 时液化 30min，还原糖含量为 35.63mg/ml。糖化酶加量 0.9%、60℃、pH 值 4 时糖化 20h，还原糖含量显著提高，达到 87.10mg/ml。糖化残渣电镜扫描观察结果表明红小豆淀粉已基本水解安全，为后续的发酵奠定了基础。

艾启俊（2004）对红小豆饮料的生产工艺过程中处理温度、时间、均质程度、其他添加物等主要因素对红小豆饮料的品质影响进行了研究。影响红小豆饮料成品品质的因素主要有红小豆的浸泡温度及时间、保健成分的添加量、添加时间、添加比例、打浆时间、加入调味剂的量等。要使饮料的色泽、口感、香气及其稳定程度达到最好，必须确定每个阶段的各个指标被能控制在一定最适范围之内。并对其口味的调配做了定性定量研究与分析，得出最佳的调味剂添加比例为：红小豆均浆液：蜂蜜：奶粉：白砂糖=100 ： 2 ： 2.3 ： 2.1。在此比例下，调味口感最佳。双歧杆菌是一种无毒无害的细菌。国内外研究表明，该菌具有较强的保健功能，在人肠道内存活，产生有机酸抑制有害菌，还可抑制亚硝酸盐还原为硝酸盐，是肠道典型的有益菌。还有许多生理活性，抗肿瘤、抗变异原性、降低胆固醇、降血压等。梁永海（2005）以红小豆为主要原料，经淀粉糖化后进行调制，接种源自婴儿体内的双歧杆菌进行前发酵，然后再用嗜热链球菌与保加利亚乳杆菌的混合发酵剂进行后发酵，配合调配后获得发酵饮料。在实验中，通过正交试验等方法进行优化，确定出最佳配方和工艺条件。最佳工艺条件：普通乳酸菌添加量为 3%，混合发酵时间为 3h，发酵温度为 41℃。最佳配方：蔗糖添加量为 5%，红小豆浆的质量分数 20%，饮料的酸度（用苹果酸调酸）为 pH3.9。该产品色泽淡红，酸甜适中，质地均匀，清爽润喉，具有红小豆特有香气，无任何异味，口感纯正，营养丰富，对人具有较好的保健作用。

本章参考文献

艾启俊，赵佳．即食红小豆粉的研制．北京农学院学报，2003，18（4）：285-288.

艾启俊．红小豆饮料生产工艺及调配技术研究．中国农学通报，2004，20（3）：51-53，68.

北京农业大学．植物生理学．1961，北京：农业出版社．

卞国栋．高温胁迫对红小豆（Vignaangularis）品系理化指标的影响．安徽农业科学，2015，43（1）：1-2.

陈振武，孙桂华，白文起．玉米套种红小豆高产高效试验研究初报．杂粮作物，2001，21（4）：47.

程须，王述民．中国食用豆类品种志．北京：中国农业科学技术出版社，2009，123-197.

崔洪秋，张玉先，祁倩倩，等．不同氮磷密度水平对红小豆产量的影响．黑龙江八一农垦大学学报，2007，19（5）：30-34.

崔秀辉．风砂干旱区小豆 N、P 施肥技术研究．耕作与栽培，2007（2）：11-13.

丁军香．盐胁迫对红小豆种子萌发与生理生化特性影响．作物杂志，2010（4）：47-48.

杜双奎，于修烛，问小强，等．红小豆淀粉理化性质研究．食品科学，2007，28（12）：92-95.

冯秀芳，武田文．夏玉米间作红小豆高产栽培技术．中国种业，2002（11）：30

高小丽，孙健敏，高金锋，等．红小豆丰产性及稳产性综合评价．西北农林科技大学学报（自然科学版），2004，32（8）：37-42.

高志国，张弘弼．玉米间作红小豆高产栽培技术．内蒙古农业科技，2012（1）：113.

郭溦．红小豆新品种陇红小豆 1 号选育报告．甘肃农业科技，2013（9）：8-9.

谷传彦，王秋玲，马效洪．小豆品种资源粒色、生长习性与农艺性状的关系．国外农学—杂粮作物，1997（2）：55-56.

何一，蔡霞，王卫卫．陕西黄土高原 34 种豆科植物根瘤的比较形态解剖学研究．陕西教育学院学报，2003，19（2）：88-92.

胡静，孟芮羽，张盈，等．红小豆粉液化及糖化条件研究．中国酿造，2013，32（6）：97-100.

胡金宏，董玉玲．宝清红小豆高产栽培技术．现代化农业，2005（6）：15.

贾社安．红小豆种植技术模式．现代农村科技，2010（22）：8-9.

江苏新医学院．中药大辞典．1975，上海：上海科学技术出版社．

姜雪梅，陶佩君，柴江，等．红小豆花芽分化与结实率的研究．华北农学报，2008，23（增刊）：144-149.

金文林，濮绍京，赵波，等．北京地区小豆比较优势研究．北京农学院学报，2005，20

（3）：6-10.

金文林，濮绍京，赵波，等．小豆种质资源群体百粒重及淀粉粒大小的遗传变异．华北农学报，2006，21（6）：41-44.

金文林，濮绍京，赵波，等．小豆种质资源子粒淀粉和支链淀粉含量分析．植物遗传资源学报，2005，6（4）：373-376.

金文林，濮绍京，赵波，等．中国小豆地方品种籽粒品质性状的评价．中国粮油学报，2006，21（4）：50-54，59.

金文林，濮绍京，赵波．红小豆种质资源子粒色泽及出沙率的遗传变异．华北农学报，2005，20（6）：28-33.

金文林，濮绍京．中国小豆研究进展．世界农业，2008，（3）：59-62.

金文林，谭瑞娟，王进忠，等．田间小豆绿豆象卵空间分布型初探．植物保护，2004，30（6）：34-36.

李家磊，姚鑫淼，卢淑雯，等．红小豆保健价值研究进展．粮食与油脂，2014，27（2）：12-15.

李铁刚，杨春会，罗桂英，等．钼肥在红小豆上应用效果．现代化农业，2008（5）：13.

李晓楼．影响污染土壤微生物修复技术的因素分析．吉林农业，2012（2）：79-80.

李新贵．浅谈红小豆的经济药用价值与加工综合利用．现代化农业，2005（7）：19，22.

梁永海，李凤林，庄威，等．红小豆双歧杆菌发酵保健饮料生产工艺的研究．冷饮与速冻食品工业，2005，11（4）：18-20.

刘辉，高虹，刘友香，等．酰胺类除草剂对红小豆的安全性．农药，2003，42（5）：40-41.

刘支平，冯高，邢宝龙，等．红小豆新品种晋小豆 6 号的选育及配套栽培技术．农业科技通讯，2014（4）：205-208.

刘世鹏．水分胁迫对红小豆抗氧化物质的影响．陕西农业科学，2011（5）：17-20.

刘小进，王金明，封伟，等．延安苹果幼园套种豆类作物栽培技术．陕西农业科学，2012，（1）：256-257.

刘振兴，周桂梅，陈健．不同肥料及施肥方式对小豆农艺性状的影响．北京农学院学报，2012，27（2）：4-6.

刘振兴，周桂梅，陈健．小豆玉米间作行比与密度研究．耕作与栽培，2012（1）：27-28.

刘支平，冯高，邢宝龙，等．晋北地区春播红小豆丰产栽培技术．现代农业科技，2014（1）：75-79.

孟宪欣．应用高稳系数法分析小豆品种高产稳产性．安徽农业科学，2006，12（12）：79-80.

宁颖，孙建，吕海宁，等．赤小豆的化学成分研究．中国中药杂志，2013，38（12）：1 938-1 941.

濮绍京，金文林，史亚俊，等．人工环境鉴定小豆芽苗期耐冷性研究．植物遗传资源学报，2008，9（1）：41-45.

史伊宏，裴新梧，汤风莲．甘肃省食用豆类种质资源研究概况．农业科技情报（甘肃），1989（1）：2-8.

宋莲军，祝美云．真空浸渍技术在红小豆加工中的应用研究．西部粮油科技，2003（4）：22–24.

田静，范保杰，程须珍．小豆种质资源异地繁殖的可行性分析．华北农学报，2003，18（院庆增刊）：93–95.

王斌，杨晓军．榆林市红小豆高产栽培技术．农业科技通讯，2011（12）：138–140.

王鑫，原向阳，郭平毅，等．除草剂对红小豆田杂草防效的研究．山西农业大学学报：自然科学版，2006（3）：267–269.

王增．红小豆多功能的补养品．现代养生，2000（10）：44–45.

王建忠．无公害食品红小豆生产技术规程．杂粮作物，2006，26（2）：114–115.

王丽侠，程须珍，王素华．小豆种质资源研究与利用概述．植物遗传资源学报，2013，14（3）：440–447.

王庆亚，金文林．小豆花芽分化的研究．南京农业大学学报，1995，18（1）：15–20.

王石宝，周建萍，余华盛，等．光、温、水和红小豆生育及开花结荚的关系．山西农业科学，1997，25（3）：40–43.

王石宝，周建萍，余华盛．栽培因子对红小豆产量的影响．山西农业科学，1998，26（1）：33–34.

王述民，谭富娟，胡家蓬．小豆种质资源同工酶遗产多样性分析与评价．中国农业科学，2002，35（11）：1 311–1 318.

王栓全，刘冬梅．陕北山地新修梯田不同氮磷配比对小豆效应的研究．干旱地区农业研究，2004，22（3）：43–46.

王艳锋，张月辰，姜雪梅，等．曙暮光对小豆始花期及叶片生理参数的影响．河北农业大学学报，2009，32（6）：20–23.

卫星．种子引发对红小豆种子活力的影响．甘肃科学学报，2006，18（4）：43–45.

魏淑红，孟宪欣，董晓萍．黑龙江省小豆种质资源的研究．黑龙江农业科学，2004（5）：19–20.

吴宝美，赵波，张李，等．小豆根瘤菌接种结瘤条件分析．北京农学院学报，2010，25（3）：1–4.

吴娜，刘吉利，徐洪海，等.4 种小杂粮适宜种植密度的研究．莱阳农学院学报（自然科学版），2006，23（1）：47–50.

武晓娟，薛文通，张惠．不同品种红小豆的品质评价研究．中国粮油学报，2011，26（9）：20–24.

肖君泽，李益锋，曾宪军．韩国小豆引种试验研究．作物研究，2004（1）：27–28.

肖君泽，李益锋，邓建平．小豆的经济价值及开发利用途径．作物研究，2005，19（1）：62–63.

许为政，庞景海，吕思强．红小豆新旧品种产量构成因素差异分析．杂粮作物，2004，24（2）：97–100.

玄莲芳，张志民．如何防治红小豆根腐病．现代农业，2013（1）：43.

杨本华，梁丽，罗桂英．红小豆引种筛选试验．现代化农业，2003（7）：16.

杨晓丽．红小豆高产栽培技术．现代化农业，2005（12）：12.

尹宝重，张月辰，陶佩君，等．光周期诱导对红小豆不同叶龄叶片生理生化特性的影响．华北农学报，2008，23（2）：25-29.

尹宝重，陶喃，张月辰 . 短日照对不同叶龄红小豆幼苗的诱导效应 . 作物学报，2011，37（8）：1 475-1 484.

尹宝重，王艳，张月晨 . 干旱胁迫对红小豆苗期生理生化特性的影响 . 贵州农业科学，2011，39（7）：65-67.

尹淑丽，张月辰，陶佩君，等 . 苗期日照长度对红小豆生育特性和产量的影响 . 中国农业科学，2008，41（8）：2286-2293.

于军香 . 盐胁迫对红小豆种子萌发与生理生化特性的影响 . 作物杂志，2010（4）：47-48.

张春明，张耀文 . 品种与肥料对小豆产量及水肥利用的影响 . 安徽农业科学，2011，39（12）：7 034-7 035，7 124.

张春明，张耀文，郭志利，等 . 间作模式下小豆光合特征及产量效益研究 . 中国农学通报，2014，30（3）：226-231.

张洪生，姚圆，谭莉梅，等 .HACCP 体系在红小豆标准化生产中的应用 . 安徽农业科学，2007，35（23）：7 039-7 041.

张耀文，邢亚静，张春香，等 . 山西小杂粮，太原：山西科学技术出版社，2006.

张永清，刘凤兰，贾蕊，等 .La（NO3）3 浸种对盐碱胁迫下红小豆幼苗生长和抗氧化酶活性的影响 . 生态与农村环境学报，2009，25（4）：12-18.

张玉红，谢丽 . 高寒地区红小豆栽培技术 . 现代化农业，2012（4）：31-32.

张玉先，杨克军，李勇鹏，等 . 黑龙江省红小豆低产原因分析及优质高产栽培技术 . 黑龙江农业科学，2001（3）：40-42.

赵波，吴丽华，金文林，等 . 小豆生长发育规律研究 - X . 小豆群体干物质生产与产量形成的关系 . 北京农学院学报，2006，21（1）：24-27.

赵从波，章淑艳，韩涛，等 . 磷细菌剂对红小豆根际结瘤数、生育性状及籽粒品质的影响 . 河北农业科学，2014，18（2）：39-41.

赵翠媛，张月辰，尹宝重，等 . 播期对小豆花芽分化及碳氮代谢的影响 . 河北农业大学学报，2011，34（1）：24-28.

赵建京，范志红，周威 . 红小豆保健功能研究进展 . 中国农业科技导报，2009，11（3）：46-50.

赵志强，王巍 . 红小豆不同密度、播期、施肥量对产量性状的影响 . 安徽农学通报，2011，17（1）：86-87.

郑卓杰 . 中国食用豆类学 . 北京：中国农业出版社，1995.

朱嘉倩，刘富林，李莉云 . β - 吡啶基丙醇对红小豆光合性能的影响 . 河北农业大学学报，1991，14（2）：30-34.

朱岩利 . 旱地节水补灌技术应用研究 . 安徽农学通报，2007，13（24）：64，110.

宗绪晓，Duancan Vaughan，Norihiko Tomooka 等 .AFLP 初析小豆栽培和野生变种（*Vigna angularis var.anguraris and var. nipponensis*）间演化与地理分布关系 . 中国农业科学，2003，36（4）：367-374.

第四章 黄土高原菜豆种植

第一节 菜豆品种

一、种质资源

菜豆（*Phaseolus vulgaris* L.）又名四季豆、芸豆、饭豆等。染色体 2n=2x=22。属豆科（Leguminosae），蝶形花亚科（Papilionoideae），菜豆族（Phaseoleae），菜豆属（*Phaseolus*），菜豆种。一年生短日性，茎缠绕或直立草本植物，喜温，不耐霜冻，生育期短，一般品种需无霜期 105~120d。

关于菜豆属分类，据《中国植物志》记载，全世界约有 50 种，分布在温暖地区。中国有 3 种，均为栽培种，南北各地均有种植。

栽培中，有众多品种。普通菜豆是世界上重要豆科作物之一，据研究，普通菜豆起源于两个独立的多样性中心，并分别在这两个中心被驯化成栽培植物，然后才逐渐引入世界各地。在长期的驯化和栽培过程中，进化力促使普通菜豆在形态、生理和遗传特性等方面发生了较大的演变，从而形成了丰富的遗传资源。

中国栽培的菜豆是 15 世纪直接从美洲引入，“中国中心”被认为是菜豆的次级起源中心。普通菜豆是世界上种植面积最大的食用豆类，亚洲是菜豆的最大产区。中国大部分省（区、市）有普通菜豆分布，但主要分布在贵州、云南、山西、陕山、黑龙江、四川、内蒙古、河北、吉林和湖北等省（区），西藏自治区和海南省普通菜豆资源较少，而湖北神农架地区有丰富的菜豆种质资源。据张大勇等（2013 年）报道指出，1991—2000 年期间中国菜豆种质资源绝大部分是国内各地的地方品种，西南的四川、云南、贵州有 737 份，占 27.15%。东北的辽宁、吉林、黑龙江，有 704 份，占菜豆种质资源入库总数的 26.13%；华北的河北、山东、山西有 622 份，占 23.12%；上述 9 省的菜豆品种占入库总数的5.6%。截至2003年，已进行了农艺性状鉴定并编入《中国食用豆类品种资源目录》的普通菜豆种质资源有4 480份，这些资源已入国家种质库保存。现已完成对大部分菜豆种质的营养品质、抗病虫性和抗逆性鉴定评价，初步筛选出一大批优异的菜豆种质资源，如矮秆、早熟、多荚、抗病虫、高蛋白（28%以上）等材料，不但为作物育种提供了新的抗源和基因源，而且有的优异种质已直接应用于生产，取得了显著的经济效益和社会效益。

中国对普通菜豆的研究起步较晚。原中国农业科学院作物品种资源研究所对收集的普通菜豆种质资源进行了农艺性状鉴定与编目。王述民等（1996年）对1986—1990年期间初步鉴定出的10个综合性状优良的普通菜豆种质，于1991—1995年期间在全国4个不同生态试验点进行了2年多点联合鉴定及性状变异分析，并从中选出适合不同生态地区种植的优良菜豆种质，直接在生产中推广利用。王述民等（1997年）对1986—1990年期间全国各协作单位初步筛选出的233份普通菜豆优异资源在黑龙江哈尔滨、内蒙古凉城、四川昭觉和山西太原同时进行了连续2年的综合鉴定评价试验，最终鉴定筛选出183份优异种质。张赤红（2004年）构建了中国普通菜豆种质资源的初选核心样品，并对280份粒用普通菜豆的形态和分子水平遗传多样性进行研究表明，普通菜豆种质资源平均多样性指数为1.632，等位变异数最多的是贵州省。普通菜豆种质遗传多样性指数最高的是黑龙江省，其次为云南省和贵州省。

目前，中国的普通菜豆种质研究工作主要集中在形态学水平和分子水平遗传多样性研究方面，但由于普通菜豆SSR、SNP等新型分子标记数量较少，限制了分子检测、分子标记辅助育种的进一步开展。今后，随着普通菜豆全基因组测序工作的完成和高密度遗传图谱的构建，大规模开发和利用普通菜豆特异性分子标记将成为可能。

二、品种类型

（一）光周期类型

菜豆属短日植物。多数品种对日照长度要求不严格，在较长或较短光照下都能开花，少数品种对日照长度要求不敏感，每天光照12~14h以上也能开花。中国目前所栽培的菜豆，大多数品种是经过长期选育和栽培形成的，其适应性较强，南北各地可互相引种，春秋两季均可栽培，但有些秋季栽培的品种对短日照的要求较严格，不适宜在北方春夏长日照条件下种植。严格短日照品种在长日照下栽培或长日照品种在短日照下栽培，均可引起植株营养生长的加强，而延迟开花，降低结荚率。

（二）熟期类型

中国生产中应用的菜豆品种中，收获干种子的普通菜豆品种生育期多数集中在80~120d，食用嫩荚的品种生育期多数集中于60~120d。食荚类型品种根据熟性的不同可分为早熟型、中熟型以及晚熟型。早熟类型生育期在65d以下，采收期35d左右，植株的生长势、分枝能力、抗病性较弱；中熟类型生育期在65~80d，采收期40d左右，植株的生长势、分枝能力、抗病性较早熟型强；晚熟类型生育期在80d以上，无霜条件下采收期45d以上，植株的生长势、分枝能力、抗病性比早、中熟类型都强。

（三）生长习性类型

菜豆按形态和生长习性不同，可以分为三大类：一是直立型，俗称地豆，植株高度较低，一般30~50cm，直立生长，多数品种表现为有限生长习性，即植株生长到一定阶段之后，主茎或者分枝就不再伸长，也不再长出新的花蕾。二是蔓生型，俗称架豆，能够攀缘支架向高处生长，植株高度达200~400cm，只要条件适宜，主茎或分枝就可以一直伸长，表现为无限生长习性。三是中间型，即矮生半蔓或匍匐。有的中间型品种随着栽培条件的变化向蔓生型或者直立型转变。中国的菜豆资源多数为矮生品种和蔓生品种，而半蔓生品种较少。

（四）用途类型

菜豆按其用途不同，可以分为两大类，一是菜用型，主要食用鲜嫩的豆荚，即通常所说的豆角。食荚菜豆荚果肥厚少纤维，是由普通菜豆发生基因突变而形成的嫩荚纤维含量低的一个蔬菜种类。二是粮用型菜豆，食用种子，即通常所说的干豆或者干菜豆，也称芸豆。也有人将这两种不同用途称为荚用菜豆和粒用菜豆。

三、菜豆的品种沿革

张大勇等（2013）研究报道，菜豆品种在20世纪80年代以前，农民种植用的品种基本都是农家种，进入80年代以后，随着国内外对菜豆需求的增加，中国的菜豆产业逐渐进入了快速发展阶段。从80年代开始到2000年前后，有些品种资源研究所着手进行品种改良工作，通过搜集整理地方农家品种，在各省区认定了一批品种。另外，有些外贸公司为适应出口需求，从国外引进一批品种，如小白芸豆H、长红芸豆、小黑芸豆等，丰富了中国的菜豆品种资源。从2003年开始，国家启动了普通菜豆的全国区域试验，以便鉴定各地选育的普通菜豆品种（品系）和地方名优品种在不同生态条件下的适应性、生产力与商品性，从中筛选出适合出口，有市场竞争力的普通菜豆品种，为国家普通菜豆优良品种鉴定、登记提供科学依据。到2011年已经完成了第三轮试验，鉴定并登记了一批普通菜豆品种。

四、黄土高原菜豆良种简介

（一）长奶花芸豆

鉴定编号：国品鉴杂2006005。

申报单位：西北农林科技大学。

引进单位：中国食品土畜进出口商会。

品种来源：20世纪90年代初，通过中国食品土畜进出口商会豆类分会引进，并示范推广。

特征特性：中晚熟，半蔓生型，生育期96~101d。株高60~90cm，主茎分枝3~4个，主茎节数9~11节。单株荚数14~16个，荚长10~11cm，荚粒数3~4粒。籽粒黄底紫纹，浅凹陷肾形；种脐白色，椭圆形，脐环褐色。百粒重50~52.9g。籽粒粗脂肪含量1.68%，粗蛋白质含量20.29%，粗淀粉含量50.22%。

产量表现：2003—2005年参加北方半蔓生型芸豆品种区域试验，平均单产2 073kg/hm^2，最高单产3 683.5kg/hm^2。

适宜区域：适宜在新疆阿勒泰、甘肃临夏、山西大同、黑龙江佳木斯和青冈种植。

（二）小黑芸豆

鉴定编号：国品鉴杂2006016。

申报单位：西北农林科技大学。

引进单位：中国食品土畜进出口商会。

品种来源：20世纪90年代初，通过中国食品土畜进出口商会豆类分会引进，并示范推广。

特征特性：中熟，直立型，生育期92~97d。株高50~53cm，主茎分枝4~5个，主茎节数10~11节。单株荚数20~27个，荚长8~9cm，荚粒数5~6粒。

籽粒黑色，粒型卵圆形，种脐白色。百粒重21~22.9g，抗逆性较强。籽粒粗脂肪含量3.02%，粗蛋白质含量23.44%，粗淀粉含量44.90%。

产量表现：2003—2005年参加北方直立型芸豆品种区域性试验，平均单产2 207.6kg/hm^2，最高单产3 933kg/hm^2。

适宜区域：适宜在黑龙江、山西大同、内蒙古赤峰、陕西靖边、新疆阿勒泰种植。

（三）紫花芸豆

鉴定编号：国品鉴杂2006004。

申报单位：西北农林科技大学。

引进单位：中国食品土畜进出口商会。

品种来源：20世纪90年代初，通过中国食品土畜进出口商会豆类分会引进，并示范推广。

特征特性：中熟，半蔓生型，生育日数108~111d。株高134~142cm，主茎分枝3~4个，主茎节数18~20节。单株荚数14~16个，荚长9~10cm，荚粒数3~4粒。籽粒紫底黄纹，粒型卵圆形；种脐白色，卵圆形，脐环为紫色。百粒重43~45.9g。籽粒粗脂肪含量1.29%，粗蛋白质含量23.78%，粗淀粉含量49.08%。

产量表现：2003—2005年参加北方半蔓生型芸豆品种区域试验，平均单产1 805.9kg/hm^2，最高单产2 302.5kg/hm^2。

适宜区域：适宜在黑龙江、山西大同、甘肃平凉、陕西靖边种植。

（四）长红芸豆

鉴定编号：国品鉴杂 2006009。

申报单位：西北农林科技大学。

引进单位：中国食品土畜进出口商会。

品种来源：20 世纪 90 年代初，通过中国食品土畜进出口商会豆类分会引进并示范推广。

特征特性：中熟，直立型，生育日数 82~96d。株高 33.1~42.6cm，主茎分枝 3.1~5.3 个，主茎节数 6.2~7.4 节。单株荚数 7.7~13.6 个，荚长 10.7~11.6cm，荚粒数 3.6~4.3 粒。籽粒紫红色，浅凹陷肾形，种脐白色，椭圆形，脐环为紫色。百粒重 49.9~53.9g。抗旱耐瘠薄，适应性强。籽粒粗脂肪含量 1.55%，粗蛋白质含量 23.07%，粗淀粉含量 48.93%。

产量表现：2003—2005 年参加北方半蔓生型芸豆品种区域试验，平均单产 1 571.0~2 005.8kg/hm^2。

适宜区域：适宜在、山西大同、忻州市、阳泉、内蒙古赤峰、陕西靖边、黑龙江青冈及类似生态区种植。

（五）英国红芸豆

引进单位：山西省粮油进出口公司。

特征特性：植株直立，春播生育期 110d，夏播 90d。株高 50cm 左右，主茎分枝 2~4 个，单株荚数 20~25 个，荚长 8~9cm。籽粒宽肾形，红色。百粒重 47~54g。

产量表现：一般单产 2 250kg/hm^2 左右。

适宜区域：适宜在山西省北部地区中上水肥种植或南部地区复播种植。

（六）北京小黑芸豆

引进单位：中国农业科学院品种资源研究所。

特征特性：中熟，矮生直立，生育期 90~100d。株高 50~60cm，主茎分枝 4~5 个，单株荚数 15~25 个，荚粒数 4~6 粒。籽粒黑色，百粒重 20~22g。籽粒粗脂肪含量 2.84%，粗蛋白质含量 23.64%。

产量表现：一般单产 1 800~3 750kg/hm^2。

适宜区域：适宜在山西北中部地区春播种植。

（七）品芸二号

引进单位：中国农业科学院品种资源研究所。

特征特性：中熟，半蔓生型，生育期 85~100d。株高 40~60cm，主茎分枝 3~6 个，单株荚数 19~25 个，荚粒数 6~9 粒。籽粒白色，卵圆形，百粒重 18~22g 左右。籽粒粗脂肪含量1.09%，粗蛋白质含量25.14%，粗淀粉含量49.29%。

产量表现：一般单产1 800~3 600kg/hm^2。

适宜区域：适宜在山西省中部及北部地区春播种植。

（八）阿芸1号

选育单位：新疆农业科学院粮食作物研究所。

特征特性：晚熟，矮生直立型，生育期105~118d。株高50cm左右，主茎分枝3~5个，单株荚数11~13个，单荚粒数3粒左右，籽粒卵圆形，乳白色，有红斑，种脐白色。百粒重59.0~69.0g。籽粒粗脂肪含量1.8%，粗蛋白含量21.9%。

产量表现：一般单产2 550~3 000kg/hm^2。

适宜区域：适宜在北疆冷凉地区种植。

（九）小红芸豆

鉴定编号：国品鉴杂2006010。

申报单位：西北农林科技大学。

引进单位：中国食品土畜进出口商会。

品种来源：20世纪90年代初，通过中国食品土畜进出出口商会豆类分会引进，并示范推广。

特征特性：中熟，半蔓生型，生育期98d左右。株高90~95cm，主茎分枝3~4个，主茎节数10~12节。单株荚数10~11个，荚长9~l0cm，荚粒数4~5粒。籽粒紫红色，粒型扁圆形，种脐白色，百粒重37.0~38.9g。籽粒粗脂肪含量2.04%，粗蛋白质含量23.35%，粗淀粉含量47.49%。

产量表现：2003—2005年参加北方半蔓生型芸豆品种区域试验，平均单产1 767.5kg/hm^2，最高单产4 065.0kg/hm^{2}左右。

适宜区域：适宜在黑龙江、新疆阿勒泰、河北、山西、内蒙古种植。

（十）龙眼一号

品种来源：1999年延安市农科所与延安市种子站从东北引进的黑芸豆新品种，并于2003年通过市级品种审定。

特征特性：株型直立，生育期90d，株高60~80cm，主茎分枝4~7个，单株结荚17~46个，荚粒数4粒左右，籽粒黑色，长椭圆形，百粒重20~22g。籽粒粗脂肪含量2.84%，粗蛋白质含量23.64%，粗淀粉含量49.18%。

产量表现：一般单产3 000~4 500kg/hm^2。

适宜区域：适宜在陕南、陕北及同类生态区种植。

第二节　生长发育

一、生育时期和生育阶段

（一）生育时期

菜豆的生育时期（物候期）可以划分为发芽期、幼苗期、抽蔓期和开花结荚期 4 个时期。

1. 发芽期　从种子萌动开始出土到第一对真叶展开为发芽期，在适宜的播种条件下，种子发芽期要经过 8~12d。

2. 幼苗期　从幼苗第一对基生真叶展开起，到蔓生菜豆展开第 3~7 片复叶及抽蔓前，或矮生菜豆自第 1~3 片复叶展开时的一段时期。蔓生菜豆的幼苗期一般为 30~40d，矮生菜豆为 20~30d。

3. 抽蔓期　蔓生菜豆从幼苗生长发育后期到开花前的一段时期称为抽蔓期，此期需 10~15 d。这一时期植株的茎、叶迅速生长，已有复叶三四片以上，主茎节间开始伸长，形成长蔓并缠绕生长，矮生菜豆无此期。

4. 开花结荚期　从开始开花至结荚终止为开花结荚期。矮生种从播种到开花需要 35~40d，蔓生种需要 45~55d，菜豆开花后经过 15d 左右，豆荚可基本长足，经过 25~30d，可完成荚内种子发育。

（二）生育阶段

从营养生长和生殖生长的角度，菜豆的一生可以划分为营养生长阶段和营养生长与生殖生长并进阶段。

1. 营养生长阶段　这一阶段包括发芽期和幼苗期。种子发芽需要充足的水分，这一阶段主要是为菜豆发芽创造适宜条件。在种植管理上，首先要精选种子，选粒大无病伤的子粒播种。播种后要保持土壤的湿度，促进种子吸水膨胀，能快速萌芽出土。在选择播种期时，应以土壤温度稳定在 10℃以上。 温度过低，发芽受阻，即使发芽也会出现弱苗，容易感染苗期病虫害。

幼苗期主要是根、茎、叶营养体的生长，同时也开始花芽分化。幼苗期根系生长较快，而且开始木栓化，有根瘤发生。这一时期的主要任务是定苗、人工除草或苗后化学除草、中耕，以避免菜豆植株间营养、水分竞争，菜豆与杂草间营养、水分竞争而影响菜豆花芽分化。

2. 营养生长与生殖生长并进阶段　这一阶段包括抽蔓期和开花结荚期。其特点为植株开花、结荚和茎蔓的生长同时进行，地上部和根系营养生长都极其旺盛。根系在此期迅速发展，并基本形成强大的根群，着生大量的根瘤。植株地上部生长表现为节间伸长，株高、节数和叶数都迅速增加，蔓生种主茎形成长蔓并缠绕生长，也是菜豆花芽分化的主要时期，整个生长期的大部分可正常开放的花芽基本在此期内分化完毕。

此阶段是菜豆需肥需水最大期，也是栽培管理措施是否得当对产量影响最大的阶段。在菜豆开花前主要以控水为主，如果土壤墒情好，只在临开花前 10d 左右浇一次水，供开花所需，然后一直到荚果坐住，并长到 4cm 左右时再浇水即可。如果开花前浇水过多，土壤湿度过大，容易造成植株徒长而发生落花落荚。肥料管理上，除根据需要补充 N 等大量元素外，可根据实际情况通过叶面喷施补充微量元素等。

（三）花芽分化

菜豆在幼苗出土后 10~15d，第 3 片真叶展开时，就进入了花芽分化期。在花芽分化节位腋芽生长点，有两个突起时，此期称花序分化期。以后在每个突起周围形成萼片初生突起时，称为花芽分化期。在花芽开始分化不久，生长锥周围就出现初生的副萼（苞片）和萼片。在萼片内侧首先分化出 4 个初生花瓣，其中发育最早最大的初生花瓣是旗瓣，包围着生长锥的半个周长。在旗瓣两端有一对初生翼瓣，与旗瓣对称的位置上分化出龙骨瓣。在花瓣的内侧分化出米粒状的初生雄蕊，继而发育成花丝和花药。花芽分化除与品种有关外，还和环境条件有密切关系。

二、生育过程的生理变化

（一）生长条件

1. 土壤 菜豆对土壤要求不严格，以土层深厚，土质疏松，腐殖质含量高，排水和透气性良好的沙壤土最好，有利于根系生长和根瘤菌发育。黏重土或低湿地，排水和通气不良，影响根系吸收，并且容易诱发炭疽等病害，甚至引起落花落荚或落叶而减产。菜豆的根瘤菌适宜在中性到微酸性的土壤中活动，pH 值以 6.2~7.0 为宜。在酸性土壤（pH<5.2）中种植菜豆则植株矮化、叶片失绿，可以在土壤中酌量施入石灰进行改良。菜豆耐盐碱能力较弱，尤其不耐氯化盐的盐碱土，所以在选择栽培菜豆的地块时，不仅要注意土质，还要注意土壤的酸碱度。

2. 温度 菜豆喜温暖，不耐高温和霜冻。矮生菜豆比蔓生菜豆稍耐低温，可比蔓生菜豆早播 10d，早熟栽培时常选用矮生类型的早熟品种。

菜豆种子发芽的适温为 20~25℃，40℃以上的高温和 10℃以下的低温则种子不易或不能发芽。种子发芽的最低地温为 10~12℃。温度低播种后发芽的天数就长，如长期处于较低温度下，则不易发芽，发芽后的种子幼根生长也慢，侧根也少，子叶就长期不能露出地面。

出土的幼苗对温度的变化很敏感，幼苗生长发育适宜的气温为 15~25℃，短期的 2~3℃低温可使幼苗开始失绿，0℃则受冻。幼苗正常生长的临界地温 13℃，地温在 13℃以下时根部就不长根瘤。

菜豆花芽分化和发育的适温为 20~25℃，15℃以下低温、27℃以上高温、干旱花芽分化不正常。

菜豆开花结荚适温为18~25℃，15℃以下的低温或35℃以上的高温均可降低花粉的发芽力，引起受精不良而落花落荚。

3. 光照　菜豆对光照强度的要求较高，仅次于茄果类等喜较强光照的蔬菜。在适温条件下，光照充足则植株生长健壮，茎的节间短而分枝数多，不仅开花结荚比较多，而且有利于根部对P肥的吸收；光照不足，植株易徒长，茎蔓节数和叶片减少，结荚率低，连续2d阴天就会引起落花落荚。

4. 水分　菜豆种子发芽对水分的要求比较严格。播种后如果土壤干旱，则种子不能萌发；如果土壤水分过多而使土壤中缺氧时，则豆粒会腐烂而丧失发芽能力。菜豆根系较深，侧根多，可从土层较深处吸收水分，有一定的耐旱能力。但不耐土壤过湿，要求水分供应适中，菜豆植株生长适宜的田间土壤持水量为60%~70%。如水分过多或田间积水，则土壤缺氧，不仅会使根系生长不良，减弱对肥料（特别是P）的吸收能力，还会使植株茎基部的叶子提早黄化脱落，出现落花落荚现象。严重时地下根系腐烂，植株死亡。土壤中含水量过低时，也会使根系生长不良，地上部开花、结荚数减少，荚内种子多数发育不全，造成豆荚产量大大降低。

5. 营养　菜豆生育期内吸收K肥和N肥较多，其次是P肥和Ca肥。另外适当喷施B、Mo等微量元素对菜豆生长发育和根瘤菌活动也有促进作用。

矮生菜豆和蔓生菜豆不同生育时期的需肥量和施肥规律不同。矮生菜豆生育期短，生长发育较早，开花结荚期集中，从开花盛期就进入养分吸收旺盛时期，栽培上除用腐熟的农家肥作基肥外，还应早施速效的N、P、K肥，且追肥要相对集中，从而使植株生长健壮，提早开花结荚，以获得高产。

蔓生菜豆前期发育比较缓慢，开花结荚期较长，从嫩荚开始伸长才大量吸收养分，到成熟后期仍需吸收多量N肥，故应重视中后期追肥，一方面促使结荚优良，另一方面可防止植株早衰，延长结荚期以增加产量。

（二）生育过程的生理变化

1. 菜豆光合特性　菜豆对光照强度的要求较高，仅次于茄果类等喜较强光照的蔬菜。其光饱和点为2.5万lx，补偿点为1500lx。菜豆对光照变化极为敏感，光照弱时植株徒长，茎蔓节数和叶片减少，花期光照弱结荚率低，连续2d阴天就会落花。

张大勇等（2013年）指出，从品种类型的角度来看，蔓生类型的菜豆单个壮龄叶片的光合速率高于矮生类型，并且蔓生类型菜豆品种光合速率日变化呈双峰曲线型，有明显的光合“午休现象”；矮生类型菜豆单个壮龄叶片光合速率低且光合速率日变化呈单峰曲线型。在群体光合作用中，群体光合速率日变化类型基本与单个叶片光合速率日变化相同。不同品种菜豆壮龄叶片光合速率差异显著，但它们群体光合速率差异不显著。群体光合作用不仅仅与单个叶片光合速率大小有关，也与群体截获光能的能力关系密切。因此种植品种选择上要重视株形紧凑，能有效截获光能的品种。在种植技术上要重视田间布局和群体结构，群体内通风透光有利于产量形成。

卢育华等（1998年）研究指出，菜豆光合速率与光照强度增加和CO_2含量增加之间的关系呈现二元曲线关系。在CO_2饱和点以前，CO_2浓度升高，光合速率也随之升高，同时气孔阻力也随之增大，当CO_2浓度超过饱和点以后，光合速率不再提高，气孔阻力远在CO_2饱和点以前就不再增加，显然，气孔阻力不是菜豆光合作用的主要限制因素。

群体的蒸腾速率与光合速率变化同步，要提高群体光合作用，保证土壤水分。供应是必要的。土壤湿度与菜豆单个叶片光合速率呈正相关，但绝非土壤湿度大，菜豆产量就必然高。一般地说，光合速率高，生物学产量高。对包括菜豆在内的果菜类蔬菜而言，生物学产量并不等同于经济学产量。浇水不仅仅是满足菜豆生长发育的需水量，也是调节营养生长与生殖生长关系，提高经济系数的主要手段。因此，坐荚以前以控制水分的蹲苗为主，结荚以后经常保持地面湿润，不能盲目浇水，以提高群体光合速率。

2. 紫外辐射对菜豆不同叶位叶片光合及保护酶活性的影响 紫外辐射对植物的影响与植物发育阶段密切相关。这主要是因为在植物发育过程中，各叶位叶片依次出现，各自处在不同的发育时期，不断地改变植株冠层结构，致使微气候处于连续变化之中，从而影响叶表皮紫外保护物质合成、蛋白质代谢、保护酶活性和光合作用等生理生化活动。

叶片是光合作用的主要场所，因叶片在植物体上所处的叶位不同，其光合、呼吸等正常的代谢能力存在一定差异；叶片又是接受紫外辐射的器官，增加紫外辐射对植物各叶位叶片的伤害不同。光合作用下降以及光呼吸和暗呼吸升高，是植物生长受紫外辐射抑制的重要生理基础之一。在一定范围内，紫外辐射对植物光合作用和生长的抑制是其辐射剂量的累计效应。一般情况下，随着辐射强度增加，紫外辐射的生物效应相应增强。

李雪梅等（2006）研究认为，光合作用和蒸腾作用在叶片表面过程中都是由气孔的气体交换完成的，因此，光合作用和蒸腾作用都会随气孔的开闭而增大或缩小。植物的光合速率受植物体内叶绿体的光合速率和CO_2供应的控制，叶绿体的光合速率分为受Rubisco活性限制的光合速率和由RUBP再生速率限制的光合速率控制，存在内部的生理生化过程；而对于蒸腾速率来说，不存在内部的生理生化过程，仅仅取决于气孔的扩散，所以在受到紫外辐射胁迫时，光合速率受抑制程度大于蒸腾速率，同时二者都与气孔导度和胞间CO_2浓度密切相关。

紫外辐射对光合的抑制并不是一开始就表现出来的，短时间的辐射处理使光合作用升高的原因可能是由于气孔导度增加、胞间CO_2浓度升高所致。因为此时蒸腾作用也明显增强，而且在不同叶位间叶片的表现相同。但随着辐射时间的延长，光合作用迅速降低，其中幼龄叶光合作用降低最明显，而老龄叶受影响较小。这一方面可能是由于蒸腾加剧，导致水分大量散失引起气孔关闭，胞间CO_2浓度迅速降低引起；另一方面，随辐射时间延长，植物体内正常代谢机制遭到破坏，从而导致光合作用降低。

SOD 是生物体内清除超氧化物阴离子自由基（O_2）的重要金属酶类。它和过氧化物酶等一起构成了生物体内重要的酶促反应防御体系，从而维护生物体内细胞正常的生理代谢和生化反应。紫外辐射引起抗氧化酶 SOD 活性的大幅度降低，尽管另一种抗氧化酶 POD 活性在处理初期有所升高，但仍然无法维持植物体内活性氧的产生与清除之间的平衡，使体内活性氧含量的升高进而启动膜脂过氧化作用，表现在膜脂过氧化产物 MDA 含量的升高，其中幼龄叶 MDA 增加明显。在紫外辐射条件下，不同叶位的叶片生长生理活动的响应明显不同，幼龄叶受伤害程度最大。

3. 种子萌发过程中多胺氧化酶和过氧化物酶的活性变化　多胺是生物体内广泛存在的具有较高生理活性的含氮碱，包括腐胺、尸胺、亚精胺、精胺等。尽管它们的确切生理功能至今还不很清楚，但已有很多研究证实它们在植物生长发育过程中起着重要作用。生物体细胞的多胺水平除了受其生物合成、乙酰化修饰外，还受到氧化降解的影响，参与多胺氧化代谢反应的酶为多胺氧化酶。

王明祖等（2003）以 12 号和 35 号两个菜豆（Phaseolus vulgaris L.）品种为材料，研究其萌发种子和幼苗中各个部分多胺氧化酶（PAO）和过氧化物酶（POD）的活性变化。结果表明，菜豆同其他豆科作物一样，多胺氧化酶（PAO）和过氧化物酶（POD）活性在种子萌发阶段会发生显著的变化，吸胀而未萌发的种子无 PAO 活性，PAO 活性仅在萌发开始后才出现并随着萌发进程逐渐增加。菜豆在种子萌发及幼苗生长过程中，PAO 活性主要分布在胚 芽、子叶及初生叶（含顶芽）中，而在胚根和胚轴中一直测不到活性。菜豆品种 PAO 活性高则种子活力也高。PAO 催化多胺氧化降解时会形成 H_2O_2、NH_3 和氨基醛类等产物，过氧化物酶是植物体内的保护酶之一，能消除活性氧和超氧阴离子自由基对细胞造成的伤害。POD 活性的高低表明其消除多胺氧化代谢时所产生 H_2O_2 的能力强弱。菜豆种子萌发过程中子叶 PAO 和 POD 的活性变化有一定的同步性，较高 POD 活性可能有利于清除 PAO 氧化分解多胺时所形成的 H_2O_2，从而有利于种子的萌发。

4. 叶片衰老过程中碳氮代谢指标的变化　叶片衰老特性的掌握对增强菜豆光合能力，提高肥料等投入的利用率和经济系数具有重要的指导意义。延缓叶片衰老的一个重要功能是老叶中的 N 循环和再利用。N 素营养通过提高叶片老化过程中的叶绿素含量和光合速率，延缓叶片衰老和光合功能衰退，叶片在衰老过程中糖内含物显著增加。因此，C、N 代谢水平决定着菜豆的生长速度、发育进程及衰老程度。

韩旭等（2009）以矮生菜豆品种美国贡豆和哈菜豆六号为试材，研究了矮生菜豆叶片衰老过程中 C、N 代谢指标的变化。试验结果表明，叶绿素是植物体中重要的含氮化合物，其含量的降低是植物叶片衰老的主要表现。菜豆叶片展开至衰老过程中，叶片全 N 含量逐渐下降，首先是硝酸还原酶（NR）活性下降，导致 N 素的转化能力、氨基酸等含 N 化合物的合成能力降低；其次是叶绿素含量下降，N 素代谢的主要场所叶绿体结构破坏；然后是可溶性蛋白质和游离氨基酸等有机大分子等含 N 化合物含量下降；

最终伴随着蛋白酶活性的不断提高，蛋白质在蛋白酶的作用下分解成氨基酸，以酰胺态的形式进行 N 的转移，致使叶片 N 含量下降，生理代谢功能丧失而衰老死亡。

5. 落蕾落花落荚的原因与防治 菜豆分化的花芽很多，开花数也比较多，但结实率却比较低，结荚后也会因为自身及环境因素的影响而脱落。菜豆落蕾落花落荚的原因可以从以下几个方面进行分析。

（1）营养不足 营养竞争矛盾是导致落花落荚的内在因素。豆类蔬菜开花有先有后，一般先开花的花序得到的营养充分，结荚就多，后面的花序结荚就少。反之，如前一花序得到营养不足，结荚就少；而后一花序得到的营养充分，结荚就多。从每个花序看，基部的花先开放，得到的营养充分，后面的花因缺乏营养而导致落花。所以花序基部的 3~4 朵花的结荚率高，其他花多数脱落。菜豆花芽分化较早，植株进入营养生长和生殖生长并进阶段早，初花期常因营养生长和生殖生长之间竞争养分而引起落花、落荚，尤其是徒长苗。开花结荚盛期，花序间，花与荚间也存在激烈的营养竞争，晚生的花朵和幼荚容易脱落。结荚后期受不良气候条件如高温或低温的影响，植株同化物积累不足，也发生落花落荚。

（2）环境因素

① 温度：温度是决定菜豆落花落荚的主要因素。菜豆花芽分化和发育的适温为 20~25℃，花粉发育期间，特别是花粉母细胞减数分裂时，如遇高于 28℃的高温或低于 13℃的低温条件，使得花粉母细胞减数分裂发生畸形，少数花粉母细胞解体，不能发育成花粉粒，从而降低甚至丧失花粉生活力。菜豆前期花芽分化、开花结荚时正值低温季节，生长后期正遇高温天气，都会导致大量落花落荚。

② 光照：许多豆类蔬菜对光照强度反应敏感，种植过密、支架不当或冬季栽培等造成光照不足，尤其是花芽分化后，光照强度弱，光合作用下降，植株同化能力减弱，同化量减少，花器发育不良，落花落荚现象严重。菜豆花期遇连续阴天多雨会引起大量落花落荚。

③ 湿度：空气相对湿度对落花落荚的影响与温度密切相关。较低温度下，湿度影响较小；而高温高湿或高温干旱会引起大量落花落荚。高温高湿，雌蕊柱头表面的黏液会失去对花粉萌发的诱导作用；而高温干旱又会使花粉畸形、失去活力或萌发困难。这两种情况下，都会引起大量的落花落荚。此外，土壤水分过多，能引起豆类根部缺氧，使地上茎叶部分黄化脱落而引起落花落荚。

④ 养分 营养对落花落荚有很大影响。从出苗到开花结荚后期，各器官间存在争夺养分的竞争。特别是开花结荚期，是营养生长与生殖生长并行时期，此时必须协调好二者间关系，保证养分均衡。花期浇水过多，早期偏施 N 肥，植株营养生长过旺，花、幼荚养分供应不足，而导致落花落荚；密度过大，植株间相互遮阴，通风、透光条件差，也会导致植株徒长而出现落花落荚；夜温过高，植株呼吸作用增强，消耗过多养分，而导致养分供应不足，出现落花落荚；支架不及时、不稳固或采收不及时，采收时扯断茎蔓，导致刚开的花或嫩荚落下；生长后期，肥水供应不足，植株早衰长势下降，

也会引起落花落荚。

⑤ 病虫害：害虫蛀食菜豆的花蕾，病害如褐斑病、炭疽病为害叶片，造成叶片早衰、脱落，光合营养供给不足，从而引起落花落荚。

（3）菜豆落花落荚的防治

① 选用良种：选用适应性广、抗逆性强、坐荚率高的丰产优良品种。

② 适时播种：掌握好播种时间，使豆类蔬菜开花结荚处于气温、光照等环境条件最适宜的季节，防止高温、低温及光照不足等的为害。反季节栽培的应强化设施的环境调控措施，优化光、热、气、水等条件。夏季栽培可与高秆作物间作，或应用遮阳网等，以遮光降温。

③ 加强田间管理：施足基肥，苗期少量追肥，结荚期重施，并增施 P、K 肥。苗期注意中耕保墒，促进根系生长；初花期不浇水，以免植株徒长与引起落花；结荚期应经常浇水，但要合理适当；雨季注意排水防涝。蔓生种要合理密植，及时搭架吊绳及引蔓上架，保证田间通风透光。要及时防治病虫害，促进植株健壮生长。

④ 喷施植物生长调节剂：目前常用的保花保蕾的植物生长调节剂有 2，4-D、萘乙酸、防落素、赤霉素及喷施宅等。使用时，应根据豆类蔬菜的种类、品种与生育期，选择适宜的植物生长调节剂的种类、浓度与喷施方法，否则效果不明显，严重的迫使植株受到伤害。

⑤ 及时采收，防止采收过晚　结荚前期、后期 3~4d 采收 1 次，盛期 1~2d 采收 1 次，采收后注意肥水供应。

⑥ 打叶　结荚后期，及时打掉老叶、黄叶、病叶，增加通风透光能力，减少养分消耗。

⑦ 加强病虫害防治：采用多种措施并举，综合防治病虫害。

第三节　栽培要点

一、种植方式

（一）单作

单作是菜豆的主要种植方式。菜豆对土壤要求不严，可适应中性或微酸性土壤，pH 值 6~8。

但忌连作或重茬。

菜豆忌与大豆等豆科作物及向日葵连作或重茬，否则会生育不良，病虫害多造成减产。主要原因：一是连作情况下，因为根系分泌有机酸，使土壤酸度增加，而根瘤菌活动需要中性土壤，酸会使其活动受到抑制，且土壤中的可溶性 P 素易转化为不溶性的，植物难于利用，导致植株矮化，茎叶发黄，提早枯死；二是连作情况下，前茬豆类作物的病菌和害虫遗留在土壤中，继续种植时病、虫、草害加重；三是连作情况下，土壤单一养分消耗，造成营养不均衡。因此最好实行 3 年以上的轮作。可与多种大田作物、果树进行间套作，也可与禾谷类作物轮作。一般选择玉米、小麦、谷子、高粱等禾谷类作物为前茬较好。

菜豆种植一般应选在地势高，排灌方便，地下水位较低，土层深厚疏松、肥沃，3 年以上未种植过豆科作物的地块。蔓生菜豆畦宽 1.2~1.5m，行距 70~80cm，即每畦播两行，株距 30~40cm，每穴播 3~4 粒种子，加高支架或采取高矮间作；矮生菜豆可反行距缩短为 35~40cm，即 1~1.2m 宽的畦播 3 行，行距 15~20cm。

（二）间、套、轮作

间套作的形式比较普遍，面积也较大，可以与马铃薯、棉花、玉米、向日葵等间套作。一般在不影响主作物产量的情况下，每公顷可增收菜豆籽粒 370~750kg，是一项增产增收的好措施。较为普遍应用的是将蔓生菜豆与玉米、向日葵这类高秆作物间套作，利用高秆作物作为支架。

以下介绍几种常见的间套种植方式。

1. 菜豆、玉米间作种植 以生产玉米为主的方式有：2 行玉米间作 1 行菜豆，或 3 行玉米间作 2 行菜豆等。

兼顾玉米和菜豆产量的方式有：2 行玉米间作 3 行菜豆，或 2 行玉米间作 4 行菜豆，或 3 行玉米间作 4 行菜豆等。

2. 菜豆、葵花间作种植 常见的方式有：1 行向日葵间作 1 行菜豆，或 2 行向日葵间作 1 行菜豆，向日葵产量不减少，多收菜豆籽粒。

3. 菜豆、马铃薯套种 常见的方式有：1 行马铃薯套种 1 行菜豆，或 2 行马铃薯套种 2 行菜豆。利用 2 种作物的不同生育特点，提高单位面积的经济效益。

4. 菜豆、果树套种 在幼龄果树行里套种 4~6 行菜豆，利用果树行里的空间，增加菜豆的产量。

二、播种

（一）种子选择和处理

选用优质、高产、抗病、抗逆性强、商品性好的菜豆品种。播前对种子进行精选，一般要求种子纯度、净度不低于 98%，发芽率不低于 85%，选择籽粒大小均匀、籽粒饱满、颜色一致、无病虫的种子。白花品种为自花授粉，红花品种为异花授粉。播前将种子放在太阳下晒种 1~2d，这样可以提高种子活力，增强种子发芽率，以保证苗齐、苗全、苗壮。

总之，根据当地的气候条件，选择适宜的优良品种。特别是北方高寒地区，选择熟期适宜，能够正常成熟的品种。由于菜豆具有短日性，从低纬度地区引进的早熟品种熟期会推迟，特别是一些农家品种短日性更强。

（二）播期和密度

1. 选择适宜播期　菜豆喜温暖不耐霜冻。种子发芽适温 15~18℃，生长适温 18~20℃，开花结荚适温 20~25℃，气温若低于 15℃或超过 27℃，则授粉受精不良，大量落花落荚。

播期要因地区、品种、用途及栽培方式而异，一般 4 月下旬到 6 月中旬均可播种。但早春播种需要在晚霜过后，地温稳定在 10℃以上。过早种植，出苗缓慢，养分消耗大，幼苗生长势弱，还易造成种子霉烂。播期过晚，如果品种熟期长就会造成霜前不能正常成熟，影响商品质量；即使可以正常成熟，也会由于光温反应而缩短营养生长期，造成营养体过小，从而降低产量。早熟品种可以适当晚播，晚熟品种可适当早播。调节播期，使盛花期错开高温季节，避免落花落英，影响籽粒产量。

2. 确定合理密度　种植密度要根据品种特点、当地地力和栽培方式来决定。矮生直立型品种单作、机械精量点播时行距一般为 50~70cm，株距 10cm；穴播时穴距 25~30cm，每穴播 4~5 粒种子，穴保苗 3~4 株。蔓生型品种单作行距 70~100cm，株距 25~30cm，穴保苗 2~3 株。播种量要根据公顷保苗数、所选用品种种子百粒重的大小而定，百粒重小于 30g 一般为 75kg/hm^2，百粒重大于 50 g 为 120kg/hm^2。

依据王福海、将窦林等（1996）1993—1994 年密度试验结果表明，东北地区以保苗数 30.0 万株 /hm^2 的产量最高。芸豆一般分枝 3~4 个，生长比较繁茂，所以芸豆种植密度，在较肥沃的黑土地、水分正常年份以保苗数 22.5~30.0 万株 /hm^2 为宜；在岗地、平地、白浆土等较瘠薄土壤或干旱年份以保苗数 30.0~37.5 万株 /hm^2 为宜。结合其他试验可得出如下结论：早熟直立型品种可适当密植，晚熟蔓生型品种则应稀植；瘠薄土壤适当密植，肥沃土壤稀植；耐瘠薄品种宜密植，喜肥水品种需稀植；分枝少的品种宜密植。一般早熟直立型品种密度为每公顷 15 万 ~22 万株，晚熟蔓生型品种为每公顷 12 万 ~15 万株。当蔓生型品种茎长到 40~50cm 时须搭架，搭架时木棍需离植株 10cm 左右，以免伤根。普通菜豆除单作外，还可与其他作物如玉米、高粱、马铃薯、向日葵等进行混种、间种和套种。玉米或向日葵地里可以套种蔓生菜豆。当春播玉米或向日葵时，长到 4~5 片叶子，每隔 2~3 行点播蔓生菜豆，或者横向间隔 1m 点播菜豆。菜豆抽蔓时，借助玉米、向日葵的茎为支架。

菜豆籽粒品质因种植密度的不同而有很大的差异。粒用菜豆的商品率、籽粒密度与种植密度呈负相关；菜豆籽粒蛋白含量随密度增加而增加，脂肪含量随密度增加而减少。实践证明，种植密度为 10 万株 /hm^2 时，菜豆商品率、籽粒密度和脂肪含量均达最高，但籽粒蛋白含量最低；种植密度为 30 万株 /hm^2 时，籽粒蛋白含量最高，但菜豆商品率、籽粒密度和脂肪含量均达最低。

播种密度造成芸豆群体结构不同，从而带来温光等生态条件的差异，最终影响籽粒产量和品质。种植密度为 18 万株 /hm^2 和 22 万株 /hm^2 粒用菜豆品质均较好，但种植密度与菜豆经济产量呈抛物线关系。密度为 18 万株 /hm^2，产量仅为 1 949.08 kg/hm^2；密度为 22 万株 /hm^2 时，产量为 2 062.8kg/hm^2，明显高于 18 万株 /hm^2。所以，当地粒用菜豆较适宜的种植密度为 22 万株 /hm^2。另外，籽粒中蛋白质含量和脂肪含量呈显著负相关。低密度下，植株受水分、养分等胁迫的机会很少；高密度下，群体的竞争加强，从而形成了不同的生态效应。鉴此，推测在当地粒用菜豆适宜进行专用型种植，这样更有利于实现优质。

3. 播期和密度对菜豆产量和农艺性状的影响 汪炳良等（2004）用 4 个矮生菜豆品种分 5 期播种，采用 4 次重复的裂区试验设计，研究播种期和品种对矮生菜豆结实能力的影响。试验证实，尽管矮生菜豆对日照长短的依赖性不大，但较短的日照，仍能促进其开花，表现为随着播种期的延迟，从播种到开花所需时间缩短，而这种缩短的程度在品种间存在一定的差异。从本试验结果看，较晚熟的品种，播种期对从播种到开花所需的时间的影响较大，如 CV1 品种从播种到开花的时间在 7 月 30 日播种时为 40d，缩短到 9 月 9 日播种的 27d，而早熟品种 CV2，其从播种到开花的时间由 7 月 30 日播种的 34 d 缩短到 9 月 9 日播种的 25 d，缩短程度没有晚熟品种大。

在适宜豆荚生长发育的温度范围内（15~25℃），随着温度的降低，从开花到采收所需时间延长，也正是如此，尽管随着播种期的延迟，从播种到采收结束所需时间逐渐缩短，但实际采收时间则反而随着播种期的延迟增加，这为矮生菜豆秋季延后栽培提供了实验依据。

从矮生菜豆豆荚产量构成因素看，单株分枝数、平均豆荚重显然是最为重要的两个因素。一般认为，单株结荚数与单株分枝数具有正相关性，但本试验结果表明，随着播种期的延迟，单株分枝数先是上升然后再下降，而豆荚数则随着播种期的延迟持续下降，产生这种变化趋势差异的可能的原因是在播种延迟的情况下，无效分枝数（不能结荚的分枝）增加。从豆荚产量，特别是商品豆荚产量看，虽然各品种在本试验所及的播种期范围内，随着播种期的延迟而降低，但 CV1 和 CV4 品种豆荚产量随播种期延迟而降低的幅度相对较小，这两个品种在秋季延后栽培上可以进一步试验推广。

吴跃勇等（2007）在《蔓性菜豆播种期和高密度繁种研究》一文中指出通过不同播种期（3 月 15 日、3 月 25 日、4 月 15 日、5 月 5 日和 5 月 25 日）和栽培密度（8 000、9 200、10 400、11 600、12 800、14 000 株 /667 ㎡）对贵阳白棒豆繁种产量影响的试验研究，结果表明，播种期不宜过早，也不宜过迟，该地区在 4 月中下旬播种可获高繁种产量；不同密度，繁种产量间差异达显著水平，在一定范围内，制种产量随密度增加而增加，繁种密度为 12 800 株 /667m^2 时产量最高，为 170.6kg/667m^2。

张运锋等（2008）在《普通菜豆农艺性状相关性分析及主成分分析》中得出结论：已收集到的云南怒江（含昆明）地区有代表性的 20 份普通菜豆种质资源。普通菜豆的生长习性、开花期、结荚期、花色、荚长、宽、厚、粒长、宽、厚、种子百粒重等部分性状之间呈显著的相关性。有些相关性对菜豆育种的目标制订和个体选择有参考价值和指导意义。如株高与单株粒数、生长习性与单株粒数、单株荚数与单株粒重之间呈极显著相关。因为性状之间的显著相关，在育种时就可以重点考虑相关性状之间的一个性状，从而提高菜豆育种效率。

普通菜豆主要作为粮食和蔬菜，因此籽粒和豆荚为主要的收获器官。要提高菜豆产量，应选择生长习性为蔓生、生育期较长、单株粒数较多、株高较高、单株荚数较多的材料作亲本，并在变异群体中继续突出对这些性状的选择，才能保证菜豆单株籽粒产量。在菜豆育种中要注意分枝的长短，分枝较长与产量有较大的影响。本实验中发现有一个材料分枝特别长，长达 2.5m 左右，分枝的长短是进行菜豆高产育种中很具有发展潜力的一个因素。

前 6 个主成分值的贡献率达到 85%以上，其所表达的综合信息可以用来表达全部性状的信息。在菜豆育种中，可以尝试集中考察 6 个综合性状因子，以提高菜豆育种效率，可以分清在菜豆育种中影响菜豆的主要性状，而忽略影响菜豆的次要性状，在育种中很多时候不可能考虑所有性状，逐个性状进行改良。

程丽娟等（2009）通过对当地菜豆的品质分析得出：芸豆籽粒品质因种植密度的不同而有很大的差异。粒用芸豆的商品率、籽粒密度与种植密度呈负相关；芸豆籽粒蛋白含量随密度增加而增加，脂肪含量随密度增加而减少。6 种不同的种植密度分析比较：10 万株 /hm^2 时，芸豆商品率、籽粒密度和脂肪含量均达最高。但籽粒蛋白含量最低；30 万株 /hm^2 时，籽粒蛋白含量最高，但芸豆商品率、籽粒密度和脂肪含量均达最低。播种密度造成芸豆群体结构不同，从而带来温光等生态条件的差异，最终影响籽粒产量和品质。种植密度为 18 万株 /hm^2 和 22 万株 /hm^2，粒用芸豆品质均较好，但种植密度与芸豆经济产量呈抛物线关系。密度为 18 万株 /hm^2，产量仅为 1 949.08kg/hm^2；密度为 22 万株 /hm^2 时，产量为 2 062.8kg/hm^2，明显高于 18 万株 /hm^2。所以，当地粒用芸豆较适宜的种植密度为 22 万株 /hm^2。另外，籽粒中蛋白质含量和脂肪含量呈显著负相关。低密度下，植株受水分、养分等胁迫的机会很少；高密度下，群体的竞争加强，从而形成了不同的生态效应。

（三）播种方法

普通菜豆一般都采用机械或人工点播。人工播种一般采用条播或穴播种植，按密度等距离条点播，是发挥单株优势和群体增产的重要环节，而且也是节约用种，减少用工的基本措施。矮生品种行距 50cm，穴距 30cm，每穴 4~6 粒种子；蔓生品种行距 70cm 左右，穴距 25cm，每穴 3~5 粒种子。播种机一般都是由玉米播种机改造而来，能够达到精量点播，一般垄上双行，单粒下种。大面积种植是在耕翻整地的基础上，采取机械平播后起垄的方法，并采取相应措施，以利于保墒提墒。

菜豆的根系较发达，但是根系木栓化程度较高，受伤后再生力弱，因此，大面积的普通菜豆生产上以干籽直播为主。

三、田间管理

（一）间苗定苗

在一般情况下，为确保农作物达到足够的出苗数量，在农作物播种时总是播下超过出苗要求数量的种子。在农作物种子出苗过程中或完全出苗后，采用机械、人工、化学等人为的方法去除多余部分的幼苗的过程，称为间苗。当去除多余部分幼苗后农田中保留的苗数达到要求苗数，以后不再去除多余幼苗，农田中农作物幼苗数量基本稳定，则称为定苗。

田间作物生长都有其合适的密度，在种植时不可能完全的达到需要的密度，所以为了保证种苗足够数量，人们用种量都稍多，为了达到需要的株数，就需要剔除弱苗、病苗、过旺苗，达到田间生长一致，所以需要间苗定苗。为保证幼苗有足够的生长空间和营养面积，应及时疏苗，使苗间空气流通、日照充足。定苗时期一般选在菜豆出苗后，出现第一对真叶后进行，也有采用两段式定苗的方式，即第一对真叶出现后，去除小苗、弱苗，第 3~4 片三出复叶出现时最后定苗。

矮生直立型品种每穴留苗 2~3 株，蔓生型品种每穴留苗 2 株左右。普通菜豆苗成行后，凡缺苗 20cm 以上的，应用经催芽的种子及时补水种。一般不晚于第一片真叶展开时中耕并进行定苗，按种植密度留苗，间去病苗、弱苗、小苗和杂色苗。

（二）中耕

中耕需进行 3~4 次。菜豆苗期的管理以壮根为主，控制水分，适当蹲苗，措施以中耕除草保墒为主。第一次中耕在间苗时进行，要细锄慢锄，增温保墒中耕深度 5~10cm，埋土不应超过子叶叶痕；第二次中耕在分枝期进行，中耕深度 10~12cm，并结合进行培土；第三次中耕是在封垄的时候，一定要在菜豆开花前结束，这样可以避免损伤花荚。在菜豆生育后期田间杂草应用手拔除，切忌中耕，以免伤害植株，碰落幼花幼荚。

杂草防除也可以利用化学除草剂，但普通菜豆对灭单子叶杂草的除草剂异常敏感，使用化学除草剂时要认真选择，不可乱用，对化除后剩余的阔叶杂草，应在田管时及时拔除。生育后期应加强田间管理，及时拔掉地里的杂草，以免草荒影响菜豆的生长发育，造成减产。

（三）科学施肥

1. 菜豆的需肥规律 根据王福海等（1996）1993—1994 年施肥试验结果及投入产出效益分析结果，施肥量以 120~180kg/hm^2（商品量）为宜，N、P 比例以 1：1.2 为最佳。施肥方法以分层施肥为好，由于芸豆生育期短，需肥主要在前期，所以深施肥以 5~6cm，施用量 120kg/hm^2 为好，种肥施入 60kg/hm^2。在始花期或结荚期叶面喷施多元微肥或植物生长素，可提早成熟 5~7 d，提高产量 10% 以上。1994 年的栽培试验花期喷施多效唑，浓度 200mg/kg，用量 750L/hm^2，比对照株粒数增加 2.7 个，百粒重增加 1g，增产 17%。1993 年八五三农场二分场二队始花期（7 月上旬）叶面施磷酸二氢钾 1.5kg/hm^2 加尿素 15kg/hm^2，比不喷的早熟 5 d，百粒重增加 2g，效果很明显。

从目前的施肥情况可以得到：菜豆生育期中吸收 N、K 较多，每生产 1 000kg 菜豆需要 N 3.37kg、P_2O_5 2.26kg、K_2O 5.93kg。菜豆根瘤菌不甚发达，固 N 能力较差，合理施 N 有利增产和改进品质，但 N 过多会引起落花和延迟成熟。对 P 肥的需求虽不多，但缺 P 使植株和根瘤菌生育不良，开花结荚减少，荚内子粒少，产量低，因此应适当补充 P 肥。K 能明显影响菜豆的生长和产量，土壤中 K 肥不足，影响产量。微量元素 B 和 Mo 对菜豆的生长发育和根瘤菌的活动有良好的作用，缺乏这些元素就会影响植株的生长发育，适量施用钼酸铵可以提高菜豆的产量和品质。

矮生菜豆的生育期短，发育早，从开花盛期起就进入旺盛生长期，嫩荚开始生长时，茎叶中的无机养分转向嫩荚。荚果成熟期，P 的吸收量逐渐增加而吸 N 量却逐渐减少。蔓性种生长发育得比较缓慢，大量吸收养分的时间开始得也迟，从嫩荚伸长起才旺盛吸收，但其吸收量大，生育后期仍需吸收多量的 N 肥。荚果伸长期，茎叶中无机养分向荚果的转移量比矮生菜豆少。所以矮生菜豆宜早期追肥，促发育早，开花结果多，蔓性菜豆更应后期追肥，防止早衰，延长结果期，增加产量。菜豆喜硝态 N，铵态 N 多时影响生育，植株中上部叶子会褪绿，且叶面稍有凹凸，根发黑，根瘤少而小，甚至看不到根瘤。

2. 施肥时期和方法　菜豆施用肥料应掌握重施 P 肥和农家肥，巧施 N 肥，增施微量元素肥料，可通过底肥、种肥、追施肥等几种形式施入。

底肥一般在整地时施入，可以是农家肥或者商品化的有机肥。底肥的特点是具有长效，提供菜豆整个生育期需肥的供应。种肥是结合播种施入的肥料，要注意做到种、肥分离，防止烧种烧苗，目的是补充苗期生长所需肥料。追施肥是菜豆进入初花期，为补充菜豆生长发育所需肥料而进行的施肥。开花结荚期是肥水管理的关键时期，对 N、P、K 等养分的吸收量随植株生长速度加快而增加，呈需肥高峰，适时追肥，可促进果荚迅速生长。一般可亩施尿素 6~9kg，硫酸钾 4~6kg。施肥可以有根施、叶面施肥和冲施肥几种形式。

郑少文、邢国明等（2010）在干旱、半干旱地区，研究了不同施肥方式（撒施和沟施）和施肥量（45 m^3/hm^2、75 m^3/hm^2 和 105 m^3/hm^2）对菜豆生长及产量的影响。结果表明：有机肥不同施肥方式及施肥量对菜豆生长势、产量和功能叶光合速率均有影响。高肥水平处理下，菜豆生长势旺盛，光合速率高，产量高；相同施肥量条件下，沟施处理的菜豆生长势较撒施处理旺盛，并且光合速率和产量高。本试验条件下，沟施有机肥 105m^3/hm^2 处理产量最高（36 315 kg/hm^2），是撒施有机肥 45m^3/hm^2 处理产量（26 400kg/hm^2）的 1.38 倍。

3. 氮、磷、钾肥的生理作用和产量效应

（1）氮素化肥　N 是蛋白质构成的主要元素。蛋白质是细胞原生质组成中的基本物质。N肥增施能促进蛋白质和叶绿素的形成，使叶色深绿，叶面积增大，促进C的同化，有利于产量增加，品质改善。在生产上经常使用的N素化肥有：① 硫酸铵（硫铵），白色或淡褐色结晶体。含N 20%~21%，易溶于水，吸湿性小，便于贮存和使用。硫铵是一种酸性肥料，长期使用会增加土壤的酸性。最好做追肥使用，一般每亩施用量为15~20kg。② 碳酸氢铵（碳铵），白色细小结晶，含氮17%，有强烈的刺激性臭味，易溶于水，易被作物吸收，易分解挥发。可作基肥或追肥使用，追肥时要埋施，及时覆土，以免氨气挥发烧伤秧苗。③ 尿素，白色圆粒状，含N量为46%。尿素不如硫铵肥效发挥迅速，追肥时要比硫铵提前几天施用。尿素是固体N肥中含N量最高的一种，尿素为中性肥料，不含副成分，连年施用也不致破坏土壤结构。

（2）磷肥　P是形成细胞核蛋白、卵磷脂等不可缺少的元素。P元素能加速细胞分裂，促使根系和地上部加快生长，促进花芽分化，提早成熟，提高果实品质。在生产上常用的磷肥有：① 过磷酸钙，为灰白色或浅灰色粉末，也有颗粒状的，含P_2O_5 12%~18%，具有吸湿性和腐蚀性，施入土壤后易被土壤固定而降低肥效，可作基肥和追肥使用，在施用时宜集中施用或和有机肥料混合施用，这样可以降低P的固定，从而提高肥效，也可用作根外追肥，使作物直接吸收。②重过磷酸钙（重钙），含P_2O_5约45%，是一种高效P肥。施用重钙的有效方法和过磷酸钙相同，重钙有效成分含量高，用量要相对减少。

（3）钾肥　K元素可以提高光合作用的强度，促进作物体内淀粉和糖的形成，增强作物的抗逆性和抗病能力，提高作物对N的吸收利用，能使植物的光合作用加强，茎秆坚韧，抗伏倒，使种子饱满。在生产上常用的钾肥有：① 氯化钾，是易溶于水的速效性钾肥，含K_2O 60%左右，呈白色、淡黄色或紫红色结晶。物理性状好，可作为基肥和追肥使用。在酸性土壤上施用氯化钾应配合石灰和有机肥料。② 硫酸钾，为白色结晶，溶于水，含K_2O 50%~52%左右。除可作基肥和追肥外，也可作根外追肥使用，根外追肥浓度以0.2%为宜。

（4）复合肥料　前面说的化学肥料一般只含一种营养元素，属单元素肥料。复合肥料是指在成分中同时含有N、P、K三要素或只含其中任何两种元素的化学肥料。它具有养分含量高，副成分少，养分释放均匀，肥效稳而长，便于贮存和施用等优点。① 磷酸铵：是以P为主的N、P复合肥料，含N 12%~18%，含P_20_5 46%~56%，适用于各种作物和多种土壤，最适合条施作基肥，亩用量7~10kg，撒施作基肥亩施25~30kg。其中磷酸一铵呈酸性，磷酸二铵呈碱性，二者均易溶于水，水溶液为中性，有一定的吸湿性。② 氮磷钾复合肥：含N、P、K各约10%，淡褐色颗粒。N、K均为水溶性，有一部分P是水溶性的。主要用作基肥，亩用量25~30kg。③ 磷酸二氢钾：含P_2O_5 24%、K_2O 21%，白色易溶于水，一般用于黄瓜无土育苗及无土栽培生产。因价格较高，在大面积生产中多用于根外追肥。

总之，N肥，能使植物叶子大而鲜绿，使叶片减缓衰老，营养健壮，花多，产量高。生产上常使用N肥可使植物快速生长。所以对于叶菜（吃叶子的菜）要多施N肥。

杨永政等（2005）采用二次通用旋转设计，研究了菜豆种子产量与栽培密度、施氮量、施磷量和施钾量的定量关系，建立了以菜豆种子产量为目标函数的数学模型，解析了各因子对产量的主效应及互作效应。结果表明，建立的回归模型达极显著水平，且拟合较好；各栽培因子对菜豆种子产量的影响为：栽培密度 > 氮 > 钾 > 磷；栽培密度与氮、磷和钾的交互效应在 0.1 水平显著。最后对回归模型进行了仿真优化，提出了菜豆种子生产优化组合方案：栽培密度 19.508~21.313 万株 /hm^2；施氮量 292.664~324.128 kg/hm^2；施磷量 93.938~144.023 kg/hm^2，施钾量 437.400~492.300 kg/hm^2。

4. 微量元素肥料的施用

微量元素除 N、P、K 等大量元素外，还需要 Ca、Mg、S、Fe、Mn、B、Zn、Mo 等微量元素，这些微量元素缺乏时植株生长不良，如发现缺素症状时，应立即叶面喷施相应的微肥。

（1）钙　植株中大部分 Ca 存在于叶内，并且老叶中 Ca 的含量比嫩叶高，大量的 Ca 以果胶酸钙的形式固定在细胞壁的中胶层中，成为细胞质膜和细胞壁的重要成分。Ca 可以促进根的形成和生长，促使茎秆粗硬，增加养分吸收，有利提高果实中糖和维生素 C 的含量。由于 Ca 在植物体内不容易移动和重新分配，缺 Ca 时首先是生长点死亡，上部叶片变黄，叶尖叶缘萎蔫，叶柄扭曲，茎顶端呈坏死斑点，脐部黑腐。常用的含 Ca 肥料有石灰、石膏、硝酸钙、石灰氮、过磷酸钙等。石灰是酸性土壤上常用的，在土壤 pH 值 5~6 时，石灰每公顷适宜用量为黏土地 1 100~1 800kg，壤土地 700~1 100kg，沙土地 400~800kg。石膏是碱性土常用的，石膏每公顷用量 1 500kg 或含 P 石膏 2 000kg 左右。硝酸钙、氯化钙、氢氧化钙可用于叶面喷施，作为应急补充措施，缺 Ca 时可用 0.4% 氯化钙溶液或浓度为 0.5%~1% 的硝酸钙溶液叶面喷施。Ca 多存在于幼嫩器官，是叶绿素分子的重要组成元素。

（2）镁　Mg 是多种酶的专一活化剂，可促进呼吸作用和核酸、蛋白质的合成过程，并促进糖分和脂肪的形成，有利于营养物质从老叶向新叶及幼嫩器官转移。Mg 素缺乏，老叶叶缘、叶脉失绿，产生枯斑或死亡，果实小而低产。番茄缺 Mg 时用 0.2% 硫酸镁溶液进行根外追肥。

（3）硫　S 是蛋白质的组成元素，维生素中的生物素、维生素、泛酸都是含硫化合物。S 又是许多重要酶类的结构成分。由于 S 在体内流动性较差，缺 S 的病症在幼叶比老叶表现得更明显。缺 S 时植株代谢混乱，影响氨基酸、蛋白质、脂肪和碳水化合物的合成，造成叶片变黄、下卷，茎变紫。应急可用硫酸镁 1%~2% 水溶液喷洒叶面，但不持久，连续多次喷施效果好

（4）硼　土壤的 B 主要以硼酸（H_3BO_3 或 $B(OH)_3$）的形式被植物吸收。它不是植物体内的结构成分，但它对植物的某些重要生理过程有着特殊的影响。B 能参与叶片光合作用中碳水化合物的合成，有利其向根部输送；它还有利于蛋白质的合成、提高豆科作物根瘤菌的固 N 活性，增加固 N 量；B 还能促进生长素的运转、提高植物的抗逆性。它比较集中于植物的茎尖、根尖、叶片和花器官中，能促进花粉萌发和花粉管的伸

长，故而对作物受精有着神奇的影响。

作物缺B一个重要的症状是子叶不能正常发育，叶内有大量碳水化合物积累，影响新生组织的形成、生长和发育，并使叶片变厚、叶柄变粗、裂化。植物生长点和幼嫩植物缺B可造成多种病症，因植物不同而异。但最早的病症之一是根尖不能正常地延长，同时受抑制。在植物体内含B量最高的部位是花，因此缺B常表现为甘蓝型油菜“花而不实”，花期延长，结实很差。

（5）钼　土壤中Mo以钼酸盐（MoO_4^{2-}）和硫化钼（MoS_2）的形式存在。植物对Mo的需要量低于其他任何矿质元素，至今仍未明了植物吸收Mo的形式以及Mo在植物细胞内的变化方式。高等植物的硝酸还原酶和生物固N作用的固N酶都是含Mo的蛋白。Mo肥充足能大大提高固N能力，提高蛋白质含量。可见Mo的生理功能突出表现在N代谢方面。Mo还能促进光合作用的强度以及消除酸性土壤中活性Al在植物体内累积而产生的毒害作用。

作物缺Mo的共同表现是植株矮小，生长受抑制，叶片失绿，枯萎以致坏死。豆科作物缺Mo，根瘤发育不良，瘤小而少，固N能力弱或不能固N。由于豆科作物对Mo有特殊的需要，故易发生缺Mo现象，为此，Mo肥应首先集中施用在豆科作物上。缺Mo在酸性土壤的可能性最大，沙质土壤缺Mo要比黏质土壤常见。随着土壤pH值升高，Mo的有效性增大。应急措施可喷施0.05%~0.10%钼酸铵水溶液50kg/亩，分别在苗期与开花期各喷1~2次。

（6）铜　Cu参与植物的光合作用，以Cu^{2+}和Cu^{+}的形式被植物吸收，它可以畅通无阻地催化植物的氧化还原反应，从而促进碳水化合物和蛋白质的代谢与合成，使植物抗寒、抗旱能力大为增强；Cu还参与植物的呼吸作用，影响到作物对Fe的利用，在叶绿体中含有较多的Cu，因此，Cu与叶绿素形成有关；Cu具有提高叶绿素稳定性的能力，避免叶绿素过早遭受破坏，这有利于叶片更好地进行光合作用。

缺Cu时，叶绿素减少，叶片出现失绿现象，幼叶的叶尖因缺绿而黄化并干枯，最后叶片脱落；还会使繁殖器官的发育受到破坏。植物需Cu量很微，一般不会缺Cu。

（7）锌　Zn以Zn^{2+}的形式被植物吸收，在N素代谢中，Zn能很好地改变植物体内有机N和无机N的比例，大大提高抗干旱、抗低温的能力，促进枝叶健康生长；Zn参与叶绿素生成、防止叶绿素的降解和形成碳水化合物；Zn主要参与生长素的合成，是某些酶（如谷氨酸脱氢酶、乙醇脱氢酶）的活化剂；色氨酸合成需要Zn，而色氨酸是合成生长素（IAA）的前体。现在已经知道Zn是80种以上酶的成分，例如乙醇脱氢酶、Cu-Zn超氧物歧化酶、碳酸酐酶和RNA聚合酶。

（8）铁　植物从土壤中主要吸收氧化态的Fe。土壤中有三价铁也有二价铁，一般认为二价铁是植物吸收的主要形式。Fe在植物中的含量虽然不多，通常为干物重的千分之几。但铁有两个重要功能：一是某些酶和许多传递电子蛋白的重要组成，二是调节叶绿体蛋白和叶绿素的合成。另外Fe是氧化还原体系中的血红蛋白（细胞色素和细胞色素氧化酶）和铁硫蛋白的组分。还是许多重要氧化酶如过氧化物酶和过氧化氢酶的组分。Fe 又是固 N 酶中铁蛋白和钼铁蛋白的金属成分，在生物固 N 中起作用。Fe 对植物的光合作用、呼吸作用都有影响，Fe 虽然不是叶绿素的组成成分，但叶绿素生物合成中的一些酶需要 Fe^{2+} 的参与。Fe 对叶绿体蛋白如基粒中的结构蛋白的合成起重要作用。

Fe 进入植物体后即处于固定状态，不易转移，老叶子中的 Fe 不能向新生组织中转移，因而它不能被再度利用。缺 Fe 时，下部叶片常能保持绿色，而嫩叶上呈现失绿症。一般认为植物内金属间（例如 Mo，Cu，Mn）的不平衡容易引起缺 Fe。其他引起缺 Fe 的原因是土壤 P 过多；土壤 pH 值高、石灰多、冷凉和重碳酸盐含量高的综合结果。尽量少用碱性肥料防止土壤呈碱性，土壤 pH 值应控制在 6~6.5；注重土壤水分管理，防止土壤过干、过湿。应急方法可用硫酸亚铁 0.1%~0.5% 水溶液喷洒叶面。

（9）锰　土壤中的 Mn 以 3 种氧化态存在（Mn^{2+}、Mn^{3+}、Mn^{4+}），此外还以螯合状态存在，但主要以 Mn^{2+} 的状态被植物吸收。Mn 对植物的生理作用是多方面的，它能参与光分解，提高植物的呼吸强度，促进碳水化合物的水解，调节体内氧化还原过程，也是许多酶的活化剂，促进氨基酸合成肽键，有利于蛋白质的合成，促进种子萌发和幼苗的早期生长，还能加速萌发和成熟，增加 P 和 Ca 的有效性。

缺 Mn 症状首先出现在幼叶上，缺乏时叶肉失绿，严重时失绿小片扩大，表现为叶脉间黄化，有时出现一系列的黑褐色斑点而停止生长，在高有机质土壤和 Mn 含量较低的中性到碱性 pH 土壤中最常发生。

（10）氯　Cl 以 Cl^- 的形式被植物吸收，是一种奇妙的矿质养分。Cl 的生理作用首先是在光合作用中促进水的裂解方面。根需要 Cl，叶片的细胞分裂也需要 Cl，Cl 还是渗透调节的活跃溶质，通过调节气孔的开闭来间接影响光合作用和植物生长，有助于 K、Ca、Mg 离子的运输，并通过帮助调节气孔保卫细胞的活动而帮助控制膨压，从而控制了损失水。Cl 在植物体内的移动性很高，以 Cl^- 的形式被植物吸收并大部分以此形式存在于植物体内。在植物界已发现有 130 多种含痕量 Cl 的化合物，大多数植物吸收 Cl 的量比实际需要多 10~100 倍。

大多数植物均可从雨水或灌溉水中获得所需要的 Cl。因此，作物缺 Cl 症难于出现，但 Cl 离子对很多作物有着某种不良的反应。

5. 莱豆根瘤

（1）莱豆根瘤菌形态　豆科植物根瘤菌共生固 N 是已知固 N 力最强的生物固 N 体系，也是迄今为止研究得最清楚，与农牧业、林业关系最密切，是地球上最重要的共生体系之一。根瘤菌是豆科植物结瘤的共生固 N 细菌的总称，是一类单细胞、无成形细胞核的微生物，能从豆科植物根毛侵入根内形成根瘤，并在根瘤内成为分枝的多态细胞，称为类菌体。类菌体在根瘤内不生长繁殖，却能与豆科植物共生固 N，对豆科植物生长有良好作用。

根瘤菌幼小时为短杆状，长大后为长椭圆，近似球状，并且大多成对出现。

根瘤菌属（*Rhizobium*）是根瘤菌科中建立最早的一个属（Frank，1889）。本属根瘤菌的重要特征是能侵入温带和某些热带的豆科植物的根毛，促使其形成根瘤，并在根瘤内成为细胞内共生体。所有菌株都表现出寄主特异性，而且根瘤菌在根瘤内能呈类菌体。该属的分类一直处于非常活跃的状态。目前共有 12 种，即：菜豆根瘤菌（*R. etli*），高卢根瘤菌（*R. gallicum*），海南根瘤菌（*R. hainanense*）L1，豌豆根瘤菌（*R. 1eguminosarum*），内蒙根瘤菌（*R. r/longo-lense*），热带根瘤菌（*R. tropici*），山羊豆根瘤菌（*R. galegae*），贾氏根瘤菌（R. *giardinii*），胡特根瘤菌（*R. huautlense*），杨陵根瘤菌（*R. yanglingense*），木兰根瘤菌（*R. indigoferae*），黄土根瘤菌（*R. loessense*）。模式种为豌豆根瘤菌。

（2）接种和拌种菜豆根瘤菌的固氮效果和产量效应　根瘤菌用于豆科作物拌种时必须注意“互接种族”的关系，根据不同的豆科作物选用相应的菌肥。根瘤菌肥有液态和固态之分，分别有不同的标准要求。

① 液体根瘤菌肥　为乳白色或白色均匀浑浊液体或稍有沉淀，无酸臭气味。每毫升根瘤菌活菌个数≥ 5.0 亿个。杂菌率≤ 5%，pH 值 6.0~7.2。有效期≥ 3 个月。

② 固体根瘤菌肥　粉末状、松散、湿润无霉块，无酸臭气味。水分含量为 25%~50%。每毫升根瘤活菌个数≥ 2.0 亿个。杂菌率≤ 10%，pH 值 6.0~7.2。吸附剂颗粒细度，大粒种子（大豆、豌豆等）用的菌肥，通过孔径 0.18mm 标准筛的筛余物≤ 10%，小粒种子（三叶草、苜蓿）用的菌肥，通过孔径 0.15mm 标准筛的筛余物≤ 10%。有效期≥ 6 个月。

菜豆根瘤菌一般都为拌种或播种时作为种肥（固体）施入。拌种方法是先将菌剂（1.5~3.75kg/hm^2 即 250~500g/ 亩）用水（3.75~7.50kg/hm^2 即 250~500g / 亩）调成糊状物，然后将供试作物种子拌入，拌匀，待种子略微风干后即可播种，也可在播种前一天拌种。

注意事项：拌种时及拌种后要防止阳光直接照射菌肥，播种后立即覆土。根瘤菌是喜湿好气性微生物、适宜于中性至微碱性土壤（pH 值 6.7~7.5），应用于酸性土壤时，应加石灰调节土壤酸度。土壤板结、通气不良或干旱缺水，会使根瘤菌活动减弱或停止繁殖，从而影响根瘤菌肥的效果。

（四）节水灌溉

1. 菜豆的需水量和需水节律　菜豆耐旱主要表现在苗期。由于苗期植株小，生长慢，一般较抗旱，不需要太多水分。水分太多、地温偏低会影响根系发育，易感染苗期病害。苗期不进行灌溉，需进行蹲苗。菜豆生育前期若天气干旱，土壤绝对含水量低于 10% 时，有条件的地方适当浇一次小水，浇水后及时中耕，以免土壤板结。三叶期以后需水量逐渐增加，开花结荚期菜豆需水最多，当土壤含水量低于 13% 时严重影响产量，有条件的地方应进行灌水，以防止落花落荚。雨水过多易造成田间积水，对菜豆生长也不利，应及时开沟排水。采用深沟高畦厢种植或在三叶期培土，不仅防旱防洪，还能减轻根腐病发生。因此，要注意及时排涝，保证雨后田间无积水。

2. 节水补灌　在菜豆生育过程的需水关键时期，进行补充灌溉是田间管理的重要措施。可以选用适合当地条件的节水灌溉技术。研究不同灌溉方式、不同农艺措施对菜豆生长和水分利用效率的影响，为菜豆生产寻找高效节水技术措施。滴灌能明显降低耗水量，比畦灌节水30%，耗水强度也明显降低，菜豆产量和水分利用效率均显著提高，增产25.5%，水分利用效率提高35.6kg/mm·hm^2。在畦灌条件下，不同农艺措施之间耗水总量和耗水强度差异不大，但产量和水分利用效率差异较大。施用抗旱剂、保水剂的菜豆产量及水分利用效率显著高于对照，增产分别达25.2%和18.6%，水分利用效率分别提高14.0kg/mm·hm^2和11.1 kg/mm·hm^2。

对菜豆采用滴灌节水效果较好，但一次性投资较大，应因地制宜采用。重点应放在农艺措施上，播种前对土壤施用保水剂，增强土壤对水分的保持能力，减少土壤蒸发，提高水分利用效率，均衡供给菜豆生长所需水分，提高土壤养分利用率，从而提高菜豆产量。生长期喷施抗旱剂2~3次，改善叶面营养，从而提高菜豆的抗旱性，提高作物对土壤水分和养分的利用效率，提高菜豆产量。作为一种非工程抗旱节水措施，抗旱剂和保水剂对菜豆有显著的增产作用，节约农业用水量，是对工程节水措施的有效补充，同时有见效快、使用方便的特点，有一定的推广价值，对提高农业综合节水技术有促进作用。

（五）防治与防除病、虫、草害

1. 主要病害 普通花叶病毒病（BCMV）；黄色花叶病毒（BYMV）病；菜豆根腐病；菜豆炭疽病；菜豆白粉病；菜豆细菌性疫病；菜豆菌核病；菜豆灰霉病。

2. 主要虫害 主要有蛴螬、地老虎等、蚜虫、红蜘蛛、白粉虱、豆荚螟、美洲斑潜蝇等。

3. 主要草害 菜豆田间杂草主要有菟丝子、马齿苋、节蓼、灰菜、稗草、野燕麦、问荆、鸭跖草、刺儿菜、苍耳等。

（六）覆盖栽培

地膜覆盖的方式依当地自然条件、作物种类、生产季节及栽培习惯不同而异。

1. 平畦覆盖 畦面平，有畦埂，畦宽1~1.65m，畦长依地块而定。播种或定植前将地膜平铺畦面，四周用土压紧，或是短期内临时性覆盖。覆盖时省工、容易浇水，但浇水后易造成畦面淤泥污染。覆盖初期有增温作用，随着污染的加重，到后期又有降温作用。

2. 高垄覆盖 畦而呈垄状，垄底宽50~85cm，垄面宽30~50cm，垄高10~15cm。地膜覆盖于垄面上，垄距50~70cm。

3. 高畦覆盖 畦面为平顶，高出地平面10~15cm，畦宽1~1.65m。地膜平铺在高畦的面上。一般种植高秧支架的蔬菜，如瓜类、豆类、茄果类以及粮、棉作物。高畦高温增温效果较好，但畦中心易发生干旱。

4. 沟畦覆盖 将畦做成50cm左右宽的沟，沟深15~20cm，把育成的苗定植在沟内，然后在沟上覆盖地膜。当幼苗生长顶着地膜时，在苗的顶部将地膜割成十字，称为割口放风。晚霜过后，苗自破口处伸出膜外生长，待苗长高时再把地膜划破，使其落地，覆盖于根部。俗称先盖天，后盖地。如此可提早定植 7~10d。保护幼苗不受晚霜为害。既起着保苗，又起着护根的作用，而达到早熟、增产增加收益的效果。早春可提早定植甘蓝、花椰菜、莴笋、菜豆、甜椒、番茄、黄瓜等蔬菜，也可提早播种西瓜、甜瓜等瓜类及粮食等作物。

5. 穴坑覆盖 在平畦、高畦或高垄的畦面上用打眼器打成穴坑，穴深 10cm 左右，直径 10~15cm，空内播种或定植作物，株行距按作物要求而定然后在穴顶上覆盖地膜，等苗顶膜后割口放风。可种植马铃薯等作物。

菜豆地膜覆盖栽培主要有两方面的功效：一是提高地温，补偿菜豆生长所需温度，利于食荚豆提早上市；二是保湿，使土壤微环境中肥料、水分相对稳定高效，利于高产。

地膜覆盖的菜豆，更可在温室内提前 20 d 左右育苗，当豆苗露出心叶时，即可于清明节后定植，如此可比露地或地膜覆盖直播者提早 20~30 d 播种，收获期提早 15~20 d，亩产可增加 23%~75%。据北京试验，可增产 42.4%，产值增 77.3%，早熟 15 d，每亩增收 136 元多。黑龙江省伊春市、哈尔滨市增产 27.3%~125%。矮生菜豆可采用平畦、高垄、高畦以及沟畦覆盖。架豆也可采用高垄、高畦或沟畦覆盖。豇豆等也可按照菜豆的覆盖方式进行覆盖，增产、增收效果也很显著。

四、适时收获

对于食荚菜豆，角果长到标准长度即可视为成熟采收期。对于粮用的普通菜豆，当植株 2/3 的豆粒充实饱满，豆荚充分成熟变黄时即可收获。一般在 8 月下旬至 9 月初。每天 10 时前或 16 时后进行收获，以防炸荚造成损失。目前，机械收获损伤量较大（主要为脱粒不净和破碎粒），因此必须采用人工收割。如果人工拔根部带土，遇阴雨天气脱粒易产生“泥花脸”，影响其品质。当子粒水分达到 14%~15% 时进行脱粒，采用方法是用机械碾压，减少破碎粒；也可用混轮进行脱粒，但必须是大水分脱粒（籽粒水分超过 20%）可减少破碎粒，确保丰产丰收。

山地反季节栽培泰国四季豆、泰国 1 号玉豆等品种，一般播种后 50 d 左右即可收获产品。

根据数据张福平（2006）得结论：在室温（温度 18~25℃，相对湿度 80%~95%）条件下，菜豆采后在贮藏期间失水严重，硬度迅速下降；呼吸速率缓慢上升，跃变高峰出现在第 8 天，是跃变型蔬菜；果肉细胞膜相对透性在采后初期变化缓慢，后期亟剧上升；果实叶绿素、蛋白质、维生素 C 和有机酸含量一直呈下降趋势，而果实总糖含量先升后降，贮藏 8 d 后的商业品质迅速下降。提高菜豆采后贮藏保鲜水平的研究有待于进一步深入。

第四节　病虫草害防治与防除

一、病害防治

（一）黄土高原菜豆常见病害

1. 菜豆根腐病

病原　由半知菌亚门镰孢属，菜豆腐皮镰孢真菌侵染所致。

症状　主要为害根部和茎基部。被害处开始产生水浸状红褐色斑，后来变为暗褐色或黑褐色，稍凹陷，叶片变黄，由下往上发展，但叶片不脱落。后期病部有时开裂，或呈糟朽状，主根被害腐烂或坏死，侧根少，植株矮化，容易拔出。严重时，植株萎蔫枯死。在潮湿的条件下，病株茎基部常生有粉红色霉状物。菜豆根腐病和枯萎病容易混淆，根腐病病部维管束变褐色或黑褐色，但不向地上部发展，而枯萎病维管束变色是向上发展的，即地上茎部维管束也变成褐色或黑褐色。

发病规律　病菌腐生性很强，可在土中存活 10 年或者更长时间。借助农具、雨水和灌溉水传播。病菌从根部或茎基部伤口侵入，高温、高湿条件有利于发病，最适发病温度 24℃左右。要求相对湿度 80% 以上，特别是在土壤含水量高时有利于病菌传播和侵入。如果地下害虫多，根系虫伤多，也有利于病菌侵入，发病重。

2. 菜豆褐斑病

病原　由菜豆假尾孢，异名豆类煤污尾孢霉，属半知菌亚门真菌引起。

症状　叶片正、背面产生近圆形或不规则形褐色斑，边缘赤褐色，直径 1~10mm 不等。后期病斑中部变为灰白色至灰褐色，叶背病斑颜色稍深，边缘仍为赤褐色。高湿时叶背面病斑产生灰黑色霉状物。

发病规律　病菌在土壤中越冬，翌年产生子囊孢子，借助风、雨传播。该病为高温、高湿病害，高温多雨天气，温度 20~25℃，相对湿度高于 85% 时易发病。种植过密，通风不良，土壤含水量高，偏施氮肥的地块发病重。

3. 菜豆炭疽病

病原　由半知菌亚门刺盘孢属真菌侵染所致。

症状　在幼苗至采收后期，植株地上部分均可受害。幼苗出土后，子叶上出现红褐色近圆形病斑，凹陷状溃烂。幼茎下部产生淡红褐色小斑点和长棱形凹陷，有时病斑相互汇合，环切茎基部，使幼苗倒伏枯死。成株期发病，病叶叶脉处变为红褐色条斑，后期变成黑色网状脉。茎和叶柄染病有褐色凹陷龟裂斑，后期变成黑褐色长条斑。豆荚染病有黑色圆形凹陷斑。

发病规律　病菌在种子上可存活 2 年以上，土壤中越冬病菌存活较短。病菌靠风、雨水、昆虫传播，气温在 22~27℃利于发病，高于 30℃或低于 15℃病害受到抑制。相对湿度接近 100%时适于发病。气温较低、湿度高、地势低洼、通风不良、栽培过密、土壤黏重、N 肥过量等因素会加重病情。

4. 菜豆细菌性疫病

病原 由黄单孢杆菌（属细菌）侵染所致。

症状 叶柄和茎部病斑初为水渍状小点，扩大后呈红褐色、长条形，稍凹陷，当病斑绕茎一周时，病茎易折断或病株枯萎。豆荚开始时也产生小斑点，逐渐扩大为近圆形，病斑颜色因品种而异，从褐色到红褐色，最后相互汇合，并成稍凹陷的干斑，全荚皱缩，褪色。茎和荚上病斑开裂后也常流出胶状菌液。种子染病，大多种皮皱缩，或在脐部有黄褐色稍凹陷的小斑，病种子往往干瘪、变色。潮湿时，茎叶或种脐部常有黏液状菌脓溢出，有别于炭疽病叶部症状。叶片初现暗绿色，水渍状的小斑点，一般直径不超过 1mm，后叶肉组织黄化，渐变成褐色、质脆、半透明、不规则形的枯斑。病斑周围有黄色晕圈，严重时，叶片上病斑累累，相互愈合，病叶枯黄死亡。但一般不脱落，经风吹雨打后，病叶碎裂，远望呈火烧状。在高温高湿条件下，部分病叶有时迅速萎凋变黑。嫩叶受害则扭曲畸形，而子叶上的病斑多呈红褐色溃疡状，常分泌出淡黄色黏液。

发病规律 病菌主要在种皮内、外越冬，并能长期存活，特别是种皮内的病菌，经 2~3 年仍有活力，也可随茎、叶等病残体在土壤中存活 1~2 年。带菌种子发芽后，细菌在种皮内增殖，并侵入子叶和生长点，引起幼苗发病。病菌借助雨水、灌溉水、昆虫及人为接触传播，从植株的水孔、皮孔及伤口侵入，并能在维管束中扩展。田间病害往往由中心病株逐渐向四周蔓延。病害的发生与环境条件关系极大。气温 24~32℃和寄生受害部位有水滴时即可发病。高温和持续的降雨或多雾、重露的天气非常适合本病的发生和蔓延。在此条件下，病害潜育期一般为 1~5d，尤其遇暴风雨，增加了病菌的传播机会，常常导致病害的流行。在寄主表面有水膜的情况下，病菌侵染率一般随温度的升高而增加，但超 36℃时受到抑制，38℃时则停止发展。此外，播种过早或过密、插架不及时、大水漫灌、肥力不足或偏施氮肥、植株徒长、杂草丛生、红蜘蛛和蚜虫为害严重、植株生长衰弱的豆田发病均较重 。

5. 菜豆锈病

病原 疣顶单胞锈菌，属于担子菌的真菌。

症状 主要侵染叶片，严重时亦为害叶柄和豆荚。发病初期，叶背产生淡黄色的小斑点，后变为锈褐色，隆起，呈小脓包状病斑。发展后，扩大成红褐色夏孢子堆，表皮破裂散出红褐色粉末。这时，从叶正面观察则形成褪绿斑点。后期孢子堆即变成黑色的冬孢子堆，病重时，茎叶提早枯死。

发病规律 夏孢子萌发产生芽管，从气孔侵入形成夏孢子堆，而后散出夏孢子进行再侵染。在地势低洼、排水不良、密度过大、N 肥过多等条件下发病重，露地栽培时，常会大面积发病。

（二）防治措施

1. 菜豆根腐病

（1）农业措施　实行 3~4 年轮作。用无病菌土壤育苗或进行床土消毒，加强田间管理，增施有机肥，多施磷、钾肥。

（2）药剂防治　病害刚刚发生时，可用 65% 甲基托布津可湿性粉剂 800~1 000 倍液喷洒茎基部，或 75% 百菌清可湿性粉剂 600 倍液，每隔 7~10d 喷 1 次，连用 2~3 次。

2. 菜豆褐斑病

（1）农业措施　种子消毒。与非豆类蔬菜实行 2 年轮作，合理密植，增施 K 肥，清洁田园。

（2）药剂防治　发病初期及时喷 75% 百菌清可湿性粉剂 600 倍液，或 70% 甲基托布津可湿性粉剂 1 000 倍液，或 40% 百菌清悬浮剂 500 倍液，或 50% 复方硫菌灵可湿性粉剂 800 倍液喷雾。一般每 5~7d 喷 1 次药，连喷 2~3 次。

3. 菜豆炭疽病

（1）选用抗病品种　菜豆品种间存在着抗病性差异。一般蔓生品种比矮生品种抗病，可选用抗病品种。

（2）种子消毒　从无病田、无病荚上采种。种子粒选，严格剔除病种子。播种前用 45℃温水浸种 10min，或用 40% 福尔马林 200 倍液浸种 30min，捞出清水洗净晾干待播。或用种子重量 0.3% 的 50% 福美双可湿性粉剂拌种。

（3）农业措施　与非豆科蔬菜实行 2 年以上轮作。使用旧架材前以 50% 代森铵水剂 1000 倍液或其他杀菌剂淋洗灭菌。进行地膜覆盖栽培，可防止或减轻土壤病菌传播，降低空气湿度。深翻土地，增施 P、K 肥，田间及时拔除病苗，雨后及时中耕，施肥后培土，注意排涝，降低土壤含水量。

（4）药剂防治　发病初期开始喷药，可用 75% 百菌清可湿性粉剂 600 倍液，或 50% 多菌灵可湿性粉剂 500 倍液，或 50% 甲基托布津可湿性粉剂 500 倍液，或 80% 炭疽福美可湿性粉剂 1 000 倍液，或 70% 代森锰锌可湿性粉剂 500 倍液等药剂喷雾防治，一般每 5~7d 喷 1 次药，连喷 2~3 次。喷药要周到，特别注意叶背面。喷药后遇雨应及时补喷。

4. 菜豆细菌性疫病

（1）农艺措施　选用抗病品种和无病种子。实行 2~3 年轮作。一般矮性菜豆易感病，而蔓生品种较抗病。避免菜豆连作，重病地与非豆类蔬菜轮作 2 年以上。

（2）采用无病种子和种子消毒　自无病地采种是防病的关键措施，或种植前进行种子消毒。可用 45℃温水浸种 10min，或 50% 福美双可湿性粉剂或 95% 敌克松原粉拌种，用药量为种量的 0.3%，也可用农用链霉素或新植霉素 100~150 单位液浸种 12~24h。

（3）清洁园田　及时把病叶、病株等清除干净并带出田外深埋或烧毁。

5. 菜豆锈病

（1）农业措施　选用抗病品种，避免连作。合理密植。雨后排水，降低田间湿度。清洁田园，减少再侵染菌源及越冬菌量，春季豆类蔬菜地与秋季豆类蔬菜地应隔一定距离，避免病菌交互侵染。N、P、K肥的配合使用，提高植株的抗病力，及时摘除棚内中心病叶，防止病菌扩展蔓延。收获后及时清除病残株，集中棚外或大田栽培就地销毁。

（2）药剂防治　发病初期可选用50%萎锈灵乳油800倍液，或50%硫磺悬浮剂200倍液，或40%敌唑酮可湿性粉剂4 000倍液，或12.5%速保利可湿性粉剂4000倍液，或70%代森锰锌可湿性粉剂1 000倍液加15%粉锈宁可湿性粉剂2 000倍液，或2.5%敌克脱乳油4 000倍液。

二、虫害防治

（一）黄土高原菜豆常见害虫种类

1. 豆荚螟

形态特征　成虫体长10~12mm，翅展20~24mm，体灰褐色，触角丝状，黄褐色。前翅暗褐色，中央有两个白色透明斑，后翅白色透明，近外缘处暗褐色，伴有闪光。卵呈椭圆形，极扁。椭圆形，长约0.5mm，表面密布不明显的网纹，初产时乳白色，渐变红色，孵化前呈浅桔红色。幼虫共5龄，老熟幼虫体长14~18mm，初孵幼虫为淡黄色。以后为灰绿直至紫红色。4~5幼虫前胸背板近前缘中央有“人”字形黑斑，两侧各有1个黑斑，后缘中央有2个小黑斑。蛹体长9~10mm，黄褐色，臀刺6根，蛹外包有白色丝质的椭圆形茧。

生活习性与发生规律　豆荚螟每年发生代数随不同地区而异，广东、广西7~8代，山东、陕西2~3代，每年6—10月为幼虫为害期。各地主要以老熟幼虫在寄主植物附近土表下5~6cm深处结茧越冬。翌春，越冬代成虫在豌豆、绿豆或冬种豆科绿肥作物上产卵发育为害，一般以第2代幼虫为害春大豆最重。成虫昼伏夜出，趋光性弱，飞翔力也不强。每头雌蛾可产卵80~90粒，卵散产于嫩荚、花蕾和叶柄上。初孵幼虫先在荚面爬行1~3h，再在荚面结一白茧（丝囊）躲在其中，经6~8h，咬穿荚面蛀入荚内，幼虫进荚内后，即蛀入豆粒内为害，2~3龄幼虫有转荚为害习性，老熟幼虫离荚入土，结茧化蛹。

为害症状　初孵幼虫即钻入花蕾、花器，取食花药和幼嫩子房，造成落蕾、落花、落荚。3龄后蛀入荚内食害豆粒，有转荚为害习性。幼虫还蛀食茎和叶柄。被害荚在雨后常致腐烂。幼虫亦常吐丝缀叶为害，老熟幼虫在叶背主脉两侧作茧化蛹，亦可吐丝下落土表或落叶中结茧化蛹。初荚期为害，豆荚干秕，不结籽粒；鼓粒期为害，籽粒被食尽或破碎，影响籽粒产量和品质。

2. 美洲斑潜蝇

形态特征　成虫是一种极小的蝇类，淡灰褐色，头部黄色，眼后眶黑色；中胸背板黑色光亮，中胸侧板大部分黄色；体长 1.3~2.3mm，雌虫较雄虫略大，卵白色，半透明，幼虫是无头蛆，乳白至鹅黄色，体长 3~4mm，蛹橙黄色至金黄色。

生活习性与发生规律　通常在露地从 6 月开始为害，7—8 月为为害盛期。美洲斑潜蝇的成虫对黄色具有特殊趋性，黎明到 14 时羽化，经 24h 即可交配，雌虫交配后很快产卵，卵多产在完全展开的中上部叶片正面。幼虫分 3 龄，初孵幼虫淡绿透明，孵化后就蛀食作物，此后体色渐成鲜黄或浅绿，幼虫老熟后，在蛀道内将蛀道的顶端咬破爬出虫道，具负趋光性，大多落地化蛹。

为害症状　美洲斑潜蝇为杂食性、为害大。成虫吸食叶片汁液，造成近圆形刻点状凹陷。幼虫在叶片的上下表皮之间蛀食，造成曲曲弯弯的隧道，隧道相互交叉，逐渐连成一片，导致叶片光合能力锐减，严重时叶片脱落、花芽和果实被灼伤，产量大幅度降低，甚至绝收。

3. 蚜虫

形态特征　有翅胎生雌蚜，头、胸黑色，腹部绿色。第 1~6 腹节各有独立缘斑，腹管前后斑愈合，第 1 节有背中窄横带，第 5 节有小型中斑，第 6~8 节各有横带，第 6 节横带不规则。触角第 3~5 节依次有圆形次生感觉圈分别为 21~29，7~14，0~4 个。无翅胎生雌蚜，体长 2.3mm，宽 1.3mm，绿色至黑绿色，被薄粉。表皮粗糙，有菱形网纹。腹管长筒形，顶端收缩，长度为尾片的 1.7 倍。尾片有长毛 4~6 根。

生活习性与发生规律　一年发生 20~30 代，主要以无翅胎生雌蚜和若虫在背风向阳的地堰、沟边和路旁的杂草上过冬，少量以卵越冬。蚜虫在菜豆幼苗期开始迁入，以孤雌繁殖为害，温度高于 25℃，相对湿度 60%~80% 时发生严重。连阴雨天气不利蚜虫生殖，虫量急剧下降，暴雨可冲刷掉一些蚜虫。

为害症状　蚜虫以成虫群集于四季豆的嫩叶、嫩茎、嫩芽、顶端心叶、花蕾、花瓣、嫩果荚上刺吸取汁液，造成叶子卷缩、茎芽畸形、植株变黄矮小，生长不良，影响开花结实，甚至全株死亡。同时它还是病毒病的传毒媒介，造成的为害远远大于蚜害本身。

4. 小地老虎

形态特征　成虫是一种中型蛾，体长 16~23 mm，深褐色。前翅中央有一个肾状纹，其外侧有一个尖头向外的长三角形黑斑，和翅外缘尖头向内的两个长三角形黑斑相对。后翅灰白色，边缘黑褐色。雌蛾触角呈丝状，雄蛾则呈羽毛状。卵呈馒头形，直径约 0.5 mm，初产时为乳白色，快孵化时变为黑褐色。幼虫 体长 37~47 mm，头部为淡黄色，身体呈黑褐色，背上有许多黑色小颗粒。蛹 长 18~23 mm，为纺锤形，红褐色，末端有短刺 1 对。

生活习性与发生规律　地老虎一年发生 3~4 代，老熟幼虫或蛹在土内越冬。早春 3 月上旬成虫开始出现，一般在 3 月中下旬和 4 月上中旬会出现两个发蛾盛期。成虫白天不活动，傍晚至前半夜活动最盛，喜欢吃酸、甜、酒味的发酵物和各种花蜜，并有趋光性。迁飞能力很强，多趋向在杂草上产卵，一头雌蛾产卵千粒左右，卵粒分散或数粒集成一小块排成一条线。卵经过5~7 d孵化。幼虫共分6龄，1~2龄幼虫先躲伏在杂草或植株的心叶里，昼夜取食，这时食量很小，为害也不十分显著；3龄后白天躲到表土下，夜间出来为害；5~6龄幼虫食量大增，每条幼虫一夜能咬断菜苗4~5株，多的达10株以上。幼虫3龄后对药剂的抵抗力显著增加。因此，药剂防治一定要掌握在3龄以前。3月底到4月中旬是第1代幼虫为害的严重时期。

为害症状 地老虎为害菜豆苗后，使幼苗致死常造成缺苗断垄。幼虫3龄前栖息于菜豆苗地上部，取食植株的顶芽和嫩叶，受害部位呈半透明的白斑或小孔。3龄后，白天藏匿于2~6 cm深的表土中，夜间出来为害，常咬断作物近地面的嫩茎，并将咬断的嫩茎拖回洞穴，半露地表，极易被发现。当植株长大根茎变硬，幼虫仍可爬上植株，咬断柔嫩部分，拖到洞穴取食。幼虫行动敏捷，老龄幼虫有假死习性，受惊即缩成环形。

5. 红蜘蛛

形态特征 成螨长0.42~0.52mm。体色变化大，一般为红色，梨形，体背两侧各有黑长斑一块。雌成螨深红色，体两侧有黑斑，椭圆形。卵圆球形，光滑，越冬卵红色，非越冬卵淡黄色较少。幼螨近圆形，有足3对。越冬代幼螨红色，非越冬代幼螨黄色。越冬代若螨红色，非越冬代若螨黄色，体两侧有黑斑。若螨有足4对，体侧有明显的块状色素。

生活习性与发生规律 一年发生10~20代。雌成虫潜伏于菜叶、草根或土缝附近越冬。春季先在杂草或寄主上繁殖，后迁入菜田为害。初为点片发生，后吐丝下垂或靠爬行借风雨扩散传播等。先为害老叶，再向上扩散。当食料不足时，有迁移习性。以两性生殖为主，有孤雌生殖现象，高温干旱年份发生重。

为害症状 主要为害植物的叶、茎、花等，刺吸植物的茎叶，使受害部位水分减少，表现失绿变白，叶表面呈现密集苍白的小斑点，卷曲发黄。严重时植株发生黄叶、焦叶、卷叶、落叶和死亡等现象。同时，红蜘蛛还是病毒病的传播介体。红蜘蛛繁殖快，为害大，如不及时防治，就会造成毁灭性的损失。

（二）防治措施

1. 豆荚螟

（1）清洁田园 及时清除田间的落花落荚，并摘除蛀豆荚或被害叶片，将所收集到的花、荚等物集中烧毁或深埋，以减少虫源，防止幼虫转移为害。冬前最好能够耕翻冻垡，以减少田间虫源。

（2）灯光诱杀 有条件的地方，可以在田间架设频振式杀虫灯或黑光灯，利用成虫的趋光性进行灯光诱杀。

（3）药剂防治 豆科蔬菜花期最易遭受豆荚螟为害，因此是防治的关键时期。“早治”就是在作物开花初期或现蕾期就要注意防治。喷药适宜时间在早上花朵开放时。“巧治”则是采取“治花不治荚”的方针。应在豆荚螟没有钻蛀豆荚之前喷药防治低龄幼虫，否则防效较差。如豆荚期施药，在傍晚豆野螟活动时防治效果最佳。 药液应重点喷洒在花蕾、花朵和嫩荚等部位，落地的花荚等也要喷到。要连续防治 2~3 次，防治间隔期视虫情而定，一般为 3~7 d。可选用的药剂有：48% 毒死蜱乳油 1 000 倍液，52.25% 农地乐乳油 1 500 倍液，5% 锐劲特悬浮剂 1500 倍液，4.5% 氯氰 菊酯乳油 2 000 倍液，20% 杀灭菊酯乳油 1 000 倍液，2.5% 功夫菊酯乳油 1 000 倍液。不同农药要交替轮换使用，并注意严格掌握农药安全间隔期。

2. 美洲斑潜蝇

（1）农艺防治　在美洲斑潜蝇发生初期，及时摘除带虫叶片，集中深埋或烧毁，以减轻害虫为害和蔓延。

（2）药剂防治　发生初期，可选用喷洒 98%巴丹原粉 1 500~2 000 倍或 1.8%爱福丁乳油 3 000~4 000 倍液、1%增效 7051 生物杀虫素 2 000 倍液、48%乐斯本乳油 1 000 倍液、25%杀虫双水剂 500 倍液、98%杀虫单可溶性粉剂 800 倍液、50%蝇蛆净粉剂 2 000 倍液、40%绿菜保乳油 1 000~1 500 倍液、1.5%阿巴丁乳油 3 000 倍液、50% 灭蝇胺 2 000 倍液喷雾，每 7d 喷 1 次，连续喷 2~3 次，以达到良好的防治效果。

3. 蚜虫

（1）农业措施　深翻菜园，降低越冬害虫基数；蔬菜收获后及时清理田间残株败叶，铲除杂草，减少虫源；结合农事操作，摘除虫叶，带出田外深埋；在田间悬挂或覆盖银灰膜，驱避蚜虫；利用黄板或蓝板诱杀蚜虫；保护和利用瓢虫、草蛉、食蚜蝇等天敌，控制蚜虫。

（2）化学措施　加强预测预报，监测有翅蚜虫向菜田迁飞十分重要。在蚜虫点片发生时，可交替选用 2.5% 氯氟氰菊酯（功夫）乳油 4 000 倍液、20% 丁硫克百威（好年冬）乳油 600~800 倍液、20% 苦参碱（苦参素）可湿性粉剂 2 000 倍液、15% 乐・溴乳油 2 500~4 000 倍液、50% 抗蚜威（辟蚜雾）可湿性粉剂 2 000~3 000 倍液、40% 氰戊菊酯（百虫灵）乳油 3 000 倍液、2.5% 溴氰菊酯（敌杀死）乳油 3 000 倍液喷雾。

4. 小地老虎

（1）农业防治　前茬作物收获后，要及时彻底清洁田园，将病株和残留枝叶等带出田外进行深埋或烧毁，并深翻晒地。

（2）化学防治　在幼虫孵化盛期或低龄幼虫为害期，及早选用 2.5% 功夫乳油 4 000 倍液、4.5% 高效氯氰菊酯乳油 2 000 倍液 、50% 辛硫磷乳油 1 000 倍液 、48% 毒死蜱乳油 1 000 倍液中的任意一种喷施，一般每 6~7 d 防治 1 次，连续或交替用药 3 次。 用药时注意施药均匀，叶片的正反两面都要喷到。

5. 红蜘蛛

（1）农业防治　深翻清洁田园。在早春豆角播种之前就应进行一次深翻，铲除田边杂草，清洁田园，减少越冬虫源。

加强田间管理。气候干燥，特别是进入夏季，天气干热，极有利红蜘蛛大量繁殖为害。在管理上应注重多施优质有机肥，并结合喷药进行叶面追肥，促其植株健壮生长，提高植株的抗虫性。

（2）药剂防治　药剂防治本着“早防早治”的原则，主攻点片发生阶段。在豆角苗期点片发生时立即喷药防治。成株期为高发期，选用20%三氯杀螨醇500倍液或20%三氯杀螨醇500倍加入40%氧化乐果800倍液混配进行喷雾防治，效果更好。喷药间隔期为5~7d，高发期喷2~3次即可达到很好防效。

三、杂草防除

（一）黄土高原菜豆田常见杂草种类

菜豆田的杂草可以分为阔叶杂草和禾本科杂草两类。其中阔叶杂草有刺儿菜、四棱草、兰花菜、葎草、苣荬菜、问荆、苍耳、香薷、苋菜、野西瓜苗等；

禾本科杂草有野黍、碱草、稗草。

（二）防除措施

菜豆田杂草防除采用农业措施和化学防除相结合的方法进行。

1. 农业措施

（1）深耕　深耕是防除杂草的有效方法之一。大部分杂草的种子在土表1cm内发芽良好，耕翻越深对杂草种子发芽越不利，深耕可以将大量杂草种子翻入深土中，使其不能发芽，有效减少杂草的为害。

（2）旋耕　播前旋耕可有效消灭大批土壤表层萌发的杂草，从而降低田间杂草发生的基数。旋耕同时可以消灭多年生宿根性杂草，对较深层的宿根杂草的旋耕层内萌动的顶端优势进行破坏，推迟杂草为害菜豆的时间，对培育壮苗有利。

（3）中耕　中耕可以直接消灭杂草。在草害较轻的田块，中耕是消灭杂草行之有效的措施。但在草害较重和人力紧张的地方，往往容易因劳力缺乏，造成草荒。

2. 化学除草　子叶出土的菜豆品种除草以土壤处理为主，苗后茎叶处理为辅。菜豆对土壤封闭处理除草剂抗药性比大豆弱，许多大豆田应用的土壤封闭处理除草剂用于芸豆田，若遇不良环境条件易产生药害，安全稳定性差，因此要严格选择菜豆田土壤封闭处理除草剂。苗前一般可以用每公顷90%乙草胺2~2.2L加96%金都尔2kg。在气候条件稍差的情况下，应尽量采取苗后茎叶处理方式防除芸豆田杂草。

（1）阔叶杂草防除　菜豆田苗后防除阔叶杂草主要使用氟磺胺草醚。苗后早期芸豆2片复叶，杂草2~4叶期大多数杂草出齐时进行茎叶喷雾，每公顷用25%氟磺胺草醚0.9~1.05 L，不可随意增加用药量，对水300~450L均匀喷雾。

菜豆田苗后防除阔叶杂草的除草剂种类较少，许多用于大豆田的除草剂在芸豆田使用均有药害，如苯达松用于大豆苗后非常安全，而用于芸豆药害严重，不能使用。因此，芸豆田防除阔叶杂草除草剂要慎用。

（2）禾本科杂草防除　菜豆田苗后防除禾本科杂草使用拿捕净、精禾草克、精稳杀得、高效盖草能、喷特、快捕净、收乐通及同类国产除草剂均可。在芸豆2片复叶期，稗草 3~5 叶期施药，每公顷用 12.5% 拿捕净 1.2~1.5L、5% 精禾草克 0.9~1.2 L、15% 精稳杀得 0.75~0.975 L、10.8% 高效盖草能 0.45~0.525 L、4% 喷特 0.75~0.9L、10% 快捕净 0.375~0.15L、12% 收乐通 0.525~0.6L，对水 300~450L 均匀喷雾。一般防除禾本科除草剂与氟磺胺草醚混用做苗后茎叶处理，达到菜豆田禾阔叶杂草全杀的目的。

第五节　环境胁迫及其应对措施

一、温度胁迫

植物的生长发育需要一定的温度条件，当环境温度超出了它们的适应范围，就对植物形成胁迫。温度胁迫持续一段时间，就可能对植物造成不同程度的损害，温度胁迫包括高温胁迫、低温胁迫和剧烈变温胁迫。

菜豆喜温，不耐热也不耐霜冻。菜豆种子发芽最低温度为 10~12℃，最适温度为 20~25℃，8℃以下、35℃以上发芽受阻。菜豆的春播栽培受到发芽起始温度（≥ 10℃）限制，还受到花芽分化期所需温度（≥ 15℃）的限制，幼苗生长适温为 18~20℃，13℃以下停止生长，短期处在 2~3℃则叶片失绿，0℃受冻。蔓生菜豆 4~5 片真叶至伸蔓发秧期正值花芽分化时期，花芽分化最适温度为白天 20~25℃，夜间 18~20℃，温度在 27℃以上，15℃以下易产生不稔花粉，落花落荚严重，开花结荚期的适宜温度为白天 20~27℃，夜间 15~18℃，15℃以下、28℃以上均不能结荚，出现落花落荚现象。在菜豆生长期，地温应保持在 21~23℃为宜，地温 13℃以下根系不能伸长，同时，菜豆从播种到开花需要 700~800℃的积温，低于这一有效积温，菜豆植株即使开花，也不会结荚，所以在春季早熟栽培中，播种期不能过早。

（一）低温胁迫

1. 发生时期　菜豆遭受低温冷害主要发生在菜豆播种后种子萌发期、生育前期的幼苗期和生育后期的鼓粒成熟期。

2. 评价指标　对于苗期的冷害程度鉴定常用冷害指数来评价。植株的冷害指数分级参考于贤昌（1997）标准对幼苗冷害症状进行分级。

Ⅰ级：无受害症状；

Ⅱ级：叶片稍皱缩，第一或第二叶叶缘发黄或略失水，第三片叶和心叶无受害症状；

Ⅲ级：叶片皱缩，第一叶和第二叶叶缘严重失水，第三叶叶缘发黄或略微失水，心叶无明显受害症状；

Ⅳ级：第一和第二叶出现脱水斑，第三叶叶缘严重失水，心叶轻微失水；

Ⅴ级：第一和第二叶中部脱水斑连接成片，叶片萎蔫，第三叶中部始显症状脱水斑，心叶失水较明显，但常温下心叶尚能恢复；

Ⅵ级：所有叶片严重失水萎蔫，幼苗再置于常温下不能恢复。

冷害指数计算公式为：$CI=\sum((S_iN_i)/7N\times100)$

式中 CI——冷害指数，S_i——各级冷害极值，N_i——相应级冷害的植株数，i——级别，N——调查总株数。菜豆种质的抗冷性根据冷害指数分为三级，3 强（冷害指数＜ 30）；5 中（30 ≤冷害指数＜ 65）；6 弱（冷害指数≥ 65）。

欧阳主才（2008）、刘大军（2011）等研究指出随着低温胁迫时间的延长，矮生菜豆幼苗的冷害指数、电解质渗漏率和 MDA 含量上升，叶绿素含量下降，脯氨酸和可溶性糖含量表现为先上升后降低。冷害指数与电解质渗漏率和 MDA 含量呈极显著的正相关，这 3 个指标可作为矮生菜豆耐冷性鉴定的参考指标。在冷害胁迫过程中，SOD、POD、CAT 等 3 种保护酶的活性呈现先上升后下降的趋势，SOD 酶活性与叶绿素含量呈显著正相关，而与冷害指数、电解质渗漏率、MDA 含量呈极显著负相关。

于超（2006）、刘日林（2015）等以低温胁迫下菜豆叶片冷害指数和叶片与根系的电解质外渗漏率为指标，对多份不同基因型菜豆（*Phaseolus vulgaris* L ）幼苗的抗冷性进行聚类分析结果表明，冷害指数与电解质外渗漏率存在极显著正相关，两者结合能够很好鉴定菜豆幼苗的抗冷性。选用抗冷性较强的品种超级九粒白、抗冷性较弱的品种大江 106 架豆王为试验材料，以抗性介于两者之间的架豆王一号为对照，研究不同菜豆品种的抗冷机制。结果表明：在 5℃低温胁迫下，超级九粒白的叶片冷害指数和叶片电解质渗漏率显著低于大江 106 架豆王和架豆王一号。SOD 和 POD 活性变化规律均呈现先升高后降低的趋势，但超级九粒白的酶活性始终高于大江 106 架豆王，架豆王一号的酶活性始终在两者之间，并高于大江 106 架豆王。低温处理结束后，恢复期间，与架豆王一号相比，大江 106 架豆王的 Pn 和 ΦPS Ⅱ明显下降，而架豆王一号的 Pn 和 ΦPS Ⅱ始终低于超级九粒白。因此，超级九粒白的抗冷性明显优于大江 106 架豆王和架豆王一号的原因是其叶片冷害指数、叶片电解质渗漏率、抗氧化酶活性及 Pn 和 ΦPS Ⅱ等抗冷指标均优于大江 106 架豆王和架豆王一号。

王大为等（1997）研究表明，施用低温保护剂 Mefluidide（氟草磺）可减轻菜豆幼苗冷伤害并加快其恢复。

3. 低温胁迫对菜豆生长发育和产量的影响 菜豆植株遭受低温冷害，会引起菜豆生理代谢失调，生长发育受阻，因品种、受害程度和受害时间不同，症状也有差异。低温冷害对菜豆的伤害主要表现在外观伤害、生理指标和生化指标改变三个方面。从外观上看，冷害指数是外观伤害最直接的反映指标。从生理指标上看，菜豆播种后低温会造成菜豆出土缓慢，出苗率降低和粉种。菜豆苗期低温一般表现为叶片扭曲，叶面出现淡褐色或白色斑点，叶缘干枯等，严重时整株枯死。菜豆花芽分化时低温，可引起菜豆花芽分化不良，产生小荚、弯荚、裂荚等畸形荚。菜豆结荚期低温，豆荚部分细胞死亡，出现暗绿色小斑。此外长时间的低温还可以引起菜豆沤根，植株生长缓慢，叶面积小，自封顶，畸形荚，减产甚至绝产。从生化指标上看，低温能降低菜豆幼苗叶片叶绿素含量和相对含水量，显著提高菜豆叶片及根系电解质外渗漏率，从而影响了叶片的正常光合作用；降低菜豆幼苗根系活力，影响根系正常发育；适当增加菜豆幼苗过氧化物酶活性，丙二醛含量、可溶性蛋白、可溶性糖和游离脯氨酸的含量，破坏叶片细胞膜系统，使植株正常生长受阻。

4. 应对措施

（1）适期播种　菜豆生长发育要求的空气温度和地温稳定在10℃以上。因此播种前应先测量温度，尤其应以地温稳定通过10℃为重要指标。如果是育苗定植，定植时的地温也应该高于10℃。

（2）高垄栽培　高垄栽培有利于吸收太阳能提高地温，并且有利于菜豆缩短生育期提早上市。

（3）改进栽培设施　为了提早上市可采取地膜覆盖、小拱棚、大棚、阳畦、温室等设施进行栽培。

（4）药剂喷施　通过叶面喷施Ca、B等微量元素可提高菜豆的耐冷能力。喷施爱多收等壮苗与发根药剂也有一定防治效果。

（5）低温锻炼　菜豆苗期进行5~8℃的低温锻炼可提高菜豆的抗低温极限。

（6）应急处理　温度在0℃左右时，菜豆容易发生冻害，为防止冻害的发生，应在低温来临前，加盖报纸、草帘、塑料布等覆盖物，冷害来临时，采取临时加温或烟熏的方式抗冻。

（7）冷害过后加强管理　冷害过后适当遮阳，减少强光对叶片的生理损伤；喷施杀菌药防止病害的大面积发生；喷施壮苗发根药剂减轻冷害对根系造成的伤害。

（二）高温胁迫

在菜豆的露地和设施栽培中，常有高温为害的发生，导致菜豆生长发育不良，落花落荚严重，产量和品质降低。以菜豆柱头形成期前后到开花结荚期受影响最大，高温已成为菜豆生产的重要障碍因子之一。研究菜豆在高温下的生理生化活动规律及其抗热机理，有助于培育抗热性强的菜豆新品种和发展各种增强菜豆抗热性的技术措施，对于提高菜豆的生产潜力，有着十分重要的意义。

1. 发生时期　菜豆遭受高温为害主要发生在菜豆开花结荚期和鼓粒成熟期。菜豆开花期遇高温会使菜豆落花落荚严重，菜豆花芽分化期遇高温为害会使荚长缩短，单株荚数减少，导致减产。在菜豆鼓粒成熟期遇高温会使菜豆百粒重减少，进而影响产量和品质。

2. 评价指标　作物耐热评价指标可分为外部形态和经济性状指标、微观结构指标、生理生化指标以及分子生物学指标四大类。从微观结构看，细胞膜系统是热损伤和抗热的中心，细胞膜的热稳定性反映了植株的耐热能力。研究表明，菜豆苗期耐热性与成株期耐热性呈显著正相关，因而，通过鉴定菜豆苗期热害指数、膜热稳定性、抗氧化酶活性、叶绿素a含量、净光合速率可作为鉴定菜豆耐热性的评价指标。

3. 高温胁迫对菜豆生长发育和产量的影响 高温逆境下菜豆植株易早衰，抵抗病虫害侵染的能力下降。高温胁迫会导致“畸形”花粉的产生，使菜豆雌配子体结构受到明显伤害，影响正常授粉受精。从外部形态和经济性状上看表现为热害指数增大，植株及荚果生长变慢，单株荚数减少，百粒重减小，产量与品质下降。从微观结构上看表现为高温胁迫对叶绿体外膜和类囊体膜造成破坏，引起光合色素的降解，进而抵制光合作用，不同品种受抑程度因耐热性而异。在高温胁迫下，构成生物膜的蛋白质和脂类之间的功能键断裂，导致膜蛋白变性、分解和凝聚，脂类脱离膜而形成一些液化的小囊泡，从而破坏膜的结构，导致膜丧失选择透性与主动吸收的特性，膜透性增大，细胞内部的原生质外渗，同时，也会破坏线粒体和核仁结构，使菜豆细胞膜热稳定性下降。从生理生化指标及分子生物学指标看，高温胁迫下菜豆吸水量降低，蒸腾量减少，但蒸腾量仍大于吸水量，使植物组织的含水量降低，同时发生萎蔫。植物含水量的降低使组织中束缚水含量相对增加，即组织持水量增高。ABA 被认为是一种逆境激素，同样它在高温逆境中也起着重要的调节作用。ABA 可诱导热激蛋白的表达，同时使植株获得耐热性。高温逆境可诱导乙烯的大量产生，产生乙烯的反应是诱导植物产生特异的防卫蛋白，从而改善植物对热胁迫的抵抗能力。高温胁迫下，超氧化物歧化酶（SOD）、过氧化氢酶（CAT）、过氧化物酶（POD）、谷胱甘肽还原酶（GR）和抗坏血酸过氧化物酶（APX）等是植物酶促防御系统的重要保护酶。这些酶能清除氢、氧自由基，抵御或减轻膜脂过氧化物对细胞内其他部位的伤害。

沈征言等（1993）研究表明，高温胁迫抑制菜豆光合作用，使植株及荚果生长变慢。高温也增加单花花粉粒数目，导致“畸形”花粉的产生，影响正常授粉受精，减少单株荚数。高温的不利作用在耐热性不同的菜豆上表现出明显差异。研究同时还表明，耐热性不同的各菜豆基因型在高温逆境中单株干物重及结荚数的下降率不同，二者呈密切相关。由此推论，高温胁迫必然影响光合作用和结实器官的正常分化和发育。

朱海山等（1991）通过对 4 个抗热性不同菜豆基因型的高温胁迫处理与常温对照的比较，结果表明，高温胁迫对雌配子体结构有明显的伤害作用，高温胁迫导致“畸形”花粉的产生，使花粉总数增多，但有效花粉数无实质性提高。不同基因型“畸形”花粉发生率不同。

金新文等（1997）以抗热性不同的四个菜豆品种的叶片为材料，研究叶片蒸腾强度与抗热性的关系，结果表明，不论在常温还是在高温下，耐热品种的叶片蒸腾率均大于热敏品种，故叶片蒸腾率在高温胁迫下的变化可考虑作为作物抗热性的鉴定指标。

马海艳等（2003）以耐热性不同的菜豆品种为材料，研究高温胁迫下类囊体膜脂脂肪酸组成及饱和度的变化。结果表明，高温胁迫下，菜豆类囊体膜脂饱和度均提高，但耐热菜豆品种类囊体膜脂饱和度提高幅度远远高于热敏感菜豆品种，表明耐热菜豆品种在脂肪酸水平上对高温逆境有较强的耐受性。

马海艳等（2004）以中国生产上的主栽菜豆品种“美国地豆”为试材，研究各种膜稳定剂对缓解菜豆高温胁迫的作用。结果表明，在高温季节，叶面喷施 50 mg/L 的脯氨酸对稳定菜豆产量、缓解高温逆境的不利影响有积极作用，其机理在于提高了高温下菜豆细胞膜的稳定性。

呼彧等（2009）以不同菜豆品种为材料，利用人工控温的方法，研究高温胁迫对菜豆幼苗耐热生理生化特性的影响。结果表明，高温处理抑制菜豆种子的萌发。在35℃、37℃两个温度处理下，发芽率、发芽势、发芽指数均下降。37℃下的发芽率、发芽势、发芽指数表现出品种间的显著差异，能够有效区分菜豆品种的耐热性；随着热处理时间的增加，MDA含量增加，MDA变化量与胁迫程度成正相关。在高温胁迫下两个品种间MDA含量差异明显，耐热品种MDA含量较低，而热敏感品种MDA含量较高；随着胁迫温度的升高，胁迫程度加大，可溶性蛋白的含量随之降低。在相同温度胁迫条件下，耐热性品种的蛋白含量明显高于热敏感品种；菜豆幼苗保护酶活性对温度的敏感程度不同，耐热品种较热敏感品种保护酶活性高，且下降的幅度较低，SOD、POD、CAT活性与菜豆幼苗耐热性成正相关。

高丽红（2004）、钱玉芬（2013）等以菜豆幼苗为试验材料，分析了高温胁迫对抗性不同菜豆品种的热害指数、膜稳定性、电解质渗透率、叶绿素含量、叶绿素荧光参数及抗氧化酶活性的影响。结果表明，高温胁迫下，热敏感品种热害指数显著高于耐热品种，耐热品种细胞膜结构相对稳定，表现在SOD酶活性较高和较低的MDA含量上，菜豆叶绿素a（Chla）含量、叶绿素b（Chlb）都表现出降低的趋势，且热敏感品种下降幅度大于耐热品种；在高温胁迫下，相对电解质渗透率不断增大，且热敏感品种的升高幅度大于耐热品种；在高温胁迫下，Ca^{2+}-ATP、Mg^{2+}-ATP酶活性及叶绿素荧光Fv/Fm及Fv/Fo、电子传递速率（ETR）、均随高温胁迫时间延长呈下降趋势，但耐热品种下降幅度较热敏感品种平缓，且热敏感品种随高温胁迫时间延长，其叶绿素a荧光诱导动力学曲线中的第二峰（M峰）消失；在高温胁迫下，菜豆幼苗叶片的MDA含量和SOD活性都出现先升高后下降趋势，过氧化氢酶（CAT）、抗坏血酸过氧化物酶（APX）均有所降低（$P<0.05$）。其中，热敏感品种的APX、POD活性降低幅度大于耐热品种，解除胁迫之后，耐热品种回升幅度大于热敏感品种，说明高温胁迫对不同品种菜豆幼苗抗氧化系统影响不同，耐热品种在处理初期下降幅度较低，恢复速度较快，这有利于过剩活性氧的清除。

4. 应对措施

（1）*因地制宜选用耐热品种并配套相应的丰产栽培技术*　协调好品种、密度、土壤及水肥之间的关系，建立理想的抗性群体。花荚期保持较高的肥力与湿度，维持植物较强的光合功能。

（2）*采用宽行栽培*　畦向与当地风向基本相同，有利于通风散热，降低田间温度。

（3）*加强管理*　全生育期或生育前期喷施浓度1mg/kg的VB_1液，能提高着蕾数、开花数、结荚率、单荚重量，生育期有提早趋势。

大棚栽培菜豆可以在中午前后采取覆盖遮阳网、浇水、大通风等降温措施。夏播芸豆可在畦面进行覆草遮阳，既能降温又可保湿，开花结荚期遇高温干旱要及时灌溉，保持土壤湿润（相对湿度60%左右），避免和减轻高温、干旱对结荚的双重影响，提高坐果率。

（4）应用生长调节剂　高温少雨时，在开花期喷1mg/kg浓度的防落素溶液，或15mg/kg浓度的萘乙酸溶液，或15mg/kg浓度的吲哚乙酸溶液，可减少落荚，提高坐果率。

二、水分胁迫

水分胁迫（water stress）是植物水分散失超过水分吸收，使植物组织含水量下降，膨压降低，正常代谢失调的现象。

（一）水分亏缺或干旱

水分亏缺是植物常遭受的环境胁迫之一。当植物耗水大于吸水时，就使组织内水分亏缺。过度水分亏缺的现象，称为干旱。干旱是影响作物生长发育最主要的生态境因子，也是对作物产量最重要的限制因子之一。干旱对世界作物产量的影响，在诸多自然逆境中占首位，其为害程度相当于其他自然灾害之和。植物旱害是由自然条件和植物本身的生理条件所引起，包括自然条件引起的大气干旱、土壤干旱和植物本身原因引起的生理干旱。

植物生长受抑制是干旱胁迫所产生的最明显的生理效应。干旱胁迫抑制光合作用光反应中原初光能转换、电子传递、光合磷酸化和光合作用暗反应过程，并最终导致光合作用下降，呼吸作用减慢，蛋白质分解，核酸代谢受阻，激素代谢途径改变等。同时，干旱胁迫使活性氧的产生和抗氧化系统之间的平衡体系被破坏，并损伤膜的结构和抑制酶的活性，导致细胞因受氧化胁迫而伤害细胞。干旱胁迫使植物不同程度的面临由超氧阴离子、过氧化氢、单线态氧和羟自由基等活性氧引发的氧化胁迫。叶绿素吸收过量光能后叶绿体内活性氧的增加对光合机构产生破坏作用成为植物发生光抑制的主要原因。

菜豆水分胁迫可分为旱和涝，但在生产中的水分胁迫基本都是干旱。干旱对菜豆生长发育的影响在形态结构和生理方面表现为：光合作用降低；叶绿体中CO_2的固定减慢；呼吸作用减弱；物质运输减慢；同化产物不能正常分配；不同器官和不同组织之间的水分重新分配；植株体内可溶性糖、脯氨酸和甜菜碱等溶质增加，使细胞渗透势下降，促进植株可从外界吸收水分；干旱胁迫下，植株体内内源激素吲哚乙酸（IAA）、脱落酸（ABA）、乙烯（ETH）含量增加，细胞分裂素（CTK）含量降低；植株体内超氧化物歧化酶（SOD）、过氧化物酶（POD）、过氧化氢酶（CAT）活性增加，降低体内有害自由基含量。

1. 发生时期　菜豆干旱发生在菜豆生长发育的整个时期。如苗期干旱会造成营养体矮小，同样花芽分化也受到影响；花荚期干旱造成落花落荚；鼓粒期干旱会降低百粒重，增加空秕粒率。菜豆干旱对产量和品质均有较大影响。

2. 评价指标　采用土壤的含水量表示比较方便，采用植物本身的水分指标来表示比较正确。水势、相对含水量、叶片气孔阻力和蒸腾速率也是常用的衡量水分胁迫程度的表征指标。

3. 水分胁迫对菜豆生长发育和产量的影响

贲桂英等（1987）研究表明，在严重的水分胁迫或持续温和的水分胁迫下，菜豆叶片叶绿素含量都有一定程度的降低。

殷丽峰等（2003）研究了干旱胁迫对菜豆幼苗生长、气孔开放率、渗透调节能力（脯氨酸及还原糖含量）以及活性氧代谢的影响。结果表明，干旱胁迫下，菜豆幼苗的鲜重及干物质含量的增长表现出对土壤湿度的一定适应范围；在干旱胁迫下，菜豆气孔对干旱逆境较敏感，气孔开放率随着土壤含水量的降低而降低，菜豆可溶性糖和脯氨酸含量均表现为上升的趋势，说明干旱胁迫可以诱导菜豆积累渗透调节物质，提高自身保水能力。在干旱胁迫初期，超氧化物歧化酶（SOD）呈上升趋势，但在土壤含水量极低的情况下则表现为下降趋势；干旱胁迫下土壤含水量与菜豆幼苗体内的脯氨酸含量及还原糖含量呈明显负相关。

孙歆等（2005）考察了外源水杨酸处理对水分胁迫下菜豆幼苗叶片的含水量、光合色素含量、电解质外渗率及 SOD、POD、CAT 活性和根的电解质外渗率及 SOD、POD、CAT 活性的影响。结果表明，外源水杨酸能减缓水分胁迫下菜豆幼苗叶片含水量和光合色素含量的下降，保持叶片的 SOD、CAT 和根的 SOD、POD、CAT 活性，但却增加了叶片和根的电解质外渗率，降低了叶片 POD 的活性。由此看出，水杨酸可以在一定程度上够缓解水分胁迫对菜豆幼苗造成的伤害。

华劲松等（2013）在芸豆开花、结荚期进行不同程度土壤水分胁迫处理，研究土壤水分亏缺对芸豆光合生理及产量性状的影响。结果表明，随着土壤水分胁迫强度的增加，叶片相对含水量下降，叶比重降低，同时，叶绿素含量和光合速率下降幅度增大。水分胁迫 15d 后，轻度、中度、重度水分胁迫处理的叶绿素含量分别比对照下降 13.7%、28.6%、46.4%，最大光合速率下降 3.9 μ mol/s · m^2、6.2 μ mol/s · m^2、8.1 μ mol/s · m^2。植株生长受到抑制，各器官的光合生产量下降，地上部分（荚果、茎秆、叶片）下降幅度大于地下部分（根系），根冠比增大；同时芸豆开花数、结荚数和单荚粒数显著降低，导致产量较大幅度下降，轻度、中度、重度水分胁迫条件下，产量分别比对照下降 41.29%、66.37%、85.02%。由此可见，芸豆在开花结荚期对土壤水分胁迫十分敏感，加强该期水分管理是提高芸豆产量的关键措施。

王景伟等（2014）为研究干旱胁迫对芸豆籽粒干物质积累的影响，并建立动态方程。以奶花芸豆 2242 为材料，设计了一个三因素盆栽实验，进行不同生育时期、不同程度、不同时间的干旱胁迫。结果表明，不同干旱胁迫处理，籽粒干物质积累均受到一定程度的影响。在不同时期进行干旱胁迫，苗期最终表现为等量补偿效应，始花期和结荚期表现为部分补偿效应，说明在苗期可适当进行干旱胁迫，而在始花期和结荚期 进行干旱胁迫则会影响干物质积累量。进行不同程度干旱胁迫，籽粒干物质积累规律为正常供水 > 中度干旱 > 重度干旱。不同时间进行干旱胁迫，胁迫 5d〉胁迫 10d。籽粒干物质动态变化均为“S”形曲线，可用Logistic模型描述，并用特征参数描述积累过程特征，且拟合效果较好，决定系数均达0.98以上。

4. 应对措施 解决干旱胁迫应在稳产、高产、优质的前提下，以培育抗旱性较强的作物品种为重点，进一步加强作物耐旱、抗旱机理及其应用的发掘与创新，抗旱遗传基因的标记、克隆与导入研究。同时，因地制宜研发与区域品种相配套的抗旱节水丰产栽培技术，其根本有效措施为适时合理灌溉，保证土壤绝对含水量在苗期高于10%，花荚期高于13%。在农艺措施上，合理耕翻，增施有机肥，实现“以水调肥，以肥促水，水肥耦合”的水肥一体化技术，达到蓄水保墒，减少土壤水分蒸发，提高水肥利用效率的目的。在抗旱剂和保水剂应用方面，播种前对土壤施用保水剂，增强土壤对水分的保持能力，减少土壤水分蒸发，提高水分利用率，均衡供给菜豆生长发育所需水分，提高土壤养分利用率，从而提高菜豆产量。在菜豆生长期喷施抗旱剂2~3次，改善菜豆叶面营养，从而提高菜豆的抗旱性，提高作物对土壤水分、养分的利用效率和菜豆产量，棚室栽培的菜豆品种应适时通风降温，避免过高温度造成棚室内大气干旱。

（二）渍涝

土壤水分过多对植物产生的伤害称为涝害。渍涝是因洪涝而造成的地面积水，是一种严重的气象灾害。水分过多的为害并不在于水分本身，而是由于水分过多引起缺氧，从而产生一系列为害。低湿地、沼泽地带、河湖边，发生洪水或暴雨过后，常有涝害发生。广义涝害包括湿害，指土壤过湿，土壤含水量超过田间最大持水量时植物受到的伤害。狭义的涝害指地面积水，淹没了作物的部分或全部，使其受到伤害。

渍涝发生在菜豆生长发育的各个时期。水涝缺氧使菜豆地上部分与根系的生长均受到阻碍。受涝的菜豆个体矮小、叶色变黄、根尖变黑，叶柄偏上生长。若种子淹水，则芽鞘伸长、叶片黄化，根系停止生长。

1. 植物涝害的机理

（1）*乙烯含量增加* 在淹水条件下，植物体内乙烯含量增加。

（2）*影响植物代谢* 涝害使植物的光合作用显著下降，其原因可能与阻碍CO_2的吸收及同化产物运输受阻有关；水涝主要影响植物的呼吸，有氧呼吸受抑，无氧呼吸加强，ATP合成减少，同时积累大量的无氧呼吸产物（如丙酮酸、乙醇、乳酸等）。

（3）*植物营养失调* 遭受水涝的植物常发生营养失调。由于根系受水涝伤害后根系活力下降，同时无氧呼吸导致ATP供应减少，阻碍根系对离子的主动吸收；缺氧使嫌气性细菌（如丁酸菌）活跃，增加土壤溶液酸度，降低其氧化还原势，土壤内形成有害的还原物质（如H_2S等），使必需元素Mn、Zn、Fe等易被还原流失，造成植物营养缺乏。

2. 应对措施 应选用地势较高、排水性能较好的地块种植菜豆。在易发生涝害的地区，要注意选用耐涝性强的菜豆品种，增施有机肥和基肥可提高菜豆抗涝能力。多雨易涝地区，搞好田间排水系统，一旦发生水涝，要及时排水减涝。

三、其他胁迫

（一）盐碱胁迫

盐碱胁迫主要包括渗透胁迫、离子毒害和离子不平衡。

土壤中盐分过多，即水势降低，给植物造成一种水逆境，这与干旱或冻害时植物的影响是一致的。盐分过高造成外界环境中离子浓度过高，影响细胞内 ATP 酶的活性，改变原生质膜的透性，使植物细胞内的离子浓度和种类相应发生变化，进而影响植物的正常生长发育。其次，盐胁迫影响到叶绿体内蛋白质的合成，使磷酸根的吸收受到限制，P 的吸收减少，并较多地积累于根部，使向叶部的转移受限制，并进一步恶化了植物的营养条件。此外，不同的盐胁迫对植物叶和根中可溶性糖含量的影响与植物受干旱的影响极为相似，高浓度的盐溶液改变原生质膜的透性，使大量的细胞内物质外渗，糖含量增加，过多的盐毒害抑制光合作用，使有机物在植物体内的运输缓慢，有机物的合成强度显著降低，作物中的糖为呼吸作用所消耗，并由下部向上运输到幼叶，因而造成芸豆根和叶中可溶性糖含量的不同变化。盐胁迫使植物营养缺乏，生长受抵制，光合下降，耗能增加，植物最终因饥饿而死亡。

盐胁迫对植物形态发育的影响表现为抑制组织和器官的生长，加速发育过程，缩短营养生长和开花期。盐胁迫对植物生理生化代谢的影响表现为当不同环境胁迫作用于植物时都会发生水胁迫。在盐胁迫下，植物细胞脱水，膜系统破坏，位于膜上的酶功能紊乱，各种代谢无序进行，导致质膜透性的改变，而且，高浓度 NaCl 可置换细胞膜结合的 Ca^{2+}，使膜结合 Na^{+} 增加，膜结构和功能破坏，细胞内的 K^{+}、P 和有机溶质外渗；同时，植物组织因缺水而引起气孔关闭，叶绿体受损，叶绿素含量下降，光合相关酶失活或变性，光合速率下降，同化产物合成减少，植物呼吸强度首先增强，后随着时间的延长而减弱；盐胁迫亦可引起植物物质代谢失调，造成植株体内氨基酸积累，造成氨害或毒害。

盐胁迫抵制菜豆种子萌发，一个原因是盐胁迫抑制种子中 α 淀粉酶等水解酶活性，从而影响种子中大分子物质分解为可供种子萌发所需小分子化合物生成；另一原因是由于土壤中盐碱含量高，造成土壤水势低，种子吸水困难，无法正常萌发。

菜豆是不耐盐碱作物，因此，菜豆应避免在盐碱地块上生产，对于地膜覆盖可能会造成土壤返盐碱情况，应该及时灌水压盐。

李姝睿等（2003）研究了单盐（Na^{+}）条件下，芸豆根和叶中可溶性糖的含量变化情况，为进一步研究单盐毒害对植物的生理影响提供依据。研究表明，不同盐浓度对芸豆根和叶中可溶性糖的含量有不同影响，叶中的可溶性糖含量在受到 50mmol/L 和 100mmol/L 浓度 NaCl 胁迫时，随盐浓度增长而呈上升趋势，而在 175mmol/L 时出现下降趋势；根中的可溶性糖在 50mmol/LNaCl 胁迫时出现上升趋势，而在 100mmol/L、175mmol/LNaCl 胁迫时随盐浓度升高，出现下降趋势。

张凤银等（2013）探讨外源水杨酸（SA）对盐胁迫下菜豆种子萌发和幼苗生理特

性的影响，用不同浓度SA处理NaCl盐胁迫下的菜豆种子，测量种子萌发、幼苗生长及生理指标。结果表明，7 g/L NaCl处理后，显著降低菜豆种子的发芽势、发芽率、发芽指数以及幼苗的主根长和芽长，也显著降低幼苗的SOD活性、提高MDA含量。在盐胁迫下，随SA浓度的增加，菜豆种子发芽势、发芽率、发芽指数以及幼苗的主根长、芽长、侧根数和SOD活性均呈现先升后降的趋势，且以0.5 g/L SA达最大值，而幼苗的MDA含量呈现先降后升的趋势，以0.5 g/L SA达最小值。由此可知，NaCl盐胁迫抑制菜豆种子萌发和幼苗生长，而添加适宜浓度的SA能缓解盐胁迫作用，且以0.5 g/L SA效果最好。

（二）低磷胁迫

1. 对生长发育的影响 P对菜豆生长发育至关重要。P对菜豆根瘤菌的形成和开花结荚具有重要作用。菜豆缺P时植株矮小，发僵，出叶慢，叶少而小，色暗绿无光泽，芸豆植株及根瘤菌的生长发育不良，开花结荚数减少，荚果籽粒数少，产量降低。

曹爱琴等（2002）利用特殊设计的营养袋纸培和分层式P控释沙培等根系生长系统结合计算机图像分析技术，以基根根长在生长介质各层的相对分布和基根平均生长角度为指标，定量测定菜豆（*Phaseolus vulgaris* L .）根构型在低P胁迫下的适应性变化及其与P效率的关系。结果表明，菜豆根构型对低P胁迫具有适应性反应，在缺P条件下基根向地性减弱，基根在生长介质表层相对分布增多、基根平均生长角度（与水平线夹角 ）变小，从而导致整个根系较浅。供试菜豆根构型对低P胁迫的适应性反应具有显著基因型差异，缺P时G19833等基因型向地性明显减弱，基根向高P剖面趋向生长的能力较强，因而具有较高的P吸收效率。研究结果表明，根构型变化是菜豆适应低P胁迫的可能机理之一，为通过改变植物根构型来提高P吸收效率提供了依据。

樊明寿等（2001）采用溶液培养法在高P（1mmol/L）和低P（1μmol/L）两个供P水平条件下研究菜豆根结构的变化。结果表明，经过一定时间的低P胁迫，菜豆根皮层薄壁细胞解体形成通气组织。

沈宏等（2002）以水培方式研究了低P、Al毒胁迫条件下，不同菜豆基因型根系有机酸的分泌及其在植株不同部位的累积。结果表明，低P、铝毒胁迫诱导菜豆有机酸的分泌与累积存在显著的基因型差异。低P、Al毒胁迫诱导菜豆主要分泌柠檬酸、酒石酸和乙酸；低P胁迫诱导柠檬酸分泌量显著高于高P处理，但低P处理之间差异不明显；Al毒胁迫诱导菜豆有机酸的分泌与累积显著高于低P胁迫处理；低P、Al毒胁迫植株不同部位有机酸的含量为叶片大于根系，从而说明低P、Al毒胁迫时，菜豆有机酸，尤其柠檬酸的分泌是其适应低P、Al毒胁迫的重要生理反应。

2. 应对措施

（1）土壤改良 提高作物耐盐性的根本途径是改良土壤。可采取灌排、施用化学改良剂、增施有机肥料或石膏加厩肥等措施进行改良。

（2）种子处理 作物耐盐能力常随生育时期有不同而异，且对盐分的抵抗有一个适应锻炼过程。种子在一定浓度的盐溶液中吸水膨胀，然后再播种萌发，可提高生育期的抗盐能力。

（3）育种手段　不同基因型菜豆品种间存在着显著的耐盐性差异，即使同一品种的不同生育阶段，其耐盐性也存在差异。因而进行优质高产多抗耐盐品种的选育是解决盐胁迫的根本途径。

第六节　菜豆品质

一、菜豆品质

（一）营养成分

普通菜豆是一种营养丰富，食味好的豆类。菜豆的籽粒和嫩荚中都含有丰富的营养成分。菜豆籽粒含蛋白质 17.3%~26.5%，脂肪 1.2%~2.6%，碳水化合物 56%~61%，并且含有多种维生素 B、胡萝卜素及 Ca、Fe、P 等微量矿物元素。每百克子粒含 Ca 136mg，Fe 9.4mg，维生素 B_1 0.42~0.54mg，维生素 $B_2$0.18mg，尼克酸 2.1~2.7mg，维生素 C 3.0mg。成熟的鲜青豆含蛋白质 1.7%，脂肪 3.2%，碳水化合物 5.5%，每百克青豆含 Ca 42mg，Fe 0.8mg。菜豆的鲜叶中含蛋白质 3.6%、脂肪 0.4%、碳水化合物 6.6%，每百克叶片中含 Ca 高达 27.4%、含 Fe 9.2%。未加工的生菜豆籽粒和豆荚中含有少量有毒物质，如胰蛋白酶抑制剂、血细胞凝集素等，这些有毒物质对热不稳定，经加热即被破坏，变为无毒物质。

在菜豆蛋白质构成中，富含人体必需的 8 种氨基酸，特别是赖氨酸和色氨酸的含量较高。它的蛋白质含量是禾谷类作物的 2~3 倍。菜豆是营养价值较高的作物，是人类蛋白质来源的重要组成部分。此外，菜豆的药用价值也很高，其含有皂苷、尿毒酶和多种球蛋白等独特成分，具有提高人体自身的免疫能力，增强抗病能力，激活淋巴 T 细胞，促进脱氧核糖核酸的合成等功能，对肿瘤细胞的发展也有抑制作用，因而受到医学界的重视。其所含尿素酶应用于肝昏迷患者效果很好。菜豆的籽粒有滋补、解热、利尿、消肿的功效，对治疗水肿和脚气病有特殊疗效。菜豆还可以加速肌肤新陈代谢，缓解皮肤、头发的干燥。芸豆中的皂苷类物质能促进脂肪代谢，是减肥者的理想食品之一。

（二）菜豆淀粉

淀粉是菜豆中的主要碳水化合物，其性质直接影响菜豆资源的开发与利用。菜豆淀粉理化特性直接影响食品的品质，如硬度、黏稠度、咀嚼度和消化特性等。淀粉加工过程中原料的输送、搅拌、混合、能量的损耗等均与淀粉糊的流变特性密切相关。

杜双奎等（2012）对菜豆淀粉理化特性进行研究，以花芸豆、小红芸豆、红芸豆、小黑芸豆和小白芸豆等菜豆属芸豆为试验材料，采用湿磨法提取淀粉，以马铃薯淀粉和玉米淀粉为对照，分析芸豆淀粉的颗粒特性与糊化特性。结果表明：菜豆淀粉颗粒多为卵圆形，少数为圆形，轮纹较明显。有呈细长或中心放射状的位于颗粒中部的裂纹，偏光十字清晰，多沿长轴方向拉伸呈“X”形或斜“十”形；线条有少许弯曲，有裂纹的颗粒，其偏光十字多有交叉。

菜豆淀粉溶解度、膨胀度随温度升高而增大。菜豆淀粉存在一个初始膨胀阶段和迅速膨胀阶段，为典型的二段膨胀过程，属限制型膨胀淀粉。菜豆淀粉的透光度明显小于马铃薯淀粉，菜豆淀粉冻融稳定性不及玉米淀粉和马铃薯淀粉。

芸豆淀粉的糊化温度、峰值黏度、破损值、最终黏度和回生值分别为 76.6~77.8℃、150.9~117.3RVU、5.0~320 RVU、205.1~225.2 RVU 和 91.9~104.2 RVU。芸豆淀粉的起糊温度高于马铃薯淀粉，低于玉米淀粉；峰值黏度和破损值显著低于马铃薯淀粉，与玉米淀粉接近；最终黏度和回生值明显高于玉米淀粉和马铃薯淀粉，说明芸豆淀粉糊具有较高的回生趋势。淀粉糊化特性主要受颗粒膨胀、膨胀颗粒之间的摩擦、直链淀粉溶出、淀粉结晶度和淀粉组成的链长等影响。红芸豆淀粉具有低的起糊温度、峰值黏度、破损值以及回生值，表现出易糊化、抗剪切，不易回生的糊化加工特性，可用于汤和调味汁等食品。

宋谨同等（2010）通过 4 个 N 处理对 4 个芸豆品种淀粉含量的影响进行研究，结果表明：N 肥用量对 4 个芸豆品种的淀粉含量都具有较为显著的影响，龙 23-388、英国红、品芸 2 号 N30 处理下淀粉含量最高，而龙芸 4 号在较低的 N20 处理下即达到了最高，这与史金等（2007 年）的研究结果相一致。王红波等（2007）认为花期追施 N 肥，能明显增加新农菜豆 1 号植株的株高、有效分枝、单株荚数、单株粒数、单株粒重等经济性状。在本试验条件下随着施 N 量的增加芸豆每株节数、分枝数、单株有效荚数、每荚粒数、百粒重都呈先增加后减少的趋势，4 个品种均在 N30 处理即施 N 量为 30kg/hm^2 时产量最高。N 肥对芸豆淀粉积累和产量构成的影响是一个复杂的过程，施肥条件或者施肥时期的不同都可能对其淀粉积累和产量构成产生一定的影响，因此有必要对其进行进一步研究以探索 N 肥对芸豆淀粉积累和产量构成影响的机理。

（三）菜豆蛋白质

菜豆蛋白质含量高，氨基酸种类较好，是发展保健食品的主要原料。菜豆蛋白是一种优质蛋白质，其氨基酸谱与 FAO 建议的理想蛋白质必需氨基酸模式谱比较，除蛋氨酸外，其余均高出 22%~63%，其中赖氨酸高 31%~47%。蛋氨酸为芸豆蛋白质的限制氨基酸，菜豆蛋白中共含有 18 种氨基酸，氨基酸总量达 85.30%，其中谷氨酸含量最高（13.69%），其次是天门冬氨酸（10.13%），谷氨酸在人体内可促进氨基丁酸的合成，从而降低血氨，促进脑细胞呼吸，可以用于治疗精神疾病，如精神分裂症和脑血管障碍等引起的记忆和语言障碍、小儿智力不全等。天门冬氨酸是一种良好的营养增补剂，可用于治疗心脏病、肝脏病、高血压症，具有防止和消除疲劳的作用。菜豆蛋白具有良好的起泡性和乳化能力等特性。是一种天然的淀粉酶抑制剂，效果优于小麦及其他的农作物中提取的蛋白，主要用于治疗肥胖症、糖尿病。

菜豆蛋白质富含植物凝集素成为其蛋白质的开发热点。凝集素是一类多价的、非免疫来源的、对细胞表面糖类有高度专一性的蛋白质或糖蛋白，广泛存在于自然界各种各样的生物体中，并在生命活动如病毒、细菌、支原体和寄生虫感染、细胞和可溶性组分之间的寻靶作用、受精作用以及癌细胞转移、生长、分化中都起着重要作用。但是凝集素对菜豆蛋白的性质也有不良的影响。它们对消化酶及热稳定性有一定的阻碍作用，同时与低级多糖一起成为菜豆抗营养因子的主要成分。在氨基酸组成方面菜豆蛋白质异亮氨酸、亮氨酸、苯丙氨酸、苏氨酸以及缬氨酸的比例均高于大豆蛋白质。研究表明：菜豆中含有的花色苷、皂苷等生物活性物质可以提高人体非特异性免疫，增强抗病能力，抑制肿瘤细胞发展，因此得到了医学界的重视。

周大寨等（2008）进行了芸豆蛋白质的提取及超滤分离研究，在单因素试验基础上，用正交试验对芸豆蛋白的提取工艺条件进行筛选，得出最优提取条件为：在40℃下，用20倍于芸豆粉的pH值为10.0，0.067mol/L磷酸缓冲液，提取60min。同时探讨了芸豆蛋白超滤分离纯化工艺。结果表明，在压力差0.3MPa、泵功率20%、料液浓度4%、料液pH值为10.0条件下，经过4次超滤后，蛋白质纯度稳定在85%左右。

二、菜豆的利用

（一）粮用

作为“小杂粮”，与其他粮食作物合理搭配，发挥人体营养平衡的作用。菜豆与小麦、稻米、玉米等配合做主食，一方面缓解了对主要粮食作物需求的压力，更重要的是提高蛋白质的利用效率和人们的食物营养水平。按85%的小麦：15%的菜豆，90%的大米：10%的菜豆，60%的玉米：40%的菜豆配合作主食，蛋白质的利用效率可提高20%~50%。中国的食用方法主要是制作豆沙，制作糕点、豆沙包等，与大米、玉米、高粱做米饭和米粥，干豆粒同玉米、小麦混合磨成面粉制作各种主食或糕点，还可以加工成淀粉、制作粉皮、粉丝等。由此可见，菜豆在人类膳食，尤其是在非洲和拉丁美洲等第三世界国家人民膳食中的重要作用。

（二）菜用

菜豆的嫩荚、嫩粒适口性好，营养丰富，是优质低廉的四季蔬菜。嫩荚、嫩粒还可作脱水或速冻蔬菜的原料。芸豆不宜生食，夹生芸豆也不宜吃，芸豆必须煮透，消除不利因子，趋利避害，更好地发挥其营养效益。嫩荚约含蛋白质6.0%，纤维10.0%，糖1.0%~3.0%；干豆粒约含蛋白质22.5%，淀粉59.6%；鲜嫩荚可作蔬菜食用，也可脱水或制罐头。芸豆的营养丰富，但其籽粒中含有一种毒蛋白，必须在高温下才能被破坏，食用芸豆必须煮熟煮透，消除其毒性，更好地发挥其营养效益，否则会引起中毒。芸豆在消化吸收过程中会产生过多的气体，造成胀肚。消化功能不良、有慢性消化道疾病的人应尽量少食。

菜豆还是一种难得的高 K、高 Mg、低 Na 食品，这个特点在营养治疗上大有用武之地。菜豆尤其适合心脏病、动脉硬化，高血脂、低血钾症和忌盐患者食用。芸豆的主要成分是蛋白质和粗纤维，还含有氨基酸、维生素及 Ca、Fe 等多种微量元素。其中蛋白质含量高于鸡肉，Ca 含量是鸡肉蛋白含量的 7 倍多，Fe 为鸡蛋白含量 4 倍，B 族维生素的含量也高于鸡肉。

（三）食品加工

1. 多数干菜豆适合于制作罐装食品 菜豆的干豆很适合制作罐头食品。菜豆可以单独或与马铃薯、猪肉、香肠等食物按一定比例相配制作罐头。不同罐头厂家制作菜豆罐头的程序不同，但其基本程序如下。

（1）选料 按一定标准对干菜豆进行分级，剔除破粒、杂色粒、损伤粒和褪色粒。

（2）浸泡 用清水浸泡豆粒至充分膨胀，以剥开豆粒见两片子叶吸水饱满，中间无凹槽为限。浸泡时间视豆粒含水量、种皮厚度、子粒大小和水的硬度而定，一般需 12h。

（3）软化 用 82~93℃的水软化 15min，软化后的子粒含水量为 50% ~60%。

（4）配料 根据不同的风味和所需的要求添加不同的佐料。常用的佐料有番茄酱、香肠、腊肉、食盐、糖、醋、酱 油、香料等，有的厂家还将菜豆与马铃薯、肉类、香肠按一定的比例配料。

（5）装罐和加热消毒 配好料后，立即装罐封闭，然后在 116~121℃温度下加热，小罐加热 35~65min，大罐加热约 55~100min，加温处理后迅速喷冷水冷却。

（6）包装 充分冷却后，去干罐表面的水分，用纸箱包装，即可上市。

2. 菜豆籽粒制成半成品菜豆粉 将干菜豆精选后在清水中浸泡 12h，滤去水后再用清水冲洗干净，在开水中预煮至豆粒软化，脱水后磨碎，在冷水中分离出种皮，将沉淀的豆粉取出晒干，用不同孔目的筛子筛去种皮即得豆粉。豆粉主要作汤，这种豆粉只要加热 10~15min 即可食用。晒干的豆粉也可制作其他食品。

3. 食荚菜豆加工速冻豆荚 将刚收获的菜豆青荚进行分级，按青荚的长短、肥瘦、色泽进行分类。然后清洗干净，在蒸汽或开水中持续软化 2~3min，立即滤水、冷凉，用纸箱包装，通过 -30℃的速冻通道进行速冻，速冻时间 15min，最后贮藏于 -18℃的冷库中。既是新鲜可口的蔬菜，又可获得较高的经济效益。

4. 提取蛋白质 菜豆蛋白质可用蛋白质提取机直接提取，用之于制作菜豆蛋白奶粉或添加到蛋糕、饼干中，改变原产品的风味与营养价值。

5. 提取天然色素 菜豆种皮可提取天然色素，用于食品和化妆行业，还是制作味精和酱油的原料。

本章参考文献

柴岩，冯佰利，孙世贤．中国小杂粮品种，北京：中国农业科学技术出版社，2007.

曹爱琴，廖红，严小龙．低磷土壤条件下菜豆跟构型的适应性变化与磷效应．土壤学报，2002，39（2）：276-282.

曹国璠，杨志华，李榜江，等．不同根瘤菌比例·营养液及用量在菜豆上的应用效果．安徽农业科学，2006，34（17）：4282-4283.

曹健，李桂花．豆类蔬菜生产实用技术，广州：广东省出版集团，2008.

曹毅，温海祥，邓日烈，等．新型固氮菌对菜豆生长发育的影响．佛山科学技术学院学报（自然科学版），2002，20（4）：71-74.

程丽娟，杨锦忠，杜天庆，等．种植密度对粒用芸豆品质的影响研究．山西农业大学学报：自然科学版，2009，29（2）：129-131，142.

程益军，欧胜伟，袁云福，等，英国红芸豆栽培技术．现代化农业，2001（3）：20.

杜双奎，王华，聂丽洁．芸豆淀粉理化特性研究．中国粮油学报，2012，27（8）：31-35.

段碧华，刘京宝，乌艳红，等．中国主要杂粮作物栽培．北京：中国农业科学技术出版社．

高丽红，尚庆茂，马海艳．两种不同耐热性菜豆品种在高温胁迫下叶绿素 a 荧光参数的差异．中国农学通报，2004，20（1）：173-175，197.

顾耘．菜豆病虫害及防治原色图册．北京：金盾出版社，2008.

韩旭，宋达尧．矮生菜豆叶片衰老过程中碳氮代谢指标的变化．长江蔬菜，2009，（10）：42-44.

侯志杰，闫东林，刘建民，等．大棚菜豆落蕾落花落荚的原因与防治．汉中科技，2007（2）：30.

华劲松．花荚期土壤水分胁迫对芸豆光合生理及产量性状的影响．作物杂志，2013（2）：111-114.

华劲松．开花、结荚期水分胁迫对芸豆光合特性及产量的影响．西北农业学报，2013，22（9）：82-87.

黄智慧，黄立新，吕童．花芸豆淀粉的性质研究．食品与发酵工业，2006，32（8）：35-40.

金新文，沈振言．高温胁迫对三种蔬菜抗热性不同的品种萌动种子活力和 ATP 含量的影响．石河子大学学报，1997，1（2）：112-115.

李保卫，杨惠芳．花皮芸豆栽培技术．内蒙古农业科技，2001（6）：49.

李春艳，李丽，徐凤华．芸豆栽培应注意的几个问题．辽宁农业科学，2005（3）：96.

李家燕，唐传核，曹劲松，等．糖苷化对芸豆分离蛋白功能性质的影响．现代食品科技，

2009，25（6）：584-587.

李蜜，彭友林，罗永兰，等.菜豆病虫害及其防治.生命科学研究，2002，6（4）：45-49.

李绍勤，邓望喜，谢宪高.不同菜豆品种（系）对美洲斑潜蝇种群参数的影响.生态学报，2002，22（8）：1 354-1 357.

李姝睿.盐胁迫对芸豆体内可溶性塘含量的影响.青海师范大学学报（自然科学版），2003（2）：65-66，84.

李清泉.芸豆及其高产栽培技术.黑龙江农业科学，2007（3）：17-18.

李雪梅，何兴元，张利红，等.紫外辐射对菜豆不同叶位叶片光合及保护酶活性的影响.生态学杂志，2006（5）：492-496.

李先莉.山地菜豆反季节高产栽培技术.现代农业科技，2008（12）：44-45.

李战国.菜豆的节水技术研究.作物杂志，2008（1）：44-46.

廖红，严小龙.华南酸性红壤中菜豆种质耐低磷特性的评价.华南农业大学学报，1998，19（2）：20-25.

廖红，严小龙.菜豆根构型对低磷胁迫的适应性变化及基因型差异.植物学报，2000，42（2）：158-163.

林汝法，柴岩，廖琴，等.中国小杂粮，2002.北京：中国农业科学技术出版社.

刘大军，冯国军，叶永亮.菜豆抗冷性的苗期鉴定.中国蔬菜，2009（6）：55-58.

刘大军，邱春福，冯国军，等..菜豆幼苗耐冷性调控技术的研究.北方园艺，2011（09）：19-20.

刘宏焱.早春茬矮生菜豆栽培技术.现代农业科技，2005（1）：7.

刘玲玉，李保卫.不同品种矮生菜豆生长发育规律及产量分析.内蒙古农业科技，2003（S2）：108-109.

刘庞源，何伟明.菜豆种质资源特征评价及信息分析.现代农业科技，2007，（19）：13-14.

刘日林，章玉婷，潘凌洁，等.低温对不同抗冷性菜豆品种生理机制的影响.浙江农业学报，2015，27（2）：189-193.

卢育华，刘金龙，李炳华，等.菜豆光合特性研究.山东农业大学学报，1998，29（2）：165-170.

欧阳主才，曾国平，章崇玲，等.低温胁迫对矮生菜豆生理生化特性的影响.长江蔬菜，2008，（4）：48-50.

贲桂英.水分胁迫对菜豆叶片光合量子产额的影响.植物生理学通讯，1987（06）：22-25.

眭晓蕾，张 力，冯忠泽.菜豆、豇豆栽培.2006，北京：中国农业科学技术出版社.

邱仲华，常涛，郭凤霞.8 种豆类特菜栽培技术，2003，北京：中国农业出版社.

沈宏，严小龙.低磷和铝毒胁迫条件下菜豆有机酸的分泌与累积.生态学报，2002，22（3）：387-394.

沈振言，朱海山.高温对菜豆生育影响及菜豆不同基因型的耐热性差异.中国农业科学，1993，26（3）：50-55.

史修珂 . 冬暖大棚马铃薯—菜豆间作栽培技术 . 中国马铃薯，2004，18（3）：176.

宋谨同，赵宏伟 . 氮肥用量对芸豆淀粉含量及产量的影响 . 作物杂志，2010（5）：83-86.

宗绪晓 . 食用豆类高产栽培与食品加工，2002，北京：中国农业出版社 .

孙桂英，王兴邦，曹晓玲，等 . 标杂棉套种菜豆高产、高效栽培技术 . 内蒙古农业科技，2004（3）：46-47.

孙鑫，唐传核，尹寿伟 . 芸豆 7S 球蛋白的热性质研究 . 现代食品科技，2008，24（8）：777-780.

孙歆，郭云梅，雷涛，等 . 水杨酸对水分胁迫下菜豆若干生理指标的影响 . 四川大学学报（自然科学版），2005，42（3）：575-579.

田霄鸿，李生秀，宋书琴 . 碳酸氢根和铵态氮共同对菜豆生长及养分吸收的影响 . 园艺学报，2002，29（4）：337-342.

王大为，胡建成，陈国仓，等 . 不同光照和温度对暗受冷菜豆幼苗的影响 . 西北植物学报，1997，17（06）：77-83.

王光耀，刘俊梅，张仪，等 . 热锻炼和热胁迫过程中菜豆叶肉细胞超微结构的变化 . 农业生物技术学报，1999，7（2）：151-155.

王景伟，金喜军，杜文言，等 . 芸豆籽粒干物质积累的影响及动态模型的建立 . 干旱地区农业研究，2014，32（2）：147-150.

王明祖，何生根，杨暹 . 菜豆种子萌发生长过程中多胺氧化酶和过氧化物酶的活性变化 . 农业与技术，2003，23（4）：62-66.

王明祖，杨暹，何生根 . 钾营养对菜豆的生长发育、产量和品质的影响 . 耕作与栽培，2005（6）：19，34，49-54.

徐成忠，孔晓民，王超，等 . 不同播期对垄作夏玉米间作菜豆的生长发育和产量性状的影响 . 山东农业科学，2007（4）：69-70.

徐兆生，王素，徐丽鸣，等 . 菜豆优良种质综合鉴定评价 . 中国蔬菜，2001（5）：19-20.

许鑫，韩春然，袁美娟，等 . 绿豆淀粉和芸豆淀粉理化性质比较研究 . 食品科学，2010，31（17）：173-176.

严小龙，卢永根 . 普通菜豆的起源、进化和遗传资源 . 华南农业大学学报（自然科学版），1994（4）：110-115.

杨晓慧，蒋卫杰，魏珉，等 . 植物对盐胁迫的反应及其抗盐机理研究进展 . 山东农业大学学报，2005，42（3）：575-579.

叶英 . 高山菜豆栽培技术 . 现代农业科技，2006（12）：30.

于超，于贤昌，华森，等 . 不同基因型菜豆幼苗抗冷性鉴定 . 西北农业学报，2013，22（9）：82-87.

岳彬 . 菜豆栽培技术，1990，天津：天津科学技术出版社 .

张赤红，曹永生，宗绪晓，等 . 普通菜豆种质资源形态多样性鉴定与分类研究 . 中国农业科学，2005，38（1）：27-32.

张赤红，王述民．利用SSR标记评价普通菜豆种质遗传多样性．作物学报，2005，31（5）：619-627.

张凤银，陈禅友，胡志辉，等．外源水杨酸对盐胁迫下菜豆种子萌发和幼苗生理特性的影响．东北农业大学学报，2013，44（10）：39-43.

张亮，黄建国．菜豆根瘤菌对土壤无机磷的活化释放作用．土壤学报，2012，49（5）：996-1 002.

张亮，黄建国，韩玉竹，等．菜豆根瘤菌对土壤钾的活化作用．生态学报，2012，32（19）：6 016-6 022.

张乔．大棚菜豆无公害生产技术．山东蔬菜，2007,（4）：26-27.

张慎好，武春成，冯志红，等．冲施肥对菜豆产量效应的影响．安徽农业科学，2009，37（11）：4 947-4 949.

张晓艳，王坤，Blair M W，等．中国普通菜豆形态性状分析及分类．植物遗传资源学报，2007，8（4）：406-410.

张晓艳，王坤，王述民．普通菜豆种质资源遗传多样性研究进展．植物遗传资源学报，2007，8（3）：359-365.

张耀文，邢亚静．山西小杂粮，2006，太原：山西科学技术出版社．

张运锋，黄光和，李希国，等．普通菜豆农艺性状相关性分析及主成分分析．安徽农学通报，2008，14（7）：97-98，137.

郑少文，邢国明，聂红玫，等．有机肥施肥量及施肥方式对菜豆生长和产量的影响．河北农业科学，2010，14（10）：59-61.

郑艳梅．无公害奶花芸豆栽培技术．农业与技术，2006，26（6）：144-145.

周保，杨翠华，秦耀国．不同类型有机肥在矮生菜豆上的应用效果．中国蔬菜，2007（1）：25-26.

周大寨，朱玉昌，周毅锋，等．芸豆蛋白质的提取及超滤分离研究．食品科学，2008，21（8）：386-390.

周增辉，章萍丽，胡慧珍．菜豆高效栽培技术．现代农业科技，2007（14）：45-46.

朱海山，沈征言．高温胁迫对不同菜豆基因型雌雄配子体的影响．云南农业大学学报，1991，6（3）：157-162.

第五章 黄土高原豇豆种植

第一节 豇豆品种

一、种质资源

豇豆是世界上最古老的作物之一，至今已有数千年的栽培历史。北宋的《图经本草》、明代的《群芳谱》、清代的《食物本草》和《救荒简易》，都有对豇豆的植物学特征、栽培要点及用途的记录。关于豇豆的起源至今说法不一，有些学者认为豇豆的起源中心是非洲的中部和西部，也有学者认为豇豆起源于两个中心，一个是印度，一个是西非。中国在1979年云南省西北部地区发现了野生豇豆而且分布广泛，1987—1989年，在中国湖北省神农架及三峡地区也收集到了豇豆的野生种质资源，说明中国也是豇豆的次起源地之一。

豇豆有野生种和栽培种。世界各地收集了丰富的豇豆种质资源。国际热带农业研究所到1985年为止，已收集和保持的豇豆资源约有12 000余份，其中，有200份野生豇豆资源，这些资源主要分布在尼日利亚、印度、美国、尼日尔、喀麦隆、赞比亚、坦桑尼亚、埃及和马拉维等国家，中国的豇豆种质资源未包括在内。豇豆广泛分布在热带、亚热带和温带地区，目前，世界豇豆种植面积至少在1 250万hm^2以上，年产量超过300万t。全球豇豆种植面积以非洲最多，主产国为尼日利亚，其次是北美洲和中美洲，亚洲第三，欧洲第四，中国总产量位列全球第七。豇豆在中国栽培历史悠久，品种资源丰富，据2000年年底的统计，已收集到豇豆品种4 000多份，其中短豇豆3 000余份，长豇豆1 600余份，种植面积广泛，南北跨越28个纬度，东西跨越50个经度，除西藏外，从北部的黑龙江到南部的海南岛，从西部的新疆到东部的吉林都有种植，主要产区为河南、山西、陕西、广西、山东、河北、湖北、湖南、安徽、四川、云南、江苏、江西、贵州、海南等省区。

所谓豇豆（原亚种），也称饭豆、红豆，学名为 *Vigna unguiculata* subsp. *unguiculata* Verdc.，栽培上的豇豆种是 *Vigna unguiculata*（Linn.）Walp.，隶属蝶形花科（Fabaceae）菜豆族（Trib. *Phasoleae* DC.）菜豆亚族（Subtrib. *Phaseolinae* Benth.）豇豆属（*Vigna* L.），是一年生缠绕草本或稍直立草本。据《中国植物志》统计，世界上豇豆属植物有约 150 种，分布在热带地区，中国有 16 种，3 个亚种，3 个变种，这 16 个种大多数冠名豇豆，如滨豇豆、乌头叶豇豆、毛豇豆、狭叶豇豆、长叶豇豆、卷毛豇豆、琉球豇豆、野豇豆、细茎豇豆、三裂叶豇豆、黑种豇豆，有些虽未冠名豇豆但仍为豇豆的近缘种，如绿豆、赤豆、贼小豆、赤小豆等。中国栽培豇豆品种资源属于豇豆种（*V. unguiculata*）的 3 个亚种，即普通豇豆亚种 [*Vigna unguiculata* subsp. *unguiculata*（Linn.）Verdc.]、长豇豆亚种 [*Vigna unguiculata* subsp. *sesquipedalis*（Linn.）Verdc.] 和短豇豆亚种 [*Vigna unguiculata* subsp. *cylindrica*（Linn.）Verdc.]。普通豇豆又称豆角、豇豆、黑眼脐豆等，植株多为蔓生，也有匍匐型和直立型，果荚长不足 30cm，且硬，嫩荚时直立上举，后期下垂，种子多似肾形，粒用的普通豇豆多种植在山区丘陵，或单作，或与高粱、马铃薯等作物间作；长豇豆又称菜豇豆、长豆角、群带豆、腰豆、十八豆等，主要是一年生蔓生攀缘草本，也有少数半蔓生和匍匐型的，长豇豆荚果膨胀，柔软而稍肉质，下垂，果荚长 30~100cm，食用荚果，常做菜用。菜用型长豇豆多种植在平川及水肥条件较好的地区，中国学者综合荚形和荚色将长豇豆分为 6 个品种群，即绿荚类如铁线青、柳条青；浅绿荚类如红嘴燕、之豇 28-2；绿白荚类如长白豇、白豇 2 号；花荚类如花皮架豇豆、毛芋豇；紫荚类如紫血豇、紫皮架豇豆和盘曲荚类如盘香豇。短豇豆又称眉豆、饭豇豆、饭豆，是一年生直立草本，植株较矮小，荚短小，向上直立生长，长约 7~12cm，种子小，椭圆或圆柱形，主要分布在云南、广西等地。豇豆是重要的常规蔬菜之一，具有广阔的市场前景，且适用性强，茎叶繁茂，是一种粮、菜、饲兼用的豆科作物。

中国栽培豇豆中，各有不同的品种，不同品种的习性和性状也不同。例如豇豆生长习性表现有蔓生型、半蔓生和矮生型；籽粒颜色有红、黄、白、橙、黑、灰、紫、花斑、花纹等品种；粒重大小有大粒种、中粒种和小粒种；脐环有黑、黄、棕、红、褐、花等品种；生育期有早熟、中熟和晚熟品种；荚色有绿、浅绿、深绿、大红、紫红、紫青、紫花、青、乳青、乳白等品种；中国栽培地域广、面积大、品种多，由于气候、地域和饮食习惯等的差异，各地的豇豆栽培品种也不一样，形成了明显的区域性品种，大部分品种的适应范围较小。因此，中国豇豆种质资源有限，对栽培豇豆而言，扩大遗传多样性的有效办法是充分利用野生豇豆资源。野生豇豆的基因资源很丰富，但这些野生豇豆并非均可以成功引入栽培豇豆，某些野生豇豆与栽培豇豆间存在杂交障碍，从最近缘的野生豇豆种引入基因资源的成功率较大，但遗传多样性仍然有限，因此，为达到既要遗传多样性丰富，又要杂交无障碍，对野生豇豆资源的筛选是培育丰富种质资源的关键。

二、品种类型

（一）光周期类型

豇豆属于短日植物。日照长短对豇豆分枝习性和着花节位有一定的影响，短日照能促进主蔓基部叶节抽生侧蔓，降低第一花序的着生节位，而长日照则能延迟侧蔓抽生并导致主蔓上第一花序的着生节位显著升高。根据豇豆对日长的敏感程度，可分为光敏型和光钝型。光钝型豇豆对日照长短要求不严格，这类豇豆在长日照或短日照条件下均能正常生长结荚，南北各地可以互相引种，在短日照条件下可提早开花、降低开花节位及提高产量，在较长日照下，侧蔓发育晚，第一花序发生节位提高，一般中早熟品种属于这种类型，如红嘴燕、之豇 28-2 等品种；光敏型豇豆对日照长短要求比较严格，适宜在短日照条件下栽培，若在长日照条件下栽培往往发生茎蔓徒长，开花结荚延迟或减少的现象，一般晚熟品种多属于这种类型，适宜在秋季或秋冬季设施条件下栽培，如四川白露豇、广州八月豇等。

根据豇豆播种期不同可分为春豇豆和秋豇豆。豇豆春季露地直播的时间应在当地晚霜前 10d 左右，此时土壤 10cm 地温温度在 10~12℃。豇豆采用直播的较多，但要早熟优质还是要采用营养钵等育苗移栽，这样可加快缓苗时间，提早成熟。大棚栽培播种期为 2 月下旬，小拱棚为 3 月上旬，露地栽培育苗为 3 月下旬，直播为 4 月中下旬，春豇豆优良品种有中豇 1 号、中豇 2 号、特早 30、早丰 60、之豇 90 等。秋豇豆的播种期在 7 月中下旬，秋豇豆苗期多处于高温多雨季节，在播种季节上宜早不宜迟，以争取较长的适宜生长时节，秋豇豆优良品种有秋豇 512、秋豇 17、秋白豇、白豇 2 号、特长豇豆等。

（二）熟期类型

豇豆按生育期长短可分为早熟型、中熟型、晚熟型。

早熟品种在播种后 2~3 个月成熟，生育期 60~100d，如早熟品种之豇 28-2 春播的全生育期为 70~100d；贺研 2 号春季栽培从播种至始收为 55~60d，全生育期为 90~100d，夏季栽培从播种至始收为 45~50d，全生育期为 70~80d。其他优良早熟品种有红嘴燕、之豇 28-2、早豇 1 号、早豇 2 号、之豇特早 30、济豇 1 号、贺研 1 号、青豇 1 号等。

中熟品种在播种后 3~4 个月成熟，生育期 100~120d，如中熟品种金扬豇 3 号豇豆春播的全生育期为 99~105d；扬豇 40 春播的全生育期为 100d 左右。其他优良中熟品种有长豇 101、宁豇 3 号、绵豇 8 号、天畅六号等。

晚熟品种在播种后 4~5 个月才能成熟，生育期 120~150d 左右，如晚熟品种天贾农一号春季栽培的全生育期为 135~140d。其他优良晚熟品种有长豇 3 号、鄂豇豆 10 号等。

（三）用途类型

按食用方式可分为粮用豇豆和菜用豇豆。粮用豇豆植株多为蔓生型，荚果长度在30cm以下，豆荚短粗稍弯、果皮薄，纤维多而硬，大多不能食用，主要采收种子作粮食用，种子可煮食或磨面用，如中豇1号、中豇2号、中豇3号、苏豇8号等。

蔬菜栽培中的豇豆均指菜用种。专作蔬菜栽培，宜于煮食或加工用，如之豇特早30、之豇矮蔓1号、长豇3号等。菜用豇豆一般荚长30~100cm，嫩荚肉质肥厚，按其植株生长习性可分为蔓生种和矮生种两类。也有少数品种的蔓长介于二者之间。蔓生种豇豆的主蔓侧蔓均为无限生长，主蔓高达3~5m，豆荚长30~90cm，荚壁纤维少，种子部位较膨胀而质柔嫩，具左旋性，栽培时需设支架。叶腋间可抽生侧枝和花序，陆续开花结荚，生长期长，产量高。蔓生种优良品种很多，如早熟品种有红嘴燕、之豇28-2、五叶子、二巴豇、铁线青、青线豇；中熟品种有白胖豆、大叶青；晚熟种有白露豇、金山豆、胖子豇、八月豇等。矮生种豇豆植株矮小，株高40~50cm，主茎4~8节后以花芽封顶，茎直立，荚长30~50cm，分枝较多，生长期短，成熟早，收获期短而集中，产量中等，不需支架，鲜荚嫩，扁圆形，种子部位膨胀不明显。如黑子豇豆、红子豇豆、盘香豇、矮豇豆、五月鲜豇豆、月月红豇豆等。

三、黄土高原豇豆的品种沿革

（一）山西省豇豆品种沿革

山西省是全国豇豆种植面积和总产量较大的省份，新中国成立初期种植面积达30万亩以上，但因产量水平低，种植面积一再下降，80年代以前，豇豆生产主要以种植地方品种为主，80年代初，山西省农业科学院开始了豇豆品种资源的收集和整理工作，并对这些品种进行筛选和鉴定，共筛选出豇豆种质资源330份，绝大多数是普通豇豆，长荚豇豆很少，粒色有红、黄、黑、白、紫、棕、花纹、花斑等，经中国农业科学院作物品种资源研究所测定，共有5份豇豆资源达到优异资源的标准，分别为黄豇豆、紫豇豆、白豇豆、菜豇豆和小粒豇豆，这些品种都是从当地农家品种中筛选出来的，20世纪80年代到20世纪末豇豆的种植主要以这些筛选出来的农家品种为主，区域适应性强，很难大面积推广。进入21世纪，豇豆种植面积又有所回升，全省种植主要以外引和地方品种为主，山区和丘陵地区多以粮用型普通豇豆为主，包括引进品种中豇一号、豫豇一号等，地方品种麻豇豆、二尺长黑豇豆、定襄豇豆、中阳豇豆、红豇豆等，在水肥条件较好的地区多以菜用型豇豆为主，包括之豇28-2、特长三尺绿、精选郑州六号、美国无架豆、坤丰七号等。

（二）甘肃省豇豆品种沿革

1980—1981年由甘肃省农业科学院粮食作物研究所在全省范围进行了广泛征集，对豇豆品种资源进行了农艺性状鉴定、整理、归类和种子入库工作，全省有13个品种编入《中国食用豆类品种资源目录》第二集，主要分布在陇东、陇南从华池至文县等十余个县。甘肃省豇豆品种多蔓生，亦有半蔓生和矮生型。与中国千余份豇豆资源相比，甘肃省豇豆嫩荚的经济性状及百粒重呈居中分布，即无短荚（<20cm）和特长荚（>60 cm），无细荚（<0.7 cm）和特宽荚（>1.0 cm），无轻荚（<10.0 g）和特重荚（>25.0g），种子无小籽（<10.0 g）和特大籽（>20.0 g）。过去一直种植农家种，20 世纪末，引进推广了架豇豆、特长 1 号、中豇 1 号、早豇 2 号、绿豇 1 号等，进入 21 世纪，甘肃省航天育种基地经太空育种育成了航豇 1 号、航豇 2 号新品种，并在甘肃省进行了区域试验及推广。

（三）陕西省豇豆品种沿革

新中国成立初期至 20 世纪 80 年代以前，陕西省豇豆的种植主要以地方品种为主，20 世纪 80 年代到 20 世纪末，陕西省豇豆作物的研究以种质资源的征集、整理、研究为主，1979 年经由农业部门调查编入《陕西省豆类品种资源目录》和《中国食用豆类品种资源目录》的有来自陕西省 34 个县（市）的品种资源 100 份，包括红花粒豇豆、洋豇豆、云豇豆、拉蔓豇豆等，这些品种都是从当地的农家种中筛选出来的，20 世纪以前均以这些农家种的种植为主。进入 21 世纪，全省粮用豇豆基本上沿用地方品种，菜用豇豆近多年来以市场销售品种为主，品种以蔓生型为主，也有半蔓生型和直立型，按豆粒皮色，有红豇豆、白豇豆、麻豇豆等。菜用型豇豆品种包括之豇系列（之豇 28-1、之豇 28-2 等）、宁豇系列（宁豇一号、宁豇二号等）、朝阳线豇豆、特长豇豆、华豇五号、红嘴燕、无架豇豆等。粮用型豇豆以地方品种为主，主要包括花腰豇豆、红皮豇豆、麻豇豆、黄豇豆、灰豇豆等。

四、黄土高原豇豆良种简介

（一）中豇 1 号

中豇 1 号是中国农业科学院作物品种资源研究所从尼日利亚引进的豇豆品种中的矮生早熟抗病单株选育的特异直立早熟高产新品系。1999 年河北省农作物品种审定委员会审定定名中豇 1 号，2001 年被评为国家一级优异种质。

1. 特征特性 该品种早熟，春播 85d 左右，夏播 60~70d。直立型，一般株高 50cm 以下。适应性强，可春播、夏播和秋播。株型紧凑，适宜密植。叶色浓绿，叶片卵菱形。主茎分枝 3.9 个，主茎节数 10~11 节，单株结荚 8~20 个，单荚粒数 12~17 粒，荚长 18~23cm，紫花紫红粒，百粒重 13~16g。粒籽蛋白质含量 25.27%，总淀粉 49.28%，富含多种氨基酸、矿物质、维生素、营养价值较高。

2. 产量水平 2006—2008 年参加国家豇豆品种区域试验，平均亩产 105.15kg。该品种在河北保定产量鉴定试验中产量排列第一，平均亩产 104.56kg，在河北、河南、安徽和陕西两年 4 点的优异种质资源联合产量鉴定中平均亩产 95.9kg。

3. 栽培要点及适宜种植地区 该品种可春播、夏播，一般在 4 月中旬至 7 月中旬播种。一般行距50cm，株距10~20cm，种植密度每亩1万株。结合整地亩施农家肥2 000kg、过磷酸钙30~50kg。该品种适应性广，可在干旱瘠薄地区种植，在北京、河北、河南、陕西、山西及甘肃等地种植均表现良好，非常适合与高秆农作物、苗木果树及中草药材间作套种。雨季注意排水防涝。

（二）中豇2号

中豇2号是中国农业科学院作物科学研究所从尼日利亚国际热带农业研究所引入的“IT82D-789”经鉴定筛选出的优良矮生豇豆新品种。2000年11月经河南省农作物品种审定委员会审定通过定名为中豇2号。

1. 特征特性 该品种矮生，中早熟。直立或半直立型，叶片卵菱形，幼茎和成熟茎均绿色。一般株高70~80cm，单株结荚8~24个，单荚粒数10~15粒，荚长13~19cm，主茎分枝4.7个，主茎节数13.6节。紫花，籽粒肾形，种皮橙色，百粒重13~16g。籽粒粗脂肪含量1.5%，粗蛋白20.81%，粗淀粉含量49.63%，水分12.43%。

2. 产量水平 该品种高产。2006—2008年参加国家豇豆品种区域试验，平均亩产111.61kg，河北、河南、安徽和陕西两年4点的优异种质资源联合产量鉴定中平均亩产97.8kg。1999年在甘肃试种小区折亩产185.3kg，2001年在辽宁省建平县开荒生地夏播籽粒亩产148kg。

3. 栽培要点及适宜种植地区 该品种抗干旱耐瘠薄，综合性状较好，也适宜种植在干旱、瘠薄地区。可春播、夏播，一般在4月中旬至7月中旬播种，尤其适于夏播与麦茬种植。可与玉米、谷子、高粱、棉花、甘薯等作物间作套种，也可种植于果树行间、地头与山坡荒地。一般行距50cm，株距10~20cm，种植密度每亩1万株左右。结合整地可亩施农家肥2 000kg左右，过磷酸钙30~50kg作基肥，苗期中耕除草2~3次，注意苗期除草及雨季排水防涝。可在北京、山西、内蒙古、陕西等地推广种植。

（三）丰豇1号

丰豇1号是中国农业科学院蔬菜花卉研究所从地方品种V82的混杂群体中经多代系选培育出的。

1. 特征特性 植株蔓生，株型紧凑。分枝性弱，主蔓结荚为主，主蔓第4~5节开始抽生花序，第7节以上每节均有花序。嫩荚浅绿色，长圆条形，末端圆整，荚长55~75cm，横径0.8~0.9cm，单荚重18~25g，荚纤维少，每荚约有18粒种子。种子紫红色，肾形，千粒重120~160g。高抗花叶病毒，耐高温干旱，适应性广。对日照长短不敏感，熟性早。北京地区春露地直播约70 d开始采收嫩荚。

2. 产量水平 该品种丰产性好，每花穗结荚2~4条，结荚中后期摘除顶部生长点后，植株中上部可翻花二次节荚。平均亩产1 600~2 000kg嫩荚。

3. 栽培要点及适宜种植地区 春、夏、秋季均可栽培。一般选择土层深厚、富含有机质、排灌方便壤土或沙壤土地种植。整地时结合翻耕每亩施农家肥3 000~5 000kg、过磷酸钙 20~30kg、草木灰 50kg，土壤酸碱度以中性或微酸性为宜。春季以地表 10cm、地温稳定在 12℃以上后开始播种，一般华北地区在 4 月下旬至 5 月上旬播种。穴距 25cm，每穴播种 3~4 粒，留苗 2~3 株，亩用种量 2~2.5kg。从播种至嫩荚采收约 75 d 左右，播种时土壤墒情要足，播种后至出苗前忌浇水，以免烂种，生育前期注意防治蚜虫，开花期注意防治豆荚螟。近几年在东北、西北及华北地区推广种植，表现良好。

（四）青豇 1 号

青豇 1 号是中国农业科学院蔬菜花卉研究所从地方品种资源材料中经多代系统选育培育出的。

1. 特征特性 植株蔓生，生长势较强。主蔓第 3~5 节开始抽生花序。花冠紫色。荚果深绿色，长圆条形。荚长约 60~80 cm，横径 0.8 cm 左右，千粒重 150g 左右。每荚有 15~18 粒种子，种子肾形、黑色。结荚中后期摘除顶部生长点后，植株中上部可翻花二次结荚，结荚多，肉质肥厚，粗纤维含量较少，口感鲜嫩。

2. 产量水平 具早熟、丰产强、适用性广、品质佳等特点，平均亩产嫩荚 1 600~2 000 kg。

3. 栽培要点及适宜种植地区 春季栽培以地表 10cm 处地温稳定在 12℃以上开始播种。穴播，播种深度 3~4cm，一般华北地区在 4 月下旬至 5 月上旬播种。选择排水良好、土壤酸碱度以中性或微酸性为宜。结合整地亩施农家肥 3 000~5 000kg、过磷酸钙 20~30kg 和草木灰 50kg。播种时穴距 25~30cm，每穴播种 3 粒，留 2 株健壮苗。北方地区直播约 70 d 开始采收。播种时土壤墒情要足，抽蔓前及时搭架，生育前期要注意观察并及时防治潜叶蝇。进入结荚期要加强肥水管理，保持土壤湿润，尤其是结荚盛期，必要时进行根外追肥，防止落花落荚。注意苗期除草及雨季排水防涝。近几年在东北、西北及华北地区推广种植，均表现优良。

（五）翠豇

翠豇是中国农业科学院蔬菜花卉研究所从地方品种资源材料中经多代系统选育而成的绿荚豇豆品种。

1. 特征特性 翠豇植株蔓生，生长势较强。花冠紫色，嫩荚绿色，长圆条形，嫩荚纤维少，荚长 60~80 cm，横径 0.8 cm 左右，单荚重 20~30 g，每个豆荚有 15~18 粒种子。种子紫红色，中早熟，春露地直播约 70 d 开始采收嫩荚。

2. 产量水平 翠豇的连续坐荚能力强，丰产性好，适应性广，平均亩产嫩荚 1 600~2 000kg，适于喜食绿色豆荚的地区种植。

3. 栽培要点及适宜种植地区 播种前施足基肥，结合整地亩施农家肥 3 000~5 000kg、过磷酸钙 20~30kg，草木灰 50kg。浇水润畦，当土壤湿润且不黏时开沟或开穴点播，春季当地温稳定在 12℃以上时可进行露地直播，北方地区 4 月下旬至 5

月上旬播种。平畦栽培，畦宽 1.2~1.3m，每畦 2 行穴播，穴距 25~30cm，每穴播种 3 粒，留 2 株健壮苗，每亩用种量 1~1.5kg。播种时土壤墒情要足，播种后至出苗前忌浇水，待苗出齐后浇水，抽蔓前及时搭架，进入结荚期要加强肥水管理，保持土壤湿润，尤其是结荚盛期，延长结荚期，以防植株早衰，植株长满架后，摘除顶部生长点，促使原花序的潜伏花芽生长和叶腋抽生新花序，可采收二茬豆荚，7 月初开始采收嫩荚，生育前期注意防治蚜虫和潜叶蝇，开花结荚期注意防治豆荚螟。在东北、西北及华北地区推广种植，均表现优良。

（六）翠绿 100

翠绿 100 由内蒙古开鲁县蔬菜良种繁育场从青豇 901 变异株中经单株提纯选育而出。该品种 1999 年参加安徽省种子管理总站组织的全国长豇豆品种区域审验，2000 年参加农业部全国长豇豆品种北方区域审验，两次验审均顺利通过。

1. 特征特性 蔓生。全生育期约 100 d。主侧蔓结荚，植株长势强，叶片小，始花节位低，主蔓第 3 节、侧蔓第 1 节着生花序。花紫色，结荚率高，每株结荚 40~55 个。豆荚生长整齐直长，平均荚长 90~100cm，粗约 8mm，单荚重约 25g，每荚有种子 16~18 粒。种子黑色、肾形，嫩荚淡绿色，富有光泽，肉厚、纤维少、耐老性强、商品性佳。

2. 产量水平 较耐热、耐涝，抗逆性强，适应性广。对光照反应不敏感，平均亩产鲜荚 4 000kg。

3. 栽培要点及适宜种植地区 选择土壤肥沃的地块，播前深翻，亩施充分腐熟的农家肥 2 000kg、磷酸二铵 10kg。地温稳定在 12℃以上即可播种。穴播，每穴播籽 2 粒，播种深度 3~4cm，穴行距 40cm × 55cm，每穴留苗 1 株，每亩留苗 2 800 株。伸蔓始期需人为地进行逆时针引蔓，因生长势强，分枝强，故架材高度应在 3m 以上，插架要及时，且底肥底墒要足。开花结果前适当控制肥水，结果后加强肥水供应，促进整个生育期的生长和结果。注意防止锈病、病毒病和蚜虫。中国南北各地春、夏、秋露地，保护地，温室均可播种栽培。

（七）早豇 1 号

早豇 1 号是平顶山市农业科学院从银秋豇豆的天然杂交后代中经系统选择而成的新品种。

1. 特征特性 早豇 1 号早熟性强。植株蔓生，生长势中等，以主蔓结荚为主，侧蔓较少。顶生小叶呈菱状卵形，叶片较小，叶长约 7cm，宽约 5cm，叶色深绿。节间较短，每节 1 个花序，每个花序结荚 2~4 个。花冠呈蓝紫色，嫩荚绿白色。荚条较直，粗细均匀一致，荚长 70cm 左右，宽 0.8~1cm，单荚重 22~25g，每荚 15~20 粒。种子呈暗红色，千粒重 130g 左右，粗纤维含量少，肉质肥厚。

2. 产量水平 经区域试验和生产示范，早豇 1 号开花早，结荚多，连续结荚能力强，丰产性好，平均亩产可达2000kg以上。

3. 栽培要点及适宜种植地区　北方地区地温稳定在12℃左右开始在大田直播。直播前亩施农家肥3 000~5 000kg、过磷酸钙30~40kg，硫酸钾10~15kg或N、P、K复合肥50kg。叶片小，可适当密植，一般行距55cm，穴距23~26cm，每亩约5 000穴，每穴2棵。春、夏、秋三季均可栽培。喜肥沃土壤，结荚期是豇豆肥水管理的关键时期，第一对花序结荚后结合浇水追肥1次，进入盛荚期后，每5~17d浇水1次，每10~15d追肥1次。早春季节低温高湿，需注意防治锈病，生育前期注意防治地老虎和潜叶蝇，开花结荚期注意防治豆荚螟。该品种抗寒性较强，较耐弱光，适应全国各地栽培。

（八）早豇2号

早豇2号是平顶山市农业科学院以早豇1号为母本、之豇14为父本选育而成。2005—2007年进行品种比较试验，2007、2008年进行区域试验，2008年春同时进行生产试验，2009年通过平顶山市科技成果鉴定，命名为早豇2号。

1. 特征特性　蔓生型，抗寒性强，较耐弱光。以主蔓结荚为主，主蔓长3m左右，生长势中等。叶片小，叶色深绿。早熟，第2~3节开始抽生花序，总状花序，腋生，两性花，呈蝶形，花冠蓝紫色。嫩荚绿白色，荚长75 cm左右，粗0.8~1.0 cm，单荚重25g左右，每荚有种子15~20粒。种子深红色，早熟性强，结荚节位低，一般是2~3节，开花早，结荚多，肉质肥厚，粗纤维含量少，口感鲜嫩。

2. 产量水平　前期产量高，连续结荚能力强，丰产性强，平均亩产3 000 kg左右。

3. 栽培要点及适宜种植地区　直播前施足底肥，每亩施入腐熟有机肥5 000kg、过磷酸钙40kg、硫酸钾10~15kg或三元复合肥（N、P、K各15 %）50kg，4月上中旬当地温稳定在12 ℃左右时，即可播种。一般行距55cm，穴距25cm，每亩约5 000穴，每穴留苗2棵。抽蔓时及时插架，豇豆架以长1.8~2.0m的竹竿为宜。开花结果前适当控制肥水，结果后加强肥水供应，注意防止锈病、病毒病和蚜虫。适宜黄淮和华北地区春露地栽培，已在河南、山东、山西、甘肃、辽宁、江苏等地推广种植。

（九）之豇28-2

之豇28-2是浙江省农业科学院园艺研究所用红嘴燕做母本，杭州青皮豇豆做父本进行杂交经7代系谱选育而成的。1984年通过全国农作物品种审定委员会认定。1984—1990年通过江苏、浙江、山东、北京、天津、内蒙古、河北、河南等省（自治区、市）农作物品种审定委员会认定。

1. 特征特性　植株蔓生，生长势较强，分枝性弱。早熟，生育期70~100d。始花节位低，在第4~5节开始抽生花序，第7节以上每节均有花序。花紫色。嫩荚淡绿色，单株节荚13~14个，荚长50~60cm，横径0.8~1cm，单荚重20~30g，豆荚肉厚、纤维少。种粒肾形，紫红色，每荚有种子18~22粒。对日照不敏感，适应性强，耐高温、耐干旱，不耐涝。高抗病毒病，抗煤霉病、白粉病和根腐病能力差。

2. 产量水平 之豇28-2丰产性和适应性较强，春夏秋季均可种植。春播平均亩产1 800~2 000kg，干籽粒平均亩产80~100kg。

3. 栽培要点及适宜种植地区 适宜4月中旬至7月中旬播种，多在田园条件下整畦种植。播种后1个月左右搭架，可引蔓上架。适于密植，行距67~70cm，穴距22~26cm，每亩地4 000~4 600穴，每穴留3株。施足基肥，结荚期追肥3~4次，花荚期注意及时追肥、水。雨季注意排水防涝，在盛花期和结荚初期注意防治蚜虫和豆荚螟。除西藏外，全国各地春、夏秋季均可种植。

（十）丰产3号

丰产3号是广东省农业科学院蔬菜研究所选育的优良豇豆新品种。具有结荚力强、品质优、商品性好、适应性广、耐热性强、产量高等特点。

1. 特征特性 蔓生，主蔓第6节开始着生花序。植株生长势强，双荚率高，结荚整齐。荚色青白，长圆条形，肉厚，纤维少，不露仁。荚长约65cm，横径约1cm，单荚重25~30g，种子肾形、红白花色，千粒重150g左右。豆荚肉质脆嫩，肉厚，纤维少，品质优，较耐贮藏。早中熟，抗逆性强。

2. 产量水平 结荚能力强，抗性强，丰产性好，平均亩产1 500~2 000kg。

3. 栽培要点及适宜种植地区 选择地势较高、排水良好、中性或微酸性的壤土或沙质壤土田块种植。一般采用直播法。播种后8~10d，第一对真叶展开，亦可播种后用地膜覆盖畦面，以增加地温。一般畦宽1.5~1.8m，双行植，每穴两粒，株距15cm左右。种植前施足基肥，一般亩施有机肥1 000~1 500kg，过磷酸钙50kg，复合肥20~30kg，开花结荚期要及时重施追肥，防止早衰。必要时进行根外追肥，减少落花落荚。盛荚期后，应继续加强肥水管理，促进植株“翻花”，延长收获期，提高产量。一般开花后约10d豆荚可达到商品成熟期，应及时采收，否则豆荚衰老时品质变劣，消耗过多的植株养分，易引起植株早衰。2000年起在广东省及全国各地试种示范，均表现优良，深受欢迎，适合在全国各地推广种植。

第二节 生长发育

一、生育时期和生育阶段

（一）生育时期（物候期）

豇豆从播种到收获的全生育期可以划分为四个时期，分别为发芽期、幼苗期、抽蔓期和开花结荚期。

1. 发芽期 从种子萌动到第一对真叶展开。需要8~12d。此时生长所需的营养主要由子叶供应，因此应注意保护第一对真叶，不能损伤。

2. 幼苗期　从初生叶展开到长出 7~8 片复叶。需要 30~50d。此时开始进行光合作用，植株由异养型转变为自养型，以营养生长为主。茎部节间短，地下部生长较快。

3. 抽蔓期　幼苗期后到开花前。需要 10~15d。此时茎蔓伸长较快，基部节位抽出侧蔓，根系迅速生长，并形成根瘤。

4. 开花结荚期　从开始开花到采收结束。其长短因品种和栽培条件的不同而有差异，需要 45~70d。此时植株需要充足的光照、适宜的温度以及大量养分和水分，开花结荚与茎蔓生长同时进行。

（二）生育阶段

从营养生长和生殖生长的角度，可将豇豆的一生划分为营养生长阶段和营养生长与生殖生长并进阶段。

1. 营养生长阶段　营养生长指植物根、茎、叶等营养器官的发生、增长过程，包括发芽期和幼苗期。成熟的种子吸水后在适宜环境条件下开始萌发，经过一系列生化变化，种子的胚根先突破种皮向下生长，同时下胚轴也伸长，把胚芽连同子叶一起拱出土面，之后胚芽形成茎和叶，待幼叶张开后即可进行光合作用，植株开始加速生长。

营养生长阶段需要一定的水分、充足的 O_2 及适宜的温度。首先是水分，种子吸水后种皮才开始软化、膨胀，使氧透过种皮进入种子，同时 CO_2 排出；其次，种子所进行的一系列生命活动所需能量都必须通过呼吸作用提供，呼吸作用需要充足的 O_2；最后是温度，温度过低，光合生产率降低，而且种子内部的其他一系列生理活动都需要在适宜的温度下进行。

2. 营养生长与生殖生长并进阶段　抽蔓期和结荚期是营养生长和生殖生长的并进阶段。进入抽蔓期，植株开始加速生长，茎叶生长较快，同时花芽不断分化发育，在开花前期营养生长速度达到最大。此阶段应注意保持较高温度和良好的光照，肥水不宜过高。若肥水过多，茎叶生长过于旺盛，会导致开花结荚节位升高，花序数减少，导致中下部空蔓。植株开花结荚后要增加肥水供应，促进结荚，豇豆开花结荚期长，更应注意后为追肥，以防植株脱肥早衰。

（三）花芽分化和荚果生育动态

一般情况下，当豇豆 2~3 片复叶展开时，其腋芽就转变为花序芽，花序轴原始体逐渐分化为花序和花。总状花序轴分化过程中，顶部渐渐肥大，每节各生一花，由于花序轴节间很短，相邻两花靠拢，通常基部为二花。张友德等（1985）以不同长豇豆品种（包括鳝鱼针、红咀燕、宁波豇豆、鸟豆角、孝感豇豆、浙江青、杭州豇豆、长豇 1 号、长豇 2 号）为试材，通过制片观察与形态指标相结合的方法确定了花芽分化的各个时期，主蔓第 2~3 片复叶展开时，为花芽分化前期，第 4~5 片复叶展开时，为苞叶分化期，第 6~7 片复叶展开时，为花萼分化期，第 8~9 片复叶展开时，为心皮、花瓣、雄蕊分化期，第 10 片复叶展开时，则为胚珠、花药分化期。每个时期需经历 3~5 d。

豇豆荚果生长发育规律的研究对制定适宜的优质丰产栽培技术和确定荚果最佳采摘时期、获取最大经济效益有着重要的意义。段文艳等（2007）以早熟品种中扬豇12、金扬豇1号，中晚熟品种扬豇40、金扬豇2号为试材，研究了豇豆荚果生长发育的动态，发现豇豆早熟品种和中晚熟品种的荚果长度在生长过程中存在快速生长和缓慢生长两个阶段，早熟品种的果荚快速生长阶段在开花至花后6d，在开花后6d至花后12d生长速度有所下降，中晚熟品种的果荚快速生长阶段在开花至花后8d，花后8d至花后12d生长速度有所下降；两类品种果荚的直径生长速度较为一致，无明显的快速生长或缓慢生长的阶段变化。

二、生育过程的有关生理变化

（一）生长条件

1.温度 豇豆耐热性强，不耐低温霜冻。种子萌发的最适宜温度为25~30℃，最低温度为10~12℃，植株生长的最适宜温度为20~30℃，在32~35℃的高温条件下，植株茎叶仍可正常生长，但是花器发育不健全，授粉受精受阻，出现落花落荚现象。低温条件15℃以下时，植株生长缓慢，10℃以下，生长受到抑制，5℃以下受冷害。

2.光照 豇豆喜阳光，也较耐阴。开花结荚期需要良好的光照，光照不足时会引起落花落荚现象。不同品种对光照反应有较大差异。豇豆按其对光照长短反应分为两种，一类是对日照长短要求不严格，长豇豆品种多属此类，这类品种在长日照和短日照条件下都能正常生长发育并结荚；另一类对日照长短要求比较严格，适宜在短日照季节栽培，在长日照条件下会导致茎蔓徒长，开花延迟。

3.水分 豇豆叶片蒸腾量小，根系深，对土壤湿度有较强的适应能力。普通豇豆和短豇豆较耐干旱，长豇豆耐干旱能力差，多在田园水浇条件下栽培。豇豆种子在发芽期和幼苗期土壤不宜过湿，以免引起烂种或烂根死苗。在开花结荚期，要求土壤湿度适宜，若土壤干旱会导致花蕾、花及幼荚的脱落，若土壤含水量过大，又会引起茎蔓徒长，同样会导致落花落荚，而且土壤水分过多不利于根系和根瘤的活动，甚至引起烂根。

4.土壤养分 豇豆适应性强，大多数土壤都可种植。耐瘠薄、稍耐盐碱，在土层深厚、排水良好、保肥保水性强、有机质含量高的近中性土壤易获高产。在黏重、低洼、涝渍土壤的产量低。豇豆根瘤菌不及其他豆科植物发达，因此要保证肥料的供应，施肥时应注意N、P、K配合施用，并适量补施B肥和Mo肥，以促进结荚数目，提高产量。

（二）生育过程的一些生理变化

1.种子萌发过程的有关生理变化

（1）长豇豆种子萌发进程中生理生化指标动态变化 研究种子萌发特性有利于解决播种后幼苗的形成与生长问题。种子萌发是在一系列酶的参与下进行的，通过呼吸作

用降解子叶的贮藏物质，以提供低分子物质和能量供给萌发胚利用，期间所发生的代谢变化会受到种子化学成分和萌发条件等的影响。蛋白质、淀粉酶、超氧化物歧化酶（SOD）、过氧化物酶（POD）和过氧化氢酶（CAT）等被认为是与种子萌发有关的重要物质。豇豆种子中主要存在 α－淀粉酶（α－Amylase）和 β－淀粉酶（β－Amylase），而 β－淀粉酶极少。陈禅友等（2006）以长豇豆“花荣”为材料，在恒温 20℃浸种后，每隔 24 h 测定萌发过程中的呼吸速率、子叶中可溶性蛋白含量、α－淀粉酶（α－Amylase）、过氧化物酶（POD）、过氧化氢酶（CAT）和超氧化物歧化酶（SOD）酶活性，且从第 4 天起测定胚芽中这 4 种酶的活性。结果表明，随着种子的萌发，在子叶和新生胚芽中发生如下变化：① 呼吸速率明显升高，第 4 天 CO_2 的释放量最高，之后趋于稳定，这符合一般种子萌发的规律，是种子正常萌发的标志；② 可溶性蛋白含量在子叶中呈反“s”形曲线变化，胚芽中先升后降，也符合种子萌发过程的一般规律；③ 种子萌发过程中，在子叶和新生胚芽中均未检测出 β－淀粉酶活性，仅 α－淀粉酶活性发生变化，其动态变化呈单峰曲线，峰值出现在第 4 天，淀粉酶使子叶中淀粉降解，并及时供应能量，其活性升高较鲜重的快速增加提前，符合形态变化滞后于生理生化变化的规律；④ SOD 和 CAT 活性呈下降趋势，SOD 和 CAT 的主要作用是清除植物体内的活性氧，均与休眠和逆境有关，在种子正常萌发的过程中体内活性氧含量较低，因此这两种酶的活性下降；⑤过氧化物酶（POD）活性在萌发进程中表现出上升趋势，POD 可能参与活性氧代谢和与其他物质代谢过程，在第 5 天后 POD 活性快速升高同生长量快速升高表现一致，说明 POD 可能与长豇豆幼芽生长有关。

（2）豇豆种子萌发进程中蛋白质组分的时空变化　蛋白质是生命活动的主要承担者，在种子萌发进程中在时序性和空间性存在差异。陈禅友等（2006）以豇豆早翠和矮虎为材料，通过 SDS-PAGE 技术分析了干种子期、吸胀期、发芽期三个时期的胚和子叶部分的蛋白质组分，包括水溶性、盐溶性和碱溶性蛋白。试验结果表明，两个品种间蛋白条带分布差异最大的时期是干种子期，差异部位是胚，差异蛋白组分为盐溶性蛋白质；在萌发进程中，相对分子质量为 49.7 KD、55.4 KD 和 60.4 KD 的 3 个条带没有发生时空变化，这三种蛋白可能是豇豆的结构蛋白或保守蛋白；蛋白组分中以水溶性蛋白条带数目较多，但品种间多态性较弱，早翠有 2 个特异性条带，矮虎仅有 1 个特异性；盐溶性蛋白品种间条带多态性丰富，早翠有 6 个特异带盐溶性蛋白，大小分别为 107.8 KD、18.3 KD、15.7 KD、14.0 KD、12.8 KD 和 11.4 KD，矮虎有 3 个特异带盐溶性蛋白，大小分别为 41.0 KD、27.3 KD 和 14.4 KD，因此，在豇豆种子萌发进程中，各蛋白质组分在品种间的时序和空间表达上既表现出一致性又存在差异性。对干种子期胚和子叶盐溶性蛋白质组分的电泳分析，既表现出品种遗传稳定性又反映出品种差异性，故均可用于豇豆基因型鉴别。干种子期的贮藏蛋白质具有遗传稳定性，也能体现基因型遗传差异，而试验结果表明吸胀后蛋白质表达具有趋同性，种子萌发过程所需求的蛋白质被转化、运输和消耗，使得蛋白差异性消失，因此吸胀期和发芽期不能反映基因型的差异。

（3）青霉素对豇豆种子萌发及下胚轴生长的影响　青霉素是医学上广泛应用的高效抗菌剂。青霉素可促进生长及诱导植物 α－淀粉酶的形成，其作用类似于生长素、细胞分裂素、赤霉素，可促进多种植物种子发芽和幼苗生长，还可促进水稻老化种子发芽（袁华玲，2003）。袁华玲（2003）用青霉素处理贮藏 5 年的豇豆种子，研究其对种子萌发及下胚轴生长的影响。结果表明，青霉素处理后发芽率和发芽指数没有明显变化，但青霉素可以提高种子的活力指数；当青霉素浓度为 100~400mg/L 时，可促进豇豆下胚轴的生长，400mg/L 时作用效果最明显；当青霉素浓度为 400~800mg/L 时可增加豇豆下胚轴的粗度，400mg/L 时下胚轴最粗，但开始出现畸形褐化现象，综合试验结果以 400~600 mg/L 的青霉素处理豇豆种子其下胚轴生长效果较好。

（4）浸种时间和温度对豇豆种子物质外渗及幼苗生长的影响　种子吸水的过程，也是内含物外渗的过程，从而对豇豆幼苗的生长有一定的影响。因此，浸种时应严格把握豇豆种子的浸种时间和浸种温度。孟焕文等（1997）研究了豇豆种子的浸种时间和浸种温度对内含物和幼苗生长的影响，指出随着浸种时间和浸种温度的增加，豇豆种子中的电解质、游离氨基酸、可溶性糖及蛋白质外渗率增高；浸种时同超过 4 h 时，物质外渗率增加显著，浸种温度 35℃时物质外渗率显著高于 5℃、15℃和 25℃时的物质外渗率，较高温度和较长时间浸种虽出苗较快，但不利于培育壮苗。

（5）不同环境条件对豇豆种子萌发及酶活性变化的影响　种子萌发过程中的环境条件如光照、温度等会对种子萌发及其生理生化变化产生一定的影响。唐海溶（2008）在不同温度、光照及盐浓度下研究了豇豆种子的发芽率，并测定了子叶和胚根中过氧化氢酶和过氧化物酶的活性。研究结果指出，不同环境条件下豇豆种子的萌发率存在较大差异；温度和盐浓度对豇豆种子的萌发有极显著的影响；不同培养条件下，随着培养时间的延长，子叶和胚根中的过氧化氢酶活性呈下降趋势，而过氧化物酶活性呈上升趋势；温度和盐浓度对子叶中的过氧化氢酶活性有显著影响，对胚根中的过氧化氢酶活性有极显著影响；温度对子叶和胚根中的过氧化物酶活性有显著影响，盐浓度对子叶和胚根中过氧化物酶活性有极显著影响，因此，温度和盐浓度都是影响豇豆种子萌发的重要因素。

2. 光合特性

（1）豇豆光合特性　胡志辉等（2005）以鄂豇豆二号品种为试材，研究了豇豆的光合特性，并指出豇豆净光合速率（Pn）在生育期变化呈单峰曲线，以开花初荚期最高，营养生长期较低，生殖生长期维持在一个较高的水平上；日变化为双峰曲线，大峰在 11 时，小峰在 16 时，即光合作用有“午休”现象，出现午休的主要原因是温度高低变化而导致蒸腾作用强度不同，Pn 在盛荚期随叶位变化呈自下而上递增的趋势，叶绿素含量以中位叶最高。

（2）光质对豇豆幼苗光合特性和生理生化指标的影响　植物的生长发育和新陈代谢在很大程度上受环境条件的影响。光是植物生长发育过程中的重要环境因子，在植物生长发育的各个阶段都起着重要的作用。植物体不同色素系统吸收不同波长范围的光线后会影响植物的光合特性及生理生化特性。林碧英等（2011）以矮生豇豆为试材，研究了不同光质（白光、红光、绿光、蓝光）对其光合特性及生理生化指标的影响。结果指出，红光处理有利于叶绿素含量、光合速率、蒸腾速率、可溶性糖含量的提高，蓝光处理有利于类胡萝卜素含量、可溶性蛋白质含量的提高。不同光质处理豇豆后叶片的超氧化物歧化酶、过氧化物酶、过氧化氢酶活性均呈现先增后减的变化趋势，其中以处理25d时酶活性最高；红光、蓝光和绿光处理的豇豆叶片的丙二醛含量均明显低于对照白光处理，且绿光处理效果最显著。

（3）水分对豇豆光合生理的影响　水分也是植物生长发育的重要环境因子。植物体通过控制气孔的关闭来调节体内水分的得失，从而来调节叶片的水势和叶片相对含水量，而气孔的关闭又会影响植物光合同化量，从而影响产量。耿伟等（2006）利用自制供水装置，通过设置不同供水吸力检测不同水分处理对豇豆光合生理特性的影响。结果表明，随着供水吸力的增大，土壤中含水量逐渐减少，叶片的净光合速率、蒸腾速率和气孔导度均先上升后下降，光化学量子产量和光化学淬灭先增大后减小，非光化学淬灭逐渐升高，叶绿素a、叶绿素b和类胡萝卜素的含量先上升后下降，叶片水分利用效率呈双峰曲线，高吸力下的叶片水分利用率较大。

3. 生态条件对生长发育的影响

（1）生态条件影响下豇豆的生长发育及籽粒性状的相关性　植物的生长发育及籽粒相关性状受其生长的生态条件的影响。吴安民等（2002）研究了种植于不同生态区（山西省代县、内蒙河套藻灌区、辽宁省喀左县和山东滨州）的张塘豇豆的生长发育及对籽粒性状的相关性影响，研究指出，这4个生态区都适宜种植张塘豇豆。播种期越早、生育期越长，其产量越高；实施地膜覆盖比不覆盖的产量高；不同环境条件下，所生产的种子其粒重、体积都有差别，籽粒的长度、宽度与粒重显著相关，籽粒的厚度与粒重呈极显著相关。

（2）栽培模式对豇豆生长发育的影响　不同栽培模式会影响植物的生长发育。许如意等（2010）研究了不同栽培模式（大棚滴灌、露天滴灌、大棚沟灌、露天沟灌）对豇豆生长发育的影响。研究表明，在设大棚栽培模式下豇豆的生长发育比露天栽培好，设施栽培条件下，由于防虫网的阻隔，且有保湿保温的作用，因此可以促进植株的生长进程，露天栽培条件与自然环境条件基本一致，其植株的生长进程相对于设施栽培稍有迟缓；滴灌模式可以使植株充分补充到肥水，而沟灌模式所需的肥水大部分聚集于沟中，水分蒸发较快，从而影响到植株的生长；大棚滴灌栽培模式提高了植株的生长速率，单荚重、豆荚纵横径以及小区产量。

（3）第一对真叶损伤对豇豆后期生长发育的影响　第一对真叶是植株最初的养分供应器官，可供应幼苗生长发育所需的光合产物，因此损伤后会对植株生长发育都有一定的影响。巢娟等（2014）研究了豇豆第一对真叶不同损伤程度对其生长发育的影响。研究结果指出，真叶损伤对植株的生育期、植物学性状、豆荚性状以及总产量都有影响，且随着损伤程度的加大，影响逐渐变大。

（4）模拟酸雨对豇豆生长和部分生理指标的影响　酸雨对农业生态系统及农作物本身的影响已引起人们的普遍关注，其造成的为害和影响也愈来愈严重。杨妙贤等（2005）指出，豇豆对酸雨胁迫的敏感性除与本身的生理特性有关外，还取决于酸雨的pH值，pH4.0以下的酸雨可使豇豆叶片受到伤害，叶绿素含量下降，气孔开放频率增大，过氧化物同工酶活性下降及细胞膜透性增强。

（5）强制反旋对豇豆生长的影响　大部分缠绕植物的缠绕方向在种水平上具有稳定性，强制反旋会使植株产生一系列生理生化上的变化。陈海魁等（2009）以右旋植物豇豆为试材，在其生长过程中进行强制反旋处理，结果表明，强制反旋后叶片数量没有变化，但花芽数、结果数及侧枝数都明显增加。

（6）栽培措施对豇豆早期产量及品质的影响　曾长立等（2004）研究了N肥、丰产素、萘乙酸、防落素和密度对豇豆产量和品质的影响。结果表明，这5个因素对豇豆产量均有明显影响。N肥、丰产素、萘乙酸能影响豇豆蛋白质含量，N肥、丰产素和防落素则影响还原糖含量。

（7）重金属铬对豇豆幼苗生长的影响　Cr是植物生长的非必需元素，但对植物生长存在剂量效应。张和连等（2007）研究了土壤中不同浓度的Cr对豇豆幼苗生长的影响。结果表明，低浓度的Cr促进幼苗生长，高浓度的Cr抑制幼苗的生长，表现为植株矮小黄化，生长缓慢。

第三节　栽培要点

一、种植方式

（一）单作

1. 地块选择　豇豆对土壤的适应性强，一般在排水良好、土层深厚、富含有机质的沙质壤土中种植最好，土壤酸碱度以微酸近中性较好，最佳pH值为6~7。豇豆播种前应及时深耕和整地，改良土壤结构，保持土壤水肥，疏通空气，为种子和幼苗提供良好的土壤环境，以利子叶出土，达到全苗、苗壮。北方春播地区一般秋季深耕，播前浅耕、细耕。

2. 一熟制条件下，年际间的茬口选择　豇豆不宜连作，种植过豇豆的地块应隔2~3年后再种植豇豆。豇豆连作会导致土壤酸度增加，噬菌体大量繁衍，从而抑制了根瘤菌的发育和活动，使土壤中的P不易被吸收利用，影响了种子的发育，造成空荚。因此，应注意轮作倒茬，最好选择谷子、糜子、马铃薯、高粱等前茬地。

3. 种植规格和模式　直立型豇豆播种行距一般为50~70cm，株距25~30cm。播种深度4~6cm，每亩3 000~4 000穴，每穴3~4粒种子，覆土2~3cm，每亩用种量2.5~3kg。

（二）间、套、轮作

豇豆可以与多种作物进行间作、套种。栽培管理应随主要作物而定，还可以与多种作物和禾本科植物轮作。

1. 豇豆和白菜、菠菜套作 豇豆和白菜、菠菜套作即把豇豆套种在白菜、菠菜地里。播种前，就要计划好套种的豇豆类型。如套种架豇豆，畦的宽度宜为80~90cm，套种矮豇豆，畦的宽度宜为120~150cm，在白菜、菠菜破心后，即可在畦面上开穴播种豇豆。当白菜、菠菜长有15~17cm高时，就要全部拔去。田间管理工作与架豇豆和矮豇豆相同。这种栽培方式可充分利用土地，提高复种指数，节省人工，降低成本，可利用菜株挡风御寒，减轻病虫害，增加收入。

2. 豇豆和黄瓜套作 豇豆和黄瓜套作即把架豇豆套种在黄瓜架下。种植前先除去黄瓜植株基部30~35cm外的老叶，并清洁畦面，在距黄瓜根旁10cm处开穴3~5cm深，每穴播种3~4粒，覆土2~3cm。抽蔓时利用原架爬蔓生长，随豆苗长大逐渐摘去黄瓜叶子。当瓜果收完后，及时把黄瓜秧子拔去。这种栽培方式即可经济利用土地，提高复种指数，又可一架两用，前期又能利用黄瓜蔓叶遮阳降温，有利于豇豆幼苗生长。

3. 豇豆与玉米、高粱间作 豇豆与玉米、高粱间作即在玉米、高粱地里隔行间作矮豇豆。当玉米、高粱等作物播种时，即可在其行间开穴播种矮豇豆，株距30~35cm。这种栽培方式可充分利用土地，前期发挥高秆作物挡风防寒，有利于幼苗生长。后期利用秸秆遮阳降温，有利于开花结荚。

4. 豇豆—玉米—南瓜—芥菜轮作 豇豆—玉米—南瓜—芥菜轮作是一种高效经济的耕作方式。豆科、禾本科作物适当配合轮作，可增加土壤有机质，有利于后作种植叶菜类作物。豆类种植时产生的根瘤菌会增加土壤酸度，而玉米、南瓜植后使土壤酸度降低；南瓜生长期间侧蔓能快速铺满地面，可以抑制杂草的生长繁殖，为叶菜类的生长创造良好的生长环境；浅根性、耗N较多的叶菜类种植后可安排种植深根性、耗P较多的豆类。

二、播种

（一）种子选择和处理

1. 种子选择 播种前要挑选种子，因地制宜选择合适的品种。一般选择优质、抗病、丰产、荚性好及适应市场需求的品种。根据栽培季节不同选用不同品种，春季提早栽培应选用耐低温的早熟矮生豇豆品种，如中豇1号、张塘豇豆等；夏秋栽培应选用耐高温、抗病性强的中晚熟品种，如丰产1号等；冬春茬栽培应选用耐低温弱光的品种，如之豇特早30、翠豇等。对日照要求不严格的品种在春、夏、秋3季均可种植，对日照要求严格的品种只适宜秋季栽培。一般矮生型豇豆每亩栽培面积用种量8~10kg，蔓生型豇豆4~6kg。

2. 种子处理 除了选择好适宜的品种外，还需对种子进行精选。一般选择籽粒大、饱满、无病虫害、色泽好、无损伤的种子，注意去杂去劣，剔除秕粒、破损粒、虫害粒、未成熟及不饱满的种粒。播种前要进行晒种，最好选晴好天气晒种2~3d，这样可以杀死种子表面携带的病原菌，降低苗期病虫害发生，同时晒种还可以增加种子活力，提高发芽率。为保证全苗和高产，以及提高发芽势和发芽率，还可对种子进行消毒，用硫酸链毒素浸种，浸种时间控制在4h内，可防治细菌性疫病。用50%的多菌灵可湿性粉剂处理种子可防治炭疽病和枯萎病，或用2.5%适乐时或20%卫福杀菌种衣剂包衣处理。若浸种催芽应选择水温50℃、浸种时长3~4h，期间不断搅拌，浸种结束后，用润湿的纱布包好，放在25~28℃条件下催芽，若温度过高会导致发芽过快，但幼芽比较脆弱，若温度过低发芽缓慢，容易导致烂种。

（二）播期和密度

1. 选择适宜播期 豇豆定植的适宜温度指标是土壤深度10cm的地温稳定在10~12℃，气温稳定在15℃以上。播种过早温度低、湿度大，种子不易发芽，易霉烂，造成严重缺苗；播种过晚，不利于早熟高产。结合保护地栽培设施，豇豆播种季节可分为春、夏、秋3个季节，早春栽培在3月中下旬用地膜覆盖栽培，或在3月上旬利用日光温室或塑料大棚育苗或直播，春季露地直播在4月下旬至5月初播种，夏季播种在5月上旬至7月上旬露地分期播种，秋季播种时间宜在当地早霜来临前110~120d，一般为6月中旬至6月下旬，或8月上中旬在日光温室秋冬茬栽培。

2. 确定合理密度 播种密度可根据不同的栽培用途，结合不同地区及品种综合考虑。在瘠薄地上栽培以及晚播时，密度应适当增大，在肥沃土地上栽培及早播时，密度应适当减少。春季露地栽培可增加种植密度，夏季播种由于雨水过多，若密度过大时通风透光不好，容易导致徒长和落花落果，若叶面积大的品种可适当增大穴距。早熟品种的豇豆，定植宜密些，晚热品种豇豆，定植宜稀些，生长势弱，叶片小、叶量少的品种宜密些，生长势强、叶片大、叶量多的品种宜稀些，分枝力弱的以主蔓结荚为主的品种可以密些，分枝力强或以侧枝结荚为主的品种可以稀些。一般直立型豇豆播种按行距为50~70cm，株距25~30cm，每亩3 000~4 000穴，每穴留苗2~3株进行定植或直播。

3. 播期和密度对豇豆产量和农艺性状的影响 祖艳侠等（2010）研究了红豇豆种植密度和播期对产量的影响。结果表明，株行距为65cm×40cm、60cm×30cm、65~20cm 3个种植密度对红豇豆单株结荚数和荚长、荚宽、荚粒数及单荚重均未达到显著差异，3种种植密度对红豇豆的产量均达到极显著差异，在行距一定的情况下，株距在20~40cm之间时，密度越大，产量越高；5月20日、5月31日、6月11日3个播期对红豇豆的小区产量和单株结荚数均达到了极显著差异，其中5月20日播期的产量最高，播期越迟，小区产量和单株结荚数越低，3个播期对红豇豆的荚长、荚宽、荚粒数和单荚重均未达到显著差异。

浙江省农业科学院以之豇28-2为试材，进行密度试验。结果表明，行距为62cm、穴距为23cm、每穴3株时产量最高，穴距为17cm和23cm比穴距30cm分别增产

8.7% 和 5.7%。当穴距小于 17cm 时，果荚长度、粗度都减小。当穴距增加至 40cm 时比穴距 30cm 减产 18%。

（三）播种方法

1. 直播　豇豆一般采用直播方式，播种方法有点播、穴播、撒播和条播。露地豇豆播种宜在当地地下 10cm 处地温稳定在 10~12℃时进行。华北地区宜在 4 月中下旬播种。播种前精选种子，并晒种 1~2d。一般采用干籽直播，也可用 25~32℃温水浸种 4~6h，此时大部分种子吸水膨胀，将表皮水分晾干后进行播种，每畦播 2 行，行距 50~65cm，穴距 20~25cm，每穴播种 4~5 粒，覆土 2~3cm。豇豆若单播，播种量为 17~28kg/hm^2，若作饲料或与禾本科作物混播，播种量为 22~33kg/hm^2，若作饲料或绿肥也可撒播，播种量约为 5kg/hm^2。

2. 育苗移栽　近年来，豇豆栽培采用育苗移栽的方式也很普遍。例如，春季早熟品种利用育苗移栽可避免早春低温的环境，提早抽蔓、分枝、开花结荚，使早期产量和总产量有较大幅度提高，而且育苗移栽可抑制营养生长过旺，促进开花节荚，降低结荚节位。豇豆早春育苗可在温室或塑料薄膜棚内进行，根据定植时间和苗龄计算播种期，一般苗龄 20~25d，华北地区在 3 月下旬至 4 月上旬播种。育苗前首先配制营养土，可以适当加入一些肥料，为增加土壤透气性，可以适当掺入些蛭石。营养钵育苗时，提前将营养钵浇透水后播种，白天气温控制在 25~30℃夜间控制在 20℃左右，以利于发芽出土。出苗前水分不宜过多，以防种子腐烂，经 7~10d 出齐苗后要开始通风排湿，防止幼苗下胚轴过度伸长而发生徒长。通风要掌握由小到大的原则，苗期一般不追肥、浇水，但营养钵或纸袋育苗时土壤较易干燥，可用喷壶浇水来保湿。播种后在苗床上覆盖塑料薄膜，以利于保温，当大部分种子拱土出苗时，及时将薄膜撤掉。定植宜选晴天进行，定植前一天将营养钵、纸袋或营养土方浇透水，以利于起苗。

三、田间管理

（一）间苗定苗

豇豆的根系发达，但再生能力较弱，适宜小苗移栽。当直播苗第一对基生真叶出现后或定植缓苗后，应到田间逐畦查苗，进行间苗补棵，间去多余的苗子，淘汰子叶缺损、真叶扭曲等长势不正常的幼苗，一般每穴保留 3 株健苗。由于基生叶生长好坏对豆苗生长和根系发育有很大的影响，因此，基生叶提早脱落或受损的幼苗应拔去换栽壮苗。

若采用育苗移栽，幼苗在定植前 5~7d 要进行低温锻炼，白天温度不超过 20℃，夜间降到 8~12℃，以增强幼苗定植后对低温环境的适应性。经过 20~25d 的苗期，此时幼苗第 1 片复叶已充分展开，待第 2 片复叶初现就可以准备定植。定植宜选晴天进行。定植前一天将营养钵或营养土方浇透水，密度按照直播密度进行定植。栽苗后立即浇 1 次水，水量不宜过大，为防止地温变化较低，也可开沟浇水定植。

（二）锄地

豇豆的行距较大，一般为50~65cm，生长初期田间易滋生杂草，雨后田间地表易板结，不利于植株生长。因此，播种后遇雨要及时破除板结，出苗后要及时中耕除草，松土保墒。待直播苗出齐或定植缓苗后，宜每隔7~10d进行1次中耕松土，以增温保墒，蹲苗促根，使植株生长健壮。甩蔓后停止中耕，期间视田间杂草及墒情进行中耕，不宜过深，以免伤根。最后一次中耕时注意向根际培土。间套田应随主作物进行中耕除草。雨水较多地区要注意开沟排水。

（三）科学施肥

1. 豇豆的需肥规律 在整地时应施足基肥，每公顷至少施有机肥75 000kg、过磷酸钙400kg、硫酸钾200kg或草木灰500~750kg。

（1）*幼苗期* 幼苗期一般不追肥。若幼苗出现生长势过弱，可进行叶面喷施有机叶面肥或0.5%复合肥溶液。

（2）*开花期* 开花前适当控制施肥，促进开花，防止营养生长过旺影响开花结荚。对长势弱的植株可追肥复合肥，每667m^{2}施肥10kg。

（3）*采收期* 一般每采收1~2批果荚后，需追施1次肥。用45%的复合肥于株间开穴深施，每亩用肥约15kg，施后根据土壤墒情适量浇水。

2. 施肥时期和方法 豇豆忌连作。在施足基肥的基础上，幼苗期需肥量少，须控制施肥，尤其要注意N肥的施用，以免茎叶徒长，分枝增加，开花结荚节位升高，花序数目减少，形成中下部空蔓而不给荚。盛花结荚期需肥多，必须重施结荚肥，促使开花结荚增多，减少落花落荚，并防止蔓叶早衰，延长结荚期提高产量。

单作和轮作豆田以平衡施肥为原则，坚持底追结合的方法。以基肥为主，追肥为辅，基肥不足时应于开花结荚初期结合灌水或利用雨天进行追肥。豇豆对N、P、N肥需求量较大。每形成100kg的种子，约需N 5kg，P_2O_5 1.7kg，K_2O 4.8kg，CaO 1.6kg，MnO_2 1.5kg，S 0.4kg。

豇豆生长势强，根瘤菌不很发达，不耐肥。豇豆对P、K肥要求较多，在底肥中多施P、K，是豇豆增产的重要措施之一。生产上一般亩施腐熟有机肥5 000kg、过磷酸钙40kg或N、P复合肥35kg、硫酸钙10~15kg作为底肥。

在初花期以后进行追肥，追肥1~2次。进入采收期后，追肥应重施。以后每采收1次，追施适量肥料，有利延长采收期，增加采收次数，提高产量，改善品质。豇豆追肥以追施N肥和P肥为主，一般施N肥110~120kg/hm^2，P肥20~60kg/hm^2。

3. 氮、磷、钾肥的生理作用和产量效应

（1）*氮、磷、钾肥的生理作用* N肥是供应植物生长发育需要的N素养分的肥料。N是构成植物蛋白质的重要组成物质，植物叶绿素、磷脂、配糖物、核酸、维生素以及生物碱中都含有N。一般能从叶面积的大小和叶色深浅上来判断N素营养的供应状况。

N对促进植物生长健壮有明显的作用，可以提高生物总量和经济效益，改善农产品的营养价值，增加种子中蛋白质含量，提高食品营养价值。N肥使用量适当，则叶绿枝茂，制造有机物多，对提高产量和质量的作用就大；若N肥施用量过多，会引起茎叶疯长，易于倒伏，使病害增多，阻碍开花，延迟作物成熟，反而造成减产；若在苗期缺N往往会导致生长缓慢，植株矮小，叶片薄而小，叶色缺绿发黄。N肥品种较多，主要包括尿素、碳酸氢铵（碳铵）、氯化铵、硫酸铵、硝酸铵、硝酸钙，还有氨水、石灰氮等，但目前已较少使用。作为单质肥料施用较多的主要是尿酸和碳酸氢铵，碳酸氢铵作基肥和追肥时应深施，不能与碱性肥料混施，不能做种肥，也不能与根、茎、叶接触，否则易造成灼伤。尿素适合做追肥和叶面喷肥，做追肥时要深施，做叶面肥时要注意浓度，不能做种肥。

P肥是供植物生长需要的P素养分的肥料，可分为天然P肥和人工P肥两类。P是形成细胞核蛋白、卵磷脂等不可缺少的元素。P元素能加速细胞分裂，促使根系和地上部加快生长，能促进早期根系的形成和生长，提高植物适应外界环境条件的能力，有助于植物耐过冬天的严寒。适量施用P肥，对根系发育有良好作用，能促使作物躯干健壮，不易倒伏，增强抗旱、抗寒、抗病能力，并促进开花结实，使作物籽粒饱满。缺P则表现为植株深绿，常呈红色或紫色，茎短而细，基部叶片变黄，开花期推迟，种子小，不饱满。常用的P肥包括过磷酸钙、钙镁磷肥、磷酸一铵和磷酸二胺，此外，磷矿粉、钢渣磷肥、脱氟磷肥、骨粉也是P肥，但目前用量很少，市场也少见。过磷酸钙易溶于水，为酸性速溶性肥料，可以施在中性、石灰性土壤上，作基肥、追肥，也可作种肥和根外追肥，但注意不能与碱性肥料混施，以防酸碱性中和，降低肥效。P肥主要在缺P土壤上施用，施用时要根据土壤缺P程度而定，叶面喷施浓度为1%~3%。钙镁磷肥是一种不溶于水的碱性肥料，以含P为主，同时含有Ca、Mg、Si等成分的多元肥料，适用于酸性土壤，肥效较慢，作基肥深施比较好，与过磷酸钙、N肥不能混施，但可以配合施用，不能与酸性肥料混施，在缺Si、Ca、Mg的酸性土壤上效果较好。磷酸一铵和磷酸二铵是以P磷为主的高浓度速效N、P复合肥，易溶于水，磷酸一铵为酸性肥料，磷酸二铵为碱性肥料，一般适用于作基肥，也可作种肥。

K肥是供植物生长需要的K素养分的肥料。K元素的营养功效可以提高光合作用的强度，促进作物体内淀粉和糖的形成，增强作物的抗逆性和抗病能力，还能提高作物对N的吸收利用。适量施用K肥，能使籽粒饱满，促使植株茎根粗壮，不易倒伏，可提高产品品质，增强对各种不良环境的忍受能力，如抗旱、抗寒、抗盐碱、抗病虫为害、抗倒伏等能力。植株缺K时老叶沿叶缘首先黄化，严重时叶缘呈灼烧状。K肥的品种较少，常用的只有氯化钾和硫酸钾，其次是钾镁肥。氯化钾为中性、生理酸性的速溶性肥料，可作基肥和追肥，但不能作种肥，因为氯离子会影响种子的发芽和幼苗生长；硫酸钾为中性、生理酸性的速溶性肥料，可用作基肥和追肥，也可用作种肥和叶面喷施，作基肥时应深施覆土，作追肥时以集中条施和穴施为好，作叶面喷肥时的适宜浓度为2%~3%。

（2）*产量效应*　豇豆根部与根瘤菌共生，具有固N能力强、省肥的特点，同时能提高豇豆营养价值。适宜的肥料用量和科学追肥不仅能提高产量，而且还可改善品质，降低生产成本，增加效益。饶立兵等（2005）在多年种植的菜地上进行了N、P、K肥用量及不同追N方法对豇豆产量的影响试验。结果表明，追N方法是决定豇豆产量高低的主要因素，而追N方法以处理水平为苗期∶抽蔓期∶花荚期为2∶3∶5时产量最高，其次是N肥用量因素，再次是P肥用量因素，最后是K肥用量因素。豇豆高产栽培施肥为亩施氯化钾5 kg、钙镁磷肥30 kg，追施尿素10 kg，尿素以苗期∶抽蔓期∶花荚期为2∶3∶5最好。

4. 微量元素肥料的施用

（1）*微量元素种类*　微量元素肥料，是指含有微量元素养分的肥料。微量元素包括Fe、Mn、Zn、Cu、B、Mo、Cl。微量元素肥料可以是含有一种微量元素的单纯化合物，也可以是含有多种微量和大量营养元素的复合肥料和混合肥料。含单一元素的化合物肥料如B肥、Mn肥、Cu肥、Zn肥、Mo肥、Fe肥、Cl肥。常用的Fe肥主要是绿矾（$FeSO_4 \cdot 7H_2O$），把绿矾配制成0.1%~0.2%的溶液施用；Mn肥是硫酸锰晶体（$MnSO_4 \cdot 3H_2O$），含锰26%~28%，一般用含Mn肥0.05%~0.1%的水溶液喷施；常用的Cu肥是五水硫酸铜（$CuSO_4 \cdot 5H_2O$），含Cu24%~25%，一般用0.02%~0.04%的溶液喷施，或用0.01%~0.05%的溶液浸种；Zn肥主要是七水硫酸锌（$ZnSO_4 \cdot 7H_2O$）和氯化锌（$ZnCl_2$），含Zn量分别是23%和47.5%，施用时应防止Zn盐被N固定，通常用0.02%~0.05%的$ZnSO_4 \cdot 7H_2O$溶液浸种或用0.01%~0.05%的$ZnSO_4 \cdot 7H_2O$溶液作叶面追肥；B肥主要包括硼酸和硼砂，通常把0.05%~0.25%的硼砂溶液施入土壤里；常用的Mo肥是钼酸铵[$(NH_4)2MoO_4$]，含Mo约50%，并含有6%的N，常用0.02%~0.1%的钼酸铵溶液喷洒。

（2）*微量元素生理作用*　微量元素在植物体内的作用有很强的专一性，是不可缺乏和不可替代的。当供给不足时，植物往往表现出特定的缺乏症状，农作物产量降低，质量下降，严重时可能绝产。而施加微量元素肥料，有利于产量的提高。

Fe是光合作用、生物固N和呼吸作用中细胞色素和血红素铁蛋白的重要组成成分。Fe在这些代谢方面的氧化还原过程中起着电子传递作用。由于叶绿体的某些叶绿素蛋白复合体合成需要Fe，因此，缺Fe时会出现叶片黄化。Fe不易从老叶转移出来，缺Fe发生于嫩叶，因缺Fe过甚或过久时，叶脉也缺绿，全叶白化。

Mn是细胞中许多酶（如脱氢酶、脱羧酶、激酶、氧化酶和过氧化酶）的活化剂，尤其会影响糖酵解和三羧酸循环。缺Mn时，叶脉间出现缺绿症，伴随小坏死点的产生，缺绿症会在嫩叶或老叶出现。

B与甘露醇、甘露聚糖、多聚甘露糖醛酸和其他细胞壁成分组成稳定的复合体，这些复合体是细胞壁半纤维素的组成成分。B还参与植物传粉授精作用，抑制酚类合成对幼芽的伤害。

Zn是乙醇脱氢酶、谷氨酸脱氢酶和碳酸酐酶等的组成成分之一。缺Zn时，植株失去合成色氨酸的能力，而色氨酸是吲哚乙酸的前身，因此缺Zn时植株的吲哚乙酸含量低，会导致植株茎部节间短，莲丛状，叶小、变形，叶面缺绿。

Cu 是某些氧化酶（如抗坏血酸氧化酶、酪氨酸酶等）的主要成分，可以影响氧化还原过程。Cu 又存在叶绿体的质体蓝素中，后者是光合作用电子传递体系的一员。缺 Cu 时，叶子呈现黑绿，其中有坏死点，先从嫩叶叶尖起，后沿叶缘扩展到叶基部，叶也会卷皱或畸形，缺 Cu 严重时，叶片会脱落。

Mo 离子是硝酸还原酶的金属成分，起着电子传递作用。Mo 又是固 N 酶中钼铁蛋白的成分，在固 N 过程中起重要作用。缺 Mo 时，老叶叶脉间缺绿，严重时叶片坏死。

Cl 在光合作用水裂解过程中起着活化剂的作用，促进 O_2 的释放。根和叶的细胞分裂需要 Cl，缺 Cl 时植株叶小，叶尖干枯、黄化，最终坏死。根生长慢，根尖粗。

（3）*产量效应*　随着 N、P、K 等化肥用量的持续增加，农作物从土壤中带走的微量元素会持续增加，如果不重视补充，会造成作物营养比例失调，降低化肥的利用率。利用微量元素是提高化肥利用率、单位面积产量、农产品品质的有效措施。徐胜光等（2008）分别在花岗岩细沙土和花岗岩粉壤土上研究了 Mg 和微肥对豇豆品质及产量的影响。结果表明，花岗岩细沙土上单施 Mg、B、Mo、Cu 及混施 Mg、B、Mo、Cu 对豇豆都有较好的增产效果，而在花岗岩粉壤土上效果不明显。细沙土上施 Mg 和微肥有提高豇豆维生素 C 含量的趋势，且未降低豇豆水溶性糖含量，说明 Mg 和微肥对提高豇豆品质及产量有重要作用。

（4）*施用时期和方法*　微量元素的施用是有选择性的，应当根据土壤中微量元素的供给情况和需肥特点，分地区施用。微量元素的施用方法很多，可作为基肥，种肥或追肥施入土壤，或者不施到土壤中而直接向植物施肥，例如种子处理和喷施等。B 和 Mo 在酸性和石灰性土壤上都可能供给不足，B 肥和 Mo 肥在这些土壤上都会有良好效果，而 Fe 肥、Mn 肥和 Zn 肥则主要用于石灰性土壤。用作基肥和种肥的施用方法为在播种前结合整地施入土中，或者与 N、P、K 等化肥混合在一起均匀施入；根外追肥将可溶性微肥配成一定浓度的水溶液，对植株茎叶进行喷施，以避免土壤中肥料不均匀而造成的为害。有条件的地区在大面积施用时可采用机械操作或飞机喷洒；种子处理播种前用微量元素的水溶液浸泡种子或拌种，这是一种最经济有效的使用方法，可大大节省用肥量，如硼酸或硼砂的浸种液浓度为 0.01%~0.03%。

5. 豇豆根瘤

（1）*豇豆根瘤菌形态*　根瘤菌是与豆科植物共生，形成根瘤并固定空气中的 N_2 供植物营养的一类杆状细菌。这种共生体系具有很强的固 N 能力。已知全世界豆科植物近两万种。根瘤菌是通过豆科植物根毛、侧根杈口或其他部位侵入，形成侵入线，进到根的皮层，刺激宿主皮层细胞分裂，形成根瘤。根瘤菌从侵入线进到根瘤细胞，继续繁殖，根瘤中含有根瘤菌的细胞群构成含菌组织。根瘤菌是一种重要的土壤微生物，具有高度的专一性，它只能与相应的豆科植物共生形成根瘤并固 N，其有着严格的宿主性关系，如苜蓿根瘤菌只诱导苜蓿植物结瘤固 N，豌豆根瘤菌只诱导豌豆植物结瘤固 N。根据根瘤菌的生长速度可分为快生型和慢生型两大类。快生型根瘤菌除了生长速度快外，它的生理特性与后者也显著不同。豇豆根瘤菌是一种广谱根瘤菌，它不仅能侵染豇豆族豆科植物，也能浸染多种非豇豆族豆科植物，它属于慢生型根瘤菌，生长速度较慢。

吴永强等（1981）从虹豆根瘤菌 330 菌株分离获得 3 株菌落型（330S，330L 和 330V），这 3 个菌落型均为革兰氏阴性杆菌，菌体大小为 0.7 × 2.0μm，都有极生鞭毛，其中 330V 的 N 氮作用最为有效。其次是 330S，330L 没有固 N 效果，330V 菌落呈圆形，光滑、湿润、稍突起，边缘整齐、有光泽、乳白色，生长 6d 菌落的直径为 0.1~0.2mm，生长 22 天菌落直径为 0.5mm；330S 菌落呈圆形，光滑、湿润、稍突起，边缘整齐、有光泽、乳白色，生长 6d 菌落的直径为 0.2mm，生长 22d 菌落直径为 2mm；330L 菌落呈圆形，光滑、湿润、稍突起，边缘整齐、有光泽、乳白色，生长 6d 的菌落边缘出现透明黏液圈，直径为 3mm，生长 22d 菌落变透明，直径为 8mm。研究表明，根瘤菌的共生固 N 效力与其生理生化特性有一定的相关性，大而黏的菌落是共生无效的，而小而干的菌落是共生有效的。

陈今朝等（2000）用紫外线照射豌豆根瘤菌 512 后培养，并观察其形态特征，结果表明，经紫外线照射和培养 10d 后的豇豆根瘤菌菌落呈半透明状，菌落较扁平，一般为圆形或卵圆形，没有照射紫外线的对照菌株则呈乳白浑浊、透明度较差，菌落扁平，且中央常出现凹陷现象，菌落除圆形、卵圆形外，还有四边形及多边形等，连续两次紫外线照射后突变出一株快生型根瘤菌株，这株快生型根瘤菌株与之前的慢生型不同，除了菌落表现不同外，在耐盐性、耐酸碱度方面均提高，且生长快。

（2）*豇豆根瘤菌的固氮效果* 谢文华等（1989）利用 9 种豇豆品种研究了豇豆根瘤共生固 N 关系。长豇豆在第一对真叶展开而第一片复叶尚未展开之前开始显瘤，显瘤后 10d 左右具有固 N 能力，从显瘤至老化脱落约 23d，因此，在豇豆整个生育期中，根瘤是一个不断形成、更新交替的过程。根瘤主要分布在离地表 3~20cm 的耕作层内，结瘤数与瘤重的变化取决于侧根根瘤的变化，并且与植株生物重量的变化相一致。结瘤数目和根瘤重量在始花后一周达到最大值，从抽蔓开始至开花结荚初期止，植株干重与根瘤干重两者相关密切，达到极显著和显著水平。

黄维南等（1989）在柑橘园间作印度豇豆，检测了印度豇豆的固 N 活性和固 N 量，结果表明，印度豇豆根瘤发达，平均每株植物的根瘤粒数可达 66 个，一般密布于侧根上部，主根上的根瘤较大，但数量少，侧根上的根瘤不仅数量多于主根上的，而且其固 N 活性也较高。印度豇豆生育早期根瘤的固 N 活性较低，分枝盛期根瘤数量和固 N 活性都显著增加，开花盛期固 N 活性最高，结荚后固 N 活性明显下降，每 667m^2 柑橘园中如试验套种 30815 株印度豇豆，两个月期间每 667m^2 印度豇根瘤固定的 N 素约为 5.91kg（折合硫酸铵 27.8 kg）。

6. 其他生物菌肥、生物有机肥和生长调节剂 生物肥的施用可改善土壤的物理、生化和微生物环境，有利于产品和环境的绿色化。郭江等（2006）研究了微生物菌肥对豇豆的生长性状及产量的影响，包括益微生物菌肥、红果实生物菌肥、肥力高生物菌肥。结果表明，与未施用生物肥相比，施用 3 种生物肥的豇豆表现出植株生长旺盛、叶色墨绿，豇豆产量、品质均有所提高。虽然 3 种生物肥当年增产效果不明显，但长期使用可调节土壤酸碱度，提高土壤肥力，改良土壤性状，改善生态环境。

目前，生物有机肥已经被广泛应用于无公害农产品生产中。稀土生物有机肥是由农业生产中产生的废弃物经过发酵、无害化处理之后，再加入有益微生物、稀土肥料添加剂而生产出来的新型肥料。黄若玲等（2008）采用大田小区试验，设复混肥、菜籽饼加无机肥、稀土生物有机肥 3 个处理，探讨稀土生物有机肥对豇豆生长、产量及品质的影响。结果表明，与普通复混肥比较，施稀土生物有机肥的豇豆产量增加 21.3%，Vc 含量增加 28.6%，可溶性糖增加 15.4%，硝酸盐降 16.22%，说明稀土生物有机肥对提高豇豆产量与品质有重要作用。

生长调节剂会影响豇豆的产量和品质。曾长立等（2004）研究了丰产素、萘乙酸、防落素对豇豆产量和品质的影响。结果表明，丰产素、萘乙酸能影响豇豆蛋白质含量，而丰产素和防落素则是影响还原糖含量的主要因素，当丰产素浓度比较低时，增加防落素浓度，会降低豇豆还原糖的含量，而在丰产素浓度比较高的条件下，增加防落素浓度会增加还原糖的含量；丰产素、萘乙酸、防落素合理配合可大大提高豇豆早期产量，其中影响效应大小为防落素 > 丰产素 > 萘乙酸。

有机与无机肥料不同配比会对豇豆的产量与品质产生影响。张世华等（2006）在施用总养分完全一致的条件下进行有机肥与无机肥配比试验，结果表明，施纯化肥的豇豆营养生长旺盛，其分枝早、叶片多、上架期提早、叶色浓绿，但后期有脱肥现象，并表现为叶片发黄、花蕾脱落、采收期提前。这是由于纯化肥处理区虽然有一半肥料作为追肥在初花期施，但由于豇豆开花结荚期较长，采摘期也长，近两个月的采摘期仍使后期出现养分供应不足的现象，有机肥料的分解与养分的释放会随着气温的回升而不断进行，前期由于气温低，养分的释放与供应有一个缓慢的过程，一时还难以完全满足豇豆前期营养生长的需要，因此施纯有机肥的豇豆前期表现出营养生长不良、藤蔓生长缓慢、叶色发黄、分枝少等现象，到中后期才恢复正常生长；有机肥与无机肥的配比，既能满足前期豇豆生长的养分需求，又能充分满足后期养分的供应，因此无机肥和有机肥均施用的豇豆长势稳健，采收期长。有机肥∶无机肥为 1∶1 施用的豇豆产量最高，较施纯无机肥提高 44.1%；其次为 1∶2 与 1∶0.5 处理，豇豆产量分别比施纯无机肥提高了 34.8%与 33.1%，且生物有机肥与化肥配施可明显改善豇豆的品质，可使豇豆中粗蛋白含量较施纯无机肥提高了 10.3%，总糖提高了 16.8%，维生素 C 提高了 60%，而硝酸盐含量下降了 61.4%。众所周知，硝酸盐会诱发癌症，而维生素 C 可改善机体的免疫功能，因此，维生素 C 和硝酸盐是衡量豇豆品种的一个重要指标。

徐胜光等（2005）在岗岩细沙土和分壤土上种植豇豆丰产 3 号，研究了纯有机营养、有机结合无机营养模式以及无机大、中、微量元素相结合平衡供肥模式与豇豆产量和品质的关系。采用大田小区试验，设不施肥、PK 肥、NK 肥、NP 肥、NPK 肥、鸽粪、NPK 肥 + 鸽粪和 NPK 肥 + 中微肥共 8 个处理，结果表明，单独施用鸽粪的纯有机营养模式在两种壤土上均可有效降低豇豆硝酸盐含量，且豇豆维生素 C 累积水平较高，可有效改善豇豆营养品质，与 NPK 肥 + 鸽粪处理的有机无机结合营养模式类似，采用 NPK 肥 + 中微肥的纯化学态养分平衡供肥模式，在两种土壤上也有提高了豇豆维生素 C 的含量，因而也改善了豇豆营养品质，且在沙质土上增产效应突出，对豇豆优质稳产高产亦有重要作用。

7. 根外追肥 根外追肥又叫叶面施肥，是将低浓度的水溶性肥料或生物性物质喷洒在植株叶片上的一种施肥方法。可溶性物质通过叶片角质膜经胞间连丝到达表皮细胞而进入植物体内，用以补充植株生长发育期中对某些营养元素的特殊需要或调节植株的生长发育。根外追肥的特点是：① 植株生长后期，当根系从土壤中吸收养分的能力减弱时或难以进行根部追肥时，根外追肥能及时补充植物养分；② 根外追肥能避免肥料土施后对土壤所产生的不良影响，可及时矫正植株缺素症；③ 在植株生育旺期当体内代谢过程增强时，根外追肥能提高植株的总体机能。根外追肥的效果取决于多种环境因素，特别是气候、风速和溶液持留在叶面的时间，因此，根外追肥应在天气晴朗、无风的下午或傍晚进行。此外，根外追肥可以与病虫害防治或化学除草相结合，药、肥混用，但混合不致产生沉淀时才可混用，否则会影响肥效或药效。

叶面肥的种类很多，根据其作用和功能可把叶面肥概括为四大类：① 无机营养型叶面肥。此类叶面肥中 N、P、K 及微量元素等养分含量较高，主要功能是为作物提供各种营养元素，改善作物的营养状况，特别适宜作物生长中后期各种营养的补充，常用的有磷酸二氢钾、稀土微肥、绿芬威、硼肥等。② 植物生长调节剂型。此类叶面肥中含有调节植物生长发育的物质，主要功能是调控作物生长发育，适宜植物生长前中期使用，如生长素、激素类。③ 生物型叶面肥。此类肥料中含微生物及代谢物，主要功能是刺激作物生长，促进作物代谢，减轻防止病虫害的发生等。如氨基酸、核苷酸、核酸类物质。④ 复合型叶面肥。此类叶面肥种类繁多，复合混合形式多种多样，其功能是复合型的，既可提供营养，又能刺激作物的生长调控发育。

叶面肥在豇豆有害生物控制中起着重要作用。涂勇等（2005）研究了不同叶面肥（包括自制海藻有机肥、绿芬威 13 号、磷酸二氢钾、尿素）处理后，豇豆白粉病、锈病、豆野螟的发生情况，并测定了多酚氧化酶和产量。结果表明，追施海藻有机肥、磷酸二氢钾、绿芬威可一定程度上降低锈病、白粉病的发病率及其严重度，提高豇豆叶片中多酚氧化酶的活性。多酚氧化酶又是植物体内的酚类氧化或缩合以及木质素合成的重要酶，其抗病机制可能是通过提高其活性来促进豇豆组织或器官中酚类物质和木质素的合成与积累，以杀死病菌或阻止病菌进一步穿透、侵入和扩展；在减轻豆野螟为害上施海藻有机肥的处理效果显著，在豇豆的需肥关键时期（花期结荚初期、第一次嫩荚采收后）喷施上述肥料后提高了豇豆的产量。因此，合理喷施叶面肥能够提高植物对有害生物的抗性，增加产量，保证品质。

植物营养剂是一种经枯草芽孢杆菌发酵而来的，含有肽类、氨基酸以及 N、P、K 和微量元素的产品，可广泛应用于各类经济作物。在果蔬生长期，通过叶面喷施植物营养剂可促进果蔬营养成分的积累，提高果蔬的产量。唐建洲等（2014）研究了植物营养剂对豇豆产量、还原糖、维生素 C 及有机硒含量的影响。结果表明，豇豆花期喷施植物营养剂使其产量提高 35.8%，还原糖含量提高 3.55%，有机硒含量增加 16.54%。因此，植物营养剂能有效提高豇豆的产量和品质。

（四）节水灌溉

1. 豇豆的需水量和需水节律　幼苗期一般水分不宜过大，适当控制水分，保持见干见湿的状态即可。要防茎叶徒长而减少花序；开花期应适当控制浇水，防止营养生长过旺；结荚期需水较多，要保证水分供应，防止干旱影响结荚；采收期结合浇水追施肥料。整个生长期间遇雨应排除田间积水，以免烂根、掉叶、落花。

2. 节水补灌　张超等（2010）研究了华北半湿润区滴灌条件下不同土壤基质势对露地栽培豇豆灌溉水利用效率的影响。试验分别控制滴头正下方 0.2 m 深度处土壤基质势下限高于 −10kPa、−20kPa、−30kPa、−40kPa 和 −50kPa。结果表明，随着土壤基质势控制的降低，豇豆整个生育期的灌水量明显降低，灌溉水利用效率显著升高。因此，华北半湿润区，在保证豇豆安全度过苗期之后，可以通过控制滴头正下方 0.2 m 深度处土壤基质势下限高于 −50 kPa 来制订豇豆的滴灌灌溉计划。

（五）病虫草害防治与防除

豇豆的病害主要有炭疽病、白粉病、锈病、叶斑病、斑枯病、根结线虫病、轮纹病、黑斑病、褐斑病、红斑病、黑眼豇豆花叶病毒病、角斑病、灰霉病、煤污病、细菌性叶枯病、细菌性晕疫病等。

豇豆的虫害主要有豆荚螟、潜叶蝇、蚜虫、白粉虱、叶螨、豆野螟、美洲斑潜蝇、地下害虫、夜蛾类幼虫等，主要害虫是豆荚螟。

豇豆田的杂草主要包括和本科杂草和阔叶杂草。田间禾本科杂草主要有看麦娘、早熟禾、马唐、牛筋草等，阔叶杂草主要有小藜、繁缕、马齿苋、铁苋菜等，禾本科杂草和阔叶杂草的比例约为 3：1。

详见后叙。

（六）覆盖栽培和设施栽培

1. 覆盖栽培　目前，利用塑料薄膜覆盖栽培豇豆，主要有小拱棚、中拱棚、大拱棚和地面覆盖栽培四种方式。除地面覆盖栽培适于春季外，其他均适于春早熟和秋延后栽培。栽培上应依据棚的大小来确定适宜种植的品种类型。小拱棚栽培因棚型矮小，宜种植矮生类型品种，如五月鲜、月月豇等；春早熟栽培在 3 月上旬播种 4 月下旬采收嫩荚，秋延后栽培在 9 月上中旬播种，11 月上中旬采收，供应市场。大、中棚栽培，因棚型较大，宜种植蔓生型品种，如红嘴燕、之豇 28−2 等，春早熟栽培在 3 月上旬播种，5 月中旬至 7 月上旬采收，秋延后栽培在 8 月下旬播种，10 月下旬至 12 月上旬采收，供应市场。塑料薄膜地面覆盖栽培的品种，均可在 3 月下旬播种，5 月下旬至 6 月上旬采收。

2. 设施栽培 温室栽培宜选择早熟、丰产、耐寒、耐热、抗病性强，纤维少，肉质厚，味道好且植株生长势中等，叶片小而少，适于密植，不易徒长。利用温室栽培豇豆，一般依据温室的高矮来确定适宜种植的品种类型。温室矮小宜选用矮生品种如五月鲜等，春早熟栽培宜于2月下旬播种，4月中、下旬至5月上、中旬采收嫩荚；秋延后栽培宜于10月上、中旬播种，11月中、下旬至1月上旬采收嫩荚。若温室较大宜选用蔓生型品种，春早熟栽培宜在2月下旬至3月上旬播种，5月上旬至7月上旬采收嫩荚，秋延后栽培可在9月上、中旬栽培，11月上旬至1月中旬采收嫩荚，供应市场。

四、适时收获

1. 成熟标准 豇豆落花落果严重，应及时采收。一般来说，豇豆具体的采收标准为豆荚饱满，荚条粗细均匀，种子尚未出现“鼓豆”现象，达到豆荚固有的色泽。采收过早，容易导致产量低，若采收太迟则导致豆荚老化。对于粮用豇豆来说，籽粒的大小和数量是影响产量的主要因素，因此，一般要等到豆荚饱满，颜色变黄，粒子饱满，完全成熟，呈现该品种固有颜色后再开始收获。

2. 收获时期和方法 豇豆在达到商品采收标准时应及时采收，这对防止植株早衰、促进多结荚非常重要。春播豇豆在开花后8~10 d即可采收，夏播豇豆在开花后6~8 d时已经达到了商品成熟期，可陆续采收。采收应细致，力争不漏采，豇豆每个花序有2~5对花芽，能结荚2~4条，植株长势壮时可结荚6条，结荚由花轴顶端基部向顶部转移。为使上部花芽能正常结荚，采收时要保护好花序上部的花，不能连花柄一起采下，切忌用手扯拉采摘，否则容易损伤同花序花朵。一般采收初期每隔3~4 d采1次，盛荚期每天采收1次，后期可隔1天采收1次。粮用豇豆一般在9月中下旬采收，应连株全部采收。连株全部采收以后，将豇豆秧上的豇豆全部摘下放入袋内。采收后，将豇豆放置在平整干燥的地上进行平铺晾晒。根据天气情况，晾晒3~4d，等到豇豆荚大部分裂荚以后，即可进行脱粒。脱粒时，应用木棒敲打进行脱粒，敲打时用力应适中，不宜过重，以免敲碎豇豆籽粒，影响产量。脱粒后把豇豆荚清理到一边。用筛子把豇豆籽粒中的杂质筛选出去。筛选后再用簸箕进行一次细选，保证豇豆的洁净度。将去杂质后的籽粒装入袋中进行存放。

第四节　病虫草害防治与防除

一、病害防治

（一）黄土高原豇豆常见病害

1. 主要病害 豇豆的主要病害有病毒病（花叶病）、锈病、白粉病、枯萎病、叶斑病、根腐病、细菌性疫病等。

2. 病原

（1）病毒病　主要病毒病原是豇豆蚜传花叶病毒。

（2）锈病　病原为真菌。豇豆单胞锈菌。

（3）白粉病　病原为真菌。蓼白粉菌，属子囊菌亚门。

（4）枯萎病　病原为尖镰孢菌。

（5）叶斑病　主要病原煤霉病和轮纹病均为半知菌亚门、尾孢属的豆类叶斑病菌和豇豆轮纹病菌侵染所致。

（6）根腐病　该病常与沤根症状相似，属真菌病害。

（7）细菌性疫病　是由黄单孢杆菌（属细菌）侵染所致。

3. 为害症状

（1）病毒病　整个生育期均可发病。植株染病后生长缓慢，长势衰弱，上部叶片褪绿，出现浓绿相间的花斑。叶片小且扭曲畸形，叶缘下卷，开花结荚明显减少，严重的豆荚缩短扭曲变形。

（2）锈病　主要为害叶片，也可为害叶柄、茎和豆荚。叶片染病初期在叶面或叶背产生圆形黄褐色或淡黄色小斑点，后逐渐病斑为中央隆起、黄褐色夏孢子堆，其周围有黄色晕圈，表皮破裂后散出赤褐色粉末状夏孢子。严重时叶片布满锈褐色病斑，最后叶片枯黄、脱落。叶柄、茎和荚发病症状与叶片相似。

（3）白粉病　抽蔓期至采收期均可发病。主要为害叶片。发病初期叶片上着生白色小斑点，后逐渐扩大呈圆形灰白色或紫褐色病斑，病斑连结后上面长出白粉状霉层，最后白粉布满整个叶片，病叶逐渐变黄褐色而枯死。

（4）枯萎病　主要为害茎基部和根基部。病株叶片自下而上萎蔫，后逐渐变黄至全株枯黄，易拔起。剖视病株可见茎基部、根基部的维管束变黑褐色，病根侧根少，严重时根部腐烂。湿度大时病部着生粉红色霉层。

（5）叶斑病　主要为害叶片，也可为害茎蔓和豆荚。叶片染病，叶片正背两面着生紫褐色斑点，后逐渐扩大呈近圆形或三角形淡褐色或褐色病斑，病健部界限不明显。湿度大时在病斑背面着生灰黑色霉层（分生孢子梗和分生孢子），严重时早期落叶，只残留顶部嫩叶，病株结荚少。茎蔓和嫩荚受害后出现梭形褐色病斑，后期变成灰黑色。

（6）根腐病　苗期至初花期均可发病。早期症状不明显，直到开花结荚期时，病株下部叶片从叶缘开始变黄枯萎，一般不脱落。病株较矮，易拔出。茎的地下部和主根上部变成黑褐色，病部稍凹陷，有的皮层开裂，侧根少或腐烂。主根腐烂的，病株枯死。土壤湿度大时，常在病株茎基部产生粉红色霉状物。

（7）细菌性疫病　主要为害叶片，也可为害茎蔓、豆荚。叶片染病，叶尖和叶缘出现暗绿色油渍状小斑点，后逐渐扩展呈不规则形灰褐色病斑，周围有黄色晕圈，干燥时易脆破。严重时病斑融合相连似火烧状，全叶枯死。嫩叶受害皱缩、扭曲畸形。茎蔓染病病斑红褐色溃疡长条形，稍凹陷，绕茎一周后，上部茎叶萎蔫枯死。豆荚染病产生不规则形红褐色水渍状病斑，严重时豆荚萎缩。湿度大时，叶片、茎蔓、豆荚的病部腐烂变黑分泌出黄色菌脓。

4. 传播途径

（1）病毒病　病毒主要来源于越冬寄主植物和带毒种子。田间主要通过蚜虫进行非持久性传毒，病株汁液摩擦及农事操作也是重要传播途径。病毒发生与流行主要取决于传毒蚜虫数量以及有利于蚜虫发生的环境条件。干旱年份蚜虫多，发病重。另外，与带毒寄主植物相邻地块发病重。

（2）叶斑病　病菌均以菌丝块在土壤中的病叶内越冬，褐纹病菌尚能在病种子上越冬。翌年，病残体上产生分生孔子，通过气流传播进行浸染，或在病种子萌发后浸染幼苗发病，发病后病部又产生分生孢子，由风雨传播进行再浸染。

（3）锈病　锈病菌主要以冬孢子随病株残体留在地上越冬，在南方温暖地区夏孢子也能越冬。冬孢子萌发时产生前菌丝和小孢子，小孢子侵入寄主形成初侵染。夏孢子萌发产生芽管，从气孔侵入形成夏孢子堆及夏孢子，孢子成熟后，孢子堆表皮破裂，散出红褐色粉末状夏孢子，借气流传播，进行再侵染。

（4）白粉病　寒冷地区病菌以闭囊壳随病残体留在地上越冬。分生孢子借气流传播，落到寄主表面，萌发时产生芽管，后形成菌丝体，并在病部产生分生孢子进行再侵染。

（5）枯萎病　真菌引起的病害。病菌随病残体在土中越冬，腐生性较强，从根部伤口侵入。连作地及土壤含水量高的地块发病重。

（6）根腐病　病菌在土壤中和病残体上过冬。一般多在 3 月下旬至 4 月上旬发病，5 月进入发病盛期，其发生与气候条件关系很大。苗床低温高湿和光照不足，是引发此病的主要环境条件。育苗地土壤黏性大、易板结、通气不良致使根系生长发育受阻，也易发病。另外，根部受到地下害虫、线虫的为害后，伤口多，有利病菌的侵入。

（7）细菌性疫病　病菌主要在种子内越冬，也可随病残体在土壤中越冬。植株发病后产生菌脓，借风雨、昆虫传播。

（二）防治措施

1. 病毒病

（1）农业措施　建立无病留种田。选用抗病品种。精选种子。培育壮苗，提高植株本身的抗病能力。实行轮作，避免重茬种植。加强肥水管理，增施 P、K 肥，及时清除烧毁病株、病叶，减少病源。

（2）化学措施　发病初期喷洒 1.5%植病灵Ⅱ号乳剂 1000 倍液，或 83 增抗剂 100 倍液或 20%抗病盛乳油 500~800 倍液，或 60%病毒 A 片剂（15kg 水中加 2 片），或 20%万毒清 500 倍液，或 20%病毒 A 可湿性粉剂 500~700 倍液，或 6%病毒克或 20%病毒克可湿性粉剂 1 000 倍液，或 38 %病毒 1 号 600~800 倍液喷洒，每 7~8d 喷 1 次，连喷 3~4 次。

2. 锈病

（1）农业措施 选用抗病品种。

（2）化学措施 发病初期，叶面喷洒 15%三唑酮可湿性粉剂 1000 倍液，或 50%硫磺悬浮剂 300 倍液，12 d 喷 1 次，连续 2 次。

3. 白粉病

（1）农业措施 选用抗病品种。收获后及时清除病残株，集中烧毁或深埋。

（2）化学措施 发病初期喷洒 70%甲基硫菌灵可湿性粉剂 500 倍液或 30%固体石硫合剂 150 倍液、50%硫黄悬浮液 300 倍，7~10d 喷 1 次，连续 3~4 次。

4. 叶斑病

（1）农业措施 加强田间管理，合理密植，使田间通风透光，防止湿度过大。增施 P、K 肥，提高植株抗病力。发病初期摘除病叶，收获后清洁田间，减轻病害蔓延。

（2）化学措施 可用 1：1：200 波尔多液，25%多菌灵可湿性粉剂 400 倍液，或 50%托布津可湿性粉剂 500 倍液，或 75%百菌清可湿性粉剂 600 倍液，或 65%代森锌可湿性粉剂 500 倍液，每 10d 喷 1 次，连续防治 2~3 次。

5. 枯萎病

（1）农业措施 种植抗病品种，实行 3 年以上轮作，发现中心病株及时清除。

（2）化学措施 叶面喷洒 50%的多菌灵可湿性粉剂 500 倍液，或 20%的甲基立枯磷乳油 1 200 倍液，50%的琥胶肥酸铜可湿性粉剂 400 倍液，7~8 d 喷 1 次，连续 2 次；同时用多菌灵或甲基立枯磷灌根。

6. 根腐病

（1）农业措施 深翻晒田，加速病菌分解，减少病源；选用抗（耐）病品种，如特长豇豆；合理轮作，例如与十字花科、百合科蔬菜实行 3 年以上轮作，减少菌量；施足充分腐熟的农家肥，增施 P、K 肥，提高植株抗病能力；高垄地膜栽培，合理密植，提高田间通风透光率，增强抗病能力；及时清除、烧毁田间病残体，降低菌源基数；及时排水，降低田间湿度，减轻受害；农具进行消毒，防止病原菌再次传染；适时灌水，切忌大水漫灌。

（2）化学措施 播种前用种子量 1‰的 2.5% 咯菌腈（适乐时）悬浮种衣剂进行拌种。苗期至初花期或发病初期，交替选用 60% 琥·乙膦铝（百菌通）可湿性粉剂 500 倍液、10% 多抗霉素（宝丽安）可湿性粉剂 600 倍液、12% 松脂酸铜（铜帅）乳油 500 倍液、70% 敌磺钠（敌克松）可湿性粉剂 1000 倍液、77% 氢氧化铜（根灵）可湿性粉剂 500 倍液、30% 丁戊已二元酸铜（DT）可湿性粉剂 500 倍液、20% 乙酸铜（地菌灵）可湿性粉剂 600 倍液喷雾或灌根，每隔 7~10 d 喷（灌）1 次，连喷（灌）2~3 次，每株灌药 350 ml。

7. 细菌性疫病

（1）农业措施 与葱蒜类蔬菜实行 3 年以上轮作；实行高畦栽培，地膜覆盖，合理密植，增施腐熟农家肥，促进植株生长健壮，提高抗病力；用 45~50℃温水浸种 15 min；及时清除、烧毁田间病残体；及时清沟排水，降低田间湿度，减轻发病。

（2）化学措施　播种前，用种子量 3‰的 50% 福美双（阿锐生）可湿性粉剂进行拌种。也可在抽蔓期至开花结荚期或发病初期，交替选用 20% 噻菌铜悬浮剂 500 倍液、1% 农用链霉素·土霉素（新植霉素）可湿性粉剂 4000 倍液、77% 氢氧化铜可湿性粉剂 500~600 倍液、47% 春雷霉素·氧氯化铜（加瑞农）可湿性粉剂 600~800 倍液、50% 丁戊己二元酸铜（滴涕）可湿性粉剂 400~500 倍液、14% 硫酸四氨络合铜（络氨铜）水剂 300 倍液、50% 百菌通可湿性粉剂 600 倍液喷雾，每隔 7d 喷 1 次，连喷 3~4 次。

二、虫害防治

（一）黄土高原豇豆常见害虫

1. 主要害虫　豇豆的虫害主要有豆荚螟、豆象、蚜虫、小地老虎、红蜘蛛、美洲斑潜蝇、豆秆黑潜蝇。

2. 形态特征

（1）豆荚螟　体长约 13mm，翅展 24~26mm，暗黄褐色。前翅中央有 2 个白色透明斑；后翅白色半透明，内侧有暗棕色波状纹。

（2）豆象　中小型昆虫，卵圆形。触角锯齿状，头略伸长，体覆鳞片。鞘翅短，尾端外露，跗节假 4 节型。

（3）蚜虫　体长 1.5~4.9 mm，多数约 2mm。有时被蜡粉，但缺蜡片。触角 6 节，少数 5 节，罕见 4 节，圆圈形，罕见椭圆形，末节端部常长于基部。眼大，多小眼面，常有突出的 3 小眼面眼瘤。喙末节短钝至长尖。腹部大于头部与胸部之和。前胸与腹部各节常有缘瘤。腹管通常管状，长常大于宽，基部粗，向端部渐细，中部或端部有时膨大，顶端常有缘突，表面光滑或有瓦纹或端部有网纹，罕见生有或少或多的毛，罕见腹管环状或缺。尾片圆椎形、指形、剑形、三角形、五角形、盔形至半月形。尾板末端圆。表皮光滑，有网纹或皱纹或由微刺或颗粒组成的斑纹。体毛尖锐或顶端膨大为头状或扇状。

（4）小地老虎　体长 18~24mm，宽 6~7.5mm，赤褐色有光泽。口器与翅芽末端相齐，均伸达第 4 腹节后缘。腹部第 4~7 节背面前缘中央深褐色，且有粗大的刻点，两侧的细小刻点延伸至气门附近，第 5~7 节腹面前缘也有细小刻点；腹末端具短臀棘 1 对。

（5）红蜘蛛　成螨长 0.42~0.52 mm。体色变化大，一般为红色，梨形，体背两侧各有黑长斑一块。雌成螨深红色，体两侧有黑斑，椭圆形。

卵圆球形，光滑，越冬卵红色，非越冬卵淡黄色较少。

幼螨近圆形，有足 3 对。越冬代幼螨红色，非越冬代幼螨黄色。越冬代若螨红色，非越冬代若螨黄色，体两侧有黑斑。

若螨有足 4 对，体侧有明显的块状色素。

（6）美洲斑潜蝇　成虫是一种极小的蝇类，淡灰褐色，头部黄色，眼后眶黑色；中胸背板黑色光亮，中胸侧板大部分黄色；体长 1.3~2.3mm，雌虫较雄虫略大，卵白色，半透明，幼虫是无头蛆，乳白至鹅黄色，体长 3~4mm，蛹橙黄色至金黄色。

（7）豆秆黑潜蝇　成虫为小型蝇，体长 2.5mm 左右，体色黑亮，腹部有蓝绿色光泽，复眼暗红色；触角 3 节，第 3 节钝圆，其背中央生有角芒 1 根，长度为触角的 3 倍。

3. 生活史与发生时期

（1）豆荚螟　豆荚螟每年发生代数随不同地区而异，广东、广西 7~8 代，山东、陕西 2~3 代，每年 6—10 月为幼虫为害期。各地主要以老熟幼虫在寄主植物附近土表下 5~6cm 深处结茧越冬。翌春，越冬代成虫在豌豆、绿豆或冬种豆科绿肥作物上产卵发育为害，一般以第 2 代幼虫为害春大豆最重。成虫昼伏夜出，趋光性弱，飞翔力也不强。每头雌蛾可产卵 80~90 粒，卵散产于嫩荚、花蕾和叶柄上。初孵幼虫先在荚面爬行 1~3h，再在荚面结一白茧（丝囊）躲在其中，经 6~8 h，咬穿荚面蛀入荚内。幼虫进荚内后，即蛀入豆粒内为害。2~3 龄幼虫有转荚为害习性，老熟幼虫离荚入土，结茧化蛹。

（2）豆象　主要为害豆科植物的种子。大多数种类在野外、部分在仓库内生活。气温较高的地区和仓库内能全年繁殖为害，造成豆类大量损失。豆象性活泼，善于飞翔，多以成虫越冬。产卵习性因种而异，除野生外，仓库内的豆象在所寄生的豆上产卵。豆象多为单宿主，即专寄生于某一种豆科植物，少数食性广，为害多种豆类。

（3）蚜虫　主要以无翅胎生雌蚜和若虫在背风向阳的地堰、沟边和路旁的杂草上过冬，少量以卵越冬。蚜虫在豇豆幼苗期开始迁入，以孤雌繁殖为害，温度高于 25℃，相对湿度 60%~80% 时发生严重。连阴雨天气不利蚜虫生殖，虫量亟剧下降，暴雨可冲刷掉一些蚜虫。

（4）小地老虎　地老虎一年发生 3~4 代，老熟幼虫或蛹在土内越冬。成虫白天不活动，傍晚至前半夜活动最盛，喜欢吃酸、甜、酒味的发酵物和各种花蜜，并有趋光性，迁飞能力很强。多趋向在杂草上产卵，一头雌蛾产卵千粒左右，卵粒分散或数粒集成一小块排成一条线。卵经过 5~7d 孵化。幼虫共分 6 龄，1~2 龄幼虫先躲伏在杂草或植株的心叶里，昼夜取食，这时食量很小，为害也不十分显著；3 龄后白天躲到表土下，夜间出来为害；5~6 龄幼虫食量大增，每条幼虫一夜能咬断菜苗 4~5 株，多的达 10 株以上。幼虫 3 龄后对药剂的抵抗力显著增加。因此，药剂防治一定要掌握在 3 龄以前。3 月底至 4 月中旬是第 1 代幼虫为害的严重时期。

（5）红蜘蛛　年发生 10~20 代，雌成虫潜伏于菜叶、草根或土缝附近越冬。春季先在杂草或寄主上繁殖，后迁入大田为害。初为点片发生，后吐丝下垂或靠爬行借风雨扩散传播等。先为害老叶，再向上扩散。当食料不足时，有迁移习性。以两性生殖为主，有孤雌生殖现象，高温干旱年份发生重。

（6）美洲斑潜蝇　通常在露地从 6 月份开始为害，7—8 月为为害盛期。成虫具有趋光、趋绿和趋化性，对黄色趋性更强。有一定飞翔能力。成虫吸取植株叶片汁液；卵产于植物叶片叶肉中；初孵幼虫潜食叶肉，主要取食栅栏组织，并形成隧道，隧道端部略膨大；老龄幼虫咬破隧道的上表皮爬出道外化蛹。主要随寄主植物的叶片、茎蔓、甚至鲜切花的调运而传播。

（7）豆秆黑潜蝇　豆秆黑潜蝇成虫早晚最活跃，多集中在豆株上部叶面活动；夜间、烈日下、风雨天则栖息于豆株下部叶片或草丛中。25~30℃是取食、交配和产卵的适温。除喜吮吸花蜜外，常以腹部末端刺破豆叶表皮，吮吸汁液，被害嫩叶的正面边缘常出现密集的小白点和伤孔，严重时可呈现枯黄凋萎。成虫产卵于植株中上部叶背近基部主脉附近的表皮下。幼虫有首尾相接弹跳的习性。初孵幼虫先在叶背表皮下潜食叶肉，形成小虫道，经主脉蛀入叶柄。少部分幼虫滞留叶柄蛀食直至老熟化蛹，大部分幼虫再往下蛀入分枝及主茎，蛀食髓部和木质部，严重损耗大豆植株机体，影响水分和养分的传输。开花后主茎木质化程度较高，豆秆黑潜蝇只能蛀食主茎的中上部和分枝、叶柄，豆株受害较轻。虫道蜿蜒曲折如蛇行，1 头幼虫蛀食的虫道可达 1m。多雨多湿的季节发生严重。

4. 为害症状

（1）豆荚螟　以幼虫在豆荚内蛀食豆粒，轻者把豆粒蛀成缺刻孔道，重者把整个豆荚食空，仅剩种子柄。被害籽粒的蛀孔处充满虫粪，变褐以致霉烂。一般豆荚螟从荚中部蛀入。

（2）豆象　主要为害豆科植物的种子。大多数种类在野外、部分在仓库内生活。在气温较高的地区和仓库内能全年繁殖为害，造成豆类大量损失。

（3）蚜虫　以苗期为害最重。成蚜和若蚜群集在嫩叶、嫩茎、嫩花及嫩荚上刺吸汁液，造成叶片卷缩发黄，植株矮小。它还可传播病毒病。

（4）小地老虎　苗期为害较重。早春 3 月上旬成虫开始出现，一般在 3 月中下旬和 4 月中上旬会出现两个发蛾盛期。幼虫 3 龄之前在生长点和嫩叶取食，3 龄后常将嫩叶、嫩茎咬断，常造成缺苗断垄以致补栽。

（5）红蜘蛛　以成虫和若虫在叶背面吸食植物汁液，被害叶片表面呈黄白色斑点。严重时整个叶片变黄，枯干脱落，大片田间呈现火烧状，提早落叶。影响叶面光合作用和生长，降低产量。一般是下部叶片受害。逐渐向上蔓延。

（6）美洲斑潜蝇　苗期至成熟期均可发生。通常在露地从 6 月开始为害，7—8 月为为害盛期。以幼虫蛀食上、下表皮之间的叶肉组织，产生不规则蛇形弯曲的黄白色虫道，虫粪线状黑色，严重时叶片脱落。

（7）豆秆黑潜蝇　苗期至成熟期均可发生。以幼虫钻蛀茎秆，造成茎秆中空，植株因水分和养分输送受阻而逐渐枯死。苗期受害，因养料累积，刺激细胞增生，形成根茎部肿大，全株铁锈色，病株矮化，重者茎中空、叶片脱落。后期受害，造成花、荚、叶过早脱落。

（二）防治措施

1. 豆荚螟

（1）农业措施　深翻菜地，减少虫源；实行 4 年以上轮作；及时清洁田间落花、落荚，并摘除被害的卷叶和豆荚，减少虫源；利用黑光灯诱杀成虫；覆盖防虫网。

（2）化学措施　在开花期至采收期或幼虫 2 龄之前，可交替选用 1.5% 甲氨基阿维菌素（埃玛菌素）乳油 3 000 倍液、1% 阿维菌素乳油 1 000~2 000 倍液、5% 定虫隆（抑太保）乳油 1 500 倍液、80% 敌敌畏乳油 1 000 倍液、2.5% 高效氟氯氰菊酯乳油 1 500~2 000 倍液、15% 茚虫威（安打）悬浮剂 3 500~4 000 倍液、52.5% 毒死蜱 · 氯氰菊酯乳油 1 000~2 500 倍液、2.5% 溴氰菊酯（敌杀死）乳油 3 000 倍液喷施花蕾、嫩荚和落地花。

2. 豆象　可在花期喷杀虫剂。收获籽粒晒干后，采用药剂熏蒸。一般以磷化铝或氯化苦等熏蒸豆粒和贮藏库，可杀虫兼杀卵。有的地方也采用沸水浸烫，石灰缸或密封贮藏等方法，也可达到一定的防治效果。

3. 蚜虫

（1）农业措施　深翻，降低越冬害虫基数；收获后及时清理田间残株败叶，铲除杂草，减少虫源；结合农事操作，摘除虫叶，带出田外深埋；在田间悬挂或覆盖银灰膜，驱避蚜虫；利用黄板或蓝板诱杀蚜虫；保护和利用瓢虫、草蛉、食蚜蝇等天敌，控制蚜虫。

（2）化学措施　在蚜虫点片发生时，可交替选用 2.5% 氯氟氰菊酯（功夫）乳油 4 000 倍液、20% 丁硫克百威（好年冬）乳油 600~800 倍液、20% 苦参碱（苦参素）可湿性粉剂 2 000 倍液、15% 乐 · 溴乳油 2 500~4 000 倍液、50% 抗蚜威（辟蚜雾）可湿性粉剂 2 000~3 000 倍液、40% 氰戊菊酯（百虫灵）乳油 3 000 倍液、2.5% 溴氰菊酯（敌杀死）乳油 3 000 倍液喷雾。

4. 小地老虎

（1）农业措施　翻耕晒土，杀灭虫卵、幼虫和部分越冬蛹；铲除菜地及其周边的杂草；用鲜嫩菜叶、杂草诱集，人工捉治；发现缺叶或断蔓露于土穴外时，扒开附近表土，人工捕杀幼虫；利用黑光灯或糖醋液诱杀越冬代成虫。

（2）化学措施　幼虫 3 龄之前，可交替选用 52.25% 农地乐乳油 800 倍液、80% 敌百虫可溶性粉剂 1 000 倍液、20% 氰戊菊酯（速灭杀丁）乳油 2 000 倍液、50% 辛硫磷乳油 800 倍液、80% 敌敌畏乳油 1 000~1 500 倍液喷雾或灌根。或每亩用 2.5% 敌百虫粉剂 1.5~2kg 制成毒土，撒在植株周围。

5. 红蜘蛛　可用 20% 三氯杀螨醇乳剂 1 000 倍液，90% 敌百虫 800~1 000 倍或 40% 氧化乐果乳剂 1 000~1 500 倍或三硫磷等药剂交替喷杀，重点喷叶背面，连续喷 2~3 次。

6. 美洲斑潜蝇

（1）农业措施　严禁从疫区调运蔬菜，防止害虫扩大蔓延；合理轮作，与葫芦科、茄科、豆科、十字花科、菊科等蔬菜实行2年以上轮作；及时清除或烧毁寄主残体，减少田间虫源；合理密植，增加田间通透性；采用黄板诱杀成虫；保护和利用姬小蜂、潜蝇茧蜂等天敌，控制美洲斑潜蝇。

（2）化学措施　在抽蔓期至开花结荚期或幼虫2龄之前，可交替选用50%灭蝇胺（潜蝇灵）可湿性粉剂1 500~2 000倍液、80%敌敌畏乳油1 000倍液、1%阿维菌素（农哈哈）乳油1 500~2 500倍液、52.5%毒死蜱·氯氰菊酯（农地乐）乳油1 000倍液、25%灭幼脲（苏脲1号）悬浮剂1 000~2 000倍液、2.5%溴氰菊酯乳油3 000倍液进行喷雾。

7. 豆秆黑潜蝇

（1）农业措施　严禁从疫区调种，避免扩大蔓延；深翻田地，压低越冬虫蛹基数；处理秸秆，减少越冬虫源；与非豆科作物实行3年以上轮作；利用糖醋液诱杀成虫。

（2）化学措施　在全生育期或成虫盛发期至幼虫蛀食之前，可交替选用75%灭蝇胺可溶性粉剂5 000倍液、20%丁硫克百威乳油1 000倍液、80%敌敌畏（二氯松）乳油800~1 000倍液混加90%杀虫单可湿性粉剂1 000倍液、1.8%阿维菌素乳油2 000~3 000倍液、50%辛硫磷乳油1 000倍液、2.5%高效氟氯氰菊酯（保得）乳油3 000倍液喷洒豆苗。

三、杂草防除

（一）黄土高原豇豆田常见杂草种类

豇豆田的杂草包括禾本科杂草和阔叶杂草。田间禾本科杂草主要有看麦娘、早熟禾、马唐、牛筋草等，阔叶杂草主要有小藜、铁苋菜、马齿苋。以苗期为害最重。

（二）防除措施

杂草不同为害程度对豇豆造成的产量损失不同。杂草为害级别越高，豇豆的产量损失越重。在同种为害级别下，阔叶杂草对豇豆的为害大于禾本科杂草。播种前或播种后芽未出土前用33%除草通每667m^2/100ml或50%大惠利667m^2/125g或48%氟乐灵每667m^2/120ml地面喷雾。出苗后在杂草未分蘖前用6.9%威霸或15%精稳杀得或10.8%高效盖草能茎叶喷雾。莱草净1 500ml/hm^{2}可有效防除豇豆田杂草，药后60d对禾本科杂草的防效达90.7%，对阔叶杂草的防效达75.5%，除草效果与恶草灵3 000ml/ hm^{2}相当，明显优于地乐胺3 000ml/ hm^2。不能用10%草甘膦地面喷雾。

第五节　环境胁迫及其应对措施

一、温度胁迫

（一）低温胁迫

1. 发生时期　低温在一定程度上破坏细胞膜，从而影响膜系统维持的生理功能。

温度低于植物生长所能忍受的极限时，生长发育就要受到抑制，严重时植物甚至死亡。温度是植物种子萌发和出苗的基本条件之一，温度过低会影响种子活力，造成发芽和出苗不良。豇豆受低温影响主要是在种子萌动期和幼苗期。

2. 对豇豆生长发育和产量的影响

（1）低温胁迫对豇豆种子萌发及出苗的影响　低温胁迫主要是通过影响种子萌发的启动而导致出芽困难。陈立君等（2009）研究表明，温度影响豇豆种子的发芽势、发芽率和萌发速度，进而影响田间出苗率和最终产量。张献英（2013）研究显示，25℃和 20 ℃条件下油白 1 号和粤红 5 号 2 个豇豆品种第 2 d 即开始萌发，总萌发率均达到 100%，25 ℃处理条件下起始萌发速度快，2 个品种均在第 3~4 d 萌发结束；20 ℃处理条件下开始萌发较慢，粤红 5 号只需 4 d 即萌发结束，而油白 1 号 6 d 后萌发结束；15 ℃处理条件下起始萌发和结束萌发时间均较 25 ℃处理延迟 3~4 d，但仍有较高的萌发率；10 ℃处理条件下起始萌发时间均较 25 ℃处理滞后 12~13 d，均在 19 d 后结束萌发，其中，油白 1 号萌发率仅 33.3%，而粤红 5 号也只能达到 63.0%。豇豆种子萌发率、发芽指数、活力指数、胚根长、胚根重等指标随温度的降低呈下降趋势。Covell 等（1986）研究表明，豇豆种子萌发的极限低温为 8.5℃，陈禅友（2008）试验采用的是略高于此极限低温的 10℃作低温处理，无论是常湿还是淹水下在 7d 内都没有种子萌发，2 周后有 2. 5% 左右的发芽率，说明在该温度下极少量种子可以缓慢发芽，这与其研究结论相吻合。

（2）低温胁迫对豇豆幼苗生长的影响　豇豆耐热性强，不耐低温霜冻。最适宜温度为 25~30℃，植株生长适宜温度为 20~30℃，15℃以下，生长缓慢，10℃以下，生长受到抑制，5℃以下受冷害。彭永康（1994）实验表明，豇豆对低温的反应非常敏感，0~1℃低温下处理 4d 后，幼苗生长明显受抑，表现为幼苗高度和根系长度明显低于对照组。此后，在低温下处理至第 8 天时，尽管还能观察到幼苗尚在生长，但已十分缓慢。8~12d 这段时间内，幼苗的生长完全被抑制，8d 苗龄与 12d 苗龄所测数据基本相近。

（3）低温胁迫对豇豆幼苗叶片中可溶性蛋白质含量的影响　一般认为，可溶性蛋白质含量变化与植物的抗寒性有关，其含量升高有助于提高作物的抗低温能力。万茜（2007）实验表明，低温胁迫下，子叶中的可溶性蛋白质含量水平较高，而胚根中较低，前者与大多数研究者一致，这种变化与低温下萌发时物质形成和转运能力降低可能有关，而与低温逆境的伤害关系不大。因为低温下子叶内新生蛋白质输出的能力减弱，积存较多，而胚根是需要子叶提供物质来实现萌发后新的生长，但是可溶性蛋白质供应不足，故其比正常温度下含量显著低些。从发芽势和萌发看，低温下发芽势明显降低，胚根突破种皮的时间明显滞后，这也说明胚根形成受低温影响大。陈禅友（2005）对 12 个长豇豆品种幼苗进行 10℃低温胁迫处理，室温（20 ± 3）℃作对照，5 d 后测定叶片可溶性蛋白质含量。结果表明，低温胁迫下，长豇豆品种幼苗叶片可溶性蛋白质含量与相应对照有显著变化，6 个早熟品种升高 3.0% ~8.1%，而 3 个晚熟品种显著下降。形态观察结果是白胖子、长青豇豆、开鲁线豆、晚红豇和桂林黑籽白仁等 5 个品种在低温胁迫后幼苗明显萎蔫，叶色发黄，叶片容易脱落，其他品种无此表现或不明显。因此，长豇豆幼苗叶片可溶性蛋白质含量变化可反映基因型的耐寒性。

（4）低温胁迫对豇豆幼苗叶片中细胞保护酶活性的影响　植物经低温处理后体内的很多酶活性及同工酶产生明显变化，酶活性的提高或降低与植物抗寒性的强弱呈一定的相关性。陈禅友等（2005）对 12 个长豇豆品种幼苗进行 10 ℃低温胁迫处理，以室温（20 ± 3）℃作对照，5 d 后测定叶片 4 种细胞保护酶活性。结果表明，低温胁迫下，8 个品种超氧化物歧化酶（SOD）活性显著升高 27.82%~128.52%，4 个早熟品种 APX 活性显著升高 10.53% ~39.36%，3 个中晚熟品种略有降低，可溶性蛋白质含量、SOD 活性和 APX 活性 3 项指标能反映豇豆品种耐寒性，耐寒性品种 3 项指标升高，以 SOD 活性变化最剧烈，过氧化氢酶（CAT）和过氧化物酶（POD）活性变化不适合作为长豇豆耐寒性鉴定指标。

3. 应对措施

（1）选用耐寒性品种　要根据气候条件选用适合本地种植的熟期较早耐寒的品种。

（2）地膜覆盖　春季可提高地温，有保墒保肥、减少杂草生长的作用，还可以促进土壤微生物活动，使作物吸收土壤中更多的有效养分，促进豇豆生长发育，提高抵抗低温冷害的能力。

（3）适期播种　应尽量适期播种，避免在低温条件下播种。

（二）高温胁迫

1. 发生时期　任何植物的不同生长阶段都有其最低温度、最适温度和最高温度要求。当环境温度高于植物的最高温度要求时就会对植物产生伤害，即对植物产生高温胁迫。

豇豆是喜温耐热的作物。植株生长最适宜温度为 20~30℃，短期内适应 30~40℃的高温，植株茎叶可以正常生长，但是持续高温时花器发育不健全，授粉受精受阻，结荚能力下降，落花落荚严重，从而造成减产，甚至绝收。

2. 对豇豆生长发育和产量的影响

（1）高温胁迫对豇豆种子萌发的影响　豇豆种子发芽的最适温度为 25~30℃，温度过高会影响种子活力，造成发芽和出苗不良。Covell 等（1986）的研究表明，豇豆种子萌发的极限高温为 33.2~40℃，具体数值仍不能确定。陈禅友（2008）实验设置 35℃为高温处理，结果是能够较快萌发，但水分供应影响大，即使水分适宜也需在 3d 内完成萌发进程，否则种芽受害，直至全部坏死和霉变，这和番茄上的研究结果类似，因此，高温季节播种保证水分合理供应和快速出苗非常关键。总体看来，高温主要是通过引起呼吸、物质降解和 SOD 活性变化异常及幼芽坏死等而影响发芽。具体说来，高温下水中溶氧低，初期种胚萌发生长速度快，导致呼吸异常，特别是高温高湿导致呼吸紊乱；高温常湿使子叶中蛋白质降解明显加快；较高的发芽温度还使 A- 淀粉酶活性高峰提前出现，随后迅速下降，其原因可能如Nobuhiro等所述，即发芽初期A-淀粉酶是以种子高温常湿下在第1天就增强，而后期SOD活性急剧下降的可能原因是随着高温时间延长胁迫加重，种子自身内部难以进行合理调节。

（2）高温胁迫对豇豆的生理特性的影响

① 高温胁迫对豇豆叶片的伤害。质膜是细胞与环境之间的界面，各种逆境因子对细胞的影响首先作用于质膜。逆境胁迫对质膜结构和功能的影响通常表现为电解质和某些小分子有机物的选择性丧失（王宝山，1988；姚元干等，2000）。高温胁迫下耐热性不同的植物外在表现不同。高温胁迫下植物叶绿素降解，导致其含量降低，且抗热性强的品种叶绿素含量下降幅度小于抗热性弱的品种（陈立松，刘星辉，1997；马德华，1999）。

李衍素（2006）试验结果表明，随高温胁迫时间的延长，豇豆热害指数明显上升，叶片相对电导率持续增加，而叶绿素和类胡萝卜素含量均呈明显下降趋势，但耐热品种的热害指数和相对电导率明显低于热敏感品种，而叶绿素和类胡萝卜素含量均明显高于热敏感品种。说明在高温胁迫下，耐热品种细胞膜伤害较小，细胞内含物渗出率相对较少，其外在表现明显优于不耐热品种。

② 高温胁迫对豇豆光合特性的影响。随着高温胁迫时间的延长，豇豆Pn明显下降，原因可能是高温胁迫破坏了豇豆叶片的光合机构，导致其PS Ⅱ反应中心与电子传递的分离和光合酶、保护性物质的失活，引起PS Ⅱ反应中心的活性下降、代谢失调等。恢复后，耐热品种Pn有所恢复但仍然水平很低，而热敏感品种则持续下降，表明耐热品种PS Ⅱ反应中心失活可能是可逆性失活，而热敏感品种可能是部分可逆性失活。但具体情况有待于进一步研究。

许大全等（1998）认为光合作用的抑制是由非气孔因素引起，是Rubisco对CO_2的亲和力降低或光合机构关键成分的热稳定性降低等所致。李衍素（2006）试验结果表明，在3d以上的高温胁迫下，随着Gs下降，Ci升高，Pn下降，可认为豇豆光合作用的抑制也是由非气孔因素引起的。

有研究认为（Burke，Upchurch，1989；叶陈亮等，1996；Ranney，1994），高温下的Gs升高有利于提高E，降低叶温，保护叶片免受高温伤害。李衍素（2006）试验结果表明，高温胁迫1d后，Gs升高的同时E也升高，表明在发生高温胁迫的初期，在水分供应充足的情况下，豇豆可以通过提高Gs，来提高E，从而降低叶温，减小高温胁迫对本身的伤害，可认为是豇豆的一种保护反应。而随着胁迫时间的延长，Gs急剧下降的同时E也急剧下降，这可能是植物为避免高温下蒸腾作用加快而引起的失水过多而采取的另一种保护性反应，也可能是长时间的高温胁迫使得豇豆根系温度过高，影响根系酶活力，导致其根系活力下降，吸水能力变差，同时，地上部由于得不到充足的水分供应而发生机体的伤害，其叶片保卫细胞的水势降低而不足以维持保卫细胞的开放。

③ 高温胁迫对豇豆叶片活性氧清除系统的影响。高温胁迫下，植物膜脂过氧化水平升高、细胞膜损伤与质膜透性增加是高温伤害的本质之一（宋洪元，1998）。正常生

长的植物体内活性氧的产生与猝灭处于动态平衡（Elstner，1982），而逆境胁迫往往导致活性氧代谢平衡被破坏，活性氧生成速率加快的同时，其清除系统活力反而下降，使得活性氧水平提高并在植株体内大量积累，导致膜脂过氧化、膜透性增加，诱发逆境伤害。植物对逆境胁迫的忍耐和抵御能力与活性氧的累积成负相关（蒋明义等，1996）。

李衍素（2006）试验结果表明，随高温胁迫时间的延长，豇豆叶片丙二醛含量增加，膜脂过氧化水平增强，使细胞膜透性增大，相对电导率增加。但耐热品种丙二醛的积累量较小。说明在高温胁迫下，耐热品种的膜脂过氧化水平较低。

作为植物体内的酶促保护物质，SOD使细胞内O^{2-}发生歧化反应生成无毒性的O_2和毒性较低的H_2O_2，而H_2O_2又被POD和CAT等进一步分解为H_20和O_2（Asada，Takahashi，1987）。因而，植物体内保护性酶活性的大小在一定程度上决定着植物的耐热性。有研究指出，高温使POD活性降低，CAT活性升高，而SOD活性变化不明显（吴国胜等，1995）。李衍素（2006）试验结果表明，耐热品种SOD、POD和CAT的活性始终明显高于热敏感品种。说明在高温胁迫下，耐热品种的活性氧清除能力较强，使得体内各种活性氧含量较热敏感品种低，对自身保护作用较大。这与二者在高温胁迫下相对电导率、丙二醛含量和光合特性的表现相一致。

作为植物体内的一种非酶保护物质，在一定生理范围内，Vc可以有效地还原O^{2-}，猝灭O_2，清除H_2O_2，从而防止活性氧自由基对细胞的伤害。研究表明（蒋明义等，1991；曾韶西等，1987）环境胁迫引起作物抗坏血酸的含量下降，其实质是降低了非酶系统的防御能力，造成自由基的积累，使作物受害。

李衍素（2006）试验结果表明，高温胁迫下，豇豆Vc含量明显升高，恢复后又明显下降，但耐热品种Vc含量明显高于热敏感品种，且随胁迫时间的延长变化较快，从而有利于自身活性氧的猝灭与渗透势的降低，使其耐热性明显高于后者。

④ 高温胁迫对豇豆叶片渗透调节物质含量的影响。干旱、盐碱等逆境条件下，植物体内游离脯氨酸明显积累，其生理功能、代谢与调节机理已有大量研究（赵福庚等，1996；Dashek，et al，1981），同时，植物会主动积累可溶性糖，以降低渗透势和冰点，适应外界条件的变化（李合生，2000）。短期的高温可提高辣椒等植株对高温的抵抗能（Anderson，et al，1990；吴国胜等，1995），其原因可能与高温锻炼提高了膜的不饱和度或产生一些如糖、蛋白质等的保护物质有关（赵可夫等，1990）。

李衍素（2006）试验结果表明，高温胁迫下，耐热豇豆pro和可溶性糖含量均明显高于不耐热品种。说明在高温胁迫下，耐热品种可积聚较高含量的pro和可溶性糖，使其在高温胁迫下具有更高的渗透调节和稳定细胞膜结构稳定能力。

高温胁迫下，耐热和热敏感豇豆可溶性蛋白质含量均明显下降，且差异不显著。高温胁迫下植物蛋白质含量下降，原因主要是高温胁迫增加了原有蛋白质的降解，同时又抑制了新蛋白质的合成。虽然在热击等条件下植物可迅速启动HSPs的合成（周人纲等，1992），但高温胁迫下，豇豆叶片可溶性蛋白质含量仍呈下降趋势，且耐热和热敏感品种差异不大，故可认为豇豆叶片可溶性蛋白含量与豇豆的耐热性获得没有直接关系。伴随着可溶性蛋白含量的下降，两品种叶片游离氨基酸总量则持续上升，且品种间差异亦基本无差异。说明在高温胁迫下，豇豆叶片游离氨基酸含量可以积累，但与豇豆的耐热性也没有直接关系。

3. 应对措施

（1）*选育推广耐热品种*　利用品种遗传特性预防高温为害。

（2）*适期播种*　尽量要适期播种，如遇高温季节难以降温时，要在适宜湿度下播种，避免双重胁迫加剧为害，以保证豇豆尽快出苗。

（3）*加强田间管理，提高植株耐热性*　通过加强田间管理，培育健壮的耐热个体植株，营造田间小气候环境，增强个体和群体对不良环境的适应能力，可有效抵御高温对豇豆生产造成的为害。

二、水分胁迫

（一）水分亏缺或干旱

1. 发生时期　水分在植物的生长发育过程中具有重要的作用，光合作用、呼吸作用、有机物质的合成和分解过程中都要有水分参加。同时，水是作物对物质吸收和运输的溶剂，可以保持作物的固有姿态。作物的一切生命活动都是在一定的细胞水分含量的情况下进行的，如果处于水分胁迫状态，植物正常的生命活动就会受阻，生理生化代谢、细胞内部结构和外部形态将发生一系列的改变。

土壤缺水时，作物会发生一系列非正常的反应。内部结构和生理的异常反应将表现在外部形态的变化上。通常表现为叶片萎蔫、枯黄、植株矮小、不结实或果实瘦小，严重时会引起植株的死亡。

豇豆是一种适应性广，适合各地栽培的蔬菜。它可以进行粗放栽培，但是这样就会受到很多环境因素的影响，尤其是受水分条件的影响较为明显。在豇豆的栽培过程中，进行合理的水分管理就成为一个重要的环节。

2. 对豇豆生长发育和产量的影响

（1）*水分胁迫对豇豆叶片含水量和土壤含水量的影响*　植物叶片含水量受土壤含水量的直接影响。康利平等（2004）试验表明，当土壤含水量在10%以上时，叶片含水量虽有降低，但仍能维持较高水平。土壤含水量在10%~19%的范围内，对豇豆根系的吸水影响不大，但当土壤含水量降低到10%以下时，叶片含水量急剧降低，表明根系已经无法从土壤中有效吸水。因此，在豇豆的实际栽培中，应把10%作为土壤水分管理的最低临界值，要注意使土壤水分至少保持在10%以上。

（2）*水分胁迫对豇豆叶片气孔状况的影响*　气孔因素是影响光合作用的重要因素，植物的光合速率下降最直接的因素是气孔张开率下降，导致了光合作用的反应物水和CO_2的减少，从而造成了光合速率的持续下降。随胁迫时间的延长，水分越来越缺乏，而气孔张开率越来越小，光合速率也越来越低，至胁迫末期，光合速率出现负值，表明此时的光合速率已经小于呼吸消耗了，整个植株处于营养亏损状态，植株生长受到严重影响，甚至死亡。康利平等（2012）试验表明，豇豆幼苗随胁迫时间的延长，气孔张开率逐渐降低，从胁迫第2天开始与对照呈显著差异，胁迫8d时与对照呈极显著差异，到胁迫14d时，气孔张开率为12.87%。气孔导度也出现持续降低趋势，胁迫6d时，与对照呈极显著差异，胁迫14d天时，气孔导度仅为0.006, 4μmol · m^{-2} · s^{-1}。

（3）水分胁迫对豇豆幼苗心叶显微结构的影响　豇豆幼苗只有在一定程度的胁迫条件下才能够通过结构上的变化进行自我调节，适应逆境。康利平（2012）试验通过对豇豆幼苗进行水分胁迫处理，结果发现：在处理0、4、8 d时，其显微结构与对照相比并无明显变化，上下表皮完整，栅栏组织较厚，细胞排列整齐，胞内叶绿体变化不明显，海绵组织细胞变小，细胞数目增多，排列有序。这可能是由于胁迫程度处于中轻度时，植株能够通过自我调节来适应这种逆境，是植株对逆境的一种结构上的适应。停止浇水的12 d时，与对照相比上下表皮细胞排列紧密，细胞体积变小，栅栏组织细胞变短，细胞由近似长方形变成椭圆形，排列杂乱；海绵组织细胞变形，排列无序，细胞干瘪。停止浇水16 d时，心叶显微结构的变化更加显著，上下表皮细胞体积减小，细胞干瘪、排列散乱，出现明显的细胞间隙，这主要是由于干旱处理细胞失水，导致膨压降低的缘故。此刻心叶已处于严重胁迫，细胞不能进行正常的生理代谢。

（4）水分胁迫对豇豆幼苗根显微结构的影响　水分胁迫下，豇豆幼苗根的显微结构的变化尚未见报道。康利平（2012）试验结果表明，随着胁迫时间的延长，根的显微结构也发生了一系列的变化，停止浇水4 d时，与对照相比结构变化不明显；停止浇水8 d时，根的整体形态发生了变化，根内皮层薄壁细胞部分失水，根外表皮向内凹陷，与对照相比较，木质部不发达；且中柱内薄壁细胞失水严重，变形。当处理12 d时，根整体形态变化更加严重，皮层薄壁细胞继续失水，变形、干瘪，只剩中柱鞘细胞较饱满；中柱内木质部减少，中央薄壁细胞破坏。随着胁迫时间的延长，到停止浇水16 d时，细胞整体形态发生变形，四周向内凹陷，呈不规则形，中柱也随着发生形变，呈不规则形，皮层薄壁细胞干瘪，变形，只在中柱外的一层薄壁细胞较饱满，中柱内木质部分离，分别向不同方向延伸。细胞发生整体变形主要是由于土壤丧失水分，引起根部皮层薄壁组织的不均匀失水，使根表皮细胞失水，向内凹陷的结果。

3. 应对措施　选育抗旱品种是提高作物抗旱性的基本措施。首先，应加强干旱锻炼，就是对作物进行“蹲苗”。经过“蹲苗”的植株根系比较发达，叶片保水力强，抗旱能力增强；合理施用矿质肥料。P肥和K肥均能提高作物的抗旱性，P肥能促进蛋白质的合成和提高原生质胶体的水合程度，K肥能改善糖类代谢和增加原生质含水量；施用植物生长延缓剂。

（二）渍涝

1. 发生时期　豇豆生长要求有适量的水分，但能耐干旱。种子发芽期和幼苗期不宜过湿，以免降低发芽率或幼苗徒长，甚至烂根死苗。陈禅友（2008）试验表明，常温常湿下种子发芽势达98%，种子具有较强生命活性，高温常湿和常温过湿与对照差异极小，高温过湿有71%的发芽势，极显著低于对照，且突破种皮的胚根短，常温过湿的发芽率和常温常湿下相当，高温常湿和高温过湿所萌发的幼芽由于持续高温导致幼芽坏死甚至霉变，发芽率均降为零。常温下淹水处理对豇豆种子的发芽量影响很小，但是幼芽质量却明显降低，高温下种子萌发启动快，水分适宜时，短期高温对种子萌发影响很小，淹水时则发芽势明显降低。

豇豆抽蔓期土壤湿度过大，则不利于根的发育和根瘤的形成。豇豆在开花结荚前对肥水要求不高，如肥水过多，茎叶生长过于旺盛，导致开花结荚节位升高，花序数目减少，会形成中下部空蔓，因此，生长前期宜控制肥水，抑制生长；当第1花序坐果，其后几节花序出现时，要增加肥水供应浇足头水，待中下部豆荚伸长，中上部花序出现后，再复二水；以后土壤稍干就应浇水，保持地面湿润。

2. 应对措施

（1）排水散墒　被水淹、泡的豇豆田要及时进行排水，挖沟修渠，尽早抽、排田间积水，降低水位和田间土壤含水量，提高地温，确保豇豆后期正常生长。

（2）加强田间管理　拔除杂草，防治病虫害的发生。

三、其他胁迫

（一）缺磷胁迫

1. 对豇豆生长发育的影响

（1）缺磷胁迫对幼苗形态的影响　植物营养是植物生命活动的重要物质基础，营养供应的变化将影响到植株的解剖结构。营养胁迫或营养对植株形态结构的影响在部分植物上有研究。近年缺P胁迫生理研究较多，但P素营养对植物形态结构的影响研究较少。P素供应不足时，菜豆叶的叶片厚度、栅栏组织和海绵组织厚度增加，单位面积栅栏组织细胞数增加或减少。

刘厚诚（2004）研究了不同长豇豆品种幼苗在缺P胁迫下的形态结构变化。结果表明，缺P胁迫下，耐缺P品种“芦花白”的叶片和海绵组织厚度增幅较大，栅栏组织厚度与海绵组织厚度的比值减小，气孔密度增幅较小；茎和茎导管直径增大，且比不耐缺P的品种“二芦白”大；根直径变小，根量增加，这使其在缺P胁迫下能保持较强的养分和水分吸收、输导能力和光合能力。缺P胁迫下，长豇豆叶表皮气孔密度增大，气孔蒸腾加强，促进了水分和P从根部向上运转及P的被动吸收。不耐缺P品种“二芦白”的气孔密度增加幅度较大，促进P吸收运转的强度较大，为避免过多失水，栅栏组织厚度及栅栏组织与海绵组织厚度的比值增加较大，减弱了非气孔蒸腾的强度。

（2）缺磷胁迫对幼苗乙烯产生量的影响　乙烯参与了植物对各种生物和非生物胁迫的反应，在遭受环境胁迫的植物体内大量产生。乙烯在植物缺P胁迫反应中起着作用，对各种作物的研究结果集中在根系形态、通气组织形成和根毛发生等方面。

刘厚诚（2006）试验选用3个耐缺P程度不同的长豇豆品种芦花白（耐缺P）、香港青（中间类型）、二芦白（不耐缺P），采用水培方式，设置供P（+P）和缺P（–P）

2 个处理，研究其幼苗各部分在缺 P 胁迫下乙烯产生量的变化。发现缺 P 胁迫下长豇豆幼苗根系乙烯产生量升高，升幅芦花白 > 香港青 > 二芦白；老茎叶乙烯产生量升高，升幅二芦白 > 香港青 > 芦花白；最嫩完全展开叶乙烯产生量也升高，其中升幅芦花白 > 二芦白 > 香港青；嫩茎叶乙烯产生量有变化，但幅度较小。缺 P 胁迫下长豇豆幼苗根系和老茎叶乙烯产生量升高可能导致植物根系和茎形态结构的变化，增强植物获取 P 的能力和根系清除活性氧的能力，增强了植株对水分和养分的吸收运输能力，从而增强适应缺 P 胁迫的能力。

（3）缺磷胁迫对幼苗根中 IAA 含量的影响　植物生长是细胞分裂和细胞扩张的总和，生长素为植物生长所必需，生长素含量降低往往影响植物的生长。外源生长素能促进植物生根。研究表明，缺 P 胁迫抑制植物的生长，但对植物根系发育则有促进作用。也有研究认为，缺 P 诱导小麦根系生长是由于改变了 Zn 的分布，地上部高含量的 Zn 促进生长素合成，生长素极性运输可提高根部生长素的含量并促进碳水化合物向根部分配，生长素可触发根尖细胞中周期蛋白基因 cyc1 At 的表达，进而促进细胞分裂和根的生长。另有报道认为，缺 P 条件下白羽扇豆排根（proteoid root）的增加，是由于地上部形成的生长素向根部运输引起。

刘厚诚等（2003）选用对缺 P 胁迫敏感程度不同的长豇豆品种为材料，检测缺 P 胁迫长豇豆幼苗根系和嫩茎叶中 IAA 含量的变化，以探讨 IAA 在长豇豆幼苗适应缺 P 胁迫的可能作用机制。发现缺 P 胁迫下对缺 P 敏感程度不同的 3 个品种长豇豆幼苗根中 IAA 含量均提高，二芦白升幅最大，芦花白次之，香港青最小；嫩茎叶中 IAA 含量都升高，香港青升幅最大，芦花白次之，二芦白最小。缺 P 胁迫下长豇豆幼苗中 IAA 含量升高，并可能从地上部向根系运转，因而根冠比提高。

2. 应对措施

（1）叶面喷施　叶面喷施 0.3%~0.5% 的磷酸二氢钾或磷酸亚钙溶液。

（2）施用磷肥　在含有厩肥或腐殖质的土壤改良剂中拌入过磷酸钙，再条施于植物根附近。

（3）施镁　尽管土壤中存在 P，但缺 Mg 时，P 的吸收受阻，出现缺 P 症。对于缺 Mg 的土壤，在施 P 肥的同时，需施 Mg。

（4）调整土壤　调整土壤 pH 值，酸性土壤上应配施石灰，调节土壤 pH，以减少土壤对 P 的固定，提高土壤中 P 的有效性。

（5）增施有机肥　改善土壤团粒结构，通过微生物的活动促进 P 的转化释放。

（二）盐碱胁迫

1. 对豇豆生长发育的影响　盐害是限制作物产量的主要环境胁迫之一。日益增加的盐碱化会对全球耕地造成严重影响，导致在 25 年内损失耕地达 30%，预计 21 世纪中期这个数据将上升到 50%。而高盐导致的高离子浓度和高渗透压可致死植物，是导致农业减产的主要因素。土壤含盐量和酸碱度（pH 值）对豇豆生长发育有很大影响，可造成盐碱害。

盐胁迫是影响植物生长和产量的一个重要非生物因素。通常土壤含盐量在 0.2% ~ 0.5% 即不利于植物的生长。盐胁迫会引起植物细胞离子失衡和渗透胁迫，不利于农作物吸收养分，阻碍作物生长从而导致农作物减产甚至死亡。种子萌发和幼苗建成是植物生活史中两个最关键的时期，是决定植物达到对环境最终适宜度的重要标志。种子萌发期是植物生育期中对盐胁迫最为敏感的时期之一，种子萌发期的耐盐性往往能够代表该品种耐盐性。分析盐胁迫条件下对农作物种子萌发的影响，了解盐胁迫机理，对筛选和培育出具有耐盐能力的品种具有重要意义。

张舟（2014）实验研究了 4 个品种豇豆种子在盐胁迫条件下的萌发与幼苗生长情况，比较其萌发期的耐盐性差异，以此为豇豆种子耐盐品种的鉴定和筛选提供参考。试验用 10~50 mmol/L 浓度盐胁迫处理豇豆种子，比较了 4 个豇豆品种的盐胁迫下的生长情况。结果表明，种子发芽及幼苗生长受不同程度的影响，低盐浓度胁迫对豇豆种子萌发无明显的影响或抑制作用。较高盐浓度胁迫（50 mmol/L）下种子的发芽率、发芽指数等生长指标均明显下降，盐害指数上升；盐胁迫对豇豆幼苗生长的影响也较大，盐浓度越高，豇豆幼苗的芽长、根长、侧根数目和含水量都随之降低。

2. 应对措施

（1）加强农田建设　加强农田基本建设，搞好盐碱地块的改良。增施优质腐熟的农肥。

（2）选择相对抗盐碱的品种　盐碱地一般土壤瘠薄，地势低洼，早春土壤温度回升慢。选用豇豆品种时要注意选择适合本地区种植的生育期适中、抗逆性强、耐盐碱的品种。

（3）适当深耕，提高整地质量　盐碱地可进行适当深耕，防止土壤返盐，有效控制土壤表层盐分的积累。要进行秋整地、秋起垄，翌年垄上播种。

（4）科学施肥　复合肥做底肥时要选择硫酸钾型复合肥，不能选用氯基复合肥。

第六节　豇豆品质和综合利用

一、豇豆营养成分

豇豆营养成分丰富，提供了人体易于消化吸收的优质蛋白质、适量的碳水化合物、多种维生素及微量元素，补充了机体的营养成分。据测定，每 100g 鲜嫩荚中含水量为 91g，碳水化合物 4.3g，蛋白质 2.8g，脂肪 0.5g，粗纤维 0.8g，胡萝卜素 0.12mg，维生素 B_1 0.05mg，维生素 B_2 0.04mg，维生素 B_3 0.6mg，维生素 C 12mg，P 60mg，Ca 51mg，Fe 1.1mg。豇豆在食疗保健中有着不容忽视的价值，豇豆中氨基酸组成比较齐全，富含人和动物不可缺少的 8 种氨基酸，特别是赖氨酸、色氨酸和谷氨酸，弥补了禾谷类粮食的不足。豇豆中所含维生素 B_1 利于消化腺分泌和胃肠道蠕动，可帮助消化，增进饮食。维生素 C 能促进抗体的合成，提高机体抗病毒的作用，且有害物质和抗代谢物（如血球凝集素、胰蛋白酶抑制剂和肠胃胀气因素）含量少，对羟自由基有较强的清除作用，这可能与其含有较丰富的胡萝卜素、维生素 E、抗坏血酸、微量元素 Se 有关。此外，豇豆的磷脂有促进胰岛素分泌，参加糖代谢的作用，是糖尿病人的理想食品。豇豆含有大量的植物纤维，还有润肠通便的效果。豇豆还是心脏病、高血压、高血脂病人理想的保健食物。传统中医学认为，豇豆性味甘平，还具有健脾、开胃和补肾的功效，因此，豇豆是一种具有保健和药用作用的食物。

二、豇豆的综合利用

（一）粮用和菜用

1. 粮用 短蔓型豇豆一般取其籽粒作为“小杂粮”，与其他粮食作物搭配食用，可发挥人体营养平衡的作用。其食用方法很多。如豇豆籽粒可以与小米、大米、糯米混合熬粥，口感香甜可口，且比其他食用豆易煮烂。豇豆还是中国传统农历腊月初八的“腊八粥”中的原料之一；豇豆可以磨成面与其他面掺和在一起食用，如掺和豇豆面的面条滑溜，且味道鲜美。此外，豇豆籽粒还可加工成豆沙、豆酱，还可以制作含豇豆馅的糕点等。

2. 菜用 长豇豆一般作为蔬菜食用，是夏秋两季上市的大宗蔬菜，也是现代家庭的美味蔬菜。因其色泽嫩绿、肉荚肥厚、味道鲜美、极富营养价值而深受广大消费者的喜爱。既可热炒，又可焯水后凉拌，是一种鲜嫩可口，色、香、味俱全，营养丰富的优质蔬菜。李时珍称“此豆可菜、可果、可谷，备用最好，乃豆中之品”。由于豇豆中蛋白质含量较一般蔬菜偏高，各种维生素和矿物质含量也较丰富，因此也被誉为“蔬菜中的肉类”。利用豇豆可以制作上百种菜式，如肉末酸豆角、豇豆茄子、豇豆肉丝、干煸豇豆、鱼香豇豆、干豇豆烧肉、酱炒豇豆、辣炒豇豆、炝拌豇豆、凉拌豇豆木耳等。

（二）食品加工

1. 多种类型加工食品，丰富饮食文化 豇豆作为菜用和粮用食品均具有很高的营养价值，但用做菜用的鲜嫩荚上市主要集中在夏秋两季，采收后极易腐烂发霉，不易储存，因此，豇豆的加工和贮藏就显得尤为重要。同时，也丰富了人们的饮食文化。豇豆的加工主要包括晒制加工、脱水加工、腌制加工、净菜加工、速冻加工、豇豆浆加工、超微粉加工、脆片加工及罐头加工。

2. 豇豆晒制加工 在中国，豇豆的晒制仍以个体分散加工为主，规模化和工厂化的生产很少，且多以个体销售为主。豇豆在生产上有较大的优势，易于加工且干制率较高。晒制豇豆干的生产技术比较简单，其生产工艺流程为：鲜豆荚采收→预处理（除杂、清洗、去头、切分等）→热烫→晒干→包装→贮藏，其加工的关键技术在于掌握好热烫的程度，以豆荚熟而不烂为标准，若热烫程度不够，则晒制后的豇豆干复水性差，若热烫程度过重，易产生黏糊，且在晒制过重中可能腐烂。晒制好的干豆荚存放时应注意防潮，置于通风阴凉处即可。豇豆干的晒制受天气因素影响较大，很难形成质量稳定的产品，从而限制了这一产品的规模化生产。

3. 脱水加工　脱水蔬菜作为高附加值的蔬菜加工产品，在中国蔬菜市场中占有越来越高的比重。随着人民生活水平的不断提高，脱水蔬菜的需求正在逐步扩大，脱水蔬菜的发展前景也越来越广阔。因此，发展脱水蔬菜加工是一个较有潜力的产业。与晒制的豇豆相比，脱水豇豆的色泽鲜绿、品质和复水性都较好，深受国内消费者的喜爱，因此，脱水豇豆正在逐步取代晒制的豇豆。根据产品特性和生产工艺可将脱水豇豆划分为热风脱水豇豆和真空冷冻干燥豇豆。由于真空冷冻干燥法的成本较高，生产上常用热风脱水法。目前，脱水豇豆主要以国内销售市场为主，生产豇豆脱水的工艺流程为：鲜嫩荚采收→预处理（除杂、清洗、去头等）→热烫→冷却→脱水→匀湿→二次脱水→后处理（分拣、包装、贮藏等），其中热烫和脱水工艺是整个加工过程的关键，是保证脱水豇豆质量和品质的核心。豇豆热烫一般为 90~100℃，色泽是消费者判断脱水豇豆品质、鲜度及营养的重要指标，如果色泽不好，消费者就会失去购买欲望，因此，脱水豇豆的护色技术非常重要。护色主要是在加工过程中控制叶绿素的降解，以保持豇豆碧绿的色泽，叶绿素在碱性环境条件下比较稳定，在加工热烫过程中主要使用食用苏打（碳酸氢钠）作为护色剂。

4. 腌制加工　豇豆含水量不高，品质鲜脆，适宜进行腌制加工。中国腌制豇豆比较普遍，多以个体分散加工为主，也有品牌小包装的腌制产品进入市场。小包装腌制豇豆的加工工艺流程为：鲜嫩荚采收→预处理（除杂、清洗等）→腌制→浸泡→切分→调味→真空包装→灭菌→冷却→包装贮藏。其中，腌制、调味和灭菌过程是整个加工工序的关键，是保证产品品质的核心环节。尤其在腌制过程中一定要注意食品的安全性问题，在腌制的过程中会产生致癌物亚硝酸盐。亚硝酸盐在最初腌制的一段时间里含量较高，并有一个高峰持续期，亚硝酸盐主要聚集在这个高峰持续期，这个时期的长短主要与腌制的温度有关。温度较低时，高峰持续期出现会推迟，但峰值较高，亚硝酸盐含量也高。在腌制过程中，只要避开这个高峰持续期，食用就比较安全；可根据口味的不同，加入不同的调味品，增加口感，保证产品的品质；同时，灭菌是保证产品长期保存的关键。为了保持豇豆的脆性口感，可在浸泡过程中加入氯化钙等具有硬化作用的物质。

5. 净菜加工　净菜加工在中国起步较晚，但已获得了企业和消费者的高度重视，近年来发展迅速。豇豆净菜加工是指豇豆的鲜嫩荚经除杂、清洗、整理、沥干和包装等一系列处理加工后保持其生鲜状态的制品，使其整齐、干净、均匀、美观，提高其价值，便于食用，消费者购买后可直接烹调。净菜加工后上市可以减轻家务劳动，减少用水和垃圾，但关键是加工、运输和销售要快，尽量缩短从采收到销售的时间。豇豆净菜加工的工艺流程为：新鲜的嫩荚→除杂→清洗→整理→切分→脱水→灭菌→包装→冷藏。其中，灭菌和冷藏工序是整个加工过程的核心，是保证净菜豇豆品质的关键环节。

豇豆鲜嫩荚的适宜冷藏温度为5~7℃，加工后应使产品一直置于低温冷藏的条件下。此外，加工环境和加工时的水洗温度应尽量做到低温，包装后应立即预冷，运输时最好选择冷藏车运输。国外一些发达国家已具备先进的机械设备，形成了一整套完整的规范化生产和加工工艺，中国的净菜生产仍处于市场开拓阶段，其质量还有待提高。

6. 速冻加工 中国生产的速冻豇豆主要以出口为主，在国内销售率较低。近年来，随着人们消费观念的转变，速冻豇豆在国内也有较大的市场潜力。速冻豇豆的加工流程为：新鲜的嫩荚→除杂→清洗→烫漂→冷却→沥干→速冻→包装→冻藏。在冻结机械上，普遍应用流化床式冻结装置。目前，一整套完整的生产设备包括进料输送机、漂洗机、烫漂器、冷却器、检验带、冻结器和包装机等。加工所选的豇豆荚应鲜嫩、色泽亮绿、无斑点、无病虫害、无畸形，在沸水中漂烫1.5~2min为宜，避免漂烫时造成过多可溶性物质的流失，漂烫后放入冷水中冷却后应立即置于10℃以下冷却池中。冻结器是速冻加工的关键设备，一般采用流化床速冻器，沥干后的豇豆装盘后应快速冻结，这样才能保证速冻豇豆的品质，包装条件对于速冻豇豆的贮藏非常重要，好的包装可以防止产品在贮藏中因接触空气而被氧化变色，同时可以防止豇豆水分的蒸发，也便于运输和销售。包装后若不能及时运输销售，需放入−20℃的冷库贮藏，冷藏期可达10个月以上。

7. 豇豆浆加工 豇豆浆是用新鲜的豇豆经除杂、清洗后，用榨汁机榨汁或提取汁液。其在营养和风味上与新鲜豇豆比较相近，营养丰富，易于消化吸收，是防治高血脂、高血压、动脉硬化等疾病的理想食品。豇豆有药用和保健价值，可益气、补肾、健脾胃，适宜生产豇豆浆作为保健饮料。豇豆浆的加工生产工艺为：鲜嫩荚→清洗→破碎→加热→冷却→打浆→榨汁→浓缩→真空脱气→杀菌→贮藏。经均质后的豆浆在真空状态下进行脱气，可以防止豆浆氧化，延长储存期。

8. 豇豆超微粉加工 由于果蔬不耐储藏，将果蔬加工成各种固体果蔬粉越来越受到欢迎。果蔬粉易于贮藏和运输，可应用到食品加工的各个领域，如面食、糖果制品、乳制品、膨化食品、婴幼儿食品、调味品等，以提高食品的营养、改善食品的风味、增加食品的种类及丰富人们的饮食等。根据豇豆的特性，豇豆干制后十分适宜加工成豇豆粉，或将鲜嫩的豇豆荚用热风干燥或真空冷冻干燥后粉碎成粉，使其含水量低于6%，这样不仅可以最大限度地利用原料，而且营养成分丰富，市场前景广阔。

9. 脆片加工 近几年来，果蔬脆片食品在人们身边悄然兴起。果蔬脆片是水果脆片和蔬菜脆片的统称，是以水果和蔬菜为主要原料，经真空低温油炸脱水技术加工而成的。真空低温油炸脱水技术在食品干燥方面的应用原理就是在负压条件下，水分沸点降低，提高了水分蒸发的速度，整个干燥过程对食品性状改变不大，仍可保持原果蔬的色、香、味并有松脆的口感，保存了新鲜果蔬纯天然的色泽、营养和风味、又具有低脂肪、低热量和高纤维素的特点，因此深受广大消费者的欢迎，特别适合心脏病和糖尿病患者食用，也是偏食儿童的最佳零食。豇豆适合生产果蔬脆片，且具有低脂肪、低热量、高纤维，富含维生素和矿物质，含油率明显低于传统油炸食品，无油腻感，也不会产生丙烯酰胺等致癌物，不含人工合成添加剂，携带方便，且保存期长等特点，其市场前景较好。

10. 罐头加工　罐头食品是中国众多食品中最先打入国际市场的食品。嫩豆荚或青豆粒罐头近年来在中国发展较快，其能长期保存主要依赖加工过程中的杀菌和密封流程。企业中工厂常用蒸汽杀菌技术，可以将败坏食品的微生物杀死，达到商业无菌的标准，但生产过程中由于要高热蒸煮杀菌，其营养成分也会有很大损失；其次是要严格密封，以防止外界微生物侵入罐内而造成败坏。在加工过程中，为了使色佳味美，常会加入一定量的人工合成色素、香精、甜味剂等食品添加剂，此外，为了延长保存期，还会在罐头中加入了防腐剂，虽然对人体的健康影响有限，但过多食用也会在体内蓄积，带来各种副作用。

本章参考文献

柏楚政，文礼章．豇豆昆虫群落调查及多样性分析．现代农业科技，2007，(2)：44，47.

曹毅，温海祥，丘明祺，等．新型固氮菌剂对长豇豆生长发育的影响．湖北农业科学，2003(1)：66-68.

曹如槐，南城虎，王晓玲．小豆与豇豆种质资源的抗锈性鉴定．作物品种资源，1991(1)：34-35.

巢娟，罗超，梁成亮，等．第一对真叶损伤对豇豆后期生长发育的影响．作物研究，2014，28(3)：291-293，296.

陈禅友，汪汇东，丁毅．低温胁迫下长豇豆幼苗可溶性蛋白质和细胞保护酶活性的变化．园艺学报，2005，32(5)：911-913.

陈禅友，刘磊．长豇豆种子萌发进程中生理生化指标动态变化．种子，2006，25(9)：30-33.

陈禅友，汪仕斗，潘磊，等．豇豆种子萌发进程中蛋白质组分的时空变化．江汉大学学报(自然科学版)，2006，34(3)：60-65.

陈禅友，张凤银，李春芳，等．温度与水分双重胁迫下豇豆种子萌发的生理变化．种子，2008，27(9)：51-56.

陈方景．豇豆豆野螟的发生规律及防治对策．湖北植保，2004(3)：15-16.

陈海魁，林恭华，任贤．强制反旋对豇豆生长的影响．安徽农业科学，2009，37(3)：1 028，1 093.

陈今朝，张红，顾素芳，等．快生型豇豆根瘤菌突变株的筛选．四川师范大学学报(自然科学班)，2000，23(1)：87-89.

陈立君，郭强，刘迎雪，等 . 不同温度对大豆种子萌发影响的研究 . 中国农学通报，2009，25（10）：140-142.

陈立松，刘星辉 . 高温胁迫对桃和柚细胞膜透性和光合色素的影响 . 武汉植物学研究，1997，15（3）：233-237.

丁海勇 . 豇豆高产高效栽培技术 . 现代园艺，2012（22）：38.

杜予州，孙伟，张莉等 .B 型烟粉虱对不同豇豆品种的选择及适生性研究 . 中国农业科学，2006，39（12）：2 498-2 504.

段碧华，刘京宝，乌艳江，等 . 中国主要杂粮作物栽培 . 2013，北京：中国农业科学技术出版社 .

段丽霞，李昭辉 . 豇豆钻蛀害虫药剂防治适期试验 . 贵州农业科学，2005，33（3）：52.

段文艳，肖洒 . 豇豆荚果生长发育动态分析 . 安徽农学通报，2007，13（21）：76，22.

耿伟，王春艳，薛绪掌，等 . 不同水分处理对豇豆光合生理特性的影响 . 灌溉排水学报，2006，25（5）：72-74，88.

郭江，吾买尔·阿不都古力，阿地力·阿不都古力，等 . 生物菌肥对豇豆产量和品质的影响 . 新疆农业科学，2006，43（S1）：221-222.

何钦安，熊淑媛，周松，等 . 榨菜 - 豇豆 - 棉花套种栽培技术 . 江西棉花，2006（3）：33-34.

洪宇冬，许寿增，况慧云，等 . 豇豆品种性状比较试验 . 安徽农学通报，2014，20（5）：44-45.

胡志辉，陈禅友 . 豇豆光合特性研究 . 江汉大学学报（自然科学版），2005，33（3）：76-78.

黄若玲，贺爱国，何录秋，等 . 含稀土生物有机肥对豇豆生长、产量及品质的影响 . 湖南农业科学，2008（2）：87-88，89.

黄锡宗，许方程，吴永汉 . 豇豆物候期不同喷药次数防治豆野螟田间试验 . 温州农业科技，2004（2）：16-17，23.

黄云 . 无公害豇豆栽培的农药使用原则 . 植物医生，2001，14（4）：5-6.

蒋明义，郭绍川 . 水分亏缺诱导的氧化胁迫和植物的抗氧化作用 . 植物生理学通讯，1996，32（2）：144-150.

康利平，王羽梅，张禄 . 水分胁迫对豇豆幼苗水分状况、气孔变化及生理生化指标的影响 . 华北农学报，2006，20（专辑）：21-23.

康利平，张禄 . 水分胁迫对豇豆幼苗光合特性的影响 . 北方园艺，2012（8）：17-19.

李宝聚，柴阿丽，林处发，等 . 武汉双柳地区豇豆炭疽病的发生与防治 . 中国蔬菜，2009（13）：22-23.

李国景，刘永华，吴晓花，等 . 长豇豆品种耐低温弱光性和叶绿素荧光参数等的关系 . 浙江农业学报，2005，17（6）：359-362.

李桂花，曹健，陈汉才，等 . 豇豆苗期耐热性鉴定研究 . 广东农业科学，2007（10）：21-23.

李合生 . 植物生理生化实验原理与技术 . 2000，北京：高等教育出版社 .

李金堂．芸豆豇豆病虫害防治图谱．2010，济南：山东科学技术出版社．

李茹，赵桂东，周玉梅，等．豇豆田杂草的为害损失及其防除技术．杂草科学，2004（2）：25-26.

李茹，赵桂东，周玉梅，等．杂草不同为害程度对豇豆产量影响及其防除技术．上海农业科技，2004（3）：111.

李小荣，王连生，刘志龙．影响豇豆根腐病的发病因子及防治对策．浙江农业科学，2006（6）：693-695.

李小荣，朱金文，王连生，等．豇豆根腐病的发生与防治．植物保护，2005，31（6）：93-94.

李衍素，高俊杰，陈民生，等．高温胁迫对豇豆幼苗叶片膜伤害与保护性物质的影响．山东农业大学学报（自然科学版），2007，38（3）：378-382.

李耀华，于衍正．豇豆品种资源的聚类分析．武汉植物学研究，1997，15（3）：255-261.

李玉泉，宋占午，王莱，等．叶螨为害对豇豆叶片超氧化物歧化酶及过氧化氢酶活性的影响．西北师范大学学报（自然科学版），2001，37（3）：62-64.

梁银丽，熊亚梅，吴燕，等．日光温室豇豆产量和品质对水分和氮素水平的响应．水土保持学报，2008，22（5）：142-145.

林碧英，张瑜，林义章．不同光质对豇豆幼苗光合特性和若干生理生化指标的影响．热带作物学报，2011，32（3）：235-239.

林汝法，柴岩，廖琴，等．中国小杂粮．北京：中国农业科学技术出版社，2005.

刘厚诚，邝炎华，陈日远．缺磷胁迫下不同长豇豆品种幼苗中 IAA 含量的变化．植物生理学通讯，2003，39（2）：125-127.

刘厚诚，陈国菊，陈日远，等．缺磷胁迫下不同长豇豆品种幼苗的解剖结构．植物资源与环境学报，2004，13（1）：48-52.

刘厚诚，邝炎华，陈日远．缺磷胁迫对长豇豆幼苗乙烯产生量的影响．中国农业科学，2006，39（4）：855-859.

刘霞，等．菜豆和豇豆栽培新技术一点通．济南：山东科学技术出版社，1997.

陆秀英，姚明华，邱正明，等．豇豆种质资源鉴定筛选及综合评价．湖北农业科学，2004（2）：63-65.

罗旭辉，柯碧南，林永生，等．印度豇豆及其果园套种技术．福建果树，2005（3）：63-64.

马德华，庞金安，李淑菊．高温对辣椒幼苗叶片某些生理作用的影响．天津农业科学，1999，5（3）：8-10.

孟焕文，程智慧，王龙．浸种时间和温度对豇豆种子物质外渗及幼苗生长的影响．西北农业大学学报，1997，25（1）：49-53.

潘亚飞，罗峰，雷朝亮．豇豆田生态系统中主要害虫及天敌的生态位研究．昆虫知识，2005，42（4）：404-408.

彭永康，郝泗城，王振英．低温处理对豇豆幼苗生长和 POD、COD、ATPase 同工酶的影响．

华北农学报 1994，9（2）：76-80.

曲士松，杨俊华，黄传红．山东省豇豆地方品种资源的研究与评价．莱阳农学院学报，2001，18（3）：177-180.

饶立兵，陈德圆，李再成，等．施肥技术对豇豆产量的影响．浙江农业科学，2005（3）：177-178.

宋洪元，雷建军，李成琼．植物热胁迫反应及抗热性鉴定与评价．中国蔬菜，1998（1）：48-50

眭晓蕾，张力，冯忠泽．菜豆豇豆栽培．北京：中国农业科学技术出版社，2006.

唐海溶．不同环境条件对豇豆种子萌发及酶活性变化的影响．安徽农业科学，2008，38（22）：9 389-9 390，9 430.

唐建洲，张志元，胡丽琴，等．植物营养剂对豇豆产量、还原糖、维生素 C 及有机硒含量的影响．湖北农业科学，2014，53（1）：41-42，51.

唐述文．豇豆栽培．合肥：安徽科学技术出版社，1988.

涂勇，张敏，姚昕，等．叶面肥在豇豆有害生物控制中的作用．中国农学通报，2005，21（4）：258-260，394.

万茜，刘伟，陈禅友．温度胁迫对豇豆种子萌发生理指标的影响．种子，2007，26（10）：32-35.

汪宝根，刘永华，吴晓花，等．干旱胁迫下长豇豆叶绿素荧光参数与品种耐旱性的关系．浙江农业学报，2009，21（3）：246-249.

王宝山，生物自由基与植物膜伤害．植物生理学通讯，1998（2）：12-16.

王吉庆．豇豆、菜豆四季栽培技术．郑州：中原农民出版社，1996.

王俊文，豇豆病害及其综合防治技术，农业科技通报，2009（4）：148-149.

王连生，李小荣，刘志龙．山区长豇豆病虫无害化治理技术．现代农业科技，2006（1）：44.

王佩芝．豇豆品种资源研究．作物品种资源，1989（1）：9-11.

王素．豇豆的起源分类和遗传资源．中国蔬菜，1989（6）：49-52.

王学平，杨玉洁．豇豆花、荚虫害（豆荚螟）消长动态及其相关性．上海蔬菜，2007（4）：73-74.

吴安民，周建刚，陆卓，等．不同生态条件下特选张塘豇豆的生长发育及籽粒性状的相关性研究．种子，2002（6）：79-80.

吴国胜，曹婉虹，王永健等．细胞膜热稳定性及保护酶和大白菜耐热性的关系．园艺学报，1995，22（4）：353-358.

谢志一，王玉斯．冬辣椒套种春豇豆栽培技术．广西农业科学，2005，36（1）：26-27.

徐胜光，廖新荣，蓝佩玲，等．供肥模式对永久性菜地豇豆产量和品质的影响．云南农业大学学报，2005，20（1）：45-50.

徐胜光，廖新荣，蓝佩玲，等．两种不同土壤上镁和微肥对豇豆营养品质和产量的影响．南京农业大学学报，2008，28（2）：59-63.

许如意，袁廷庆，陈正，等．不同栽培模式对豇豆生长发育的影响．耕作与栽培，2010

（4）：21-22，45.

薛珠政，康建坂，李永平，等 . 长豇豆主要农艺性状与产量的相关性研究 . 福建农业学报，2003，18（1）：38-41.

杨和连，张百俊，冯春太 . 重金属铬对豇豆幼苗生长的影响 . 种子，2007，26（8）：79-81.

杨妙贤，刘伟坚，范庆中，等 . 模拟酸雨对豇豆生长和部分生理指标的影响 . 农业与技术，2005，25（3）：69-71，74.

姚元干，石雪晖，杨建国 . 辣椒耐热性与叶片质膜透性及几种生化物质含量的关系 . 湖南农业大学学报，2000，26（2），97-99.

叶陈亮，柯玉琴，陈伟 . 大白菜耐热性的生理研究（Ⅱ）. 叶片水分和蛋白质代谢与耐热性 . 福建农业大学学报，1996，25（4）：490-493.

喻晓之，张东萍，邹桂花 . 防虫网在豇豆青菜生产上的应用 . 江西园艺，2001（2）：31-32.

袁华玲 . 青霉素对豇豆种子萌发及下胚轴生长的影响 . 安徽农业科学，2003，31（4）：554-555.

曾长立，刘延湘，郭忠本，等 . 化学调控栽培综合措施对豇豆早期产量及品质的影响 . 湖北农业科学，2004（1）：69-72.

张超，康跃虎，万书勤，等 . 滴灌条件下土壤基质势对豇豆产量和灌溉水利用效率的影响 . 灌溉排水学报，2010，29（4）：30-33.

张平，彭琴，姜丽红，等 . 豇豆田间杂草不同调控方式对产量的影响 . 长江蔬菜，2006，（3）：47-48.

张舟，邬忠康，陈志成，等 . 盐胁迫对 4 个品种豇豆种子萌发的影响 . 种子，2014，33（3）：19-23.

张世华，刘家明，邹文武，等 . 有机与无机肥料不同配比对豇豆产量与品质的影响 . 温州农业科技，2006（2）：9-10，21.

张献英，唐力生，犹昌艳，等 . 低温对豇豆种子萌发和出苗的影响 . 南方农业学报，（2013），44（11）：1785-1790.

张衍荣，王小菁，张晓云，等 . 水杨酸对豇豆枯萎菌的抑制作用 . 华中农业大学学报，2006，25（6）：610-613.

张运胜 . 榨菜、豇豆、棉花一年三熟高效栽培模式 . 江西棉花，2005，27（2）：24-25.

赵福庚，刘友良 . 胁迫条件高等植物内 Pro 代谢及调节研究进展 [J]. 植物学通报，1999，16（5）：540-546.

赵可夫，王韶唐 . 作物抗性生理 . 北京：农业出版社，1990.

郑泉，王继红，王吉红，等 . 蔓性长豇豆繁种技术 . 种子世界，2001，（8）：30-31.

郑雪生 . 豆荚螟为害蔓生豇豆特点及防治方法 . 福建农业科技，2005（3）：32-33.

周人纲，等 . 植物抗性生理研究 . 济南：山东科学技术出版社，1992.

周彦忠，李东惠 . 早熟豇豆大棚栽培技术 . 北方园艺，2007（9）：98.

祖艳侠，郭军，顾根宝，等 . 豆类品种资源的搜集和整理 . 种子，2004，23（1）：41-42.

祖艳侠，郭军，顾闽峰，等 . 播期、密度对红豇豆的产量及部分产量性状的影响 . 江苏农业科学，2010（6）：252–253.

Asada K，Takahashi M. Production and scavenging of active oxygen in photosynthesis[A].Klye DJ，Osmond CB，Arntzen CJ（eds）Photoinhibition [M]. Amsterdam; Elsevier，1987：227-287.

Burke JJ，Upchurch DR. Leaf temperature and transpirational control in cotton. Environ.Expt. Bot.，1989，29：487-492.

Covell S，Ellis RH，Roberts EH，Summerfield RJ.The influenee of temperature on seed gennination rale in grain legumes I.A comparison of chickpea，Lentil soybean and cowpeaat constant tempertures.Journal of Experimental Botany，5（37）：705-715.

Elstner EE. Oxygen activation and oxygentoxicity [J]. Ann Rew Plant Physiol，1982，33：73-96.

Ranney T G. Heat tolerance of five taxa of birch（Betula）：physiological responses to supraoptimal leaf temperatures.Amer. Hort. Sci.，1994，119：243-248.

第六章
黄土高原豌豆种植

第一节　豌豆品种

一、种质资源和生产形势

（一）种质资源

豌豆（*Pisum sativum* L.）是豆科（Leguminosae）豌豆属（*Pisum*）一年生或越年生攀缘草本植物。豌豆属植物在世界上有 6 种，中国有 1 种，大部分地区有栽培。在生产过程中豌豆又形成了不同的栽培品种类型。

中国豌豆分布广泛。春豌豆区包括青海、宁夏、新疆、西藏、内蒙古、辽宁、吉林、黑龙江及甘肃大部和陕西、山西、河北北部；冬（秋）豌豆区包括河南、山东、江苏、浙江、云南、四川、贵州、湖北、湖南及甘肃、陕西、山西、河北南部及长江中下游、黄淮海地区。

甘肃、山西、宁夏、青海、新疆、云南、四川是中国豌豆优势产区。黄土高原豌豆种植区在中国豌豆主产区范围内。

中国从 20 世纪 50 年代开展豌豆育种工作，1978 年开始有计划有组织地进行豌豆种质资源的研究，在此之前只有四川和青海等个别省进行过豌豆资源的收集和整理工作。中国农业科学院、四川省农业科学院和青海省农林科学院等科研单位开展豌豆系统研究工作相对较早，研究较多、时间较长的只有中国农业科学院、四川、青海、山西省农（林）科学院、甘肃省定西市旱作农业科研推广中心等几家单位，近年来云南、甘肃省农业科学院、河北科技师范学院等单位也开始和重新研究。总体上中国在豌豆种质资源的搜集、保存、研究和利用方面以及在豌豆育种领域内的研究相比国外发达国家起步晚、发展缓慢、差距大。

截至目前，中国已收集豌豆种质资源5000余份，保存国内外豌豆种质资源4000多份并编入《中国食用豆类品种资源目录》，其中80%是国内地方品种、育成品种和遗传稳定的品系，20%来自于澳大利亚、法国、英国、前苏联、匈牙利、美国、德国、尼泊尔、印度和日本等国。

宗绪晓等（2010）对国家种质库长期保存的国内外1 984份栽培豌豆资源的遗传多样性水平进行了评价，揭示其遗传多样性、等位基因和群体结构差异，据此评估其重要程度及价值，为中国豌豆资源研究策略和方向的正确选择、国内外资源的充分发掘利用和深入研究提供理论依据。这1 984份材料中，国外栽培豌豆资源740份，来自五大洲66个国家；中国栽培豌豆资源1 244份，来自春、秋播区的28个省（区、市）。对豌豆种质资源进行了农艺性状的初步鉴定，还对部分种质资源进行了抗病性鉴定和评价，筛选出早熟资源G801、G891、G860等，矮秆资源G209、G801、G323等，多荚资源G2105、G881、G927等，大粒资源G2237、G996、G994等，苗期耐盐性资源9份，抗旱性资源13份，中抗或中抗以上锈病资源12份。从2006年开始在云南、青海和辽宁对来自中国农业科学院、云南省农业科学院和青海省农林科学院的国内外50份优异豌豆资源进行精准鉴定。

青海省农林科学院作物所郭高球、贺晨帮等1996—2008对青海地方库保存的1 635份豌豆种质资源研究比较系统。1984年前对地方品种资源进行过归类研究，20世纪80年代中后期对征集的各类型品种资源进行了较全面的形态观察、鉴定，有426份品种资源编入《中国食用豆类品种资源目录》；同时对182份豌豆优异种质资源进行综合评价，鉴定出矮秆资源47份、早熟资源24份、高淀粉资源11份、高蛋白质资源28份、大粒资源55份、多荚资源60份、抗旱资源6份、耐盐资源14份，这些资源全部编入《中国食用豆类优异资源》；还从282份品种资源中筛选出高蛋白质（含量在29.0%~32.0%）资源6份，从227份品种资源中筛选出芽期耐旱资源11份，后期耐旱资源3份，芽期耐盐2级资源4份，中抗白粉病资源1份，中等抗锈资源1份；80年代后期到90年代初期，与甘肃省定西市旱作农业科研推广中心合作对700多份豌豆品种和高代品系进行抗根腐病鉴定，初步筛选出33份抗根腐病品种（系）；同时筛选出了1341、尼泊尔豌豆、布利良塔、A695、大壳豌豆、长乐红花、索菲娅、菜豌豆、阿极克斯、无须豌、Ay55、Ay761、Ay749、G0733、G0762、G0865等一批优良亲本。2002年和2003年补征豌豆地方品种资源31份，并进行农艺性状的鉴定，繁种入国家中期库和青海地方库保存；2002—2006年完成了国家中期库367份青海豌豆品种资源的更新入库；2005年从澳大利亚引进豌豆品种和高代品系215份，并进行农艺性状的鉴定，初步筛选出优异资源35份（白花资源16份，红花资源19份），其中白花半无叶资源3份：97-298-4、89-036-9-8、97-340-5-1，红花半无叶资源1份：98-378-1，荚用资源2份：ATC2947、ATC3276，紫荚资源1份：ATC2504，其余28份为普通资源。2005—2006年对来源于青海及国外的6份半无叶型豌豆种质资源进行了主要农艺性状的评价和鉴定，草原276的株高、单株粒重、千粒重都达到优异资源标准，属于矮秆、大粒、高产资源；IIID1589 全生育期、单株荚数和单株粒重达到优异资源标准，属于早熟、多荚、高产资源；Solara 和 Baccala 两份资源的株高、千粒重、单株粒重达到了优异资源标准，属于矮秆、大粒、高产资源；IIID1590 单株荚数和单荚粒数达到了标准，属于多荚、多粒资源；951-1 单株荚数和千粒重达到了优异资源标准，属于多荚、大粒资源。

陕西省农业科学院粮食作物研究所蔺崇明（1992）对已入编全国食用豆类资源目录中的 305 份豌豆地方品种的主要性状进行了归类、相关分析和鉴定评价，其资源主要分布在陕南地区，从中筛选出了丰产、百粒重大、单株产量高的材料 2 份，它们为安康白豌豆、宁强朱砂红；百粒重 25g 的材料有石泉菜豌豆、榆林本地豌豆，同时对抗旱性、耐盐性也进行了鉴定，筛选出了较优的材料。另外，河南省的薄国森等（1990）对 91 份征集的豌豆品种资源进行农艺性状鉴定，已先后编入《中国食用豆类品种资源目录》（第一、第二集），并将种子贮存入国家种子资源库；河北省的王志刚（2003）通过对 842 份豌豆品种资源种植观察、分类筛选以及抗根腐病鉴定，入选不同类型经济性状优异的资源材料 256 份，抗根腐病材料 17 份，并且在分析的基础上提出了对豌豆资源的利用意见；高运青等（2000）对 207 份国外地理来源多样性豌豆核心资源和 257 份国内地理来源多样性豌豆核心资源，进行气候生态反应鉴定，结果表明，464 份不同来源的参试豌豆材料所需的有效积温介于 1 000~1 200℃，远低于以前报道的 1 400~2 800℃。在河北省坝上生态条件下，国内外参试豌豆资源除开花期持续时间较长外，其他生育时期较一致。在气候条件正常的情况下，国外豌豆资源整体上优于国内资源，在产量、株型和抗病性等方面有许多优异性状的资源可利用，可作为豌豆育种的亲本。这些研究为豌豆育种及生产利用提供了种质资源和技术指导。

（二）生产形势

豌豆适应性强，在多种土地条件下和干旱环境中均能生长，具有高蛋白质含量、易消化吸收，粮、菜、饲兼用，以及深加工增值的诸多特点，是中国南方主要的冬（秋）季作物、北方主要的早春作物之一，更是种植业结构调整中重要的间、套、轮作和养地作物，在中国农业可持续发展和人民膳食结构中产生着重要作用。

豌豆在中国虽然栽培历史悠久，但其生产面积和产量从未有正式统计。据不完全历史资料估计，20 世纪 50 年代中国豌豆生产面积曾达到 230 万 hm^2，总产量约 345.5 万 t，平均单产 1 500kg/hm^2。50 年代以后，中国豌豆生产面积和产量不断下降，1983—1985 年中国年平均豌豆生产面积约为 71.54 万 hm^2，为 50 年代的 31.1%；总产量 79.7 万 t，为 50 年代的 23.1%；平均产量 1 115kg/hm^2，也比 50 年代下降。目前，中国豌豆平均单产只有 1 200kg/hm^2，但在云南、青海、甘肃一些主产区，因为豌豆是这些地区的主要轮作倒茬作物，比较注意选用良种和栽培技术，单产可达 3 750~5 250kg/hm^2。甘肃省张掖市种植中国农业科学院品种资源研究所从国外引进的豌豆品种 A404，产量达 3 000~3 750 kg/hm^2；2000 年甘肃省武威地区从法国引进一个针叶豌豆品种，在当地示范推广平均产量 6 000 kg/hm^2；2004 年该品种在甘肃省高海拔地区秦王川示范，最高产量可达 9 000kg/hm^2，这表明选用良种和改进栽培技术，豌豆的增产潜力是很大的。

中国是世界豌豆主产国，2001 年栽培面积 113.6 × 10^{4}hm^2，总产 1051.9 × 10^{4}t，占世界总量的 15.7%，居世界第二位。中国干豌豆生产主要分布在云南、四川、贵州、重庆、江苏、浙江、湖北、河南、青海、甘肃、内蒙古等省（区、市）。青豌豆主要产区在长三角及全国主要大、中城市附近。据 2007 年出版的《中国小杂粮产业发展报告》，山西省豌豆面积 5.75 × 10^{4}hm^2，产量不足 1 500kg/hm^2；甘肃省豌豆面积 6.63 × 10^{4}hm^2，总产量 16.80 × 10^{4}t；青海省 1980 年豌豆种植面积为 4.57 × 10^{4}hm^2，2005 年就下降到了 1.4 × 10^{4}hm^2，平均单产为 1 950.0kg/hm^2，新品种普及率达 70%。陕西省各地均有豌豆种植，面积相对较大的地区为榆林北部的风沙滩区和陕南山区，但总体面积较小，分布零散，未形成生产规模。

二、品种类型

（一）冬春性类型

在低温长日照条件下豌豆可完成生长发育全过程。生育早期有春化反应。栽培品种有春性和冬性之分。豌豆通过春化阶段对低温要求不严，一般在 0~5℃下生长 10~20d 即可。

海门白花豌豆：江苏省海门市优良地方品种。全国统一编号 G02700。该品种冬性，中熟，生育期 221d 左右，越冬栽培。在长江中下游地区种植，于 10 月中旬播种，翌年 4 月底 5 月初收青。一般青荚产量 9 000~10 500 kg/hm^2，干籽粒产量 2 625 kg/hm^2。

定豌 1 号：甘肃省定西地区农业科学研究所 1995 年选育出的优良品种。全国统一编号 G05260。该品种春性，早熟，生育期 89d。在甘肃中部地区春播，于 3 月中下旬播种，6 月底或 7 月底收获。一般干籽粒产量 1 500~2 500 kg/hm^2。

（二）光周期类型

豌豆是长日照植物。光周期仅在播种至花诱导阶段时，对于豌豆的生长发育进程产生作用。豌豆品种的光周期类型有反应迟钝型和反应敏感型两种。

王凤宝等（2002）对豌豆异季加代育种及选择试验表明，豌豆在较长的光照条件下（一般为 12~14h）促进开花。据昌黎气象资料统计分析，春季试验时，豌豆全生育期的光照总时间为 853.56h，夏季加代试验时，豌豆全生育期总光照时间为 815.2h，冬季加代试验时，豌豆全生育期总日照时间为 837.39h，春季、夏季和冬季加代的全生育期的日照时间相差不大。将春播、夏播和冬播进行比较。随着日照时间的减少生育期延长，因此有效地选择光反应迟钝品种类型对豌豆品种适应性选育有重要意义。为了加强光照反应迟钝类型的选择，凡是冬季、春季、夏季均正常成熟的单株或株系才能入选。

（三）熟期类型

豌豆按生育期长短可分为早熟型、中熟型和晚熟型。收获干籽粒的豌豆生育期，早熟种在春播区一般为 80~90d 左右，中熟种 90~110d，晚熟种为 110d 以上；在秋播区早熟种生育期约在 180d 以内，中熟种为 180~200d，晚熟种在 200d 以上。但不同生态区之间，早、中、晚熟的标准差异很大。

表 6-1　黄土高原区生产中常用豌豆品种熟期类型（王梅春，等 2015）

	春播区	秋播区
早熟种	中豌 5 号，中豌 6 号，天山白豌豆，定豌 1 号，定豌 4 号，晋豌 1 号，晋豌 5 号，食荚大菜豌 1 号	云豌 10 号，成豌 7 号，成豌 9 号，食荚大菜豌 1 号
中熟种	陇豌 1 号，定豌 2 号，定豌 3 号，定豌 7 号，定豌 8 号，晋豌 3 号，草原 20 号，草原 21 号，草原 23 号，草原 24 号，草原 25 号，草原 26 号；青荷 1 号，甜脆 761，无须豌 171，成驹 39，阿极克斯	云豌 1 号，云豌 4 号，云豌 8 号，无须豆尖 1 号
晚熟种	草原 22 号，草原 224	

（四）播期类型

豌豆可春播也可秋播，习称春豌豆，秋豌豆。北方地区以收获干籽粒为主的多春播，近年来北方市场对青豆和鲜荚的需求也在增长；云、贵、川等西南地区多秋播，适于稻田翻耕整地播，也特别宜于做旱地绿肥；南方以秋播为主，多为鲜食，由于豌豆生育期短，便于在多种耕作制中换茬或套种。

中豌 5 号、中豌 6 号是中国农业科学院畜牧研究所育成的矮生直立型豌豆品种，适合纯作和间作，春秋两季皆可种植，具有高产、抗病、适应性强等特点，在全国春、秋（冬）播区都有广泛种植。北方春播区多在 3 月中旬至 4 月上旬播种，6 月底至 7 月底收获。南方秋播区多在 8 月下旬至 9 月上中旬播种，11 月上中旬即可采收青豌豆荚。南方冬播区一般在 11—12 月播种，应以苗高 5~7cm，生长 3~5 片小叶越冬为好。

中豌 6 号在江苏省启东市南阳镇作秋豌豆栽培，8 月下旬至 9 月中旬均可播种，要获得秋豌豆优质高产，适宜播期为 9 月 5—7 日。适宜的播量应选择 180~225kg/hm^2 之间，产青荚 10 575kg/ hm^2 左右。在浙江省衢州市中豌 6 号反季节栽培，经济性状、产量与播种期密切相关，在 8 月 20 日至 9 月 9 日之间，随着播种期的推迟，单株荚数、单荚粒数、百荚鲜重、鲜荚产量都随之增加，尤以 9 月 4 日至 9 月 9 日播种的产量高、效益佳。因此，中豌 6 号作秋季反季节栽培，在浙西地区以 8 月底至 9 月上旬播种为宜。全生育期 60d 左右。播后 7~8d 出苗，10d 齐苗，30d 左右开花，45d 以后可分批采摘鲜荚。在长江中下游地区中等肥力条件下，干籽产量 2 250 kg/hm^2，鲜荚产量 7 500 kg/hm^2 以上。

（五）用途类型

粮用型：以收获干籽粒或食用鲜嫩种子为主，以硬荚品种为主。硬荚种的荚壁内果皮有厚膜组织，成熟时此膜干燥收缩，荚果开裂。

菜用型：以食荚、食苗及鲜籽粒等菜用为主的豌豆，以软荚品种为主，即荚内无厚膜组织。食荚大菜豌 1、2、3 号，无须豆尖 1 号，食荚甜脆豌 1 号，青荷 1 号，奇珍等。

粮菜兼用型：既可收获干籽粒又能鲜食，根据需求硬荚品种和软荚品种均可。例如草原 23 号属粮菜兼用型品种，2007 年在湟中县拦隆口镇引进种植，产量达 4 530kg/hm^2，2008 年在多巴镇尚什加村种植，产量达 4 950kg/hm^2。该品种植株直立、抗倒伏性强、较耐旱、丰产性好、产量高、适应性强，一般高水肥条件下产量 5 250~6 000kg/hm^2；在中等水肥条件下产量 3 750~4 500kg/hm^2。

须菜 3 号，半无叶型粮菜兼用豌豆新品种，中熟，春播生育期 100 d；抗倒伏性强，抗旱性良好，抗猝倒病、根腐病、白粉病。大田生产一般产鲜荚 17 250 kg/hm^2 左右，干籽粒产量 4 200 kg/hm^2 左右。

饲用型：豌豆的能量蛋白质较平衡，而且具有较好的适口性，被广泛地应用在畜禽饲料中。亓美玉等（2014）综合前人研究，针对豌豆作为能量饲料原料及其在猪、牛、羊及家禽饲料中的应用指出，豌豆虽可在各种畜禽饲料中添加应用，但由于豌豆中各类营养物质的含量会随品种、季节及种植地区的不同而有所差异，而且豌豆中的抗营养因子含量也会随豌豆加工工艺的不同而有所差异，因此，豌豆在不同品种及生长阶段畜禽饲料中的可添加比例也会有较大差异。如断奶仔猪对豌豆凝集素及白蛋白的胃肠消化率较低，因此仔猪日粮中豌豆的添加量不能过高。张启俊（2009）研究表明，断奶仔猪日粮中添加 9.5% 的豌豆（炒熟）对仔猪增重无负面影响。而 Stein 等（2006）研究发现，向断奶后 3~6 周的仔猪日粮中添加 18% 的豌豆粉，对仔猪的生长性能未产生任何不良影响。在断奶仔猪日粮中添加粉碎较细的豌豆淀粉可以很好地改善仔猪的生产性能（张喻，2011）。

豌豆的氨基酸对奶牛及肉牛来说并不是特别重要，因为瘤胃能为反刍动物提供所需氨基酸，但豌豆的慢性降解蛋白能够较好地控制反刍动物的瘤胃 pH，尤其对饲喂大量谷物饲料的动物来说更为重要。因此，在加拿大、美国等国家，奶牛及肉牛饲料中添加豌豆是相当普遍的。

Brook 等（1996）用大麦及豌豆对舍饲羔羊进行育肥试验。结果发现，大麦及豌豆混合饲喂羔羊时，DMI、胴体增重及屠宰率均高于大麦单独饲喂组，而 DMI/ 胴体增重则显著低于大麦组，表明豌豆是一种较好的羔羊育肥饲料。Scerra 等（2011）对饲喂豌豆的育肥羔羊肌肉中必需脂肪酸的变化进行了研究，结果发现，羔羊育肥料中添加豌豆会使肌肉内亚麻酸 C18：3n–3 及 n–3 PUFA（多不饱和脂肪酸）含量升高。尽管其含量仍低于草原放牧羊肌肉中的含量，但对舍饲育肥的羔羊来说，豌豆仍是一种较好的蛋白饲料原料。

豌豆在家禽饲料中的应用国内外都有较多研究，王润莲和南玉琴（2000）研究发现，生长蛋鸡日粮中用豌豆及亚麻饼替代鱼粉及豆饼时，其用量分别低于 28% 及 12% 时可以取得较好的饲养效果，但高于此用量则会出现采食量偏低、生长缓慢、羽毛蓬乱等现象，估计是由于豌豆及亚麻饼中抗营养因子的共同作用引起。在肉鸡日粮中添加 40% 的微粒化去壳豌豆，其生长性能（屠宰体重、日增重及饲料转化率等）、屠宰率、胸肌或腿肌率以及腹脂率与豆粕组相比无显著变化。但豌豆的添加增加了肌肉的总胶原含量及持水力，腿肌及胸肌中多不饱和脂肪酸 n−6/n−3 比率显著下降，而且肉的饱和指数升高，但并未改变动脉粥样硬化及血栓指数，表明豌豆对肉鸡的肉质及其他性能具有有利影响（Laudadio 和 Tufarelli，2010）。此外，豌豆在畜禽饲料中的添加比例还应在不影响动物生产性能的前提下根据各种原料的价格而定。

（六）生长习性类型

按照豌豆的生长习性分为直立株型、半直立株型和蔓生株型。

直立株型：植株生长健壮，茎秆直立向上生长。分枝少，一般为 1~2 个，茎粗，深绿色或灰绿色，多花、多荚，花白色，叶片只有托叶或无叶，或菱形小叶，叶色深绿有蜡质层，种子为圆粒或不规则形状，种皮白色、黑色等，35 份占总数 4.16% ，入选双花、双荚率高的优异资源 14 份（国内 3 份，国外 11 份）占 40% ，如：K10、K12、Athos、Azur、Eifel 等。

半直立株型：植株生长较弱，茎、枝较细，轻度爬蔓或缠绕。分枝一般为 3~4 个，茎粗，多为深绿色，花为紫色或白色，叶多宽厚茂盛，叶形为椭圆，深绿色，种子圆或凹圆粒，种皮为褐、浅褐、白、青等色，256 份占 30.4%，入选多花、多荚优异资源 76 份，占 29.68%（国内 47 份，国外 29 份）。如：A777、A787、A898、A790、B72、A1567（G2903）等。

蔓生株型：植株生长较弱，茎、枝细长爬蔓，强度缠绕或匍匐地面。分枝多，一般为 4~6 个，分枝部位低，茎粗，茎色多为绿或浅绿色，花多为紫色、白色，少数粉红色，叶片宽薄、绿色或浅绿。叶形为倒卵或椭圆。叶多茂盛，种子圆粒、皱粒或凹圆，种皮为褐、浅褐、白色、绿色等，551 份占 65.44%，其中分枝多、性状较优异的品种资源 104 份（国内 98 份，国外 6 份），占 18.87%，如：草原 11 号、前进 1 号、A300、H00145 等。

三、黄土高原豌豆品种沿革

（一）山西省豌豆品种沿革

山西省是全国杂粮生产大省之一，豌豆是晋北地区的主要抗旱作物。20 世纪 80 年代前，豌豆生产主要以种植地方品种为主，1984 年由山西省农业科学院右玉试验站育成了特抗豌豆食心虫，抗寒性强，抗旱性较强，广谱抗病，适应范围广，稳产性好的晋豌 1 号（原名右试 1 号），进入 21 世纪至今，山西省农业科学院右玉试验站、高寒区作物研究所、山西农业大学先后育成了具有上述优良性状的粒用豌豆晋豌3号，晋豌5号和菜用豌豆晋软1号等。

（二）甘肃省豌豆品种沿革

20世纪70年代前，甘肃省的豌豆生产主要以种植地方品种绿豌豆、麻豌豆等为主。豌豆作物的研究始于20世纪70年代初，大致经历了3个阶段。

1. 20纪70年代初至20世纪末（第一阶段） 以定西地区农业科学研究所（现在的定西市农业科学研究院）为主开展工作，主要进行国内种质资源的征集、整理、研究；在此基础上开展豌豆品种提纯复壮、以杂交育种为主的干籽粒用新品种选育研究，培育出抗旱、抗（耐）根腐病，适应性广，丰年高产、旱年稳产的籽粒绿色，适宜食品加工的定豌1号；籽粒麻色，适宜芽菜加工的定豌2号；籽粒淡黄色，商品性好，适宜炒食及食品加工的定豌3号和定豌4号等优良品种，在甘肃、宁夏等省区广泛种植。

2. 21世纪的前10年（第二阶段） 这一阶段甘肃省农业科学院作物研究所开展了豌豆育种研究，在继续扩大国内外资源的引进，开展以杂交育种为主的干籽粒用新品种选育研究的同时，加强半无叶豌豆品种的选育和示范推广。培育出定豌5号、定豌6号和陇豌1号等品种。

3.“十一五”末至今（第三阶段） 甘肃省农业科学院作物研究所和定西市农业科学院豌豆研究团队分别进入国家现代农业产业技术体系食用豆体系岗位和综合试验站，与全国各省（区）的食用豆科研工作者有了广泛的交流，豌豆育种由普通豌豆品种选育向半无叶品种转变，育成了高淀粉品种定豌7号（粗淀粉64.2%，)、定豌8号、陇豌3号等新品种，上述品种被引种到全国各主要适种区试验示范，有些取得了较好的效果。

（三）陕西省豌豆品种沿革

陕西豌豆种植主要在陕北地区的榆林地区面积较大，以收获干籽粒为主，品种多为地方品种，如靖边麻豌豆、定边麻豌豆等。

20世纪60年代，引进豌豆品种大白豆在生产中应用，根据引种地不同形成了“地名+大白豆”的地方豌豆品种。

陕西豌豆作物的研究以种质资源的征集、整理、研究为主，第一个豌豆品种西豌1号是西北农林科技大学农学院从陕西地方豌豆品种资源中系统选育而成，2008年通过国家小宗粮豆品种鉴定委员会鉴定，西豌2号2015年通过国家鉴定。

（四）青海省豌豆品种沿革

青海省农区豌豆作物的研究以种质资源的征集、整理、研究及新品种选育和栽培为主，大致经历了3个阶段。

1. 20世纪50年代初至60年代初（第一阶段） 主要进行种质资源的征集、整理、研究；在此基础上开展豌豆品种提纯复壮、系统选育，选出大青豆、大白豆等优良品种。

2. 20世纪60年代中期至90年代初（第二阶段） 在继续扩大国内外资源引进的同时，主要开展以杂交育种为主的干籽粒用新品种选育研究。选育了草原系列新品种，以草原11号、草原12号和草原224为代表品种。草原11号是中国首次育成的抗根腐病品种，在甘肃、宁夏、青海的根腐病严重地块种植，产量达2 400~3 000 kg/hm^2，比对照品种增产30%~50%；草原12号，大面积种植产量2 250~3 000 kg/hm^2。草原224是高茎、红花、耐根腐病的豌豆品种，在一般水肥条件下产量3 000~3 750 kg/hm^2，在高水肥条件下产量3 750~4 500 kg/hm^2，自1994年审定以来，该品种在青海省累计种植面积达数百万亩，并被甘肃、宁夏、山西等省（区）引种，推广面积较大，其中宁夏回族自治区目前种植面积累计达6.7万hm^2，并且通过宁夏回族自治区审定，定名宁豌1号，是中国通过两个省（区）审定的豌豆品种之一，并于2002年获青海省科技进步二等奖，成为青海省又一个豌豆主栽品种。

3. 20世纪90年代中期至今（第三阶段） 主要开展以杂交育种为主的菜用新品种和粒用新品种的选育研究。选育了食荚品种青荷1号、甜脆761、成驹39，食苗品种无须豌171，绿粒加工型品种阿极克斯、草原20号、草原21号、草原22号，白粒加工型品种包括半无叶品种草原276、草原23号、草原24号和普通品种草原25号、草原26号、草原27号、青豌29号，麻粒加工型品种草原28号。

四、黄土高原豌豆良种简介

（一）晋豌5号

品种来源：山西省农业科学院高寒区作物研究所以Y-22为母本，保加利亚豌豆为父本杂交，经多代选育而成。试验名称“同豌711”。2011年经山西省农作物品种审定委员会审定定名为晋豌5号，晋审豌（认）2011001。

特征特性：生育期82d，比对照品种晋豌豆2号早8d。生长势强，株型直立，茎绿色，主茎节数13节，主茎分枝3个。株高65cm，复叶半无叶类型，宽托叶。花白色。单株有效荚数9个，成熟荚黄色、硬荚，荚长5cm，荚宽1.7cm，单荚粒数5粒，籽粒球形、表面光滑，种皮白色，百粒重25g。抗旱性中等，抗寒性强，抗病性强。粗蛋白（干基）29.41%，粗淀粉（干基）53.11%。

产量表现：2008—2009年参加山西省豌豆区域试验，两年平均折合产量1 650 kg/hm^2，比对照晋豌豆2号（下同）增产10.4%，试验点10个，增产点9个，增产点率90%。其中2008年平均产量1 581 kg/hm^2，比对照增产4.0%；2009年平均产量1 719 kg/hm^2，比对照增产16.7%。

适宜区域：山西省豌豆产区。

（二）定豌2号

品种来源：定西地区旱作农业科研推广中心1987年以晚熟抗根腐病的77-441为母本，中早熟的青-64为父本杂交，经多代选育而成。原品系代号8711-2。1999年经甘肃省农作物品种审定委员会审定定名为定豌2号。审定编号：甘种审字第288号。2003年度获甘肃省科技进步二等奖。

特征特性： 早中熟高产品种，春播生育期91 d。植株深绿，茎上有紫纹，紫花，种皮麻，子叶为黄色，粒形亚园，种脐白色。株高80cm左右，第一结荚位适中，单株有效荚数4~6个，单荚粒数4~8个，千粒重207g，籽粒蛋白质含量23.96%，赖氨酸1.87%，粗脂肪0.67%。高抗根腐病。对地点及年际间气候的变化适应性均很强，是一个丰产、稳产的优良品种。

产量表现： 1993—1995年全区15点次的区域试验中，平均折合产量1 366.5 kg/hm^2，较对照品种绿豌豆（1038.0 kg/hm^2）增产31.6%，在1996年全区的生产示范中，6点平均产量为2 166kg/hm^2，较对照品种绿豌豆增产10.3%。

适宜区域： 适宜在降雨量350mm以上，海拔2300m以下的干旱、半干旱山地、梯田、川旱地种植，同类区域均可种植。

（三）定豌4号

品种来源： 定西地区旱作农业科研推广中心1991年南繁时以8729-5-1作母本、北京5号作父本，通过有性杂交选育而成，原品系代号S9107。2004年通过甘肃省科技厅组织的鉴定，同时被定名为定豌4号。鉴定证书编号：甘科鉴字〔2004〕第210号。

特征特性： 早中熟属高蛋白，高赖氨酸品种，春播生育期86d。叶色绿、茎绿、白花，第一结荚位适中，株高41cm，单株有效荚数3.3个，千粒重227.4g，单荚粒数2.7个，单荚、荚中等大小，硬荚，种皮白色，子叶黄色，粒形光圆，丰产、稳产性好，耐根腐病。籽粒含粗蛋白29.19%、赖氨酸2.41%、粗脂肪1.52%。

产量表现： 1997—1999年定西地区区试中，3年15点（次）折合平均产量1 042.5kg/hm^2，比对照折合平均产量742.5kg/hm^{2}增产40.4%，在1998—2000年的生产示范中，累计面积10.37hm^2，平均产量1 212.2kg/hm^2，比对照品种定豌1号增产12%。

适宜区域： 适宜在降雨量350mm以上，海拔2 300m以下的山地、梯田、川旱地种植，水地及二阴地区种植产量更高。

（四）定豌6号

品种来源： 定西旱农中心以81-5-12-4-7-9为母本，天山白豌豆为父本通过有性杂交，系统选育而成。原品系代号9236-1。2009年通过甘肃省品种审定委员会的认定，甘认豆2009003；2009年通过宁夏回族自治区品种审定委员会的审定。2012年度获甘肃省科技进步三等奖。

特征特性： 该品种性状稳定，生育期90d。叶色绿、茎绿、白花、第一结荚位适中，平均株高57.6cm，单株有效荚数3.4个，单荚粒数11.7个，千粒重195g。种皮绿色，籽粒光圆，干籽粒粗蛋白含量286.2g/kg（干基），赖氨酸含量19.1g/kg，粗脂肪含量7.6g/kg，粗淀粉含量389.6g/kg。

产量表现：2004—2006年3年市区试，15点次平均产量2067.3kg/hm^2，较对照定豌1号增产15.6%，一般地块平均产量2 250kg/hm^2，高产田产量可达3 750 kg/hm^{2}以上。

适宜区域：适宜在年降水350mm以上，海拔2500m以下的半干旱山坡地，梯田地和川旱地种植。在定西地区及其同类地区大部分地方可作为主栽品种，特别是在根腐病重发区，可以推广应用。

（五）定豌7号

品种来源：定豌7号是定西市旱作农业科研推广中心1994年以天山白豌豆作母本，8707-15作父本通过有性杂交选育而成。原品系代号9431-1。2010年通过甘肃省品种审定委员会认定（甘认豆2010003）。2013年获定西市科技进步一等奖。

特征特性：该品种抗旱、耐根腐病，丰产、稳产性好。春播生育期91d左右。叶色绿、茎绿、紫花、第一结荚位适中。平均株高60.8cm，单株有效荚数3.2个，百粒重21.2g，单荚粒数3.7个，种皮麻色，粒形扁圆。干籽粒含粗蛋白22.6%，赖氨酸1.26%，粗脂肪1.12 %，粗淀粉64.2%，属高淀粉品种。

产量表现：一般平均产量1 903.5 kg/hm^2，高产田产量可达3 000 kg/hm^{2}以上。

适宜区域：适宜在年降水350mm以上，海拔2 500m以下的半干旱山坡地，梯田地和川旱地种植，二阴地种植产量更高，但在生长后期应注意防治白粉病。在定西及其同类地区大部分地方可作为主栽品种推广应用。

（六）陇豌1号

品种来源：甘肃省农业科学院粮食作物研究所于2003年青海省农林科学院引进的半无叶豌豆中优选单荚系统选育而成。原品系代号：德引2号。2009年通过甘肃省品种审定委员会的认定，甘认豆2009004。2011年度获甘肃省科技进步二等奖。

特征特性：属早熟半无叶型豌豆，生育期85~90d。株高55~65cm，半矮茎，直立生长，株蔓粗壮，托叶正常，复叶变态为卷须，花白色，每株着生6~10荚，有限结荚习性，双荚率达75%以上，荚长7cm，荚宽1.2cm，不易裂荚，每荚5~7粒，种皮白色，百粒重25g，容重785.8g/L。含粗蛋白25.6%，淀粉51.32%，赖氨酸1.95%，粗脂肪1.14%。

产量表现：2006—2007年多点试验，平均产量4 098 kg/hm^2，较对照增产6.4%。

适宜区域：适宜在甘肃省中部高寒阴湿区及河西有灌溉条件的豌豆产区种植。

（七）西豌1号

品种来源：西北农林科技大学农学院从陕西地方豌豆品种资源中系统选育而成。2008年1月通过全国小宗粮豆品种鉴定委员会鉴定，国品鉴杂2008007。

特征特性：株型半蔓生型。生育日数90~95d。株高100~110cm，主茎分枝2~3

个，单株荚数 8~10 个，单荚粒数 5~6 粒，百粒重 20~21g。幼茎绿色，花白色。籽粒绿色底纹上有黑色斑点。粒粗蛋白含量 24.9%，脂肪含量 1.37%，淀粉含量 51.8%，可溶性糖含量 3.88%。

产量表现：2003 年参加全国豌豆品种区域试验，平均产量 1 759.5 kg/hm^2，比对照草原 224 增产 9%；2004 续试，平均产量 2 716.5 kg/hm^2，比对照草原 224 增产 4.7%；2005 续试，平均产量 2 143.5 kg/hm^2，比对照草原 224 增产 7.6%；3 年区试平均产量 2 206.5 kg/hm^2，比对照草原 224 增产 6%。2005 年、2007 年生产试验平均产量分别为 1 827 kg/hm^2、2 622 kg/hm^2，比对照草原 224 分别增产 8.1%、15.8%。

适宜区域：适宜在四川炉霍，内蒙古呼和浩特，宁夏隆德、固原，陕西靖边、榆林等地区推广种植。

（八）草原 224

品种来源：青海省农林科学院作物育种栽培研究所于 1973 年以 71088 为母本，菜豌豆为父本经有性杂交选育而成，原代号 74-5-22-4。1994 年 11 月通过青海省农作物品种审定委员会审定，品种合格证号为青种合字第 0083 号。1994 年 1 月通过宁夏回族自治区农作物品种审定委员会审定，定名宁豌 1 号，品种合格证号为宁农种审证字第 9417 号。2002 年获青海省科技进步二等奖。

特征特性：春性、晚熟品种，生育期 120 d。无限结荚习性，幼苗半直立、绿紫红色，成熟茎黄色。株高 130~160cm。高茎、淡绿色，茎上覆盖蜡被，有效分枝 1.1~1.5 个。复叶绿色，由 2~3 对小叶组成，小叶全缘，长椭圆形，托叶绿色，有缺刻，小叶、托叶剥蚀斑少，托叶腋有花青斑。花深紫红色，旗瓣紫红色，翼瓣深紫红色，龙骨瓣淡绿色。硬荚，马刀形，鲜荚绿色，成熟荚淡白黄色。种皮绿色有紫色斑点，圆形，粒径 0.7~0.8cm，子叶橙黄色，种脐浅褐色。单株荚数 4~9 个，单株粒数 36~40 粒，单株粒重 8.4~10.4g，百粒重 21.2~23.3g。籽粒淀粉含量 43.7%，粗蛋白含量 23.8%。较抗根腐病，抗旱性强，耐寒。

产量表现：在青海省豌豆品种区域试验中，平均产量 3 261.75kg/hm^2，比对照草原 12 号增产 42.25%。一般产量为 3 000kg/hm^2。

适宜区域：适宜青海省低位山旱地和中位浅山及中国北方豌豆区种植。

（九）草原 276

品种来源：青海省农林科学院作物育种栽培研究所于 1985 年以阿极克斯为母本，A695 为父本经有性杂交选育而成，原代号 86-276。1998 年 11 月通过青海省农作物品种审定委员会审定，品种合格证号为青种合字第 0119 号。2004 年获青海省科技进步二等奖。

特征特性：春性、中熟品种，生育期 105 d。无限结荚习性，幼苗直立、绿色，成熟茎黄色。株高 65~75cm。半矮茎、淡绿色，茎上覆盖蜡被，有效分枝 1~3 个。复叶全为卷须，托叶绿色，有缺刻，托叶剥蚀斑明显，托叶腋无花青斑。花白色，旗瓣、翼瓣、龙骨瓣白色。硬荚，直形，鲜荚绿色，成熟荚黄白色。种皮白色，圆形，粒径0.81~0.85cm，子叶橙黄色，种脐浅黄色。单株荚数16~18个，双荚率71%~81.6%，单株粒数38~58粒，单株粒重14.7~18.5g，百粒重26.8~28.5g。籽粒淀粉含量50.6%，粗蛋白含量24.7%。抗倒伏，较抗根腐病和白粉病，抗旱性较差。

产量表现：在青海省豌豆品种区域试验中，平均产量5 361kg/hm^2，比对照草原7号增产53.8%；在青海省豌豆品种生产试验中，平均产量5 223kg/hm^2，比对照草原7号增产48.1%。一般产量为3 750~4 500kg/hm^2，1996年和1997年在青海省民和县和乐都县试种后，产量在4 500kg/hm^{2}以上。

适宜区域：适宜青海省东部农业区水地和柴达木灌区种植及我国北方豌豆区种植。

（十）草原28号

品种来源：青海省农林科学院作物所和青海鑫农科技有限公司于1996年以草原224为母本，Ay737为父本，经有性杂交选育而成。2011年11月通过青海省农作物品种审定委员会审定，审定编号为青审豆2011002。

特征特性：春性、中熟品种，生育期95 d。无限结荚习性，幼苗直立、绿色，成熟茎黄色。株高65~75cm。矮茎、绿，茎上覆盖蜡被，有效分枝1~2个。复叶绿色，由3对小叶组成，小叶全缘，卵圆形，托叶腋花青斑明显。花深紫红色，旗瓣紫红色，翼瓣深紫红色，龙骨瓣淡绿色。硬荚，刀形，鲜荚绿色，成熟荚淡黄色。干籽粒紫红色，柱形，种脐褐色。单株荚数10~15个，双荚率75%~85%，单株粒数35~50粒，单株粒重10~15g，百粒重30~33g。籽粒淀粉含量55.0%，粗蛋白含量20.99%，粗脂肪1.07%。田间自然鉴定未发现白粉病，轻感根腐病；无豌豆象、豌豆小卷叶蛾为害，发现豌豆潜叶蝇为害；中抗倒伏，中等耐旱。

产量表现：在青海省豌豆品种区域试验中，平均产量4 309.4kg/hm^2，比对照草原224和草原25号增产20.12%和25.36%；在青海省豌豆品种生产试验中，平均产量4 053.6kg/hm^2，比对照草原224和草原25号增产21.45%和23.12%。一般产量为2 700~4 500kg/hm^2。

适宜区域：适宜青海省东部农业区川水地复种、中位山旱地种植。

第二节　生长发育

一、生育时期和生育阶段

（一）生育时期（物候期）

豌豆从播种到收获的全过程，可以人为地划分为以下8个时期。不同的生育期有不同的特点，对环境条件有不同的要求。各生育时期的长短因品种、温度、光照、水分、土壤养分和春、秋播而有差异。调查记载时以观察地块内全部植株为调查对象，以“年·月·日”表示，具体形态特征和标准如下。

1. 播种期 种子播种当天的日期。

2. 出苗期 50% 的植株幼苗露出地面 2cm 以上的日期。

3. 分枝期 50% 的植株叶腋长出分枝的日期。豌豆一般在 3~5 真叶期分枝开始从基部节上发生，生长到 2cm 长，有 2~3 片展开叶时为一个分枝。

4. 现蕾期 50% 的植株主茎顶端出现能够目辨的花蕾的日期，是豌豆由营养生长向生殖生长的过渡时期。

5. 始花期 观察地块中出现第一朵花的日期。

6. 盛花期（花荚期） 50% 的植株开花的日期。豌豆边开花边结荚，从始花到终花是豌豆生长发育的盛期。大田中一般持续 30~45d。

7. 终花期（灌浆期、籽粒膨大期） 70% 的植株花器全部凋萎的日期。豌豆花朵凋谢以后，幼荚伸长速度加快，荚内的种子灌浆速度也随之加快。

8. 成熟期 70% 以上的荚呈成熟色的日期。

9. 生育日期 播种第二天至成熟期的天数。

（二）生育阶段

豌豆的一生可以划分为营养生长和营养生长与生殖生长并进两个阶段。

营养生长阶段从出苗至现蕾期，现蕾期是从营养生长向生殖生长的过渡时期，是豌豆一生中生长最快，干物质形成和积累较多的时期。此阶段要通过调节水肥来调节生长与发育的关系，以防早衰；对长势过旺的要改善其通风透光条件，防止过早封垄，造成落花落荚。

营养生长与生殖生长并进阶段，从始花期至成熟期，这个阶段茎叶在生长，花荚在发育，茎叶在自身生长的同时，又为花荚的生长发育提供大量的营养，荚果伸长的同时，灌浆使得籽粒逐渐饱满。此阶段需要充足的土壤水分、养分和光照，加强保根保叶，做到通风透光，防止早衰，以保证叶片充分发挥其光合效率，确保多开花多结荚，减少落花落荚和荚果中的养分积累。

（三）花芽分化和荚果生育动态

赵洪礼等（1997）对草原 12 号等 3 个不同特征特性品种进行的研究表明：豌豆的花芽分化可分为 6 个时期。即花芽原基分化期、萼筒原基分化期、花瓣原基分化期、雌雄蕊原基分化期、四分体形成期和花粉发育成熟期。观察 3 个品种花芽分化的进程，发现花芽分化的开始时间、全程所经历的天数、早熟和晚熟间均有一定的差异（表 6–2）。

表 6-2　豌豆品种间花芽分化进程比较　（d）

项目（熟性）	Ⅰ	Ⅱ	Ⅲ	Ⅳ	Ⅴ	Ⅵ	全程经历天数
草原 12 号（晚熟）	6–11/6	12–14/6	15–18/6	19–21/6	22–25/6	26/6–3/7	
经历天数	6	3	4	3	4	8	28
绿色草原（早熟）	17–21/5	22–24/5	25–28/5	29–31/5	1–3/6	4–9/6	
经历天数	5	3	4	3	3	6	24
草原 7 号（中早熟）	17–21/5	22–23/5	24–27/5	28–30/5	31/5–2/6	3–9/6	
经历天数	5	2	4	3	3	7	25

注：资料引自赵洪礼等《豌豆落花落荚、花芽分化及栽培技术》

影响花芽分化的主要气象因子是温度。不同特征特性的品种花芽分化所需的≥ 0℃的有效积温有一定差异。从花芽分化所持续的时间看，持续时间长的品种所需的有效积温较高，反之则较低。从花芽分化的全过程看，晚熟品种所需有效积温比早熟和中早熟品种高（表 6-3）。

表 6-3　花芽分化各时期所需有效积温　（≥ 0℃）

时期	草原 12 号	绿色草原	草原 7 号
Ⅰ	79.4	64.8	64.8
Ⅱ	38.8	37.1	23.3
Ⅲ	50.1	51.0	50.3
Ⅳ	40.0	42.6	42.6
Ⅴ	53.6	43.3	49.3
Ⅵ	91.4	76.2	87.7
总积温	353.3	315.0	317.8

注：资料引自赵洪礼等《豌豆落花落荚、花芽分化及栽培技术》

豌豆的花为总状花序，自叶腋生出，第一个花序常着生在第 7~18 节处。其着生位置是不同品种固有的特性，也是区别品种经济性状的重要标志之一。一般说来，凡是着生在第 7~10 节处的为早熟品种，第 11~15 节处的为中熟品种，第 15 节以上的为晚熟品种。豌豆每一花梗着生 l~3 朵花，成荚的为 1~2 朵花，花色分白，紫（粉）两种，花为白色的品种，粒色为白色或绿色，花为紫（粉）色的品种，粒色呈绿色、褐色、麻色等。豌豆开花是自下向上由内而外顺序进行。初期开的 2~6 对花，成荚率高，籽粒饱满，后期顶端开的 1~3 对花，常成秕荚，籽粒小，全株开花需 14~16d。

豌豆在开花前 24~26h 花药开裂散粉完成授粉和受精。授粉和受精完成后，荚果首先增长长度和宽度，然后荚壁增厚，在籽粒快速积累贮存物质之前达到最大鲜重。此后荚皮中的干物质和 N 素含量逐渐下降，最后随着叶绿素和光合能力的迅速丧失而干燥。在开花后 20d 的子叶细胞内就有积淀完好的淀粉粒出现，20~35d 是淀粉积累的主要时期。一般种子受精后 18d 就有发芽能力，但 24~36d 对保证种子较好的发芽能力是必要的。尽管豌豆种子无休眠期或后熟阶段，但很多野生类型的豌豆具有坚硬的种皮。

二、生育过程的有关生理变化

（一）生长条件

1. 土壤

豌豆对土壤的适应能力较强，各种土壤均能生长，较耐瘠薄。但在盐碱地及低洼地上不能正常生长，地力较肥沃的土壤上种植，易造成茎叶徒长而影响籽粒产量，但有利于食荚、食苗豌豆的生长。豌豆适宜的土壤 pH 值为 6.5~8.0，根系和根瘤菌生长最适宜的土壤 pH 值为 6.7~7.3，即在微酸性土壤上生长最好，而微碱性土壤环境对促进根瘤菌的正常发育，提高其固氮能力有重要作用。

2. 温度

豌豆喜冷凉湿润的气候，耐寒，不耐热。在北纬 25~60° 的低海拔地区和北纬或南纬 0~25° 的高海拔地区都有种植，鲜食豌豆的栽培区域已扩大到北纬 68°。豌豆种子发芽最低温度为 1~2℃，最适宜温度为 6~12℃，在 16~18℃时 4~6d 就能出苗。豌豆幼苗较耐寒，有的品种能耐 -3~-6℃的短期霜冻为害，甚至植株全部冻僵，日出后仍能继续生长，不留损伤痕迹。

豌豆不耐高温，营养生长期内气温以 12~16℃为宜，生殖器官形成及开花期间以 16~20℃为宜，结荚期以 16~22℃为宜。总之生长季节内平均最高气温在 20~21℃时，最有利于提高豌豆产量。豌豆从种子萌发到成熟需要≥ 5℃的有效积温 1 400~2 800℃。不同品种间各生长发育阶段对积温的需求差异较大。

3. 光照

豌豆大多数品种为长日照作物，延长光照时间绝大多数品种能提早开花，缩短光照则延迟开花。在短日照条件下分枝较多、节间缩短、托叶变形。

豌豆的整个生育期都需要充足的光照，尤其是花荚期。如果植株群体密度过大，植株间遮光严重，花荚就会大量脱落。

4. 水分

豌豆是需水较多的作物，其抗旱性不如菜豆、豇豆和扁豆，也较高粱、玉米谷子、小麦等耐旱力弱。在种子吸水膨胀和发芽时，光滑圆粒品种需吸收种子本身重量的 100%~120% 的水分，皱粒品种为 150%~155%。豌豆发芽的临界含水量为干种子重量的 50%~52%，低于 50% 种子不能发芽。

豌豆幼苗时期较耐旱，此时地上部分生长缓慢，根系生长较快，其水分临界期出现在从开花到籽粒膨大期之间，初花期灌溉增加受粉胚珠数和单株荚数，而在籽粒生长期间灌溉，则增加籽粒百粒重但这一时期对水涝最为敏感，若降水过多，则会影响根瘤活动，明显减少花荚数和结实率，造成减产。在以出售鲜荚为生产目的时，在收获青豌豆后，灌溉可保持植株最大光合面积，提高产量。

5. 养分

豌豆生长需要P、K肥，在幼株根瘤未形成或形成初期还需吸收适量N素。豌豆进入开花阶段时对P素的吸收迅速增加，花后15~16d达到高峰。K有壮秆、抗倒伏的作用，还能促进光合产物的运输。因此，植株对K的需求量在开花后迅速增加，高峰期在花后31~32d，比对P的需求晚些。后期需K量下降也比P慢。豌豆缺P，植株矮小，叶片呈浅蓝绿色，无光泽，花少，荚迟熟；缺K植株矮小，节间缩短，叶缘褪绿，叶卷缩，老叶变相枯死。Ca不足时，豌豆植株叶脉附近出现红色凹陷斑，并逐渐扩大，使幼叶褪绿，继而变黄变白，植株萎蔫。除了以上元素外，还需要Na、Mg、Mn、Fe、S、Si、Cl以及B、Mo、Co、Cu等微量元素。这些元素在土壤中一般不缺乏，有的地区可能缺某一种或几种，这时需要施用微肥。

（二）生育过程的温光效应

1. 豌豆春化反应

对豌豆春化反应的研究是一项较为困难的工作，因为它们几乎在只要能够生长的条件下都能通过阶段发育，国内外对豌豆春化反应的研究较少。前苏联、日本有少量报道，中国景士西等（1956）在20世纪50年代中期对不同熟性的豌豆品种的春化进行了研究，得出如下结论。

豌豆能在0~20℃以至20℃以上的温度下通过春化阶段。在此种温度范围内10℃较0℃适合，据此猜测，较高的温度比10℃更为适合。

种子春化处理在提早现蕾方面的效应，迟播较早播显著，晚熟品种较早熟品种显著。萌动种子在0~10℃人工春化处理条件下通过春化阶段发育需要20~25d以上。在植株状态和田间条件下比在萌动种子状态春化处理条件下进行春化阶段发育较为迅速，从春到夏田间通过春化阶段发育所需的时期随着播种期的延迟而缩短。对于豌豆蚕豆种子春化处理在提前现蕾方面的效应问题提出了“处理效应的大小决定于植株出土后必须补行春化阶段发育的时间和植株积累光照阶段发育及形成繁殖器官所需特定营养物质的必要时间的相对长短”的假定。

2. 豌豆光周期反应

豌豆为长日植物。延长日照时间能提早开花，相反则延迟开花，但不同类型品种对日照长短的敏感程度不同。有关研究表明，中国北方豌豆品种对日照长短的反应比南方品种敏感；红花品种比白花品种敏感；晚熟品种比早中熟品种敏感。有些早熟品种缩短日照至10h，对开花无明显影响。

生产中进行豌豆引种时，各地应根据当地种植制度和气候条件进行引种。从北方往南方引种豌豆品种时，应引早中熟品种，不可引晚熟品种。一般南方品种引到北方种植，大多数品种都提早开花。

（三）生育过程的一些生理变化

针对黄土高原旱区十年九旱的气候特点，研究植物抗旱的分子机理，提高植物的抗旱能力对于解决干旱问题具有重要意义。杨红等（2002）对豌豆种子萌发时含水量对子叶中蛋白酶和淀粉酶活性影响的研究结果表明，含水量是豌豆种子萌发时物质动员的启动因子和调节因子。种子含水量低于萌动临界含水量，子叶中蛋白质和淀粉的动员不能启动；种子含水量达到或超过萌动临界含水量，子叶中贮藏营养物质的动员被启动。豌豆种子的含水量不同，子叶中蛋白质和淀粉的动员程度不同。

含水量影响轴器官的生长状况，轴器官又通过对子叶中氨基酸的利用程度来调节叶中的蛋白酶活性，从而调节蛋白质的动员程度。在饱和水蒸气中保持 7 d 过程中，含水量为 55%的种子，下胚轴的生长受到抑制，上胚轴始终不能突破种皮，子叶中氨基酸积累较多，蛋白酶活性相应地较低，因而蛋白质动员程度较弱；含水量 65%的种子，上、下胚轴均能生长，子叶中氨基酸含量较低，蛋白酶活性相应地较高，蛋白质动员程度较强。

含水量为 30%的种子，因含水量不足，限制了子叶中淀粉酶长寿命 mRNA 的转译，6-BA 和 GA 对此没有影响；含水量为 55%和 65%的种子，达到或超过了种子萌动时的临界含水量，子叶中淀粉酶长寿命 mRNA 的转译得以进行，但含水量不同，淀粉酶长寿命 mRNA 的转译程度不同。

正常旺盛生长的轴器官是吸收子叶中淀粉水解产物的动力库。种子的含水量不同，轴器官的生长状况就有差异，因而对子叶中还原糖的动用程度就不同。子叶还原糖含量的灵敏变化又调节了 α- 淀粉酶和 β- 淀粉酶活性，进而控制着子叶中贮藏淀粉的动员程度。

刘新星等（2010）用“陇豌 1 号”为试验材料、采用 0（CK）35mmol/L、70mmol/L、105mmol/L 和 140mmol/L 浓度的盐（Nacl）溶液对豌豆幼苗进行处理，通过测定其形态指标和生理生化指标，研究苗期豌豆在盐胁迫下的生理生态响应。结果表明：株高和根长变化与盐处理浓度显著相关，随着盐浓度的增加，株高和根长均增长缓慢，植株和根部含水率显著下降。不同处理下叶片中叶绿素的含量随盐处理时间的延长明显下降，脯氨酸含量与盐处理浓度呈现显著正相关，而与处理时间没有显著相关性，可溶性糖含量随着盐浓度的增加而增加；除对照外所有处理均在 10d 时达到峰值而后开始下降；超氧化物岐化酶（SOD）酶活性随着盐处理浓度和处理时间的增加而增强，各浓度处理在 10d 达到峰值后呈下降趋势。

谭大凤等（2006）以食荚菜豌豆——青荷 1 号为材料，用 0、10、50、150 和 200 mg/L 浓度的水杨酸浸种 12 h，观察种子萌发及萌发过程中体内可溶性糖和可溶性蛋白质含量的变化及幼苗的生长情况。结果表明，用较低浓度的水杨酸（10 mg/L、50 mg/L）浸种，对豌豆种子萌发无显著抑制作用，但可提高发芽指数，使种子可溶性糖和可溶性蛋白质含量增加，并对豌豆幼苗的生长有促进作用；用较高浓度的水杨酸（100 mg/L、

150mg/L、200mg/L）浸种，种子内可溶性糖和可溶性蛋白质含量下降，对豌豆种子的萌发和豌豆幼苗的生长有显著抵制作用。

杨起简等（2003）研究了不同钠盐胁迫对豌豆幼苗超弱发光的影响，通过钠盐对豌豆（ Pisum sativum）萌发时超弱发光影响的比较研究表明，在等渗条件下豌豆幼苗受激发光强度顺序为 $Na_2CO_3 > NaCl > Na_2SO_4$；$Na_2CO_3$ 盐胁迫对植物的伤害程度高于其他盐类；多盐比单盐存在时的毒害小，受激发光作用降低。

刘文科等（2012）以豌豆苗为材料，采用基质穴盘培养的方法，研究不同 LED 光质处理（白光、红光、蓝光和红蓝光）对豌豆苗生长、光合色素（叶绿素 a、叶绿素 b 和类胡萝卜素）含量与营养品质（硝酸盐、维生素 C、类黄酮和花青素含量）的影响。结果表明，与白光相比，蓝光与红蓝光处理显著提高了豌豆苗地上部生物量（$P<0.05$），而红光对豌豆苗地上部生物量无影响。不同光质处理在豌豆苗根系生物量和总生物量指标上无显著差异。与白光处理相比，红蓝光处理显著提高了豌豆苗叶片中叶绿素 a、b 的含量（$P<0.05$），但对类胡萝卜素含量无影响。在 4 种处理中，红光处理的叶绿素 a 含量最低，而蓝光处理的叶绿素 b 最低。红光和蓝光处理茎叶中类胡萝卜素含量间无差异，均显著低于白光和红蓝光处理（$P<0.05$）。红蓝光处理显著提高了豌豆苗叶片中维生素 C 的含量（$P<0.05$），而红光和蓝光均无影响。不同光质处理的豌豆苗茎叶中硝酸盐含量和类黄酮含量无差异。白光处理的豌豆苗茎叶中花青素含量最高，蓝光处理最低。总之，蓝光和红蓝光可促进豌豆苗地上部生长，增加叶片叶绿素 a、b 含量，红蓝光处理可提高豌豆苗叶片维生素 C 含量；白光和红蓝光处理下豌豆茎叶中类胡萝卜素含量较高，白光处理的豌豆苗茎叶中花青素含量最高。说明蓝光和红蓝光有利于增加豌豆苗菜产量，而白光和红蓝光有利于提高豌豆苗的营养品质。

正常野生豌豆短日照条件下顶芽会逐步衰老，最后发生全株衰老，但对其衰老过程的组织学、细胞学尚缺乏系统研究。为了搞清楚这一问题，石鹏等（2002）以野生型豌豆为材料，对其顶芽衰老过程中的显微和超微结构进行了观察，并对其 nDNA 做了末端标记检测和 140 bpDNA 片断积累试验，还对在细胞编程性死亡的启始中起重要作用的 Caspase-8 做了 Weastern Blot 检测，显微、超微结构研究表明，短日照条件下豌豆顶芽的衰老过程是从营养生长锥向花芽的转化，而用 DNA 原位末端标记（TUNEL）、Caspase-8 Western Blot 和 140 bp DNA 片断积累的试验结果证明，转化为花芽的整个生长锥细胞发生了编程性死亡（PCD），而且其最顶端部分细胞首先发生 PCD，而顶端周围的分生组织细胞逐渐分化出花芽的各部分，但顶芽最后并没有发育成为完整的花，所有细胞就都发生 PCD，从而顶芽衰老。

第三节 栽培要点

一、种植方式

（一）单作

1. 地块选择 豌豆较耐瘠薄，对地块的要求不高，塬台地、梯田地、旱平地、山坡地等均能生长。

西北部高寒地区的甘肃、宁夏、青海、新疆、内蒙古、山西雁北地区和河北张家口等一年一熟地区，豌豆的前茬作物主要有玉米、麦类（冬春小麦、燕麦、青稞）、胡麻、油菜、马铃薯、荞麦和糜谷等。

2. 种植规格和模式 豌豆单作主要是半干旱地区的山坡地种植较多。近年来随着种植业结构的调整和地膜玉米快速发展的生产实际，在甘肃中部地区“一膜两用”种植豌豆的技术正在逐渐被广大农民接受，主要以种植销售鲜荚和青豌豆粒为主，收益可达 45 000~60 000 元 /hm^2。

“一膜两用”即一年覆膜两年用，前茬地膜玉米，玉米收获后留茬留膜第二年用于种植豌豆、蚕豆和胡麻等。豌豆在 3 月中下旬采用穴播机进行播种，半无叶品种和普通品种均可，但半无叶品种抗倒伏，更耐密植，密度 150 万 ~180 万株 /hm^2，6 月上旬即可采摘鲜荚上市。初上市时鲜荚售价可达 10 元 /kg，以后基本维持在 6.7 元 /kg。

（二）间作、套作、轮作

豌豆本身忌连作，白花豌豆比紫花豌豆对连作反应更敏感。各种耕作制度中，除单作外，一些相对不披散、早熟、对光温不敏感的品种，还常用于轮作、间作、套种和混作。豌豆是一种重要的倒茬作物。豌豆苗期生长缓慢，覆盖度小，要求田间无杂草，在春播地区，豌豆常与马铃薯、玉米、向日葵等作物间作套种，或种于田边地角，也可与大麦、春小麦、燕麦等间作或混作；在秋播区常做为水稻、玉米及甘薯的前茬或后作。

间作、套作是复种轮作方式，有利于充分利用地力，调节作物对光、温、水、肥的需求，可提高单位面积产量和产值，形式有多种多样，主要有“豌豆、马铃薯”“豌豆、玉米”“豌豆、向日葵”等。

在旱作农业区，传统的旱农耕作制主要依靠种植豆类作物来恢复地力及节约水分，对旱农生态系统 N 素平衡起着决定性作用，西北地区一般 3 年或 4 年一轮，主要方式有：豌豆（蚕豆）—麦类（冬春小麦、燕麦、青稞）—胡麻、油菜—马铃薯、荞麦、糜谷等。豌豆作为禾谷类作物的前作不仅可以提高禾谷类的产量，还能提高其蛋白质含量，改善禾谷类作物种子的品质。种植豌豆不仅能促进土壤中 N 素的积累，而且能改善土壤的物理性状，是轮作中的好茬口。同时，由于豌豆在一年中成熟时期较早，使得收获时农活对劳力的要求分散，便于夏熟作物收获和夏播作物播种时劳力的安排。

多年的生产实践证明，豌豆与麦类、薯类实行 3 年以上轮作倒茬产量较高，前茬以麦茬为最好，其次为莜麦、洋芋、糜谷等茬口。豌豆因其根富含根瘤菌，种植后能培肥地力和减少土壤水分损耗是轮作的上茬，因此豌豆能在一年一熟地区的轮作制中占主导地位，是目前比较理想的轮作倒茬作物。在前一年农作物收割后，及时深翻灭茬晒垡，白露前浅耕带耱。

1. 应用地区和条件　甘肃景泰电引黄灌区地处黄土高原与腾格里沙漠过渡地带，生态环境十分脆弱。如何促进这一地区农业生产的高效、可持续发展是必须研究的重大任务。当前，灌区农田生产所面临的突出问题：一是物化投入高，其中灌溉水、化肥、地膜 3 项投入占总投入的 85% 左右，特别是由于有机肥料严重不足，化肥投入逐年增加，致使灌区作物生产越来越依赖于系统外投入，自养能力下降，成本增加；二是大田生产中仍以小麦等禾谷类作物为主，对肥水的需求量高，经济产品的价值相对较低。其秸秆养畜，品质低劣，饲用性能差，经济效益不高。何世炜等（2000）研究的大豆、豌豆间作种植模式在该地区的生态经济效益表明，早熟大豆兼作豌豆种植模式的突出特点是利用大豆的高秆、晚熟和豌豆的矮秆、早熟特性，相互组合，有效利用光、热、水自然资源，提高生产效率；利用豆科作物的固 N 作用，使化肥 N 投入量较小麦、玉米降低了 2/3，节省生产成本；以收获豌豆籽实为目的改为收获青荚，适应市场需求，极大地提高了经济收益；其秸秆营养含量高，适口性好，又有较好的饲用价值，其综合评价指数反映了其生态经济功能优于小麦、玉米。

宁夏回族自治区南部山区，位于黄土高原的西北部，是典型的旱作农业区。养地作物豌豆，高产作物马铃薯是该区的主栽作物。长期以来，单一经营，产量低而不稳，从 1989 年开始，根据两作的生育特点，间套复种的基本原理，进行了复合种植，4 年的试验示范证实，该项技术具有抗灾减灾，投资低，易操作的特点，可作为今后宁南山区旱作农田的主要栽培形式。

兴堡子川电力提灌区（简称兴电灌区）位于甘肃省靖远县和宁夏回族自治区海原县、中卫县交界处，在水利区划上属黄土高原丘陵沟壑干旱区，有效灌溉面积达 1.33 万 hm^2，该区气候干燥，日照充足，热量丰富，粮食作物生长一季有余，但两季不足。为了提高光、热、水、土等自然资源的利用率，近年来灌区大力推广了粮食作物、经济作物、油料作物等间作、套种技术。豌豆在该区的种植历史悠久，但多以单种为主，20 世纪 90 年代以来，随着高产优质油葵新品种的引进和推广，油葵、豌豆已由单种变为带田种植，此套种模式分别比单种油葵和单种豌豆模式的纯收益增加，此模式既增产又增收。

甜玉米和甜豌豆因其品质优、口感好、风味独特、加工性能好，从而具有较高的营养价值、经济价值及开发利用价值。景泰县高扬程灌区光热资源丰富，土壤疏松肥沃，灌溉条件便利，适宜种植甜玉米、甜豌豆。为了更好地发挥甜玉米、甜豌豆的增产潜力，提高经济效益，2002 年以来，景泰县农技中心经试验、示范，推广了甜玉米套种甜豌豆种植模式。

在青海、甘肃等西部冷凉地区许多农牧民通过开展燕麦与箭筈豌豆间作生产优质青干草。建立高效优质的饲草生产体系是发展草食家畜生产的基础。燕麦与箭筈豌豆间作生产体系中，燕麦作为箭筈豌豆攀附支撑物，可促使箭筈豌豆获得更大的叶面积和更好的光照条件，箭筈豌豆则可以通过根瘤菌固 N，提高土壤肥力，增加饲草群体蛋白质含量。

燕麦、豌豆等一年生牧草、饲料作物，被广泛种植用于青刈饲喂家畜、调制干草或制作青贮，燕麦、豌豆等不仅品质好，产草量高，而且十分耐寒，在高寒地区深受欢迎。

2. 作物种类搭配

（1）*豌豆与马铃薯间套作*　马铃薯是全球第三大重要的粮食作物，仅次于小麦和玉米。中国是世界马铃薯总产最多的国家，其中陕西北部、甘肃中部、宁夏南部、内蒙古中部及东北地区等是马铃薯的主产区。马铃薯更是西部贫困地区脱贫致富的支柱产业，人民走向富裕的重要经济来源。近年来随着产业结构的调整，各省（区）加大了马铃薯和地膜玉米的种植面积，已对马铃薯品质和产量造成影响，连年的地膜覆盖致使土壤板结，使农业可持续发展受到了严重的挑战。近年来，在甘肃中部、宁夏南部示范推广的马铃薯套种豌豆的种植技术，既能合理有效地利用自然降水，满足夏（豌豆）秋（马铃薯）两种不同作物对水分的需求，又可以解决“马铃薯之乡”马铃薯种植面积大，与其他作物合理轮作倒茬的问题，减轻病虫害发生、提高产量和品质的问题，在不影响马铃薯产量的同时增收一茬豌豆，提高了种植指数，增加了经济效益，同时建立了不同的模式。

① 宁夏回族自治区南部山区豌豆间套种马铃薯模式以豌豆为主兼种马铃薯型。带幅宽 114cm，其中豌豆带宽 96cm，种植 7 行，行距 16cm，播种量 112.5~120kg/hm^2。保苗 56.25 万 ~60 万株 /hm^2；马铃薯带宽 48cm，穴距 30cm，种植 1 行，保苗 2.32 万株 /hm^2。

② 豆薯兼顾型。带幅宽 184cm，其中豌豆带宽 96cm，种植 7 行，行距 16cm，播种量 90~94.5kg/hm^2，保苗 45 万 ~47.25 万株 /hm^2；马铃薯带宽 88cm，种植 2 行，行距 40cm、株距 33cm，保苗 3.3 万株 /hm^2。

③ 以马铃薯为主兼顾豌豆型。带幅宽 224cm，豌豆带宽 96cm，种植 7 行，行距 16cm，播种量 75~78kg/hm^2，保苗 37.5 万 ~39 万株 /hm^2；马铃薯带宽 128cm，种植 3 行，行距 40cm，株距 25cm，保苗 3.82 万株 /hm^2。

④ 窄带豌豆型。采用 2 : 2 的种植行比例，即每种植 2 行豌豆，种植 2 行马铃薯，豌豆与马铃薯行距均为 30cm，豌豆播种量 75~90kg/hm^2。保苗 39~45 万株 /hm^2，马铃薯株距 35cm，保苗 6.15 万株 /hm^2。该模式 2001—2005 年在宁南山区 5 县累计推广种植 283 万 hm^2，平均豌豆产量 950.85 kg/hm^2，马铃薯鲜薯 10 707 kg/hm^2，总产值 6 411 元 /hm^2。特别在大旱的 2002 年宁南山区夏粮几乎绝产、单种豌豆平均产量仅为 391.05 kg/hm^2 的条件下，豌豆间套种马铃薯 5 266.67hm^2，豌豆平均产量 238.5kg/hm^2、马铃薯

平均产量 2 310 kg/hm^2，通过以秋补夏，以薯补豆的途径，有效地解决了夏粮绝产的问题。这些种植模式已在宁南地区广泛应用。

定西市安定区全黑膜双垄沟马铃薯套种豌豆模式：定西市农业科学研究院食用豆定西综合试验站在两年品种筛选的基础上，结合甘肃中部半干旱地区马铃薯面积大的生产实际，2012 年在安定区开展了全黑膜双垄沟马铃薯套种豌豆不同模式对比试验示范，供试品种半无叶豌豆品种陇豌 1 号。试验设在安定区李家堡镇的花川村，示范设在安定区凤翔镇的景家口村，海拔 2 030m，年降水量 400mm 左右。2011 年秋覆膜，地膜采用黑膜，宽度为 75cm，全膜双垄沟或全膜单垄沟，垄面高于垄沟 3~5cm，设置“全膜双垄沟马铃薯套种两行豌豆（1）、全膜单垄沟马铃薯套种一行豌豆（2）；全膜双垄沟马铃薯（CK_1）、全膜单垄沟马铃薯（CK_2）”4 个处理，东西顺序排列，3 次重复，小区面积 300m^2。

豌豆于 4 月 20 日采用穴播机播种，播前用拌种机药物拌种，穴播机点播株距为 11cm，每穴种子 3~5 粒，播深约为 2cm，双行播种量为 105~120 kg/hm^2，单行为其一半。7 月 10 日测产收获，苗期防治潜叶蝇 1 次，后期防治白粉病 1 次，初花—盛花期防治豆象 3 次。收获前取样考种、每小区实收 5 点，每点 1 ㎡测产。

试验结果表明：

处理 1：全黑膜双垄沟马铃薯套种两行豌豆模式马铃薯产量 28 084.5kg/hm^2，豌豆产量 2 089.5kg/hm^2；

处理 2：全黑膜单垄沟马铃薯套种一行豌豆模式马铃薯产量 25 824kg/hm^2，豌豆产量 1 209kg/hm^2；

处理 3：全黑膜双垄沟马铃薯（CK_1）马铃薯产量 28 792.5 kg/hm^2；

处理 4：全黑膜单垄沟马铃薯（CK_2）马铃薯产量 26 029.5kg/hm^2。

处理 1 较 CK_1 马铃薯减产 708kg/hm^2，减产 2.5%，增收豌豆 2 089.5kg/hm^2，马铃薯按市场收购价 15 元 /kg、豌豆按市场收购价 4 元 /kg 计，实际增收 7 650 元 /hm^2；

处理 2 较 CK_2 马铃薯减产 205.5kg/hm^2，减产 0.8%，增收豌豆 1 029kg/hm^2，实际增收 4 632 元 /hm^2；

处理 1 较处理 2 马铃薯亩增产 2 260.5 kg/hm^2，亩增产 8.8%；豌豆增产 879.3kg/hm^2，增产 72.7%，增收 3 000 元 /hm^2。

2011 年示范黑膜马铃薯套种豌豆 13.3hm^2，在马铃薯基本不减产的情况下，平均豌豆产量 1 837.5 kg/hm^2，增收 7 350 元 kg/hm^2，取得了显著的经济效益和社会效益，发挥了较好的示范带动效果，2011—2015 年在安定区累计种植面积达 300 hm^2，在马铃薯产量基本稳定的同时，按平均豌豆收益 4 500 元 /hm^2 计算，增加收益 135 万元。目前全黑膜双垄沟马铃薯套种两行豌豆种植模式已在甘肃中部地区大面积推广应用，增产增收效益显著。

（2）豌豆与玉米间套作

① 甘肃景泰模式。主要集中在甘肃河西绿洲灌溉区、景泰县高扬程灌区。2002

年以来，景泰县农技中心在景泰县高扬程灌区经试验、示范，推广了甜玉米套种甜豌豆种植模式，其间套种模式为在总带幅为120cm，播2行甜玉米，大行距90cm，小行距30cm，株距25cm，在大行的空带中种3行甜豌豆，行距15cm，甜豌豆距甜玉米30cm，甜玉米播量为120~150kg/hm^2，保苗6.75万~7.5万株/hm^2；甜豌豆播种量为23~30 kg/hm^2，保苗数不低于45万株/hm^2。经调查甜玉米套种甜豌豆平均混合单产25 650 kg/hm^2，其中产甜玉米鲜穗18 000 kg/hm^2，甜豌豆鲜荚7 650 kg/hm^2，混合产值22 185元/hm^2（甜玉米0.85元/kg，甜豌豆0.90元/kg）。

② 宁夏平罗模式。豌豆套种玉米是平罗县蔬菜良种繁育农户在长期的生产实践中总结出来的一项高产、高效、优质栽培模式，其间套作模式为4行豌豆套种2行玉米，豌豆行距40cm，穴距15cm；玉米行距30cm，株距20cm，豌豆与玉米的间距20cm。1 hm^{2}豌豆保苗22.5~37.5万株，玉米保苗4000株。2007年种植面积333hm^2，豌豆平均单产2 625kg/hm^2，产值1.155万元，玉米平均单产11 250kg/hm^2，产值1.575万元，两项合计2.73万元，扣除投入4 500元，1 hm^{2}效益为2.28万元。该项栽培技术已成为平罗县农民增产增收的重要技术之一。

（3）豌豆与向日葵间套作　豌豆与向日葵间套作在条件便利的灌溉区均有种植，其种植区域主要位于甘肃省靖远县和宁夏回族自治区海原县、中卫县交界处的兴堡子川电力提灌区（简称兴电灌区）、内蒙古自治区包头市黄灌区、白银市会宁县引黄灌区等。

① 内蒙古包头模式。豌豆与向日葵间套作在包头市黄灌区采用1m带型，豌豆4行，行距20cm，向日葵1行，向日葵与豌豆的间距20cm。播种豌豆采用播幅较宽的七腿播种机，按要求尺码调匀腿距后，将第五腿（从右数）堵塞（不播豌豆，垅行待种向日葵），每往返（向左转）播种一遭，播12行豌豆，构成3个带型，再播时，与邻近的豌豆垄行间隔40cm（待种向日葵），照此类推。豌豆播量150 kg/hm^2，保苗57万株/hm^2。点播向日葵要采用大、小株距间隔排列法，小株距29cm，大株距58cm。可用人力点播器点播，也可用自制的间距为29cm的双锹式工具点播，即1铲2穴，1穴下种2~3粒，保苗2.25万株/hm^2。

② 甘肃白银会宁县模式。豌豆与向日葵间套作在白银市会宁县黄灌区实行带状种植，带宽105cm，豌豆种6行，行距15cm，播量187.5~225kg/hm^2，保苗67.5万~75万株/hm^2；向日葵种1行，距豌豆15cm，株距30cm，保苗3万株/hm^{2}左右。豌豆采用3行播种机播种，向日葵采用点播，每穴2粒。

③ 兴堡子川电力提灌区油葵套种豌豆带田高产高效种植模式。豌豆与油葵实行带状种植，种2行油葵，种4行豌豆，混合产量为5 244kg/hm^2，油葵的产量为2 964kg/hm^2，豌豆的产量为2 280kg/hm^2，单种油葵和单种豌豆的产量分别为3 550.5 kg/hm^2、3 783kg/hm^2，种2行油葵和种4行豌豆模式的产值（11 354.4元/hm^2）和纯收益（6 939.6元/hm^2,）分别比单种油葵和单种豌豆增加了15.3%和164.5%，是该地区重要的种植模式。

（4）其他

豌豆与大豆间作，何世炜等（1997）以高秆、晚熟的大豆品种诱处4号和矮秆、早熟的豌豆品种中豌4号相互组合，在地处黄土高原与腾格里沙漠过渡地带的景泰电引黄灌区，对大豆、豌豆间作种植模式的生态经济效益进行了研究。每2行大豆间作一行豌豆，大豆实行覆膜点种，平均行距34.7cm，株距20.6cm，密度22.94万株/hm^2。大豆、豌豆合计籽实产量为3 447.6kg，分别为以单作小麦、玉米籽粒产量的75%和48%。豌豆以收获青荚为经济产品，收青荚9 647.25 kg/hm^2，按市价1.7元/kg计，产值为16 400.25元，大豆籽粒产值为4 379.55元，合计为20 779.8元。分别是小麦、玉米籽粒产值的2.54倍和2.17倍；化肥氮的施用量较小麦、玉米减少近2/3；经济产品的可消化粗蛋白是同类地小麦田的1.65倍，玉米的1.73信；秸秆的可消化粗蛋白含量高，适口性好，单位面积所能提供的可消化粗蛋白是小麦秸的21倍，玉米秸的1.58倍。综合效益评价指数是同类地小麦的3.4倍，玉米的1.77倍。这一研究结果的应用将对减少灌区化肥氮投入量，降低生产成本，增加经济效益，提高资源利用效率，促进农牧结合，培肥土壤，具有十分重要的现实意义。

二、播种

（一）种子选择和处理

豌豆在半干旱地区大都是在旱地种植，应选择抗逆性强（抗旱、抗病虫、秋播区抗寒）、适应性广、适宜加工的高产优质品种。适宜黄土高原种植的豌豆有中豌系列、草原系列、定豌系列和晋豌系列等。

1. 豌豆种子精选的标准　剔除病、虫、破碎粒、霉烂粒，减少病虫侵染的可能性。剔除小粒、秕粒，提高种子整齐度，确保出苗整齐一致。淘汰混杂粒、异色粒，提高种子纯度。量少时可采用人工粒选，剔除不合标准的种子，量大时应采用精选机筛选或用30%的盐水选种。

2. 种子处理

（1）晒种　播前晒种3~5d，可提高其发芽势和发芽率。

（2）浸种催芽和低温处理　种子低温处理的温度一般为10℃以下，在0~5℃低温处理10~20d即可。种子低温处理前需浸种催芽，方法是在播种前先用15℃温水浸种，水量为种子量的50%。浸种2h后，上下翻动1次，使种子充分湿润，种皮发胀后捞出，放在泥盆中催芽，每隔2h用井水投洗1次，约经20h，种子开始萌动，胚芽露出，然后在0~2℃低温，处理10d便可取出播种。

（3）包衣　在有条件的情况下，在豌豆播种前用含有微肥和杀虫剂、杀菌剂成份的包衣剂对种子进行包衣处理，可防治病虫害。

（二）播期和密度

1. 选择适宜播期　豌豆在中国有春播和秋播之分，自陕西省关中平原向东沿陇海铁路到海边为其分界线，此线以南及西南地区一般在10—11月秋播。播种过早，因气温过高，造成徒长，会降低苗期的抗寒能力，容易受冻；而播种过迟，因气温低，出苗时间延长，影响齐苗，冬前生长瘦弱，成熟期推迟，百粒重下降，产量也不高。自关中平原沿陇海铁路以北及西北地区，应抓住当地开春时气温回升，平均气温稳定在0~5℃时，即2月下旬至4月上旬，顶凌播种。

早播使豌豆出苗后仍处于较低温度条件下，主茎生长缓慢，茎部节间也因此变得短而紧凑，有利于形成良好的株型和群体结构，春化作用也进行的较充分，有利于花蕾的分化和孕育。

适期早播还可避开粘虫、潜叶蝇的为害期，对豆象、蚜虫的侵害也有抑制作用，同时还可避开或部分避开后期的高温阴雨天气，减少种子发芽霉变的可能性。因此，适期早播对于春播区豌豆的优质、高产都十分重要。

适时早播是豌豆种植的关键环节，可利用早墒，尽可能使开花结荚期避开高温天气，以延长花荚期，增加结荚数，提高产量。黄土高原豌豆一般在3月下旬至4月上旬种植，山西豌豆一般在4月上旬种植，甘肃、陕西等省份豌豆一般在3月下旬种植。

2. 确定合理密度 合理密度的确定是为了协调群体与个体的关系。不同区域应根据地力水平、产量目标等，因地制宜确定各地的适宜密度，达到充分利用光、温、水、土和肥，取得高产的目的。豌豆单位面积上的产量是由单位面积上的株数、单株荚数、单荚粒数和百粒重4个因素决定的，即：

$$单位面积产量=单位面积株数 \times 株荚数 \times 荚粒数 \times 百粒重$$

其中，通过栽培管理可以明显改变的因素有3个，即单位面积株数、株荚数和百粒重。荚粒数一项受环境条件的影响最小，同一品种不同栽培条件下变化不大。

群体密度对株荚数和百粒重有直接的调节作用，因此是其中最重要的因素。豌豆生育期短，主要以主枝和1~2个主要分枝形成产量。群体密度过小，株荚数和百粒重虽可能有一定程度的增加，但受其遗传背景限制，不足以弥补由于群体过小而带来的单位面积株数减少的影响，因而不能充分发挥其群体产量潜力。群体过密，植株间叶层互相隐蔽，通风透光不足，影响单株的充分生长发育，株荚数和百粒重同时降低，而且会导致下部荚果霉烂，因而也不能充分发挥群体高产潜力。在相同的品种、栽培和土壤条件下，确定最佳群体密度的大小是诸因素中的关键，对高产具有提纲挈领的作用。

豌豆最佳播种密度，既受地域和年季间降水量的限制，也受株型和生产目的的影响，还受到种子价格的制约，应因地制宜。干旱年份和山旱地播种密度比正常年份和覆盖栽培等易稀；粒用豌豆的最佳播种密度比收青豌豆时稍小；大粒的软荚豌豆类型，最佳播种密度是60株/m^2左右；小白粒和小褐粒硬荚类型则为90株/m^2左右；青豌豆最佳播种密度介于80~100株/m^2之间。

3. 播期和密度对豌豆产量和农艺性状的影响 逢蕾等（2007）以绿豌豆（高产品种）和燕农2号（低产品种）为试验材料，通过定位试验研究了黄土高原旱地不同播种期对豌豆产量的影响。结果表明，不同播种期对高产豌豆品种出苗情况的影响大于对低产品种的影响。豌豆提前播种，可以增加低产品种的单位面积干物质积累量，但对高产品种的影响不明显。豌豆提前播种，可以提前达到盛花期，高产品种的盛花期早于低产品种的盛花期，在盛花期有较多时间避开6月份的高温天气，有利于高产。豌豆提前播种，既可以增加高产品种的产量，又可以增加低产品种的产量。有利于产量构成因素的形成，提高籽粒水分利用效率。豌豆提前播种可以增加单位面积干物质积累量，有利于产量构成因素的形成，延长作物营养生长期，避开花期高温，延长籽粒形成的有利时间，提高籽粒水分利用效率。

王昶等（2011）以半无叶豌豆陇豌1号为材料，设置每公顷60万、90万、120万、150万、180万、210万、240万和300万株8个密度梯度进行研究。结果表明，不同密度对其株高、单株荚数、双荚率、荚粒数及百粒重均影响较大，且随着密度增加均呈下降趋势，密度对产量的影响呈现先增后减的变化趋势。陇豌1号在西北保灌豌豆种植区，密度为180万株/hm^2左右为最适。

（三）播种方法

豌豆的播种方式有条播、点播和撒播。

1. 条播　分人工播种和机械播种。人工播种是人工用锄头开沟撒籽后覆土耱平；机械播种是用三行谷物播种机，播种时不翻动土层，起到保墒的作用，有利于出苗。青海省湟中县农机管理站赵永德采用西安双永机械厂生产的2BFG-6型沟播机和2BZY-8型小麦免耕播种机进行机械分层施肥播种，对豌豆机械化生产技术进行了试验探讨。结果表明，豌豆生产实现机械化切实可行，不仅效率高、质量好，同时满足了各项农艺技术要求，促进了增产增收。参考市场价格概算，豌豆机械播种与人工撒播畜耕相比，每公顷可增加产量475kg，增收1 045元（475kg×2.2元/kg）；节约豌豆种子121元（55kg×2.2元/kg）；节约化肥196元（70kg×2.8元/kg）。机械种植豌豆每公顷可增收节支1 362元。

2. 点播　适宜于秋播区。点播穴距一般15~30cm，每穴2~4粒种子。目前甘肃农村普遍应用的播种方式是“撒播+旋耕”，根据当地的生产情况，确定将要播种地块的种子量，将种子均匀地撒在地表，用旋耕机将种子旋入土中，省工省力且出苗整齐。需注意的是旋耕时要保持深度的一致。

3. 撒播　行距一般25~40cm。国外试验表明，半无叶株型干豌豆生产行距20~30cm，株距10cm左右。春播区青豌豆行距从60cm缩小到40~20cm，可使产量分别提高4%和35%。同时，很多试验都表明，在收干籽粒时，株行距在适当范围内变化，产量的变化很小，而在收青豌豆时，青豌豆的产量变化很大。豌豆多数采用人工溜播的形式播种，在大面积种植中采用小型机械播种。

三、田间管理

（一）中耕

豌豆苗期生长缓慢，植株不能较快的遮盖地面，易发生草荒，应及时松土除草增温保墒，以促进植株生长，形成冠层后，杂草的生长将受到抑制。

大田种植时，中耕两次一般能解决杂草为害，深度应掌握先浅后深，时间应在卷须缠绕前进行的原则。第一次在3~4叶时，着重松土，第二次在7~8叶时，着重锄草，弱苗地块结合第二次松土施尿素30~45kg/hm^2，正常长相是花大，蕾大，头大，叶色绿、略上挺，秆粗，中上部节间不过长、过嫩。生长过旺的地块或地段可喷磷酸二氢钾；荚期正常长相是不旺不衰，底部4~5层坐荚好，荚饱满，上部头小、茎小、叶小，节短，生长过旺地块做好排水工作，降低土壤含水量；生长过差地块应设法多吸纳雨水。

（二）科学施肥

1. 豌豆的需肥规律 豌豆营养生长阶段，生长量小，养分吸收也少。到了开花、坐荚以后，生长量迅速增大，养分吸收量也大幅增加。豌豆一生中对N、P、K三要素的吸收量以N素最多，K次之，P最少。据分析，每生产100kg豌豆籽粒需吸收N约3.1kg，P约0.9kg，K约2.9kg。所需N、P、K的比例大约为1：0.29：0.94，从出苗到开花所吸收的N素大约占全生育期吸收量的40%，从始花到终花约59%，从终花到完全成熟约1%；P的吸收量分别为30%，36%和34%；K钾的吸收量分别为60%，23%和17%。

豌豆生长发育所需的大部分N素可由根瘤菌共生固N获得，因此通过土壤吸收的N通常较少。据测定，每公顷豌豆的根瘤菌，每个生长季节一般可固N75kg左右，可基本满足豌豆中后期生长对N的需求，不足部分靠根系从土壤中吸收。

2. 施肥时期和方法

（1）*施肥原则* 单作和轮作豆田以平衡施肥为原则，坚持底追结合的方法。豌豆的根瘤虽能固定土壤及空气中的N素，但苗期仍需依赖土壤供N或施N肥补充。因此，为达到壮苗以及诱发根瘤菌生长和繁殖的目的，苗期施用少量的速效N肥是必须的。施用N肥要经常考虑根瘤的供N状况。在生育初期，如施N过多，会使根瘤形成延迟，并引起茎叶生长过于茂盛而造成落花落荚；在收获期供N不足，则收获期缩短，产量降低。增施P、K肥可以促进豌豆根瘤的形成，防止徒长，增强抗病性。

（2）*施肥方法* 可分为基肥和追肥。

① 基肥。要特别强调早施。北方春播区提倡在秋耕时施基肥，结合秋季整地，在结冻前将有机肥和N、P、K肥料混合放在土壤表面，通过耕翻耙耱将肥料放入土壤；南方秋播区也应在播前整地时施基肥，以保证苗全和苗壮。

② 追肥。根据豌豆的长势和地力，可在开花始期进行喷施或结合下雨撒施。

（3）*用量*

① 底肥的种类和用量。底肥的种类主要是有机肥和N、P、K等大量元素肥。豌豆施肥应以有机肥为主，重施P、K肥。一般施充分腐熟的家畜家禽等有机肥15~22.5t/hm^2、尿素150kg/hm^2、过磷酸钙300~375kg/hm^2、氯化钾225kg/hm^{2}或草木灰1 500kg/hm^2。

② 追肥的种类、时期和用量。追肥的大量元素和微量元素，一般在现蕾至开花结荚期进行，用量根据生长状况和地力条件而定。

现蕾到开花期是豌豆需 N 的临界期，无论是以收干籽粒还是以收青豌豆为主，适量施 N 肥都有一定的增产效果。在贫瘠的地块上结合灌水施用速效 N 肥增产效果更显著，以 45kg/hm^2 为宜。

在开花结荚期，根系对 P 的吸收能力降低，此时采用根外喷施磷酸二氢钾，既省事，成本低，又可以弥补从土壤中吸收 P 肥不足的欠缺，有较好的增产效果。施用浓度一般为 0.3%~0.5%。

在开花结荚期采用根外喷施 B、Mg、Mo、Zn 等矿物元素，具有明显的增产效果。喷施浓度为 0.1%~0.2%。

③ 间作、套作豆田的追肥种类、时期和用量。豌豆生育期少施 N 肥，多施 P 肥，轻追肥，重底肥。底肥以农家肥为主，化肥为辅，农家肥施肥量 37.5~45m^3 方 15~22.5t /hm^2，苗期的豌豆植株需要一定的 N 肥，以促使幼苗健壮和根瘤形成。在生长期内供给充足的 P 素，也能促进根瘤生长。豌豆进入开花阶段时，对 P 素的吸收迅速增加，花后 15~16d 达到高峰。缺 P 的植株呈浅蓝绿色。无光泽，植株矮小花少，荚果脱落。盆栽试验结果表明，豌豆最适施 N 量为 165mg/ 株；最适施 P 量为 60mg/ 株，最适施 K 量为 165mg/ 株。豌豆苗期追施 N 肥最好，现蕾开花结荚期追施 P 肥和 K 肥最适。

3. 氮、磷、钾肥的生理作用和产量效应

（1）氮　N 是蛋白质、核酸、酶类、叶绿素、维生素等重要物质的组成部分。豌豆虽然能与根瘤菌共生而形成根瘤固定空气中的 N 素，但是还不能满足生长发育的全部需要，不足部分需要靠根系从土壤中吸收。每亩豌豆的根瘤菌，一般可固 N5kg 左右，仅可基本满足生长中后期对 N 的需求。尤其在根瘤菌尚少，固 N 力较弱的苗期应追施 N 肥，以促进植株生长，提高产量。豌豆全生育期对 N 肥的需求，苗期需 N 量较多，后期需 N 量较少。

（2）磷　P 是原生质、细胞核、磷脂、核酸和某些酶的重要成分，参与豌豆体内的碳水化合物、脂肪和蛋白质代谢，对维持正常的生理活动和根瘤菌固 N 是不可缺少的。施 P 量对豌豆植株干重、粒重、荚重、叶绿素含量、生长发育以及产量有一定的影响。豌豆全生育期需 P 量较多，现蕾开花结荚期达到最大峰值，之后需 P 量减少，减少量不多。

（3）钾　K 作为甘肤酶、淀粉合成酶等 60 多种酶的激活剂，能提高光合作用的强度，促进碳水化合物的代谢和合成，有利于氨基酸的形成和蛋白质的合成。施 K 量对豌豆植株干重、粒重、荚重、叶绿素含量、生长发育以及产量有一定的影响。豌豆全生育期需 K 量较多，现蕾开花结荚期达到最大峰值，之后需 K 量减少，减少量不多。

何伟峰等（2014）通过盆栽试验研究表明，不同施 N 量对豌豆产量影响波动较大，随着施 N 量小幅增加，产量略有提高，N 素水平 165mg/ 株时产量最高，此后随施 N 量的增加而急剧下降，N 素对植株的单株荚数和单荚粒重影响不大。叶绿素含量与施 N 量呈正比关系，在 N 素水平 205mg/ 株叶绿素含量达到峰值，这表明生育前期要多施 N 肥，后期要少施或不施。植株干重和全株干重随施 N 量的增加先有小幅提升而后亟剧下降。说明后期施 N 量过多，引起烧苗，影响了植株的正常生长，所以生育后期不易过多施用 N 肥。

P 元素对提高豌豆产量起到重要的作用，随着施 P 量的增加产量有明显的提高，P 素水平 60mg/ 株时达到最大值，适当增加 P 肥的施用量可以提高产量。叶绿素含量随施 P 量的增加而提高，P 素水平 60mg/ 株时叶绿素含量最高。适当增施 P 肥可以有效提高植株干物重。

施 K 量与单株荚重和单株粒重之间的关系不明显，而植株荚重和单荚粒重随施 K 量的增加有小幅提高，但提高幅度很小。不同施 K 量对叶绿素含量的影响不大，地上植株干重和根部干重随着施 K 量的增加略有提高。

谢奎忠等（2007）在陇中黄绵土上进行的钾肥肥效试验表明：黄绵土已出现 K 素亏缺，施用 K 肥能显著增加豌豆的耗水量，增大叶而积、单株节数、结荚数和单株豆粒数，增加了千粒重，从而提高了产量、经济系数、耗水量和水分利用率。与不施 K 的对照相比，施氧化钾（K_2O）37.5kg/hm^2 时，豌豆增产最大，增产 26.7%，耗水量最大，增加 14.5%，水分利用效率增加 10.5%，经济系数提高 17.2%；在 0~75 kg/hm^2 范围内增施氧化钾能明显提高豌豆植株的 K 含量；根据 K 肥和豌豆的市场价格，当 K 肥（K_2O）施用量为 43.4kg/hm^2 时，在陇中地区种植豌豆单位 K 投入量经济效益最高。

4. 微量元素肥料的施用

（1）种类　豌豆对 B、Mg、Zn、S、Ca、Fe、Cu、Mo、Cl 和 Mn 等微量元素都有需要。

（2）生理作用　Ca 的作用在于促进生长点细胞的分裂，保证植株正常的生长发育。

B 在植株内参加与碳水化合物的运输，调节体内养分和水分的吸收。缺 B 时，豌豆维管束与根瘤的联系不畅，减少对根瘤的碳水化合物供应，降低根瘤的固 N 能力，减少根瘤数目，从而导致豌豆产量和品质的下降。豌豆对 B 的需求量中等。

Mn 是叶绿体结构的成分，还是许多酶的激活剂，缺 Mn 时，叶绿体片层结构破坏。因此，施 Mn 可以改善豌豆的光合状况，加速 N 代谢，促进种子萌发，有利于生长发育。豌豆对 Mn 的反应相当于 Mo。

Mo 是固氮酶和硝酸还原酶必需的组成部分，施 Mo 肥能增强豌豆的固 N 能力，改善 P 素代谢，促进蛋白质合成，增强抗逆性等。豆科作物对 Mo 的反应较其他作物敏感。

Zn 能增强作物的光合作用，有利于吲哚乙酸等植物生长素的形成，促进 N 素代谢，增强抗逆性等。豌豆对 Zn 肥不太敏感。

Fe 有利于叶绿素的形成，促进 N 素代谢正常进行，增强植株抗病性的作用。

（3）施用时期和方法　在酸性土壤中，整地时撒施石灰，既可提供豌豆生长所需的

Ca 素，又可调节土壤 pH 值，有利于改善豌豆生长发育的土壤环境，对根瘤菌的活动有利，促进固 N，从而提高豌豆产量。

在开花结荚期采用根外喷施 B、Mg、Mo、Zn 等矿物元素，具有明显的增产效果。钼酸铵、硼砂或硼酸、硫酸锰和硫酸锌的喷施浓度为 0.1%~0.2%。

鲍思伟（2005）在叶面施锰对豌豆生物效应的影响中指出，豌豆不同生长期用不同浓度的硫酸锰溶液进行叶面喷施。在幼苗期、现蕾期和开花期喷施不同浓度硫酸锰溶液，能增强豌豆叶片的 SOD 活性和 CAT 活性，降低负氧离子（O_2^-）生成速率和 MDA 含量。在豌豆生长的幼苗期、现蕾期和开花期叶面喷施 0.1%~0.2% 的硫酸锰溶液能促进豌豆的生长和产量的增加。

5. 豌豆根瘤

（1）*豌豆根瘤菌形态*　根瘤菌是与豆科植物共生，形成根瘤并固定空气中的 N_2 供植物营养的一类杆状细菌，属革兰氏阴性的共生固 N 菌类，形状不规则，从根瘤中分离的菌体又称类菌体。根瘤菌在土壤中自由存在时无固 N 作用，只有与豆科植物形成根瘤后才能固 N。根瘤菌对宿主豆科植物的侵染有一定的专一性，有的根瘤菌宿主范围窄，有的宿主范围广，根瘤菌进入豆科植物的主要方式是在根毛上形成侵入线。在土壤中根瘤菌与豆科植物相互识别，附着在宿主根毛上，使根毛卷曲，卷曲的根毛将根瘤菌包裹，其细胞壁内陷和伸长，逐渐形成一条管状的侵入线。侵入线不断伸长，到达皮层细胞，产生分枝，侵入线内的根瘤菌不断繁殖，并释放到皮层细胞，使其不断分裂，形成根瘤组织。它能把空气中的 N 转化为氨，除自身需要外，其多余部分可供植物吸收，农业上利用根瘤菌的特点制成各种根瘤菌剂，称为菌肥。根瘤菌剂成本低，效果好，无公害，是值得推广使用的“绿色肥料”。

（2）*接种和拌种豌豆根瘤菌的固氮效果和产量效应*　马麟祥等（1963）认为，豌豆和豌豆根瘤菌的共生固 N 作用在提高土壤肥力和作物产量上有一定意义，因而，广泛选育适应于中国不同地区、不同土壤、不同豌豆品种的优质豌豆根瘤菌菌株，并研究其有效共生活动的规律和应用技术，便成为中国土壤微生物学研究工作中的一项重要课题。因此，为了充分发挥豌豆根瘤菌的作用，必须对根瘤菌的生态条件（如土壤水分状况，P、K 等营养元素的含量等）的作用予以应有的重视，只有在保证根瘤菌正常发育的情况下，才有可能获得理想的接种效果。

豌豆根瘤菌不同菌株混合接种处理的接种效果一般均小于不同菌株单独接种时的最高增产效果，因此，在农业生产上应用豌豆根瘤菌剂时，应该重视对特定的豌豆品种选育相应的高效菌株。

多项研究表明，对豌豆接种根瘤菌是提高单产的重要技术途径之一。宁国赞等（1997）对中豌 4 号接种根瘤菌后增产 28%；谢军红等（2009）对燕农 2 号豌豆接种 ACCC16101 根瘤菌增产 48.76%；马剑等（2009）对燕农 2 号豌豆接种 ACCC16103 根瘤菌单株籽粒产量提高 30.6%。

在初次种植豌豆或有几年未种豌豆的地块种植豌豆时，如果有条件，播前用豌豆根瘤菌剂拌种，然后播种，也有明显的增产作用。据前苏联在不同地区240次的试验，接种根瘤菌平均可使豌豆增产130.5kg/hm^2，而且种子成熟度较为一致，籽粒较大，种子蛋白质含量也增加1%~3%。此外，豌豆接种根瘤菌还能使其后作增产。

6. 其他生物菌肥、生物有机肥和生长调节剂 尿囊素是哺乳动物嘌呤代谢中间产物，它是一种天然产物，可人工合成。尿囊素还是一种植物生长调节剂，对小麦施用后可增强幼苗的光合能力促进种子贮存物质降解利用和向幼苗运输，提高根际微生物活性，增加产量。

曲玲等（2001）研究表明尿囊素各浓度（10^{-2}~10^{-1}mol/L）浸种比尿囊素不浸种豌豆幼苗的长势都较好，其中10^{-4}mol/L、10^{-6}mol/L两浓度的效果尤为明显。具体表现在增加豌豆种子活力，促进豌豆幼苗根系的生长和生物学产量的增加，且两浓度壮苗指标与不浸种豌豆苗相比差异很大，叶绿素含量分别相差也很大。尿囊素浸种幼苗长势良好的主要原因在于尿囊素浸种后提高了豌豆种子活力，使其出苗整齐，壮苗早发；促进了豌豆幼苗根系的生长，根长和根数的增加扩大了根系与土壤的接触面积。增强了根对土壤所含矿物质养分和水分的吸收能力；协调了地上部和地下部的生长，起到了促根保叶的作用，并使叶片叶绿素含量提高，从而有利于光能的吸收和干物质的积累，达到促进豌豆幼苗生长的目的。

水杨酸类物质是一种小分子酚类物质，化学名称为邻羟基苯甲酸，普遍存在于高等植物体内，作为一种内源生长调节物质，成为一类新的植物激素。水杨酸可以影响植物体的生长发育。谭大凤等（2006）研究指出，不同浓度的水杨酸浸种对豌豆种子萌发有一定的影响。豌豆种子经低浓度（10 mg/L，50 mg/L）水杨酸处理，种子发芽指数提高，加快种子的萌发速度。当水杨酸浓度为50 mg/L时，豌豆种子的萌发效果最好。当水杨酸浓度增大时，水杨酸对豌豆种子萌发的抑制作用越强；水杨酸浸种对豌豆种子萌发时可溶性糖和可溶性蛋白含量有一定的影响。水杨酸浓度为10 mg/L和50mg/L时，豌豆种子内可溶性糖和可溶性蛋白质含量随着水杨酸浓度的增大而增大，该类物质含量的增大对种子的萌发产生促进作用，加速种子的萌发；豌豆种子经水杨酸浸种处理后，较低浓度（10 mg/L，50 mg/L）对豌豆幼苗的生长有一定的促进作用，但随着水杨酸浓度的升高，则对豌豆幼苗的生长产生抑制作用，尤其对株高和鲜重，对豌豆幼苗的茎粗和叶数影响不大。

7. 根外追肥 根外追肥又称叶面施肥，是将水溶性肥料或生物性物质的低浓度溶液喷洒在生长中的作物叶上的一种施肥方法。

根外追肥的特点是：① 作物生长后期，当根系从土壤中吸收养分的能力减弱时或难以进行土壤追肥时，根外追肥能及时补充植物养分；② 根外追肥能避免肥料土施后土壤对某些养分（如某些微量元素）所产生的不良影响，及时矫正作物缺素症；③在作物生育盛期当体内代谢过程增强时，根外追肥能提高作物的总体机能。根外追肥可以与病虫害防治或化学除草相结合，药、肥混用，但混合不致产生沉淀时才可混用，否则会影响肥效或药效。施用效果取决于多种环境因素，特别是气候、风速和溶液持留在叶面的时间。因此，根外追肥应在天气晴朗、无风的下午或傍晚进行。

如在豌豆初花期每公顷用尿素 10kg，加磷酸二氢钾 1.5kg，溶于 500kg 水中喷施叶面追肥；各种微量元素的喷施等。

（三）节水灌溉

1. 豌豆的需水量和需水节律　豌豆一生需要大约 100~150mm 的降水量或灌溉量做保证。豌豆是需水较多的作物，比高粱、玉米、谷子、小麦等耐旱力弱。豌豆发芽的临界含水量为 50%~52%，低于 50% 时，种子不能萌发。豌豆幼苗时期较耐旱，这时地上部分生长缓慢，根系生长较快，如果土壤水分偏多，往往根系下扎深度不够，分布较浅，降低其抗旱吸水能力。

李满堂等（2014）在宁夏固原市西吉县通过大田及盆栽试验，对豌豆发芽出苗的最低土壤水分条件进行了研究。试验表明，当耕作层土壤水分百分率＜ 9% 时，豌豆不发芽；当土壤水分百分率提高到 10%~11% 时，豌豆发芽率在 30%，土壤水分百分率提高到 11%~12% 时，豌豆发芽率在 50%~80%；当土壤水分百分率提高到 11.5%~13.5% 时，豌豆发芽率在 100%；在相同的水分条件下，白豌豆比绿豌豆发芽率高，生长也快，白豌豆大田播种发芽的最低土壤水分百分率 11%，绿豌豆 12%~13%；豌豆出苗时最低土壤水分百分率＞ 12%。

豌豆的水分临界期在开花到籽粒膨大期之间。豌豆虽忌干旱，但也不耐水涝。花前期和荚果充实期既是需水临界期，又是水涝最为敏感的时期，此时如遇低温多雨天气，会导致豌豆成熟延迟和荚果霉烂变质，影响产量和品质。

2. 节水补灌　黄土高原地区十年九旱，中国西北区域春季降水稀少，豌豆发芽出苗要求的土壤水分主要来源于上年秋季降水。为有效缓解自然降水时空分布与作物需水矛盾，各地在大力示范推广地膜覆盖栽培的同时，利用有利地形集聚雨水用于基本农田的补充灌溉，发展高效农业。

（四）防治与防除病虫草害

豌豆病害有真菌类病害、细菌类病害、病毒类病害 3 大类。真菌类病害是最普遍、最严重的病害，其病原菌有 20 余种。细菌和病毒病害种类较少，为害较轻。以下主要介绍真菌类病。

豌豆真菌类病害种类繁多，大致分为根部和叶部病害两大类。根部病害主要有腐霉菌引起的种子、种苗腐和根腐，丝囊根腐霉根，根串联霉根，立枯丝核菌种苗，镰刀菌萎蔫和镰刀菌根腐等。叶部病害主要有白粉病、霜霉病、菌核病、炭疽病和灰霉病等。

豌豆常见虫害有豌豆象、豌豆蚜、豌豆潜叶蝇、豆荚螟和花蓟马等。

豌豆常见草害有苦菜、刺儿菜、打碗花、田旋花、藜（灰条、灰菜）、狗尾草、龙葵、蒲公英、荠菜、酸模、苋菜、野荞麦等。

在防治与防除上，主要掌握其发生规律，采用以农艺防治与防除为主，其他措施为辅的综合措施。

四、适时收获

（一）成熟标准

当植株下部两层豆荚干黄，茎叶变黄，70%~80% 豆荚枯黄时立即收获。以早晨、上午收获较好，下午收获易裂荚掉粒。豌豆植株收后应自然风干，及时打碾脱粒晒干入库。

（二）收获时期和方法

豌豆荚果自下而上依次成熟，往往下部荚果已经成熟而上部尚在开花。如待全部荚果成熟，下部荚果就会爆荚落粒损失很大。据有关资料，湿润年份在 50%~70% 荚果成熟时收获，干旱年份在 60%~75% 荚果成熟时收获，种子的产量最高，作种用质量最好。收获最好在早晨露水未干时进行，以减少爆荚落粒的损失。人工收获时，以连株拔起，放场边晾晒为好。植株收获后，接近成熟的荚果会继续成熟。在充分晾干后，在打场或用谷物脱粒机脱粒。在国外一些成用种植豌豆的主产区，通常采用联合收割机收获，此时种子含水量在 21%~25% 最为合适。中国豌豆种植一般比较分散，多间套作，因而多为人工收获、晾晒、脱粒。

对于软荚豌豆也就是荷兰豆和甜脆豌豆而言，如果收嫩荚上市，往往在荚果未及充分伸长时，即开花后 12~14d 开始采收，此时籽粒尚小。因豌豆花期较长，收获时荚果大小有相当大的差异，手工采摘是最普遍的收获方式。秋播区一般采收 4~5 次，春播区一般采收 2~3 次。

在国外市场上，当从荚壳外面可以明显看出种子压痕时，其市场价格就会显著降低。软荚豌豆在中国广东等南方大中城市，作为时令优质蔬菜食用已较普遍，近两年在北京、天津等北方大城市也陆续上市，只是中国目前的大部分消费者还没有对荚壳内的籽粒大小提出太多要求。在收获时，如果开始采收的日期后延，产量会提高些，但是品质同时下降，荚皮纤维化程度也提高。随着中国居民对软荚豌豆的消费日渐普遍，必然对其品质的要求日渐严格。为更合消费要求，做到优质优价，收获的最理想时期，应在荚壳表面明显看到压痕之前。

青豌豆粒是食用豆类中最普遍的一种籽粒蔬菜，通常宜在开花后 18~20d 时开始采收。中国用于家庭做菜或上市为目的的青豌豆，都是手工采摘的。有些种植者是分次采收的，一般早熟矮生品种可分 1~2 次采收，中晚熟蔓生品种分 2~3 次采收。另一些种植者则一次性采收，即在适当时期将豌豆连棵拔起，然后择下上面所有的荚。虽然后一种方式用工少，但前一种方式收得的青荚产量高而且质量也好于后者。

第四节　病虫草害防治与防除

一、病害防治

（一）黄土高原豌豆常见病害种类

豌豆常见的病害有根腐病、白粉病、枯萎病、褐斑病和病毒病等。

1. 根腐病

豌豆根腐病是豌豆生产上的一种毁灭性病害，在世界各国豌豆产区普遍发生。

病原　豌豆根腐病是由镰刀菌（*Fusarium Oxysporum* Schlecht; F. Solani（Mart.）App. et wr.）为主的多种病原引起的土传病害，伍克俊等（1992）的研究认为，发生在甘肃中部地区的豌豆根腐病是由茄镰刀菌（*Fusarium solani*（Mars）Sacc.）、豌豆丝囊霉（*Aphanomyces euteiches*）、链孢粘帚霉（*Glioclatium catenulatum* Gilman et Abbott）、尖孢镰刀菌（*Fusariu oxys Porum* Schlecht）、根串珠霉（*Thielaviopsis basicoia*）、立枯丝核菌（*Rhizoctonia solani* Kuhn）、腐霉（*Pythium* spp.）和壳二孢菌（*Ascochyta* spp.）等复合侵染引起的。

为害症状　豌豆根腐病的大田症状表现比较复杂。从幼苗至成熟期均可发病，以开花期为发病盛期。幼苗期侵染最初从上下胚轴开始，呈现不同形状，不同颜色的病斑，有的为红褐色梭形斑，有的为黑褐色条斑，有的呈黑色细小而密集的斑点，有的则一开始呈黄褐色水渍状软腐。以后病斑逐渐向根和根茎部扩展，到现蕾开花期，病株主侧根及根茎部均受侵害，导致整个根系总体变褐、变黑或腐烂，有的为黑腐，而有的为黄褐色水浸状腐烂，侧根及根瘤明显减少。地上部分症状表现较晚，多数先从下部叶片开始发黄，渐向中、上部发展，遇到不适宜的条件时很快全株枯死，也有的突然萎蔫或猝倒。有些抗耐病品种地上部分则不表现明显症状。在病田中，有的呈中心型发病，逐渐向周围扩展，有的病株呈零散分布。发病轻的可以开花结实，但荚数减少，籽粒秕瘦，重病田在开花后全田枯死，导致绝收。

传播途径　可经土壤、病残组织及种子传播蔓延。各种致病菌均可在土壤中腐生生活，以藏卵器和菌丝体在土壤中越冬。翌年春季土壤中水分充足时，产生孢子囊。孢子囊释放出大量游动孢子，发芽后穿透幼苗子叶下轴或根部外皮层侵入，经潜育即发病。病菌经种皮或支根侵入后蔓延至主根，使豌豆枯萎死亡。茄类镰孢豌豆专化型，可从须根侵入，向侧根及主根扩展，产生长形褐色病斑，使主根缢缩，根部皮层坏死。病斑也可扩展至茎基部，造成地上部萎缩枯死。

发病条件　豌豆根腐病的发生与土壤水分关系密切，病原菌在20℃左右生长良好，土壤温度低，出苗缓慢，有利于病菌侵入，易发病。伍克俊等（1994）1989—1990年在甘肃省定西地区对5县511块地85.93hm^2亩调查统计分析得出，豌豆根腐病的发生发展主要受以下几个条件的影响。

（1）*有明显的地域性* 从全区发病来看，目前甘肃定西地区最严重的有三大片：定西县的团结、李家堡、宁远、石泉一片；陇西县的种和、福星、高能、云田、通安一片；通渭县的马营、黑燕、锦屏、什川一片。这些地带也是全区豌豆主产区，种植面积大，轮作年限短，连续种植感病品种绿豌豆是造成本病日趋严重的重要原因。

（2）*土壤带菌是豌豆根腐病发生的主导因素* 调查及研究表明，豌豆根腐病是土传性病害，其致病菌多为病原真菌，在土壤中以卵孢子、厚垣孢子、休眠孢子等多种形态长期存活，一旦种植感病豌豆，种子在萌发过程中的外渗物刺激病原孢子萌发并侵染豌豆，在豌豆成熟之后又形成各种孢子残留在根茬、病残组织或直接留在土壤中，成为以后再侵染的初浸染源。

（3）*种植感病品种是诱发根腐病的直接原因* 种植感病品种会导致土壤中病原潜势不断升高成为带病田，在病田继续种植感病品种，就会造成病害大发生。目前生产上大面积应用的绿豌豆于20世纪70年代初期引进种植，由于该品种抗旱、高产、品质好，到70年代后期，几乎全部更换了原有的地方品种麻豌豆，并且面积从6 700多hm^2迅速扩大到40 000多hm^2。面积扩大缩短了轮作周期，又频繁种植感病品种，使得病原物很快积累达到很高的水平，形成带菌土壤，这便是该病日趋严重的直接原因。

（4）*高温干旱加剧病害的发生和发展* 引起豌豆根腐病的病原菌可在低温条

件下萌发侵染，但根据温室接种试验，病害的发展则要求较高的温度，大田病害盛发期出现在6月中下旬，此时土壤温度20~30℃。与病原菌的适宜生长温度相吻合，因此，豌豆现蕾开花期前遇高温干旱天气，病害的发生最为严重。

① 耕作栽培条件的影响。调查结果表明，过湿耕作，土壤板结，通气性差的土壤中病害严重。播种时土壤温度至关重要，临洮县上营乡试验，在同一块地播种时，墒情适宜的半块发病率27.8%，产量1 410kg/hm^2，播种时湿又下雨雪的半块地发病率86.7%，产量只有457.5kg/hm^2。

② 轮作与发病。任何作物连作或轮作周期过短，都可能影响到某些病害的严重发生，豌豆根腐病更是如此。根据1989年调查资料，定西县发病4 000hm^2，种植豌豆间隔3~5年的发病率35.5%，6~8年的22.4%，8年以上的零星发病。通渭县调查，3年轮作的平均发病率89.7%，4~5年的轮作平均发病率73.1%，6年以上轮作的平均发病率13.7%。上述结果表明，间隔时间越长，发病越轻。按茬口而论，1989—1990两年调查表明，麦茬豌豆最好，其次为糜谷茬、筱麦茬、马铃薯茬，胡麻茬最差。

③ 施肥与发病。豌豆不仅需要P素，同时也需要大量的N素养分，在瘠薄地上不施足N肥，豌豆就会营养不良，生长衰弱，易受病原物浸染，其抗（耐）病性也大大降低，易发生根腐病。

④ 播种期与发病。根据多年的试验结果，适期早播有助于减轻病害，增加产量。早播早熟可避开发病的高温季节，种植早熟品种可取得同样效果。

⑤ 播种深度与发病。1989年调查资料，播深8cm、5cm、3.6cm，平均发病

率分别为68%、40%、22.7%，1990年在临眺上营乡试验，播深4~6cm，发病率4.1%~6.2%，产量2 310~3 015kg/hm^2；播深7~10cm，发病率11.l%~46.7%，产量1 155~2 475kg/hm^2。

2. 白粉病

白粉病是影响豌豆生产的常见病害，在全国各地均有发生。随着全球气候变暖，白粉病对于豌豆的为害日趋严重，已成为世界性重要病害。

病原 豌豆白粉病主要是由气传性豌豆白粉病菌引起的植物病害。

为害症状 豌豆白粉病在豌豆的整个生育期都可以发生，多发生在生育中后期。主要为害豌豆叶片、茎蔓和荚，多始于叶片。病害初期在叶片上表面形成零星白粉状小点，不易被察觉，随着病情扩展症状表现逐渐明显，受害部位呈现出不规则形状白粉状斑，互相连合扩散至全叶、茎、蔓、荚。发病高峰期叶片表面被白粉覆盖，致使叶片迅速枯黄蜷缩。茎、荚感病后也出现小粉斑，病害严重时布满荚，致使茎部枯黄，嫩茎干缩，所结豆荚萎蔫皱缩，荚粒变形坏死。有的在发病后期在菌丝层上会出现小黑点，即闭囊壳。病害流行年份，产量损失可达50%，鲜荚和籽粒的数量和品质也明显下降。

传播途径 豌豆白粉病可通过豌豆荚侵染种子，是一种少见的种子带菌传播的白粉病。病残体上的闭囊壳及病组织上的菌丝体，也可越冬，翌年产生子囊孢子进行初侵染，借气流和雨水溅射传播。

发病条件 日暖夜凉多露潮湿的环境适宜发生流行，但即使天气干旱，该病仍可严重发生。品种间抗性有差异，细荚豌豆较大荚豌豆抗病。在气候温暖地区，豌豆白粉病菌无明显越冬期，病原菌以无性时期的结构越冬并在春季直接进行侵染；而寒冷地区，病原菌多以闭囊壳在病残体上越冬，翌年产生子囊孢子进行初次侵染。发病后产生分生孢子借助气流、雨水、昆虫、机械、人力等因素进行多次重复侵染，使病害逐渐蔓延扩大，后期病菌产生闭囊壳越冬。在日暖夜凉多露潮湿的环境下白粉病易发生和流行，但即使在气候干旱条件下，白粉病也有可能发生。

3. 豌豆枯萎病

病原 尖孢镰刀菌豌豆专化型真菌引起的维管束病害。

为害症状 整个生育期都可受害，但开花后为害最为严重。被害初期，部分叶片萎蔫下垂，后来叶片变黄，病株矮化，靠近地的茎基部略微肿大，有时开裂，环境潮湿时，病部常分泌出橙红色的霉状物。被害株，轻者虽然未枯死，但不能结荚或者结荚没有种子，重者病株很快萎蔫枯死。剖开茎基部，维管束变色，地上部分维管束也变色。

传播途径 以菌丝、厚垣孢子或菌核在病残体、土壤和带菌肥料中或种子上越冬。病菌在土壤中呈垂直分布，主要分布在0~25cm耕作层。翌年种子发芽时，耕作层病菌数量迅速增多。其初侵染过程是在接种24h后，豌豆尖孢镰刀菌从豌豆幼苗根部的根冠、分生区、伸长区、根毛区、根毛和根毛后区成功侵染，但各侵染区的情况因细胞壁的木质化程度不同而有所不同。当菌丝从根冠、分生区和幼根毛等薄壁细胞组织侵入时，菌丝形态未见异常变化，可从细胞间隙或细胞壁直接侵入，通常菌丝顶端呈锥形，寄主细胞反应亦不明显，有时可见寄主细胞壁内侧原生质有颗粒状抗性物质产生。而当菌丝从伸长区、根毛区、根毛后区及木质化根毛侵入时，通常菌丝顶端明显膨大呈“头状”，附着于寄主细胞壁上，后产生一个极细的侵入丝，穿透木质化的细胞壁而进入寄主细胞，当侵入丝进入细胞壁后呈卵形膨大，迅速杀死寄主细胞，后进一步向内部细胞侵入。初侵入有时可见寄主细胞在菌丝侵入点上产生一个乳状突起（Papilla），阻止菌丝进入。当菌丝进入寄主体内从一个细胞进入另一个细胞时，薄壁细胞亦可直接侵入，木质化细胞在菌丝通过细胞壁时明显缢缩。

发病条件 豌豆枯萎病属弱寄生性——环境主导作用发生型病害。病原寄生性不强，寄主植物由于受到不利环境条件的影响，其生理生化代谢受到干扰和破坏，致原有的抗性减小而感病。外界条件变化对其发生有明显的作用，在适宜的条件下，病害不会发生，只有在低温、湿度过大，持续时间长的情况下才会发病。

4. 豌豆褐斑病

病原 豌豆褐斑病由豌豆壳二孢菌引起。

为害症状 叶、茎、荚和种子均可受害，病叶为淡褐色至黑褐色圆形病斑。茎上病斑呈椭圆形或纺锤形，后期下陷。荚果上病斑为圆形，后期下陷。主要为害叶、茎、荚。叶片染病产生圆形淡褐色至黑褐色病斑，病斑边缘明显。斑上具针尖大小的小黑点，即分生孢子器。茎染病病斑褐色至黑褐色，纺锤形或椭圆形，稍凹陷，向内扩展波及到种子，致种子带菌；种子病斑不明显，湿度大时呈污黄色或灰褐色。中国褐斑病是常发病害，生产上黑斑病、基腐病、褐斑病常混发。

传播途径 以分生孢子器或菌丝体附着在种子上或随同病残体在田间越冬。播种带菌种子，长出幼苗即染病，子叶或幼茎上出现病痕和分生孢子器，产出分生孢子借雨水传播，进行再侵染，潜育期 6~8d。

发病条件 田间 15~20℃及多雨潮湿易发病。一般在早春通风不良、株间湿度大的田块发病较重。雨水较多的 4—5 月病害达到高峰。

5. 豌豆病毒病

病原 豌豆病毒病种类很多，已发现的为害豌豆的病毒有 50 多种，已肯定的有 35 种，中国已鉴定出 9 种。

为害症状 通常表现出重花叶、株矮、叶皱及早枯等严重症状。主要表现为叶片背卷，植株畸形，叶片退绿斑驳、明脉、花叶，并常常发生植株矮缩。如果是种子带毒引起的幼苗发病，症状则比较严重，导致节间缩短、果荚变短或不结荚；病株所结籽粒的种皮常常发生破裂或有坏死的条纹，植株晚熟；有时一些品种被侵染后不表现症状。一般情况下，中熟品种较早熟品种发病程度重。

传播途径 可由桃蚜、豆蚜以非持久性方式传毒。在田间经常出现复合侵染的情况。

发病条件 蚜虫为害严重的年份豌豆病毒病易发生。

（二）防治措施

1. 豌豆根腐病综合防治

（1）农业防治

① 选用抗（耐）病品种，播种前药剂拌种　如甘肃的定豌系列、青海的草原系列等较抗病。

② 合理轮作倒茬，忌连作，加强田间管理，严防雨后积水。遇旱灌跑马水，不要大水漫灌。

③ 合理施肥。施用充分腐熟的有机肥，合理施用N肥，适当增施P、K肥，提高植株抗病力。

④ 合理耕作，适当浅播。尽可能避开整地或播种时的过湿耕作，适当浅播。

（2）化学防治

用种子重量0.25%的20%三唑酮（粉锈宁）乳油与种子重量0.4%的2.5%咯菌睛悬浮种衣剂拌种；或用种子重量0.2%的75%百菌清可湿性粉剂或种子重量0.1%的98%恶霉灵原粉，加适量水与种子均匀搅拌后播种。

发病前或病害初发时，选用12.5%增效多菌灵可溶剂200~300倍液，或98%恶霉灵原粉3 000倍液、50%敌磺钠500倍液、75%百菌清可湿性粉剂500倍液、70%甲基硫菌灵可湿性粉剂600倍液、77%氢氧化铜可湿性粉剂500~600倍液、40%多·硫悬浮剂500~600倍液、60%多菌灵盐酸盐可湿性粉剂600~800倍液、50%多菌灵可湿性粉剂500~600倍液、10%苯醚甲环唑水分散粒剂1 200倍液、30%氧氯化铜500倍液等喷洒地表和灌根防治，每株灌药液250ml，隔7~10d再灌一次。

发病初期喷洒20%甲基立枯磷乳油1 200倍液或72%杜邦克露可湿性粉剂1 000倍液、72.2%普力克（霜霉威）水剂400倍液，每米喷淋对好的药液2~3L，或95%恶霉灵（土菌消）精品4 000倍液，每米喷淋3L。

2. 白粉病综合防治

（1）农业防治

① 选用品种。因地制宜选用抗病品种、播种无病种子。提早播种和种植早熟品种，使豌豆在病害流行前已采收，病害对其产量和品质的影响较小。

② 轮作倒茬、加强田间管理。豌豆根系分泌物对翌年植株根瘤菌活动及根系生长有影响，故忌连作。轮作倒茬在时间和空间上可延缓病情扩散，但不能防治白粉病。

③ 抓好以肥水为中心的栽培防病措施。如合理密植、清沟排渍。

（2）化学防治

① 种子处理。用种子重量0.3%的70%甲基硫菌灵或50%多菌灵可湿性粉剂加75%百菌清可湿性粉剂（1：1）混合拌种并密闭48~72h后播种，可推迟发病约1个月。

② 药剂防治。对于豌豆白粉病非常有效。目前的白粉病防治的药剂有硫制剂、苯

并咪唑类杀菌剂和三唑类杀菌剂等。防治效果明显的药剂及其配方主要有：43% 戊唑醇 2 000 倍、30% 氟菌唑 2 000 倍、20% 丙环唑 800 倍、15% 三唑酮 1 000 倍、40% 多・酮 800 倍等，于豌豆发病初期喷雾，隔 7~10d 防治 1 次，连续 2~3 次。

3. 豌豆枯萎病综合防治

（1）农业防治

① 播种无病种子。

② 轮作倒茬。豌豆根系分泌物对翌年植株根瘤菌活动及根系生长有影响，故忌连作。

③ 施用酵素菌沤制的堆肥或充分腐熟的有机肥，不要施用未充分腐熟的土杂肥，改良土壤。

④ 合理浇水。雨后及时排水，防止土壤湿度过大，必要时进行中耕，使土壤疏松，创造根系生长发育良好的条件，使豌豆向抗病方面转化。

（2）化学防治

① 种子处理。用种子重量 0.3% 的 70% 甲基硫菌灵或 50% 多菌灵可湿性粉剂加 75% 百菌清可湿性粉剂（1∶1）混合拌种并密闭 48~72h 后播种，可推迟发病约 1 个月。

② 合理用药。播种前或定植前，每亩用 50% 多菌灵可湿性粉剂 4kg，或 50% 苯菌灵可湿性粉剂 2kg，或 70% 敌磺钠可湿性粉剂 3kg，加细土 100kg，拌匀后，均匀施入播种或定植沟内，上而再盖上一层薄细土后再播种。

发病初期，可选用 50% 多菌灵可湿性粉剂 500 倍液，或 70% 敌磺钠可湿性粉剂 600 倍液、50% 苯菌灵可湿性粉剂 800~1 000 倍液、60% 多菌灵盐酸盐可湿性粉剂 600 倍液、70% 甲基硫菌灵可湿性粉剂 500 倍液、75% 百菌清可湿性粉剂 500 倍液等进行灌根，每株灌 250~500ml，隔 7~10d 再灌 1 次，灌根防治越早越好。

4. 豌豆褐斑病综合防治

（1）农业防治

① 选留无病种子，或将种子在冷水中预浸 4~5h 后，置入 50℃温水中浸 5min，再移入冷水中冷却，晾干播种。

② 轮作倒茬。与非豆科作物实行 2~3 年轮作。

③ 合理密植。采用配方施肥技术，提高抗病力。

④ 收获后及时清洁田园，进行深翻，减少越冬菌源。

（2）化学防治

① 种子消毒。每 50kg 种子可拌入 0.5kg 福美双。

② 发病初期喷洒 50% 苯菌灵可湿性粉剂 1 500 倍液或 40% 多・硫悬浮剂 800 倍液、70% 甲基托布津 1 000 倍液、70% 甲基硫菌灵可湿性粉剂 500 倍液、30% 绿叶丹可湿性粉剂 500~800 倍液、80% 喷克可湿性粉剂 600 倍液、75% 百菌清可湿性粉剂 600 倍液，隔 7~10 d 防治 1 次，连续防治 2~3 次。

5. 豌豆病毒病综合防治

（1）农业防治

① 选用优质良种，适时播种，培育壮苗。

② 合理规划成片种植，由于近郊菜区毒源作物多，面积大，周而复始，发病重。尤其小片地发病更重，提倡向远郊发展，成片集中种植，避病作用明显。

③ 及时防治蚜虫。

（2）化学防治

早期治蚜防病保苗。生产上应据天气、苗情、虫情在第一片真叶长出后及时喷药，以后视情况 5~7 d 后再喷 1 次，常用药剂如 50% 抗蚜威可湿性粉剂 2000 倍液或 20% 氰杀乳油 2 000 倍液。

发病初期，可选用 20% 盐酸吗琳胍·铜可湿性粉剂 500 倍液，或 1.5% 植病灵乳剂 1 000 倍液、10% 混合脂肪酸水剂 100 倍液、20% 毒克星可湿性粉剂 500 倍液或 1%~5% 植病灵乳剂 1 000 倍液等喷雾防治，每 7~10 d 1 次，连续防治 3~4 次。

二、虫害防治

（一）黄土高原豌豆常见害虫种类

常见的豌豆虫害主要有豌豆象、潜叶蝇、蚜虫、豌豆小卷蛾和豆荚螟等。

1. 豌豆象　豌豆象俗名豆牛。属节肢动物门，昆虫纲，鞘翅目，天牛总科。豆象科作为对豌豆为害最大的害虫之一，豌豆象只为害豌豆，属单食性害虫。

（1）形态特征　豌豆象成虫体长 4~5mm，宽 2.6~2.8mm。椭圆形，黑色，前足黑色，胫节后端和跗节赤褐色，复淡褐色毛。复眼 U 字形。前胸背板宽，后缘中间凹，被履灰白毛；两侧中部各有一向后的尖齿。鞘翅有行纹 10 条，被覆褐色与深褐色毛，基部被履白色毛，夹杂褐色毛；缝行间有一行白毛小斑点，第二行间中部前、后各有一或长或短的白色条纹，行间 5~9 中间以后有一白色条纹，形成白色斑点，行间 3、9 端部也往往各有一白斑。臀板端部有椭圆形黑色斑点 2 个，基部有较小黑色斑点 2 个，但大部分被鞘翅遮盖。后腿节内缘端部有一个长而尖的齿。雄虫中足胫节末端有一个小而尖的刺，雌虫无刺。

卵呈椭圆形，淡橙黄色至橘红色，长约 0.8mm，较细的一端具 2 根长约 0.5mm 的丝状物。幼虫体长约 4. 5~6mm，肥大，略弯曲，黄白色。头部小，胸足退化成圆锥形，无爪，气孔环形。蛹长约 5.5mm，椭圆形，初为乳白色，后头部、中胸、后胸中央部分、胸足和翅转为淡褐色，腹部近末端略呈黄褐色；前胸背板侧缘中央略前方各具 1 个向后伸的齿状突起；稍翅具 5 个暗褐色斑。

（2）生活史　一年生 1 代，以成虫在贮藏室缝隙、田间遗株、树皮裂缝、松土内及包装物等处越冬，次年春飞至春豌豆地取食、交配、产卵。据室内定期观察结果，成虫开始外出到全部出完共历期 25 d 左右，气温约在 10~20℃。当 5 日平均温度达 16.3℃时，田间出现成虫，19.5℃时达高峰，即豌豆开花初期，室内成虫开始外出，开花盛期达高峰，故豌豆花期可作为预测室内成虫外出的根据之一。

幼虫期平均为 29.2 d。幼虫卵化后，从卵壳下部咬一小孔，蛀入豆荚，再侵入豆粒。豌豆象幼虫有互相残杀习性，故豆粒中仅有一头成虫。幼虫不活泼，但蛀入豆荚、豆粒能力很强。随着豆粒的长大，幼虫逐渐老熟，在豆粒内化蛹。化蛹前，将豌豆粒蛀成圆孔，外围留一层豆皮。幼虫 6 月上旬开始化蛹，6 月下旬至 7 月上中旬达盛期，历期约 40 d，蛹期 6~14 d，平均 8.3 d（此期随收获的豌豆入库）。

成虫羽化后经数日待体壁变硬后钻出豆粒，飞至越冬场所，或不钻出就在豆粒内越冬。成虫寿命可达 330 d 左右，具有假死性，飞翔力强，可达 3~7km。

（3）为害症状　成虫取食花瓣、花粉、花蜜；幼虫为害豆粒，将豆粒蛀食一空，直接影响豌豆产量、品质和发芽率。在豌豆收获之后，豌豆象幼虫可继续为害豌豆豆粒 1~2 个月，直至羽化。

据调查，在未采取任何防治措施的地区，豌豆象在豌豆贮藏期间可造成 60%~90% 的豆粒穿孔。豌豆象幼虫在豌豆粒内蛀食，造成豆粒内空，引起霉菌侵入变质，食味变苦，严重者失去食用价值。成虫可造成豌豆籽粒重量减少 25% 以上，并使豌豆在收获或种植过程中发生大面积豆粒破裂，导致豌豆产量下降 5%~10%。

（4）发生时期　在山西省晋南地区，4 月下旬当豌豆开花株率达 12% 时，田间开始发现成虫，5 月上旬豌豆开花 95% 时，为成虫盛期，豌豆成熟时成虫绝迹。豌豆象成虫需经 6~14 d 取食豌豆花蜜、花粉、花瓣或花叶，进行补充营养后才开始交配、产卵。成虫交配产卵后，很快就死亡，而且雄虫早于雌虫。卵一般散产于豌豆荚两侧，多为植株中部的豆荚上，每雌虫可产卵 700~1 000 粒，产卵盛期一般在 5 月中下旬。卵期 6~9 d，平均 7.2 d。幼虫于 5 月中旬开始卵化，5 月下旬达盛期，6 月上旬全部卵化，历期 15 d 左右。每日有两次活动高峰，即 10—13 时与 15—18 时，其他时间多隐藏于花苞及嫩苞中，阴雨天则躲藏不出。

2. 潜叶蝇

（1）形态特征　成虫形状类似小型绳子，长约 2mm。首段成黄色，眼部为褐色，腹部灰色，角是黑色，同足部，多长着又细又长的毛。翅透明，有彩虹光泽。雌虫腹部大，末端有漆黑色产卵器。卵长 0.3mm，长椭圆形，乳白色。幼虫蛆状，长 3mm，长圆筒形，低龄体乳白色，后变为黄白色，身体柔软透明，体表光滑。蛹长 2~2.6mm，长椭圆形，黄褐色至黑褐色。

（2）生活史　为多发性害虫，生殖能力较强，且代际之间重复。1 年发生代数随地区而不同。宁夏每年发生 3~4 代；河北、东北 1 年发生 5 代；广东可发生 18 代。在北方地区，以蛹在油菜、豌豆及苦荬菜等叶组织中越冬；长江以南，南岭以北则以蛹态越冬为主，还有少数幼虫和成虫过冬；在华南温暖地区，冬季可继续繁殖，无固定虫态越冬。豌豆潜叶蝇有较强的耐寒力，不耐高温，夏季气温 35℃以上就不能存活或以蛹越夏。

（3）为害症状　幼虫在叶内孵化后，即由叶缘向内取食，穿过柔膜组织，到达栅栏组织，取食叶肉留下上下表皮，致使其表皮层留下较为明显的弯曲的白道，并随幼虫长大，白道盘旋伸展，逐渐加宽。末尾部分化成蛹，透过叶片本身能看见黑褐色抑或褐色的蛹，严重情况下枯萎致死以致通体变白。有时甚至可以使叶子枯萎。

（4）发生时期　主要以蛹越冬。从早春开始，虫口数量逐渐上升，到春末夏初达到为害盛期。成虫白天活动，吸食花蜜，对甜汁有较强的趋性。卵散产，幼虫孵化后即潜食叶肉，出现曲折的隧道。据报道，在南方秋播豌豆产区，潜叶蝇在2月下旬始见幼虫为害，4月中旬在田间出现1次成虫高峰；5月中旬出现第二次成虫高峰。豌豆受害最重的时期出现在4月中旬至5月中旬，自然受害率为80%以上。5月下旬以后，随着气温的升高和豌豆植株的枯老，田间虫量逐渐下降。

3. 蚜虫

（1）形态特征　豌豆蚜虫有有翅蚜和无翅蚜两种。有翅蚜体长约5mm，翠绿色，复眼红色，足细长，触角和足的末端黑褐色。无翅蚜翠绿色，体长4.5~5mm。

（2）生活史　豌豆蚜在南方以无翅蚜、成虫越冬，在北方以卵在苜蓿、三叶草、山藜豆等植物上越冬。早春先在这些植物上繁殖为害1~2代，然后迁飞到豌豆上，3月以后开始为害。成虫寿命20~28 d，1头蚜虫可产卵100粒。春季气候温暖，雨量适中偏旱，有利于蚜虫发生，温度低和多雨季节则为害较轻。

（3）为害症状　豌豆蚜虫以成蚜、若蚜吸食叶片、嫩茎、花和嫩荚的汁液。它多为害豌豆嫩尖，严重时叮满植株各部，造成叶片卷缩。枯黄乃至全株枯死；同时传播病毒病，造成减产。

（4）发生时期　春播区发生较轻，秋播区较重。春季3月起到冬季11月前，豌豆蚜虫都能繁殖。

4. 豌豆小卷蛾

豌豆小卷蛾属鳞翅目，卷蛾科，小蛾亚科，小卷蛾属的一个种。在中国属于新发现的豌豆害虫，分布在青海、甘肃一些县。青海省一般年份豆粒被害率达10%，个别地区可高达50%。

（1）形态特征　成虫体长5.6~6mm，通体灰褐色，带金属光泽。卵灰白色，椭圆形，扁平，老熟幼虫橙黄色。蛹长6.5~7mm，初化蛹时呈杏黄色，后渐变为黄褐色。土茧椭圆形，长8mm。

（2）生活史　在青海一年发生一代。以老熟幼虫结茧越冬，翌年5月下旬离开越冬茧爬至地表重新作茧，在土内化蛹，6月下旬羽化，7月中旬产卵于豌豆植株上部托叶的正反面，下旬孵出幼虫，初孵幼虫经豆荚表面侵入豆荚之内为害豆粒。8月下旬幼虫老熟，开始离荚入土越冬，直至翌年5月再化蛹。其寄主植物在青海只看到豌豆，国外记载也可为害巢菜、篱草藤和山黎豆。

（3）为害症状　蛀食后的豆粒一般百粒重降低20%~35%，发芽率降低75%。

（4）发生时期　为害结荚期的豌豆。

5. 豆荚螟

豆荚螟为世界性分布的豆类害虫。中国各地均有该虫分布，以华东、华中、华南等地区受害最重。豆荚螟为寡食性，寄主为豆科植物，是南方豆类的主要害虫。

（1）形态特征　成虫体长10~12mm，体灰褐色或暗黄褐色。卵椭圆形，长约0.5mm，表面密布不明显的网纹，初产时乳白色，渐变红色，孵化前呈浅菊黄色。幼虫共5龄，老熟幼虫体长14~18mm，初孵幼虫为淡黄色。以后为灰绿直至紫红色。蛹体长9~10mm，黄褐色，臀刺6根，蛹外包有白色丝质的椭圆形茧。

（2）生活史　从北到南一年发生2~8代。各地主要以老熟幼电在寄主植物或晒场附近的土表下5~6cm处结茧越冬，也有部分以蛹越冬。越冬的成虫在豌豆、绿豆或冬季豆科绿肥作物上产卵发育为害。豆荚螟从第二代开始，世代重叠。成虫昼伏夜出，趋光性弱。

（3）为害症状　一般豆荚螟幼虫从荚中部蛀入，在豆荚内蛀食豆粒，被害籽

粒重则蛀空，仅剩种子柄；轻则蛀成缺刻，几乎不能作种子；被害籽粒内充满虫粪，变褐以致霉烂。也可为害叶柄、花蕾和嫩茎。

（4）发生时期　一般春播夏熟品种受害轻、夏播秋熟品种受害重。以7—9月为主害代的第2~4代为害最重，高温干旱下发生严重，而低温多雨则为害轻。

（二）防治措施

1. 豌豆象综合防治

（1）农业防治

① 植物检疫。豌豆象为国内部分省区的检疫对象，因此，严格检疫，尤其是从疫区引进的豆类产品，一旦发现疫情，须及时进行种子熏蒸或销毁，扑灭疫情，防治扩散到非疫区。

② 冬季清扫仓库。尤其要对仓库缝隙、旮旯以及仓库外的草垛、垃圾等卫生死角进行清理，彻底通风降温，冻死隐藏在仓库的成虫，同时进行熏蒸。

（2）化学防治

① 田间防治。豌豆象防治要掌握在豆象产卵之前（即始花期）、成虫产卵盛期（常与豌豆结荚盛期相吻合）及幼虫卵化盛期喷药，防治产卵的成虫和初卵幼虫。药剂可选用4.5%高效氯氰菊酯乳油1 000~1 5000倍液，或用0.6%灭虫灵1 000~15 000倍液，或用90%敌百虫晶体1 000倍液，或用90%万灵可湿性粉剂3 000倍液或6.5%氯氟啶虫脒等，并尽量使每个豆荚均匀着药以提高防治效果。防治时间以晴天10时和15时左右最佳。此外，因豌豆象成虫具有较强的迁飞能力，在豌豆种植区的家家户户要进行联防联治，才能彻底防除。

② 仓库熏蒸。豌豆收获季，利用磷化铝对种子进行熏蒸。在豌豆收获半个月内，将脱粒晒干后的种子置入密闭容器内，用56%磷化铝熏蒸，每200kg豌豆用药量3.3g（1片），密闭5~7 d后，再晾4 d。必须严格遵守熏蒸的要求和操作规程，避免人畜中毒。

（3）物理防治

① 高温法。一是暴晒，即豌豆脱粒后，立即暴晒5~6 d，可杀死豆粒内90%以上

幼虫。

二是开水烫种法。当贮藏豌豆种子数量少，可用此法消灭豌豆象。具体方法是：通过晾晒，使豌豆种子含水量达到安全标准以下。用大锅将水烧开，把豌豆倒入筐里，浸入开水中，迅速搅拌，经 25 min 后，立即提出，放入冷水中浸凉，然后摊在垫席上晒干，再贮藏。

② 密闭法。当贮藏豌豆种子数量大，可利用该方法消灭豌豆象。用密闭保温法升温，能杀死潜伏在豆粒内的豌豆象幼虫，同时，由于呼吸作用产生大量的 CO_2，也能使幼虫窒息死亡。

③ 气调防治法。对于贮藏条件好的仓库，可在仓库中充入 CO_2，使仓库内 CO_2 浓度达 75% 并保持 15 d，能使 99% 以上的豌豆象死亡。

2. 潜叶蝇综合防治

（1）农业防治　清除田间杂草，消灭越冬、越夏虫源，降低虫口基数。

（2）物理防治　黄板诱杀、杀虫灯诱杀。

（3）化学防治　掌握成虫盛发期，及时喷药防治成虫，防止成虫产卵。成虫主要在叶背面产卵，应喷药于叶背面。或在刚出现为害时喷药防治幼虫。

① 诱杀成虫。在山芋或胡萝卜的 5kg 煮液中加入 90% 晶体敌百虫 2.5g 制成诱杀剂，每平方米面积内点喷豌豆 1~2 株，每隔 3~5 d 点喷 1 次，共喷 5~6 次。

② 防治幼虫。用 2.5%溴氰菊酯或 20% 氰戊菊酯 2 500 倍液；1.8%虫螨光和 1.8% 害通杀 3 000~4 000 倍液喷雾。在防治适期喷药均能收到较好的效果。

3. 蚜虫综合防治

（1）保护天敌　蚜虫的天敌很多，有瓢虫、草蛉、食蚜蝇和寄生蜂等，对蚜虫有很强的抑制作用。尽量少施广谱性农药，避免在天敌活动高峰时期施药，有条件的可人工饲养和释放蚜虫天敌。

（2）人工防治　秋、冬季在树干基部刷白，防止蚜虫产卵；结合修剪，剪除被害枝梢、残花，集中烧毁，降低越冬虫口；冬季刮除或刷除树皮上密集越冬的卵块，及时清理残枝落叶，减少越冬虫卵；春季花卉上发现少量蚜虫时，可用毛笔蘸水刷净，或将盆花倾斜放于自来水下旋转冲洗。用 1∶6~1∶8 的比例配制辣椒水（煮半小时左右），或用 1∶20~1∶30 的比例配制洗衣粉水喷洒，或用 1∶20∶400 的比例配制洗衣粉、尿素、水混合溶液喷洒，连续喷洒植株 2~3 次。

（3）物理防治　利用蚜虫的“趋性”防治，蚜虫趋黄色避银灰色。在设施农业中可覆银灰色膜，把蚜虫拒之于田外，在田间可制成各式各样敷上黏性很重的黄色诱蚜盘、诱蚜板，把蚜虫，特别是把第一批有翅蚜虫诱集到一起加以歼灭。

（4）化学防治　发现大量蚜虫时，及时喷施农药。如田间蚜虫不多，而又发现有七星瞟虫，可不喷药或暂缓喷药。

用 50% 马拉松乳剂 1 000 倍液，或 50% 杀螟松乳剂 1 000 倍液，或 50% 抗蚜威可湿性粉剂 3 000 倍液，或 2.5% 溴氰菊酯乳剂 3 000 倍液，或 2.5% 灭扫利乳剂 3 000 倍液，或 40% 吡虫啉水溶剂 1 500~2 000 倍液，或 10% 的吡虫啉 1 000 倍液或 25% 的扑虱灵 2 000 倍液等进行防治，喷洒植株 1~2 次。

对桃粉蚜一类本身披有蜡粉的蚜虫，施用任何药剂时，均应加入 1‰肥皂水或洗衣粉，增加粘附力，提高防治效果。

4. 豌豆小卷蛾综合防治

种植早中熟品种，可避开虫害。

在幼虫入侵初期喷洒 500 倍辛硫磷乳剂，施药 1 次籽粒被害率可降低 80%。

5. 豆荚螟综合防治

豆类收获后及时翻耕整地或除草松土，有条件的地方可采用冬春灌水，消灭越冬虫源。豆科绿肥宜在结荚前翻耕或沤肥。

合理布局，避免豆类作物与豆科绿肥连作或邻作，有条件的实行水旱轮作，减少虫源。

选用早熟丰产，结荚期短、少毛或无毛品种。

老熟幼虫入土前，在田间湿度较高条件下，每亩用 1.5kg 白僵菌粉加细土 4.5kg 撒施。

发蛾盛期和卵孵盛期，对处于初花期的食用豆类，可选用 50%杀螟松乳油，或 2.5%溴氰菊酯乳油 3 000 倍液等喷雾。

三、杂草防除

（一）黄土高原豌豆田常见杂草种类

中国豌豆田间杂草种类有 50 余种，隶属禾本科、菊科、藜科、旋花科、蓼科、苋科、蒺藜科等 20 余科。主要为害杂草有苦菜、打碗花、刺儿菜、狗尾巴草、藜、野燕麦、牛筋草、稗草、马唐等。西北地区多为 3—5 月出苗，6—10 月开花结果。对豌豆生长发育的各个时期均有为害，以苗期最为严重。

春播区杂草主要发生的时期在豌豆 3~4 叶片时，第二次高峰期在豌豆 7~8 叶，杂草发生期易于豌豆争抢养分，必须尽快除杂草。

（二）防除措施

豌豆田间杂草的防除主要有人工拔除和化学防治。野燕麦可用 40% 燕麦畏在播种前结合耙地，每亩 150g 对水 20kg，喷雾进行土壤处理；豌豆田间的稗草、牛筋草、马唐、狗尾草等一年生单子叶杂草及部分双子叶杂草，播前每亩用 48% 氟乐灵 250ml，对水 20kg 结合耙地进行土壤地表处理。在豌豆 3~4 叶片时可进行人工第一次拔除杂草；豌豆 7~8 叶可进行第二次拔除杂草。

第五节　环境胁迫及其应对措施

一、温度胁迫

（一）低温胁迫

1. 发生时期　低温胁迫是植物栽培中经常遇到的一种灾害，涉及粮食作物、园艺植物及其他许多经济植物。低温影响植物的生长代谢，引起植物相关生理指标变化，导致植物的生长受损，严重时导致死亡。在目前已有的草本栽培作物中，豌豆抗寒性最强，豌豆种子发芽最低温度为1~2℃，豌豆幼苗能耐短期 -3~-6℃的霜冻为害，甚至植株全部冻僵，日出后仍能继续生长。豌豆苗期遇低温或霜冻对产量形成影响不大，但在开花结荚期遇霜冻会影响产量。

黄土高原地区豌豆种植多为春播区，通常在3月中、下旬至4月上、中旬播种，豌豆生育期内气温较高，一般冻害不会发生。以甘肃省安定区为例，在豌豆种子发芽及幼苗生长期间，常年平均气温高于10℃。有时偶尔会遭受低温胁迫及晚霜冻害，但对豌豆生长发育一般不造成显著的影响。

豌豆是中国南方重要的冬季栽培食用豆类作物之一，主要分布在长江流域及西南地区，多为越冬栽培，通常在每年10月下旬至11月中旬播种，露地越冬，次年4~5月采收，12月至翌年2月的月均温度低于10℃，此时豌豆正处于苗期或花期，在其生长期间有时会遭受低温的胁迫。在南方秋播地区，豌豆在3种情况下易受冻害：① 冬季比较干旱，水分不足，形成干冻，寒潮来临时易受冻害。② 豌豆进入越冬，雪后袭击时气温骤降而受冻。③强寒潮连续袭击，温度低，时间长而受冻。2011年1月席卷南方的低温寒潮和雪天给南方地区的贵州、湖南（雪凝），四川、重庆（低温冻害）、江苏、安徽、浙江（雪害）等地区豌豆苗期生长造成了不利影响，冻害后的豌豆叶片幼嫩部分出现红色，雪融化或低温解除后部分叶片受太阳照射后枯萎，心叶坏死，但随着气温上升有逐步缓解的情况。

2. 对豌豆形态、生理活动和产量的影响　豌豆幼苗细胞具有较强的抗寒性，并能从提高细胞质或细胞液浓度、增加质膜的透性、保证能量的供给等方面对低温产生积极的防御作用。

（1）豌豆形态的变化　豌豆是双子叶显花植物，植株遭受低温胁迫之后，形态特征最明显的症状是：幼苗茎叶呈现紫红色，叶片上有时可能出现伤斑，等天气晴好，气温恢复后，症状逐渐消失。如长时间低温胁迫，生长速度变慢，植株矮小，被称作“僵苗”或“小老苗”。

（2）生理活动的变化　植物细胞内丙二醛（MDA）的含量直接反应了植物的受害程度。质膜透性的变化则是低温下细胞膜损伤程度的重要标志，而超氧化物歧化酶

（SOD）、过氧化物酶（POD）和过氧化氢酶（CAT）等抗氧化保护酶活性的增强能有效清除不良环境条件下形成的活性氧。大量研究表明，抗寒性较强的植株受低温胁迫后，可溶性糖和丙二醛（MDA）含量上升，细胞膜透性增大，抗氧化酶活性增强；质体变为哑铃形，细胞质基质致密度增加或下降，线粒体肿胀，内质网膨胀，核糖体数量减少，质膜内陷，液泡吞噬作用增强，膜小泡数量增加等。

从生理特性看，经低温胁迫后，豌豆幼苗细胞中过氧化物酶（POD）活性略有下降，可溶性糖、丙二醛（MDA）等指标均不同程度上升，其中超氧化物歧化酶（SOD）活性极显著上升；从超微结构看，豌豆受低温胁迫后大多数细胞的质膜不再平整光滑，有的内陷形成小泡，有的外凸形成小泡，有的呈波浪状，有的出现质壁分离。细胞内小液泡数目明显增多。中央大液泡、内质网、高尔基体和细胞质等多处结构形成小液泡，小液泡聚集或分散出现在细胞质中或大液泡内，或质膜和细胞壁间，从而提高细胞液浓度，增强植株抗寒性。质体和线粒体是植物细胞中与能量转换有关的细胞器，它们对低温较敏感，质体通过变形来增加数目，提高其光合作用能力，从而为植株积累更多的淀粉，增强其抗寒性。低温胁迫豌豆幼苗部分质体仍以圆球形或椭圆形方式分散在细胞质中，多数质体变形为哑铃形、变形虫形、马蹄形、镰刀形或棒状聚集或分散出现，其内偶见淀粉粒。

（3）对产量的影响　低温胁迫对豌豆产量的影响至今研究报道甚少。低温胁迫一般发生在芽期或苗期，如植株能恢复正常生长，对豌豆产量形成影响不大。

3. 应对措施　低温对豌豆的冻害一般发生在南方秋播区。南方秋播区豌豆遇冻害（或雪害）后主要的补救措施：一是在雪融化后1周后及时松土和根际培土，破除土壤表层冰块，提高土壤温度，促进豌豆生长；二是苗期受冻应增施肥料以促进多分枝，靠分枝形成产量，尤其是适当喷施P、K肥（如磷酸二氢钾）可快速调节豌豆植株体内养分平衡，增加或促进植株抵抗低温的能力；三是注意防治各类病虫害的发生，做到早预防；四是冻害严重田块，可在春节过后2月中旬左右（适合江苏、浙江等华东地区）进行豌豆直接播种，也可获得较高经济效益。当然，进行豌豆垄作地膜覆盖是预防冻害和雪灾的重要措施之一。具体的来说，预防低温冻害的措施主要有以下几点。

（1）清沟排水，防止积水结冰　豌豆最主要的预防措施是开沟排渍，确保“三沟”（围沟、腰沟、畦沟）畅通，田间无积水，避免渍水过多妨碍根系生长，做到冰冻或雪融化后生成的水能及时排掉，从而有利于冬作物生产的快速恢复。

（2）冻后管理　寒流过后及时查苗，及时摘除冻死叶，拔除冻死苗，对豌豆由于表土层冻融时根部拱起土层、根部露出、幼苗歪倒等造成的“根拔”苗，要尽早培土壅根；解冻时，及时撒施一次草木灰或对叶片喷洒一次清水，对防止冻害和失水死苗有较好效果，可有效减轻冻害损失。

增施速效N、P、K肥。灾后适当追施一些速效N、P、K肥，以增强豌豆对冻伤的修复。豌豆受冻后，叶片和根系受到损伤，必须及时补充养分。要普遍追肥，追施尿素45~75kg/hm^2，长势较差的田块可适当增加用量，使其尽快恢复生长。在追施N肥的基础上，要适量补施K肥，施氯化钾45~60kg/hm^2，或者根外喷施磷酸二氢钾15~30kg/hm^2，以增加细胞质浓度，增强植株的抗寒能力，促灌浆壮籽。

（3）加强测报，防治病虫害　豌豆受冻后，较正常植株更容易感病，要加强豌豆病虫害的预测预报，密切注意发生发展动态。对发生病虫害的田块，要及时采用化学或物理方法防治。

（二）高温胁迫

1.发生时期　近年来，随着温室效应的加剧，全球气温上升，热浪直接威胁着21世纪农业生产方向。植物生产面临着高温胁迫的严峻挑战。在黄土高原地区，不但春旱严重，而且夏季高温也时有发生。豌豆苗期温度高特别是夜温高，花芽分化节位升高；结荚期如温度超过25℃，即使时间短暂，也会造成受精率低、生长不良，结荚减少、产量降低，夜温高对产量的影响更大。采收期间温度高，成熟快，但品质和产量降低。豌豆对高温胁迫最为敏感的时期是在群体开花后5~10d内。高温减少花芽数量和导致授粉不良，从而减少单株荚数。高于25.6℃的平均气温，每天造成的产量损失达每13kg/hm^2，同时导致豌豆籽粒品质下降。

2.对豌豆生理活动的影响及伤害作用　高温将对植物造成热损伤，并进一步诱发氧化胁迫，使得植物光合作用受抑制，细胞膜受损，细胞老化和死亡。

在高温胁迫下，豌豆将出现一些不利于自身生长发育的生理反应。豌豆种子的萌发力下降，豌豆组织相对电导率升高，丙二醛（MDA）含量升高，表明细胞膜的完整性已受损，膜脂更多地被过氧化，进一步将影响豌豆生长发育。豌豆叶片中抗坏血酸（Vc）含量随热激温度的升高而降低，可能导致豌豆清除活性氧（ROS）的能力下降，加剧了豌豆的氧化损伤，最终影响其生长发育。

有研究报道，根比茎对高温更敏感，豌豆幼苗下胚轴伸长随热激温度的升高而减少，温度越高下胚轴越短，最终将影响根系的生长，导致地上部分生长发育不良。豌豆对高温胁迫的以上生理响应可能是高温导致豌豆品质下降和减产的重要生理原因。

3.应对措施　主要采用农艺措施。

应选择气候冷凉、适宜豌豆种植的区域。

不同豌豆品种在高温胁迫下，耐热性不同，因此应选择适宜的豌豆品种。

根据当地气候条件，适期播种，避开豌豆群体开花结荚时高温的为害。

高温干旱天气易造成病虫害大发生，要早防早治。

豌豆春播地区，特别是春末夏初温度较高的地区要适当提早播种。

二、水分胁迫

（一）发生时期

水是影响植物生长和作物产量的主要环境因素之一，干旱往往造成农业减产甚至绝收。昆仑山—秦岭—淮河一线以北大部分地区为干旱、半干旱地区，面积约占全国土地面积半数以上。年降水量少，降雨分布不均匀，蒸发量巨大，干旱是该地区主要的自然灾害之一，具有十年九旱的气候特点，许多地方是冬春连旱或春夏连旱，甚至是春夏秋三季连旱，持续时间较长，农业生产受到干旱的直接制约，往往造成农业减产甚至绝收。但干旱一般发生在作物生长发育的两个关键时期：一是发生在3—5月的早春干旱，由于该时期气温上升较快，空气相对湿度低，土壤水分丧失快，而此时正是春耕生产的关键时期，发生干旱对农作物造成的影响非常大。豌豆是需水较多的作物，比高粱、玉米、谷子、小麦等耐旱力弱，豌豆发芽的临界含水量为50%~52%，低于50%时，种子不能萌发。豌豆的水分临界期在开花到籽粒膨大期之间，豌豆一生需要大约100~150mm的降水量或灌溉做保证。北方黄土高原干旱、半干旱地区豌豆一般为春播，种子发芽及幼苗生长阶段容易遭遇春旱为害，当播种期土壤墒情差时，极易导致出苗难或者出苗晚致使缺苗断垄，甚至不出苗，即使出苗，也极易产生死苗现象。二是发生在6—8月的夏秋干旱，这个时期降雨量虽然较大，但降雨量往往集中在一次或几次暴雨中，短期内总的降水量大于同期作物需水量，导致作物对降水的有效利用率低，加之此期间气温高、蒸发量大，发生干旱的可能性较大，一旦发生干旱，将严重影响作物的质量和产量。而此时豌豆正处于开花结荚期，高温干旱往往造成豌豆提前收花，籽粒不饱满，最终造成减产。

（二）对豌豆生长发育的影响

1.水分胁迫对豌豆种子萌发和幼苗生长发育的影响　芽势弱、发芽慢、胚芽胚根的生长受到抑制，是水分胁迫影响种子萌发出苗的直观表现；贮藏物质运转效率降低，是水分胁迫影响萌芽期幼苗生长的主要原因。种子含水量越大，越有利于种子在水分匮乏的环境下顺利萌发生长，在干旱的黄土高原地区，由于土壤水分含量很低，较高的种子含水量可以确保自身相对于其他植物而言更早萌发，从而提高竞争适应能力，而豌豆种子是成熟干燥的种子，其含水量很低，原生质呈凝胶状态，种子内的生理活动极为微弱，发芽过程中要吸收相当于种子本身重量的1~1.5倍的水分，因此，水分胁迫是限制其发芽出苗的关键因素。

水分胁迫通过限制豌豆种子有效水分的吸收而在一定程度上抑制其萌发，并使得其萌发能力随干旱胁迫强度的增加而下降，主要表现为萌发率、吸水速率、萌发活力、萌发胁迫指数随胁迫强度的增加而下降，根芽比则随之增加。出苗过程对环境水分胁迫最为敏感，成苗阶段的耐旱能力最差。

（1）水分胁迫对种子发芽过程的影响　水分胁迫改变了豌豆种子自身的发芽潜力，抑制了其快速发芽。不同水分条件下，豌豆开始萌发的时间及萌发率不同。随着胁迫程度的增加，开始萌发的时间越晚，萌发率越低。同时水分胁迫对豌豆种子萌发速度存在剂量效应。

（2）水分胁迫对种子水分吸收能力的影响　种子的含水量变化与种子的正常发育密切相关。种子含水量的高低决定了种子内原生质体的状态及生理活动，种子的吸水作用则会引起种子吸水量在短时间内迅速增加，有利于种子生理代谢活动的进行，同时也有助于后期种子萌发。不同水分条件下，在整个吸水过程中，豌豆种子均呈现先快速增长后趋于平稳的变化趋势。干旱胁迫程度的不同，相同吸水时间内种子的含水量不同，且随着萌发环境水势的降低，含水量亦表现为下降趋势。

（3）水分胁迫对发芽率、萌发指数及萌发胁迫指数的影响 水分胁迫对豌豆种子的萌发具有一定的延缓作用，即水分胁迫可抑制种子萌发，且随着水分胁迫强度的增加，豌豆种子的发芽率（GP）降低。同时，豌豆种子GP的下降带来了萌发指数（GI）和萌发胁迫指数（GSI）的降低。即水分胁迫导致了豌豆种子萌发数量的减少、萌发速率的降低以及种子萌发活力的下降，且随着环境胁迫的加剧，种子萌发能力受到的影响程度逐渐加大。

（4）水分胁迫对根芽比及活力指数的影响 干旱胁迫对豌豆幼苗茎叶和根系生长发育的作用一致，茎长和根长均呈递减趋势，且随着胁迫强度的增加而根芽比不断增大。由于种子萌发数量随胁迫强度的增大而逐渐减少，活力指数表现为随胁迫强度的增大而下降。

（5）水分胁迫对幼苗鲜质量及贮藏物质运转率的影响 干旱胁迫对豌豆幼苗生物量的积累有明显抑制作用，干旱胁迫降低了豌豆幼苗初级生产力。贮藏物质运转率可以反映出种子对贮藏物质的运转效率，干旱胁迫后豌豆贮藏物质运转率明显下降。

2. 干旱胁迫对豌豆籽粒灌浆特征及产量的影响 干旱胁迫直接改变了作物的籽粒灌浆特征并影响到产量。研究报道，当土壤含水量低于田间最大持水量的50%时，会导致植株早衰，光合强度降低，灌浆过程缩短，籽粒秕瘦。席玲玲等（2010）研究了苗期和花期不同程度的干旱胁迫对豌豆籽粒灌浆特征及产量的影响。

（1）干旱胁迫对豌豆籽粒干物质积累的影响 豌豆在苗期和花期受到不同程度、不同历时的干旱胁迫，豌豆籽粒干物质积累的动态变化均呈“S”型曲线，总体表现出“慢－快－慢”的趋势。不同程度、不同历时的干旱胁迫对豌豆籽粒干物质积累速率的影响程度不同。苗期不同程度不同历时干旱胁迫，在开花后20d内豌豆籽粒干物质积累速率均下降，且随着干旱胁迫程度的加重，下降速率加快；开花后20~25d内豌豆籽粒干物质积累速率逐步接近于水分正常时干物质积累速率；开花25d后豌豆籽粒干物质积累速率增加，且随着胁迫程度的加重积累速率加大。花期不同程度不同历时的干旱胁迫，开花后20d内和开花25d之后与苗期不同干旱胁迫豌豆籽粒干物质积累速率表现出同样的趋势；开花后20~25d间轻度干旱胁迫干物质积累速率小于重度干旱胁迫干物质积累速率较。苗期和花期随干旱胁迫程度的增加干物质积累速率变化值（增加或减小）增加。

（2）干旱胁迫对豌豆籽粒各项灌浆特征参数及产量构成因子的影响 不同时期、程度和历时的干旱胁迫均对豌豆籽粒灌浆的持续期（S）、理论最大百粒重（m）、平均灌浆速率（V）、最大灌浆速率出现时间（T）、最大灌浆速率（Vmax）、有效灌浆速率持续期（Se）、有效灌浆期粒重增加值（Ws）和有效灌浆持续期灌浆速率（Vs）等各项灌浆参数产生不同程度的影响。重度长历时胁迫对豌豆灌浆特性的影响最大，轻度长历时胁迫次之，轻度胁迫和重度胁迫短历时胁迫影响最小；苗期适度的干旱胁迫虽然降低了百粒重，但可有效地提高每株豆荚数和每荚粒数，最终单株产量表现为显著提高。但重度长历时干旱胁迫，会明显降低豌豆产量，花期干旱胁迫则均导致豌豆产量明显降低。因此，实际生产中制定栽培措施时，苗期可进行适度的干旱胁迫，有利于根系生长、提高产量，而花期要尽力保证水分供应，严防旱情出现，以免降低豌豆产量。

3. 水分亏缺条件下豌豆肌动蛋白异型体 PEAc Ⅱ基因的表达 植物体内肌动蛋白的表达模式以及表达量的高低对于植物适应干旱胁迫具有重要意义，Jiany Y Q 等（2002）研究表明，豌豆中有 3 类肌动蛋白异型体（P EAcⅠ，P EAcⅡ，P EAcⅢ），它们主要在营养器官中表达，在幼嫩荚果中的表达次之，在花粉中的表达最弱。P EAcⅠ和 P EAcⅡ在不同组织器官中都有表达，但表达的时间和表达的量有一定差异，而 P EAcⅢ仅在快速生长的组织中表达。张少斌等（2010）研究表明，豌豆幼苗生长过程中无论是正常供水还是水分胁迫条件下，P EAcⅡ基因的表达都是一个动态变化的过程。在干旱处理条件下，P EAcⅡ的表达量有一个先下降后增加，而后再下降的动态变化过程，肌动蛋白异型体 P EAcⅡ表达量的高低可能与豌豆幼苗适应水分亏缺的生理过程有关，这对于研究豌豆幼苗抗旱性机理以及检测豌豆幼苗的抗旱性强弱具有重要意义。

4. 水分胁迫下豌豆保护酶活力变化及脯氨酸积累在其抗旱中的作用 植物在逆境条件，如低温、干旱、盐害等胁迫因子作用下，植物膜系统的受损与生物氧自由基有关，而植物体内超氧化物歧化酶（SOD）和过氧化氢酶（CAT）可清除氧自由基保护膜而被称为是植物的保护酶并与抗旱性有关。干旱胁迫下，植物体内保护酶的提高与细胞质膜的受损同步进行，说明保护酶在清除植物毒素和糖分解呼吸氧化活动期间保护着细胞，阻止细胞中氧自由基和过氧化物形成，在保护质膜柔韧性上起重要作用。同时保护酶间的协同作用在彻底分解有毒有害自由基保护细胞质膜上也是不可忽视的。抗旱性强的品种在逆境条件下能使保护酶活力维持在一个较高水平，有利于清除自由基，降低膜脂过氧化水平，从而减轻膜伤害程度；水分胁迫下植物体会大量积累游离脯氨酸。尽管有人报道水分胁迫下植物累积的脯氨酸不是各类植物的普遍现象，但鉴于脯氨酸的生理功能，仍认为脯氨酸可作为植物水分胁迫的指标。水分胁迫下脯氨酸的积累一方面其渗透调节作用增强组织的抗脱水力，另一方面脯氨酸的偶极性也保护了膜蛋白结构的完整性，增强膜的柔韧性。

周瑞莲等（1997）研究表明，豌豆幼苗在水分胁迫下不同抗旱力品种细胞质膜相对透性增加，叶片相对含水量（RWC）下降，两者间呈一定的负相关，复水后细胞质膜相对透性下降，RWC 上升，两者仍呈负相关；水分胁迫下不同抗旱性的品种过氧化氢酶（CAT）和过氧化物酶（POD）活力上升，脯氨酸含量增加；水分胁迫下抗旱性强的品种超氧化物歧化酶（SOD）活力上升，抗旱性弱的品种 SOD 活力下降。

5. 干旱胁迫及复水对豌豆叶片内源激素含量的影响 植物内源激素是对干旱胁迫最为敏感的生理活性物质。不同的内源激素有着不同的合成器官、合成组织和合成途径，以浓度变化的方式控制着植物生理反应乃至基因表达，对植物的生长发育发挥着多方面的调节作用。小麦、玉米、大豆等主要农作物的研究报道中表明，在干旱胁迫下，植物各种内源激素含量及其比例会发生一系列变化，各种内源激素以相当复杂的方式协调作用，共同形成应对干旱胁迫环境的响应机制。

张红萍等（2009）研究表明，在豌豆幼苗的生长中，干旱胁迫影响了豌豆叶片中脱落酸（ABA）、吲哚乙酸（IAA）、赤霉素（GA）和玉米素（ZT）等各种内源激素含量的变化，各生育时期干旱胁迫导致豌豆叶片 ABA、IAA 含量增加，ZT、GA 含量降低，随着水分胁迫程度加重增（减）幅度加大。旱后复水可产生等量或部分补偿效应。

（1）*不同干旱胁迫及复水豌豆叶片 ABA 含量的变化*　在豌豆各生育时期，干旱胁迫均导致叶片（鲜重）ABA 含量增加，随干旱胁迫程度加重增量加大。苗期和始花期旱后短历时复水对干旱所致的 ABA 产生等量补偿效应。灌浆期只有长历时复水才对干旱所致的 ABA 产生等量补偿效应。

（2）*不同干旱胁迫及复水处理豌豆叶片 IAA 含量的变化*　在豌豆各生育时期，干旱胁迫均导致叶片（鲜重）IAA 含量增加，随干旱胁迫程度加重增量加大，各生育期不同程度的干旱胁迫对 IAA 的积累量影响较大。旱后不同历时复水对各生育时期干旱胁迫引起的 IAA 含量均产生等量补偿效应。

（3）*不同干旱胁迫及复水豌豆叶片 GA 含量的变化*　在豌豆各生育时期，不同程度干旱胁迫均导致叶片 GA 含量减少，随着干旱胁迫程度加重减量加大。并且各生育时期只有重度干旱胁迫下，豌豆叶片 GA 含量才会发生显著变化。旱后不同历时的复水对 GA 含量产生部分或等量的补偿效应，而灌浆期重度干旱胁迫复水未产生补偿效应，说明灌浆期重度干旱胁迫损伤了豌豆叶片 GA 的合成能力。

（4）*不同干旱胁迫及复水豌豆叶片 ZT 含量的变化*　在豌豆各生育时期，干旱胁迫均导致叶片（取鲜重）ZT 含量减少，随着干旱胁迫程度加重减量加大。始花期不同程度的干旱胁迫对 ZT 含量的影响最大。旱后短历时复水，苗期和始花期不同程度的干旱胁迫均产生等量补偿效应，灌浆期不同程度的干旱胁迫产生超补偿效应。旱后长历时复水，苗期、灌浆期不同程度的干旱胁迫产生等量补偿作用；始花期不同程度的干旱胁迫产生超补偿效应。

（5）*内源激素比例的变化*　干旱胁迫及复水不仅影响到豌豆叶片各种内源激素的含量，也影响到各种内源激素比例的变化。不同干旱胁迫处理各种内源激素的比例变化呈现出不同的规律。干旱胁迫对除 ZT 与 GA 比例影响较小，对 IAA 与 ABA、GA 与 ABA、ZT 与 ABA、GA 与 IAA 的影响较大，均呈现出不同程度的失衡状态。旱后复水可对豌豆叶片各种内源激素比例可产生部分补偿效应。

6. 干旱胁迫及复水对豌豆根系内源激素含量的影响　李合生（2006）认为根系是作物植株最先感知土壤水分变化的器官，根尖在干旱的情况下能合成大量的脱落酸（ABA），赤霉素（GA）的合成部位也在根部，玉米素（ZT）、吲哚乙酸（IAA）的合成亦发生于细胞旺盛分裂和生长的部位。闫志利等（2009）研究表明，不同生育期、不同程度的干旱胁迫均导致豌豆根系脱落酸（ABA）和吲哚乙酸（IAA）含量增加，赤霉素（GA）和玉米素（ZT）含量减少，且随着干旱胁迫的加重增加（减少）量加大；同时对各生育期豌豆根系内源激素比例产生影响，对ZT与ABA、GA与ABA、GA与IAA、ZT与IAA比例影响较大，对ZT与GA、IAA与ABA比例影响较小。旱后复水可对各生育期豌豆根系内源激素含量产生补偿效应，其补偿量决定于豌豆生育时期、干旱胁迫强度和复水历时。同时促进各生育期豌豆根系内源激素比例发生变化。

（1）不同干旱胁迫及复水豌豆根系ABA含量的变化　干旱胁迫导致豌豆根系ABA含量明显增加，随干旱胁迫程度的加重增加幅度加大。始花期不同程度的干旱胁迫对ABA的影响最大，苗期居中，灌浆期最小。复水后，各生育期均表现出明显的补偿效应，随复水时间的延长，不同干旱胁迫豌豆根系ABA含量逐步减少。始花期干旱胁迫造成的豌豆根系ABA的积累总量和速度均大于苗期。不同干旱胁迫复水ABA含量均表现为先降后升。灌浆期根系ABA含量大幅增加，干旱胁迫加剧了ABA的积累速度，且随胁迫强度的增强积累量增加，轻度胁迫复水后ABA含量表现为先降后升，重度胁迫复水后ABA含量一直呈上升趋势。

（2）不同干旱胁迫及复水处理豌豆根系IAA含量的变化　干旱胁迫导致各生育期豌豆根系IAA含量增加，随干旱胁迫程度的加重增加幅度加大。不同干旱胁迫对苗期IAA的含量影响最大，对灌浆期IAA的含量影响最小。不同生育时期旱后不同历时复水促进了IAA含量的减少，即产生部分补偿效应。

（3）不同干旱胁迫及复水豌豆根系GA含量的变化　不同生育时期干旱胁迫均导致根系GA含量减少，苗期减少幅度最大，始花期次之，灌浆期最小。始花期和灌浆期干旱胁迫对根系GA的积累影响远低于苗期。苗期不同胁迫复水后对GA含量产生部分补偿效应，复水后轻度胁迫处理GA含量的增加幅度大于重度胁迫，说明复水对轻度胁迫后豌豆根系GA含量的积累有明显的补偿效应。始花期胁迫复水后，各胁迫处理的GA含量略有上升。不同历时复水后对GA积累差别不大。灌浆期胁迫复水后GA含量没有得到恢复，一直呈下降趋势，轻度胁迫下降幅度最大，重度胁迫次之。因此此期复水对豌豆干旱胁迫后根系GA的积累虽有一定的补偿作用，但补偿效应不大。

（4）不同干旱胁迫及复水处理豌豆根系ZT含量的变化　干旱胁迫导致各生育期豌豆根系ZT含量减少，随着干旱胁迫程度的加重减少幅度加大。苗期胁迫复水后，根系ZT含量均呈上升趋势，有明显的补偿作用，轻度胁迫处理复水后ZT含量增加幅度较大，重度胁迫处理复水后增幅较小。始花期胁迫复水后，轻度胁迫处理ZT含量随复水时间的延长逐步增加，重度胁迫则先增后降。灌浆期胁迫复水后，各胁迫处理的ZT含量仍呈下降趋势。

（5）不同干旱胁迫及复水处理豌豆根系内源激素的比例变化　干旱胁迫及复水不仅影响到豌豆根系各种内源激素的积累量，也影响到内源激素间的比例变化。不同处理各种内源激素的比例变化呈现出不同的规律，在干旱胁迫条件下IAA与ABA、GA与ABA、ZT与ABA、GA与IAA、ZT与IAA、ZT与GA比例均表现出失衡状态，但失衡程度不一。IAA与ABA、ZT与GA比例失衡程度相对较小，ZT与ABA、GA与ABA、GA与IAA、ZT与IAA失衡程度相对较大。旱后复水对各种内源激素的比例均产生了较大的影响，不同时期旱后复水对不同内源激素比例的影响程度不尽一致，产生的补偿效应也明显不同。

7. 干旱胁迫及复水对豌豆叶片脯氨酸和丙二醛含量的影响

（1）干旱胁迫对叶片脯氨酸含量的影响　张红萍等（2008）研究表明，豌豆受到干旱胁迫时，叶片中脯氨酸含量随土壤水分条件发生变化，且积累量与胁迫时期、胁迫强度、胁迫历时有关。在轻度水分胁迫下游离脯氨酸迅速积累，在重度胁迫下累积量更大，且随着胁迫的持续累积量不断增加。同一胁迫强度，胁迫初期脯氨酸积累较快，胁迫后期积累较慢，说明在水分胁迫初期生成的游离脯氨酸可以维持各器官较强的渗透能力，以提高植株对干旱的适应能力，但随着干旱胁迫的进一步持续，碳水化合物合成受阻，影响谷氨酸合成，进而影响脯氨酸合成，导致在水分胁迫后期脯氨酸积累减缓。不同生育时期相比，以初花期胁迫脯氨酸积累量较多，苗期和荚果充实期积累量较少。

（2）干旱胁迫对叶片丙二醛含量的影响　丙二醛是植物细胞膜脂过氧化物之一，有研究认为，丙二醛浓度与植物抗旱性密切相关，丙二醛大量增加时，表明体内细胞受到较严重的破坏。短历时的轻度干旱胁迫对豌豆叶片中丙二醛积累的影响较小，随着水分胁迫程度的加剧，胁迫时间的延长，豌豆叶片中丙二醛的含量升高。不同生育时期比较，以初花期干旱胁迫丙二醛含量增加最多，苗期和荚果充实期较少。

（3）干旱胁迫后复水对豌豆叶片中脯氨酸和丙二醛的补偿效应　短期干旱胁迫复水对豌豆脯氨酸和丙二醛均有较好的补偿效应，且重度胁迫补偿效应更明显。同时，豌豆苗期具有较强的抗旱性，干旱胁迫的补偿效果较好，初花期为豌豆的水分敏感期，应尽量避免受旱，而荚果充实期应防止长时间的持续干旱，以免对植株造成不可逆转的伤害。因此，应充分掌握豌豆的需水规律和补偿规律，实行实时、适度的干旱胁迫，以合理利用有限的水资源，最大限度地发挥干旱胁迫的补偿效应，达到节水、高产的栽培目的。

（三）应对措施

由于特殊的地理和气候环境，决定了干旱灾害不可避免，尤其是北方地区“十年九旱”在短期内难以改变，因此在北方干旱半干旱地区，要积极探索和掌握干旱发生规律，变被动抗旱为主动抗旱，让农作物将有限的水分得到合理利用，为生长关键期节约一定的水分具有十分重要的意义。

1. 选用品种　掌握豌豆的抗旱机理，开展抗旱育种，因地制宜选用抗旱性强、丰产稳产性好、增产潜力大、熟期适宜的优良豌豆品种。同时根据品种特性及各地生产条件、土壤肥力、施肥水平和管理水平等进行合理密植。

2. 适期适墒播种　针对旱情发展，适时抢墒早播，促进苗早、苗全。在黄土高原干旱半干旱地区，提前播种豌豆可以提高生物产量。

3. 推广抗旱技术 因地制宜推广成熟实用、简便高效的抗旱节水技术。一是推广地膜覆盖增温保墒技术。地膜覆盖种植具有增温保墒、集雨抗旱、提质灭草等作用，是旱作农业区最有效的抗旱措施之一。通过起垄覆膜，积蓄自然降水，减少水分蒸发，将无效降水变为有效降水，提高降水利用率，增强作物抗旱能力，同时可以提前播种，提早成熟，避免早霜对作物的为害。二是推广秸秆保墒技术。可降低土壤温度，有效减少土壤水分的蒸发，增加土壤蓄水量，起到抗旱保墒作用。三是应用抗旱型包衣剂。四是推广间作套种技术。豌豆生育期短，利用这一特点可在豌豆地间作套种玉米、马铃薯、油葵等作物，发挥作物丰产性能，提高光能利用率，充分利用和合理分配土壤中的养分，缓解肥水需求。同时高秆作物可以为豌豆遮挡一定的阳光，减少水分蒸发，降低土壤温度，实现抗旱保墒功能。

4. 加强田间管理 豌豆苗期应增施有机肥，促进苗全、苗壮，增强抗旱能力。豌豆进入花荚期，需水需肥量增加，应当通过中耕除草，切断土壤表层毛细管，抑制土壤水分蒸发，增强豌豆抗旱能力。同时结合抗旱、中耕、追施 N 肥，促进花多荚多，粒大粒重，提高豌豆抗旱性。

5. 加强干旱监测预报 加强旱区土壤墒情监测，及时掌握旱情发展动态；加强中长天气预测预报，提高旱情预报的超前性和准确性；加快农村气象灾害预警信息发布系统建设，着力解决信息发布“最后一公里”的问题；加强农业防灾减灾服务能力建设，积极开展关键农事活动气象预报和农业重大病虫害预测预报，提前采取有效抗旱措施，将干旱造成的损失降到最低。

6. 扩大政策性保险范围 进一步扩大政策性保险补贴范围，增加保险品种，逐步将包括豌豆在内的农作物种植全部纳入政策性保险范围，有效降低农业种植风险。

第六节 豌豆品质

一、豌豆品质

（一）豌豆营养成分

豌豆富含蛋白质、碳水化合物、矿质营养元素等（表 6-4），具有较全面而均衡的营养。豌豆籽粒由种皮、子叶和胚构成。其中干豌豆子叶中所含的蛋白质、脂肪、碳水化合物和矿质营养分别占籽粒中这些营养成分总量的 96%、90%、77% 和 89%。胚虽富含蛋白质和矿质元素，但在籽粒中所占的比重极小。种皮中包含了种子中大部分不能被消化利用的碳水化合物，其中钙磷的含量也较多。

表 6-4　豌豆籽粒中的营养成分　（g/100g）

成分	干豌豆	青豌豆	食荚豌豆
水分	8.0~14.4	55.0~78.3	83.3
蛋白质	20.0~24.0	4.4~11.6	3.4
脂肪	1.6~2.7	0.1~0.7	0.2
碳水化合物	55.5~60.6	12.0~29.8	12.0
粗纤维	4.5~8.4	1.3~3.5	1.2
灰分	2.0~3.2	0.8~1.3	1.1
热量值	322~347	80~161	53.0

注：资料引自中国农业百科全书农作物卷

（二）豌豆淀粉

1. 豌豆淀粉的理化特性

（1）豌豆淀粉的颗粒形态　豌豆淀粉颗粒表面光滑，呈椭圆或不规则球形，粒径（10~36μm）比马铃薯淀粉粒径（12~100μm）小，但比玉米淀粉粒径（3~26μm）稍大。

（2）豌豆淀粉的膨胀特性及溶解特性　豆类淀粉的溶解度和膨胀特性差异波动明显，90℃时，溶解度和膨胀能力的波动范围分别在 8%~25% 和 11%~26%，在温度范围为 60~90℃时，溶解度和膨胀程度会随着温度的升高有比较明显的提升。豌豆淀粉的溶解度和膨胀能力相似于其他类型的豆类淀粉，当温度在 50~95℃时，光滑类的豌豆淀粉的膨胀力范围在 4%~27% 之间。但是，皱皮类豌豆淀粉很可能是由于直链淀粉的含量比较高，并且结合得比较紧密，同时，直链淀粉与脂质物质结合形成的复合物也比较多，最终会造成其膨胀力降低。

（3）豌豆淀粉的回生　淀粉的回生是指比较稀的淀粉糊在静置一段时间之后，就会逐渐变得浑浊，最后会产生不溶性的白色沉淀。但是将比较浓的淀粉分散液冷却至室温后，那些有弹性的胶体就会迅速的形成，这种现象称为淀粉的老化或者凝沉。所以，淀粉的回生现象是指那些淀粉基质从无定型的游离状态返回到结晶的状态或者不溶解聚集的现象。淀粉糊的回生现象具有下列的效应：① 黏度增加；② 显现不透明和浑浊；③不溶性的淀粉颗粒会慢慢沉淀；④ 在热糊的表面形成一层不溶解的膜；⑤ 形成胶体；⑥脱水收缩。豌豆淀粉的回生程度介于马铃薯淀粉和谷物淀粉（马铃薯 > 谷物）之间（表 6-5）。

表 6-5　在 6℃下存放 2d（ΔH2）和 4d（ΔH4）后淀粉回生的焓变　（J/g，支链淀粉）

类　型	ΔH_2	ΔH_4
豌　豆	12.5	12.5
小　麦	8.1	9.8
大　麦	10.3	10.6
蜡质玉米	12.3	13.0
普通马铃薯	13.6	14.4

注：资料引自李兆丰，顾正彪，洪雁 . 豌豆淀粉的研究进展 . 食品与发酵工业，2003，29（10）：70-74.

（4）豌豆淀粉的糊化　淀粉的糊化温度指的是淀粉在发生糊化现象时的温度，又称为胶化温度。豌豆淀粉的糊化起始温度（T0 55.8℃）、峰值温度（Tp62.8℃）、糊化所需热焓（ΔH 15.5 J/g）介于玉米淀粉（T063.0℃，Tp69.6℃，ΔH11.9 J/g）和马铃薯淀粉（T054.3℃，Tp60.5℃，ΔH18.3J/g）之间（表6-6）。

表6-6　光滑豌豆淀粉和皱皮豌豆淀粉的糊化参数　（℃）

类　型	焓（ΔH）/J° g^{-1}	转变温度		
		起始温度	中间温度	终止温度
光滑豌豆	14.1~22.6	55~61.4	60~67.5	75~80
皱皮豌豆	2.9	117	133	38

注：资料引自李兆丰，顾正彪，洪雁．豌豆淀粉的研究进展．食品与发酵工业，2003，29（10）：70-74.

2. 豌豆淀粉的提取　旋风分离是工业中最常用的一种分离豌豆淀粉的方法。其基本步骤为：首先，为了使淀粉颗粒从蛋白基质中分离，一般用针磨将颗粒分散并较大程度地减小颗粒尺寸，然后根据比重的不同，采用旋风分离去除大部分蛋白质，得到低蛋白淀粉，再将所得到的低蛋白淀粉进一步进行针磨和旋风分离，去除剩余的结块蛋白质，并通过水洗去除大部分剩余的结合蛋白。通过上述步骤的提纯，淀粉中蛋白质含量可低于0.25%。

相比旋风分离等机械方法，湿磨工艺可以获得纯度较高的豌豆淀粉。将磨浆去渣后的浆液用质量分数0.02%NaOH进行碱化，然后通过适当的聚丙烯筛网进行多次过滤，从而使淀粉中的蛋白质含量逐渐减少。在pH9时，通过选用孔径不同的筛网（60~200μm）和不同的洗涤条件，光滑豌豆淀粉的提取率高达93.8%~96.7%。湿磨工艺所提取的淀粉中蛋白质含量为0.3%~0.4%。但国内传统上一般采用酸浆法和水洗法生产豌豆淀粉，一般纯度不高，蛋白质含量达到0.8 %以上。

现有报道中，豌豆淀粉提取的最新研究是曹杨（2012）运用碱溶酸沉法提取豌豆淀粉和豌豆蛋白联产工艺的研究。将豌豆清洗浸泡、去皮磨浆，将浆液配成料液1∶18的比例，在30℃下，用0.075mol/L的NaOH溶液浸提浆液18h，用100目筛对浆状物过滤，滤除纤维素等物料。在3 000r/min的转速下将滤后的浆状物离心15min，分为上清液（蛋白质液）和沉淀物（淀粉浆）。淀粉浆经离心后采用去离子水洗涤至中性，采用温度30.0~40.0℃热风干燥。将干燥后的淀粉粉碎、过120目筛后得到豌豆淀粉；蛋白质液调至pH值4.5酸沉，离心，去离子水洗涤至中性，洗涤后的蛋白质浆采用真空冷冻干燥，得到豌豆蛋白质。在此条件下，得到的豌豆淀粉得率为78.0%，纯度为86.4%（干基）；豌豆蛋白质得率为61.9%，纯度为79.4%。

豌豆→清洗浸泡→去皮磨浆→过筛分渣→静置分离→蛋白质液→酸沉→离心→冷冻干燥→蛋白质

↓　↓

淀粉渣 淀粉浆→洗涤→中和→干燥→淀粉

3. 豌豆淀粉的利用　豌豆中淀粉含量和蛋白质含量较高，氨基酸组成符合人体需要，具有丰富的营养价值，是人类食物和能量的主要食物来源，几乎占人类消费食品的30% 和能量的 60%~70%。豌豆淀粉用途极广，既可作食品、工业原料，又可直接食用，还可广泛地用于纺织、轻化、医药等方面。

在食品中主要是用来替代绿豆淀粉，可制作糕点、豆馅、粉丝、粉皮、凉粉、面条、风味小吃、粉芡等。

工业上一般用于制糊精、麦芽糖、葡萄糖、酒精灯也用于调制印花浆、纺织品的上浆、纸张的上胶、药物片剂的压制等。

豌豆淀粉中所含的抗性淀粉含量非常高，有很高的抗消化性，能够应用到食品中模拟脂肪，具有一般脂肪替代品的生理功能。因此豌豆制品可作为一种脂肪代替品应用于食品中，其高淀粉含量，中蛋白质，低水分，几乎不含油脂，且有降血糖、预防慢性病等功效，是一种很有潜力的功能性食品配料。

（三）豌豆蛋白质

1. 豌豆蛋白质的组成　据中国农业科学院作物品种资源研究所对 1 433 份豌豆资源的测定结果，干豌豆籽粒蛋白质含量变幅在 16.21% 到 34.50% 之间，最高含量和最低含量间相差一倍多。干豌豆蛋白含量的平均值为 24.84%。几种豆类蛋白质含量及组成如表 6-7 所示。

表 6-7　几种豆类蛋白质含盘及组成（干基）　（%）

品种	粗蛋白含量	水溶性蛋白		非水溶性蛋白
		清蛋白	球蛋白	
大豆	35~40	5~10	80~90	1~5
蚕豆	26~39	17~21	60~70	10~15
豌豆	18~30	20~25	55~60	19~22

注：资料引自李雪琴，苗笑亮，裘爱泳 . 几种豆类蛋白质组成和结构比较 . 粮食与油脂，2003（6）：19–20.

2. 豌豆蛋白质的结构　球蛋白是豌豆蛋白的主要组成部分，球蛋白可以分为两种组分：11S（Legumin）和 7S（Vicilin+Convicil in）。两者的比例为 0.2∶1~1.5∶1（表 6–8）。

表 6–8　三种豆类球蛋白组成（占总蛋白百分数）　（%）

名称	11S	7S
大豆	20~35	30~35
蚕豆	40~45	20~25
豌豆	20~30	20~40

注：资料引自李雪琴，苗笑亮，裘爱泳 . 几种豆类蛋白质组成和结构比较 . 粮食与油脂，2003（6）：19–20.

Legumin是豌豆种子主要的储存蛋白，分子量是60~80KD，通常以六聚集体形式存在，包括酸性（分子量为35~43 KD）和碱性（21~23KD）两类亚基，通过二硫键连接，由3条多肽链组成，分别为LegA，LegJ，和LegS 3个多肽段。

Vicilin的分子量为47~50KD，可以形成分子量为150KD的三聚体，在转录翻译过程中，Vicilin有两个切割位点（A，B），可以形成α（20KD）、β（13KD）和γ（12~16KD）3个片段，在切割位点A则可以产生20KD片段（即是α）和25~30KD的片段（即是β+γ），在切割位B则可以产生30~36KD片段（即是α+β）和12~16KD的片段（即是γ），处理后的肽段是通过非共价键连接组成。

Convicilin的分子量为70KD，可以形成约为210KD的三聚体，一般不会被糖基化，Convicilin和Vicilin具有广泛的同源性。

3. 豌豆蛋白质的功能特性

（1）溶解性　蛋白质的溶解性与pH值、温度、离子强度有着密切的关系。豌豆蛋白在酸性条件下（pH=2）有较高的溶解能力，但当pH提高到4~6时，溶解能力就变得很小。在碱性条件下，豌豆蛋白同样具有较高的溶解能力。

（2）保水性和吸油性　蛋白质的保水性与食品的黏度相关，它受pH值、温度、离子强度的影响。豌豆蛋白的保水性随pH值的增加而增加。除了pH值对豌豆蛋白质的保水性有影响外，温度对豌豆蛋白的保水性也有影响，一般情况下，随着温度的升高，蛋白质的保水性降低；吸油性是指蛋白中产品吸附油的能力，它与蛋白质的种类、来源、加工方法、温度等因素有关，而且也与所用的油脂有关。在较高温度时，豌豆蛋白的吸油性较低，而在较低温度时，豌豆蛋白的吸油性较强。

（3）起泡性与泡沫稳定性　起泡性是蛋白质搅打起泡的能力，泡沫稳定性是指泡沫保持稳定的能力。蛋白质的起泡性与泡沫稳定性与pH值、离子强度浓度、热处理、蛋白质的改性及蛋白质的种类有着密切的关系。豌豆蛋白的起泡性和泡沫的稳定性随着浓度的增加而增加。除浓度外，在pH =6时，豌豆蛋白的起泡性和泡沫的稳定性最强。

（4）乳化性与乳化稳定性　乳化性是指蛋白产品将油水结合在一起形成乳状液的性能，乳化稳定性是指油水乳状液保持稳定的能力。影响蛋白产品乳化性和乳化稳定性的因素有温度、pH值、离子强度、测试条件等。随着浓度的增加豌豆蛋白的乳化性与乳化稳定性增加，pH=4时，豌豆蛋白的乳化性和乳化稳定性都最小。

（5）凝胶形成性　凝胶性是指蛋白质形成凝胶的能力。据报道，豌豆蛋白具有凝胶形成性。

4. 豌豆蛋白质的提取　刘象刚等（2008）通过研究获得豌豆淀粉及蛋白分离的工艺，即在常温下使用0.1% H_2SO_3溶液在浸泡罐内进行浸泡，浸泡时间为50~60h，获得比较理想的产品品质和收率。淀粉收率达到47.6%，蛋白含量小于0.6%，蛋白收率25.4%，蛋白粉蛋白含量90.25%。

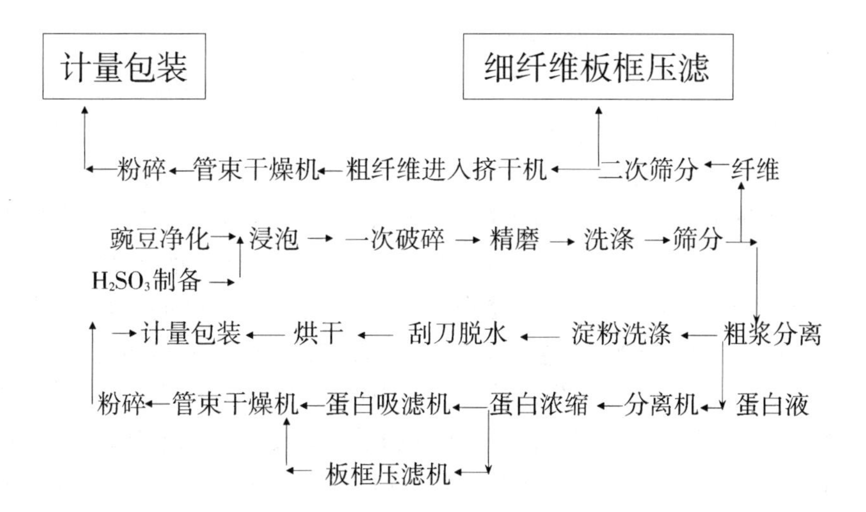

注：资料引自刘象刚，李守海，苗地．豌豆淀粉及蛋白生产的研究．淀粉与淀粉糖，2008，(1)：16-18，27.

沙金华等（2009）运用碱溶酸沉法提取豌豆蛋白质，即称取一定量豌豆，加水浸泡8h，然后人工去皮，用1：25料液比的蒸馏水磨浆，并在溶液pH值=9、45℃的温度下浸提50min。然后以2 500r/min离心30min，收集上清液，用0.05mol/L盐酸调节其pH 4.5进行酸沉，再以3 000r/min离心30min，收集沉淀，用蒸馏水清洗2~3次，用0.5mol/L氢氧化钠调节其PH到7.0，然后进行冷冻干燥，得到豌豆分离蛋白。在此提取条件下蛋白质的提取率为81.82%，其中蛋白质的含量为91.23%。

5.豌豆蛋白质的利用　作为一种食用蛋白添加剂，豌豆蛋白质的营养价值主要取决于其中必需氨基酸的含量和比例以及其生物体的生物利用率。豌豆蛋白是一种较好的必需氨基酸源，其组成比较平衡，与FAO/WHO推荐的标准模式较为接近（表6-9）。

表6-9　几种食用豆类必需氨基酸含量　（g/16g氮）

必需氨基酸	绿豆	豌豆	蚕豆	大豆	FAO/WHO标准模式
胱氨酸	0.3	0.9	0.8	1.3	3.5
蛋氨酸	1.3	0.7	0.5	1.3	3.5
赖氨酸	7.9	7.2	6.4	6.4	5.5
异亮氨酸	5.3	5.0	5.0	4.5	4.0
亮氨酸	9.3	8.0	8.4	7.8	7.0
苯丙氨酸	6.4	4.9	4.4	4.9	6.0
酪氨酸	2.6	3.2	2.3	3.1	6.0
苏氨酸	3.3	4.0	3.7	3.9	4.0
色氨酸	1.5	1.1	0.9	1.3	1.0
缬氨酸	6.1	5.4	5.3	4.8	5.0

注：资料引自朱建华．豌豆蛋白质的特性．商业科技开发，1996（4）：32-33.

（1）保健食品　近年来，欧美发达国家把豌豆蛋白作为保健食品逐渐风行起来，其消耗量每年高达65万t，占全部豆类消耗量的50%。美国农业部研究发现通过摄入豌豆蛋白，可以有效改善国民的膳食质量，在其发起的儿童成年保健食品计划中，号召国民每天摄入0.5c的豌豆蛋白，不仅可以保证充足的营养，且能有效地预防慢性疾病。

（2）食品添加剂　豌豆蛋白在食品加工中可作为食品添加剂替代部分肉蛋白，如火腿肠、香肠等产品的加工；添加豌豆蛋白质和豌豆粉均可提高面粉的蛋白质含量和营养价值，改善面粉的粉质特性。豌豆蛋白中异黄酮的含量（0.15mg/100g）低于大豆蛋白中黄酮的含量（100mg/100g），豌豆蛋白中的植酸对铁元素的吸收的影响低于大豆蛋白，并且人们对豌豆蛋白不会产生过敏反应，因而在一些缺乏大豆蛋白的地区或对大豆蛋白过敏的人群中，豌豆蛋白可以作为婴儿奶粉配方中最佳的蛋白来源；研究表明，同酪蛋白相比较，豌豆蛋白更能有效降低血浆中胆固醇、甘油酯，肝中胆固醇，同时也可以降低饮食中27%的胆固醇，采用豌豆蛋白代替蛋清蛋白制备巧克力蛋糕，可以有效减少对脂肪的摄取。

（3）药用价值　研究表明，豌豆蛋白水解物具有高效的抗氧化性和抗炎性，对炎症等疾病具有预防作用。

（四）豌豆膳食纤维

膳食纤维（Dietary Fiber）一词在1970年以前的营养学中尚不曾出现，根据《GBZ 21922-2008 食品营养成分基本术语》的定义，膳食纤维是指植物中天然存在的、提取的或合成的碳水化合物的聚合物，其聚合度DP ≥ 3、不能被人体小肠消化吸收、对人体有健康意义的物质。包括纤维素、半纤维素、果胶、菊粉及其他一些膳食纤维单体成分等。膳食纤维是健康饮食不可缺少的，纤维在保持消化系统健康上扮演着重要的角色，同时摄取足够的纤维也可以预防心血管疾病、癌症、糖尿病以及其他疾病。纤维可以清洁消化壁和增强消化功能，纤维同时可稀释和加速食物中的致癌物质和有毒物质的移除，保护脆弱的消化道和预防结肠癌。纤维可减缓消化速度和最快速排泄胆固醇，所以可让血液中的血糖和胆固醇控制在最理想的水平。

膳食纤维主要是不能被人体利用的多糖，即不能被人类的胃肠道中消化酶所消化的，且不被人体吸收利用的多糖。这类多糖主要来自植物细胞壁的复合碳水化合物，也可称之为非淀粉多糖，即非α-葡聚糖的多糖。

1.豌豆膳食纤维的性质

（1）吸水作用　膳食纤维有很强的吸水能力或与水结合的能力。此作用可使肠道中粪便的体积增大，加快其转运速度，减少其中有害物质接触肠壁的时间。

（2）黏滞作用　一些膳食纤维具有很强的黏滞性，能形成黏液型溶液，包括果胶、树胶、海藻多糖等。

（3）结合有机化合物作用　膳食纤维具有结合胆酸和胆固醇的作用。

（4）阳离子交换作用　其作用与糖醛酸的羧基有关，可在胃肠内结合无机盐，如

K、Na、Fe 等阳离子形成膳食纤维复合物，影响其吸收。

（5）细菌发酵作用　膳食纤维在肠道易被细菌酵解，其中可溶性纤维可完全被细菌酵解，而不溶性膳食纤维则不易被酵解。而酵解后产生的短链脂肪酸如乙酯酸、丙酯酸和丁酯酸均可作为肠道细胞和细菌的能量来源。促进肠道蠕动，减少胀气，改善便秘。

2. 豌豆膳食纤维的利用　中国居民膳食中的膳食纤维主要来源于谷类和豆类。而豆类膳食纤维较谷类含量更高，质感口感更好，可以加工成高纯度、高品质、高附加值的膳食纤维。

豌豆膳食纤维具有良好的持水性、乳化性、悬浮性及增稠性，能提高食品的保水性和保形性，提高冷冻、乳化稳定性。添加后可改善产品的组织结构，提高脆度、成型稳定性和出产率、延长保质期、减少脱水收缩。广泛应用于肉制品馅料、速冻食品、烘焙食品、糖果、饮料、米面制品、调味酱类等。

能预防肥胖、糖尿病、防治结肠癌、高血脂、心脏病、为人体健康所必须。可用于保健冲剂、减肥食品、低脂低糖食品、高纤维食品等功能性保健食品中。

二、豌豆的利用

（一）粮用

豌豆在国外一般制作成豌豆玉米沙拉、豌豆律、豌豆鸡肉沙拉、豌豆鸡片浓汤、椰味豌豆等食用。在国内，作为“小杂粮”，豌豆干籽粒磨成面粉，与小麦、荞麦、莜麦等其他粮食作物合理搭配作为主食，制作成糕点、杂粮面条、馒头及风味小吃等，在营养成分上可以互补，发挥人体营养平衡的作用。

1. 豌豆凉粉　将豌豆粉用水调为稀糊状，另备水烧沸，加入白矾，再将豌豆淀粉倒入沸水中，边倒边搅拌，凝固后摊凉，用刀切成 1.5cm 条状，加入调料即可食用。

2. 豌豆面　将豌豆面与白面或莜面按一定的比例混和在一起，加适量清水揉成面团，然后或擀或压或切，可制成面条、雀舌面、拔鱼儿、饸烙面等，下锅煮熟以后，浇上卤汁或肉末卤汁，即可食用。

3. 豌豆面墩墩　取适量豌豆面与白面按 1∶1 比例拌匀，加适量清水（冬温、夏凉）及花椒水和成面团，揉匀揉光滑饧透。再用适量白面加适量植物油、精盐和成油酥面。将揉好的面团擀成 1cm 厚的大面片，将油酥面均匀地铺在面片上，卷成条状，摘成小面剂，逐个将面剂按扁，撕成 3 块，3 块重叠，再用手按扁拉长拧转，放在案子上用手压住上端，顺时针方向拧转，使面剂成陀螺形，再用食指将上端按下，用“走捶”先擀下面，后擀捻正面，即成中间薄、周边厚的圆饼生坯，刷上驴卤油、上鏊烙至两面微黄色定型后，入炉膛内烤熟即成。

4. 豌豆搅团　取适量豌豆面与白面按 1∶1 比例拌匀，将面均匀撒入开水锅中，用筷子不停地搅拌，防止结团夹生，搅到黏稠状，盛入盘中，用勺子压扁，加上盐、醋等调味品即可食用。

5. 灰豆粥　著名兰州特色小吃。将麻豌豆在铁锅中炒至半熟，放入食用碱、红枣等佐料，文火熬煮5~6h成稀糊，颜色慢慢变成灰色或者褐色，即可出锅，吃时加白糖调味，去碱枣气息。灰豆粥浓郁甘甜但是甜而不腻，豆子饱满香绵依然很有嚼头，夏日冷饮祛暑、冬日热食滋补。

（二）菜用

1. 营养价值 在豌豆荚和豆苗的嫩叶中富含维生素C和能分解体内亚硝胺的酶，可以分解亚硝胺，具有抗癌防癌的作用。嫩豆粒中富含蛋白质、氨基酸、维生素E及Zn、Fe等营养元素（表6-10）。豌豆与一般蔬菜有所不同，所含的止权酸、赤霉素和植物凝素等物质，具有抗菌消炎，增强新陈代谢的功能。在荷兰豆和豆苗中含有较为丰富的膳食纤维，可以防止便秘，有清肠作用。

表6-10 干豌豆籽粒、青豌豆籽粒和食荚豌豆嫩荚中所含的维生素和矿质元素 （mg/100g）

营养成分	干豌豆	青豌豆	食荚豌豆的嫩荚
维生素B1	0.68~1.27	0.11~0.54	0.31
维生素B2	0.19~0.36	0.04~0.31	0.15
尼克酸	2.0~4.0	0.17~3.1	2.5
叶酸	7.5		
胆碱	235		
维生素	4.0~9.0	9~38	25
胡萝卜素	3.2~37.4	0.15~0.33	0.3
维生素pp	0.04~0.55		
Ca	68~118	13~63	20
P	307~471	71~127	80
Fe	4.4~8.3	0.8~1.9	1.5

注：资料引自Duke，James A. 1981，Handbook of Legumes of World Economic Importance，Plenu Press，New York and London;Xuxiao Zong，1993，Sweet Pea，Unexploieted and Potential Food Legumes in Asia，RAPA Publication : 1993/7，Bangkok，Thailand，P213.

2. 配菜 由于豌豆豆粒圆润鲜绿，十分好看，也常被用来作为配菜，以增加菜肴的色彩，促进食欲。嫩豆粒可用于炒菜（饭）、做汤，也是拼盘的优质原料，如江苏扬州经典的汉族小吃扬州炒饭；嫩豆荚可凉拌，可热炒，如清炒荷兰豆等；豌豆苗一般可凉拌、涮火锅等。个别品种还可当水果鲜食。

（三）食品加工

1. 提取淀粉、蛋白质、膳食纤维 从豌豆中提取的淀粉、蛋白质、膳食纤维，具有重要的开发价值和可观的经济价值，开发以豌豆为原料的综合利用及深加工具有广阔的前景。

2. 多种加工食品类型，丰富饮食文化 以豌豆为原料加工的食品主要有豌豆淀粉、豌豆蛋白、豌豆膨化粉、油炸豌豆、青豌豆罐头和豌豆豆奶等。代表性的食品有豌豆糕、豌豆黄、豌豆烧豆腐、桃仁豌豆蓉、虾仁杏仁炒豌豆等。现新开发豌豆食品有豌豆啤酒、豌豆酸奶、豌豆豆腐、冲泡即食豌豆粉等。也可制作油炸类休闲食品。

（1）*制罐头*　首先清洗青豆荚，剥去荚壳，按豆粒大小分级并检查质量，然后软化，一般在 99℃热水中软化 2~3min，82℃热水中软化 4 min。控制软化用水的 pH 值，使新鲜豌豆粒保持鲜艳的绿色。接着用冷水洗豌豆粒，尽快使其温度降到 32℃，再通过盐水池将豌豆按品质分级，将合格的豌豆粒装入罐头盒内，并注入浓度为 2.5% 的净化热盐溶液，再加入适量的糖，以恰能浸没罐内豆粒为度。在溶液中可加入薄荷、留兰香等香料，还可加入食品法所允许施用的色素，以满足不同消费者的需要。制罐头时，所用盐水的浓度应等于或低于波美度 8°，在温度不低于 77℃时将罐头中空气抽净并封盖，然后放入 110~122℃的自动压力锅内加压，在贮藏前要充分冷却。

（2）*豌豆黄*　白豌豆泡水去皮，用不锈钢锅加碱将豌豆煮成粥状，然后带原汤过箩，将过箩的豌豆粥放入锅内加白糖，炒 30 min，待豆泥流淌到锅中形成一个堆，再逐渐与锅内豆泥融合（俗称堆丝）时，即可起锅，将起锅后的豆泥倒入白铁模具内，盖上光滑的薄纸，防止裂纹，晾凉后即成豌豆黄。

（3）*冲泡即食豌豆粉*　即食豌豆粉是一种方便冲调产品，要求口感细腻、色泽好、富含营养、稳定性好。冲泡即食豌豆粉的工艺流程为：选豆→清洗→烘烤→浸泡→磨浆分离→调配→喷雾干燥→粉碎过筛→速溶豌豆粉。

（四）综合利用

豌豆除食用和食品加工外，豌豆淀粉还广泛用于造纸、纺织品、医药、化工和酿造等多种工业生产。

如用于制糊精、麦芽糖、葡萄糖、酒精，也用于调制印花浆、纺织品的上浆、纸张的上胶、药物片剂的压制等。

本章参考文献

鲍思伟 . 叶面施锰对豌豆生物效应的影响 . 江西师范大学学报（自然科学版），2005，29（1）：77-80.

卞松民 . 春豌豆高产技术要点 . 农民致富之友，2011（12）：4.

薄国森，李合智 . 河南省豌豆品种资源研究进展 . 河南农业科学，1990（2）：6-7.

蔡琳雅，李友杰，刘慧 . 豌豆营养价值探析 . 宁夏农林科技，2013，54（7）：71-72，83.

陈旭微，杨玲，章艺 .10℃低温对绿豆和豌豆下胚轴细胞一些抗氧化酶活性和超微结构影

响 . 植物生理学与分子生物学学报，2005，31（5）：539-544.

陈旭微 . 低温对豌豆幼苗生理特性和超微结构和影响 . 安徽农业科学，2009，37（31）：15 209-15 211.

陈旭微 . 豌豆下胚轴细胞的超微结构对低温的适应性变化 . 植物生理学通讯，2009，45（11）：1 081-1 084.

程须珍，王述民 . 中国食用豆类品种志 . 北京：中国农业科学技术出版社，2009.

杜兰芳，沈宗根，王立新等 .CdCl2 对豌豆种子萌发和幼苗生长的影响 . 西北植物学报，2007，27（7）：1411-1415.

杜兰芳，王立新，许俊，等 . 镧对汞胁迫下豌豆生长发育效应的影响 . 科技通报，2007，23（5）：670-675.

范安绪 . 菜豌豆早熟高产一诀——种子低温处理 . 四川农业科技，2001（12）：13.

冯红玲，陈德明，冯艳 . 宁南山区旱地马铃薯套种豌豆栽培技术 . 甘肃农业科技，2008（12）：57.

逄蕾，黄高宝 . 黄土高原旱地豌豆早播增产机理研究 . 干旱地区农业研究，2007，25（1）：196-200.

高运青，徐东旭，尚启兵，等 . 豌豆核心资源的气候生态反应 . 作物杂志，2007（3）：56-58.

顾娟，吴克兰，吴军，等 . 甜豌豆品种特性及栽培技术 . 上海农业科技，2006（4）：89-90.

郭兴凤 . 豌豆蛋白的功能特性研究 . 郑州粮食学院学报，1996，17（1）：69-74.

韩善华 . 豌豆根瘤胞间细菌的扩展及其“前途”. 微生物学报，1991，31（1）：7-11.

韩忠杰，熊柳，孙庆杰，等 . 酸水解 - 湿热处理对豌豆淀粉特性的影响 . 粮油食品科技，2012，20（6）：11-15.

何建栋，赵明，穆加耀，等 . 豌豆套种马铃薯综合农艺措施的数学模型研究 . 干旱地区农业研究，1994，12（4）：50-56.

何世炜，毛玉林，武得礼，等 . 大豆、豌豆间作种植模式的生态经济效益研究 . 草业科学，2000，17（3）：23-27.

何希强，肖怀秋，王穗萍 . 豌豆蛋白质起泡性与乳化性研究初探 . 粮油食品科技，2008，16（3）：50-52.

贺晨帮 . 半无叶型豌豆种质资源的鉴定和评价 . 作物杂志，2007（4）：60-61.

黄洪明 . 稻田秋豌豆免耕撒播与直播高产高效生产技术 . 江西农业科技，2004（5）：26-27.

霍琳，王建成，杨思存 . 兴电灌区油葵 / 豌豆带田高产高效种植模式研究 . 甘肃农业科技，2002（5）：11-12.

晋小军，李雪屏 . 陇中半干旱地区不同地类轮作周期土壤水分动态研究 . 甘肃农业大学学报，1994，29（1）：49-55.

景明，张金霞，施炯林 . 覆盖免耕储水灌溉对豌豆的腾发量和土壤水分效应的影响 . 甘肃农业大学学报，2006，41（5）：130-133.

景士西，丁春荣，谭其猛．关于豌豆、蚕豆的春化阶段发育和处理效应问题．沈阳农学院学报，1956（1）：11-15.

李合生．现代植物生理学．北京：高等教育出版社，2006.

李红，聂泽民．甜菜碱的研究进展．湖南农业科学，2000，20（5）：818-825.

李建荣，马平儒，张文钧．宁夏西吉县豌豆根腐病的发生流行与综合防治．宁夏农林科技，2006（2）：50，53.

李锦华，陈功，时永杰．高寒地区早熟豌豆引进品种的生产性能及其栽培技术的初步研究．中兽医医药杂志，2003（专辑）：68-72.

李满堂，孙俊．不同播种期、不同播种深度对豌豆性状和产量的影响．宁夏农林科技，2014，55（01）：11-12.

李宁，马琪，邱丹．西宁地区豆类作物害虫种类及发生为害初步调查．青海农林科技，2004（1）：1-3.

李乾坤，孙顺娣，李敏权，等．甘肃中部干旱山区豌豆根腐病综合防治研究．甘肃农业大学学报，1990，26（2）：158-164.

李生秀．影响豌豆氮肥肥效的一些因子．干旱地区农业研究，1991（1）：1-7.

李生军．盐胁迫对两个豌豆品种萌发及出苗影响的研究．青海草业，2008，17（3）：6-11.

李雪琴，苗笑亮，裘爱泳．几种豆类蛋白质组成和结构比较．粮食与油脂，2003（6）：19-20.

李兆丰，顾正彪，洪雁．豌豆淀粉的研究进展．食品与发酵工业，2003，29（10）：70-74.

林成辉，唐乐尘，倪伟健，等．不同豌豆品种对白粉病抗性特点与防治对策．中国蔬菜，2002（6）：37-38.

刘国花．盐胁迫对豌豆幼苗生理指标的影响．湖北农业科学，2007，46（3）：366-368.

刘文科，杨其长，邱志平，等．LED 光质对豌豆苗生长、光合色素和营养品质的影响．中国农业气象，2012，33（4）：500-504.

刘象刚，李守海，苗地．豌豆淀粉及蛋白生产的研究．淀粉与淀粉糖，2008（1）：16-18，27.

刘新星，罗俊杰．豌豆幼苗在盐胁迫下的生理生态响应．草业科学，2010，27（7）：88-93.

刘学彬．会宁县引黄灌区豌豆套种向日葵高产栽培技术．现代农业科技，2010（5）：94，100.

陆益平，王忠辉．秋豌豆不同播量对产量影响的试验．上海蔬菜，2008（1）：56-57.

马春珲，韩建国，毛培胜．一年生饲用燕麦与豌豆混种最佳刈割期的研究．西北农业学报，2001，10（4）：76-79.

马文奇，黄亚群，赵和，等．冀西北高原旱薄地豌豆促根抗旱栽培技术研究．河北农业大学学报，1995（18）（增刊）：107-112.

毛晓梅，汪惠芳，陈润兴．鲜食豌豆反季节栽培不同播期对产量的影响．江西农业科技，2004（3）：9-10.

缪敬霖，李方华．制种油葵与豌豆间作栽培技术．现代农村科技，2010（15）：10-11.

聂战声．高寒阴湿地区食荚豌豆栽培技术．甘肃农业科技，2008（2）：62-63.

牛俊义，闫志利，林瑞敏，等 . 干旱胁迫及复水对豌豆叶片内源激素含量的影响 . 干旱地区农业研究，2009，27（6）：154-159.

潘耀平，戴忠良，秦文斌，等 . 增施石灰对豌豆生长及制种产量的影响 . 长江蔬菜，2001（8）：31.

裴亚琼，宋晓燕，杨念，等 . 豌豆淀粉的提取及其理化性质的研究 . 中国粮油学报，2014，29（9）：24-28.

戚瑞生，党廷辉，杨绍琼，等 . 长期轮作与施肥对农田土壤磷素形态和吸持特性的影响 . 土壤学报，2012，49（06）：1 136-1 146.

祁翠兰 . 甜玉米套种甜豌豆无公害栽培技术 . 甘肃农业科技 2005（1）：17.

亓美玉等 . 豌豆在畜禽饲料中的应用 . 中国饲料，2014（1）：41 — 44.

曲玲，罗青，曹有龙，等 . 尿囊素浸种对豌豆幼苗生长发育影响 . 宁夏农林科技，2001（3）：30-31.

沙金华，马晓军 . 豌豆分离蛋白提取工艺的研究 . 食品工业科技，2009（7）：262-263，290.

邵娟娟，马晓军 . 豌豆皮膳食纤维吸附性质和抗氧化性质的研究 . 食品工业科技，2011，32（8）：157-159.

沈姣姣，王靖，潘学标，等 . 播期对农牧交错带豌豆生长发育、产量形成和水分利用效率的影响 . 中国农业大学学报，2013，18（3）：55-60.

沈宁东，贺晨邦，何建兰 . 水杨酸对豌豆种子萌发的影响 . 青海师范大学学报（自然科学版），2005（4）：83-86.

石鹏，王大勇，崔克明 . 豌豆顶芽衰老过程中的显微、超微结构和 nDNA 的变化 . 北京大学学报（自然科学版），2002，38（2）：204-211.

孙聃，田少君，郭兴凤 . 豌豆蛋白质及豌豆粉对馒头品质的影响 . 粮油加工，200（3）：81-83.

谭大凤，沈宁东 . 水杨酸对豌豆种子萌发及幼苗生长的影响 . 青海大学学报（自然科学版），2006，24（5）：41-43.

唐文雪，杨思存，马忠明 . 沿黄灌区玉米套种针叶豌豆栽培模式研究 . 甘肃农业科技，2009（05）：7-10.

唐咏 . 豌豆根瘤菌固氮结构基因向好气固氮菌（*Azotobacter vinelandii*）的转移 . 沈阳农业大学学报，1994，25（1）：70-74.

田学军，罗谦，赵洪木，等 . 豌豆对高温胁迫的某些生理响应 . 西南农业学报，2008，21（4）：965-967.

田学军，罗晶，陶宏征，等 . 豌豆根对热胁迫的生理响应 . 安徽农业科学，2009，37（16）：7 412-7 413.

田学军，罗谦，赵洪木，等 . 热胁迫对豌豆生理的影响 . 安徽农业科学，2008，36（13）：5 263-5 264.

田学军，陶宏征，罗晶，等 . 热胁迫对豌豆下胚轴生理的一些影响 . 云南植物研究，2009，

31（4）：363-368.

田蕴德，崔志军，杨治，等.氮磷钾与钼锌锰配施对豌豆长势及根腐病的影响.甘肃农业大学学报，1991，26（1）：55-61.

王凤宝，付金锋，董立峰，等.豌豆异季加代育种及选择试验.河北职业技术师范学院学报，2002，16（1）：5-8.

王凤宝，付金锋，董立峰.豌豆半无叶突变体的遗传及在育种上的利用.河北职业技术师范学院学报，2002，16（2）：6-8，70.

王芙兰.甘肃古浪豌豆潜叶蝇的发生与防治.植物医生，2003，16（1）：16-17.

王根华，钱和.发酵条件对豌豆根瘤菌细胞生长和辅酶Q10合成的影响.无锡轻工大学学报，2003，22（3）：101-104.

王俊珍.豌豆间套种马铃薯高产高效栽培技术.甘肃农业科技，2006（7）：60-61.

王兰宝，缪金国.棉田套种豌豆栽培技术.上海农业科技，2005（4）：106.

王小明，谢瑾，尹彩云.凉州区地膜玉米套种豌豆栽培技术.甘肃农业科技，2011（2）：61-62.

王旭，曾昭海，胡跃高，等.燕麦间作箭筈豌豆效应对后作产量的影响.草地学报，2009，17（1）：63-67.

王玉兴.玉米茬食荚豌豆免耕种植技术.长江蔬菜，2004（11）：27.

王照霞，郭贤仕，马一凡，等.青贮玉米豌豆间作对产量和水分利用效率的影响.甘肃农业大学学报，2005，40（4）：492-497.

王志刚.豌豆资源类型筛选抗病性鉴定与利用评价.内蒙古农业科技，2003（1）：12-13.

魏镇泽，柴强，黄鹏，等.玉米间作豌豆水分利用效率对供水水平和种植密度的响应.西北农业学报，2012，21（8）：135-138.

吴分田.马铃薯－早熟大白菜－秋豌豆栽培模式.上海蔬菜，2007（4）：54.

吴文杰，蔡小霞.甜菜碱和硫酸锌影响海水胁迫豌豆幼苗的生长.作物杂志，2009（5）：31-34.

吴晓刚，王生强，李福，等.豌豆套种玉米栽培技术.宁夏农林科技，2008（6）：59.

伍克俊，谢正团，李秀君.甘肃中部地区豌豆根腐病病原研究.甘肃农业大学学报，1992（3）：225-231.

伍克俊 谢正团.豌豆根腐病综合防治研究.兰州科技情报，1994（3）：6-10.

席玲玲，闫志利，牛俊义，等.干旱胁迫对豌豆籽粒灌浆特征及产量的影响.甘肃农业大学学报，2010，45（1）：31-36.

谢建明，杨勤.豌豆播期试验总结.新疆农业科技，2007（01）：13-14.

谢奎忠，黄高宝，李玲玲，等.施钾对旱地豌豆产量、水分效应及土壤钾素的影响.干旱地区农业研究，2007，25（5）：15-19.

闫志利，轩春香，牛俊义，等.干旱胁迫及复水对豌豆根系内源激素含量的影响.中国生态农业学报，2009，17（2）：297-301.

杨改河，申云侠，钮溥.土壤贮水抗旱栽培豌豆的试验研究.干旱地区农业研究，1991，

（3）：41–47.

杨红，王锁民．豌豆种子萌发时的含水量对子叶中蛋白酶和淀粉酶活性的影响．西北植物学报，2002，22（5）：1 136–1 143.

杨君林，马忠明，曹诗瑜，等．马铃薯与针叶豌豆套种的效果研究．甘肃农业科技，2008（12）：32–34.

杨起简，周禾，С И. Погосян. 不同钠盐胁迫对豌豆幼苗超弱发光的影响．核能学报，2003，17（2）：111–114.

杨晓明，任瑞玉．国内外豌豆生产和育种研究进展．甘肃农业科技，2005（8）：3–5.

叶宗民，张冬民，陈军法．无公害豌豆示范基地优质高产栽培技术．上海蔬菜，2006（6）：28，40.

尹飞．秋豌豆不同播期试验研究初报．上海农业科技，2004（2）：81–82.

应珊婷，姚晗珺，董国堃，等．豌豆使用农药的风险分析和应对策略．中国蔬菜，2009（5）：22–24.

张广学，钟铁森．中国经济昆虫志，第二十五册，同翅目，蚜虫类（一）．北京：科学出版社，1983.

张红萍，牛俊义，轩春香，等．干旱胁迫及复水对豌豆叶片脯氨酸和丙二醛含量的影响．甘肃农业大学学报，2008，43（5）：50–54.

张少斌，刘曦，赵依诗，等．水分亏缺条件下豌豆肌动蛋白异型体 PEAc Ⅱ基因的表达．华北农学报，2010，25（3）：1–4.

赵洪礼贾金龙 缪样辉等．豌豆落花落荚、花芽分化及栽培技术．青海科技，1997（4）：11–13，33.

赵维涛，李继明．旱作区黑色地膜全膜双垄侧播马铃薯套种豌豆栽培技术．甘肃农业科技，2013（1）：59–60.

赵忠，高秀英．豌豆套种向日葵双丰产栽培技术．内蒙古农业科技，2000（2）：41–42.

郑敏娜，李荫藩，梁秀芝，等．水分胁迫对豌豆种子萌发和幼苗生长发育的影响．山西农业科学，2012，40（3）：212–216.

郑卓杰．中国食用豆类学．北京：中国农业出版社，1997.

周瑞莲，王刚．水分胁迫下豌豆保护酶活力变化及脯氨酸积累在其抗旱中的作用．草业学报，1997，6（04）：39–43.

朱建华．豌豆蛋白质的特性．商业科技开发，1996（4）：32–33.

朱小平，刘微，高书国，等．NaCl 胁迫下施用有益微生物加菌糠对豌豆生长及结瘤的影响．河北科技师范学院学报，2004，18（1）：20–22.

宗绪晓，关建平，王海飞，等．世界栽培豌豆（*Pisum sativun* L.）资源群体结构与遗传多样性分析．中国农业科学，2010，43（2）：240–251.

邹德根．秋播矮生硬荚豌豆高产栽培技术试验初报．江西农业科技，2002（4）：28–29.

Jiany Y Q，Zhao W L .Experssion and phylogenetic analysis of pea actin isoforms.Acta Botanica Sinica，2002，44（12）：1 456–1 461.

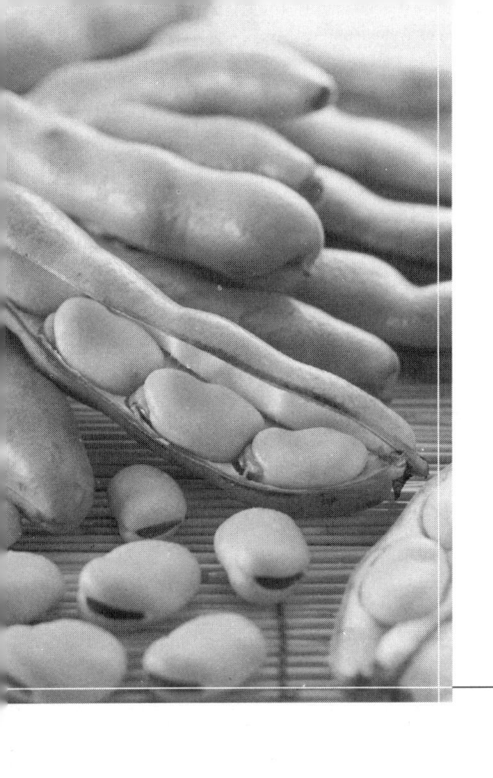

第七章
黄土高原蚕豆种植

第一节　蚕豆品种

蚕豆是世界上重要的豆科作物。中国是世界上最大的蚕豆生产国和出口国，蚕豆种植面积占世界种植面积的59%，总产量占世界蚕豆总产量的61%。中国蚕豆种植情况和生产水平影响和决定世界的蚕豆生产。中国蚕豆栽培历史悠久，早在4 000—5 000年前就有蚕豆种植。在云南省宾川一带还有野生蚕豆资源。蚕豆分布范围广，南北跨越25个纬度，东西经过45个经度，从海拔4 000m的西藏拉萨河畔到海拔10m以下的东海之滨，均有蚕豆种植。

蚕豆属于高蛋白、低脂肪、富淀粉的豆科作物，是中国重要的粮食、蔬菜、副食、饲料、绿肥和养地作物。在蚕豆产区，蚕豆配以大米、小麦面、玉米面、青稞面等制作成形式多样、营养丰富的主食，补充了粮食作物所匮乏的蛋白质和维生素B_2。鲜蚕豆是中国佳肴，干蚕豆是耐储藏蔬菜。蚕豆还含有大量的具有治疗作用的化学成分。药食同源，具有一定的医疗保健作用。蚕豆全身是宝。茎、叶、荚、粒是猪、牛、羊、马等家畜的重要饲料。蚕豆根系发达，通过对土壤的生物耕作，增加土壤孔隙度，改善土壤结构。根瘤固氮，除满足蚕豆自身需要外，还有可以残留土壤。落叶残根肥田，牲畜过腹还田，增加土壤有机质。与禾本科作物、薯类作物复合种植解决用地和养地矛盾，大幅度提高当季作物和后茬作物产量。因此，蚕豆在中国传统农业生产中是重要的养人、养畜、养地作物，对于培肥地力，提高产量起到关键作用，对于保持耕地生态平衡和耕地永续利用起了重要的保障作用。

蚕豆营养丰富，用途广泛。蛋白质含量30%左右，在豆类作物中是仅次于大豆的一种植物蛋白质资源。蚕豆淀粉含量49%，脂肪含量0.8%，与大豆相比，是一种高蛋白、富淀粉、低脂肪作物。世界上有43个国家种植蚕豆。中国是蚕豆生产大国，种植面积、总产分别占世界的53%和61%，平均单产低于法国、德国和埃塞俄比亚，位于第四。中国蚕豆种植面积、生产水平直接影响世界蚕豆生产。

蚕豆长期以来是中国一些地区重要的粮食、副食品和重要饲料。蚕豆植株高大，根系发达，根瘤固氮，是优质绿肥作物；合理轮作能培肥土壤，改良土壤结构；在复合种植中既能保证当季高产又促进后作高产，对中国蚕豆种植地区耕地常用不衰，农业持续发展起了重要的作用。随着科学技术的发展，蚕豆又是初代食品工业、饲料工业和医药、轻化工的重要原料，对于农村产业结构调整、农业产业化、农民致富以及促进国民经济持续发展起着愈来愈重要的作用。

一、种质资源

蚕豆（*Vicia faba* L.）是豆科（Leguminosae）野豌豆属（*Vicia*）一年生或二年生草本植物。据《中国植物志》记载，野豌豆属在世界上约有200种，中国有43种。栽培上有众多的品种，归于不同的类型。

蚕豆耐 -4℃低温，畏暑，最适宜的生长温度为20℃左右，不耐高温和干旱。需水较多，但不耐渍。适于多种土壤栽培，以耕层有机质含量高，排水良好的黏质壤土或较肥沃的沙质壤土最好，在pH值为6~8的土壤上可生长良好，中国南北各地皆可种植。

黄土高原蚕豆有丰富的种质资源。

蚕豆起源虽然有较多研究，但至今仍没有定论。Ladizinsky（1975）认为中亚中心是蚕豆最初起源地，地中海沿岸及埃塞俄比亚是大粒蚕豆的次生起源地。最近研究证明蚕豆可能起源于亚洲中部和西部，阿富汗和埃塞俄比亚为次生起源地（叶茵，2003）。Cubero（1974）推测蚕豆起源中心在近东地区，并由此向4个方向传播：从地中海地区向北传播到欧洲，从北非沿地中海岸传播到西班牙，从尼罗河三角洲传播到埃塞俄比亚，从美索不达米亚平原向东传播到印度，从印度传播到中国。然而，Muratova（1931）认为大粒蚕豆的起源中心在北非，小粒蚕豆原产于里海南部。Maxed（1993）却认为亚洲的西南部是巢菜属的起源中心。在以色列考古研究中发现的蚕豆种子，说明公元前6500~6800年已有蚕豆种植（Kislev，1985；Garfinkel，1987）。而在叙利亚西北部的考古发现表明蚕豆的起源可以追溯到公元前10000年（Tannoet et al，2006）。以上考古资料似乎表明亚洲的西南部是蚕豆的主要起源中心。蚕豆何时传入中国没有确切的记载，但有一些历史文献记载了中国蚕豆的来源和用途，三国时代张揖撰写的《广雅》中出现胡豆一词。北宋时期宋祈撰《益都方物略记》（公元1057年）中记载：“佛豆，豆粒甚大而坚”。公元1587年，明朝李时珍撰写的《本草纲目》中说：“张骞使外国得胡豆种归，令蜀人呼此为蚕豆”。也有研究认为2100年前蚕豆从中东地区经丝绸之路传入中国北部（郑卓杰，1997；叶茵，2003）；但1973年在甘肃省广河县（春播蚕豆区）的历史遗迹中出土的古陶器上有蚕豆的图绘以及浙江吴兴（秋播蚕豆区）新石器时代晚期的钱山漾文化遗址中出土的蚕豆半炭化种子，说明距今4000~5000年前中国已经栽培蚕豆了（Duc et al，2010）。由此可见，蚕豆在中国的栽培历史十分悠久。中国云南丽江一带有一种拉市青皮豆，栽培历史很久，据说是当地的原产品种。Zong 等（2009，2010）利用 AFLP 分别对中国冬性和春性蚕豆资源与国外蚕豆资源进行比较研究，结果表明，中国蚕豆资源明显与国外资源相分离。本研究利用 ISSR 标记发现中国蚕豆资源遗传变异丰富，遗传多样性较高，中国春性和冬性蚕豆属于明显不同的 2 个基因库，并明显与国外资源分离。由此可以推断中国可能是蚕豆的又一个次生多样性中心。因此，蚕豆的起源、中国是否是蚕豆的次生起源中心以及蚕豆在中国的栽培历史均有待进一步研究论证。蚕豆是巢菜属科（*Vicia* L.）各个种中生殖隔离最好的一个种，蚕豆与巢菜属其他种之间无杂交成功事例（Rowland et al，1986）。迄今为止世界上没有发现蚕豆的近缘野生种，与蚕豆种最为近似的野生种为来自阿尔及利亚的 V.pliniana（Trabut）Mura（Tmuratova，1931）。有研究认为 paucijuga 为蚕豆种最近的野生种（Cubero et al，1981）。然而 Ladizinsky（1975）和 Birch 等（1985）反对把 *V. narbonensis* L. 和其他野生种当做与栽培蚕豆最近的祖先种。

蚕豆为常异花授粉植物，在形态学特征上，蚕豆种与巢菜属其他种不同之处在于蚕豆没有卷须，以及种脐正好在种子长度的一端。蚕豆种内有不同的分类，Muratova（1931）根据种子大小将蚕豆种分为两个亚种 *paucijuga* 和 *Eu-faba*，亚种 *Eu-faba* 有 3 个变种分别为 *MinorBeck*（种子小）、*equinapers*（种子中等）和 *faba*（种子大、扁平）。在阿富汗和印度发现亚种 Paucijuga，其植株矮小，每片复叶的小叶少，每花序的花较少，籽粒小。大粒蚕豆变种 major 主要分布在南地中海国家和中国，到 16 世纪扩大到墨西哥和南美。在埃塞俄比亚地区发现小粒蚕豆变种 *minor*，之后在北欧农业中逐渐受到重视，中粒蚕豆变种分布在中东和以埃及为主的北非国家（Duc，1997）。随后 Hanelt（1972）提出新的分类，他认为蚕豆的 2 个亚种为：*minor*（最古老的一个）和 *faba*。*faba* 的 2 个变种为 equina 和 faba。Cubero（1974）认为蚕豆有 4 个植物学变种，即 *paucijuga*、*minor*、*equina* 和 *faba*。

截至 2008 年，全世界 37 个国家共收集蚕豆资源 38 360 份，目前最大的收集单位是国际干旱地区农业研究中心（ICARDA），保存有 9 016 份蚕豆资源，占世界的 24%，其次为中国 5 229 份，占世界的 14%。保存蚕豆资源较多的国家还有澳大利亚 2 445 份、德国 1 920 份、法国 1900 份、俄罗斯 1881 份、意大利 1 876 份、摩洛哥 1715 份、西班牙 1 622 份、波兰 1 258 份，埃塞俄比亚 1 118 份；欧洲收集的 18 076 份蚕豆资源中有 50% 的来自世界其他国家，另一半为欧洲本土资源（Duc et al，2010）。这些种质资源多保存于 -20~-18℃的长期库和 5℃左右的中期库中。随着各国地方资源大范围收集和资源创新工作，保存的资源份数将进一步增加。中国长期库保存的国内外蚕豆种质资源中 65% 为国内地方品种和育成品种，35% 为引进的国外蚕豆资源（宗绪晓等，2005）。过去的 20 年中，中国对现存的全部蚕豆种质资源进行了农艺性状鉴定，并对其中部分资源进行了抗病性、抗逆性和品质性状鉴定，从中初步筛选出了部分优异种质用于品种改良和直接推广利用，取得了显著的社会和经济效益。甘肃省临夏州农科所以当地植株健壮，生育期较长，丰产性较好的马牙蚕豆作母本，与引进的株高适中，适期成熟，适应性强，籽粒较薄的英 175 作父本进行杂交，育成具有丰产、稳产、抗逆性强、适应性广、商品性好的临夏大蚕豆，曾经是该省 20 世纪 80 年代初大面积的主栽品种（赵群，2000）。2003—2007 年中澳合作项目《在中国和澳大利亚雨养型农业系统中增加冷季豆类生产研究》（CS1/2000/035）中，充分利用春、秋两播区的播种季节反差对蚕豆资源进行穿梭育种改良，这样可缩短选择周期，提高资源的利用率。随着小宗粮豆事业的发展，全国蚕豆联合区域试验于 2003 年开始实施，临蚕 2 号是第一个通过国家鉴定的蚕豆品种（郭兴莲等，2008）。

中国蚕豆地方种质是在不同地区不同生态条件下形成的，具有不同的特性和较强的地区适应性。冬性蚕豆地方种质中，如浙江慈溪大白蚕和上虞田鸡青、云南昆明白皮豆和宜良绿叶豆、四川西吕大白蚕等，一直沿用至今。还可以从优良的地方种质中通过系统选育，选出高产、稳产、优质、抗病性强的种质应用于生产，如浙江省的利丰蚕豆、云南省的凤豆 4 号、启豆 1 号，四川省的成胡 9 号。地方种质中含有特异性状的基因资源。

二、生产布局

从豆的生产与分布看，中国是世界上蚕豆栽培面积最大、总产量最多的国家。据 FAO 最新统计（FAO，2009），2001—2007 年平均，全世界干蚕豆栽培面积为 267.36 万 hm^2，总产 445.78 万 t，其中中国栽培面积为 114.31 万 hm^2，总产 209.26 万 t，中国蚕豆栽培面积和总产在世界上所占比重分别为 42.76% 和 46.94%。云南省是中国蚕豆生产面积和产量最大的省份，其产量约占中国总产的 27%。除中国外，面积和产量较多的国家还有埃塞俄比亚（37 万 hm^2；45 万 t）、埃及（14 万 hm^2；44 万 t）、澳大利亚（16 万 hm^2；27 万 t）。欧洲蚕豆栽培面积和产量分别为 37 万 hm^2 和 120 万 t，分别占世界蚕豆栽培面积和产量的 14% 和 25%，其中英国 67 万 t，法国 29 万 t，意大利 6.5 万 t，德国 5.6 万 t，西班牙 5.2 万 t（FAO，2009）。中国蚕豆出口数量在 20 世纪 90 年代达到 43×10^4t，后来逐渐下降。近年来中国蚕豆出口量一直保持在 2×10^4t~3×10^4t 之间，主要出口埃及、日本、意大利、也门、印度尼亚西等国，出口的蚕豆主要来自青海、河北、甘肃、云南等省的大粒蚕豆（柴岩等，2003）。中国蚕豆生产和贸易运作成本较高，产品质量不稳定，小杂粮食品加工利用研究少等原因限制了中国蚕豆的外贸与出口。中国蚕豆在生产上分为秋播和春播两大生态区，其中秋播蚕豆种植面积和产量在中国蚕豆生产中所占的比重分别为 85.5% 和 78.2%；秋播蚕豆以长江流域地区为主，春播蚕豆以西北和华北北部为主；青蚕豆生产主要分布于干蚕豆主产区内的大、中城市周边地区（宗绪晓等，2005）。大多数国家以栽培饲料用蚕豆为主，其次是粮用蚕豆，菜用蚕豆栽培较少。

中国秋播区的菜用和粮用蚕豆以云南、江苏、浙江、四川、重庆、安徽和湖北等省栽培最多；中国春播区蚕豆主要集中在青海、宁夏、甘肃、内蒙古等省区的高寒区域以及河北省张家口坝上，以粮用蚕豆为主，很少菜用，其他各省栽培面积较小（李清泉等，2008）。蚕豆适应冷凉气候和多种土地条件，有生物固氮之王的美誉，具有高蛋白含量，易消化吸收，粮、饲、菜兼用和深加工增值等特点，是种植业结构调整中重要的间套作和养地作物，也是中国北方主要的早春作物、南方主要的冬季作物。中国蚕豆在世界蚕豆生产中占有重要地位。

主要分布在温带和亚热带地区。根据联合国粮农组织的统计，全球有 50 多个国家种植蚕豆，收获总面积为 318.2 万 hm^2，产量为 29.1 万 t。蚕豆生产以亚洲最多，面积和总产量均占世界的 55% 左右；其次为非洲和欧洲。北欧、埃及、埃塞俄比亚、阿富汗及印度等以小粒为主，中国、地中海沿岸、西亚及拉美地区以大、中粒种为主。

中国地域辽阔，生态条件复杂，作物种类多样，栽培的蚕豆品种很多，分布非常广泛，全国各地都有。栽培面积和产量居世界首位，其次为埃塞俄比亚、阿尔及利亚、意大利、法国、摩洛哥等。中国栽培主要的是冬蚕豆，以四川、云南、湖北、湖南、安徽、江苏及浙江为多；广西、福建及贵州等省自治区次之；春蚕豆面积较少，主要分布在甘肃、青海、宁夏等省自治区。中国农业统计中，豆类归属粮食，在粮食作物总播种面积中，豆类占 9.89%。（其中食用豆类占 2.85%，381.9 万 hm^2）；在粮食总产量中，豆类占 3.73%（其中食用豆类占 0.92%）。

蚕豆在中国所有的食用豆类总产量中占一半的比例，一部分用于出口，一部分国内自销。但是蚕豆出口近两年来呈下降趋势，主要是因国内消费量增加，同时对外出口国家的要求不一致。而中国出口蚕豆的加工程度比较低，基本是简单的分级分选加工。据中国海关统计，2003 年各种杂豆出口总量达到 105 万 t，比 2002 年增长 20%。

蚕豆是中国食用豆类作物种植面积最大的作物，始终保持着在世界上栽培生产规模最大的地位。蚕豆集蔬菜、饲料及工业原料于一身，属粮食、经济兼用型作物。青蚕豆鲜销和高蛋白饲用、淀粉加工及其综合经济效益显著高于其他豆类作物。在农业耕作体系、种植业结构调整及特色产业发展中具有不可忽视的地位。

蚕豆属冷凉型作物，分春播和秋播两大类型，播种面积分别占全国蚕豆总播种面积的 14% 和 86%。其中播种面积最大的区域是西南的云南、四川、贵州 3 省，占全国种植面积的 55%；其次是华东的江苏、浙江两省和华中的湖南、湖北、江西 3 省，占 33%；青海、甘肃、河北 3 省占 10%，其他省区占 2%。总体来看，中国蚕豆生产规模处于较大的起伏波动中，西南、华东等主产区蚕豆生产规模处于上升趋势或相对稳定状况。

蚕豆在全国大多数省份都可种植，长江以南地区以秋播冬种为主，长江以北以早春播为主。除山东省、海南省和东北 3 省极少种植蚕豆外，其余各省（自治区、直辖市）均种有蚕豆。其中秋播区的云南、四川、湖北和江苏等省的种植面积和产量较多，占 85%，春播区的甘肃、青海、河北、内蒙古等省区占 15%。云南是蚕豆种植面积最大的省份，占全国的 23.7%，常年种植在 35 万 hm^2 左右，以秋播为主。

蚕豆是一种粮、菜、饲、肥兼用的重要作物，有较高的经济价值，在世界蚕豆生产中，中国是种植面积最大的国家。据联合国《农粮组织生产年鉴》统计，1984 年世界蚕豆种植面积为329.4万hm^2，中国达180万hm^2，占54.60%；总产403.9万t，中国225万t，占5.7%。中国蚕豆主要分布在长江流域一带，其种植面积占全国总面积的90%左右。由于生态条件的差异。因而具有明显的地域性，形成了各具特点的栽培方式和种植类型。关于中国蚕豆的生产区划，曾经有学者进行过研究，提出了区划意见，这对蚕豆科研和生产具有一定的指导意义。但这些区划意见失之过粗，不够完善，有待商榷。本文在总结和分析中国蚕豆生产及研究的基础上，依据各地的播期、生育期>5℃积温、年均温、七月均温等指标，采用模糊聚类方法，通过计算机处理，得出了中国冬蚕豆和春蚕豆的生产分区。中国蚕豆栽培历史约有4 000~5 000年，分布广泛。秋播蚕豆主要分布在中国南方各省，以云南、四川栽培面积为最大，次为湖北、湖南、江苏、浙江、贵州等省。春播蚕豆主要分布在北方各省，以甘肃、内蒙古、青海等省的面积较多。中国蚕豆栽培分布的特点是：南方多，北方少，秋播多，春播少，平原多，山地少，水稻产区多，杂粮产区少。

（一）秋蚕豆

秋播生态型蚕豆，播种期10~11月。越冬后开花，4~5月底成熟。产区年平均气温约16℃，年日照时数1 500~1 800h年降水量700~1 200mm。轮作方式是北纬30°以南多为双季稻后种一季蚕豆，长江流域和西南各省，蚕豆与单季稻为主体的稻一麦（油、豆）轮作。另外，也有蚕豆与甘蔗、棉花、芝麻、玉米轮作。

（二）春蚕豆

春播生态型蚕豆，播种期2~4月，5~6月开花，8~9月成熟。年平均气温约3~10℃，年日照时数2 500~3 000h，年降水量30~1 000mm。轮作方式是蚕豆与春小麦、玉米等作物轮作，一年一熟。

由于中国蚕豆产区分布广阔，自然条件的水平变化和垂直变化千差万别，生产划分为二个生产大区、8个生产区、11个生产亚区。

（三）分区简述

1. 冬蚕豆生产区

（1）南方丘陵区　包括两广、福建等省。全年无霜期300~325d，年平均气温18~22℃，元月均温8~15℃，生育期≥5℃积温1 300~1 500℃，年降水量>1 000mm，但蚕豆生长季节时逢旱季，需要灌溉。11月10~20日播种，翌年4月1~11日收获。全生育期140~160 d。生产上使用的蚕豆有土豆仔、拉兴73、广蒲3号等早熟半矮秆品种，轮作方式为水稻－蚕豆（大麦）。

（2）长江中下游区　包括北纬28°~32°之间的上海、浙江、江苏、江西、福建、安徽、湖北、湖南等省市，是中国蚕豆的主产区之一，栽培面积占全国蚕豆总播种面积的37.41%。年无霜期220~280 d，年平均气温14~18℃，元月均温2~5℃，蚕豆生育

期 >5℃积温 1 200~1 300℃，年降水量 1 000~1 600mm，干燥度 K < 1。10 月 10—20 日播种，翌年 5 月下旬收获，全生育期 200~230 d。生产上使用的蚕豆有著名的慈溪大白蚕，田鸡青、三白蚕、青衣豆、小青豆等中早熟品种。轮作方式为水稻—蚕豆（大麦），还有豆、棉和豆、麦间套种，而湖南、湖北、江西还有蚕豆和油菜、蚕豆和小麦间作。

应指出的是江苏北部的南通、盐城地区，处于秋蚕豆生产的边缘，是一个比较特殊的地区，气温偏低，热量不足，在聚类图上为一单列区，即苏北亚区。

（3）西南山地丘陵区　包括云南、贵州、四川和陕西的汉中地区，是中国蚕豆主要产区之一。播种面积占全国总播种面积的 42.13%。年无霜期 220~30 d，年平均气温 14.0~16.6℃，元月均温 2.1~7.7℃，年降水量 800~1 200mm。10 月 10—20 日播种，5 月收获，全生育期约 210 d。生产上使用的蚕豆有成胡 9 号、昆明白皮豆、祥云豆、府谷蚕豆等中、早熟品种。轮作方式为水稻—蚕豆或与小麦间作。

陕西省的汉中地区位于陕西南部的秦巴山地，气温略低于云、贵、川，但生产条件与四川相近，在蚕豆生产区划中划为汉中亚区。

2. 春蚕豆生产区

（1）甘西南、青藏高原区　是中国大粒型蚕豆产区。包括西藏、青海、甘肃西南部、陇中地区，北纬 34° ~37°，海拔 150~4 300m。年平均气温 2.5~8℃，七月平均温度 15.0~18.0℃，生育期＞ 5℃积温 1 300~1 500℃，年降水量 200~500mm，年无霜期 100~180d，日照时数 2 600~3 000h。2 月中旬至 4 月上旬播种，8—9 月收获，全生育期 150~180d。一年一熟。生产上使用的蚕豆有临夏马牙、湟源马牙、拉萨 1 号、青海 3 号、尕大豆、胜利蚕豆、和政蚕豆等。轮作方式为蚕豆—小麦和蚕豆—小麦—小麦。

（2）北部内陆区　包括北纬 38° ~ 44° 的内蒙古、河北、山西、宁夏、河套地区及甘肃河西走廊。其走向沿长城内外一线，海拔 800~1 600m。年平均气温 4~10℃，最热月均温 <24℃，生育期≥ 5℃积温 1 700~1 900℃，年降水量 400~1 000mm，但分布不匀，河西走廊不足 100mm，干燥度（K）在 1.5 以上。3 月中旬到 5 月中旬播种，7—8 月收获，全生育期 97~130d。生产上使用的蚕豆品种有大马牙、大板马牙等。本区又进一步划分为长城沿线区、河套区、河西走廊区。

（3）北疆区　包括新疆天山南北地区，属大陆性干旱、半干旱气候，一年一熟，以小麦、玉米为主，蚕豆栽培面积较小。

青海省农林科学院是长期从事春蚕豆育种改良研究的科研单位，育成的品种在中国春蚕豆区广泛种植。青海系列蚕豆是青海、宁夏、西藏地区和甘肃部分地区的主栽品种，青海已成为国内春蚕豆原种扩繁基地和出口蚕豆生产基地。“十五”期间，通过青海省农作物品种审定委员会审定的蚕豆新品种 3 个。近几年，在全省农业生产中发挥着重要的增产增收作用。新品种改良和推广力度逐年加大，2008 年全省蚕豆平均单产 194kg，比 2000 年的 126.9 kg 提高了 67.1 kg，提高了 52.9%。主要推广的品种有青海 3 号、青海 9 号、青海 10 号、青海 11 号、青海 12 号、马牙等。其中“青海 3 号”在全国农业博览会上获得金奖。

三、品种类型

蚕豆大、中、小粒的划分标准也不尽相同。中国一般将百粒重在 70g 以下称为小粒变种，70~120g 为中粒变种，120g 以上称为大粒变种；根据用途不同，还可分为食用、饲用、菜用和绿肥用蚕豆品种；以种皮颜色不同可分为红皮蚕豆、白皮蚕豆和青皮蚕豆；按播种期不同，分为冬性蚕豆和春性蚕豆；成熟期上分为早熟型、中熟型和晚熟型等（郑卓杰等，1997）。

（一）冬春性类型

蚕豆生育早期有春化反应，栽培品种有春性和冬性两大类型，习称春蚕豆和冬蚕豆。

有研究表明，在 2~4℃温度条件下，处理不同天数的冬蚕豆品种的种子。随处理时间的延长，超氧化物歧化酶（SOD）、过氧化氢酶（CAT）、过氧化物酶（POD）活性随处理时间的延长先升后降。叶绿素含量差异不明显。认为 14d 是春化处理的适宜时间。冬蚕豆用于秋或冬播，田间条件可以满足春化要求。春蚕豆一般无春化反应，在春播田间条件下，生育进程不受阻。

据 M.Moreno 认为世界蚕豆种质可分为地中海品种和欧洲品种两大生态类型。地中海品种适应暖冬、短春、夏季长热气候，其植株特点是株高适宜，叶形适中，不裂荚，适应性强；欧洲种质适应冷冬、长春、夏季短凉气候，其植株特点是花节高，单株分枝少，高产潜力大。中国冬性蚕豆性状与地中海品种极为相似，分布在秋播蚕豆生态区，苗期可耐 -5~-2℃低温，可以安全过冬。主茎在越冬阶段常常死亡，翌年侧枝正常生长发育。根据 19 个主产蚕豆和种质较多的省、市、自治区蚕豆生长季节中 10 年的平均积温、降水量、日照时数，以及各相应省、区、市的地方蚕豆种质资源的 13 个农艺和产量性状在当地鉴定结果的平均值，进行数据正规化处理后，采用欧式距离平均法，以省、区、市为单位的数值进行聚类，得出中国蚕豆种质资源分布生态区划的有关依据，研究表明中国蚕豆种质资源分布可划为秋播生态区和春播生态区。在秋播生态区内，除广西和陕西南部地区气候生态条件和资源特点比较特殊外，其他 11 个省、市、区间的差别较小，因此可将秋播区划为 3 个亚区：即长江流域秋播生态亚区、华南秋播生态亚区和陕南秋播生态亚区。长江流域秋播生态亚区的蚕豆种质资源，株高最高 150cm，最矮为 30cm，一般为 50~110cm，平均为 94.5cm；有效分枝为 2.5~4.8 个，平均为 3.9 个；单株荚数最多为 68 荚，最少为 3 荚，一般为 12~24 荚，平均为 17.8 荚；荚长为 3.5~9.0cm，一般为 6~8cm；每荚粒数为 1.0~3.8 粒，多数为 1.7~22 粒，平均为 1.9 粒；百粒重为 35~170g，一般为 60~95g，平均为 76.8g。以中粒型为主是本亚区的一大特点。华南秋播生态亚区的蚕豆种质资源，植株矮小，株高为 30~60cm，多数为 40~46.8cm，平均为 41.2cm。单株有效分枝多为 1.0~2.5 个，平均 2.1 个，单株荚数为

4~16 个，一般为 6~10 个；每荚粒数 1~3 粒，一般为 2~2.2 粒，平均 1.8 粒；百粒重为 42~80g，多数为 45~70g，平均 54.19 g。以小粒型种质为主。陕南秋播生态亚区的蚕豆种质资源，株高 65~130cm，平均 99.5cm，单株荚数为 23~94 荚，平均为 58.6 荚。每荚粒数为 1.4~3.6 粒，一般为 1.7~2.2 粒，平均为 2.0 粒，百粒重为 32~78g，平均 53.8g。该亚区单株荚数最多；以小粒型为主，没有大粒型；成熟时绿色种皮的籽粒占该亚区资源总数的 88.9%，是秋播蚕豆亚区内最高的。值得注意的是，云南地处低纬高原，海拔 700~2 400m，年均温 10~18℃地区均有蚕豆分布，生态环境复杂，种质类型特殊。云南地方种质资源中，中间型（介于春性和冬性之间）占 82.92%，海拔高的地区偏冬性，海拔低的地区偏春性。

冬性蚕豆至少有 200 年的历史，由于其早在秋天就开始播种，所以开花和成熟期均较春性蚕豆早，冬性蚕豆具有 2 个或 2 个以上的分蘖，高于春性蚕豆，并在蛋白含量和产量上均优于春性蚕豆。蚕豆耐寒性资源相对较少，筛选耐寒蚕豆品种不但能为获得高产、优质的蚕豆新品种奠定基础，而且能够为蚕豆开辟新市场，扩大其种植面积。欧洲的冬性蚕豆品种 CotedOr 和 Hiverna 能够耐 -16~-15℃的低温。Picard 等（1992）研究发现 CotedOr 品种中 61% 的单株能在 -25℃的无雪环境中存活。Ar-baoui 等以 2 个耐霜冻品种 CotedOr1（来源于法国地方耐寒品种）和 BPL4628（来自 ICARDA 收集的中国绿皮种）杂交获得的 101 个重组自交系对蚕豆耐霜冻和叶片脂肪酸含量进行 QTL 分析，结果发现 5 个与耐霜冻相关的 QTL，与脂肪酸含量有关的 QTL 共有 3 个，其脂肪酸含量与耐霜冻密切相关。2009 年 10 月 18 日中国农业科学院作物科学研究所食用豆课题组将来自国内外的 4 100 多份蚕豆资源和 3 700 余份豌豆资源冬播种植于青岛市农科院裸露大田（最低温度 -13℃），并越冬做耐寒鉴定，筛选出部分耐寒资源，准备进一步对其进行分子遗传学研究，以挖掘潜在的优异基因，为新品种的选育做好铺垫。

（二）光周期类型

蚕豆是长日植物。但不同品种对长日条件无严格要求，在不同日长条件下均能开花。根据对日长条件的敏感程度，蚕豆品种可分为光敏型和光钝型。依据不同的收获部位，可选用不同类型的品种。

（三）用途类型

基本可分为菜用和粮用等类型。

菜用蚕豆一般是秋播蚕豆类型中籽粒较大的类型。

中国城乡居民尚有采青蚕豆做蔬菜的效果。鲜嫩的青蚕豆，营养丰富，食味甘美，价廉物美，是筵席佳肴。青蚕豆富有蛋白质、糖分、矿物质和多种维生素。青蚕豆除了鲜食意外，还可以加工成速冻蚕豆和青蚕豆罐头出口。干蚕豆发芽成“蚕豆芽”，是中国特有的最早无土栽培的蔬菜之一。干蚕豆还可以加工成系列菜肴。

（四）熟期类型

按生育期长短，蚕豆可分为早熟型、中熟型和晚熟型。

（五）播期类型

春播型、秋播型，习称春蚕豆、秋蚕豆。中国秋蚕豆主要分布在云南、四川、湖北等省；春蚕豆主要分布在甘肃、青海、宁夏等地。

四、黄土高原蚕豆品种沿革

黄土高原西北区甘肃、青海、宁夏、陕西、山西等地种植蚕豆品种主要为春蚕豆。临夏州农业科学院和青海省农林科学院是中国西北开展蚕豆育种工作的两家科研单位。青海省蚕豆育种方法主要包括引种鉴定利用和系统育种、杂交育种“九五”后育成蚕豆新品种 11 个，无论产量、品质以及抗性等综合性状方面取得了较大突破，杂交选育了大粒粮菜兼用型蚕豆品种青海 11 号、青海 12 号，百粒重在 190g 以上，平均产量 4 500kg/hm^2 以上，通过引进鉴定利用陕西一寸、戴韦，分别是粉质菜用加工型和蛋白质含量在 28% 以上抗倒和抗旱的粮饲兼用型品种，这些优良新品种在青海省蚕豆生产及产业化开发中发挥着重要作用。与此同时，在蚕豆研究方面取得了一些成果。

第一阶段：辅助性粮食作物生产阶段（20 世纪前至 90 年代初）。这一阶段种植蚕豆主要以轮作倒茬为生产根本目的。1981 年青海蚕豆种植面积为 9 253hm^2，占青海农作物种植面积的 1.6%，单产为 2 086kg/hm^2，较全国蚕豆单产高 83.63%。

第二阶段：粮经兼用作物生产阶段（20 世纪 80 年代至 90 年代中后期）。这一时期蚕豆的出口创汇在青海省农业经济中的地位和作用日益明显，蚕豆研究、生产水平进一步提高，新技术新成果应用普及率的提高，使蚕豆单产大幅度提高，蚕豆单产由 80 年代初期至 90 年代末提高了 40.89%，达到了 2 939kg/hm^2，较全国水平高 78.01%。

第三阶段：商品经济作物生产、发展阶段（进入 21 世纪）。保持传统的蚕豆出口业，发展以加工型（蚕豆片、菜用等）蚕豆为主的新型蚕豆产业。2005 年以大粒出口型蚕豆种青海 9 号、青海 11 号等蚕豆新品种为主导的青海蚕豆种植面积达占青海省农作物面积的 5.75%，平均产量达 3 264kg/hm^2，总产达其产品商品率在 65%~72%，其中 50% 以上的蚕豆直接或转口出口。这一时期是实施青海特色农业产业化开发的转折时期，是蚕豆多向开发应用阶段。

2002 年以前青海蚕豆与中国蚕豆种植面积变化趋势一致，以后出现反差，中国蚕豆种植面积出现大幅度下降，青海蚕豆仍处于缓慢增长状况。随着科技投入的增加，蚕豆生产水平也进一步提高，但青海蚕豆因其生态条件的影响，单产水平始终较中国蚕豆水平高，平均高 70%~80%，这是青海蚕豆生产优势的一个方面，籽粒是国内最大的，皮色光亮、无豆蟓为害等蚕豆商品品质属世界最优，是青海蚕豆生产的重要优势所在。

五、土高原蚕豆良种简介

黄土高原种植蚕豆品种主要为临夏州农业科学研究院和青海省农林科学院引进或育成的蚕豆品种。

（一）青海省农林科学院引进或育成的蚕豆品种

1. 青海 8 号（Qinghai No.8）

【品种来源】青海省农林科学院作物所 1972 年以农 14 为母本、103 为父本经有性杂交选育而成。原代号 72-55-2-3，于 1991 年 1 月通过青海省农作物品种审定委员会审定，品种合格证号青种合字第 0077 号，属 Vicia faba var.ajor 变种。

【特征特性】幼苗直立，幼茎浅绿色。茎绿色、四棱型。株高 100.0~105.0cm。初生叶卵圆形，色深绿；托叶圆形深绿色。复叶椭圆形深绿色，平均小叶数 3~6 片。主茎始花节 4~5 节；终花节 13~18，旗瓣白色，脉纹浅褐色，翼瓣白色，中央有一黑色圆斑，龙骨瓣白绿色。单株有效荚 7.6~15.8 个，荚果着生上举，荚长 6~7.59cm，荚宽 1.5~1.7cm；每荚 1.7~2.37 粒，成熟荚黑褐色。籽粒乳白色，种皮有光泽，半透明，脐黑色。种子长 1.94~2.07cm；种子宽 1.4~1.5cm，中厚型，籽粒均匀。百粒重 140~150g。籽粒粗蛋白质含量 28.03%，淀粉 44.53%，粗脂肪 1.8%。属春性，中熟品种，生育期 110~120d。较抗旱，中抗褐斑病、轮纹病、锈病、赤斑病。

【产量表现】1980—1981 年青海省旱地蚕豆区域试验，平均产量 4 750kg/hm^2，较对照平均增产 16.3%。1987—1989 年青海省旱地蚕豆生产试验，平均产量 5 123.6kg/hm^2，较对照平均增产 10.7%，湟中县维新乡下马申村旱地 3 年累计示范 174.1 hm^2，平均产量 4 174.5kg/hm^2；大通县岗冲乡 3 年累计面积 53.3 hm^2，平均亩产 4 830kg/ hm^2，比对照马牙蚕豆增产 20.5%。1994 年青海省累计推广面积达 20 万亩。

【利用价值】粮用或干炒或加工蚕豆粉丝。

【栽培要点】选择中等肥力地块种植，忌连作，重施基肥。3 月下旬至 4 月上旬播种，亩播量 420~495kg/ hm^2，播深 7~8cm，实行隔铧或等行距开沟手溜播种，隔铧行距 40cm，株距 8cm，等行距 30cm，株距 10cm，保苗 25.5~27 万株 / hm^2，于主茎 4~5 片复叶和花荚期及时进行松土除草。花期注意防治蚜虫。

【适宜地区】适于青海省东部农业区海拔 2 500~2 700 m，年均气温 2.5~3.5℃的半浅半脑山旱地区以及类似地区种植。

2. 青海 9 号（Qinghai No.9）

【品种来源】青海省农林科学院作物所 1985 年以拉萨 1 号为母本、英国 176 为父本经有性杂交选育而成。于 1994 年 11 月通过青海省农作物品种审定委员会审定，品种合格证号青种合字第 0084 号，属 Vicia faba var.ajor 变种。2004 年通过宁夏回族自治区农作物品种审定委员会审定，品种合格证号宁审 200401 号；2002 年获青海省科技进步二等奖。

【特征特性】幼苗直立，幼茎绿色。茎绿色、方型。株高 140~150cm。初生叶卵圆形，色深绿；托叶圆形深绿色。复叶长椭圆形，平均小叶数 4~5 片。主茎始花节 4~5 节，终花节 17~18 节，旗瓣白色，脉纹浅褐色，翼瓣白色，中央有一黑色圆斑，龙骨瓣白绿色。单株有效荚 18~19 个，荚果着生半直立，荚长 9.5~10cm，荚宽 2~2.25cm；每荚 2.2~2.48 粒，成熟荚黑褐色。籽粒乳白色，种皮有光泽，半透明，脐黑色。种子长 2.2~2.3cm、宽 1.54~1.7cm，阔厚型，百粒重 170.2~176.1g。籽粒粗蛋白质含量 25.63%，淀粉 41.8%，粗脂肪 1.4%。属春性，晚熟品种，生育期为 130~135d。较耐旱。中抗褐斑病、轮纹病、根腐病；高抗锈病、赤斑病。

【产量表现】1992—1993 年青海省水地蚕豆区域试验，平均产量 4 912.3kg/hm^2，较对照平均增产 16.3%。1993—1994 年青海省水地蚕豆生产试验中，平均产量为 5 014.3kg/hm^2，较对照平均增产 11.8%，1994 年在湟中西堡乡 1.867hm^2 示范田平均产量 5 520.0kg/hm^2。2000 年全国春蚕豆区累计推广面积约 60 万亩。

【利用价值】干蚕豆出口型和鲜荚保鲜加工或适宜发展蚕豆芽菜和油炸蚕豆。

【栽培要点】选择中等肥力地块种植，忌连作，重施基肥。3 月中旬至 4 月上旬播种，播种量 285~315kg/ hm^2 等行或宽窄行条播，行距 40~45cm；宽窄行行距 30~50cm，保苗 15 万株 / hm^2 左右。当开花至 10~12 层时适时摘心打顶。苗期注意防治根瘤蟓，花荚期注意防治蚜虫。

【适宜地区】适宜在海拔 2600m 以下的水地种植。

3. 青海 10 号（Qinghai No.10）

【品种来源】青海省农林科学院作物所以青海 3 号为母本、马牙为父本经有性杂交选育而成，原代号 83-3010。1998 年 3 月通过青海省农作物品种审定委员会审定，定名青海 10 号，品种合格证号为青种合字第 0118 号，属 Vicia faba var.ajor 变种。于 2006 年 2 月获青海省科技进步二等奖。

【特征特性】幼苗直立，幼茎浅绿色。主茎绿色、方型。株高 140~145cm。初生叶卵圆形、绿色；托叶浅绿色。复叶长椭圆形，平均小叶数 3~5 片。叶姿上举，株型紧凑。总状花序，主茎始花节 4~5 节，终花节 11~12 节。旗瓣白色，脉纹浅褐色，翼瓣白色，中央有一黑色圆斑，龙骨瓣白绿色。单株有效荚 10~12 个。荚果着生状态半直立型。荚长 9~10cm，荚宽 1.8~1.9cm。成熟荚黑色。种皮无光泽、半透明，脐黑色。粒乳白色、中厚形。种子长 1.8~2.02cm、宽 1.2~1.3cm，百粒重 168.7~170.1g。籽粒粗蛋白含量 27.5%，淀粉含量 49.6%，脂肪含量 1.53%，粗纤维含量 6.2%。属春性，中晚熟品种，生育期 120~130d。中抗褐斑病、轮纹病、赤斑病。

【产量表现】1996—1997 年参加青海省旱地蚕豆区域试验，平均产量 3 912.2kg/hm^2，较对照平均增产 10.2%，1993—1994 年参加青海省旱地蚕豆生产试验，平均产量为 4 003.5kg/hm^2，较对照平均增产 8.8%，1997 年在湟中县共和乡石城村旱地种植 0.18hm^2，平均产量 4 041kg/hm^2。2005 年中国春蚕豆区累计种植面积约 50 万亩。

【利用价值】粮用或干炒或加工蚕豆粉丝。

【栽培要点】3 月下旬至 4 月中旬播种。播种量：510~561kg/hm^2，播深 8~10cm，等行距 30cm，宽窄行行距：宽行 35~40cm，窄行 25~30cm，窄行 4~6 行，宽行 1 行。基本苗 25.5~28.5 万株 / 亩。

苗期注意防治根瘤蟓，花期注意防治蚜虫。

【适宜地区】适宜在海拔 2 500~2 700m 的高位山旱地种植。

4. 陵西一寸（Linxi No.1）

【品种来源】 青海省农林科学院作物所于 1997 年从日本引进，经多年混合选育而成。国外引种原名陵西一寸。2000 年通过青海省农作物品种审定委员会审定，定名为陵西一寸，品种合格证号为青种合字第 0152 号。属 *Vicia faba* var. ajor 变种，菜用型品种。

【特征特性】幼苗直立，幼茎浅紫色。主茎浅紫色，方型。株高 100~120cm。初生叶卵圆形，绿色，托叶浅绿色，复叶长椭圆形，平均小叶数 4~5 片。主茎始花节 6~7 节，终花节 10~11 节。旗瓣白色，脉纹浅褐色，翼瓣白色，龙骨瓣绿色。单株有效荚 8~9 个，荚果着生状态半直立型。荚为大荚型，鲜荚荚长 15.2~17.5cm，荚宽 3.5~5cm，成熟荚长 10~10.5cm，荚宽 2.5~3cm。每荚 1~3 粒。成熟荚黑褐色。种皮浅绿色、无光泽、脐黑色，阔薄形。鲜粒长：3.5~4cm，宽：2.5~3.05cm；种子长 2.4~2.5cm，宽 1.7~1.75cm，百粒重 195~200g，籽粒粗蛋白含量 28.85%，淀粉含量 46.24%，脂肪含量 1.227%，粗纤维含量 7.099%。属半冬性，中早熟，生育期 96~104d。中抗褐斑病、轮纹病、赤斑病。

【产量表现】1999—2000 年在青海省多点鉴定，干籽粒平均产量 2 512.2kg/hm^2。2000 年参加青海省蚕豆生产试验与示范，平均青荚产量为 15 132.7kg/hm^2。推广面积约 1 000 亩。

【利用价值】鲜荚保鲜和鲜粒速冻。

【栽培要点】施足底肥，3 月上旬至 3 月下旬播种，播种前，结合整地撒施辛硫磷 3.0 kg/hm^2，防治地下害虫。播深 8~10cm，人工点播，实行 1 宽 2 窄行的宽窄行种植方式，宽行 50cm，窄行 40cm，株距 20cm，密度为 1.05~1.2 万株 /hm^2。结荚期分两次疏荚，每节保留 1~2 个荚，摘除第三个小幼荚。当青荚中缝线呈褐色，鲜粒种脐颜色为浅褐色时，及时摘收鲜荚，分次采摘。

【适宜地区】在中国蚕豆秋播区和春播区均能种植。

5. 青海 11 号（Qinghai No.11）

【品种来源】青海省农林科学院作物所于 1990 年以 72-45 为母本、新西兰为父本经有性杂交选育而成，原代号 95-020。2003 年通过青海省农作物品种审定委员会审定，定名为青海 11 号，品种合格证号为青种合字第 0167 号，属 *Vicia faba* var. ajor 变种。获 2005 年度青海省科技进步二等奖。

【特征特性】幼苗直立，幼茎浅绿色。主茎绿色、方型。株高 140~145cm。初生叶卵圆形、绿色；托叶浅绿色。复叶长椭圆形，平均小叶数 4~5 片。主茎始花节 4~5

节，终花节 11~12 节。旗瓣白色，脉纹浅褐色，翼瓣白色，中央有一黑色圆斑，龙骨瓣白绿色。单株有效荚 20~25 个。荚果着生状态半直立型。荚长 7.5~9cm，荚宽 2.5~2.7cm。每荚 1.8~2 粒。成熟荚黑色。种皮有光泽、半透明，脐黑色。粒乳白色、中厚形。种子长 2.13~2.22cm、宽 1.88~2cm，百粒重 190~195g。籽粒粗蛋白含量 25.66%，淀粉含量 45.35%，脂肪含量 1.38%，粗纤维含量 6.2%。春性，中熟品种，生育期 110~120d。中抗褐斑病、轮纹病、赤斑病。

【产量表现】1999—2000 年参加青海省水地蚕豆区域试验，平均产量 4 333.5kg/hm^2，较对照平均增产 12.3%，2001—2002 年参加青海省水地蚕豆生产试验，平均产量为 5 293.5kg/hm^2，较对照平均增产 18.9%，1997 年在湟中县共和乡石城村旱地种植 0.18hm^2，平均产量 4 041kg/hm^2。2006 年中国春蚕豆区累计种植面积约 30 万亩。

【利用价值】粮菜兼用型品种或适宜发展蚕豆芽菜和油炸蚕豆、鲜豆瓣速冻加工。

【栽培要点】选择中等肥力地块种植，忌连作，重施基肥。3 月中旬至 4 月上旬播种，播种量 285~315kg/ hm^2 等行或宽窄行条播，行距 40~45cm；宽窄行行距 30 × 50cm，保苗 15 万株 / hm^2 左右。当开花至 10~12 层时适时摘心打顶。苗期注意防治根瘤蟓，花荚期注意防治蚜虫。

【适宜地区】适宜在海拔 2 600m 以下的川水和高位水地种植。

6. 马牙蚕豆（Maya Candou）

【品种来源】马牙是农家蚕豆品种，2005 年 1 月 10 日由湟源县种子站、湟源县农业技术推广中心提交并通过青海省农作物品种审定委员会审定，定名马牙，品种合格证号为青种合字第 0189 号，属 *Vicia faba* var. major 变种。

【特征特性】幼苗直立，茎浅绿色。主茎绿色，四棱方型，株高 130~140cm 椭圆形，平均小叶数 4~5 片。主茎始花节 4~5 节，终花节 16~18 节，旗瓣白色，脉纹浅褐色，翼瓣白色，中央有一黑色圆斑，龙骨瓣白绿色。单株有效荚数 14~18 个，荚果着生呈半直立形，荚长 8~10.4cm，宽 1.8~2cm，每荚 1.9~2.0 粒，成熟荚黑褐色。种皮乳白色，有光泽，半透明，种脐黑色，中厚型，颗粒似马齿，种子长 2.3~2.5cm，宽 1.3~1.4cm，百粒重 130~140。籽粒粗蛋白含量 28.2%，淀粉含量 47.3%，粗脂肪含量 1.48%。属春性、中熟品种，生育期 110~120d。抗根腐病，中抗轮纹病，褐斑病，轻感锈病和赤斑病。

【产量表现与分布】2002—2003 年参加马牙蚕豆区域鉴定试验，平均产量 4 231.8kg/hm^2，较对照平均增产 6.1%，2004 年生产试验示范，平均产量为 4 300.5kg/hm^2，1999 年在湟源县申中乡申中村水地种植 0.15 hm^2 平均产量 4 475kg/hm^2；1999 年在湟源县大华乡池汉村旱地种植 0.12hm^2，产量为 5 145kg/hm^2。青海省推广面积达 3 333.3 hm^2。

【利用价值】青海省蚕豆名品，出口型，适宜发展干炒蚕豆、干豆罐头加工。

【栽培要点】3 月中旬至 4 月上旬播种，播种深度 6~8cm，播种量 324~364.5kg/hm^2 密度 22.5~25.5 万株 kg/hm^2。宽窄行种植，3 窄 1 宽方式，宽行行距 35~40cm，窄行行距 25~30cm。株距 13~14cm。水地种植时，当开花至 8~10 层时摘心打尖。苗期注意防治根瘤蟓，花期注意防治蚜虫。

【适宜地区】适宜在海拔 2 500~2 900m 的灌溉农业区、中位山旱地种植，

7. 青海 12 号（Qinghai No.12）

【品种来源】青海省农林科学院作物所于 1990 年以（青海 3 号 × 马牙）为母本，（72-45 × 英国 176）为父本经有性杂交选育而成。原代号 95-323，2005 年通过青海省农作物品种审定委员会审定，定名为青海 12 号，品种合格证号为青种合字第 0192 号，属 *Vicia faba* var. ajor 变种。获 2013 年度青海省科技进步二等奖。

【特征特性】幼苗直立，幼茎浅紫色。主茎浅紫色、方型。株高 104.4~145.3cm。初生叶卵圆形、绿色；托叶浅绿色。复叶长椭圆形，平均小叶数 4~5 片。主茎始花节 4~5 节，终花节 18~19 节。旗瓣白色，脉纹浅褐色，翼瓣白色，中央有一黑色圆斑，龙骨瓣白绿色。单株有效荚 14~15 个。荚果着生状态半直立型。荚长 10~12cm，荚宽 2~2.4cm。每荚 2.1~2.3 粒。成熟荚黑色。种皮有光泽、半透明，脐黑色。粒乳白色、中厚形。种子长 2.1~2.3cm、宽 1.7~2cm，百粒重 195~200g。籽粒粗蛋白含量 26.5%，淀粉含量 47.58%，脂肪含量 1.47%，粗纤维含量 7.37%。春性，中熟品种，生育期 110~125d。中抗褐斑病、轮纹病、赤斑病。

【产量表现与分布】2001—2002 年参加青海省旱地蚕豆区域试验，平均产量 5 070kg/hm^2，较对照青海 10 号平均增产 8.18%，2003—2004 年参加青海省旱地蚕豆生产试验，平均产量为 4 218kg/hm^2，较对照平均增产 6.7%。2003 年互助县威远镇凉州营村高位水地植 0.15hm^2，平均产量为 6 495kg/hm^2。2004 年湟中县总寨镇上细沟村中位山旱地种植 0.13kg/hm^2，产量为 4 017kg/hm^2。青海及西北地区推广累计种植面积约 50 000 hm^2。

【利用价值】干籽粒出口型；适宜发展蚕豆芽菜和油炸蚕豆、鲜豆瓣速冻加工。

【栽培要点】3 月中旬至 4 月上旬播种，播种深度 8~10cm，播种量 326.7~356.4 kg/hm^2，密度 15~16.5 万株 /hm^2，等行或宽窄行种植，等行种种植平均行距 40cm，宽窄行种植时 3 窄 1 宽方式，宽行行距 40~45cm，窄行行距 30cm，株距 14~15cm。当主茎开花至 12 层时及时打顶。苗期注意防治根瘤蟓，花期注意防治蚜虫。

【适宜地区】适宜在海拔 2000~2600m 的灌溉农业区及中位山旱地种植。

8. 青海 13 号（Qinghai No.13）

【品种来源】青海省农林科学院作物所于 1999 年以马牙为母本，戴韦（DIVINE）为父本，经有性杂交选育而成，原代号 FE5（9922-3-2-6），属 *Vicia faba var. equina* 变种。2009 年通过青海省农作物品种审定委员会审定，定名青海 13 号，品种合格证号为青审豆 200901。2014 年 11 月获植物新品种保护权证书（CNA20100355.5）。

【特征特性】幼苗直立，幼茎浅绿色。主茎绿色、方型。叶姿上举，株型紧凑。花白色，基部粉红色，旗瓣白色，脉纹浅褐色，翼瓣白色，中央有一黑色圆斑，龙骨瓣白绿色。荚果着生状态半直立型。单株双（多）荚数 5.27 ± 1.08 个，每荚 2.75 ± 1.22

粒。成熟荚黑色。种皮有光泽、半透明，脐白色。粒乳白色、中厚形。单株粒数36.79 ± 11.53粒，单株产量33.56 ± 10.05g，百粒重91.21 ± 5.87g；籽粒粗蛋白含量30.19%，淀粉46.49%，脂肪1.01%，粗纤维（干基）8.54%。春性，早熟品种。中抗褐斑病、轮纹病、赤斑病。

【产量表现与分布】2006—2007年全省区域试验中平均产量为4 310.28kg/ hm^2，较尕大豆（CK_1）平均增产22.1%，较马牙（CK_2）平均增产11.08%，位居试验第1位。2007—2008年生产试验中平均产量为4 445.25kg/ hm^2，较对照尕大豆增产10%以上的点占总试验点次的66.7%。青海等西北地区推广3 000 hm^2。

【利用价值】粮饲兼用型、食品加工。

【栽培要点】选择中等或中上等麦茬为宜，忌轮作。播前施有机肥45~60m^3/ hm^2，纯N 37.5~45kg/ hm^2，P_2O_5 60kg/ hm^2。3月下旬至4月上中旬播种，播种深度7~8cm，播种量225~262.5kg/ hm^2，保苗24万~27万株/亩。等行机械条播或撒播种植，平均行距35cm，株距10.5~12cm。

5月底采用有效杀虫剂防治蚕豆根瘤蟓，视虫情连续防治2~3次，每隔7~10d防治一次。蚜虫发生初期，用杀虫剂喷施封闭带，蚜虫发生普遍时，全田喷雾防治。田间80%以上植株的下部荚变黑、中上部荚鼓硬时，及时收获。开花期采用代森锰辛或甲基托布津等广谱型杀菌剂对蚕豆赤斑病进行预防。在干旱农业区配套地膜覆盖种植和机械化播种、脱粒以及加工等机械化生产技术。

【适宜地区】适宜在海拔2500~2800m以下的山旱地种植。

9. 青蚕14号（Qingcan No.14）

【品种来源】青海省农林科学院作物所和青海鑫农科技有限公司于1994年以72-45为母本，日本寸蚕为父本有性杂交，经多年选育而成。原代号9402-2（132），属Vicia faba var.ajor变种。2011年通过青海省农作物品种审定委员会审定，现定名青蚕14号，品种合格证号为青审豆2011001号。

【特征特性】幼苗直立，幼茎浅绿色。主茎绿色、方型。叶姿上举，株型紧凑。总状花序，花白色，旗瓣白色，脉纹浅褐色，翼瓣白色，中央有一黑色圆斑，龙骨瓣白绿色。成熟荚黑色。种皮有光泽、半透明，脐黑色。粒乳白色、中厚形。种子长2.42cm，宽2.05cm，脐端厚0.86cm，末端厚0.54cm，单株粒数18.81粒，单株产量42.47粒，百粒重225.50g。春性，中晚熟品种。籽粒粗蛋白含量27.23%，淀粉41.19%，脂肪1.04%，粗纤维（干基%）2.37%。

【产量表现与分布】青蚕14号在2006—2007年省水地区域试验中，产量居首位，且居第1和第2位的点占总点次61.5%，平均产量5 355 kg/ hm^2，比对照青海9号平均增产6.98%，比参考对照青海11号平均增产3.78%，经多年多点综合方差分析，与对照青海9号差异显著，与青海11号差异不显著，但稳定性高于青海11号；在2008—2009年生产试验中，平均产量5 485.5 kg/ hm^2，比对照青海9号平均增产3.98%，比青海11号平均增产8.62%，比参考对照青海11号增产的点占总点数的比例为76.9%，高产区产量达 7 500 kg/ hm^2 以上。主要分布在湟中、互助、乐都、平安、共和以及甘肃定西等省区，种植面积 1 000 hm^2。

【栽培要点】选择中等或中上等麦茬为宜，要求 3 年以上蚕豆轮作。及早秋耕深翻，耕深 20cm 以上，冬灌或春灌（旱作时不灌溉）。播前施有机肥 3~4m^3/ 亩，纯 N 2~3kg/ 亩，P_2O_5 4~5 kg / 亩。3 月中旬至 4 月上旬播种，播种深度 7~8，播种量 21.78~23.76 kg 克 / 亩，保苗 1 万 ~1.1 万株 / 亩。等行或宽窄行种植，等行种种植平均行距 40cm，宽窄行种植时 3 窄 1 宽方式，宽行行距 40~45cm，窄行行距 30cm，株距 14~15cm。

蚕豆生长期灌水 2~3 次，初花期灌第一水。及时拔除田间杂草，当主茎开花至 12 层时及时打顶。4 月底、5 月初采用有效杀虫剂防治蚕豆根瘤蟓，视虫情连续防治 2~3 次，每隔 7~10 d 防治一次。蚜虫发生初期，用杀虫剂喷施封闭带，蚜虫发生普遍时，全田喷雾防治。

【利用价值】干籽粒出口型；适宜发展蚕豆芽菜和油炸蚕豆、鲜豆瓣速冻加工。

【适宜地区】适宜在海拔 2300~2600m 的水浇地种植。

10. 青蚕 15 号（Qingcan No.15）

【品种来源】青海省农林科学院作物所和青海鑫农科技有限公司于 1999 年以湟中落角为母本，96-49 为父本有性杂交，经多年选育而成。原代号 9902-10-1，属 *Vicia faba* var. ajor 变种。 2013 年通过青海省农作物品种审定委员会审定，现定名青蚕 15 号，品种合格证号为青审豆 2013001 号。2014 年 11 月获植物新品种保护权证书（CNA20100356.4）。

【特征特性】幼苗直立，幼茎浅绿色。主茎绿色、方型。叶姿上举，株型紧凑。总状花序，花紫红色，旗瓣紫红，脉纹浅褐色，翼瓣紫色，中央有一黑色圆斑，龙骨瓣浅紫色。成熟荚黄色。种皮有光泽、半透明，脐黑色。粒乳白色、中厚形。百粒重 200 g 左右。春性，中晚熟品种。籽粒粗蛋白含量 31.19%，淀粉 37.2%，脂肪 0.96%，粗纤维（干基%）8.1%。

【产量表现与分布】平均产量 300~400 kg/ 亩。青蚕 15 号在 2010—2011 年省水地区域试验中，产量居首位，平均亩产 296.6kg，比对照青海 11 号平均增产 6.31%，增产幅度在 0.34%~9.67%，稳定性高于青海 11 号；在 2011—2012 年生产试验中，平均亩产 326.8kg，比对照青海 11 号平均增产 3.39%。主要分布在青海共和、互助、甘肃定西。

【栽培要点】选择中等或中上等麦茬为宜，要求 3 年以上蚕豆轮作。及早秋耕深翻，耕深 20cm 以上，冬灌或春灌（旱作时不灌溉）。播前施有机肥 3~4 m^3/ 亩，纯 N 2~3 kg/ 亩，P_2O_5 4~5 kg/ 亩。3 月中旬至 4 月上旬播种，播种深度 7~8cm，播种量 21.78~23.76 kg/ 亩，保苗 1~1.1 万株 / 亩。等行或宽窄行种植，等行种种植平均行距 40cm，宽窄行种植时 3 窄 1 宽方式，宽行行距 40~45cm，窄行行距 30cm，株距 14~15cm。蚕豆生长期灌水 2~3 次，初花期灌第一水。及时拔除田间杂草，当主茎开花至 12 层时及时打顶。4 月底、5 月初采用有效杀虫剂防治蚕豆根瘤蟓，视虫情连续防治 2~3 次，每隔 7~10 d 防治一次。蚜虫发生初期，用杀虫剂喷施封闭带，蚜虫发生普遍时，全田喷雾防治。

【利用价值】干籽粒出口型；适宜发展蚕豆芽菜和油炸蚕豆、鲜豆瓣速冻加工。

【适宜地区】适宜在青海省海拔 2 300~2 600 m 的水浇地种植。

（二）临夏州农业科学研究院的品种

1. 临蚕 5 号 春播蚕豆品种。生育期 125 d 左右。分枝一般为 2~3 个，百粒重 180g 左右，种皮乳白色。具有高产、优质、粒大，抗逆性强等特点，适应于高肥水栽培，根系发达，抗倒伏，一般亩产 350kg 左右，是粮菜兼用的优质品种。

2. 临蚕 204 春播蚕豆品种。生育期 120 m 左右，分枝 2~3 个，结荚部位低，百粒重 160g 左右。具有高产、优质、粒大的特点。适应性广，抗逆性强。一般亩产为 350kg 左右，最高亩产达 420kg。是出口创汇的优质品种。

3. 临夏马牙 春性较强。甘肃省临夏州优良地方品种，因籽粒大形似马齿形而得名。全生育期 155~170 d，晚熟种。该品种种皮乳白色，百粒重 170g，籽粒蛋白质含量 25.6%。适应性强，高产稳产。平均产量 350kg/ 亩，最高可达 500kg/ 亩。适宜肥力较高的土地上种植。是中国重要蚕豆出口商品。

4. 临夏大蚕豆 春播类型。该品种种皮乳白色，百粒重 160g 左右，籽粒蛋白质含量 27.9%。平均产量 250~300kg/ 亩。喜水耐肥，丰产性好，适应性强，在海拔 1 700~2 600m 的川水地区和山阴地区均能种植，1981 年开始在甘肃省大面积推广。适于北方蚕豆主产区种植。

第二节 生长发育

一、生育时期和生育阶段

（一）生育时期（物候期）

蚕豆整个生育过程可分为出苗期、分枝期、现蕾期、开花期、结荚期和成熟期。不同生育期有不同特点，对外界环境条件有不同的要求，认识和利用这些特点对促进蚕豆向着丰产方向发展具有重要意义。

出苗期蚕豆籽粒大、种皮厚，吸水困难，种子萌发需水较多，所以蚕豆出苗的时间比其他豆类作物长，一般 8~14 d。种子必须吸足相当于种子自身重量 110%~140% 的水分才能萌发。

分枝期蚕豆在 2.5~3 片复叶时发生分枝。分枝发生早迟受温度影响最大，在云南秋播条件下日平均气温 13℃时，出苗至分枝需要 8 天，日平均气温 6℃时，出苗至分枝需要经历 15 d，分枝高峰出现在 12 月中下旬。

现蕾期蚕豆现蕾是指主茎顶端已分化出现花蕾，并为 2~3 片心叶遮盖，轻轻揭开心叶能见明显的花蕾。所需时间因品种而异，早熟品种现蕾早，中晚熟品种现蕾要晚一些。蚕豆现蕾时植株高矮对产量影响很大，过高造成荫蔽，花荚脱落多，甚至引起后期倒伏，导致减产。植株过矮就现蕾，没有形成丰产的长相，产量也不高。在云南省滇中一带蚕豆主产区株高 20~40cm，茎粗 0.7cm 左右，蚕豆现蕾期是干物质形成和积累较多的时期，也是营养生长和生殖生长并进时期。

开花、结荚期指从开花到结荚的过程，蚕豆开花结荚并进，花荚重叠一半以上。花荚期是蚕豆一生中生长发育最旺盛的时期，也是各个器官争夺同化物最激烈的时期。植株茎叶迅速生长，花荚、粒大量形成，茎叶内贮藏的营养物质又要大量向花荚输送。鼓粒成熟期蚕豆花朵凋谢后，幼荚开始伸长，荚内的种子也开始增长，随着种子的发育，荚果向宽厚增大，籽粒逐渐鼓起，种子的充实过程称为鼓粒期，从鼓励至成熟是蚕豆种子形成的重要时期，这个时期发育是否正常，是决定每株荚数，粒数以及籽粒的大小，种子化学成分的关键时期。

（二）生育阶段

蚕豆从种子发芽开始，经过一系列生长发育过程，直到形成种子，构成蚕豆的一生。在这一生中，蚕豆在形态结构、生理生化诸方面，都发生重大变化。为了认识和掌握这些变化和规律，依据蚕豆生长发育过程中的特点，把蚕豆的一生划分为若干阶段。

蚕豆从种子萌发，经过出苗、发根、分支、现蕾、开花、结荚、鼓粒以至成熟，即从种子到种子全过程构成了蚕豆的个体发育。该个体发育包括两个阶段：生长和发育。生长是指营养生长（即根、茎和叶的生长）生殖生长（即花、荚和种子的形成和生长）。它是植株体积或重量的量变过程，通过细胞分裂和伸长来完成。发育则是在形态建成中由生长向分化方面转化，也有营养生长向生殖生长的转化即所谓质上的变化。生长和发育所需的环境条件有相同的地方也有不同的地方。在生产中，只有掌握蚕豆的生长发育规律，恰当地控制和促进，使营养生长和生殖生长协调地进行，才能达到高产、高效的目的。

当蚕豆具有 2~4 片展开叶时（播种后 32 ± 5d）就开始花芽分化。从花芽分化期开始到现蕾期，间隔时间长达 3 个月之久，现蕾后开花结荚不断发生，因而需要大量的养分。与此同时，虽然在野生型类型和选种圃中也存在有限生长习性的类型和植株，但因蚕豆栽培种大都具有无限生长习性，植株进入花期后，营养生长和生殖生长同步进行，茎尖不断进行营养生长，基部节腋芽处又产生众多分枝，叶面积迅速增大，植株高度提高，植株干物质增加，最后可产生大量的开花分枝和节位。并且只有到整个植株衰老时，营养生长才停止，正好与荚果成熟期一致。这种营养生长和生殖生长在时间上长期重叠和形成大量生殖器官的生理特性，使源—库矛盾十分突出。营养生长和生殖生长之间对能量和养分的争夺，势必导致供需矛盾十分突出，加之营养生长和生殖生长并近期（或重叠过程），时间长达 50~60 d（开花初期至成熟期），上部营养生长对下部生殖生长所引起的竞争作用大大限制了大部分花的结实，从而导致使大量花蕾和荚脱落。

（三）花芽分化和荚果生育动态

蚕豆主茎的营养生长节大约为7~8节，一般在第8或第9节的叶腋上着生花芽；而分枝的营养生长节大多为5节，在第6节叶腋上着生花芽。就时间而言，一般在播种后，30 d左右，就开始进行花芽分化；就外观而言，花芽在早在三叶期前后即可开始分化。据金芝兰（1984）在兰州观察，生长锥的营养生长期很短，在播种后当胚根伸出种皮的时候，胚芽生长锥已分化出第7或第8个复叶原基，并且在7或8复叶原基的腋间分化出1~2个花序原始体。

蚕豆茎生长锥既分化叶又产生花的时期相当长，几乎到鼓粒成熟时才坏死。除胚芽中原有的5~6个节位外，蚕豆一生中还要产生25~35个节位。腋芽发生早，生长锥分化花序的起始时间也早，当幼苗出土时，第1~2节的腋芽里就分化出数目不等的花序原基。

花序着生节位因品种而不同，据资料统计春蚕豆主茎着生第一花序的节位一般为7~8节位，分枝着生第一花序一般在3~4节位，比秋播蚕豆低1~2节位。而秋播蚕豆始花多数在主茎8~9节和分枝的5~6节上。分枝上第一花原基节位比主茎少3~5个节位。关于蚕豆花芽分化时期，据唐祖奎（1983）研究，其分化过程大致可分为7个时期。

1. 花芽分化过程 根据蚕豆花芽各器官出现先后和生殖细胞的发育过程，蚕豆花芽分化分为7期。

（1）小花原基分化期 该时期叶原基在生长点一侧，其内侧的突起位即该叶腋的花序或下花原基。

（2）萼筒原基分化期 在小花原基边缘出现一圈棱状物，即萼筒原基。其内侧不表现分化。

（3）花瓣原基分化期（也可称为花器基本形成期） 4瓣萼片和10枚雄蕊基，心皮有纵沟。

（4）雄蕊原基分化期 花原基有两圈突起，萼筒原基在外，并分化出1~3片萼原基，内圈突起，在原基中央的半球状物是雌蕊原基。

（5）花药形成期 萼片5瓣、花药形成。

（6）四分体形成期 花萼高出小花的下部膨大部分2.5~4mm，旗瓣高度在矮雄蕊和高雄蕊之间，柱头三角状凹陷。

（7）花粉发育成熟期 花萼高出小花的下部膨大部分5.5mm左右，旗瓣高于小雄蕊，柱头多须毛。

2. 花芽分化阶段 蚕豆的花芽分化是一个连续的过程，为了叙述方便，分为三个阶段。

（1）第一阶段 花芽原基突起时期。花芽分化时，首先在生长点和叶原基之间与叶原基同时分化出圆形的小突起，为花芽原基，叶原基在花芽原基的下方，包裹着花芽原基。从播种到花芽分化大约 22 d，外部形态是一片叶完全展开。

（2）第二阶段　小花原基突起时期。花芽原基生长到一定大小，基部首先分化出第一个小花原基突起（大约 3 d）。以后自下而上逐步分化出 3~6 个小花原基突起。由于在时间上逐步逐个分化，所以在形态大小上有所区别。小花原基生于同一花梗上。

（3）第三阶段　各花器分化和成熟时期。各花器分化的顺序是：雌蕊、花萼、雄蕊和花冠。雌蕊首先分化为乳头状，位于小花原基的中央，并在腹面内凹，形成腹缝线，子房逐渐膨大，花柱伸长，柱头球形，顶端背面着生绒毛与花粉囊平齐，子房一室，上位，边缘胎座，2~5 个胚珠，着生在腹缝线上。小花原基边缘下凹形成 5 个大小不同的片状凸起，呈环形分布，为花萼的原始体，花萼的发育较快，形成筒状，包裹着整个小花，形成花筒。雄蕊位于雌蕊的周围。分化出 5 大 5 小的雄蕊原始体，对着腹缝线的是较小的雄蕊原始体，即以后发育成为花丝分离的一个花柱。10 个突起顶部分化花粉囊，基部花丝迅速伸长，9 个花丝相连在一起，最后发育成花丝 5 长 5 短的 10 雄蕊。

花冠的分化最晚出现，在 5 个较小的雄蕊原始体外侧，形成 5 个大小不同的片状突起，为花冠原始体，对着腹缝线的是旗瓣。

3. 温度对花芽分化的影响　蚕豆的花芽分化与温度有密切的关系。温度过高或过低都不利于分化。过早播种，气温高，植株营养生长旺盛，已分化的花芽易受冻害，过晚播种，气温低，不利于生长。

播种期不同，主茎与分枝的花芽分化的节位不同。花芽分化的发生节位与播种期有关。即与温度有关，温度逐渐下降，分化的节位也随之降低。当平均温度低到 10℃，主茎与分枝的花芽分化发生节位相同。

二、蚕豆的生育进程

（一）发芽、出苗

从胚根突破种皮到主茎（幼芽）伸出地面 2~3cm 为发芽出苗期。需 11~30 d。

（二）幼苗生长

90 d 以上。幼苗生长期主茎向上伸长，分枝不断形成，经过花芽分化到开始现蕾。

（三）现蕾

35~40 d。自主茎或分枝下部第一花簇开始现蕾到开花。根、茎、叶生长旺盛，早期分枝开始现蕾，后期的分枝大量形成，表现为营养生长和生殖生长同步进行，也是分枝大量形成的时期。

（四）开花结荚

60~65 d。自开花结荚到叶片自然脱落以前的时期为开花的时期。自开花到开花结束后 7 d 左右是蚕豆一生中营养生长快和大量开花结荚的时期。自开始鼓粒到叶片自然脱落前，随着营养生长逐渐停止，灌浆加快并出现灌浆高峰。

（五）成熟

10~20 d。叶片自然脱落，荚和种子长足到荚壳变成黑褐色，种子逐渐失水。蚕豆籽粒的发育和荚果基本一致，前期仍以增加籽粒的长、宽、厚为主，开花约 35 d 以后，籽粒的容重已基本达到最大值。在开花后 30 d 左右，籽粒灌浆的速度比较慢，一般干物质含量也较低，以后叶片中的干物质不断输送到种子内，灌浆速度很快上升，干物质积累迅速增加，这时籽粒的含水量也很高。在鼓粒期间，种子中的脂肪、蛋白质及糖类也随着种子的增重而不断增加，开花后 47~50 d，鲜重达到最大值，灌浆速度迅速下降，籽粒开始失水逐渐成熟。开花后 50~53 d，灌浆已经停止，鲜重、干重都都已相对稳定，体积已不在变化，种子的形成逐渐接近成熟时的状态，这一时期，植株约有一半的叶片已经脱落，剩下的叶片的叶绿素含量仅为 0.09%，光合能力极弱，合成的光合产物已很少了，说明植株已基本衰老，这时蚕豆即完全成熟。

生育进程中，现蕾、开花结荚期较长，一边现蕾、一边开花结荚，这两个时期是互相交错和同时进行的。

幼苗生长期主茎向上伸长，分枝不断形成，经过花芽分化到开始现蕾，秋播蚕豆通常要经过 90d 以上，春播蚕豆需要 20 d 以上。

主茎或分枝下部第一花簇开始现蕾到开花为现蕾期，一般要经过 30~40d。这一阶段蚕豆的根、茎、叶生长旺盛，早期分枝开始现蕾，后期的分枝大量形成，表现为营养生长和生殖生长同步进行，也是分枝大量形成的时期。

通常认为自开花结荚到叶片自然脱落以前的时期为开花的时期，一般要超过 50d。自开花到开花结束后 7d 左右，是蚕豆一生中营养生长快和大量开花结荚的时期。开始鼓粒到叶片自然脱落前，随着营养生长逐渐停止，灌浆加快并出现灌浆高峰。叶片自然脱落，荚和种子长足到荚壳变成黑褐色，种子逐渐失水，为成熟期，此时就要准备收割了。

蚕豆从幼苗出土到现蕾期是有效花芽的奠基期，是全生育期中最重要的时期。以此，把好播种质量关，选择健康种子，深根施肥，以满足早分枝花芽分化的环境条件，争取苗前期多分化有效花层，位高产打下果节基础。

蚕豆一般是先开的花容易结荚，后开的花成荚率较低，靠近簇柄的第一朵花成荚率高，第二、第三朵以及以后的花成荚率逐步降低。要实现蚕豆高产，需要使上、中、下部结荚均匀，消灭空节，减少秕荚，才能提高结荚率。

植株从开始开花到豆荚出现，是生长发育最旺盛的时期。这个时期干物质积累达到最高峰，在茎叶生长的同时，茎叶内贮藏的营养物质又要大量地向花荚输送。此时，需要土壤水肥充足，光照条件好，叶片的同化、异化作用能正常进行，这样就可以有足够的营养物质保证荚大量形成和茎叶继续生长的需要，促进开花多、成荚多、减少花荚脱落，这是蚕豆能否高产的一个关键环节。

三、生育过程的有关生理变化

（一）生长条件

蚕豆的生长发育对温度、水分、光照、土壤以及矿物质因素等自然环境要素有一定的要求。在栽培过程中，积极创造条件，满足其需要，才能获得较高的生物学产量和经济产量。

1. 土壤　蚕豆喜土层深厚，保水、保肥能力比较强，富含有机质的黏壤质土壤。在瘠薄土壤中，主根系发育受阻，植株生长矮小，分枝减少，发育较差，产量低。蚕豆一般比较耐碱性，但不耐酸性。土壤在 pH 5.8~8 的范围内都能生长，但以 pH6.2~7.5 最为适宜；根瘤菌易在土壤结构好，舒松透气，酸碱度（pH）在 7~8.5 最为适宜，过酸、过碱或土壤板结都会受到抑制。据华中农学院研究，蚕豆田块 pH4.7 和 8.5 时，赤斑病比 pH7.7 和 8.4 时发病重。酸性土壤中增施石灰，改变土壤 pH，可起到增加蚕豆产量的效果。在沙土或沙质土壤、冷沙土、漏沙土种植蚕豆，因水分不足，肥力低、结构差、生长发育不良，产量低。但在这些土壤上增施有机肥料，保持土壤湿润，仍能使蚕豆生长发育良好，有利于产量的提高。这是因为土壤有机质和有机质肥料对提高含水量、活化养分，增进蚕豆 N、P、K 和 C 素营养有重要作用。

2. 温度　任何一种作物的生长过程，都有 3 个基点温度。豌豆也有温度三基点：即最低温度、最高温度、最适温度。在最适温度范围内，作物生长发育良好而健壮，在最低温度或最高温度条件下，严重影响生长发育，但仍能维持生命活动。如果温度继续降低或升高，温度达到最低点以下或最高点以上，就会发生不同程度的为害，甚至死亡。

对于不同作物或同一作物不同的时期来说，三基点温度、受害程度或致死温度是不同的。豆科作物如蚕豆与豌豆和禾谷类作物相比三基点温度相比较低。C4 作物（如玉米）和 C3 作物（水稻）相比，生长发育的最低温度要高得多。蚕豆生长期间以平均温度 18~27℃为最好。

蚕豆各个生育阶段的三基点温度以及光合、呼吸等生理作用的最适温度是各不相同的，光合作用也因季节和地形等因素而变化。如花芽时的最适温度为 25℃，出苗适温 9~12℃，营养器官形成期最适温度 14℃左右，开花期最适温度 16~20℃，结荚期最适温度 16~22℃。

由于三基点温度随作物、发育时期、生理状况、温度持续时间以及其他因子的影响而变化，适宜它是一个温度范围。同时，三基点温度中最适温度比较接近最高温度，而离最低温度较远；在蚕豆生长期中最低温度发生频率要高些，而最高温度并不常见，因此，往往最低温度为害比高温为害更多，而且更严重。

蚕豆原产温带，性喜温凉，不耐暑热，耐寒力比小麦、大麦和豌豆差。特别是在花荚形成期，最不耐低温。蚕豆不同生长发育阶段对温度的要求和抵抗低温的能力是不同的。蚕豆发芽最低温度为3~4℃，适温为16℃，最适温度为25℃，最高温度为30~35℃。出苗的适温为9~12℃，营养器官形成在14℃左右。进入花芽期后就需要有较高的温度，一般花期最适温度为16~20℃，但超过27℃授粉就不良；结荚期的最适温度16~22℃，这时对低温的反应最敏感，平均气温在10℃以下时，花朵开放很少，13℃以上时，开花增多。据云南省气象站观测，1961年1月13日、18日昆明出现重霜，1月17日蚕豆株间最低温度达 -7.8℃，持续14h，27.8%的花蕾受冻害，75%的荚受冻害，造成严重减产。

有的研究认为，无论海拔和纬度的高低，凡1月平均气温低于0℃和7月份平均气温高于20℃的地方，不大适宜蚕豆种植。长江流域和西南、华南一带冬季温暖地区可行秋播。青海、内蒙古、河北等高海拔、高纬度地区，因冬季严寒，只能在早春融雪后进行播种。

蚕豆对温度的要求为冷凉气温，所以称为冷季豆。冷季豆在中国有秋播和春播两大生态区，秋播区的播种时间一般为10—11月，春播区的播种时间一般为3—4月。蚕豆两大生态区的分界线大致以甘肃省天水市为中心点，向东沿秦岭淮河到黄海边，由中心点向西南方向经四川的雅安市、西昌市和云南省的大理市到腾冲县。此线以南和以东的广大地区为秋播区，此线以北及西北和东北的广大地区为春播区。春播蚕豆的无霜期一般为100~180d，年均温5.7~13.9℃，7月温度15.1~32.7℃，≥5℃的积温1 300~2 000℃；秋播区的无霜期220~325 d，平均温11.54~21.8℃，≥5℃的积温1 200~1 500℃。

蚕豆对温度反应敏感。过早播种，易满足苗期生长温度，但后期花荚受冻，有效分枝较少；过迟播种苗弱株小，分枝少，营养生长期短，结荚率低。适宜的播期加上冬前施用P、K肥或施草木灰，可起到一定的保温防冻作用，增强植株抗寒力。地膜覆盖增加了土壤耕层的温度，耕层土壤微生物活动强，速效化过程快，对苗期生长有利。地膜覆盖具有增温和改善土壤理化性状的作用，使蚕豆生长发育进程加快，可有效地防止开花结荚期由于干旱、高温造成的落花不实现象。塑膜覆盖改变了蚕豆的生长环境，增加了蚕豆产量，减少肥料投入量，使蚕豆提前上市，提高了经济效益。

蚕豆不同的生育时期和阶段度对温度的要求不同。发芽的最低温度为3.5℃，最高温度为30~35℃，最适温度为25℃。春播时，一般在5~6℃即可播种，从播种到幼苗出土所需的天数，因温度而异，当覆土深度为6~8cm，土温为8℃时，发芽约需17d，10℃时需14d，32℃时需7d。蚕豆在营养器官形成期可耐 -3~4℃的低温，最适的温度为14~16℃。生殖生长期需要的温度较高，当温度低于5.5℃时，花荚则受到冻害，最低温度要求在10℃以上，温度稳定在15~22℃时有利于开花、授粉和结荚。蚕豆不同生育期鉴定所需起点有效温度和有效积温分别是：起点有效温度，播种至出苗5.9℃，出苗至分枝7.9℃，分枝至开花6.1℃，开花至结荚5.5℃。有效积温，播种至出苗134.1℃，出苗至分枝29.38℃，分枝枝开花242.9℃，开花至结荚100.4℃，其中以分枝到开花阶段需要的积温最高。所以，种植蚕豆，首先应根据品种的生育特性，选择最适宜的播种期，特别收获籽粒的要使盛花期避开霜冻严寒季节，以利开花授粉。

春蚕豆各生育适期对温度的要求与秋播蚕豆有所不同。在播种至出苗时，要求萌发的最低温度2~4℃，出苗期最适温度为9~12℃。据试验表明，当≥5℃的积温达176℃（±28.6℃），月平均气温达到8℃以上时即可出苗。这与秋播蚕豆播种出苗需要134℃积温相比，不但过程长，且积温较高。从出苗至开花，需要≥5℃的积温41℃（±17℃）。这与秋播蚕豆中间隔一段低温期不同，所需的积温也要高。但也有试验表明，春播蚕豆开花至成熟期要经历开花—结荚和结荚—成熟两个阶段，开花阶段最适温度12~16℃，在小于10℃，大于16℃时开的花大多无效，而结荚期以15~20℃最适宜。鼓粒期温度过高对春蚕豆增产不利。据临夏州农业科学研究所分析，春蚕豆百粒重与7月中旬平均气温呈负相关，相关系数r=–0.6373，回归计算表明，此期温度每升高1℃，百粒重减少3.6g。

有人认为，白天和黑夜温度中影响蚕豆生长发育的指标，主要是日最高温度、最低温度，即极端（临界）温度，而不是平均昼温和平均夜温。这种极端临界温度不仅对于生长，而且对于植株死亡也是十分重要的，也可指示蚕豆对逆境温度的抵抗能力。蚕豆植株开始受伤或部分死亡的临界温度，出苗为–5~6℃，开花期–2~3℃；而大多数植株死的的临界温度是，出苗期–6℃，开花期–3℃。

3. 光照　蚕豆是喜光的长日照作物，对光照条件的好坏反应很敏感。蚕豆的边行优势比小麦强。据甘肃省农业科学院测定，蚕豆的边行和二三行，分别比中行增产75%、17.8%和4.8%，而小麦的边行、二行和三行，分别比中行增产36.1%~60.5%、14.2%~18.3%和1.8%~1.5%。这说明蚕豆对光照极为敏感。正因为它向光性强，喜强光不耐阴，因此播种不宜过密，如果株间互相遮光严重，会造成大量花荚脱落。因此，在栽培上选择窄叶品种和实行宽窄行播种以及合理施肥和整枝打顶等综合技术，创造合理地群体结构，是蚕豆高产的主要措施。光照是绿色植物制造干物质的能量来源，合理的光照水平是夺取蚕豆高产的必要条件。光照有利于根瘤生长，促进共生固氮。光照不足，使叶片早衰，同化率降低，加剧花荚脱落，降低产量。夏明忠（1989）研究表明，不论何时遮光，干物质分配的比率下降严重，都会造成减产。遮阴导致光合产物供应缺乏，减少根瘤，加速根瘤的衰老。植株体N和C代谢被限制，降低总N积累，地上部和地下部干重下降。有研究表明：经过黑暗处理后，即使再度让阳光照射，植株对P的吸收能力仍然会下降。说明光对蚕豆吸收矿质元素有促进作用。据此认为，通过改良栽培方式，如合理的群体结构，宽窄行种植，适时打尖整枝，促使行间株间通风透光是夺取高产的重要措施。

4. 水分　蚕豆喜凉爽湿润气候，是需水较多的作物。据研究蚕豆每形成1g干物质需水800g以上，比玉米、高粱多0.77~2.2倍。土壤水分的多少，对蚕豆的生长和产量影响很大。整个生育期中国，当土壤水分达到田间持水量的70%~80%时，最适宜蚕豆生长，如果配合其他条件，可获得较高产量。如果土壤水分大大超过或低于田间持水量的范围，产量和品质都会降低。蚕豆需水往往又与其他因素有关，特别是与土壤温度关系很大。土壤温度较低，水分过多，透气性较差；土壤温度过高，水分过少，又易发生干旱，使生长发育受到严重影响，甚至死亡，由于他蒸腾系数大，一生都需要湿润的条件。土壤水分状况如何对蚕豆的生长和产量影响都很大。蚕豆需要年降水量650~1 000mm，在春播干旱、半干旱地区年降雨量不到400mm的地区应一定有灌溉条件，确保蚕豆生长；在南方稻区降雨量过多时，土壤常处于饱和水量会影响蚕豆根系、根瘤的发育，应做好开沟排水工作。

蚕豆对水分的要求，在不同的发育时期是不同的。播种至出苗期，由于种子大，蛋白质含量高、种皮较厚，吸收水分较慢，在种子发芽时，必须吸足相当种子本身重量的1.2~1.5倍水分，才能保证迅速发芽。发芽的需水量，也与种子的大小有关，种子越大，需水量越多，发芽所需要时间也就越长；小粒种子，需水较少。蚕豆整个生长发育时间都需要湿润的土壤环境条件。生长前期，地上部分生长缓慢，根系生长较快，需水量相对较少，这是如果土壤水分偏多，根系往往分布浅，如适当控制土壤水分，加以浅中根，使土壤温度增高，通气良好，即可扎的得很深，长得粗健。开花结荚到种子鼓粒充实阶段，植株生长快，干物质积累多，是需水最多时期。供给充分的水分即可增加开花、结荚数量，促使种子充实饱满。这一时期如遇干旱、土壤水分不足，就会严重影响产量。当雨水过多或地处低洼的土地，造成渍水时间过长，土壤温度较低，通透性不良，对蚕豆根系生长极为不利。根瘤菌的生命活力也受到抑制，植株抗逆力减弱，容易发生立枯病与锈病，而且还会造成倒伏。适宜在旱地或比较干旱地的地方种植蚕豆，要在苗期、开花结荚期进行灌溉，保证植株正常生长发育。否则，可导致幼荚脱落和秕粒、秕荚增多，品质变劣。在稻田和多雨地区种植蚕豆，必须及时开沟排水，使土壤的温度和湿度适宜，有利早生快发，健壮生长。成熟前要求水分逐渐减少，气温高，光照充足，以促进籽粒充实。

根据临夏州农业科学院研究所研究，春蚕豆全生育期需水403mm，从蚕豆出苗到成熟随着生育期推移，平均日耗水量由1.6~3mm不断增大。播种到出苗期，萌发时因蛋白质水解，需水量占种子重量110%~157%，是蚕豆一生中需水的第一个高峰。此期需水量占全期的13.1%，降水仅能满足需水的39.3%。但由于冬季冻层较厚，仍能保持较高的湿度，能够满足蚕豆出苗的实际需要。从出苗至开花期是有效花芽的奠基期，需水量占全生育期的21.6%。在一般年份，临夏地区4月下旬到5月出现第一个雨峰，加之土层储水基本满足此期蚕豆对水分的需求。从开花到结荚期，这一时期是蚕豆的需水临界期，由于蚕豆全株生长量的65%是在开花以后增殖的，所以在此期要想方设法满足其需水量。如果花后一直无雨，应在1~2层花时灌水。从结荚到成熟，是种子发育充实过程，是产量形成的重要时期，此期日耗水量高达日均3mm的高峰期，但在春蚕豆区，一般年份能满足蚕豆需水。

蚕豆对水分的要求，不同品种类型之间有明显的差异。早熟或早中熟品种，对水分条件反应较为敏感，水分条件好时，增产幅度大，受到干旱时减产也较大。生育期较长的中、晚熟品种则不如早熟品种那样明显。在栽培中，要根据这一特点注意适时排灌。

开花和结荚是蚕豆对水分要求的临界期。这时土壤水分不足或遭受干旱，会使授粉不良或授粉后败育，造成大量花荚脱落和秕粒多而减产。如果土壤水分不足，则延迟出苗甚至不出苗。蚕豆幼苗期比较耐旱，这时地上部分生长比较缓慢，地下部根系生长较快；这时如果土壤水分过多，往往根系在土表，扎根不深，特别是地下水位高的渍水田，土温低，透性差，幼根吸收营养机能衰退，会导致烂根死苗的现象。因此，特别在南方稻田蚕豆苗期应做好排水降渍或中耕提高土温等措施，确保蚕豆根系发育良好，扎得深、长得稳，达到蹲苗的目的。开花结荚到种子鼓粒充实阶段，植株生长快，干物质积累多，是需水量最多的时期，是蚕豆对水分要求的临界期；这时土壤水分不足或遭受干旱，会使授粉不良或授粉后败育，造成大量花荚脱落和秕粒多而减产。因此，在旱地或干旱地区，这个时期的灌水是极为重要的。但是这时如遇长期阴雨，土地低洼，渍水时间过长，土壤透性差，蚕豆根系生长和根瘤的活动会受到抑制，使植株抗逆性下降，病害增加，坐荚率较低，严重影响产量。

蚕豆既不耐涝，也不耐旱。整个生长期间都需要湿润的土壤环境条件，特别是开花结荚期是蚕豆需水的临界期，需要充足的水分供应。这一时期缺水，严重影响产量；但雨水过多或在低洼地积水时间过长，对蚕豆根系生长不利，根瘤菌的生命活动受到抑制。因此，在南方春雨较多的冬蚕豆地区，必须及时开沟作畦进行排水；在北方春蚕豆地区，要注意开花结荚期适时进行灌溉。

5. 肥料　蚕豆需要较多的 N、P、K 肥。但根瘤菌能够固定空气中的游离 N 素，供给植株生长发育的需要。一般要求多施 P、K 肥，实施有机肥，但是目前大面积蚕豆种植只施有机肥。蚕豆施 K 肥使茎秆健壮，抗倒能力增强，促进根瘤形成与固 N 能力增加。有研究认为，K 肥能提高蚕豆的抗病性，对赤斑病尤为显著。P、K 肥配合施用起到互补作用，对促进早发有较大作用，提高产量。ABDELHAMID，M 等研究表明有机肥可以促进蚕豆生长。研究表明，重视蚕豆低产田苗期及中后期 N 素的增施、补施，提倡 B、Mo 元素能有效地促进养分在蚕豆中的分配，提高光合效率，且 B、Mo 存在相互促进作用，增加蚕豆的生物学产量，尤其是促进了豆荚和豆粒的增大，从而提高了产量。

（二）生育过程的温光效应

1. 蚕豆春化反应

蚕豆属于种子春化型植物，一定时间的春化处理有利于促进蚕豆开花，缩短生育期。春化温度和时间是影响作物春化效果的主要因素，卞晓春等（2015）研究了不同春化处理对蚕豆分枝数和总荚数的影响，结果表明，蚕豆分枝数随着春化温度的升高和纯化时间的延长表现出增加趋势，而蚕豆的总荚数随着春化温度的降低和纯化时间的延长表现出增加趋势。对于蚕豆春化阶段温度的记载各不一致，有学者认为 3~5℃为蚕豆春化的最适合温度；对于春化反应的天数，有研究认为 10~20d 合适，也有研究认为 10d 左右最为合适。春蚕豆一般无春化反应，在春播田间条件下，生育不受阻，而冬蚕豆用于秋播或冬播，田间条件即可满足蚕豆的春化条件。

2. 蚕豆光周期反应 蚕豆为长日植物。延长日照时间能提早开花，相反则延迟开花。但不同类型品种对日照长短的敏感程度不同。

光周期效应是决定作物品种栽培措施的主要因素之一。作物的许多形态和发育变化与光照时间有关。据研究，蚕豆属于长日照类型作物，即在长日照条件下植株开花提前，但对长日性并不十分严格。尚未发现日照长度必须大于某一时数才能形成花芽，否则植株只能进行营养生长而不能开花的报道。夏明忠等（2005）曾经播种一周，开始对西南地区不同地方品种进行长日照（24h）、自然日照和短日照（5h）处理 120 d，除来自四川阿坝州的春播蚕豆（红胡豆）在长日照下提前 15 d 开花外，其余品种（来自成都、重庆、昆明）只提前 5~8 d 开花；将日照缩短到 5h，使蚕豆开花、结荚和成熟时间分别推迟 10~20 d、13~27 d 和 5~19 d。但是，不论何种日照长度，蚕豆均开花结实，只是时间早迟而已。因此，蚕豆从花的分化到花的出现，并不要求严格的日照条件，但大多数类型对长日照有数量反应。除阿坝红胡豆外，短日照使各品种开花及结荚总数增加，其原因是短日照下生长期长、个体大、源—库矛盾较小。相反，长日照使营养生长期缩短而降低开花和结荚总数，这可能是长日照下营养生长不足引起的。

日本玉置秩等发现，从播种至成熟期用长日照处理（15h）使蚕豆开花提前 7d；但是，从始花至成熟期用长日照处理开花延迟 7d；全生育期短日照处理（5h），开花期缩短约 21d。就单株开花持续期而言，长日照往往引起花期缩短，短日照引起花期延长。另外，长日照降低开花总数，但增加结荚率、短日照则相反。

蚕豆虽然共同起源于中纬度高原，但后来在不同地理条件下次生演变成春播和秋播两大类型。春播和秋播蚕豆由于各自的生态环境产生了系统适应性，互换环境后均不利于生长发育。但相对来说，秋播蚕豆北移春播尚能开花结荚、成熟，而春播蚕豆南移秋播则不利结荚，或结荚极少。说明春蚕豆对光周期反应更为敏感，对长日照要求更严格。

南方秋播蚕豆在甘肃和政县春播，其性状与春播蚕豆有明显的差异。来自南方的 13 个秋播品种的平均株高只有春播蚕豆品种的 40.5%，平均开花日数提早 8d，平均花期只有 15.7d，相当于春播蚕豆的 46%，比春播蚕豆品种早熟 28d，平均每株粒数只有 8.2 粒，单株产量 7.9g，分别为春蚕豆品种的 31.7% 和 19.5%。由此可见，秋播蚕豆品种引向春播区，植株变矮、茎秆变细、籽粒少、产量低，经济性状不如春蚕豆品种。

相反，将春蚕豆南下秋播，据各地资料汇总，不论南下 3~4 个纬度（由西宁到汉中），还是南下 12~18 个纬度（由临夏到广州，或者到云南元谋），由于满足不了春蚕豆长日照的要求，虽然植株高大，但“花而不实”，收不到籽粒，而当地的秋播蚕豆则能正常生长成熟。

蚕豆引种应注意不同类型品种的引种规律性。为了避免引种过程中的盲目性，探讨蚕豆引种的规律性是很有必要的。浙江、江苏、四川、甘肃等省的蚕豆育种工作者分别于 1982—1985 年和 1995—1997 年协作开展了不同地域间蚕豆引种联合试验。试验材料来自各省提供的有代表性的优良品种，两年度试验结果趋势一致。对 1995—1997 年的试验数据分析结果表明，就产量而言，浙江慈溪大白蚕在江苏和浙江点最高（分别为 2 536.7kg/hm^2 和 2 430kg/ hm^2），四川和甘肃点次之（分别为 2 248.1kg/ hm^2 和 2 231.1kg/ hm^2），云南点产量最低（976.3kg/ hm^2）。江苏南通三白豆在江苏点产量最高（3 354.7kg/ hm^2），在甘肃点居中（2 655kg/ hm^2），在云南点最低（357kg/ hm^2）。甘肃马牙豆在浙江点、江苏点、四川点、云南点均绝收，在甘肃点产量 3 600kg/ hm^2。

以上数据说明：蚕豆是低温长日照作物，高纬度，高海拔的品种（来自甘肃）引向低纬度、低海拔的浙江、江苏、四川、云南等省种植，会造成生育期延迟，难以在正常生产季节结荚成熟，引种难以成功；反之，则生育期缩短，能正常开花结荚成熟；海拔和纬度相近的地区（浙江、江苏、四川等）间互相引种较易成功。从蚕豆引种的联合试验的各地产量表现来看，均是原产地品种的产量显著高于外来品种，说明蚕豆对生态型（气候、土壤）要求严格，适应范围较窄。综上所述，对蚕豆引种要求持谨慎态度，引种前必须首先了解引进品种的特性，原产地的纬度、海拔、日照、温度、湿度等气候条件和栽培条件，做到有计划、有目的的引种试种。要求根据当地生产条件和育种上的需要确定引种的目的和要求，一般是根据原有的当家品种存在哪些缺点，然后确定引进什么样的品种来替代原有品种或改造原有品种。另外，在引种鉴定过程中，还必须加强种子检疫工作，严防危险病虫、杂草等检疫对象的传播蔓延，避免造成严重损失。

（三）生育过程的一些生理变化

1. 不同蚕豆品种的生长发育与产量结构　不同蚕豆品种在同一生产条件下的适应性及生长发育表现不同。冯成玉等（2005）在 2001—2005 年对同一块大田种植的通鲜 1 号、日本大蚕豆两个大粒型蚕豆品种和南通大蚕豆、启豆 2 号两个中小粒型蚕豆品种分别进行了连续对比种植，观察并分析了其生长发育性状和经济产量表现。结果表明大粒型蚕豆通鲜 1 号和日本大蚕豆两品种之间、中小粒型蚕豆南通大蚕豆和启豆 2 号两品种之间的植株性状和产量表现，均各自较为接近，其中日本大蚕豆稍优于通鲜 1 号、南通大蚕豆稍优于启豆 2 号；正常年份的试验结果表明，定苗 10.5 万株 /hm^2 的条件下，通鲜 1 号、日本大蚕豆、南通大蚕豆和启豆 2 号分别可获得 11t/hm^2、12t/hm^2、10t/hm^2 和 9.5 t/hm^2 以上的鲜荚产量，或 2.2t/hm^2、2.3t/hm^2、2.6t/hm^2 和 2.4t/hm^2 以上的干豆产量。

2. 钼对蚕豆生长发育及产量的影响　蚕豆施 Mo 后可促进植株对 N、P、K 等大量元素的吸收，从而促进植株干物质积累、生长量增加，产量提高。有研究指出，Mo 能提高根瘤固氮酶的活性，促进其固 N 和对 N 氮的利用。因此，Mo 对蚕豆产量的影响和 Mo 对蚕豆营养代谢的促进作用有关。Mo 的施用量要根据土壤肥力情况和土壤中 Mo 的含量来定。有试验表明 Mo 过量会导致植株中毒，具体表现为叶片失水变成褐色，气候、肥水等因素可能也会影响 Mo 对蚕豆生长发育的作用，从而影响 Mo 施用的最佳剂量。董玉明等（2003）根据豆科作物对 Mo 元素数量的要求，并结合土壤中 Mo 的含量，研究了Mo肥对蚕豆生长发育及产量的效应。研究结果表明，施Mo能不同程度地提高蚕豆的株高、单株荚数、荚长×宽、单株粒重、百粒重和产量；施Mo后叶色浓绿，植株生长旺盛，这说明Mo元素在蚕豆的生长发育过程中有较大的作用，能有效地促进养分在蚕豆中的分配，提高光合效率。

3.甲醇和抗坏血酸对蚕豆衰老的影响 保持叶绿素和功能叶面积而延长光合作用时间是提高产量的有效途径，叶片只有保持长时间的光合能力，才能够延缓衰老。刘亚丽（2006）分别用浓度1.5%甲醇、10mmol/L抗坏血酸（Vc）和自采水（CK）喷洒蚕豆叶片后对其抗衰老特性进行了初步研究，5 d后测定正在扩张生长期叶片中叶绿素总含量、叶绿素a与叶绿素b含量及其比值、过氧化物酶（POD）、超氧化物歧化酶（SOD）的活性。结果表明，甲醇、Vc处理的蚕豆叶片叶绿素总含量高、叶绿素a/b比值大，甲醇处理的POD活性大于Vc与CK，Vc处理的SOD活性大于甲醇与CK，且甲醇、Vc处理下蚕豆整个生长趋势明显比对照生长旺盛，表明甲醇是一种自由基清除剂，甲醇具有延缓叶片衰老的作用，可能是通过抑制乙烯的生成而延缓叶片衰老。

4.蚕豆生长发育的温度指标 温度、光照、水分等是影响蚕豆生长的气候因子，这些影响因子在一定条件下都有可能成为主导因子。王鹏云等（2008）利用1971—2006年蚕豆单产统计资料，采用滑动平均的方法，计算每年蚕豆气象产量，并以此划分丰、平、歉气候年景，研究结果表明，气象产量年景与农业生产的实际年景吻合度较好；以2001—2006年田间观测数据和生产实际为基础，分析了蚕豆生长与日平均温度、日最高温度、日最低温度之间的关系，对丰年、平年、欠年景中蚕豆的发育期间的日平均温度、日最高温度、日最低温度进行分析，以丰年温度确定蚕豆生长期的最适温度上、下限，以平年温度确定蚕豆生长期适宜上、下限，而以歉年确定受害温度与死亡温度。研究得出日最高温度低于10℃蚕豆的生长将受影响，日最低温度低于0℃蚕豆将受害，而蚕豆的生物学零度为5℃。

5.春化时间对蚕豆幼苗若干生理生化指标的影响 春化作用是某些高等植物成花转变的重要环节，被认为是植物在低温诱导下促使其相关基因的表达，从而导致生理状态的转变的一种受遗传控制的生理过程。温度是作物生长发育过程中十分重要的生态因子，适宜的温度有利于作物的器官建成，而低温是作物发育过程中的胁迫因子，大多数冬性一年生或两年生植物在其种子萌动期或营养生长初期都必须经过一定时期的低温春化处理才能开花。一定时期的低温春化处理有利于促进蚕豆开花，提早上市，缩短生育期。陈华等（2012）以商品性状及植物特性比较优良的品种“大朋一寸”为材料，分别对蚕豆种子进行0、7、14、21、28 d的低温春化处理，待播种长成幼苗后分别取幼叶测量植物体内的保护酶活性、MDA含量、叶绿素的含量变化。结果表明，随着春化时间增长，蚕豆幼苗中超氧化物歧化酶（SOD）、过氧化物酶（POD）和过氧化氢酶（CAT）的活性整体呈现先上升后下降的趋势，其中SOD和CAT的活性在春化处理14d时最高，POD的活性在春化处理21d时最高；丙二醛（MDA）含量的整体趋势则是先缓慢上升，到春化处理28d时大幅度上升，可能是由于植物体内的保护酶活性的下降，没能及时清除ROS，导致ROS的积累速度突然变快，使得MDA含量大幅度上升，MDA的增加既标志着植物细胞膜受损的结果，也是致使植物膜系统受伤害的原因之一，春化处理时间小于21d时不会对蚕豆产生显著伤害，而春化处理28d则会对蚕豆产生显著伤害；叶绿素的含量随着春化时间的延长差异不显著，因此蚕豆种子春化的时间最好在14d内，不宜超过21d。

6. 不同蚕豆品种对光照时间的反应 光周期效应是决定作物品种栽培纬度和栽培措施的主要因素之一。研究表明，以6个不同蚕豆品种（成胡10号、红胡豆、白皮豆、青胡豆、绿胡豆和弥勒）为材料，研究其生长、产量和发育对光照时间的反应。6个参试蚕豆品种理论上属长日照作物，但品种反应差异较大，在长日条件下，开花提前5~15d，开花总数减少，前期生物产量、株高和叶绿素含量以及种子百粒重增加；缩短日照，延迟开花和成熟，开花总数，单株无效荚，后期干物重、叶绿素含量以及分枝数增加，长日和短日都使产量减少，长日降低茎秆和叶片蛋白质含量，加速植株衰老。

7. 不同生态区蚕豆品种的光合特性研究 由于中国地域南北跨度大，各生态区地势、气候、土壤差异较大，加上长期的自然选择和人工选择，形成了不同生态类型品种，它们具有各自不同的形态 和生理特点及较强的地区适应性。中国蚕豆在生态上，可以分为春性和冬性两大类型。春性蚕豆分布在春播生态区，地理位置为北纬 度31° ~46°，东经90° ~122°，冬性蚕豆分布在秋播生态区，地理位置为北纬度21° ~33°，东经98° ~122°。夏明忠等（2005）通过对不同生态区（包括攀西地区及云南、成都、阿坝、甘孜四个相邻生态区）蚕豆品种的生育进程、叶绿素含量、净光合速率、光合速率日变化以及产量构成因素等特性研究，表明攀西地区蚕豆与云南蚕豆的生态类型比较接近，生育期、产量及产量构成因素相近，攀西地区的蚕豆的叶绿素含量及净光合速率较云南蚕豆高，更能充分利用 强光；阿坝、甘孜州蚕豆的生态类型与攀西地区蚕豆相差较大，偏向于春性品种，南移后生育期长，植株高大，结实性差，叶片叶绿素含量及光合速率较高；成都地区的蚕豆表现为冬性较强，南移后，虽能正常结实，但产量较低，对高原亚热气候区生态条件适应力较差。

8. $HgCl_2$短时处理对蚕豆叶片光合作用的效应 Hg对高等植物光合作用有影响。王宏炜等（2008）研究了短期Hg胁迫对蚕豆光合作用的影响，以不同浓度$HgCl_2$溶液涂抹蚕叶片30 min后，测定进入叶片组织的Hg含量、叶片的气体交换和叶绿素荧光。结果表明，随着外施$HgC1_2$溶液浓度的增大，进入叶片组织的Hg含量增加。当$HgC1_2$溶液浓度高于10 mg·L^{-1}时，处理显著抑制蚕豆叶片的净光合速率（Pn）和表观光合量子效率（AQY），且随着浓度增加，抑制程度也加强。同时，$HgC1_2$溶液处理能够显著降低PSⅡ光量子产量和表观光合电子传递速率，增加叶片的叶绿素荧光非光化学猝。低浓度$HgC1_2$短时间处理导致蚕豆叶片净光合速率降低的主要原因是由于$HgC1_2$抑制了光合电子传递过程。

9. 遮光对蚕豆花荚形成和脱落的影响 光是植物合成有机物的能源，其强度大小直接影响干物质的形成数量。但根据与光的关系所区分的不同生态类型植物，如阴性植物、阳性植物和耐阴植物对光照强度的反应不同。在同一植物的不同生育期，因密植叶片相互遮阴，某一生育期多阴雨，或因间套种植，都引起一定时期株间光照强度减弱，从而影响当时正在生长的器官形成，导致减产。夏明忠（1989）研究了蚕豆开花前后不周时期光照强度对花荚形成和脱落的影响、产量补偿能力及花荚形成和脱落的生理生态原因。结果表明，蚕豆花前遮光，开花总数和结荚数降低，花荚脱落率下降，但粒重增加；花期和花后遮光，对开花总数没有明显影响，但花荚脱落严重，减产严重；任何时期遮光均使遮光后期叶绿素含量、光合生产量、生殖器官干物质分配率、可溶性糖和含N量下降，但成熟期可溶性糖和含N量、营养元素吸收量不受影响，遮光导致花荚形成和产量减少的主要原因是C/N比值下降，而不是改变营养元素的丰度所致。

10. 水分亏缺对蚕豆光合特性的影响 水分亏缺会对植物的光合特性产生影响。夏明忠（1990）研究了蚕豆现蕾至饱荚期不同时间土壤水分亏缺情况下的光合特性、光合产量及蚕豆水分亏缺敏感期。结果表明，蚕豆现蕾后给予土壤干旱处理，光合速率、叶绿素含量、叶面积、气孔开度、生物产量及籽粒产量下降，但气孔密度和呼吸速率增加；水分亏缺使叶片光饱和点由6万lx降至3万lx，气孔开度日变化呈单峰（9—11时）曲线，始荚至盛荚期对土壤干旱最敏感，此期是蚕豆灌水的关键时期。

第三节　栽培要点

一、种植方式

由于中国蚕豆的种植地域十分广阔，各地的气候、土壤、地势以及社会经济发展的水平和耕作制度的不同，形成多种多样的种植方式。

（一）单作

1. 地块选择 选择土层深厚、疏松肥沃、排水良好、灌溉方便的土壤种植。前作收后及时深耕灭茬。夏茬地深伏耕可消灭农田病虫草害，进一步熟化土壤培肥地力；秋茬地随收随耕，耕后立土晒垡，耙耱镇压，蓄水保墒。

2. 茬口衔接 在一熟制条件下，蚕豆前茬主要有玉米、小麦、青稞、油菜、胡麻、马铃薯和中药材等。年际间的茬口选择以前茬为禾本科作物为好。

（二）间、套、轮作

1. 应用地区和条件 在中国许多地方，为了更加充分地利用光能、水分、养分和地力，抑制杂草滋生，减少病虫为害，增加作物产量，采用蚕豆和其他作物间、套种。西北地区主要有蚕豆—小麦，蚕豆—玉米，蚕豆—马铃薯等；南方地区有蚕豆—棉花及蚕豆—玉米—甘薯等三熟连环套种的种植方式。

在甘肃、青海等蚕豆主产区，一般是 3 年一轮作，主要方式是蚕豆—小麦、青稞、玉米—油菜、胡麻、马铃薯等或玉米—蚕豆—小麦、油菜、胡麻、马铃薯等。

2. 作物种类搭配

（1）小麦与蚕豆间作

① 小麦 // 蚕豆间作体系中具有 N 节约效应及产量优势。

肖焱波等（2007）通过田间小区试验，研究了小麦 // 蚕豆间作条件下作物的产量优势及不同施 N 水平和种植方式中土壤硝酸盐累积。研究表明，间作可以提高作物单位面积复合产量，增产幅度在 6 %~33 % 之间，不施 N 处理间作小麦产量比单作增加达 84 %；间作和施 N 对蚕豆产量没有显著影响。不同种植方式下土壤剖面中硝酸盐累积量趋势表现为蚕豆单作 > 小麦、蚕豆间作 > 小麦单作。不施 N、施 N 量为 20、40、60 kg/ hm^2 条件下，种蚕豆的土壤硝酸盐累积量分别比种小麦的土壤增加了 25.4、63.5、50.9、93.4 kg/ hm^2，间作降低了土壤中硝酸盐累积。小麦、蚕豆间作体系中的产量优势主要是种间 N 营养生态位发生了分化，蚕豆通过固定空气 N 而减少对土壤有效 N 的吸收，把土壤中的有效 N 节约供给与之相伴的作物小麦利用。

② 小麦 // 蚕豆间作体系中的种间相互作用及 N 转移研究　肖焱波等（2005）在小麦 // 蚕豆间作体系中通过根系分隔和标记 ^{15}N 的盆栽试验研究表明，小麦相对于蚕豆对土壤 N 和肥料 N 的依赖更强，蚕豆则更多依赖于空气中的 N。在根系完全分隔、尼龙网分隔和根系不分隔处理中小麦对 ^{15}N 的回收率分别为 58%、73% 和 52%，而蚕豆则分别为 30%、20% 和 3%。小麦对肥料 N 的竞争促进了蚕豆的固 N 作用，在根系完全分隔、尼龙网分隔和根系不分隔时，蚕豆来源于固 N 的百分数（% Ndfa）分别为 58%、80% 和 91%。因此，小麦 // 蚕豆中存在对 N 的互补利用，该体系中营养竞争和促进作用同时存在。在小麦 // 蚕豆间作体系中应用土壤标记同位素稀释法表明蚕豆固 N 向间作小麦发生了转移，转移的量相当于蚕豆吸氮总量的 5%。

③ 小麦 // 蚕豆间作条件下不同施 N 量对作物根际微生物数量的影响　魏兰芳等（2008）通过盆栽试验和室内平板培养技术研究了小麦蚕豆间作条件下不同施 N 量对作物根际微生物的影响。结果表明：小麦蚕豆根际微生物数量在总体上以细菌为主，放线菌次之，真菌最少。在作物各生育期，随着施 N 量的增加，小麦、蚕豆根际微生物数量增加，在施 N 量为 325 mg/kg（N）时数量达到最高，高氮（$N_{3/2}$，487.5 mg/kg）时下降。在小麦孕穗（蚕豆开花）期施氮量为 325 mg/kg 时，间作小麦根际细菌、真菌和放线菌分别比对照（N_0）增加了 71%、152%、4%；间作蚕豆根际细菌、真菌和放线菌分别比对照（N_0）增加了 214%、65%、17%。小麦与蚕豆间作对小麦根际微生物数量表现为增加作用，但对蚕豆根际微生物的影响相反；间作小麦根际细菌、真菌数量在分蘖期、收获期显著高于单作小麦，间作蚕豆根际微生物数量在施 N 量为 325 mg/kg（N）时均低于单作蚕豆。施 N 量与种植模式的互作效应在蚕豆分枝、开花和鼓粒期对蚕豆根际细菌、真菌有显著影响，对小麦根际细菌仅在分蘖期有显著影响，对小麦根际真菌仅在孕穗期有显著影响。

④ 小麦 // 蚕豆间作对作物根系活力、蚕豆根瘤生长的影响　周照留等（2007）通过田间试验研究了小麦、蚕豆间作条件下不同施 N 水平对小麦、蚕豆根系活力和蚕豆根瘤生长状况的影响。结果表明：施用 N 肥对作物根系活力、蚕豆根瘤生长及作物产量均有显著影响，在同样 N 素水平下间作小麦的根系活力均比单作小麦高，如孕穗期在 N_0、N_{90} 、N_{180} 、N_{270} 分别增加了 0.91%、3.5%、3.0%、2.4%；而间作蚕豆的根系活力均低于单作蚕豆，如开花期在 N_0、N_{90} 、N_{180} 、N_{270} 分别降低了 1.3%、28.1%、13.7%、5.7%；间作蚕豆根瘤数均高于单作蚕豆，如结荚期在 N_0、N_{90}、N_{180}、N_{270} 分别提高了 13.6%、31.4%、5.4%、30.6%，随施 N 量的增加，根瘤数均呈减少的趋势。间作蚕豆产量结果是 $N_{180} > N_{90} > N_0 > N_{270}$，间作小麦产量结果是 $N_{180} > N_{270} > N_{90} > N_0$。

⑤ 小麦 // 蚕豆间作条件下小麦的氮、钾营养对小麦白粉病的影响　肖靖秀等（2006）通过小麦 // 蚕豆间作盆栽试验，研究比较了单作和间作条件下不同 N、K 营养水平对小麦 N、K 养分吸收和小麦白粉病发生的影响。结果表明：小麦蚕豆间作提高小麦籽粒产量 74.7 %~133.9 %，低 N 条件下，间作提高小麦 N 吸收量 14.7 %~169 %；在高 N 条件下，间作提高 N 吸收量的优势降低；间作提高小麦 K 吸收量 32 %~69 %，增施 K 肥提高小麦 K 吸收量 25.5 %~57.3 %。小麦间作蚕豆能明显减轻小麦白粉病的发生，间作平均防效达 42.1 %~83.1 %；小麦白粉病的发生与小麦茎叶的 N 吸收量呈显著正相关关系，$r = 0.623^{※}$~$0.702^{※}$。

⑥ 小麦 // 蚕豆间作系统中的氮钾营养对小麦锈病发生的影响　肖靖秀等（2005）通过田间小区试验研究了小麦蚕豆间作系统中的 N、K 营养对小麦锈病发生的影响。结果表明，小麦 // 蚕豆间作系统中，间作有提高小麦 N 吸收量的趋势。在低 N 水平条件下间作优势和边行优势突出，间作平均提高小麦 N 的吸收量 2.3%~44.9%，边行优势平均为 3.5%~66.7%；高肥料投入水平条件下，间作优势和边行优势减弱。随着 N 肥投入水平的提高，小麦 N 的吸收量也随之提高，而增施 K 肥不能明显提高小麦 N 的吸收量。间作和不同的施 N 水平均不能明显提高小麦 K 的吸收量，但增施 K 肥有提高小麦 K 吸收量的趋势。小麦 // 蚕豆间作可以明显降低小麦锈病的发生，间作相对防效达 22.2% ~100%，增施 K 肥平均降低小麦锈病 46.2%~59.1%。锈病的发生与小麦体内的 N 素营养呈极显著的正相关关系，相关系数为 $r = 0.747^{※※}$~$0.7822^{※※}$，与 K 素营养没有明显的相关关系。

⑦ 间甲酚对不同供水条件下小麦 // 蚕豆的化感作用　杨彩红等（2007）通过盆栽试验研究了 3 个供水水平下小麦根系分泌物间甲酚对小麦、蚕豆产量和物质分配规律的影响。结果表明，在 75% 和 60% 的供水水平下，间甲酚对小麦产量具有明显的降低作用，但在 45% 供水水平下对小麦经济产量和收获指数表现为提高作用。供水与间甲酚对小麦产量产生的互作效应显著；浓度为 300×10^{-6}mol/kg 的间甲酚在 75% 的供水水平下可提高蚕豆的产量，供水水平降低时蚕豆产量显著降低。间甲酚对小麦、蚕豆的根冠比均有不同程度的增大作用。间甲酚作用下，小麦干物质在根系中的分配比例随供水

水平的降低而降低，无间甲酚时干物质在根系中的分配比例随供水量的减少而增大，蚕豆干物质在根冠中的分配随供水量的变化不受间甲酚的影响。在75%和6o%供水处理中，间甲酚使小麦叶片干物重比例增大、穗干物重比例降低；75%的供水条件下，间甲酚有利于蚕豆叶片光合产物的输出，提高蚕豆的经济产量，供水量降低时间甲酚不利于蚕豆光合产物向经济器官的转移。

⑧ 春小麦 // 蚕豆间作高产高效种植技术　以陈来生（2003）研究报道为例。

播前准备：播前施足底肥，提倡重施有机肥，合理施用化肥，以培肥土壤，增强土壤蓄水保水能力，促进小麦稳产、丰产。基肥可结合翻地，均匀施入土壤，耙耱1~2次。有机肥施量15~45m^3/hm^2，化肥应按N、P比例2∶1施入，一般应施纯N 150 kg/hm^2、五氧化二磷75 kg/hm^2。为提高肥效，增加产量，有机肥应在秋季作物收获后深翻地时一次性施入。

品种选择：青海东部农业区气候冷凉、干旱，宜选用抗旱、稳产、早熟蚕豆品种青蚕13号、青蚕14号、青蚕15等，个别生态条件较差的地区，还可选用湟源马牙蚕豆。春小麦宜选用中早熟、矮秆、高产优良品种乐麦4号、宁春3号。

播种技术：播前对种子进行包衣或药剂拌种，防治病害、地下害虫及田鼠。春小麦和蚕豆播种期可按当地传统时间种植。春小麦带宽0.7~1.2 m，成穗数控制在420万~525万穗/hm^2，为增加产量和提早收获，也可用穴播机（甘肃产）覆膜种植，播量75~105 kg/hm^2；蚕豆带宽0.4~0.8 m，播量控制在195 kg/hm^{2}内，为保证通风透光条件，蚕豆种植宜稀，在劳动力充足地区可采用稀植点播和单株种植的方法，以保证蚕豆个体发育和丰产。

田间管理：一是及时对蚕豆打顶、打荚。蚕豆在盛花期后摘去主茎顶部，降低植株高度，增强抗倒伏能力，增加粒重和产量。打荚一般在花最下部开始结荚时开始，做到摘蕾不摘花、摘卷不摘展、摘空不摘实。二是科学施肥，防治病虫害。小麦苗期防治麦茎蜂等虫害，可选用10%氯氰菊酯乳油1000倍液、20%杀灭菊酯乳油或50%马拉硫磷乳油常量喷雾防治，每7 d喷1次，连喷2次。结合防治锈病用15~30kg/hm^{2}尿素、3~4 kg/hm^{2}磷酸二氢钾与15%粉锈宁可湿性粉剂750 g/hm^{2}对水300 kg混合后喷施，增加小麦穗粒重和蚕豆结实率，为高产打下良好的基础。

及时收获与深翻地：小麦蚕豆间作种植密度较高，蚕豆获得高产主要取决于蚕豆结荚后期生长发育的空间和营养，此时正值雨热同季，要及时收获春小麦，给蚕豆腾出生长发育的空间。蚕豆成熟后，及时收获晾晒、打碾、筛选，按照出口或收购要求分级，分别装袋，尽快销售。收后要及时深翻地晒垡，不耙耱，以熟化土壤，要求耕深达25~30cm，或在土壤冻结前结合施肥深翻，增加土壤肥力。如采用地膜种植要及时回收废地膜，以免污染土壤。

⑨ 春小麦蚕豆间作效益评价：一是提高土地生产率，增加能量转化。据对青海省民和县总堡乡15 hm^{2}春小麦蚕豆间作田调查，平均混合产量达6 732 kg/hm^2，其中春小麦产量3 415 kg/hm^2，蚕豆产量3 317 kg/hm^2，比当地春小麦单种增产28%。经济效

益以市场价小麦 0.9 元 /kg、小麦秸秆 0.1 元 /kg；蚕豆 1.6 元 /kg、蚕豆秸秆 0.16 元 /kg 计算。单种小麦产量 5 250kg/hm^2 、小麦秸秆产量 3 415 kg/hm^2 ，其产值为 5 066.5 元 /hm^2，除去投入 4 054 元 /hm^2 ，纯收入为 1 012.5 元 /hm^2 ；春小麦蚕豆间作，春小麦产量 3 415 kg/hm^2 、小麦秸秆产量 3 415 kg/hm^2 、蚕豆产量 3 317 kg/hm^2 、蚕豆秸秆产量 2 985 kg/hm^2 ，小麦产值 3 073.5 元 /hm^2，小麦秸秆产值 341.5 元 /hm^2 、蚕豆产值 5 307.2 元 /hm^2 、蚕豆秸秆产值 477.6 元 /hm^2 ，总产值为 9 199.8 元 /hm^2 ，除去投入 4 450 元 /hm^2 ，纯收入为 4 749.8 元 /hm^2 ，比单种增加 3 737.3 元 /hm^2 。同时，增加近 3 000 kg/hm^2 的蚕豆秸秆，可以作为优质粗饲料，发展养殖业，增加有机肥，以农促牧，以牧养农，实现农、林、牧协调发展。

（2）蚕豆与马铃薯间作

① 种植密度　以临夏高寒阴湿区蚕豆 // 马铃薯复合种植为例。

李永清等（2002）在 2000—2001 年进行的蚕豆 // 马铃薯复合种植适宜密度试验设在临夏州农业科学研究所试验农场。土壤属黑麻土。海拔 1 909 m。年均气温 6.8℃，全年日照时数 2 567.8 h，年均降水量 509.5 mm，年均蒸发量 l 300 mm，相对湿度 66%。前茬为玉米 // 冬小麦带田，耕层土壤含有机质 15.45g/kg、全 N 1.23g/kg、全 P 1.38 g/kg、全 K 22.7 g/kg、碱解 N 74.1mg/kg、速效 P 71.7 5 mg/kg、速效 K 161.2 mg/kg，pH 值 8.13。供试蚕豆品种为临蚕 5 号，马铃薯为渭薯 8 号（脱毒种薯）。结果表明，蚕豆 27 万株 /hm^2、马铃薯 6 万株 /hm^2 的处理产量、产值最高，合计产量达 8 021.3 kg/hm^2 ，以蚕豆 1.6 元 /kg、马铃薯 2 元 /kg 计，产值达 15 325.88 元 /hm^2，比对照（单种马铃薯密度 6 万株 /hm^2 ）产量增加 26.2% ，产值增加 20.6% ；蚕豆 33 万株 /hm^2、马铃薯 6 万株 /hm^2 的处理，合计产量为 7 667.1 kg/hm^2 ，产值为 14 575.64 元 /hm^2 ，比对照产量增加 20.7% ，产值增加 14.7% ；在不同密度（蚕豆设 21 、27 和 33 万株 /hm^2 3 个密度；马铃薯设 6、6.75 万株 /hm^2 2 个密度）试验中，蚕豆产量随密度增加而增加，马铃薯产量随密度增加而降低。

② 半干旱二阴区双垄全膜覆盖马铃薯套种蚕豆栽培技术　以王有毅等（2007）研究报道为例。

地块选择及整地施肥：在甘肃省榆中县海拔 2 000 m 以上的干旱半干旱区，选择土壤肥沃、前茬为非茄科类作物的地块种植。结合秋耕施农家肥 7.5 万 ~12 万 kg/hm^2，在覆膜前结合整地施入尿素 300kg/hm^2、磷酸二铵 225~375kg/hm^2 、硫酸钾 375~450 kg/hm^2。

起垄覆膜：采用双垄沟全膜覆盖方式。起垄时间依覆膜时间确定，边起垄边覆膜。先用划行器按幅宽 1.2 m 划行，然后用步犁起垄，小垄宽 50 cm，垄高 10~15cm，大垄宽 70 cm，垄高 15~20 cm。地下害虫为害严重的地块，在整地起垄时用 40% 甲基异柳磷乳油 7.5 kg/hm^2，加细沙土 225 kg 制成毒土撒施；为防止杂草顶膜，覆膜前用 50% 乙草胺乳油 1 500~2 250 ml/hm^2，对水 450~750 kg 在地表均匀喷雾，然后覆土 2~3 cm。用宽 1.4 m 的地膜全部覆盖，地膜接茬在大垄中间，用下一垄沟内的表土压实，并每隔 2 m 左右横压 1 条土腰带，拦截垄沟内的径流，充分接纳降水。

覆膜一般分 3 种情况，秋覆膜，如该地区冬雪较少，春天干旱，秋墒较好，可在 9 月中下旬至封冻前覆膜；二是早春覆膜，土壤解冻至 3 月上旬，如果秋墒较差，冬雪较多，地解冻后墒情好立即覆膜保墒；三是播前覆膜。4 月 15 日左右，如果春天墒情好，可边覆膜边播种，覆膜后在垄沟打孔，以便接纳降水。

选用良种：干旱半旱地区蚕豆选用品种青海 9 号。适期早播，合理密植。一般于 3 月底或 4 月上旬在小垄两侧的沟内点播，播深 5~6 cm（地墒差时播深 5~8 cm），株距 15~20 cm，保苗 8.3 万 ~11.2 万株 /hm^2 。在褐斑病发生严重的地区，播种时用 50% 多菌灵可湿性粉剂 400 倍液浸种 15 min，捞出沥干立即播种。开花期用磷酸二氢钾 1.5~2.25 kg/hm^2。对水 450 kg 喷雾，每隔 10 d 喷 1 次，共喷 2~3 次；7 月上旬开花 8~10 层时，摘除顶部 1.5~3cm 的嫩梢；蚜虫发生时，可用 1.8% 虫螨克乳油 2 000~3 000 倍液喷雾防治。

经在南部二阴地区试验，2005 年马铃薯平均产量为 24 384 kg/hm^2，产值 13 167 元 /hm^2 ；蚕豆平均产量为 4 890 kg/hm^2，产值 5 868 元 /hm^2，总产值 19 035 元 /hm^2。2006 年马铃薯平均产量为 22 800 kg/hm^2，产值 14 502 元 /hm^2。蚕豆平均产量为 4 162.5 kg/hm^2，产值 4 995 元 /hm^2 ，总产值 19 497 元 /hm^2 。

（3）蚕豆与蔬菜套种

① 蚕豆套种胡萝卜—青海互助模式（马长莲，2005） 3 月上中旬蚕豆播种，采用机械点播，种 3 行隔 1 行，播种量 300kg/hm^2，播后浇水。4 月初结合耙耱撒播胡萝卜，播种量 4.5kg/hm^2。9 月上中旬蚕豆收获，10 月中旬胡萝卜收获。蚕豆选用粒大、高产、稳产、优质的青蚕 14 号，胡萝卜选用优良品种三红五寸参胡萝卜。

经多地测产，单种蚕豆平均产量为 5 475kg/hm^2 ；套种田，蚕豆平均产量为 5 400kg/hm^2，胡萝卜为 23 475 kg/hm^2，混合产量为 28 875kg/hm^2，蚕豆按 2.0 元 /kg 计，胡萝卜 0.2 元 /kg 计，单种蚕豆收入为 10 950 元 /hm^2，套种田总收入为 15 510 元 /hm^2，经济效益显著。

② 蚕豆套种蓖麻—甘肃河西地区模式（白春花，2002） 蓖麻带宽 100cm，株距 80cm，播种量 7.5~15kg/hm^2，每穴 2~3 粒，播深 6cm。蚕豆在蓖麻带内以行距宽 20cm 开沟撒播 4 行，播量 375kg/hm^2。播种时施硝铵 150kg/hm^2、过磷酸钙 225kg/hm^2，以满足苗期对 N、P 的需要。蚕豆喜凉耐寒，适期早播有利根系发达，分枝多、结荚多。河西川地应于 3 月上旬播种，比常规早播 10d 左右。蓖麻喜温，适期晚播有利于出苗快、早分枝，结穗大，应于 4 月底 5 月初播种，较常规晚播 5~7d。

据 2~3 年的试验研究与调查所得，蚕豆套种蓖麻收蓖麻子 3 847.5~4 774.5kg/hm^2、蚕豆 3 127.5~3 487.5kg/hm^2，平均产值达 19 548 元 /hm^2（蓖麻 3 元 /kg，蚕豆 2 元 /kg），比单种蚕豆减产 4.1% ~7.2% ，但却增收了一季蓖麻，是一种理想的高产高效立体种植模式。

（4）轮作

不同轮作方式下蚕豆节约 N 可增加玉米产量。肖焱波等（2008）采用田间试验，对西南地区不同轮作方式下蚕豆节约N对玉米产量的影响进行了研究。分别在不施N、N 75 kg/hm^2、N 150 kg/hm^2、N 300 kg/hm^{2}四个N水平条件下，比较前茬小麦单作、蚕豆单作和小麦//蚕豆间作处理条件下轮作玉米的产量。数据表明，在不施N（N_0）和75kg/hm^2（N_1）处理时，与前茬小麦单作相比，前茬单作蚕豆和小麦//蚕豆间作处理显著提高了后茬玉米棒子的产量，前茬蚕豆单作时后茬玉米棒子产量提高了21%和33%，而前茬小麦//蚕豆间作时分别提高了7%和30%。因此在外源N供应低时蚕豆节约N对下茬玉米的生物有效性高。从而生物固N残留提供的N营养增加；但随施N量的增加，前作不同种植方式下后作玉米产量间差异不显著。表明随施N量增加蚕豆节约N对下茬玉米的生物有效性降低。研究认为在蚕豆—玉米轮作体系中进行N养分资源管理时。要综合考虑轮作方式和施N水平，以求得经济和环境效益的统一。

二、播种

（一）种子选择和处理

播前精选种子，剔除秕瘦、虫蛀、破损、霉变的种子和杂质，并在阳光下曝晒2~3d，以提高发芽率，利于早出苗、出壮苗。种子质量标准要求：纯度≥90%、净度≥95%，含水量≤15%，发芽率≥90%；外观具有本品种特征、饱满、无霉变、无虫蛀、无机械损伤。

每100kg种子用磷酸二氢钾0.5kg或丰产素100g浸种，以液面高出种子7~8cm为宜，浸种4~6h，捞出后晾干播种；每100kg种子用25%粉锈宁0.1kg拌种，能有效防治蚕豆锈病和根病的发生。

（二）播期和密度

1. 选择适宜播期 当10cm地温稳定在0~5℃时，适期早播能有效降低结荚高度，增加结荚数、荚粒数和粒重，提高产量。3月下旬至4月上旬为“蚕豆之乡”甘肃省漳县的蚕豆适播期。根据土壤肥力状况和蚕豆品种特性，合理确定种植密度。在肥力差、品种茎秆较矮、分枝能力较弱的情况下，种植密度宜密；反之种植密度宜稀。

在青海省蚕豆产区，水地条件下，3月中旬至4月上旬播种；高位水地或旱作条件下，4月上旬至4月中旬播种。

2. 确定合理密度 在甘肃省蚕豆主产区，一般临蚕系列品种播量240~300kg/hm^2，即18万~21万粒/hm^{2}为好；马牙蚕豆播量330~405kg/hm^2，即24万~27万粒/hm^{2}为宜。革新传统种植方式，推广宽窄行种植利于通风透光，可有效提高蚕豆结荚率和产量。种植方法是种2空1或种3空1（即种2行或3行蚕豆空1行），使蚕豆行距呈宽窄两种。种2空1或种3空1，宽行距40cm，窄行距20cm，株距一般种2空1的为12~15cm，播量22.5万~27万粒/hm^2；种3空1的为14~16cm，播量24万~27万粒/hm^2。

在青海省蚕豆产区，干籽粒生产基本苗15万~16.5万株/hm^2，采用等行距种植平均行距40cm，株距14~16cm；或采用3窄+1宽的宽窄行种植，窄行行距30cm，宽行

50cm，平均行距 35cm，株距 16~20cm。青荚生产基本苗 10.5 万 ~12 万株 /hm^2，3 窄 +1 宽种植，窄行行距 30cm，宽行 50cm，平均行距 35 cm，株距 18~20 cm。

3. 播期和密度对蚕豆产量和农艺性状的影响　肖占文（2003）采用田间试验方法探明春蚕豆在甘肃省河西走廊冷凉灌区的适宜播期为 3 月 25 日至 4 月 5 日，适宜密度为 24 万 ~30 万粒 /hm^2。其中 3 月 25 日播种，密度为 24 万粒 /hm^2 的组合产量效应最好，达 5 940.5kg/hm^2，其次是 4 月 5 日播种，密度为 24 万粒 /hm^2 的组合，产量达 5 841.5kg/hm^2，说明在适宜范围内蚕豆要尽量早播，播种量控制在下限 24 万粒 /hm^2，有利于分枝习性强的品种高产稳产。农艺性状分析与产量分析变化趋势一致，产量的提高是各性状综合作用的结果，在此范围内主攻百粒重、株荚数、株粒数，提高单株生产力是实现春蚕豆高产的关键。

马镜娣等（2001）以大白皮蚕豆为试验材料，研究了在江苏沿江地区播期和密度对大粒蚕豆产量及农艺性状的影响。结果表明以 10 月 16 日播种和 18 万株 /hm^2 的产量最高，可达 3 795kg/hm^2，随着大粒蚕豆播期的推迟，产量下降趋势明显，百粒重略有下降；随着密度的降低，产量下降趋势明显，百粒重略有升高。即适期早播和适宜的密度有利于提高大粒蚕豆的产量。播期早的大粒蚕豆由于全生育期长，营养生长和生殖生长期都相对较长，所以其株高和始荚高都较高，平均每株分枝、每株荚数、每荚粒数都较多。密度低的平均每株分枝较多，密度高的平均每株分枝较少。

（三）播种方法

1. 种子直播　在西北地区蚕豆多采用种子直播方式播种。

2. 育苗移栽　主要在南方地区应用。戴智春（2006）的稻茬后蚕豆移栽高产栽培技术，在上海市奉贤区金汇镇实施，既采用农户习惯穴播种植蚕豆方式，又解决了稻茬后（10 月底至 11 月头收割）播种蚕豆由于播期太迟，蚕豆不易出苗影响产量的问题，同时蚕豆青豆荚上市丰富了市民菜篮子，又可利用蚕豆青秆当绿肥，有利于后茬水稻安全生产。10 月 20—25 日育苗催芽播种，10 月 30 至 11 月 5 日移栽，翌年 3 月 5—6 日始花，4 月上旬终花。鲜豆荚 5 月上旬采收（最早 4 月 28 日），鲜豆生育期 165~175d。一般产量 7 500~9 750kg/hm^2，产量高的鲜豆荚在 9 750kg/hm^2 以上，蚕豆青秆产量在 22 500~30 000kg/hm^2。

3. 人工播种和机械播种的应用条件　蚕豆种植区多采用人工播种或用点播器人工点播。青海省在蚕豆机械播种、脱粒方面开展了多方面的试验示范工作。李迎春（2014）在蚕豆的机械化生产技术及效益分析中，蚕豆是青海省特色作物，蚕豆粒大籽饱、皮色光亮、无虫蛀，是重要的出口创汇农产品。传统落后的种植、打碾方式，使蚕豆的生产作业用工多、劳动强度大、效率低、支出高，不同程度影响了蚕豆的经济效益。针对上述情况，湟中、互助等蚕豆主产县农机部门就蚕豆的机械化生产开展了深入探索和研究，在机械选型、适应性、经济性等方面做了大量的试验示范工作，多次召开了机械作业示范现场演示会，目前，湟中县使用的蚕豆机械化种植机具，是平安林丰农机制造有限公司研发制造的 ZBFCD—4 牵引型和 ZBFCD—6 悬挂型蚕豆分层施肥点播机。该机具工作时，种箱内种子靠自重充满勺式排种器，颗粒肥料用外槽轮式排肥器按农艺要求排肥，依靠自滚轮通过传动机构传递的动力，一次性完成开沟、施肥和播种作业。农艺要求亩播种量控制在 15~22 kg/ 亩、行距 20~30cm，粒距 2~15cm、播种深度 8~12cm。机械化点播比传统手溜播种每亩要增产 20kg 左右，按每 kg 蚕豆 5 元计算，每亩可增收 100 元。机械化种植蚕豆亩播量较传统手溜播种每亩可节约种子 2.5kg 左右，可节约种子支出 19 元（7.6 元 /kg）。机械化种植将化肥与种子播在不同深度的同一垂直面上，肥料集中在种子下方 3~5cm 处，避免了化肥的挥发和流失，提高肥效利用率，减少化肥施用量。

三、田间管理

（一）间苗定苗

播种后若土壤板结应及时松土，进行查苗补苗，发现缺苗断垄时，应从苗稠的地方移苗补齐。实行全程长效化田间管理，及时中耕锄草，做到除小、除早、不漏除，避免蚕豆与杂草竞争水、肥、气、热和空间，减少养分无谓消耗，使蚕豆通风透光，水、肥、气、热协调。

（二）锄地

蚕豆苗齐后 7~10cm 高时，进行第一次中耕除草；现蕾开花时进行第二次中耕除草；生育后期及时拔除行间杂草。当蚕豆生长过旺，植株高大，易发生倒伏时，适时应用摘心打顶技术加以控制。在主茎形成 10~12 层花序时，选择晴天进行摘心打顶。摘心打顶要轻，以摘心后顶部不见空心为原则，即“打晴不打阴，打实不打空”。

（三）科学施肥

1. 蚕豆需肥规律 蚕豆是一种需肥较多的作物。据分析，每生产 100kg 籽粒及其相应的生物体，需 N 6.7~7.8kg，P 2~3.4kg，K 5~8.8kg，Ca 3.9kg，并需适量的多种微量元素。蚕豆籽粒和茎秆中的 P、K、Ca 的含量均高于禾本科作物，分别比玉米及小麦高 78.8% 和 117.0%。

蚕豆不同生育期对营养元素的吸收量也不同。在苗期对 K、Ca 吸收较多，在花期对各种营养元素吸收量最多，约占总吸收量的 50%~60%；终花至成熟，对 N、P 的吸收比 K、Ca 多。

2. 施肥时期和方法

（1）*平衡施肥* 单作和轮作豆田以平衡施肥为原则，坚持底追结合的方法，坚持“有机为主，无机为辅”的施肥原则，N、P、K 配合施用，重施基施，巧施追肥。

（2）*底肥的种类和用量* 秋季结合耕翻土地，一次施入经过无害化处理的优质腐熟农肥 45 000kg/hm^2 以上，化肥纯量 150kg/hm^2，N∶P_2O_5∶K_2O 为 1∶1.5∶1.3 为宜。

（3）*追肥的种类、时期和用量*　蚕豆开花期用 7.5kg/hm^2 的磷酸二氢钾溶液进行叶面喷肥，可提高结荚率和增加荚粒数。生长过旺田块可喷施多效唑加以控制，以防倒伏。间、套作豆田的追肥种类、时期和用量与此相同。

3. 氮、磷、钾肥的生理作用和产量效应

（1）*氮肥*　N 素是构成细胞蛋白质、叶绿素、维生素等的重要元素。虽然蚕豆有根瘤菌，能固定空气中的 N，但还不能满足其生长发育的需要，仍有 1/3~1/2 的 N 需从土壤中吸收，而且根瘤要在 4~5 叶期以后才能侵入根部，开始固 N 活动。同时根瘤菌活动最适温度是 15~25℃，因此，不管是春播或秋播的蚕豆在苗期均因温度不够而缺乏较大的固 N 能力。为达到壮苗、早发的目的，适施 N 肥是很必要的。随着温度的升高，蚕豆生长发育加快，根瘤固 N 能力也日益旺盛，蚕豆对 N 素的要求也随着增加，说明蚕豆根瘤的固 N 强度与蚕豆对 N 素的要求有协调一致的时期。但根瘤固定的 N 有时还不能满足蚕豆的需要，特别是在肥力较差的土壤，补施适量的 N 肥能收到显著的增产效果。对肥水充足的肥沃土壤，则不宜施用 N 肥，否则植株徒长，分枝过多、群体过大、通风透光不良，结荚率低，造成减产。因此，蚕豆施肥必须掌握看苗适施，切忌盲目施用。

花期是吸收积累 N 素最快的时期，适当施用 N 肥有一定的增产作用，瘦田上施用的效果比较显著。

（2）*磷肥*　P 是蚕豆正常新陈代谢、光合作用和根瘤固 N 活动不可缺少的重要元素。在碳水化合物转化和运输中起着调节作用。根的生长更需要 P，P 肥多时叶子形成的碳水化合物易于向根部运输，使根生长加速，利于植物根系发育和促进根瘤固 N。在苗期、花荚期及籽粒充实期保证 P 素供给，对获得蚕豆高产起着很重要的作用。一般都把 P 肥做基肥和后期根外追肥施用。

（3）*钾肥*　K 能提高光合作用强度，促进碳水化合物的代谢和合成，有利于氨基酸的形成和蛋白质的合成。K 能增强茎秆组织结构，提高抗寒、抗病、抗倒和抗旱能力，还能增加蚕豆的根瘤数，增强固 N 能力。

4. 微量元素肥料的施用

蚕豆对微量元素 Mo、B、Cu、Fe 等的需求量不多，但又是正常生理活动所不可缺少的元素；Ca 可以调节土壤酸碱度，在酸性土壤中施用石灰能有效提高蚕豆的产量。

Mo 能促进酶的活动，增强固 N 能力，改善 N 素代谢，促进蛋白质合成。还能提高叶绿素的含量，促进植株对 P 的吸收、分配和转化，增强种子活力，提高种子发芽率和发芽势。蚕豆施用 Mo 是一项方法简便，成本低、增产显著的有效措施。可用 0.1% 的钼酸铵浸种；现蕾期用 0.1% 的钼酸铵溶液喷施，750kg/hm^2，增产效果显著。

B 在植株体内参与碳水化合物的运输、调节体内养分和水分的吸收。缺 B 时，蚕豆根的维管束通到根瘤去的纤维丝发育不良，植株与根瘤的关系中断，根瘤数减少，固 N 能力减弱。B 肥的效应必须在日照较长的条件下才能表现出来，因此花荚期喷施 0.3% 的硼砂粉溶液，可增产 10% 以上。

Ca的作用主要在于促进生长点细胞的分裂，加速幼嫩部分的生长。在酸性土壤中，有利于改善蚕豆生长和根瘤活动的土壤环境。

5. 蚕豆根瘤

（1）蚕豆根瘤菌形态　路敏琦等（2007）采用数值分类、16S rDNA PCR—RFLP、IGS PCR—RFLP等方法对分离自中国11个省的50株蚕豆根瘤菌及11株参比菌株进行了表型测定和遗传型研究，同时对5株蚕豆根瘤菌的代表菌株进行了16S rDNA全序列测定。表型测定的结果表明，在80%的相似水平上供试菌株分为4个群，各群间存在地区交叉；16S rDNA PCR—RFLP的聚类结果与数值分类的聚类结果有很好的一致性；IGS RFLP反映的多样性更明显，形成的遗传群较多，可用于菌株间的鉴别。实验结果表明中国蚕豆根瘤菌具有极大的表型多样性和遗传多样性。系统发育研究结果表明，蚕豆根瘤菌的代表菌株均位于快生根瘤菌属（*Rhizobium*）系统发育分支，与R. *1eguminosarum* USDA2370的全序列相似性达99.9%，说明蚕豆根瘤菌属于*Rhizobium*，系豌豆根瘤菌的一个生物型。

（2）接种和拌种蚕豆根瘤菌的固氮效果和产量效应　王清湖等（1996）以临蚕2号为试验材料，研究接种根瘤菌和施P肥对蚕豆根瘤、植株生长和产量的影响。试验结果表明：接种根瘤菌使蚕豆单株总瘤数，总瘤干重，茎、叶的含氯量和产量分别提高了89.5%、126.9%、25.99%、7.05%、14.96%；在接菌的同时增施P肥获得了更好的效果，使上述指标分别提高了131.2%、224.0%、64.24%、35.55%、21.47%，这对提高蚕豆产量具有良好的效果。

房增国等（2009）蚕豆以临蚕2号、玉米中单2号为试验材料，供试蚕豆根瘤菌为*Rhizobium leguminosarum biovar viciae* GS374（中国农业大学生物学院根瘤菌分类课题组提供），通过田间试验，研究了不同施N水平下蚕豆接种根瘤菌GS374对蚕豆//玉米间作系统产量及蚕豆结瘤作用的影响。结果表明，不施N处理接种根瘤菌所获得的单作或间作系统产量与不接种但施N 225kg/hm^{2}的相应系统产量相当，且施N 225kg/hm^{2}处理接种仍能促进蚕豆的结瘤作用。统计分析表明，与不接种根瘤菌、蚕豆单作、不施N相比，接种、蚕豆//玉米间作、施N均极显著地提高了蚕豆生物学产量，但只有间作能显著增加其籽粒产量；施N显著增加玉米生物量和籽粒产量。施N 225 kg/hm^{2}后，蚕豆接种、间作对玉米生物量无显著影响；但不施N时蚕豆接种显著提高了与之间作的玉米籽粒和生物学产量，增幅分别为34.3%和25.6%。接种根瘤菌显著提高了不同N处理以籽粒产量为基础计算的土地当量比和不施N处理以生物学产量为基础计算的土地当量比。蚕豆接种根瘤菌与不接种相比，其单株根瘤数和根瘤干重均显著增加；间作与蚕豆单作相比对根瘤数的影响较小，但显著促进了蚕豆单株根瘤干重的增加。因此，本研究认为豆科作物接种合适的根瘤菌，是进一步提高豆科//禾本科作物间作系统间作优势的又一重要途径。

6. 生物有机肥和生长调节剂　郭石生（2013）对生物有机肥在蚕豆上的应用效果进行了研究。结果表明，施用生物有机肥2 700 kg /hm^2，蚕豆各项生物学指标均有不同程度的增加，且增产显著，比对照增效 2 076.65 元 /hm^2。

吴云等（2005）采用盆栽实验和实验分析相结合的方法，观察壳聚糖对蚕豆共生固N 体系的影响。结果表明：经壳聚糖溶液处理的蚕豆植株其盛花期根瘤数量、蚕豆植株固 N 酶活性明显多（好）于空白；处理后其植株生物量的差异不大。

7. 根外追肥　在花荚期喷施 0.5%~1% 的过磷酸钙溶液，可提高蚕豆的成荚率，增产效果显著。

蚕豆在幼苗期、现蕾期和开花期喷施不同浓度硼酸溶液，能增强蚕豆叶片的 SOD 活性和 CAT 活性，降低 O^{-2} 生成速率和 MDA 含量，于开花期前喷施 0.1% ~0.2%的硼酸溶液最为有效。

（四）节水灌溉

1. 蚕豆的需水量和需水节律　蚕豆对水分的要求较高，不耐干旱，一生都要湿润的条件。土壤水分状况如何对蚕豆的生长和产量影响很大。蚕豆需要年降水量约 650~1000 ㎜，分布均匀为好，是最不耐旱的豆类之一。不同生育期对水分的要求不同。种子萌发时期要求土壤有较多水分，以满足种子吸胀的需要。因为蚕豆种子大，种皮厚，种子内蛋白质含量高，膨胀性大，必须吸收相当于种子本身重量的 110%~120% 水分才能发芽。如果土壤水分不足，则出苗延迟甚至不出苗。

蚕豆幼苗时期较耐旱，这时地上部生长缓慢，根系生长较快。从现蕾开花起，蚕豆植株生长加快，需水量逐步增大。开花期是蚕豆对水分要求的临界期，如果这时土壤水分不足，则会由于受干旱而使授粉不好和授粉后败育，落花落荚增多，成荚率低造成减产。从结荚开始到鼓粒期仍需较多水分，以保证籽粒发育，如果这时缺水就会造成幼荚脱落和秕粒秕荚。但是开花结荚期水分过多也不好，尤其是长期阴雨，降水量过多，也会导致授粉不良和花荚脱落。成熟前要求水分较少，气温高，光照足，以增强后期光合效率，促进籽粒充实。

2. 节水补灌　蚕豆虽需水较多，但又十分怕渍水，是即怕旱又怕涝的作物。在黄土高原有灌溉条件的地区，冬灌可保证春季正常出苗和苗齐苗壮。开花结荚期是蚕豆一生中的“水分临界期”，此时补灌，保证蚕豆营养生长和生殖生长两旺，满足开花结荚和鼓粒的需要。青海省川水地区的蚕豆生产中，在幼荚形成 2~3 层时浇一水，蚕豆鼓粒期为促进养分积累，根据气候情况进行浇水以促进保荚增粒。

（五）防治与防除病、虫、草害

蚕豆主要病害有蚕豆根腐病，蚕豆赤斑病，蚕豆褐斑病，蚕豆轮纹病，蚕豆锈病等。

蚕豆主要虫害有蚕豆象，潜叶蝇，蚜虫，根瘤象及地下害虫蛴螬等。

蚕豆主要草害有苦菜、刺儿菜、打碗花、田旋花、藜（灰条、灰菜）、狗尾草、龙葵、蒲公英、荠菜、酸模、苋菜、野荞麦等。

坚持“预防为主，综合防治”的植保方针，本着安全、有效、经济、简便的原则，合理运用农业、生物、化学、物理等方法及其他有效的生态手段，把病虫草鼠为害发生造成的损失控制在最低限度。必须使用农药时应按照《中华人民共和国农药管理条例》的规定，严格按照无公害生产用药技术操作规程和农药品种合理规范用药，采用最小有效剂量，选用高效、低毒、低残留农药，禁止使用高毒高残留农药，以降低农药残留和重金属污染。

以上均详见后叙。

四、覆盖栽培和设施栽培

覆盖栽培主要有生物秸秆覆盖栽培、地膜覆盖栽培等。地膜覆盖栽培是在半干旱地区和高寒阴湿地区推广的一种集雨、保湿、增温的丰产栽培技术，可使春蚕豆产量大幅增长。目前在甘肃省随着地膜玉米面积的增加，“一膜两用”种植蚕豆的面积也在增加，即地膜玉米收获后留膜供第二年点播蚕豆。

设施栽培是利用温室、大棚等设施，解决露地栽培导致上市时间集中和偏迟，易受早春寒冷气候影响，导致产量低，效益不稳定的问题，是高产高效的栽培技术，主要在南方应用较多。江苏省沿江地区农业科学研究所研究发明了芽苗培育、芽苗人工春化、芽苗移栽、棚内温湿度调控、病虫害防控、植株限长等设施栽培关键技术，形成了设施栽培早熟高效配套技术体系，创建了多元高效集约种植模式。

五、适时收获

（一）成熟标准

全株豆荚三分之二变黑褐色时进行收获。

（二）收获时期和方法

当大部分叶片枯黄脱落，上层荚果变黄，1/3 以上荚果黑褐色时即可收获。

适当推迟收获期，可使籽粒充分完熟，保持种子色泽光亮，提高食用和商品价值。蚕豆收获后，应将蚕豆捆立于地面晒干或风干后再打碾脱粒，严防湿脱或籽粒暴晒。

根据生产需要可适期采收青蚕豆，进行青豆加工和保鲜贮藏。蚕豆储藏时，籽粒含水量以低于 13% 为宜，仓库环境要经常保持干燥，密闭和相对低温的条件有利于籽粒色泽保持不变。严防鼠害、雀害、虫蛀及有毒物质的污染，运输时做到轻装、轻卸，严防机械损伤。运输工具要清洁、卫生、无污染、无杂物，运输途中严防日光暴晒、雨淋，以不使产品质量受到影响。

第四节　病虫草害防治与防除

一、病虫害防

（一）黄土高原蚕豆常见病害种类

农作物病害是农业生产中重要的生物性灾害，严重影响农作物的产量与质量，及早准确地鉴别出蚕豆病害，及时采取防治措施，是提高蚕豆产量的有效办法。蚕豆适应冷凉气候条件，多种在高海拔二阴地区，是较为感病的豆类作物。中国各地都有种植蚕豆的习惯，多样的种植模式和复杂的气候类型等生态条件决定了蚕豆病害发生和流行的多样性。蚕豆病害的病原体可分为 3 类：真菌、细菌、病毒。中国已报道的蚕豆病害有 20 多种，其中：真菌性病害 15 种以上，细菌性病害有 2 种，病毒病有 5 种。蚕豆真菌性病害是最常见的也是流行很广的蚕豆病害，在中国各个产区均有发生，真菌性病害种类多，为害大，可导致蚕豆大面积减产。病害发生时叶片和茎所受为害程度高，直接削弱了植株的生长。而在中国蚕豆真菌性病害中为害较为严重的属蚕豆锈病（南方较重）、蚕豆赤斑病、蚕豆枯萎病、茎基腐病、蚕豆炭疽病、蚕豆轮纹病。这些病害的发生和流行可在蚕豆的不同生长阶段，包括苗期、花期，分枝期、结荚期及成熟期各个阶段。目前，对蚕豆生产构成严重损失的病害至少有 8 种。其中，真菌性病害有蚕豆根腐病、锈病、赤斑病、褐斑病、立枯病；病毒病有种传黄花叶病毒病。据不完全统计，在目前生产水平和管理条件下，因各种病害的发生和流行，常年造成蚕豆产量损失 5%~30%。本节对蚕豆有经济重要性、发生较为广泛的真菌病害、细菌性病害和病毒病从病害的分布、为害、症状、发病规律、防治措施等方面对做简要的说明。

1. 蚕豆锈病　蚕豆锈病菌为蚕豆单孢锈菌（*Uromycesfadae*（*Pers.*）*DEBARY*），是一种单株寄生的真型锈菌。在我国，尤其是西南地区，蚕豆锈病发病普遍。锈病发生后，植株发育不良，花叶矮化，可导致蚕豆减产 10%~30%。锈病主要为害蚕豆叶和茎，发病初期，叶片两面会产生淡黄色小点，逐渐变成橘红色隆起小斑点，直径大小为 0.5~1.5mm，即病菌的夏孢子堆，病斑破裂后散出橙红色粉末状复孢子。生长后期，病斑逐渐转变成深褐色椭圆形至不规则形疱斑，即病菌冬孢子堆，表皮破裂后向外翻卷，散放出黑色粉末状冬孢子。茎部染病亦会形成近椭圆形至不规则形斑，早期为橘红色，破裂后亦散出粉末状夏孢子和冬孢子。锈病发生严重时，叶片病斑密布，易干枯，易脱落。

2. 蚕豆赤斑病　蚕豆赤斑病由两种葡萄孢菌引起，即蚕豆赤斑病菌（*Botrytis fabae Sardina*）和灰绿葡萄孢菌（*Botrytis cinerea Per.*）。蚕豆葡萄孢是引起赤斑病的主要病原菌，它主要侵染植物蚕豆叶部和茎部，对蚕豆花和幼荚的危害性较小。初期，豆叶出现红褐色小斑点，后增大成圆形或者椭圆形病斑，而灰葡萄孢是引起蚕豆赤斑病的另一病原菌，它主要侵染蚕豆花部，引起花和幼荚枯死。蚕豆赤斑病发病需要湿润的环境，天气干燥时，发病较少。如遇阴雨连绵，则赤斑病病情会发展很快，叶片病斑会迅速扩大，使得整个叶片变成铁灰色，引起落叶。病势严重时，植株各部变黑枯萎，最终全株枯死。蚕豆赤斑病对长江流域的蚕豆生产为害较大，发病严重时蚕豆将减产 30% 以上。

3. 蚕豆立枯病 病原菌为 *Fusarium oxysporum Schl. f. sp. fabae Yu et Fang*，蚕豆立枯病也称霉根病，是蚕豆主要的病害之一，云南北部特别严重。发病初期的症状为叶片呈淡绿色，后逐渐变为淡黄色，叶缘特别是叶尖呈黑色枯焦，染病叶片呈卷曲状，且叶组织非常脆弱，如薄纸一般，叶片由下向上逐渐萎蔫枯死。随着病害的发展，蚕豆根部腐烂，维管束变成褐色，逐渐蔓延至茎部。立枯病如果发病严重可导致 50% 以上减产甚至全田毁灭，严重威胁着蚕豆的产量。

4. 蚕豆根腐、茎基腐病、蚕豆萎蔫病 蚕豆根腐病的病原菌为 *Fusarium solani*（*Mart.*）*App. et Wollenw. f. sp. fabae Yuet C. T. Fang* 即半知菌蚕豆腐皮镰孢霉真菌，茎基腐病的病原菌为 *F. avenaceum*（Fr.）Sacc. 和 *Favenaceum*（Fr.）*Sacc. var. fabae*（*Yu*）*Yamamoto* 即燕麦镰孢和蚕豆镰孢真菌，萎蔫病的病原菌为 *Fusarium oxysporum f. fabae Yuet Fang*。蚕豆根腐、茎基腐病常和枯萎病混合发生。对蚕豆的生产影响很大。发病后主根和侧根均变黑腐坏并干缩，皮层脱落，极易拔起。地上部分叶色褪绿变黄，叶尖叶缘出现不规则褐色枯斑，随后整株叶片萎黄，最终导致全株枯死。

5. 蚕豆炭疽病 炭疽病的病原菌为 *Colletotrichumlindemuthianum*（Sacc. et Magn.）Br. et Cav. 属半知菌豆刺盘孢真菌。主要为害叶片和豆荚，偶尔也为害茎，此病可侵染多种豆科作物，会造成一定程度的产量损失。叶片染病初期形成红褐色小点，然后逐步发展成近圆形病斑，病斑主体呈灰褐至红褐色，边缘颜色较深，后期病斑上产生黑色小点，即病菌的分生孢子盘。如遇潮湿的空气，病斑极易破裂穿孔。茎叶柄染病，起初形成坏死疮痂状病斑，随后发展成黑色干缩凹陷斑。

6. 蚕豆轮纹病 轮纹病的病原 *Cercosporazonata Wint.* 属于半知菌蚕豆轮纹尾孢霉真菌。主要为害蚕豆的叶部，而茎荚则很少见，轮纹病先从叶片下部开始逐渐向上传染，最早产生近圆形或 V 字形红褐色小斑，以后扩大呈灰褐色，周缘呈红褐色。下雨时，病斑处常易腐烂穿孔，最终叶片坏死、腐烂或脱落。茎部染病多呈灰黑色长梭形斑，后期易从病部扭折。蚕豆轮纹病多发于中国长江流域，尤其长江以南地区的病害发生最为严重。蚕豆轮纹病明显影响蚕豆的生产，降低作物产量和质量，一般大田病株率为 10%~20%，重病地块达 30%~60%。

7. 蚕豆褐斑病 蚕豆褐斑病（AscochytaBlight）是全世界广泛传播的蚕豆病害。一般能使蚕豆减产 35%~40%，高感品种能使其减产 90%（Roman et al，2003）。轮作、选用健康无病种子、药剂处理等防治效果都不够理想（Stoddard et al，2010）。对褐斑病表现高度抗病的品种尚未见报道，一般仅为中度抗病，如法国选育的 Line29H、英格兰的 Quasar、波兰的 Fioletowy 等对褐斑病都具有较好的抗性，这些抗性品种的种植地域有限，不同类型的抗性品种只能在特定的地区表现抗性，然而ICARDA选育的BPL471、460、74和2485在多个国家都表现出较好的抗性（Bond et al，1994）。中国也鉴定出一些中抗蚕豆品种或资源，主要来自长江中下游的蚕豆种植区，如小粒豆（H1491）、青皮豆（H0151）、青皮大脚板（H0152）、小粒蚕豆（H3209）、胡豆（H3312）等。蚕豆褐斑病抗性遗传基础比较复杂，既有多基因遗传的相关报道，也有研究认为是主效基因遗传。Rashid等（1991）研究发现7个主效基因控制5个不同壳二孢属分离菌的抗性。Kohpina等（2000）鉴定出一个控制抗褐斑病的主效基因和一些微效基因。最近研究表明，主效单基因控制叶片的抗性，而隐性基因控制茎秆的抗性（Kharrat et al，2006），类似的研究也说明茎秆和叶片对褐斑病的抗性是独立的遗传控制机制（Rashid et al，1991）。Roman等（2003）利用Vf6（感）×Vf136（抗）杂交获得的F2群体对蚕豆褐斑病QTL分析发现，控制蚕豆褐斑病的QTL有2个（Af1和Af2），分别定位到第3和第2染色体上，解释的表型变异率分别为25.2%和21%，联合表型变异率46%。随后Avila等（2004）利用29H（抗）×Vf136（感）杂交获得的F2群体研究了茎秆和叶片对2个不同壳二孢属分离菌的抗性，结果定位出6个QTL，分别为Af3~Af8，Af3和Roman等（2003）定位的Af1均被定位到第3染色体上，说明这2个QTL可能位于同一区间，可将与其紧密连锁的标记转化为SCAR标记进一步检测定位的稳定性和准确性。

蚕豆褐斑病是蚕豆上重要的叶斑病之一，在中国的许多蚕豆种植地区普遍发生，在病害流行年份，一般造成20%~30%的产量损失，严重发病地块减产可达50%，同时影响籽粒的外观颜色而降低其商品性。

病菌侵染叶片、茎秆和豆荚。叶部症状初为圆形或椭圆形病斑，稍微凹陷，深褐色；病斑逐渐扩展，中央变为灰褐色，具有明显的红褐色边缘，上面产生小而黑的分生孢子器，常以同心圆方式排列。当发病的环境条件适宜时，分散的病斑扩大并合并为大的不规则的黑色斑块；湿度大时，病斑破裂穿孔，叶片枯死。茎秆感染最初产生长椭圆形、红褐色的病斑，病斑凹陷，上面产生分生孢子器；发病后期，茎秆上的病斑常常变黑：在高度感病品种上，病斑凹陷很深，茎常在病斑处折断。在豆荚上，病斑圆形，棕褐色至黑色，具深褐色边缘，凹陷较深，严重时导致豆荚枯萎。染病荚内的种子也常常被侵染，造成种子瘪小、皱缩，表面形成褐色或黑色污斑。

蚕豆褐斑病由真菌蚕豆壳二孢（*Ascochytafabae* Speg.）引起。病菌的分生孢子器球形或扁球形，浅褐色，有圆形孔口。分生孢子长椭圆形或卵形，无色，直或略弯曲，具1个隔膜，少数有2~3个隔膜，大小（4~5）μm×（12~15）μm。病菌生长适温20~26℃，最高35℃，最低8℃。蚕豆壳二孢的寄主仅为蚕豆和豌豆。病原菌以菌丝在种子或病残体内越冬，或以分生孢子器在秋播的蚕豆种子上越冬，成为翌年初侵染源。蚕豆种子中的病菌可以存活1年，病残体上的病菌可以存活一个生长季。播种带菌种子对老蚕豆种植区病害发生影响不大，但是能够将病害传入到无病的种植区。在湿润条件下，植株的幼茎或嫩叶最先被侵染。当茎、叶上的病斑发展到后期，在病斑上产生分生孢子器，分子孢子成熟后从孢子器中排出，借风雨在田间传播并侵染蚕豆植株。

气候条件是影响病害流行的主要因素。在蚕豆全生育期中，如果田间存在病原菌，雨后或重露条件都能够造成严重的侵染。冷凉、多风雨的环境条件有利于病原菌的传播和侵染，偏施氮肥、播种过早、田块低洼潮湿等因素可以加重病害的发生。

（二）黄土高原常见虫害种类

蚕豆的虫害主要有蚜虫、潜叶蝇。害虫不仅直接啃食植株叶、茎、花、豆荚，影响蚕豆正常的生长发育，而且害虫携带的其他病菌有可能会引发植株的二次病害，一旦病害暴发，将会造成严重的后果。蚜虫病害是蚕豆常见的虫害，蚜虫会吸食蚕豆茎叶的汁液，使得叶片卷缩发黄，被侵害的植株往往不能开花结荚，甚至会成片的死亡。

潜叶蝇属双翅目潜蝇科，除西藏外各地均有发生。潜叶蝇幼虫在叶片中啃食叶肉组织，形成很多曲折迂回的隧道，仅留上下表皮。成虫可用产卵器刺破叶表皮，吸吮汁液。潜斑蝇影响寄主的叶片、果荚、果实或种子质量和产量。病害严重时全叶枯萎，造成巨大的经济损失。

详见后叙。

（三）黄土高原病害防治

1. 锈病防治 鉴于蚕豆锈病的为害性，世界各主要蚕豆生产国均把选育抗病品种和筛选抗锈基因作为防治蚕豆锈病的有效途径。目前防治锈病的方法主要有栽培技术防治、化学药剂和生物防治。栽培中如播种密度，降低田间湿度和不同作物间的混作都能显著减少锈病对蚕豆的侵染。

（1）*种植抗病品种* 蚕豆品种对锈病具有明显的抗性差异。中国已筛选出一些抗病资源，如引自 ICARDA 的 85-213（H2730）、85-246（H2763）、85-254（H2771）具有较好的抗病性。表现中度抗病的有江苏的蚕豆（H3164）、泰县青皮（H3174）、扁豆 4 号（H4059）、湖北的小粒茶蚕豆（H3869）、茶皮蚕豆（H3839）、云南的绿皮豆（H0186）等。

（2）*农业防治措施* 因地制宜，选择适宜的播种期，防止冬前发病；合理密植，高垄栽培，及时排水，降低田间湿度。

（3）*选用早熟品种* 早熟品种生育期短，可以在发病高峰期前成熟收获。

（4）*药剂防治* 发病初期开始喷洒 0.5%的波尔多液、30%固体石硫合剂 150 倍液，15%三唑酮可湿性粉剂 1 000~1 500 倍液、80%代森锌可湿性粉剂 500~600 倍液等，隔 10d 左右 1 次，连续防治 2~3 次。

2. 赤斑病防治

（1）*种植抗病品种* 蚕豆品种间对赤斑病存在明显的抗性差异，利用抗病品种是最有效的病害防治措施。目前中国已筛选出一些抗赤斑病的蚕豆品种或资源，如绿小粒种（国家统一编号 H1182）、小青豆（H0122）、皂荚种（H0124）、湖南的蚕豆（H1556）、蚕豆（H1567）、白皮 419（H3025）、武进蚕豆（H3187）、通研 1 号（H3023）等。

（2）农业防治措施

① 合理栽培：高畦深沟栽培，雨后及时排水，降低田间湿度，适当密植，注意通风透光。

② 合理施肥：少施 N 肥，增施草木灰、P、K 肥，增强品种抗病力。

③ 轮作：有条件的地方可以与禾本科作物轮作 2 年以上。

④ 清除病残体：收获后及时清除田间植株病残体，深埋或烧毁。

⑤ 选用无病种子和早熟品种。

（3）药剂防治　① 杀菌剂拌种：用种子重量 0.3% 的 50% 多菌灵可湿性粉剂拌种，可以减轻苗期的侵染；② 发病初期喷施 50% 多菌灵可湿性粉剂 1 200~1 500 倍液、70% 硫菌灵可湿性粉剂 1 200~1 500 倍液、50% 速克灵（腐霉利）可湿性粉剂 1 500~2 000 倍液，78% 科博可湿性粉剂 600 倍液，80% 喷克（代森锰锌）可湿性粉剂 600~800 倍液，75% 百菌清可湿性粉剂 500~800 倍液，80% 大生（代森锰锌）可湿性粉剂 500 倍液等。视病情发展情况，隔 7~10d 再喷 1 次药，连续防治 2~3 次。

3. 褐斑病防治

（1）农业防治措施　有条件的地区可以与禾本科作物轮作；适时播种，高畦栽培，合理施肥，适当密植，增施 K 肥，提高植株抗病力；收获后及时清除田间的植株病残体，深埋或烧毁；播种前，清除田间及周遍的自生蚕豆苗，减少潜在的初侵染源。

选用健康无病种子。精选种子，去除带病种子；播种前通过温汤浸种、杀菌剂拌种或进行种子包衣等措施进行种子处理。

选用坑病品种。蚕豆品种一般对褐斑病表现为中度抗病或耐病性。中国鉴定出的抗病种质有蚕豆（H1588）、小粒种（H1491）、青皮豆（H0151）、青皮大脚板（H0152）、青皮蚕豆（H0125）、蚕豆（H1495）、蚕豆（H1485）、蚕豆（H3171）、小籽蚕豆（H3209）、胡豆（H3312）等。

（2）药剂防治　发病初期喷洒 50% 多菌灵可湿性粉剂，70% 甲基硫菌灵 500~600 倍液，75% 百菌清可湿性粉剂 500~800 倍液等。病情严重时，隔 7~10d 再喷 1 次。

4. 其他病害防治

（1）蚕豆链格孢叶斑病　蚕豆链格孢叶斑病在全国各蚕豆种植区均有分布，但在西部地区发生普遍，对生产有一定影响。症状病害主要发生在叶片上。植株下部叶片首先发病，产生褐色的小圆斑，随后病斑缓慢扩展，形成具有黑色边缘的褐色同心圆轮纹病斑，环境潮湿时，病斑上产生黑色霉层。

蚕豆链格孢叶斑病由真菌链格孢 [*Alternaria alternate*（*Fr.*：*Fr.*）Keissler（异名 *A. ltenuis*）] 引起。分生孢子梗淡褐色跟褐色，单生或多根簇生，直接弯曲，合轴式延伸，（33~75）μm×（4.0~5.5）μm；分生孢子单生或短链生，倒棒状、倒梨形、卵形或椭圆形，淡褐色至褐色，表面光滑或具微小瘤刺，有 1~8 个横隔膜，0~6 个纵隔膜，大小（20~63）μm×（9~18）μm；具柱状或锥短喙，喙长度不超过孢子长度的 1/3。

链格孢为弱寄生或腐生性病菌，寄主广泛。病原菌以菌丝体或分生孢子形式在病残体上越冬，或在其他寄主上越冬，形成翌年的初侵染源。在叶片的病斑上，新产生的分生孢子通过风雨在田间传播，形成重复侵染。病害主要发生在蚕豆生长后期。

防治方法以农业防治措施为主。蚕豆收获后及时清除田间病株残体，深埋或烧毁，也可以通过秋耕加速病残体的腐烂，减少越冬菌源；与其他作物实施轮作。

当病害严重时，可以喷施70%代森锰锌可湿性粉剂800~1000倍液或其他杀菌剂进行防治。

（2）蚕豆尾孢叶斑病（轮纹病）　蚕豆尾孢叶斑病在中国许多蚕豆种植区有发生，也称为蚕豆轮纹病，是蚕豆的重要病害之一。对局部地区的蚕豆生产有较大影响。

病菌主要为害叶片，也侵染茎和豆荚。发病初期，在下部叶片上产生红褐色小病斑。随后，上部叶片也逐渐发病。在适宜的环境条件下，病斑迅速扩大，呈圆形、长圆形或不规则形，浅灰色至黑色，具略微隆起、深褐色的清晰边缘。病斑上常形成同心圆状的轮纹。在潮湿气候条件下，病斑上产生大量分生孢子，呈银灰色，该症状可以区别交链孢叶斑病、赤斑病和褐斑病。茎秆上病斑为梭形或长圆形，中央灰色，常凹陷，边缘深褐色。豆荚上病斑为圆形或不规则形，黑色，凹陷，具清晰边缘。

轮纹尾孢菌仅侵染蚕豆和大野豌豆。病菌以菌丝体或子座形式在病残体或蚕豆种子上越冬，成为翌年的初侵染源。植株下部叶片实现被侵染，发病后在潮湿条件下病斑上产生大量分生孢子，分生孢子借风雨传播进行重复侵染。蚕豆生长期遇连续阴雨、重露，气温在18~26℃时，有利于病害的发生和传播。低洼潮湿田块、植株密度过高则病害发生较重。

防治方法上首先选用无病种子。选用健康无病种子，在播种前采用温汤浸种方式进行种子消毒。

田间收获后及时清除蚕豆植株的病残体病进行土地深耕，促进带菌病残体的腐烂；与蚕豆、豌豆以外的作物进行轮作；高畦深沟栽培，雨后及时排水，降低田间湿度，合理密植。

（3）蚕豆油壶火肿病　蚕豆油壶火肿病是中国西部高海拔地区（四川、甘肃、西藏、陕西）蚕豆种植区发生的病害之一。发病后植株生长受到严重干扰，不能正常生长，因此在局部地区对生产影响明显，可以导致约20%产量损失。为害蚕豆的叶片和茎秆。初期症状为在叶片两面产生淡绿色、略微隆起的小疱；病疱逐渐扩大，呈圆形或椭圆形，浅褐色，直径数毫米，表面粗糙，单生或群生。随着病害发展，许多单个小病疱相连为大病疱，形成更大的隆起，导致叶片卷曲和畸形。病疱逐渐变为锈褐色，组织破溃，叶片出现穿孔，导致叶片凋枯。茎上病疱症状与叶片上相同。重病植株常出现不同程度的矮缩，结荚极少或不结荚。

病原豆油壶火肿病（又称蚕豆泡泡病）由鞭毛菌蚕豆油壶菌（*Olpidium viciae kusano*）引起。发病组织的单个细胞内含病菌的1至多个游动孢子囊；游动孢子囊无盖，球形至椭圆形，无色，壁薄，萌发时产生数根出管并释放游动孢子；游动孢子卵形，无色，单尾鞭，（6~7）μm × 5μm。游动孢子在寄主组织表面运动后，失掉鞭毛，静止并形成外膜。菌体在膜上开孔，将其中的原生质输入寄主表皮细胞内，发育为游动孢子囊。游动孢子成对结合，形成双鞭毛接合子，短暂游动后休止，在体外形成囊膜，同时把原生质输入寄主细胞。接合子又能形成球形、外壁黄色的厚壁休眠孢子囊，在寄主体外越冬。

油壶菌能够侵染许多作物，包括蚕豆、豌豆、歪头菜、油菜、甘蓝、大白菜、萝卜、黄瓜、南瓜、莴苣、菠菜、荞麦、大豆、菜豆等。病菌以休眠孢子囊在病残体上或土壤中越冬。翌年春天，休眠孢子囊萌发，释放出游动孢子，并随田间灌溉水流扩散，侵入蚕豆幼芽、幼茎及幼叶，引致幼苗发病。发病潜育期10~14d，一年能够完成3~4次再侵染。后期在寄主细胞内形成厚壁休眠孢子囊越冬，从而完成其侵染循环。多风雨的条件有利于病害的发生与扩散。

防治方法首先选用抗病品种。品种间存在抗病性差异，如青海牛角胡豆、丰来胡豆、马尔康胡豆、西昌胡豆、蒲西大白胡豆、金川胡豆等比较抗病。

农业防治措施。采用豆—麦—麦（或马铃薯）3年轮作制或豆—麦马铃薯带状间作，具有明显的防病作用；收获后清除田间病残体，并集中烧毁。

种子处理。用种子重量0.1%的15%三唑酮（粉锈宁）可湿性粉剂拌种，具有显著的防治效果。

发病初期喷施25%三唑酮可湿性粉剂600倍液、70%甲基硫菌灵可湿性粉剂1 000倍液、50%多菌灵可湿性粉剂1 000~1 500倍液、65%代森锌可湿性粉剂600倍液等，连续防治2~3次。

（4）蚕豆镰孢菌根腐病　蚕豆镰孢菌根和茎腐病在中国蚕豆种植区广泛发生，田间发病率一般为5%左右，重病田可达10%以上，由于发病植株根系和茎基部受损，影响水分输导，植株叶片枯死，因此对生产有一定影响。

病菌开始侵染蚕豆的小根和须根，然后向主根蔓延，有时主根和侧根均分别被侵染。侵染由根部扩展到根冠或茎基部，病部变黑腐烂，后期侧根和主根大部分干缩；植株下部叶片边缘产生大小不等的黑色枯斑，并扩大到全叶，使叶片变黑枯死；植株上部叶片叶脉间产生不规则的黑色坏死病斑；随着病害发展，叶片和茎变黑、萎缩、直至死亡。根、茎部皮层和维管束变褐。

蚕豆镰孢菌根和茎腐病由茄镰孢蚕豆专化型[*Fusarium solani*（Mart.）Sacc. f. sp. fabae Yu et Fang]引起。小型分生孢子产生在不规则分枝的分生孢子梗上，长圆形、卵圆形或短杆状，单胞，6.6μm × 2.1μm；大型分生孢子纺锤形，略弯曲，顶端钝圆或略窄，具0~6个隔膜，多为3个，34.8μm × 5.2μm；厚垣孢子顶生或间生，1~2个细胞，单细胞的球形或椭圆形，10.6μm × 10μm，2个细胞的大小24.2μm × 15.1μm。

茄镰孢蚕豆专化型仅侵染蚕豆。病原菌以菌丝体及厚垣孢子形式随病残体在土壤中越冬，可在土壤中腐生多年，土壤带菌是病害发生的主要侵染源。此外，病菌可在种子上存活或传带，种子带菌率1.2% ~14.2%，是病害远距离传播和新区病害发生的重要原因。在田间，病原菌主要通过病土移动、雨水或灌溉、农具及人畜活动等传播。蚕豆镰孢菌根和茎腐病发病程度与土壤含水量有关。地下水位高、土壤湿度大和含水量高的地块，病害发生严重。

病害防治以农业防治措施为主。重病田必须与其他作物轮作3年以上，以减少土壤中病菌的数量；选择排水好的田块或高垄栽培，合理密植；收获后清除田间病残体并深翻土壤；施用充分腐熟的有机肥、磷肥和钾肥，提高植株抗病力。

药剂防治可用多菌灵、敌克松（敌磺钠）、苯菌灵等杀菌剂拌种或进行种子包衣。发病初期用50%多菌灵可湿性粉剂600倍液、70%的甲基硫菌灵可湿性粉剂500倍液等药剂喷施植株茎基部或灌根，每株喷或灌250mL，隔7~10d 1次，连续防治2~3次。

（5）蚕豆枯萎病　在中国，蚕豆枯萎病主要发生在南方蚕豆种植区，田间发病率一般低于5%。在长江中下游地区，蚕豆枯萎病发生较重，对生产有一定影响。

症状一般出现在蚕豆现蕾至始花期，幼荚期受害最重。植株发病初期，叶片呈现淡绿色，逐渐变为淡黄色，叶尖和叶缘发黑直至焦枯，有时整株黄化，叶片由下而上逐渐枯萎，叶片不脱落，但蕾和花易落，幼荚不饱满，逐渐干瘪。有时茎基部变黑导致全株枯萎；地下根部发黑，侧根少。主根短小，黑褐色，呈鼠尾状，主根上端内的维管束变褐色且向上延伸至茎基部；由于根系被破坏，病株易被拔起。

病原尖孢镰孢（*Fusarium oxysporum Schlecht.* F. fabae Yu et Fang）、燕麦镰孢（*F. avenaceum*）、蚀脉镰孢菌（*F. vasinrectum* Atk.）、串珠镰孢（*F. moniliforme*）、木贼镰孢（*F. equiseti*）、三线镰孢（*F. tricinctum*）、禾谷镰孢（*F. graminearum*）和茄镰孢（F.solani）等镰孢菌均可引起蚕豆枯萎病，其中尖孢镰孢、蚀脉镰孢菌和燕麦镰孢为主要病原菌。

蚕豆枯萎病由尖孢镰孢蚕豆专化型（*Fusarium oxysporum Schl. f. fabae Yu et Fang*）、燕麦镰孢[*F. avenaceum*（*Fr.*）Sacc.]以及蚀脉镰孢菌（*F. vasinfectum Atk.*）、*F. verticillioides*（*Sace.*）*Niren*—berg[异名串珠镰孢（*F. moniliforme*）]、木贼镰孢[*F. equiseti*（*Corda*）Sacc.]、三线镰孢[*F. tricinctum*（*Corda*）Sacc.]、禾谷镰孢（*F. graminearum Schwabe*）和茄镰孢[*F. solani*（*Mart*）Sacc.]等多种镰孢菌引起，以尖孢镰孢为主。尖孢镰孢在PDA培养基上初期菌落白色，后期为浅褐色，产生蓝色或蓝绿色素。培养中产生大量小型分生孢子，长椭圆形至圆筒形，无色，1~2个细胞，（12~18）μm×（3.8~4.0）μm；大型分生孢子镰刀形，无色，多数为3隔，略弯，向两端渐尖，足胞明显，（30~36）μm×（4~4.5）μm；厚垣孢子顶生或间生，多单胞，球形到扁球形，深褐色，外表光滑或稍皱。

燕麦镰孢菌不产生小型分生孢子或偶尔产生，0~1隔；大型分生孢子弯梭形、蠕虫形或丝状，顶端细胞狭窄，略尖，弯曲度大，有隔0~12个，多为5个，大小为（46.4~67.0）μm×（3.5~4.2）μm；菌核深蓝黑色，直径2.5mm；不产生厚垣孢子。

蚀脉镰孢菌的小型分生孢子卵形，单胞，极少数为双胞，无色，（4~12）μm×（2~3）μm：大型分生孢子纺锤形至镰刀形，两端略弯曲，尖削或呈喙状，基部足细胞外突，多数具3隔，大小为（23~48）μm×（3~4.5）μm，少数为4~5隔；厚垣孢子顶生或间生，褐色，单细胞或双细胞，单细胞的直径7~13μm，2个细胞的大小12.6μm×7μm。

尖孢镰孢蚕豆专化型仅侵染蚕豆，而其他镰孢菌具有较广的寄主范围。病原菌习居土壤，在土壤中可以存活多年。种子带菌是病害发生的主要原因。病原菌直接或经伤口侵入地下主根和侧根的根尖，病株根部开始发黑，逐渐根部皮层被破坏，主根维管束变褐，随着病情的发展，病菌沿茎向上蔓延，到蚕豆生长后期可扩展到茎高的2/3部位，剖茎可见木质部变为褐色；主根残存，侧根被破坏，植株易被拔起。病害发生与土壤含水量、土温、土壤类型、耕作制度和栽培措施等关系密切。土壤含水量低于65%，病害发生较重，当土壤含水量达75%以上时，病害发展缓慢；土温为23~27℃时，有利于病菌的生长发育。蚕豆初荚期如遇高温，极有利于病害发展蔓延。土壤偏酸性（pH6.3~6.7）、黏重、贫瘠，地势低洼、排水不良和连作地发病重，旱田比水田发病重，线虫或地下害虫为害可以加重病害的发生。

防治方法首先选用无病种子。挑选健康种子，并用2.5%适乐时（咯菌腈）或50%施保功（咪鲜胺锰锌）按种重1%拌种处理。

农业防治措施。有条件的地区，应将病田改种禾谷类作物4~5年；收获后及时清除田间病残体，集中烧毁或充分腐熟后用作肥料；增施磷钾肥和适当施用石灰；在蕾花期叶面喷施磷酸二氢钾以提高植株抗病力；高垄栽培、沟系配套，排水降渍，提高根系活力。

选用抗病/耐病品种。通过田间观察，选用抗/耐枯萎病品种。

药剂防治。播种时沟施多菌灵、防霉宝（多菌灵盐酸盐）、苯菌灵等处理土壤；出现零星发病株时用50%多菌灵可湿性粉剂500倍液、60%防霉宝（多菌灵盐酸盐）可湿性粉剂600倍液、50%苯菌灵可湿性粉剂1 000倍液、70%敌克松可湿性粉剂600~800倍液等药剂喷施植株茎基部或灌根，每株喷或灌250mL，隔7~10d 1次，连续防治2~3次。

（6）蚕豆细菌性茎疫病　蚕豆细菌性茎疫病在云南发生普遍，对生产有较大影响。此外，江苏和青海有蚕豆细菌性茎疫病发生。任何生育期的蚕豆植株均可发病，造成死苗、花腐、叶片坏死、茎枯。发病初期在茎尖产生黑色短条斑或小斑块，略凹陷；病斑逐渐向下蔓延，可长达15~20cm或达茎的2/3；病茎变黑，软化呈黏性或收缩成线状；发病后期，叶片逐渐萎蔫，腐烂死亡；叶片感病初期时边缘变成褐色，逐渐整叶变成黑色、枯死；茎秆感染后出现长条形黑褐色病斑，温度较高的晴天茎部变黑且发亮；花受害后变黑枯死。气候干燥或天旱，病斑扩展缓慢，呈现为不规则形至长圆形。高温高湿条件下，叶片及茎部病斑迅速扩大并变黑腐烂。蚕豆细菌性茎疫病田间代表性症状为病茎大部分变黑，上方叶片枯萎脱落，仅留下黑化的茎端；病害的发生有发病中心，并以同心圆方式向外扩展；大面积发病好像火烧过似的一片焦黑。

蚕豆细菌性茎病（又称蚕豆茎疫病）是由蚕豆假单胞菌[*Pseudomonas fabae*

(Yu) Burkholder] 引起。病菌为假单孢菌属细菌，菌体杆状，大小（1.1~2.8）μm×（0.8~1.1）μm，单生或双生，无芽孢，有荚膜，具极生鞭毛 1~4 根，革兰氏染色阴性。生长适温 35℃，最高 37~38℃，最低 4℃，52~53℃经 10min 致死。

蚕豆假单胞菌可以侵染蚕豆、菜豆、豌豆、大豆、羽扁豆、车轴草、苜蓿等豆科作物。病菌在土壤中存活 1 年以上。病害的初侵染源来自土壤中或病残体上的病菌及种子带菌。病菌通过风雨传播，从植株气孔或伤口侵入。天气干燥时，病情发展缓慢，高温高湿有利于发病。早播、连作、平播、过早灌水、田间积水、管理粗放、土壤贫瘠的田块发病重；漫灌易造成病菌随水流传播而导致病害流行。冬春季干旱严重、有强倒春寒时植株受冻害，有利于发生细菌性茎疫病。

防治方法首先选用抗病品种。各地已筛选出一些抗细菌性茎疫病的蚕豆资源和品种，如甘肃的 9303，8409-1，8354-10，四川的西昌大白胡豆，江苏的南通大蚕豆 89027，云南的 K0746，K0747，K0727，K0054，96（23）对细菌性茎疫病免疫。

农业防治措施。建立无病留种田，防止种子带菌；与麦类、油菜等作物轮作 2~3 年；收获后及时清除田间病残体，焚毁或深埋；采用起沟盖豆栽培技术，深耕、施底肥和窄厢垄作；合理施肥，对发病重的田块施硫酸钾 150~225kg/hm^2；及时拔除中心病株，减少传播菌源。

药剂防治。发病初期，喷施 72% 农用硫酸链霉素可湿性粉剂或新植霉素 4000 倍液、50% 琥胶肥酸铜可湿性粉剂 500 倍液、30% 碱式硫酸铜悬浮剂 400 倍液、77% 可杀得（氢氧化铜）可湿性微粒粉剂，500 ~600 倍液，隔 7~10d 1 次，防治 2~3 次。

（7）蚕豆病毒病　蚕豆病毒性病害种类多，并且发生重，可导致蚕豆产量和品质的降低。病害发生时蚕豆结荚率下降、褐斑粒增多，不但影响蚕豆的产量，而且蚕豆的品质和价格也因褐斑粒的出现而下降。在中国已经发现并报道的蚕豆病毒病害中为害较为严重的是菜豆花叶病毒病、蚕豆萎蔫病毒病、大豆花叶病毒病等。菜豆花叶病毒病 *Beanmosaicvirus*（BMV），世界各国均报道发生过此病害。病害主要通过蚜虫传播。染病的蚕豆叶片呈不同程度的斑驳花叶并且失绿，叶面皱缩并起疱。病毒发生时，造成的产量损失平均可达 17.4%。蚕豆萎蔫病毒病由 *Broadbeanwiltvirus*（BBWV）蚕豆萎蔫病毒侵染所致。在初期幼嫩叶片出现浓淡相间的花叶，进一步转变成褪绿斑驳，不久顶叶开始变褐坏死，最后全株萎蔫枯萎。此病害在蚕豆各个产区均有发生，一般病株率达 10%~20%，严重时病株率可达到 30% 以上，对蚕豆影响较大。大豆花叶病毒（*Soybean MosaicVirus*，SMV）是中国东北、黄淮海、长江流域和南方蚕豆厂区重要的病害之一。主要是由蚜虫传播，感病蚕豆植株所表现的症状为叶脉透明，随后叶片变黄。呈亮黄色杂绿色的斑驳花叶，感病植株稍微矮化，并伴有花和荚早期脱落。此病害为害面积大，严重影响了蚕豆的质量和产量。

蚕豆受多种病毒病害的侵染，如蚕豆花叶病毒病（BYMV）、萎蔫病毒病（BBWV）、黄花卷叶病毒病（BLRV）、黄化病毒病（BWYV）等。在可控条件下筛选抗病植株的效果比在大田筛选的效果好，因为自花授粉能够增强抗病植株的抗性（Makkouk et al,

2002）。过去几十年各国都相继筛选出一些抗病毒病品种或资源，如加拿大从自交系中选育的抗花叶病毒病的2N23、2N65、2N85、2N101、2N138、2N295、2N425，其中2N138具有高抗性（Gadh et al，1984）。ICARDA筛选的BPL756、BPL757、BPL758、BPL769和BPL5278抗黄化卷叶病毒病，还有抗黄化病毒病的BPL1351、BPL1363、BPL1366和BPL1371等（Kumari et al，2003）。蚕豆矮缩病毒病 *Milkvetchdwarfvirus*（MVDV）能使蚕豆植株黄化矮缩，叶片卷曲，严重影响蚕豆生产，以往只在日本有报道，但近年来我国云南的蚕豆上发现类似该病毒引起的病毒病。国际干旱地区农业研究中心（ICARDA）对中国云南蚕豆矮缩病毒分离物中的DNA序列克隆，测序后与矮缩病毒中的其他成员比较发现，来自云南病毒分离物的核苷酸序列中95%~98%与日本蚕豆矮缩病毒（MVDV）分离物的核苷酸序列相同，首次确认了蚕豆矮缩病毒（MVDV）侵染中国蚕豆（Kumari et al，2010）。我国对蚕豆抗病毒病的研究较为匮乏，筛选或选育的抗病毒资源或品种也相对较少，已见报道的仅有来自云南的抗花叶病毒的云豆315和97－1867。

蚕豆花叶病毒病由菜豆黄花叶病毒（BYMV）引起的花叶病毒病是蚕豆生产中的主要病毒病，在世界许多蚕豆生产国普遍发生，对生产有严重影响。在中国云南，在蚕豆田中随机采集的标样中，菜豆黄花叶病毒的侵染率高达96%，而在具有病毒病症状的样本中，侵染率为100%。

在蚕豆上，植株叶片表现系统花叶。在幼叶被侵染初期出现明脉，随后表现为轻花叶、脉带以及褪绿。

菜豆黄花叶病毒[*Bean yellow mosaic virus*（*BYMV*）]，隶属于马铃薯Y病毒科（*Potyuiridae*）中的马铃薯Y病毒属（*Potyuirus*）。病毒粒子弯曲线状，无包膜，长约750nm，直径12~15nm，属RNA病毒。病毒核酸为单分子线形正义单链RNA（ssRNA）。病毒的致死温度65℃，体外存活期2~7d，稀释限点（10－5）~（10－3），沉淀常数151 S。

菜豆黄花叶病毒通过摩擦、蚜虫和种子带毒传播。传毒蚜虫有20多种，包括豌豆蚜（*Acyrthosiphon pisum*）、马铃薯长管蚜（*Macrosi phum euphorbiae*）、桃蚜（*Myzus persicae*）、蚕豆蚜（*Aphis. fabae*）等。蚜虫以非持久方式传毒，在蚕豆上种传率为4%~17%。

菜豆黄花叶病毒可以侵染许多科植物，引起18种食用豆类作物和苜蓿属、车轴草属、草木樨属等豆科牧草的病害。

蚕豆花叶病毒病（BYMV）的田间初侵染源有两个：① 带病毒的蚕豆种子。② 来自其他发病作物的带毒蚜虫。一旦在蚕豆田间由病种或毒蚜取食形成发病中心植株后，病害在田间的进一步扩散主要通过蚜虫的迁飞取食完成。因此，有利于蚜虫群体增殖和有翅蚜形成的气候条件以及田间和地边杂草丛生，加重该种病害的发生。

防治方法首先种植抗病品种。利用品种抗性是控制蚕豆（BYMV）花叶病毒病的主要措施，已在蚕豆上发现了3个抗BYMV基因：Bym-l、Bym-2和Bym-3。国际干旱地区农业研究中心（ICARDA）在蚕豆中鉴别出一些抗 BYMV 材料：如加拿大的 2N138、2N295、2N23、2N65、2N2，阿富汗的 BPL5247、5248、5249、5251，西班牙的 BPL5250，土耳其的 BPI5252，埃及的 BPI5255。中国云南的蚕豆种质云豆 315 表现抗病（病情指数 8.3），而 97-1867 属于中抗（病情指数 15.7）。

选用健康种子。健康的无毒种子能够有效减少初侵染源。

药剂防治。蚜虫是田间传播菜豆黄花Ⅱ椭毒的介体，当田间蚜虫群体较大时，应及时喷施杀虫剂，避免因蚜虫传播而引起病害暴发。

农业防治措施。清洁田园，铲除可以作为蚜虫寄主的杂草，也能够起到减轻病害的目的。

（8）*蚕豆萎蔫病毒病* 由蚕豆萎蔫病毒（BBWV）引起的蚕豆萎蔫病毒病是世界蚕豆生产中的重要病害，在中东和北非地区常导致严重生产损失。该病也是中国蚕豆主要病害之一，由蚕豆萎蔫病毒 2 号引起，田间发病率可 80%，引起明显的生产损失。

蚕豆叶片上出现明脉、花叶的症状，植株表现为矮缩或萎蔫。

蚕豆萎蔫病毒通过摩擦接种和蚜虫传播。传毒蚜虫有 20 多种，传毒方式为非持久性。蚕豆萎蔫病毒不经过蚕豆和豌豆种子传播。

蚕豆萎蔫病毒寄主广泛，包括许多豆科作物和豆科牧草。蚕豆萎蔫病毒 1 号侵染 44 科 186 属 328 种植物，病毒主要分布在欧洲、北非和中东地区；蚕豆萎蔫病毒 2 号侵染 39 科 177 种以上植物种，主要分布在东亚、北美洲、澳大利亚等地。

蚕豆萎蔫病毒病的田间侵染循环依靠蚜虫迁飞完成。对秋播蚕豆的侵染发生在秋季苗期或春季；在夏季，蚜虫将蚕豆上的病毒传至其他豆科作物和牧草上，秋季再传回蚕豆。在春播蚕豆上，侵染源于越冬的多年生牧草以及一些蔬菜、杂草等植物。由于该病毒寄主广泛，因此当田间管理差时，易造成病毒寄主的增加，加重蚜虫对病害的传播；干旱气候下，有翅蚜大量发生并迁飞，导致田间植株发病重。

防治方法首先是农业防治措施。铲除田间杂草；调整蚕豆播种时期以避开蚜虫迁飞高峰等措施都是病毒病防治的有效手段。

药剂防治。当田间蚜虫发生时，及时施用杀虫剂控制蚜虫群体数量。

（9）*云南蚕豆病害* 云南位于中国的西南部，地处高原，地理位置特殊，地形地貌复杂，云南气候也较为复杂。但主要还是属于高原季风气候。云南气候特点可总结为区域差异和垂直变换十分明显、年温差小、日温差大、降水充沛、干湿分明，分布不均。这些独特的气候特征均符合蚕豆喜温、怕寒、不耐高温及干旱的生长习性，作为云南省重要的经济作物，其栽培面积和产量均在全国排名第一，常年栽培面积有 27 万 hm^2，产量超过 5 亿 kg。

云南省内蚕豆的主要病害有锈病、立枯病、赤斑病、根腐病等。这些病害严重影响蚕豆的产量和品质。2013 年春季云南昆明地区蚕豆病虫害面积累计达到 21.53 万亩；其中蚕豆蚜虫发生 7.25 万亩；斑潜蝇病害发生面积达 8.16 万亩；蚕豆赤斑病发生面积达 4.5 万亩；锈病发生面积达 1.39 万亩。可见蚕豆病虫害是威胁蚕豆产量的主要因素之一。鉴别蚕豆病害、有效预测病害，及时采取防治措施是减少产量损失的有效方法，然而了解蚕豆染病后内部成分的变化，对于深入研究病害对作物的影响具有重要意义。

（四）黄土高原蚕豆害虫防治

田间从蚕豆出苗期、分枝期、花期、结荚期、成熟期等不同的生长阶段都可遭到不同害虫的为害。根据取食和为害部位，蚕豆害虫主要包括食荚害虫、食叶害虫、根部害虫以及仓储害虫。这些害虫分属不同的科、目、种。通过调查，在中国西北黄土高原区，对蚕豆生产造成严重影响的虫害有 7 种。出苗期主要是地老虎，苗期至花期主要是蚕豆斑潜蝇、根蛆、根瘤蟓，花期和初始结荚期主要是蚜虫，蚕豆蛀荚蛾，蚕豆仓储害虫主要是蚕豆象。生产中，蚕豆常常种植在经济条件差的偏远落后地区，由于种植蚕豆经济效益差、生产水平低，生产者对蚕豆虫害的防治意识不够，防治技术水平普遍较低。每年中国因蚕豆虫害造成的产量损失在 20% 以上，个别害虫的为害达到了 70%。20 世纪 70~80 年代，甘肃、宁夏、陕西等省区是中国干蚕豆主产区。近几年，由于蚕豆象的危害，为害产区达到 80%，种子豆蟓为害率达到 40%，蚕豆商品性显著下降，农民经济效益受到影响，导致生产面积逐年萎缩，严重影响了中国干蚕豆产业的发展。加强蚕豆虫害防治，对促进蚕豆产业发展意义重大。本节对中国普遍发生的、对产量影响较大的蚕豆主要害虫从区域分布、形态特征、为害症状、生长习性、防治技术等方面进行叙述说明。

1. 蚕豆蚜虫　蚕豆蚜在中国蚕豆产区均有分布，又称蜜虫、腻虫等。为刺吸式口器害虫。寄主为豌豆、蚕豆、山黧豆等豆科植物。

形态特征：无翅孤雌蚜体长 3~3.5mm，宽 1.2~1.5mm。活体草绿色，头黑色。有毛 14 根，中额平，额瘤隆起外倾。触角总长 4mm，第 3 节 1mm，有毛 25~26 根和次生感觉圈 11~51 个，各胸节具大缘斑，后胸有断续中侧小斑。第 1~6 腹节各具 2 对中毛，2 对侧毛，2~3 对缘毛，第 1 节缘毛 1 对，第 7~8 腹节各具横带，腹管长筒状，具 2 个前大后小的方形斑块，约与尾片等长，尾片黑色，长锥形，有长曲毛 11~16 根。有翅孤雌蚜头、胸均为黑色，腹色浅，第 1~6 腹节有缘斑，腹管前后斑融合后围绕整个腹管，第 7~8 腹节呈横带，触角第 3 节有次生感觉圈 46~87 个，第 4 节有 9~34 个。

为害症状：蚕豆蚜是一种重要的刺吸式昆虫。常群集于蚕豆新生叶片、嫩茎、花蕾、顶芽等部位，刺吸汁液。蚕豆受害后，叶片卷缩，植株矮小，影响开花结实。严重时引起枝叶枯萎甚至整株死亡。蚜虫分泌的蜜露还会诱发霉污病、病毒病并招来蚂蚁为害等。其分泌的唾液对取食寄主植物和传播植物病毒有重要的作用。

发生规律：蚜虫一年可发生 10 多代，主要以无翅胎生雌蚜和老龄若虫在杂草上过冬。蚜虫在温度高于 25℃，相对湿度 60%~80% 时发生严重，北方春播蚕豆产区为害盛期在 6—7 月，夏季高温，干旱少雨，导致蚕豆蚜迅速繁殖；南方秋播产区在3~4月，如果冬季气温偏高，出现暖冬现象，导致蚜虫大量发生。长期使用农药导致蚕豆蚜虫有益天敌草蛉、瓢虫、食蚜蝇、寄生蜂等数量的减少，是造成蚕豆蚜虫流行不可忽视的一个原因；蚕豆蚜的飞行扩散能力以及生殖能力很强，能够随气流携带进行远距离的迁飞扩散，造成对蚕豆的大面积为害。

防治方法：首先是做好农业防治。蚕豆收获后及时清理田间残株败叶，铲除杂草，蚕豆周围种植玉米屏障，可阻止蚜虫迁入；利用蚜虫对黄色有较强趋性的原理，在田间设置黄板，上涂机油或其他黏性剂诱杀蚜虫。还可利用蚜虫对银灰色有负趋性的原理，在田间悬挂或覆盖银灰膜，可驱避蚜虫。其次选择药剂防治。防治蚜虫宜尽早用药，将其控制在点片发生阶段，药剂可选用10%蚜虱净可湿性粉剂2 500倍液，或1.8%阿维菌素800倍液喷雾防治，喷雾时喷头应向上，重点喷施叶片反面。

2. 蚕豆象（Broad Bean Weevil）

形态特征：成虫体长4.6~5mm，长椭圆形，背面黑色，微有光泽，披被赤褐色和白色茸毛。腹面黑色，无光泽，被灰色茸毛。头部密被灰色和赤褐色茸毛，有大刻点，触角略呈锯齿状。鞘翅基部略宽于前胸，背面披被黑褐、灰、白色三种茸毛。近翅端1/3处的灰白色毛斑斜列呈“八”形。雌虫略大于雄虫，雄虫中足胫节末端有一小而尖的刺，雌虫没有。卵长椭圆形，淡黄色，较细的一端有长约0.5mm的丝状物2根。幼虫复变态，共4龄，1龄幼虫略呈衣鱼形，有短而不明显的胸足3对，前胸背板具刺，行动较活泼；老熟幼虫体长5~5.5mm，体短而肥胖，略弯成C形，乳白色，头黑色，胸足退化成小突起，无行动能力。蛹体长约5.5mm，初为乳白色，将羽化时头、前胸、中胸和后胸中央部分、胸足和翅均呈淡褐色，腹部乳白色，近末端略呈黄褐色。

发生分布：蚕豆象（Broad Bean Weevil），俗名豆牛、蚕豆虫、蛀虫，属鞘翅目，豆象科。已遍及世界各地。我国除东北、西藏等地区尚未发现外，其他各地普遍发生，局部地区为害严重。甘肃中部地区是我国干蚕豆为害最重的产区，不论在蚕豆结荚期或仓库贮藏期，均较常见。蚕豆象为害猖獗，使仓储蚕豆的安全性和商品性明显降低，经济损失惨重。

为害症状：它主要以幼虫潜伏在豆粒内部蛀食种子为害。蚕豆始花，成虫始出；蚕豆盛花，成虫亦盛；蚕豆成熟，成虫绝迹。在为害严重地区，豆象对蚕豆产量和品质的影响很大，籽粒被害率常达30%~70%，为害的蚕豆重量损失可到达80%，凡被其侵害过的蚕豆，基本十粒九空。被害蚕豆除产量损失外，出粉率降低，种子发芽率受到影响，而且常有一股难闻的气味，食用后对人体健康也有一定的影响。

发生规律：一年发生1代，各地发生期由北向南逐步提前。以成虫在仓库、房屋缝隙、蚕豆包装物、豆粒内、树皮下等处越冬。越冬成虫在蚕豆开花结荚时飞到蚕豆田间活动，经6~14d取食蚕豆花蜜、花粉、花瓣或叶片，进行补充营养后才开始交配、产卵。交尾以黄昏最多，早晨最少。产卵盛期多在6月下旬至7月上旬花荚期，每次平均产卵50粒左右，卵期20余d。卵散生在豆荚表面，每荚2~20粒不等。卵在豆荚上的分布，以中部豆荚最多，下部豆荚次之，上部豆荚最少。卵经5~10d孵化，孵化后幼虫自卵壳下钻入荚内，每粒豆可侵入数头，但通常只有 1 头成活。幼虫在豆粒内蛀食，经 4 龄生长，共 35~60d，即老熟。老熟时幼虫在蚕豆上咬一未咬穿的羽化孔，然后化蛹，蛹期一般 15~20d。在西北地区，一般在 6 月中、下旬所产的卵，8 月下旬至 9 月上旬羽化为成虫。当蚕豆收获时，大部幼虫随豆粒带入仓内，成虫羽化后从羽化孔钻出来，或在豆粒内越夏、越冬。成虫飞行力强，可达 3~7km。有假死性。成虫的羽化盛期在 8 月下旬，到 9 月上旬左右基本羽化完毕。成虫的寿命很长，一般在 250~330 d，有的可达 14~16 个月。成虫在田间的活动与温度有一定关系，温度在 22~25℃、相对湿度为 60%~80% 时，活动最盛。温度在 28~31℃，相对湿度为 39%~50% 时，活动极弱。晴天一般以 15—19 时，成虫活动最盛，12—14 时最弱，阴天时也活动。

防治策略：加强检疫工作，坚决杜绝外来虫源进入，防治本地虫源传出；本地辖区内无蚕豆象的地区严禁调运、使用受蚕豆象为害的种子，不得已调运、使用的，要对进行严格的灭虫处理，高海拔地区从川塬灌区兑换或购买种子必须进行彻底的灭虫处理。

农业防治措施主要是精选种子，剔除蛀害种粒，减少在豆粒内尚未羽化的蛹和幼虫在田间继续羽化为成虫；与非豆科作物实行 4 年以上的轮作，阻断蚕豆象的寄主食物，如小麦—玉米—小麦—蚕豆，或小麦—马铃薯—小麦—蚕豆；选用无虫良种，适期播种。对于豆象重发区，可停止种植蚕豆 3~5 年。

化学防治措施主要是种子浸（拌）种或土壤处理，播前用 40%辛硫磷按蚕豆种子的 0.5%拌种或 500 倍液浸种 2h，可杀死豆粒内尚未羽化的蛹、幼虫以及成虫；蚕豆播种时结合翻地，亩施 400g15%灌根型阿・维毒乳油或用 250 g 40%辛硫磷乳油拌细干土 40kg，随犁耕翻施入土中，可杀死在豆田残株及石块、土坷垃下越冬的成虫。田间药剂防治采取连片大面积联合防治效果更好，从初花期开始，选晴天下午 3 点之后，用 2.5%联苯菊酯乳油 2 000 倍液，或 20%瓢甲敌（氰戊・马拉松）乳油 1 000 倍液，或高渗吡虫林 30 g / 亩，或 4.5% 高效氯氰菊酯乳油、或 0.6% 灭虫灵、或 90% 敌百虫晶体 1 000 倍液，或 90% 万灵可湿性粉剂 3 000 倍液，或 2.5%敌杀死 30ml/ 亩喷雾，每亩用药液 45 kg，喷在蚕豆植株中下部的茎叶和青荚上，杀灭成虫、卵和幼虫，隔 7~10 d 再喷 1 次，连喷 2~3 次。

物理防治措施主要是暴晒法、熏蒸法、冷冻法。这些措施适合于蚕豆刚收获不久。暴晒法，即选择晴好天气，将新收获的蚕豆放在水泥晒场上暴晒，因幼龄蚕豆象不耐高温，当温度达到 48~52℃时保持 8 小时即可杀死。暴晒时要及时翻动，暴晒后要摊凉后再保存。对为害较重的种子可进行熏蒸防治，将脱粒晒干后的种子，集中仓库或置入密闭容器内用氯化苦或磷化铝药剂密闭熏蒸，杀虫效果可达 100%。对于储粮较少的用户，可采用磷化铝熏蒸法，每 50 kg 原料使用 1~2 片磷化铝片，或者使用 5~10 粒磷化铝丸剂（颗粒）。原料装入薄膜袋，必要时使用双层袋，用纱布或卫生纸包好磷化铝片剂或丸剂，放置在袋子的中央部位立即密封薄膜袋。熏蒸大批量时，使用密闭性好的熏蒸室，1 吨原料使用 3~8 片磷化铝片，或者 15~40 粒丸剂。熏蒸时间视温度而定，10~16℃不少于 7d；16~25℃不少于 4d；25℃以上不少于 3d。熏蒸完毕后，采用自然或机械通风，充分散气2d以上，排净毒气。第三种方法是低温防治，即冷冻法，将原料置于冰箱冷冻室或冰柜12h左右，取出晾干后，放入已进行了清洁预防处理的仓库。如果量大，可以考虑-5~0℃商业冷库，放置30天即可完全防控豆象；-10℃商业冷库，放置10d以上即可完全防控豆象。

3. 蚕豆根瘤象（Faba Bean Leaf Weevil）

形态特征：成虫雌虫体长3.2~4.2mm，雄虫体长3.1~3.7mm。体色灰褐，密被白色鳞片，上颚被覆鳞片，无颚疤。前胸背上有灰白色纵纹3条，小盾片呈一瘤状突起，每个翅鞘上有点刻纵沟10条。触角屈膝状，12节，末节膨大。腿节发达，胫节细长，红褐色，无后翅。卵椭圆形，长0.3~0.4mm，表面光滑，初产时乳白色，经2~3天变为黑色，约有1%的卵粒始终为淡黄色，不孵化。初孵化幼虫体长0.8~1mm，头部褐色，体淡黄色，活泼，每分钟能爬行2.3cm。老熟幼虫平均体长4.3mm，乳白色，弯曲，无足。蛹长2.5~3mm，宽2~3mm。股部8节，臀棘刺一对，褐色。蛹初期为白色，后变为黄褐色。复眼淡褐色，后变为黑色。

生活习性：蚕豆根瘤象在西北区一年发生一代，以成虫在蚕豆茬地和田边、石块及表土中越冬，翌年5月上旬越冬成虫开始活动，5月中旬蚕豆出苗，越冬成虫爬行到蚕豆田中，为害幼苗嫩叶。5月下旬至6月上旬进入为害盛期，出现成虫为害第一个高峰，以后随着蚕豆的生长，继续为害叶片、花蕾和花瓣。6月下旬以后为害逐渐减轻，7月中旬停止为害。成虫于6月上旬开始产卵，6月下旬幼虫出现，至7月下旬部分幼虫开始化蛹。8月上旬新的一代成虫陆续出现，为害顶叶。8月中下旬出现第二个为害高峰，这次为害一直延续到蚕豆成熟，后又继续为害自生豆苗或蚕豆，至10月底进入越冬阶段。成虫有假死性，受惊动即落地，过1~2min再开始活动。在一天中以晴天上午7—10时及17—19时为活动取食盛期。阴天全天活动，风雨天常躲藏在蚕豆植株心叶或土块下停止活动。成虫有趋光性，越冬成虫取食一段时间后，于5月下旬进行交配，6月上旬开始产卵，每头雌虫可产卵104~420粒，平均192粒。卵经10~18d孵化为幼虫，幼虫经过24~30d老熟，迁至蚕豆根部2~6cm的表土层内做土室化蛹，在土壤表层温度为19~22℃条件下，蛹期经11~13d羽化为成虫。成虫初羽化时体色黄白，不活泼，经2~3h体色逐渐变深后开始爬行。成虫多于雨后土壤潮湿时钻出地面，成虫寿命较长，可达330d。

发生分布：蚕豆根瘤象（Faba Bean Leaf Weevil）又称蚕豆象鼻虫、蚕豆叶象甲，属鞘翅目，象虫甲科，根瘤象亚科。中国北方蚕豆产区发生较多，青海省主要分布在湟中县的浅山、脑山地区，甘肃主要分布于临夏及邻近的洮岷地区，在海拔较高的山阴及二阴地区为害最重。蚕豆植株由于根瘤和叶片受到破坏，生长衰弱，植株较正常株矮5%~7%，百粒重降低。受害严重的地块，可造成显著减产。

为害症状：主要为害蚕豆和豌豆，还能为害毛苕子、草木樨等。蚕豆从出苗至成熟的整个生长过程都可遭到为害，但主要为害期在出苗期。幼虫咬食根瘤，被害后仅留空壳而腐烂。每头幼虫在生活过程中可毁坏根瘤4.5~7.5个，平均6个，幼虫有时亦咬食根部表皮，造成伤口。成虫咬食叶片、花蕾和花瓣，叶片边缘被咬成半圆形的缺口，一个成虫每天可取食叶片 4~6mm²，在成虫密度大的地方，幼苗不仅叶片全部被吃光，甚至连心叶和生长点亦遭到破坏。

防治措施：农业防治措施主要是有计划地进行较大面积的蚕豆连片轮作倒茬，追施根瘤菌肥。化学防治措施一是抓住有利时机，用 48% 乐斯本乳油 1 000~1 500 倍液，或 10% 氯氰菊酯乳油 2 000 倍液等喷雾保苗，用药液 60~75L/ 亩，视虫情每隔 7~10d 交替喷雾效果会更好。二是防治成虫时应组织几个人从地块不同方向进行喷药，或在连片种植区域进行统防统治，做到心叶、叶面、幼苗附近的地面都喷到药液，杀死躲藏在心叶及地面、地缝的成虫。在成虫大量发生期，较严重的地块周围 1~1.5m 宽的地方也要喷药，杀死迁出豆田的成虫。

4. 蚕豆潜叶蝇（Pea Leafminer）

形态特征：成虫为小型蝇，体长 1.8~2.7mm，翅展 5~7mm。全体呈暗灰色，疏生黑色刚毛。头部黄褐色，复眼红褐色。触角短小，黑色。翅一对，半透明。足黑色，但腿节与胫节连接处为黄褐色。雌虫腹部较肥大，末端有漆黑色产卵器，雄虫腹部较瘦小，末端有一对明显的抱握器。卵长椭圆形，灰白色，长约 0.3mm。幼虫复变态，共 3 龄，蛆状，圆筒形。初孵幼虫乳白色，后变黄白色，头小，前端可见黑色能伸缩的口钩。老熟幼虫体长 3mm 左右，呈鲜黄色。蛹属围蛹，蛹壳坚硬，长约 2.5mm，长扁椭圆形，初为黄色，后变为黑褐色，体 13 节，第 13 节背面中央有黑褐色纵沟。

发生分布：蚕豆潜叶蝇（Phytomyza horticola Gourean）又名油菜潜叶蝇、蚕豆彩潜蝇、刮叶虫、叶蛆、夹叶虫，俗称串皮虫，属双翅目潜蝇科。为世界性害虫，在中国除西藏尚无记载外，其余各省均有分布。此虫是中国蚕豆生产的主要害虫，食性复杂，为害十字花科、豆科等 21 个科 100 多种植物，尤以油菜和蚕豆受害最重。蚕豆受害率平均达到 18.5%，最高达到 100%。

为害症状：以幼虫潜入蚕豆叶片表皮下，曲折穿行，取食叶肉组织，造成不规则灰白色线状隧道。虫道从叶缘开始向里盘旋伸展，终端变宽，虫道两侧边缘排列有黑色状虫粪。为害严重时，叶片上布满蛀道，整个叶片枯萎，尤以植株基部叶片受害最重。一张叶片常寄生有几头到几十头幼虫，叶肉全被吃光，仅剩两层表皮，受害株提早落叶，影响结荚，甚至使植株枯萎死亡。幼虫还能潜食嫩荚和花梗，影响产量。

发生规律：一年发生的代数因地而异，由北向南逐渐增加（4~18 代不等）。一般以蛹在植物的叶组织中、土中越冬为主。在南方因温度适宜可终年繁殖为害，而在北方早春虫口数量就开始增加，第一代幼虫 5—6 月形成为害猖獗期，6 月气温逐渐升高，虫口密度下降，8 月后温度降低又开始为害。在南方，冬季可连续发生，只是随温度等因素有所减弱。湖北地区可发生 10~13 代。湖北地区以蛹越冬为主，也有少数幼虫或成虫过冬。蚕豆潜叶蝇在长江流域大面积种植的蚕豆产区，越冬代成虫 3 月盛发，第 2 代成虫 4 月间发生，此后世代重叠严重。春季为害最为严重。成虫活跃，白天活动，吸食花蜜且对甜汁有趋性。夜间静伏于枝叶等隐蔽处，但在气温为15~20℃的晴天夜晚或微雨之后，仍可爬行或飞翔。卵产于叶背边缘叶肉内，以嫩叶上较多，产卵处叶面呈现灰白色小斑点。卵散产，每处1粒。每雌可产卵50~100粒。幼虫孵出后，即由叶缘向内取食，穿过柔膜组织，到达栅栏组织，取食叶肉，留下表皮形成灰白色弯曲隧道，幼虫长大，隧道盘旋伸展，逐渐加宽。老熟幼虫在隧道末端化蛹，化蛹前将隧道末端表皮咬破，使蛹的前气门与外界相通，且便于成虫羽化飞出。成虫寿命7~20d，气温高时7~10d。在日平均温度15.6~22.7℃时，卵历期为5~6d，幼虫历期为5~7d，蛹历期为8~12d。此虫耐寒不耐高温，夏天气温高时很少为害，成虫适宜温度为16~18℃，气温超过35℃则无法存活。

防治方法：农业防治措施主要是，早春及时清除田间、田边杂草和栽培作物的老叶；减少虫源；蔬菜收获后及时处理残株叶片，烧毁或沤肥，消除越冬虫蛹，减少下一代发生数量，压低越冬基数。物理防治措施是利用成虫性喜甜食的习性，在越冬蛹羽化为成虫的盛期，点喷诱杀剂（诱杀剂配方：用3%红糖液或甘薯或胡萝卜煮液为诱饵，加0.05%敌百虫为毒剂）。在成虫爆发的盛期，也可用粘虫板诱杀成虫。化学防治措施是，注重田间实地调查，掌握在始见幼虫为害时及时药剂防治。幼虫处于初龄阶段，少数叶片上出现细小孔道时，大部分幼虫尚未钻蛀隧道，药剂易发挥作用。此时及时使用3%阿维氟铃脲2 000倍液，灭蝇胺（潜蝇灵、潜克）2 000倍液、3%阿维高氯2 000倍液，1.8%阿维菌素乳油2 000倍喷雾，1.5%正大EC1 500倍液，10%氯氰菊酯EC2 000倍液加1.8%阿维菌素WP3 000倍液，或50%辛硫磷EC800倍液、20%阿维·杀单ME1 200倍液，辅之以有机硅渗透剂，交替喷2~3次，每隔7~10d喷一次。如果为害较为严重，可适当提高药剂浓度。注意交替使用药剂，各类农药使用严格按照规定的安全间隔期进行，特别是菜用蚕豆在采摘期一定要主要食用的安全性。

5. 豆秆黑潜蝇（Stem Miner）

形态特征：几种潜蝇形态相似，卵椭圆形，长0.03mm，乳白色透明。幼虫体长3~4mm，初孵时乳白色，后渐变淡黄色，圆筒形，尾部较细。口咽器黑色，口钩端齿尖锐，下缘有一齿，前气门呈冠状突起，具有6~9个气门裂。蛹长椭圆形，长约2~3mm，金黄色，前气门黑色，三角形，后气门烛台形。成虫均为小型蝇类，成虫体长1.8~2.5mm，亮黑色，具蓝绿光泽，复眼暗红色。触角芒仅具毳毛。腋瓣具黄白色缘缨，平衡棍黑色。

发生分布：豆秆黑潜蝇别名叫做豆秆蝇，豆秆蛇潜蝇，豆秆钻心虫，钻心虫等，是广泛分在南方蚕豆产区的一种常发性、多发性害虫；在中国北方蚕豆春播区不同年份、气候生态条件下也有发生。该虫寄主广泛，可为害蚕豆、豌豆、大豆、紫花苜蓿等豆科作物。几种潜蝇形态相似，生产实践中很难区分，对蚕豆生产造成严重的影响，一般减产15%~30%，严重的可达50%以上。

为害症状：幼虫通过叶脉、叶柄进入蚕豆的主茎、根和侧枝的髓部取食为害。苗期幼虫蛀食根颈部，取食皮层，蛀入髓部，使幼苗萎蔫死亡，造成缺株断垄。

植株髓组织受害后导致上部叶片逐渐黄化，似缺肥缺水状，叶缘变褐并渐向下扩展，可导致叶片枯死脱落。伸蔓以后受害，幼虫蛀入茎髓部取食，老熟幼虫在茎内蛀食成羽化孔，并在上端化蛹，造成上端藤蔓枯萎死亡。拔起虫株或虫蔓，其上面一般有 1~3 头虫蛹。蚕豆拔取虫株，根颈部肿大，剥查虫株可见虫蛹，这是与根腐病造成萎蔫的最大区别。由于这一害虫体形较小，活动隐蔽，所以极易忽视而错过防止。

发生规律：豆秆黑潜蝇一年发生代数，因地理纬度、生态环境等因素不同而有差异。一年大约发生 4~6 代，各代相互重叠。为害程度与蚕豆播种时间有关。豆秆黑潜蝇以蛹和少量幼虫在豆秆中越冬。成虫飞翔力弱，有趋光性，在 7—9 时活动最盛。产卵在叶背主脉附近组织内，以中上部叶片为多。幼虫孵化后，立即潜入表皮下食害叶肉，并沿叶脉进入叶柄，再进入茎秆，蛀食髓部，在髓部中央蛀成蜿蜒隧道，长 15~30cm，像蛇的行迹，故名豆秆蛇潜蝇。一般一茎内有幼虫 2~5 头，多时 6~8 头，茎内充满虫粪，被害轻的植株停止生长，重者呈现枯萎。老熟幼虫在茎基离地面 2~13cm 的部位化蛹。降水较多，有利于豆秆黑潜蝇的发生。

防治措施：农业措施主要是及时清除田边杂草和受害枯死植株，集中处理，减少虫源；采取深翻、提早播种、轮作换茬等措施；春播蚕豆尽量早播，培育壮苗，可以减轻为害；处理越冬寄主，减少虫源。封冻前处理豆秆和根茎，运出田外烧掉，同时清除豆田附近的其他豆科植物。化学防治措施主要是在苗期即进行防治，以防治成虫为主，兼治幼虫，于成虫盛发期，可选取用 10% 氯氰菊酯乳油 2000 倍液加 1.8% 阿维菌素可湿性粉剂 3000 倍液，或 50% 辛硫磷乳油 800 倍液，或 20% 阿维·杀虫单微乳油 1200 倍液、杀虫双 1500 倍、杀虫单 1500 倍液喷施防治。隔 5~7d 用药 1 次，连续防治 2 次。

二、黄土高原蚕豆田常见杂草及防除

蚕豆田间杂草是很难解决的一个问题。由于种种原因，加之蚕豆自身的生长习性和生态学特点，蚕豆田间常常受到杂草的严重为害。蚕豆田间杂草种类多，种群密度大，杂草与蚕豆共生期长，杂草成为蚕豆减产和品质下降的主要因素；杂草导致一些蚕豆病害的发生和流行，蚕豆田间杂草严重影响着中国蚕豆的种植和生产。在一些蚕豆种植区域，草害造成蚕豆产量损失和生产成本的增加往往不亚于病虫害的影响。每年因草害造成蚕豆产量损失至少 15%，劳动力等生产成本增加 20% 以上。特别是在北方春播蚕豆区，6—8 月的杂草发生期正值雨季，由于人少地多、管理粗放、除草剂应用不广泛等因素常常造成蚕豆田间草荒。

（一）中国蚕豆田间杂草区域分布特点

蚕豆的生态适应性很强，在中国从南到北种植范围很广，处于不同地区的蚕豆田间杂草分布特点差异很大。北方春播蚕豆和南方秋播蚕豆不仅种植目的（鲜食、干籽粒）、品种选择、播期时间、收获时间不同，而且海拔高度、气候类型、土壤类别、作物种类、复种指数、轮作方式、种植模式、栽培措施、管理水平等方面也不尽相同。在如此复杂的农业生产条件及长期的杂草物种进化中，导致中国蚕豆农田杂草种类、发生分布、为害规律、除草剂使用等方面不同的蚕豆产区有很大的差异。南方秋播蚕豆田间杂草主要有 30 多种，北方春播蚕豆田间杂草有 20 多种。

不同海拔高度蚕豆农田杂草的分布与为害差别很大。如在甘肃省蚕豆产区的临夏州种植区，在海拔 1 800~2 000m 地区，主要杂草有茅草、狗尾草、狗牙根、刺儿菜、打花碗、梭草、驴秆；海拔在 2 100m 以上地区，主要杂草是田旋花、野芥菜、微孔草、萹蓄；海拔在 2 300~3 000m 地区主要有香薷、野燕麦、卷茎蓼等。纬度或同一纬度的不同地区蚕豆农田杂草种类与为害也有显著差别。在北纬 26° 的沿海平原或丘陵地海拔低、气候温和、降雨多，蚕豆田间杂草种类更多，生长迅速。如在蚕豆秋播区的浙江省青田县北山小溪一带蚕豆田间硬草、猪殃草、荠菜、波斯婆婆纳等杂草发生严重；在西南蚕豆产区贵州省眼子菜、看麦娘等杂草严重发生。而在蚕豆秋播区的云南马鹿高寒地带野燕麦、香薷、苦荞麦、欧洲千里光等寒带杂草严重发生。在北纬 30° 中部亚热带和北部亚热带交界地的一些蚕豆种植区，杂草大部分属于南亚热带和北亚热带杂草，如看麦娘、牛繁缕、苍耳、千金子、雀舌草等，也有部分是暖温带杂草，如马唐、牛筋草、鸭舌草、香附子，其次是温带杂草如眼子菜、鳢肠、猪殃殃及稗草、马唐、水莎草、牛毛草、四叶萍等。又如，同处北纬 40° 山西大同海拔高、气温低，主要以耐寒、耐干旱的温带杂草如野燕麦、藜、苣荬菜、西伯利亚蓼、驴耳草等喜湿的杂草为主；而甘肃河西和新疆库尔勒地区年降雨量少，蚕豆田间马唐、马齿苋等旱田杂草分布和为害较重。

（二）蚕豆农田主要杂草分析

中国蚕豆田间杂草从化学防除的意义上可将其分为：一年生禾本科杂草、阔叶杂草、莎草科杂草及寄生杂草。草害是为害蚕豆生产诸多要素中最为主要的因素，其发生范围广、为害程度重，防治难。蚕豆草害的研究和防控是极为复杂的课题。中国关于蚕豆草害的系统研究很少。蚕豆是中国主要经济和轮作倒茬的豆类作物。长期以来，由于种种原因，加之蚕豆自身的生长习性和生态学特点，在中国不论北方春播区还是南方秋播区，蚕豆田间常常受到杂草的严重为害。蚕豆田间杂草种类多，种群密度大，杂草与蚕豆共生期长，杂草成为蚕豆减产和品质下降的主要因素；杂草常常导致一些蚕豆病害的发生和流行，导致劳动力等成本的增加，杂草成为严重制约中国蚕豆产业发展的关键因素。在中国一些蚕豆种植区，草害造成蚕豆产量损失和生产成本的增加往往不亚于病虫害的影响，每年草害造成蚕豆产量损失至少 15%、劳动力等生产成本显著增加 20% 以上。如在北方春播蚕豆区，6—8 月的杂草发生期正值雨季，由于人少地多、管理粗放、除草剂应用不广泛等因素常常造成草荒。

1. 禾本科杂草　禾本科杂草无论在中国蚕豆秋播区还是春播区，其发生频率、发生数量及对蚕豆的为害程度都是最为主要的。以下为中国蚕豆田间代表性禾本科杂草。

白茅：俗名茅草、茅根、茅柴、甜根草、茅针、丝毛草。禾本科多年生世界性的恶草，常成片发生，是黄淮海及长江流域发生的多年生禾本科杂草，在耕作比较粗放的地块发生为害严重。根茎和种子均能繁殖。一般3月下旬至4月上旬根茎发芽出土，5—6月即抽穗开花。秆丛生，直立，高20~80cm，具2~3节，节具白色长柔毛。叶片条形或条状披针形，多集结于基部。颖果倒卵形，落地以后即可发芽。

稗草：俗名稗子，是最广的一年生禾本科杂草。在北方春播区发生数量和为害程度都高于其他杂草种类。在黄淮海和长江流域还有一种小旱稗与之混生，这两种稗草常常出现于蚕豆、蚕豆农田，对蚕豆造成严重的为害。北方春播蚕豆，当春季气温10~11℃以上时稗草开始出苗，6月中旬抽穗开花，6月下旬开始成熟，几乎与早熟蚕豆品种同期生长，与蚕豆的伴生性强，极难清除。稗草喜温暖、潮湿环境，适应性强，为蚕豆田为害最严重的恶性杂草。

狗尾草：俗名绿狗尾草、谷莠子，是一种分布料为广泛的一年生禾本科杂草，在西北春蚕豆区和黄淮海秋播蚕豆区均较为严重，特别是一些较干旱、土壤瘠薄的旱地发生数量多，为害也较严重。幼苗鲜绿色，基部紫红色，除叶鞘边缘具长柔毛外，其他部位无毛；第1叶长8~10mm，自2叶渐长。一年生草本，成株高30~100cm。秆疏丛生，直立或基部膝曲上升，叶鞘松弛光滑，鞘口有柔毛，对土壤水分和地力要求不高，相当耐旱耐瘠，生于农田、荒地、路旁等处。

狗牙根：俗名绊根草、爬地草，是黄淮海及长江流域秋播蚕豆的主要多年生禾本科杂草。一旦侵入蚕豆田，根茎和匍匐茎迅速生长和蔓延，对蚕豆为害严重。多年生草本，具根状茎或匍匐茎，直立秆高10~30cm。茎秆坚硬、光滑，长可达1m以上，常成单一群落生于向阳山坡、路旁、荒地、农田和果园，主要为害旱田作物。此外，是飞虱、叶蝉、蚜虫、瘿蚊等的寄主。

看麦娘：俗名麦娘娘、棒槌草。一年生或越年生旱地杂草。分布于全国各地。以种子繁殖，喜长于温暖湿润的土壤上，主要为害小麦、油菜、蚕豆等。幼苗细弱，全体光滑无毛。第1叶条形，长1.5cm，有叶舌，无叶耳。越年生或一年生草本，成株高15~40cm；秆疏丛生，光滑，基部常膝曲。叶鞘通常短于节间，叶舌薄膜质；叶片近直立。

芦苇：俗名苇子、芦柴。多年生禾本科杂草，全国均有分布。春秋蚕豆田均发生。主要为害新垦田，由于根茎发达，较难防除。多生于河旁、湖边，适生在低、湿地中，常单生成大片苇塘，也有零散混生群落。主要为害小麦、蚕豆、玉米等多种旱田。种子成熟后随风飞散。

马唐：俗名抓根草、鸡爪草。广布全国各地，一年生禾本科杂草，是春秋蚕豆的主要杂草，在黄淮海及长江流域夏发生数量和为害程度都高于其他杂草种类。在西北和西南蚕豆种植区也是重要杂草。马唐在气温低于20℃时，发芽慢，25~40℃发芽最快，喜湿喜光，潮湿多肥的地块生长茂盛，4月下旬至6月下旬发生量大，8—10月结籽，种子边成熟边脱落，生活力强。成熟种子有休眠习性。在蚕豆田中还有止血马唐和升马唐与之混生。止血马唐多生于河岸、田边或荒野湿润地块，是晚春重要杂草之一。

牛筋草：俗名蟋蟀草、油葫芦草、官司草、牛顿草。是黄淮海及长江流域秋蚕豆最重要的一年生禾本科杂草，发生数量大，为害严重。种子繁殖，五月中旬至六月中旬是发生的高峰期。发芽时要求土壤含水量达到10%~40%，恒温之下几乎不发芽，一般在四月中旬以后，日夜温差在6~7℃以上的变温条件下才会发芽。种子在土中越冬。翌年种子在自然条件下能发芽的仅占15.3%，大多数的种子呈休眠状态逐年发芽。化学防除时间最好选择在4叶期前后，组织幼嫩，对药敏感，反之敏感度下降。化学防除药剂选择精喹、烯草酮、高盖。

千金子：俗名绣花草、畔茅。是黄淮海及长江流域发生较重的一年生禾本科杂草。在湿润地块或水改旱蚕豆田发生数量大，为害严重。中国多分布于华东、华中、华南、西南及陕西等地。苗期5—6月，花果期8—11月。种子繁殖，种子发芽需要水分充足，但在长期淹水条件下不能发芽；需要温度较高，因此发生偏晚。在长江中下游地区，5—6月初出苗，6月中下旬出现高峰；8—11月陆续开花、结果与成熟。随后颖果自穗轴上脱落，或直接入土，或借水流、风力传播，或混杂于收获物中扩散。种子经越冬休眠后萌发。千金子的分蘖力强，而且中后期生长较快。

野燕麦：俗名燕麦草，铃铛麦。是一种南北方蚕豆产区均有分布的一年生或越年生旱地杂草。分布于西北、华北、及河南、山东、山西、四川等省份。主要为害小麦、大麦、燕麦、青稞、油菜、蚕豆等作物。以种子繁殖，适宜的发芽温度为10~20℃，春麦区野燕麦早春发芽，冬麦区秋季发芽。4—5月抽穗开发，6月颖果成熟，春麦区成熟期7—8月。种子休眠2—3个月后陆续具有发芽能力。

早熟禾：俗名小鸡草、稍草、小青草、冷草、绒球草。中国各地区均有分布。为夏熟作物田及蔬菜田杂草，亦常发生于路边、宅旁。植株矮小，秆丛生，直立或基部稍倾斜，细弱，高7~25cm。二年生草本，苗期在秋末，冬初，北方地区可迟至次年春天萌发，一般早春抽穗开花，果期3—5月。冷地型禾草，喜光，耐阴性也强，耐旱性较强，在-20℃低温下能顺利越冬，-9℃下仍保持绿色，土壤要求不严，耐瘠薄，但不耐水湿。

2. 阔叶杂草

这类杂草常与禾本科杂草混生，发生密度不如禾本科杂草大，但由于繁茂，对蚕豆为害也是很严重的。

鸭跖草：俗名兰花草、竹叶草等，春季一年生杂草，是北方各省重要的春季一年生杂草，在广东等南方各省则是多年生杂草。主要为害小麦、蚕豆、玉米、蔬菜等农作物。靠种子繁殖。生态特点黑龙江5月上中旬出苗，6月始花，7月中旬种子成熟，发芽适温15~20℃，土层内出苗深度-3~0cm，埋在土壤深层的种子5年后仍能发芽。

播娘蒿：俗名麦蒿，十字花科播娘蒿属，一年生或越年生旱地杂草。主要以种子繁殖。冬麦区播娘蒿麦后陆续出苗，10月为出苗高峰。幼苗越冬，次年早春气温回升还有部分种子发芽。初生叶2片，全株灰绿色。花果期4—6月，种子成熟后角果易裂，也可与麦穗一起被收获，混于麦粒中。休眠期3—4个月。分布于华北、西北、华东、四川等地，多生于潮湿、含盐碱的土壤上，常与小藜、碱蓬等生长在一起。

苍耳：俗名苍子。广布全国各地，在东北春蚕豆为害，在南方秋蚕豆区为害较轻。生于农田、路旁和荒地。常有棉花、豆类、薯类、花生、玉米、甜菜、蔬菜、果树等作物受害。此外，也是棉蚜、棉铃虫和向日葵菌核病的寄主。成株高30~100cm。茎直立。粗壮，多分枝，条状斑点。叶互生，具长柄；叶片三角状卵形或心形，边缘浅裂或有齿，两面均被贴生的糙伏毛。

刺儿菜：俗名小蓟、刺菜。广泛分布于南北蚕豆产区的多年生阔叶杂草，北方更为普通。目前以东北地区为害最重。常成优势种群单生或混生于农田、荒地和路旁。部分小麦、棉花、蚕豆、玉米、蚕豆等多种旱田作物受害较重。幼苗子叶出土，阔椭圆形，全缘，基部楔形；初生叶一片，椭圆形，后生叶片与其对生。成株多年生草本，具地下横走根状茎，株高20~50cm。茎直立，无毛或有蛛丝状毛。

反枝苋：俗名野英菜、西风谷。中国东北、华北、西北及河南、江苏等地广泛分布，中北部地区4—5月出苗，7—9月开花结果，7月以后种子渐次成熟落地或借助外力传播扩散。在黄淮海秋蚕豆区除了反枝苋外，还有刺苋。在长江流域秋蚕豆区还有凹头苋。

苣荬菜：俗名曲买菜、甜芭英。是东北地区春蚕豆为害严重的多年生阔叶杂草。在华北和江浙地区秋蚕豆田也有发生，但不如春蚕豆田为害严重。幼苗：子叶椭圆形或闻椭圆形，绿色；初生叶1片，阔椭圆形，紫红色，叶缘具齿，无毛，有柄。成株：多年生草本，具地下横走根状茎，株高30~80cm，全体含乳汁。茎直立，上部分枝或不分枝。

藜：俗名灰菜。是一种分布广泛的一年生阔叶杂草，从北到南，春蚕豆和秋蚕豆田均有发生。生于较湿润、肥沃的农田、路边、荒地、宅旁、菜园、果园等处。为害棉花、豆类、薯类、蔬菜、花生、甜菜、小麦、玉米、果树等作物。此外，还有小藜和灰绿藜，多发生在封偏碱的蚕豆田里。

鳢肠：俗名旱莲草、墨草。菊科一年生草本植物。分布在全国各省，是黄淮海及长江流域秋蚕豆区重要的一年生阔叶杂草，在湿润地块发生数量大，为害严重。为害水稻、棉花、豆类及蔬菜。生于潮湿环境中，5—6月发芽、出苗，7—10月开花，9月果实成熟。

马齿苋：俗名马齿菜、酱板菜、猪赞头等。广布全国，也是南北蚕豆产区均有发生的一年生阔叶杂草。主要为害棉花、蔬菜、豆类、薯类、甜菜等农作物。是夏季杂草。发芽适温20~30℃，耐干旱，繁殖力强。一株可产生种子数万粒，折断的茎入土仍可成活。在上海4月底至5月初出苗，5月中、9月初发生二个高峰，年生二代。黑龙江只生一代，5月中出苗，6—8月开花，7—9月种子成熟。

牛繁缕：俗名鹅儿汤、鹅汤菜。石竹科鹅汤草属，攀年生或越年生杂草，直立或匍匐茎繁殖。分布于中国多数省区，主要为害蚕豆、蚕豆、油菜、蔬菜，也长于果园及路边，常与猪殃殃、看麦娘等混生于蚕豆田。喜生于潮湿环境，以长江流域为其发生和为害的主要地区，华南和西南的北部地区为害较重。其为害的主要特点为作物生长前期，与作物争水、肥，争空间及阳光；在作物生长后期，迅速蔓生，并有碍作物的收割。成株高 50~80cm。茎自基部分枝，无端渐向上，下部伏地生根。叶对生，下部叶有柄，上部叶近无柄；有显著的散星状突起。种子和匍匐茎繁殖。

蒲公英：俗名称黄花地丁、婆婆丁，是温带至亚热带常见的一种植物。蒲公英叶边的形状像一嘴尖牙。蒲公英为多年生草本植物，花茎是空心的，折断之后有白色的乳汁。匙形或狭长倒卵形的叶子呈莲座状平铺，羽状浅裂或齿裂。冬末春初抽花茎，顶端生一头状花序。花为亮黄色，由很多细花瓣组成。果实成熟之后，形似一白色绒球，成一朵圆的蒲公英伞，被风吹过会分为带着一粒种子的小白伞。生于路旁、田野、山坡、荒地和堤埂。花果期 3—7 月，种子及地下茎繁殖。

苘麻：俗名香铃草。是南北蚕豆产区均有颁布的一年生阔叶杂草，不仅影响蚕豆的产量，也影响品质。常见于农田、荒地或路旁；对棉花、豆类、薯类、瓜类、蔬菜等作物为害较重。幼苗：子叶 2，心形；初生叶 1，卵圆形，边缘有钝齿。种子繁殖。

泽漆：俗名五朵云、猫儿眼草、奶浆草。为大戟科植物。一年生或二年生草本，生于山沟、路旁、荒野及湿地；主要为害小麦，棉花、蔬菜、果树等作物亦受其害。茎自基部分枝，带紫红色，直止或斜升，高 10~30cm，圆柱形，通常无毛，全株含乳汁。花期 4~5 月，果期 6~7 月。生于沟边、路边、田野。分布于除新疆、西藏以外的全国各省区。

猪殃殃：俗名拉拉藤、粘粘草，茜草科猪殃殃属，一年生或越年生杂草。为长江流域及黄河中、下游各省区麦田的主要杂草，以稻麦轮作田最多；部分小麦、油菜、蚕豆受害严重。种子繁殖，5~25℃种子发芽，以 10~20℃最宜，温暖的秋天发芽最多，少量早春发芽。初生叶 4~6 片轮生，披针形，花期 4—5 月，果实成熟期 5—6 月。果实落入土中或混于麦粒中，休眠期数月。

3. 莎草科杂草及寄生杂草　主要有香附子和异型莎草，前者为多年生杂草，后者为一年生杂草。二者主要发生在黄淮海及长江流域秋蚕豆区，以湿润地块为害严重。蚕豆田间寄生杂草主要是菟丝子。

异型莎草：俗名球穗莎草、球花碱草。生长于水边湿地及稻田。主要为害水稻，尤其长江以南地区受害较重；种植在低湿地上的棉花、豆类、瓜类、玉米、甘蔗、果树、蔬菜等亦常受害。幼苗：淡绿色至黄绿色，基部略带紫色。成株一年生草本。秆丛生，扁三棱形。生物学特性，种子繁殖，发芽适宜温度为 30~40℃；适宜土层深度为 2~3cm。北方地区 5—6 月出苗，8—9 月种子成熟落地或随风力和水流向外传播，经越冬休眠后苗发生长江中下游地区，5 月上旬出苗，6 月下旬开花结实，种子成熟后经 2~3 个月的休眠期即又萌发。异型莎草的种子繁殖量大，一株可结籽 5.9 万粒，可发芽 60%。又因其种子小而轻，故可随风散落，随水流移，或随动物活动、稻谷调运等向外传播。

香附子：俗名莎草、回头青、三棱草、旱三棱、三棱子。属莎草科多年生杂草，常成单一的小群落或与其他植物混生，是一种世界性为害较大的恶性杂草之一。具有较长的棋盘式的匍匐根状茎和块根，在土层中形成一个网状的群体，它的形态特征是秆散生，直立，高 20~90cm，锐三棱形，无毛。实生苗当年只长叶不抽茎。越冬的块根是次年主要的繁殖体，每个块根有 10~40 个潜伏芽，当 10cm 处的土温到达 10℃以上时，潜伏芽开始萌动，萌芽的数量往往和休眠前积累的营养有关。

菟丝子：别名无娘藤、中国菟丝子、金丝藤、黄丝、无根草、金线草。属旋花科一年生寄生性杂草。菟丝子是检疫对象。种子繁殖。种子在 15℃以上时开始萌发，最适温度为 24~28℃，低于 15℃或高于 39℃时种子难以发芽。发芽深度为 0~3cm，种子发芽后 7~10d 不遇寄主，即渐渐死亡。一株菟丝子经常能结数千粒种子。菟丝子还能进行营养繁殖。

（三）蚕豆田间杂草影响因素和消长动态

不同产区蚕豆田间杂草受各种因素的影响，其发生规律和消长动态不同。蚕豆一年四季均可播种，但主要以春播夏收和冬播春收种植面积较大。田间杂草的发生和为害除受播种时间影响外，还与降雨、温度、茬口、种植模式等多种因素有关。在北方春播种蚕豆区，田间杂草有三次发生高峰时间，即苗期、花期和成熟期。蚕豆苗期杂草发生数量占全年总量的 5%~10%，杂草发生基数少，田间较易防治；成熟期杂草占全年杂草总量的 20%~30%，往往可导致蚕豆后期病害发生和流行。花期杂草数占全年总发生的 60%，田间防治较难，对蚕豆生长影响最大，5—7 月降水是影响蚕豆花期草害发生的主要因素。

北方春播蚕豆的播种日期一般为 3 月下旬至 4 月下旬，出苗时间一般在 5 月上旬。蚕豆的萌发起始时间为 3℃，适宜的萌发温度为 6~12℃，适宜萌发的土壤含水量为 20% 以上，而这个温度和湿度几乎接近荠菜、蒲公英、大蓟、野燕麦、藜、荞麦蔓、节蓼、萹蓄和苣荬菜等蚕豆田主要春季杂草萌发的最适条件，这些杂草较蚕豆同时或稍晚 10d 左右出苗，并在 5 月中下旬形成杂草发生的第一个高峰。制约此次杂草发生的主要因素是温度，但一般蚕豆播种后，大部分地区的气温都能稳定通过 10℃，因此除反枝苋等萌发起始温度较高的杂草外，温度对多数蚕豆田杂草出苗已不是限制因子。此时杂草为害表现出土集中，来势猛，基数大。苗期杂草与蚕豆在出苗特性上有一个很大的区别，就是杂草的萌发出苗往往参差不齐、出苗持续时间长。

除了荠菜、蒲公英、蒿属、野燕麦和刺蓼等早春性杂草绝大部分在第一个杂草高峰期出苗外，在春季干旱过后，进入 5 月下旬，随着降雨或浇灌水的出现，狗尾草、藜、反枝苋等杂草的出苗则出现第二个杂草发生高峰，此时正值蚕豆花期，水分是决定蚕豆生长好坏和杂草发生的决定性因素。不同地区和不同年份，春旱解除得有早有晚，一般在 5 月下旬至 6 月下旬，有 100mm 降水，这些降水足以使一些晚春性杂草如稗草、狗尾草、菟丝子、鸭跖草、马齿苋、苍耳、野黍和多年生的刺菜、大蓟、芦苇等大量出土，并形成蚕豆田第二个杂草发生高峰，这批杂草密度大、来势猛，往往难于防治。特别是如果蚕豆种植密度小、前期生长势弱，不能有效的遏制杂草的生长，则往往造成蚕豆草荒。蚕豆田间第三批杂草发生在7月上中旬至8月上旬，即蚕豆成熟期，喜温杂草如苋菜、马唐、铁苋菜、狼把草、猪毛菜等纷纷出土，发生严重常常导致蚕豆后期病害的发生和流行。

（四）蚕豆田间杂草化学防除技术

蚕豆田杂草种类繁多、发生时间长，基本伴随蚕豆的一生生长，一次性除草很难解决全生育期杂草难题，因此必须根据土壤状况、气候特点、杂草群落以及前茬用药情况，合理选择除草方式。蚕豆田间杂草防治总体包括五个方面。首先必须做好杂草的检疫，对进出口蚕豆产品必须做好杂草检疫工作，这是杜绝和预防外来杂草为害的主要环节；第二，做好一切预防蚕豆田间杂草的播前准备工作，对用种蚕豆种子进行清选，彻底清除混杂在蚕豆中的杂草种子。及时清除蚕豆田间地埂、沟渠、道旁杂草，可采用百草枯、草甘膦、阿特拉津等持效性除草进行彻底清除；施用农家肥或堆肥时需充分腐熟。第三，蚕豆生长关键阶段及时中耕除草；第四，充分利用轮作倒茬、间作套种、适度密植、适期播种、控水控肥、品种搭配等措施从生态学意义上调控杂草。第五，有效利用除草剂进行杂草防治。化学除草已广泛应用于玉米、水稻、大豆等大宗作物。利用化学除草剂清除田间杂草，省时省工、杂草防除效果显著，但必须科学合理选配用药，以免用药不合理而造成不必要的损失。蚕豆田间杂草化学防除主要分播前土壤处理、播后苗前土壤处理（土壤封闭处理）和苗期茎叶处理以及收获前杂草灭除4个不同时期。国外针对蚕豆田间杂草注册了20多个除草剂品种，而中国在蚕豆上注册的除草剂品种极少。

1. 蚕豆播前混土处理 播前混土处理为选择性芽前土壤处理，是在播前5~7d或更长时间（春播豆种可以在秋季进行药剂土壤处理）将药剂兑水地表喷雾进行土壤处理。应选用易被杂草幼芽、幼根吸收的除草剂，主要用以抑制杂草幼芽和次生根的生长而达到除草效果。该处理优点是早期控制了杂草，可以推迟或减少中耕次数；不足之处是使用药量与药效受土壤质地、有机质含量和pH值制约。目前蚕豆上常用的播前混土壤处理除草剂5种。不同的除草剂有多种剂型，因剂型不同剂量有很大的差异。除草剂在生产使用过程中一定要按照除草剂使用说明，并根据土壤、气候、播种时间等因素因地制宜的选取合适的剂量和施用方法。下面选取2种除草剂为例，对种植蚕豆土壤药剂使用方法做一简单介绍。

（1）氟乐灵 又叫茄科宁、氟利克。主要用于防除稗草、野燕麦、狗尾草、马唐、牛筋草、千金子、早熟禾等一年生种子繁殖的禾本科杂草及马齿苋、猪毛菜、藜、繁缕等小粒种子的阔叶杂草。对三棱草、龙葵、苍耳无效。其加工剂形有48%乳油和2.5%颗粒剂。每亩用48%乳油80~110ml对水15~30kg，在播前5~7d进行地表喷雾，沙土地可用低限。喷药后2h内必须将其均匀混入土层中5~7cm，以免受光照及挥发而降低药效。北方可在秋季施药后混入土中防止挥发，当土壤有机质含水量大于10%时不宜用该药剂。本剂可与灭草猛、利谷隆混用，以扩大对双子叶杂草的杀草规模，还可减轻嗪草酮对蚕豆的药害，需要注意的是该除草剂残效期较长，对后茬的很多蔬菜作物、小粒种子的农作物有为害。

（2）地乐胺　又叫仲丁灵、双丁乐灵。防除对象与氟乐灵相同，另对菟丝子有良好的防除效果。其加工剂型有40%乳油和48%乳油。施药以每亩用药量200~280ml对水15~30kg，于播种前5~7d喷雾于地表并在喷药后2h内均匀混土3~7cm深，以防挥发，沙土可用低限。

2. 蚕豆播后苗前土壤封闭处理　播后苗前土壤封闭处理为选择性芽前土壤处理，宜于播种后出苗前5~7d施药。选择易被植物幼芽、幼根吸收的内吸性除草剂，以抑制杂草幼芽和次生根的生长，而杀死各种杂草。该处理优点是药剂相对挥发性小、不易被光解、除草效果受土壤影响小；省时省力、操作简便容易，于播种后直接喷施于地表即可，无须混土，当杂草出苗时，可被其幼芽吸收而生长受到抑制，以致枯死；不足之处是在砂质土，遇大雨可能将某些除草剂淋溶到蚕豆种子上而产生药害。播后苗前土壤处理必须保持土壤湿润才能使药剂发挥作用，如在干旱条件下施药，除草效果差，甚至无效。目前适用于蚕豆田苗前土壤封闭除草剂有3种：敌草隆（地草净、达有龙、敌草隆、敌芜伦）、嗪草酮（立克除、甲草嗪、特丁嗪、赛克津、甲草嗪）、咪唑乙烟酸（普杀特，咪草烟，豆草唑，普施特，灭草烟、普杀特）。

（1）敌草隆　又叫地草净、达有龙、敌草隆、敌芜伦，为取代脲类除草剂。属内吸传导型除草剂，具有一定的触杀活力，可被植物的根和叶吸收，以根系吸收为主，杂草根系吸收药剂后，传到地上叶片中，并沿着叶脉向周围传播，抑制光合作用的希尔反应，致使叶片失绿，叶尖和叶缘褪色，进而发黄枯死。主要用于防除一年生禾本科杂草和某些阔叶杂草，如旱稗、马唐、狗尾草、野苋草、莎草、藜等。其加工剂型为80%地草净可湿性粉剂、25%敌草隆可湿性粉剂。每亩用25%粉剂200~300g对水15~30kg，在蚕豆播种后出苗前5~7d均匀喷雾于地表。注意喷药时应选择晴朗无风天气，避免大风天气使用，以防药液飘移造成对其他敏感作物的为害。

（2）嗪草酮　又叫赛克津、赛克（Sencor）、立克除（Lexone），Beyer94337，甲草嗪。主要剂型为50%、70%可湿性粉剂和75%干悬浮剂。作用特点是内吸选择性除草剂，主要通过根吸收，茎、叶也可吸收。对1年生阔叶杂草和部分禾本科杂草有良好防除效果，对多年生杂草无效。药效受土壤类型、有机质含量多少、湿度、温度影响较大，使用条件要求较严，使用不当，或无效，或产生药害。适用于蚕豆田间防除蓼、苋、藜、芥菜、苦荬菜、繁缕、荞麦蔓、香薷、黄花蒿、鬼针草、狗尾草、鸭跖草、苍耳、龙葵、马唐、野燕麦等1年生阔叶草和部分1年生禾本科杂草。蚕豆播种后5~7d出苗前，每亩用70%可湿性粉剂53~76g，对水30kg左右，均匀喷布土表。蚕豆田只能苗前使用，苗期使用有药害；有机质含量低于2%以下的沙质土壤不宜使用；气温高有机质含量低的地区，施药量用低限，相反用高限。对下茬或隔后茬白菜、豌豆之类有药害影响，注意使用时期的把握。

（3）咪唑乙烟酸　其他名称有普杀特、咪草烟、豆草唑、普施特、灭草烟、普杀特等，主要用于防除稗、马唐、狗尾草、牛筋草、苍耳、苘麻、龙葵、反枝苋、马齿苋、狼把草等一年生禾本科杂草和阔叶杂草，对多年生杂草田蓟、苣荬菜等有抑制作用。本品加工剂型有5%水剂。用药应在播后出苗前以每亩用100~133ml对水均匀喷雾。本品可与多种除草剂混用，如MCPA、毒草胺等以减轻对下茬作物的影响，同时扩大杀草谱，降低用药量。另外必须注意，施用该药剂的地块，下年度不宜种植油菜、茄子、草莓、水稻、高粱、甜菜等敏感作物，必须在3年以后方可种植茄科、葫芦科及十字花科等蔬菜作物。

3. 蚕豆苗期至开花前茎叶处理　苗期茎叶处理是当杂草出苗后，选用内吸传导型芽后茎叶处理除草剂进行叶面喷雾施药，而使杂草茎叶吸收药剂后在其体内进行传导以致破坏细胞而中毒死亡。适宜于蚕豆苗后茎叶处理的药剂主要有7种，这里具体介绍3种。

（1）甲氧基咪草烟　商品名称又叫金豆、甲氧咪草酸、甲氧咪草烟；进口品种名称有Raptor，Sweepe，Odyseey。属高活性咪唑啉酮类除草剂。剂型有0.8%、4%、12%甲氧咪草烟水剂，70%甲氧咪草烟水分散粒剂与水溶性粒剂，甲氧咪草烟与二甲戊乐灵（施田补）混合剂，目前在中国推广应用的为4%水剂。主要用于发出大多数一年生禾本科与阔叶杂草，如野燕麦、稗草、狗尾草、金狗尾草、看麦娘、稷、千金子、马唐、鸭跖草（3叶期前）、龙葵、苘麻、反枝苋、藜、小藜、苍耳、香薷、水棘针、狼把草、繁缕、柳叶刺蓼、鼬瓣花、荠菜等，对多年生的苣荬菜、刺儿菜等有抑制作用。适宜作物主要是大豆、豌豆、蚕豆和其他豆科植物。对甜菜、茄科等作物敏感。蚕豆田使用应在蚕豆出苗后两片真叶展开至第二片三出复叶展开这一段时期用药，同时要注意禾本科杂草应在2~4叶期，阔叶杂草应在2~7cm高。剂量为每亩70~83ml对水30kg。土壤水分适宜，杂草生长旺盛及杂草幼小时用低剂量，干旱条件及难防治杂草多时用高剂量。

（2）稀禾定　又叫拿扑净。主要用于防除各种双子叶作物田中的一年生和多年生禾本科杂草，对阔叶杂草无效。本剂在土壤中很快被分解，持效期短，宜作茎叶处理剂。加工剂型有20%乳油和50%可湿性粉剂。在防除1年生禾本科杂草时，每亩用20%乳油75~130ml（或50%可湿性粉剂30~52g），在杂草2~3叶期对水15~40kg均匀喷雾。用于防除多年生禾本科杂草时每亩用20%乳油200~400ml（或50%可湿性粉剂80~160g）在杂草4~7叶期对水30kg喷雾，若为全面灭草则可与其他阔叶杂草除草剂配合使用。

（3）烯草酮　主要用于防治阔叶作物田中的禾本科杂草，如芦苇、看麦娘、千金子、野燕麦等。加工剂型有12%乳油，施用本品应在杂草基本出齐后每亩用药35~40ml，对适量水喷雾。在草龄较大时以60~80ml对水喷雾。本品可与阔叶杂草除草剂混用。田间施药应防止药液飘移到禾本科作物田，以免产生药害。

（五）影响除草剂药效及药害的主要因素

1. 如何选择蚕豆田间除草剂

（1）根据杂草种类及杂草大小选择除草剂　多年生杂草和大龄杂草应选择茎叶处理的传导性除草剂；小粒种子的杂草在土壤墒情好时可选择封闭处理的除草剂。具体杂草种类应根据除草剂说明书的杀草谱情况选择使用。

（2）根据土壤墒情和有机质含量选择除草剂　土壤墒情好可选择封闭处理的除草剂，干旱时应选择茎叶处理的除草剂或茎叶兼土壤处理剂作茎叶处理。土壤有机质含量超过5%以上的农田，应选择茎叶处理剂；有机质含量低于2%的农田，不能应用土壤封闭处理除草剂。选用除草剂时应注意说明书中的注意事项；混剂最好用当年生产的；三证不全（登记证、生产许可证、产品质量检验合格证），无厂址、厂名及联系电话的除草剂不能使用。

2. 影响除草剂药效及药害的主要因素　除草剂的除草效果受很多因素影响，有除草剂本身的内在因素，有应用剂量、应用时期、应用方法、喷雾质量等应用技术问题，有环境条件不适等自然因素等。作为农药零售商，有责任和义务告知农民影响药效的这些因素。农药管理条例规定，应用农药后出现问题纠纷，农药零售商是第一责任人。

（1）除草剂种类选择不当　各种除草剂都有相应的杀草谱和适用环境。不根据杂草种类及农田的具体情况选择除草剂，会使所选用的除草剂品种无能为力或无法发挥其除草能力。

（2）除草剂质量不合格　各种除草剂都有相应的质量标准，其中最主要是有效成分含量、杂质种类及其含量、分散性、乳化性、稳定性等都直接影响到药效和药害问题。由于农药质量问题而造成的药效和药害问题，生产者和经营者都有责任。

（3）应用剂量问题　造成用药量不准的原因有几方面：一是农民的主观行为，总是怀疑用药量低了除草效果不好，将用药量增加至极限以上，一旦环境条件有利于药效发挥，出现药害是不可避免的；二是农药厂为了说明其产品成本低，以适应农民购买能力低这一客观事实，在说明书上推荐的剂量很低，不能够保证除草效果；三是农民耕地面积不准，导致额定用药量与实际耕地面积不符；四是喷洒不均匀，重喷药量高，漏喷药量低，特别是用多喷嘴喷雾器时，各个喷头的喷液量不同直接导致喷洒不均匀。

（4）作物及其发育状况　作物发育不良、苗弱，抗药性就差，容易出现药害。蚕豆对苯达松抗性很强，但对生长在低温高湿、长期积水等不良环境条件下的病弱蚕豆，容易引起药害。幼嫩作物比较容易产生药害，而老熟的植物则抵抗力较强。如蚕豆需出现复叶后喷施虎威才安全，否则豆苗太小，容易产生药害。

（5）用药时期不当　茎叶处理剂在杂草出苗后越早用药效果越好，土壤处理剂在杂草出苗前用药越晚效果越好，但作物出现药害的可能性也越大。茎叶兼土壤处理剂在保证作物安全的前提下，杂草苗后早期应用既能够保证茎叶处理是在杂草出苗后的早期，又能保证土壤处理是在未出苗杂草出苗前的晚期，所以效果最佳。

（6）用药方法错误　土壤处理剂用作茎叶处理多数会产生药害，少数会效果不佳；茎叶处理剂用作土壤处理多数会无效，出现药害的可能性很小。

（7）环境条件不适　土壤有机质含量低于2%的沙质土壤，封闭处理易出现药害。高于5%药效很低。封闭处理剂用药后降大雨出现药害的可能性大；如遇降雨，茎叶处理要重喷。持续低温天气除草效果降低，出现药害的可能性增大。田间土壤干旱，封闭处理剂药效降低，甚至无效。三级以上有风天施药，无法保证喷施均匀，药效降低，可能出现药害。整地质量不好封闭土壤处理效果不佳。

（8）混用不合理　混用最主要的目的在于扩大杀草谱和提高药效，但混用如果产生拮抗作用，药效就会降低，甚至混配组合中的某个有效成分一点药效都没有，如2,4-D丁酯与禾草灵混用，禾草灵一点药效也没有。

（9）稀释药剂的水量和水质问题　土壤处理时对水量对除草效果影响不大。茎叶处理剂对水量太大除草效果降低，原因是助剂的浓度降低，另外，水的质量对药效发挥也有影响，碱性水、浑水、高硬度水都会降低某些除草剂的药效，如碱性水会降低绝大多数茎叶处理剂的药效，浑水、硬水会降低草甘膦、百草枯的药效等。

第五节　环境胁迫及其应对措施

一、温度胁迫

（一）低温胁迫

1. 发生时期　植物生长过程有3个基点温度：即最低温度、最高温度和最适温度。在最适温度范围内，作物生长发育良好而健壮，在最低温度或最高温度条件下，作物停止生长发育，但仍能维持生命活动，若温度达到最低点以下或最高点以上，就会发生不同程度的为害，甚至死亡。

蚕豆原产于温带，性喜温暖而湿润的气候，属于较耐寒作物，耐寒力不及大麦、小麦、油菜、豌豆，但能忍受-4~0℃的低温，到-7~-5℃时，即将遭受冻害。植株开始受害或部分死亡的临界温度是：出苗-6~-5℃，开花-3~-2℃，结荚期-4~-3℃，乳熟-3~-2℃。蚕豆在营养器官形成期可忍耐-4~-3℃的低温，最适宜的温度为14~16℃。生殖生长形成期需要的温度较高，当温度低于5.5℃时，花荚则受到冻害，最低温度要求在10℃以上，温度稳定在15~22℃时有利开花、授粉和结荚。

2. 对蚕豆形态、生理活动和产量的影响　在中国蚕豆冷冻年份可能遭受-4℃甚至更低温度的为害。低温袭击下造成大分枝生长点受冻害死亡，成为无效分枝；也有过早播种，早春花期提前，生殖器官受冻害而脱落。低温冷害导致产量不稳定，如1961年1月13—18日，云南昆明发生重霜，期间1月17日蚕豆田间最低温度为-7.8℃，持续时间达14h，27.8%的花蕾受冻害，92.65%的花受冻害，75%的荚果受冻害，造成严重的减产。春播蚕豆区也可能因过早播种而导致苗期遭受低温为害。低温为害造成的细胞损伤首先发生在细胞膜系统上，细胞膜结构被破坏，原生质透性增大。电解质会有不同程度的外渗以至于电导率会有不透程度的加大。由于细胞膜损伤而引起代谢紊乱，导致死亡。另一方面冷害使结合在膜上的酶系统受到破坏，酶活性下降，氧化磷酸化解偶联，而不在膜上的酶却活跃起来，于是积累一些有毒物质，如乙醇、乙醛、丙酮等，时间过长而使植株中毒。蚕豆植株在经过0℃以上低温为害后，吸水能力和蒸腾速率都比对照植株显著下降。从水分平衡来看，对照植株吸水大于蒸腾，体内水分积存较多，生长正常。而受害的植株根部被破坏，根压微弱，可是蒸腾仍保持一定的速率，蒸腾作用显著大于吸水作用，使体内水分平衡遭到破坏，造成生理干旱，因而出现芽枯、定枯、茎枯或落叶、落花等现象。

（1）低温冻害对蚕豆幼苗生理生化特性的影响　脯氨酸、还原性谷胱甘肽和蛋白质的含量是反应植株抵抗逆境伤害的主要指标，常用来分析植物对逆境比如盐害、冷害、干旱等环境的抵抗作用。有研究表明低温处理时间越长温度越低，游离脯氨酸的积累越高；低温处理时间越长叶片内还原性谷胱甘肽含量越低；蛋白质含量则随低温胁迫程度加剧呈先增加后减小的趋势。陈志远等（2011）用0℃冻害分别处理蚕豆幼苗0、3、6、12 h，测定了蚕豆幼苗叶片的蛋白质、脯氨酸、还原性谷胱甘肽和丙二醛等生理指标，结果表明，随着低温胁迫的加强，蚕豆幼苗叶片内蛋白质含量呈现先升后降的趋势，脯氨酸相对百分含量逐渐增加，还原性谷胱甘肽含量逐渐下降，丙二醛含量低温胁迫后维持在一个较低的稳定水平，丙二醛含量高低是反映膜脂过氧化作用强弱和质膜破坏程度的指标，而植物在受到重度低温胁迫时，叶片内的MDA含量不会随着低温处理程度的加重而增加，反而开始出现急剧下降，之后会维持在一个稳定水平。

（2）低温胁迫对蚕豆下胚轴和子叶中SOD活性的影响　超氧化物歧化酶（SOD）是一种含金属的抗氧化酶，在活性氧清除反应过程中发挥作用，在抗氧化酶类中处于核心地位，能将超氧物阴离子自由基快速转化为过氧化氢和分子氧。植物受到环境胁迫（如低温或高温、水分胁迫、强光、盐渍和病原菌侵染等）时，会引起不同亚细胞结构活性氧积累，诱导不同SOD基因表达，致使植株内SOD含量和活性产生变化。陈旭微等（2004）在4℃低温胁迫下检测了蚕豆下胚轴和子叶中SOD含量的变化。研究结果表明，4℃低温胁迫下，下胚轴中的SOD活性均表现为，胁迫第一天上升，第二天达到最高，接着开始下降，到第六天趋于稳定。蚕豆子叶中SOD总体变化与下胚轴的相似，但是，在胁迫的初期，子叶内的SOD活性有小幅度下降，而后开始上升，第三天达到最高，接着开始下降。在整个胁迫过程中，表现为蚕豆子叶中SOD上升的幅度大于下胚轴中SOD上升的幅度。

（3）低温胁迫对蚕豆下胚轴细胞超微结构的影响　在低温胁迫和抗寒锻炼的过程中，植物在代谢上的各种生理生化性质发生一系列变化的同时，细胞结构也会发生一系列变化，这些变化虽然还不能说明抗寒基因表达和调控的本质，但对抗寒能力有重要意义。陈旭微等（2004）研究发现22℃下生长的蚕豆下胚轴细胞内一般都有大液泡，位于细胞的中央，有时在细胞内也看到数量不多的小液泡。细胞器和细胞核沿质膜分布，质膜平整紧贴细胞壁。质体一般为椭圆形，淀粉粒大且多，线粒体呈圆球形，数量不多，但膜结构完整。经10℃胁迫48h后，蚕豆下胚轴细胞超微结构变化最大的是线粒体聚集、质体变形和液泡膜反卷和内陷等。在电子显微镜下，虽然线粒体的结构和形态没有明显的变化，膜完整，脊数量相对稳定、形态也较清晰，但线粒体的数量急剧增加，线粒体聚集现象十分普遍。在电镜下观察到的另一明显变化是质体的形态，除大部分能保持椭圆形外，少数的形态发生了变化，不管质体的形态如何变化，但它们的结构仍十分完整。另外，质体内的淀粉粒明显的比对照少，只有个别质体内含少量的淀粉粒。同时，膜系统也发生了明显的变化。在电镜下，可观察到细胞内除大液泡外，在细胞质里还聚集许多小液泡，还可看到有些细胞出现质壁分离，有的液泡膜反卷，有的液泡内有多泡体的结构，甚至有的还出现液泡膜解体。

3. 应对措施

（1）选用耐寒性品种　根据当地的气候条件选用适合本地种植的较耐寒的品种。

（2）地膜覆盖　通过覆盖地膜可提高地温，有保墒保肥、减少杂草生长的作用，还可以促进土壤微生物活动，可提高蚕豆抵抗低温冷害的能力。

（3）适期播种　应尽量适期播种，避免在低温条件下播种。

（二）高温胁迫

1. 发生时期

蚕豆的不同生育阶段对温度的要求不同，发芽的最低温度为3~5℃，最高温度为30~35℃，最适温度为25℃。春播时，一般在5~6℃即可播种，蚕豆在营养器官形成期最适宜的温度为14~16℃。生殖生长形成期需要的温度较高，最低温度要求在10℃以上。有研究认为在白天和黑夜的温度中影响蚕豆生长发育的指标，主要是日最高温度、最低温度，即极端（临界）温度，而不是平均昼温和平均夜温。这种极端临界温度不仅对于生长，而且对于植株死亡也是十分重要的，也可指示蚕豆对逆境温度的抵抗能力。

2. 对蚕豆生理活动的影响及伤害作用

高温造成的伤害是多方面的，但最主要的是对胞内酶的破坏，造成细胞的正常代谢受阻，导致生长发育受阻或细胞死亡。但是，植物体对高温胁迫的响应并不是被动的，会发生相应的响应来降低胁迫造成的伤害维持基本代谢，甚至通过对某些基因的调控产生对高温产生抗性，并通过产生高温热激蛋白来提供植物热抗力。高温胁迫可抑制蚕豆下胚轴的生长发育，降低自由基清除剂抗坏血酸的含量，从而影响蚕豆根系的生长发育，降低蚕豆抵御高温胁迫的能力。

（1）高温对蚕豆幼嫩子叶细胞有丝分裂活性和染色体分带的影响

蚕豆发育进入生殖器官形成时期是对温度最敏感的时期，到花芽期后需要较高的温度，尤其开花结荚期对温度要求更高，适宜温度为16~22℃，低于12℃一般不能受精结荚，16~22℃的温度较适于子叶细胞分裂。张长顺（1997）用不同温度（22℃，

30℃，36℃和40℃）对蚕豆子叶进行短时间的非离体处理，结果表明，36℃的高温最适宜子叶细胞的分裂，有丝分裂指数明显高于16~22℃（结荚期适宜温度）时的分裂指数，二者差异非常显著，用经36℃高温处理的子叶做材料进行染色体制片和分带，染色体分散好，没有细胞质干扰，带纹清晰，但是，超高温（40℃）抑制细胞分裂，破坏染色体结构，抑制了蚕豆子叶细胞分裂的作用。

（2）蚕豆离体培养繁殖植株对高温胁迫的反应

陆瑞菊（2006）在光照培养箱中，在45℃逆境下将蚕豆种子无菌苗（对照）和离体繁殖3代无菌苗处理1h和2h后，将无菌苗接种至无激素的恢复培养基培养，21d后统计植株的枯黄率和死亡率。试验结果表明，无论是种子苗还是克隆苗，在高温胁迫下在外观上均表现为叶片枯黄、植株死亡，在染色体水平上均发生了畸变，且三代克隆苗的畸变程度大于种子苗。

3.应对措施

（1）选育耐热品种　利用品种特性培育可抵预一定高温范围的新品种。

（2）适期播种　尽量要适期播种，避免高温播种，以保证出苗。

（3）加强田间管理，提高植株耐热性　通过加强田间管理，培育健壮的植株，增强植株对不良环境的适应能力，以有效抵御高温造成的为害。

二、水分胁迫

（一）水分亏缺或干旱

1.发生时期　蚕豆是最不耐旱的豆类作物之一。整个生长期间都需要湿润的土壤环境条件，蚕豆干旱对其产量和品质均有较大的影响，如苗期干旱会造成营养体矮小，同时花芽分化也受影响；花荚期干旱造成落花落荚；鼓粒期干旱会降低百粒重，增加空秕粒率，导致蚕豆严重的减产。

2.对蚕豆生长发育和生理活动的影响　水分胁迫对植物生长的影响，主要表现在细胞伸长受到抑制，生长的抑制是植物在水分胁迫条件下，内部的各种生理代谢活动综合反应的结果。干旱胁迫抑制蚕豆的生长，减少叶片的数量与大小，使光合面积大大减小，直接影响地上部分生物量。土壤干旱不仅抑制地上部分生长，同样也抑制地下部分的生长，但对地上部分的抑制更为严重。蚕豆植株含有根瘤，有助于植株进行生物固N，提供更多的N素营养，合成氨基酸，进而形成蛋白质，促进植物的生长。水分亏缺对根瘤的影响，可能由于水分亏缺影响植株光合作用，减少光合产物的供应，进而影响根瘤的形成。鲍思伟等（2001）通过水分胁迫对菜豆生长的影响的试验观察得知，对照植株根瘤数量多，个体大并且在根系上分布广，而干旱植株根瘤的数量少，且主要生长在粗大的根系上。随着土壤含水量的降低，植株的开花数和结荚数都下降，经济产量明显受到影响。

水分胁迫对植物光合的抑制包括气孔抑制和非气孔抑制，前者是指水分胁迫使气孔导度下降，CO_2进入叶片受阻而使光合下降，后者是指光合器官光合活性的下降，植物体内活性氧自由基代谢失调而引发的生物膜结构和功能的破坏，是光合器官光合活性下降的主要原因。夏明忠（1990）研究了水分亏缺对蚕豆光合特性影响，结果表明：不同时期光合特性因土壤缺水而削弱的程度与实际减产程度基本吻合。水分亏缺使叶片气孔宽度、气孔面积、叶面积、叶绿素含量锐减，进而使净光合速率和光补偿点降低，这是土壤干旱导致产量下降的生理生态原因。干旱后下表皮气孔密度和叶片呼吸作用增加，这是生物生态适应的结果。由于决定气孔面积和气孔阻力大小的是气孔宽度，所以气孔密度增加并不导致比孔面积提高。水分亏缺叶片在早晨气孔开启度比对照大，有利于碳素同化，又不会引起过多水分蒸腾，中午前气孔关闭，减少水分散失，有助于抗旱。

水分亏缺后当恢复供水时，光合能力和库源比率存在较强的补偿作用。蚕豆生殖生长前期缺水，因正处于花芽分化和花开放过程，由于光合速率下降和无机养分不足，生殖器官发育受阻，开花数和结荚数显著降低。正因为生殖库本身很少，加之生长后期恢复供水后实荚、实粒和种子重的补偿，干旱对产量影响不大。生殖生长后期缺水，因大多数花荚已基本形成，故不影响花荚数和脱落，但因光合能力削弱，种子内的养料不足，从而增加秕荚粒，籽粒重也显著低于对照。

鲍思伟（2001）通过人工水分胁迫试验研究表明，随着水分胁迫程度的增加，蚕豆叶片的叶绿素 a 、叶绿素 b 含量和叶绿素总量降低，蚕豆的净光合速率、光饱和点下降，同化产物的积累减少，最终表现为植株生物量的降低。水分胁迫下蚕豆光呼吸、光补偿点、CO_2 补偿点上升，生长减弱，这是导致蚕豆生物量积累减少的主要原因。

3. 应对措施

（1）*选用抗旱品种*　选育抗旱品种是抵御旱害有效且经济的途径之一。抗旱性是指作物具有忍受干旱而受害最小、减产最少的一种特性，所以，在评价品种抗旱性时首先应以干旱下能较稳产高产为依据。

（2）*适时合理灌溉*　解决干旱胁迫的根本有效措施为适时合理灌溉。保证土壤绝对含水量在苗期高于 10%，花荚期高于 13%。农艺措施上合理耕翻，增施有机肥，调节耕层土壤结构，达到蓄水保墒，减少土壤水分蒸发效果。此外，近年来，集水补灌技术在国内外越来越受到关注。在地头修筑储水池或储水沟，将雨季的降水贮存起来，增加土壤贮水，在出现旱情后可进行灌溉，以达到节水、增产的目的。

（3）*覆盖栽培*　地膜覆盖和秸秆覆盖对节水保墒有重要的作用。尤其是覆盖秸秆既能减少土壤水分蒸发，提高土壤含水量和抗旱能力，同时增加了土壤有机质，培肥了地力。

（二）渍涝

1. 涝渍发生时间及机理　渍涝发生在蚕豆生长发育的各个时期。渍涝之所以影响蚕豆的生长发育和产量，是由于生长环境缺氧，引起土壤通透性差，严重影响蚕豆根系生长，根瘤菌生命活动也受到抑制，根系呼吸困难，代谢活动下降，从而影响地上部的光合作用；也可能限制光合产物的向外运输，同时糖酵解过程加强。由于涝渍降低土温和缺氧，使根系吸收离子的活性减弱。影响蚕豆对矿质元素的吸收，也可能因代谢活性减弱，使吸水能力下降，产生生理缺水。根部产生的有毒物质，如硫化氢和氨等物质直接毒害根部，Fe^{2+} 、Mn^{2+} 等，也有可能为害根部，所以根尖变黑，根系腐烂。植株抗逆力减弱，病菌也容易侵入与传播，并且因地上部和地下部生长失调，根系固定植株能力差，容易发生倒伏。

2. 应对措施

（1）*培育抗涝品种* 利用常规育种，组织培养，遗传工程等方法培育抗涝蚕豆品种，也是有效的提高植物抗涝性的途径之一。

（2）*增施矿肥* 由于水涝可以通过缺氧和淋溶而造成某些矿质元素的亏缺，因此在水涝前后向土壤施入矿质肥料可以预防和补偿矿质元素的亏缺。

（3）*采用防涝的种植方法* 如高垄种植，既可提高春季地温，保墒保苗，又有利于秋季排涝。

（4）*及时治涝* 对受涝的蚕豆田块及时开沟排水防涝渍，争取作物及早露出地面，避免窒息死亡。适时进行中耕松土，增大土壤透气性以利于蚕豆及时恢复正常生长发育。

三、其他胁迫

（一）盐碱胁迫

土壤盐渍化是作物生长的一大为害。盐碱土是盐土和碱土的总称。盐土主要指含氯化物或硫酸盐较高的盐渍化土壤，土壤呈碱性但 pH 值不一定很高。碱土是指含碳酸盐或重磷酸盐的土壤，pH 值较高，土壤呈碱性。盐胁迫对植物体的为害是多方面的，主要表现为离子毒害、渗透胁迫和引起养分亏缺。植物在盐渍条件下通过在细胞中积累无机或合成有机溶质等方式进行渗透调节，以减轻或避免因渗透胁迫而造成伤害。虽然植物以无机离子为主要的渗透调节剂，是消耗能量最少，适应胁迫环境的一种表现。但植物在进行渗透调节中仍需要一定数量的有机物质，用以平衡液泡渗透势，更重要的是可以保护酶等大分子物质的活性，这是无机离子不能代替的一种功能。

时丽冉（2008）通过盐胁迫对蚕豆植株光合性能和渗透调节能力的研究，结果表明，盐分胁迫影响蚕豆植株的光合性能，使其光合作用速率下降，减少了同化物与能量的供应，限制植物的生长发育。盐处理后，蚕豆的含水量和渗透势均呈下降趋势，即蚕豆在盐分胁迫下引起了渗透胁迫，为了适应盐环境缓解渗透胁迫的伤害，蚕豆植株可以通过无机和有机渗透调节物质进行渗透调节。一般认为，Na^{+}、K^{+}、可溶性糖、脯氨酸等是植物体内重要的渗透调节物质。盐胁迫对蚕豆植株各部位有机渗透调节物质可溶性糖和脯氨酸含量的影响，表明可溶性糖和脯氨酸的含量均发生变化，在 50 mmol/L NaCl 胁迫下，蚕豆植株各部分可溶性糖含量上升，但脯氨酸含量却略有下降。中、高浓度 NaCl 胁迫下可溶性糖和脯氨酸含量增加，且脯氨酸上升幅度大于可溶性糖。植物在盐胁迫等逆境条件下积累脯氨酸是一种较普遍的现象，脯氨酸积累的作用：一是可作为细胞的有效渗透调节物质；二是保护酶和膜的结构使之不被 NaCl 破坏，并维持完整的水合范围；三是作为可直接利用的无毒形式的氮源，作为能源和呼吸底物，参与叶绿素的合成等；四是从脯氨酸在逆境条件下积累来看，它既可能有适应的意义，又可能是细胞结构和功能受损伤的表现，是一种伤害反应。

刘霞（2008）进行了碱胁迫对蚕豆幼苗叶片质膜和光合性能的研究，结果表明：随着 Na_2CO_3 浓度的增加 MDA 的含量逐渐增加，质膜透性的变化与 MDA 含量的变化趋势基本相同，说明较低浓度的 Na_2CO_3 胁迫对蚕豆幼苗的质膜影响不大，而较高浓度的 Na_2CO_3 胁迫对其产生了明显的伤害。5 mmol/L Na_2CO_3 处理下，净光合速率达到最大值；15 mmol/L Na_2CO_3 处理时净光合速率受到抑制；25 mmol/L Na_2CO_3 处理时，净光合速率受到明显抑制。高浓度 Na_2CO_3 胁迫下蚕豆叶片叶绿素含量降低，蚕豆叶片发生黄化，且随碱浓度递增更加明显，25 mmol/LNa_2CO_3 较严重抑制了叶绿素的合成；说明低浓度 Na_2CO_3 可能促进蚕豆幼苗中叶绿素的合成，也可能与 Na_2CO_3 胁迫限制了蚕豆幼苗叶面积的增大有关。

选用耐盐碱品种。合理选地，尽量避开盐碱地。

（二）磷胁迫及品种的适应性反应

利用不同作物或品种吸收利用土壤 P 能力的差异提高 P 素营养效率，是解决 P 资源短缺的重要生物学途径。张恩和等（2004）选用 3 个不同春蚕豆品种（系），采用严重缺 P 的碱性灌淤土，利用盆栽法研究了在不同供 P 水平下不同基因型蚕豆的根系形态特征、酸性磷酸酶活性（APase）及产量的表现，探讨不同基因型蚕豆对低 P 胁迫的适应性反应。结果表明：在整个生长过程中根长、根半径、根比表面积和根冠比变动最明显的是临蚕 5 号，分别为 36.4%，65.1%、65.27% 和 13.46%；缺 P 条件下，蚕豆主要通过减小根半径，增加根长、根表面积提高根冠比及体内酸性磷酸酶活性来实现对低 P 胁迫的适应；不同基因型对低 P 胁迫的适应能力不同；缺 P 胁迫明显诱导各基因型蚕豆体内酸性磷酸酶活性的上升，临蚕 5 号增加最快为 24.9%，8409 为 7.79%，8354 为 7.29%；同一基因型的不同器官中酸性磷酸酶活性大小表现为根系 > 茎部 > 叶片。根系酸性磷酸酶和根系形态参数可分别作为蚕豆耐低 P 品种筛选的选择指标；P 是影响同化物在地上与根系间分配的重要营养元素之一。缺 P 后表现为更多的碳水化合物运向根系，对植物根系生长的抑制作用显著高于地上部植物在缺 P 条件下，不仅地上部同化物向根系的运输量增加，而且根系对同化物的利用效率也有所提高，继而使缺 P 植株的 R/C 大于正常生长的植株，R/C 增大是植物适应耐低 P 胁迫的机制之一。缺 P 导致作物减产，并且不同的基因型作物减产的幅度不同，临蚕 5 号缺 P 比施 P 减产 30.98%，而 8354 的产量在两个 P 水平下变化不明显，说明临蚕 5 号对 P 素的反应最强烈，为 P 低效基因型，而 8354 反应比较迟钝，为 P 高效基因型。

（三）甲醛污染引起的蚕豆叶片气孔反应

植物叶片气孔是对内外因子变化高度敏感的器官，植物气孔对环境因子变化的响应是植物生理生态学领域的研究重点之一。韦立秀等（2008）研究了蚕豆叶片气孔对甲醛污染的反应，探讨植物气孔对甲醛污染的响应机制，筛选对甲醛降解能力强的室内绿化植物，利用植物对甲醛污染进行监测。采用密闭反应仓法研究蚕豆叶片气孔对不同浓度甲醛污染处理的响应。结果表明：蚕豆经过甲醛污染胁迫后，其叶片气孔的长度、宽度明显减少，这可能是蚕豆为了避免甲醛的毒害而产生的一种主动适应性保护反应。该研究结果还表明普通蚕豆叶片气孔对甲醛污染的反应比松滋青皮蚕豆叶片气孔的反应更敏感。关于甲醛污染物对植物气孔行为的影响机制，植物气孔反应行为能否作为室内甲醛污染监测指标还有待于进一步研究。

气孔是植物体与外界环境进行气体和水分交换的重要器官，气孔开闭对植物的光合作用和蒸腾作用具有重要的意义。许多生物和非生物因素都可以影响气孔运动，气孔在植物遭受环境胁迫时会作出各种响应以减轻胁迫，从而提高植物的抗逆性。

（四）CO_2浓度升高对干旱胁迫下蚕豆光合作用和抗氧化能力的影响

任红旭等（2001）通过试验研究了CO_2浓度升高对干旱胁迫下蚕豆光合作用和抗氧化能力的影响。结果表明：在大气CO_2浓度下，干旱胁迫使植物的光合速率显著下降，而CO_2浓度倍增后，不论是在水分充足条件下还是在水分亏缺条件下，植物的光合速率都得以明显提高。大量文献显示，许多植物在高CO_2下存在“光合适应”现象，即光合速率最初亟剧增加，然后下降至正常水平。高CO_2下植物的净光合速率显著高于大气CO_2中的植物，这可能是由于处理时间较短所致。在同样的CO_2测定浓度下，长期生长于高CO_2下蚕豆的光合速率低于常CO_2下生长的蚕豆，表明长期的高CO_2环境使植物的光合能力下降。大量研究表明，CO_2浓度升高对植物另一个重要的直接影响是使植物的水分关系发生变化。CO_2浓度升高引起气孔关闭，从而使蒸腾速率降低，植物的水分利用效率得以提高，并且在干旱胁迫下，CO_2浓度升高的作用效果更加显著。这些结果表明，随着未来大气CO_2浓度的升高，植物对于土壤干旱的抗性可能会增强。大气CO_2浓度下，水分亏缺对蚕豆叶片造成较为严重的氧化损伤，而在倍增CO_2浓度下，这种氧化损伤则较为轻微，表明高CO_2对防止植物的氧化损伤具有一定的保护作用。

活性氧清除酶的生物合成通常受细胞内底物水平的调控。适当浓度的H_2O_2可促进大豆叶片SOD、CAT、GR的合成。高CO_2下，蚕豆叶片中H_2O_2的水平高于对照，而其SOD、POD、CAT及GR的酶活性也高于对照，MDA含量则低于对照，表明高CO_2下蚕豆叶片中活性氧浓度的升高有效地促进了其清除物质的增加，从而使膜脂过氧化维持在较低水平。干旱胁迫下，处于大气CO_2中的植株其叶片中的SOD、POD及GR活性明显高于高CO_2中的植株，而其H_2O_2含量及MDA含量也高于高CO_2中的植株，这

可能是由于大气 CO_2 中，持续处于干旱胁迫下的植株其自由基产生与清除的平衡被逐渐打破，所以尽管抗氧化酶活性上升到较高水平，但 H_2O_2 仍以较快的速度累积起来，从而对膜造成伤害，使得膜脂过氧化水平升高，进而对光合及生长造成影响。而在高 CO_2 下，受到干旱胁迫的植株其叶片中的 SOD、POD 及 GR 活性明显低于处于大气 CO_2 干旱胁迫下的植株，而其膜脂过氧化水平也明显低于处于大气 CO_2 中的植株，可见高 CO_2 对于干旱胁迫所造成的氧化损伤有一定的缓解作用。另一方面也说明 CO_2 浓度升高可能导致细胞对抗氧化活性需求的减少。此外，倍增 CO_2 下，遭受水分胁迫的蚕豆植株其叶片中叶绿素、类胡萝卜素及可溶性总糖的含量与水分充足条件下相比也无明显变化，这一实验结果也为上述论断提供了佐证。

高 CO_2 干旱胁迫下，蚕豆叶片中 POD 的酶活性显著低于水分充足条件下，而 CAT 的活性与水分充足条件下相比则未有大的差别，对此可认为，一方面，由于 POD 与 CAT 均为细胞内有毒物质 H_2O_2 的重要清除剂，因而这种活性变化上的差别说明 CAT 专一性的保护功能可能是最基本、有效的。另一方面，由于 CO_2 浓度升高导致气孔阻力增大，蒸腾速率减小，水分利用效率显著增加，也使得植物对于土壤干旱的"耐性"增强，因此干旱胁迫下，植物受到的干旱损伤就比在当今 CO_2 浓度下轻微。CO_2 浓度升高对干旱胁迫下蚕豆光合作用和抗氧化能力的影响，在目前大气 CO_2 浓度下，占 90% 以上的 C_3 植物的光合作用因 CO_2 不足而未能达到最大值，对许多植物的研究已证明提高大气 CO_2 浓度能显著增高光合作用和生物产量。

综上所述，高浓度 CO_2 对于干旱胁迫导致的氧化损伤有一定的缓解作用，大气 CO_2 浓度升高能明显增强植物的抗干旱能力。结合高浓度 CO_2 能提高欧洲栓栎的耐高温能力，缓解盐胁迫所造成的伤害，改善 O_3 导致的氧化损伤，因此，在未来气候条件下，大气 CO_2 浓度升高可能对增强植物的抗逆能力有利。

第六节　蚕豆品质

一、蚕豆品质概述

蚕豆籽粒子叶（含胚芽）占种子重量 87%，种皮约占 13%，其蛋白质、碳水化合物、脂类和矿质元素的含量占到其本身重量的 90% 以上，种皮中纤维素含量占种子总纤维素总量的 86.8%。《农书》曰："蚕豆，百谷之先，最为先登，蒸煮皆可便食，是用接新，代饭充饱"（宗绪晓，1993）。

中国是世界蚕豆的主要出口国，以大粒蚕豆为主，近年来出口量在 2 万 ~3 万 t 之间，主要出口埃及、日本和意大利等国。2010 年，中国出口额 1777.65 万美元，市场份额 6.19%（周俊玲，2011）。中国蚕豆的生产和贸易运作成本较高，产品质量不稳定，小杂粮食品加工利用研究少等因素是限制其外贸与出口的重要原因（谭斌等，2006）。

影响蚕豆品质的要素很多。首先是硬实率。蚕豆种子中常有硬实，硬实的种皮细胞密，覆被坚硬的革职，水分不易侵入，在水中10h左右往往不易吸水。硬实过多的品种对于食用和种子萌发不利。影响蚕豆籽粒品质的要素，除硬实外，同时还有种子褐变和含有单宁、嘧啶、葡萄苷和康蚕豆辛糖苷。蚕豆种皮较厚，尤其是种皮中含有凝聚态单宁，影响蚕豆蛋白质的利用，是家禽生长的一种主要抑制因素。育种上，选择皮薄的无单宁或少单宁的品种对于调高蚕豆利用率将有巨大的作用。种皮褐变是新鲜蚕豆在氧气、光照和温度的影响下，种皮中的酚类物质氧化成醌，使种皮逐渐变为褐色，以至黑褐。褐变降低了种子的商品性和商品价值。至于嘧啶葡萄苷和康蚕豆辛糖苷是导致先天性缺乏葡萄糖-6-磷酸脱氢酶（G6PD）的人产生蚕豆病的主要诱因，因此，选育低葡糖苷和低康蚕豆辛糖苷的品种是解决蚕豆病最经济的办法。

豌豆蛋白质中清蛋白、球蛋白、谷蛋白和醇溶蛋白分别占14%、54%、5.5%和1.1%，必需氨基酸中色氨酸和赖氨酸含量高。据报道豌豆蛋白的生物价（BV）为48%~64%，功效比（PER）为0.6~1.2，高于大豆（崔再兴，2010）。国外常加工成豌豆浓缩蛋白质粉作为食品配料，一定程度上可以代替乳粉，但蛋白质消化性较差是其应用的抑制因素（Slinkard，et al，1990）。

豌豆和蚕豆籽粒中淀粉分别约占籽粒重量的52%和50%左右，含量随品种，地域和种植方式而变，是两种豆食品中的主要热量来源。刘明等（2010）测定了7种食用豆的淀粉、直链淀粉、抗性淀粉，其中蚕豆淀粉含量最低，豌豆含量最高，而抗性淀粉七种食用豆差异显著（$P<0.05$），蚕豆含量最高18%~19%，豌豆6%~7%，绿豆最少，4%~5%。在中国，长期以来豌豆和蚕豆淀粉主要用于生产粉丝和粉皮，豌豆淀粉也被用于工业纺织和医药（李兆丰等，2003）。国外认为蚕豆淀粉凝胶比玉米淀粉凝胶更坚硬，且组织牢固，可生产甜味剂和糖浆，以满足食品工业的需要。此外豆类中α-半乳糖虽不能被人体消化，但可以被肠道微生物菌群利用产生有益因子（MIstsuoka1996）。美国学者提出，可溶性纤维应占总膳食纤维含量的10%以上才是较适宜的膳食纤维构成。国外将豌豆壳经过精细磨粉加工成膳食纤维产品或半成品。在蚕豆种皮中半纤维素占粗纤维60%以上，是重要的膳食纤维来源。

豌豆和蚕豆脂类含量相近，仅为0.95%~1.8%和1%~1.6%，以中性三酰甘油酯为主。在蚕豆脂类中，油酸和亚油酸含量高于饱和脂肪酸，比动物油脂和乳脂更健康。亚油酸对降低血液和肺中的胆固醇含量，对大脑保健都有良好作用。不饱和脂肪酸经脂肪氧化酶氧化产生过氧化物和自由基，影响蚕豆贮藏稳定性（宗绪晓，1993）。豌豆和蚕豆都是B族维生素、尼克酸、叶酸、VE等的优良营养源。研究表明，缺少VE，有大鼠生育功能下降，小鸡的中枢神经系统损伤，肌肉萎缩具有患粥样硬化和变性疾病的危险（Giovanna，2011）。

豌豆和蚕豆是矿物质P、K、Ca、S、Fe、Se的良好食物来源。蚕豆中Fe450~550mg、P50~1400mg、Ca120~260mg、Mg110~160mg、S 210~250mg。P的含量中有40%~60%以不能被吸收利用的无效成分存在，Ca、Zn、Fe等具有调节大脑和神经组织的重要作用，同时含有丰富的胆碱，具有维护脑皮质，增强记忆力的作用，因此适当进食蚕豆对脑力工作者有一定的保养作用。

此外，豌豆和蚕豆籽粒中还含有植物血细胞凝集素（引起肠黏膜混乱和功能失调）、蛋白酶抑制剂（抑制蛋白酶的活性，降低了食物蛋白质被集体消化吸收能力）、6- 磷酸肌醇（随品种差异较大，不能被单胃类动物水解，能影响蛋白质和 Ca、Zn、Mg、Fe 和 Cu 等矿物质于胃肠道消化吸收，同时可减少重金属伤害。单宁（在作物各部分分布不均，与酶形成复合物，阻碍蛋白质、氨基酸、单糖和矿物质等多种物质的吸收）、胀气因子（主要包括棉子糖家族，水苏糖和毛蕊花糖，含量在同源品种内和不同源品种间变化差异很大，人体内不能分解，易产生胃肠胀气）、巢菜碱苷（可使缺乏葡萄糖 -6- 磷酸脱氢酶的红血球中谷胱甘肽含量迅速下降，产生细胞溶血性为害，导致蚕豆病，母亲有"遗传性血红细胞缺陷症"病史的消费者需避免食用未脱毒的蚕豆制品）和脂肪氧化酶（直接与食品中的蛋白质和氨基酸结合，氧化必需脂肪酸和维生素等，产生豆腥、苦涩、哈败口味和气味）等成分，其生物功能性尚不完全清楚，但会干扰营养成分的吸收，严重地影响着食用豆的贮藏和利用价值，蚕豆皮中纤维素含量高，较为坚硬，籽粒球蛋白含量高导致蚕豆更难煮透（Hard–to–Cooking）等加工困难。（吴东儒等，1983；Anthony et al，1976; Bicakci，2009; Bressani et al，1980; Carmen，2011；Cosgrove，1980；Crepon，2010；El–Moniem et al，2000.）

关于冷季豆加工发展，国外豌豆通常用于煮汤，加工成豌豆粉、豌豆淀粉、豌豆浓缩蛋白质粉（蛋白质含量 50% 以上），用于烘烤食品、汤品配料、早餐食品、肉制品、健康食品和意大利通心粉中。鲜豌豆以完整籽粒或呈豆瓣形式加工成罐头或干燥贮存（Slinkard，et al，1990）。在中国豌豆和蚕豆仅为工艺技术层面的产品，深加工技术不多。常见加工方式有豌豆粉和蚕豆粉、速冻青豌豆、食荚豌豆、豌豆黄、意大利通心粉、蚕豆罐头、膨化蚕豆、豆瓣酱和酱油等（崔再兴等，2010；王春明，2011）。其中主要由于营养抑制因子的存在，导致两种豆子蛋白质营养消化率低，是抑制国内外豌豆和蚕豆产业发展的重要因素（谭斌等，2006；Slinkard，et al，1990）。传统加工方法包括浸泡、去种皮、加热、发芽发酵、与禾谷类和薯类粉混合加工等，主要目标都是将营养抑制因子尽可能除去。去掉豆皮，是减少聚合单宁对蛋白质的束缚作用，增加蛋白质的消化率，但是增加程度不大，且蛋白酶抑制剂等仍发挥作用。浸泡对 IP6，聚合单宁和多酚都有减少作用，且随浸泡时间延长而下降更多，但对蛋白质的影响不大，且在 3 天内由于碳水化合物代谢而使蛋白质含量略增。因为种皮厚硬，单宁从种皮中只有极少溶出。浸泡对蛋白酶抑制剂有一定影响，程度不大（Alonso et al，1998），对外源凝集素无影响（Grant et al，1992）。水煮（100℃，10min）因为蛋白质受热变性，肽链打开，对吸足水的大豆蛋白酶抑制剂和外源凝集素活性有显著降低作用（Armour et al，1998）。Bishnoi 和 Khetarpaul（1994）发现加压蒸煮不去皮豌豆籽粒可提高蛋白质的可消化率 16%~18%。Ruperez 等（1998）研究发现不同颜色豆子经过浸泡和压力蒸煮过程，低聚糖等胀气因子都可有显著减少。将蚕豆与蒸馏水（1：20，W/V）混合常温浸泡 12h 后清洗三遍，煮 45min，分别减少巢菜碱苷和伴巢菜碱苷 0.352 和 0.333。而用 121℃，30min 高压蒸煮分别减少巢菜碱苷和伴巢菜碱苷 0.397% 和 0.407%（Khaliland Mansour，1995）。在萌发（Germination）和幼苗（Seedling）生长阶段，总蛋白在萌发 3d 时降解明显，其中豆球蛋白（11S）因 α- 链外露较多最易被蛋白酶降解，而球蛋白（7S）和白蛋白（2S）有少部分降解（Lichtenfeld，1979）。萌发 24h 的豌豆的蛋白质可消化性提高 21%~21%（Bishnoiand Khetarpaul，1994），萌发的蚕豆可以大大提高氨基酸表观吸收率（Rubio，2002）。低聚糖和单糖的总量上升，因为淀粉被水解，葡萄糖和果糖含量上升数倍，蔗糖的升高主要因为 α－半乳糖苷酶活性最大，使棉子糖水解最快，且在萌发 2~3d 内大量的蔗糖从子叶转移至胚轴。其中因 RFOs 降解很快和磷酸肌醇类（IP3、IP4、IP5 和 IP6）的下降程度主要取决于萌发条件，蚕豆品种 Alameda 的子叶中 IPs 的含量均无明显改变（14%），而在浸泡后 5~6d 在胚轴中的含量几乎降为 0，而有些品种会在子叶中激活相应的酶原减少磷酸肌醇类（Carmen，2011），而蚕豆（ViciafabaL. vars）中巢菜碱苷和伴巢菜碱苷在整株发芽过程中总嘧啶糖苷量保持不变，在子叶中缓慢减少，巢菜碱苷在胚轴中急剧减少而伴巢菜碱苷略微增加（Goyoaga，2008）。Luo 等（2009）研究了植酸酶溶液对蚕豆中植酸含量及矿物质的影响，发现对于脱壳蚕豆粉可以 100% 除去植酸多于未脱壳粉 80%~82%，脱壳粉矿物质 Ca、Fe，均有一定溶出，Zn 有表观增加，而未脱壳粉中 Ca、Zn 有一定溶出，Fe 有表观增加。现代应用以开发提取功能性物质为主，如提取原花青素、左旋多巴、分离蛋白肽、膳食纤维、γ－氨基丁酸等。如提取原花青素，蚕豆原花青素主要存在于蚕豆皮中，系黄烷醇衍生物，分子中黄烷醇的第 2 位通过 C–C 键与儿茶酚或苯三酚结合。原花青素有单聚体、二聚体、三聚体、四聚体和高聚体，分子量范围可从 290 到 3100（十聚体），其中二聚体和三聚体的活性最强。德国人的健康与膳食中含丰富的原花青素有关，国际市场最好 OPCs 产品，其组份为：多酚:原花青素: OPCs :单体为 1 : 0.82 : 0.81 : 0.18；作用表现有高效抗氧化和清除自由基，降低低密度脂蛋白胆固醇水平，增强巨噬细胞活性、抗癌、抗炎、抗过敏、抗辐照、提高耐盲能力、延缓衰老、减轻水肿、降低体重、保护肝脏、抗病毒、抗真菌活性、抗疲劳等。Domitrovic（2011）研究了原花青素在细胞信号和基因表达的调节机制，主要在对多血症的调节：通过靶向磷脂酶 A2 和 PI3K/Akt 和 NF–kappaB 路径对炎症响应的表达；保护心血管疾病，通过靶向 Akt/eNOS 和 ACE 路径进行降压和内皮保护活性，通过 NF–kappaB 调节 VCAM 和 IVAM 表达从而发挥抗粥样硬化活性；通过 JNK/p38 MAPK 调节细胞周期凋亡酶引导细胞进入凋亡阶段，通过影响癌细胞对抗癌药物的抗药性而达到化疗调节的作用；通过调节胰岛素敏感性和葡萄糖利用率来降低糖尿病发生概率；通过改善氧化应激来调节神经保护；通过干预肝细胞中肿瘤坏死因子和转化生长因子发挥保肝药的作用，类雌激素活性应用于癌症治疗和荷尔蒙代替治疗，这些治疗机理并不止归于原花青素的抗氧化作用而且还有直接妨碍于信号传输结构，其中羟基数量和糖配基的存在起到了关键的调节作用。在美国，由于花色苷广泛分布在水果和蔬菜中，其每天摄入量达 180~215mgd^{-1}，远高于其他黄酮类的摄入量（$23mgd^{-1}$），市场上原花青素常被作为胶囊和胶球，可在结肠部完全崩解（Anett，2011）。阎娥等（2009）从蚕豆皮中应用乙醇提取，大孔树脂纯化得到原花青素具有较好的抗氧化性。提取左旋多巴（L-DOPA），即L-3，4-二羟基苯丙氨酸，是从L-酪氨酸到儿茶酚胺或黑色素的生化代谢途径过程中的重要中间产物。在氧化酶作用下能缩合生成黑色素（Melanin），使一些豆荚（如蚕豆）成熟时变黑。L-DOPA在豌豆和蚕豆都含有，而L-DOPA含量和分布随种类差异很大，且不同部位和生长阶段含量不同。如蚕豆仅在胚轴中存有L-DOPA，L-DOPA在蚕豆（Viciafabaminor）不同生长阶段和部位含量不同，结果期含量最高，L-DOPA含量达0.56%。绿荚中L-DOPA含量占荚重的0.69%。根，叶片和开花前含量居中，开花前茎中含量最低0.17%（Rocco，1974）在欧洲大蚕豆种子吸胀后6天胚轴L-DOPA含量最高，达84.39mgg-1（DW）（Goyoaga et al，2008），L-DOPA能通过血脑屏障进入脑中，经多巴脱羧酶脱羧转化成大脑纹状体重要的神经递质多巴胺，是治疗帕金森氏病（PD）的有效药物（尹洪波，1998）。同时，多巴胺影响到视觉敏感度、色觉、视力、空间信号等，眼科专家将左旋多巴作为主效药物以遮盖法施用于弱视患者，普遍弱视得到改善，部分患者恢复健康视力（诸力伟，2009）。L-DOPA能促进骨折早期愈合，治疗肝昏迷和心力衰竭等。分离蛋白肽，生物活性肽是指能调节生物机体的生理活动具有某些生理活性的肽类的总称，大多以非活性状态存在于蛋白质肽链中，被酶分解出来即可表达活性。从大豆中提取的酪蛋白磷酸肽可以促进钙的吸收，强健骨骼，谷胱甘肽有效去除自由基维持细胞膜稳定。宋庆明（2009）从蚕豆中分离出具有促生保加利亚乳杆菌功能的生物肽。李艳红等（2008）利用酶解技术分离出抗氧化肽，而抗氧化肽通常具有免疫调节、降血压、降胆固醇、抗肿瘤等功能。应用蛋白质的研究还有，María等（2010）使用乙醛琼脂胶固定的碱蛋白酶对鹰嘴豆分离蛋白进行比例性的水解得到的酶解肽液，具有比原粗蛋白液更高的乳化性和起泡性及稳定性等特性（不同的水解比例条件），将来可作为乳化剂。Silvia等（2006）喂食羽扇豆分离蛋白有潜在的减肥能力，但与食用豆类因为含硫氨基酸含量低而生物效价就较低有关，表现在大鼠的肠重（以酪蛋白和乳蛋白对照）减少，肝胆固醇下降和减少高血脂症等方面。获得膳食纤维，指不易被人体消化吸收的，以多糖类为主的大分子物质的总称，由纤维素、果胶类物质、半纤维素和糖蛋白等物质组成。随着精细时代逐渐过去，现在FAO把膳食纤维列为第七大膳食营养。膳食纤维之间基本组成成分相似，而主要在各组成成分的相对含量，分子的糖苷链、聚合度以及支链结构方面不同（郑建仙，1995）。膳食纤维的分离制备有物理法、化学法、膜法和酶法等。膳食纤维虽不能被小肠内源酶分解，但可以被肠道益生菌群利用，如燕麦中β-葡聚糖是益生菌的促生因子，促进益生菌群生长，通过占位屏障效应和化学屏障效应，产生多种短链脂肪酸如丁酸等，抑制和减少有害菌群繁殖，调控人体微生态环境，具有降血脂降血压降血糖的作用。因膳食纤维难消化易引起饱感，有利现代人群减肥，因为含有许多亲水基团如羟基，糖醛酸的羟基，其良好的持水性可以增加人体排便的体积和速度，减轻肠道压力减少肠癌的发生，果胶、胶质与半乳糖体对有机物（如油脂、胆固醇、胆汁酸等）和重金属等具有吸附作用，还能吸附肠道内的内源性和外源性有毒物质，并促使它们排出体外，同时也影响肌体对食物其他营养成分如矿物质的消化吸收。膳食纤维的来源主要有米糠、麦麸、豆渣、苹果渣以及豆荚（马毓霞等，2005；郑冬梅，2005；Emiko et al，2009）。提取 γ- 氨基丁酸（GABA），GABA 具有镇静安神、抗焦虑、抗惊厥、降血压等作用。通常植物组织中 GABA 含量较低，但受到热激、盐害和低氧等逆境胁迫时，其含量提高几倍至几十倍。低氧联合盐胁迫下，发芽蚕豆中 GABA 增加 1.83 倍（陈惠，2011）。

二、蚕豆营养成分

蚕豆含有多种营养物质。

蚕豆中蛋白质含量较高，每 100g 蚕豆含有蛋白质约 21~42g，它是豆类中蛋白含量仅次于大豆的高蛋白作物。

淀粉是蚕豆籽粒中含量最丰富的一类碳水化合物，占籽粒质量的 40%~50%，其中直链淀粉含量高，占淀粉总量的 37%~47%。

粗纤维含量达 8%~10%，大部分存在于种皮中。据报道，蚕豆膳食纤维中可溶性部分与不溶性部分比例比较均衡，可有效地降低血糖及血清胆固醇，促进肠道蠕动。

蚕豆中富含硫氨素、核黄素和尼克酸。硫胺素、核黄素含量均高于禾谷类或某些动物食品，被视为维生素 B_1 的最佳来源。

蚕豆中 Ca、P、Fe、Zn 等矿物质的含量较高，Na 含量低，是人体矿物元素的重要来源。蚕豆中的 Ca，有利于骨骼对 Ca 的吸收与钙化，能促进人体骨骼的生长发育。

蚕豆含有丰富的磷脂和胆碱，具有增强记忆力的健脑作用，因此适当进食蚕豆对脑力工作者有一定的益处。

蚕豆中脂肪含量较低（1.5%），主要脂肪酸为亚油酸、亚麻酸、油酸及软脂酸，其不饱和脂肪酸含量高于饱和脂肪酸，比动物脂和乳脂要好。

蚕豆籽粒中存在多种抗营养成分，如蚕豆种皮含有单宁，植物血细胞凝集素，蛋白酶抑制剂，植酸，致甲状腺肿素等，这些成分在一定程度上影响了蚕豆食品的普及，使得蚕豆蛋白质的生物价低于动物性蛋白。人食用蚕豆后，由于体内缺乏分解棉子糖等低聚糖的酶，易产生胀气等症状。但是食用之前的去皮、浸泡、蒸煮、发芽和发酵等处理，基本可以完全抑制或去除这些不利因素，提高蚕豆的营养价值。

豌豆籽粒由种皮、子叶和胚芽构成。子叶中含有丰富的蛋白质，含有丰富的色氨酸和赖氨酸，是优良的碳水化合物（占干籽粒营养成分总量的 89%）、B 族维生素、叶酸、矿物质的营养来源。胚芽中营养物质在籽粒中所占比例极小。种皮中水溶性和非水溶性膳食纤维含量高，Ca、P 的含量丰富。鲜嫩的茎稍、豆荚、青豆是备受欢迎的淡季蔬菜（崔再兴，2010）。F.Roy 等（2010）报道研究发现膳食中如有较高比例的豌豆食物，可以有效降低结肠癌，Ⅱ型糖尿病、高血脂以及心脏病等疾病的发病率。

三、蚕豆的生理功能

（一）保健功能

蚕豆中维生素和矿物质的含量较高，富含硫氨素、核黄素和尼克酸。其中硫胺素及核黄素含量均高于禾谷类或某些动物食品，被视为维生素 B_1 的最佳来源。而发芽籽粒中维生素 C 含量丰富，可作为一年四季的常备蔬菜，膳食中摄入维生素 C 可以延缓动脉硬化。Ca、P、Fe、Zn 等矿物质的含量较高、Na 含量低，是人体矿物元素的重要来源。Ca、Zn、Fe 的等具有调节大脑和神经组织的重要作用，同是含有丰富的胆碱，具有增强记忆力的作用。因此适当进食蚕豆对脑力工作者有一定的功效。

（二）药食同源

籽粒中含有香豆素、生物碱等生理活性物质，具有清热解毒及抗炎等多种药理作用。在古书《神农本草经》中就有小豆药用的记载，另外许多豆类的根、茎、叶、花和果也均可入药，具有重要的药用价值。

蚕豆籽粒中存在多种抗营养成分。如蚕豆种皮含有单宁，巢菜碱苷。其他诸如植物血细胞凝集素、蛋白酶抑制剂、植酸、致甲状腺肿素等，不仅干扰营养成分的吸收，也降低了蚕豆的营养价值，加之内部结构的影响，蚕豆蛋白质生物价低于动物性蛋白。人体内没有相应的分解水苏糖、棉子糖等低聚糖的酶，易使人产生胃肠胀气。这些成分在一定程度上影响了蚕豆食品的普及。但是食用之前的去皮、浸泡、蒸煮、发酵、发芽等方法处理，基本可以完全抑制或去除这些不利因素、提高营养价值。随着工业发展及许多新产品的出现，低聚糖作为功能性甜味剂、植酸作为天然抗氧化剂开始应用于食品工业，植物血细胞凝集素也用于医学临床上配合其他药物进行肿瘤治疗和医学诊断，显示出其应用价值。

四、蚕豆淀粉

（一）蚕豆淀粉的理化特性

淀粉的功能性质决定了他们的应用。功能性质关键有面粉糊性质（淀粉乳加入后形成的高粘性）、形成凝胶的性质和冻融特性。由于其功能性质还不是非常了解，食品工业中应用很少。普遍的共识是需要更多的研究以便了解、改进蚕豆的功能性质，应用于食品。工业。

蚕豆淀粉显示了单一阶段的有限膨胀和低的溶解度。这表示淀粉组分间强烈的束缚力。在某一特定温度下才可以解离而不同于玉米等淀粉那样在很宽的温度范围下都可以解离。分子间强烈的束缚反映的是淀粉颗粒内部组分之间排列的高度有序性，接近于平行结构，因此相互作用力强烈，氢键也强烈。90℃时的溶解度为 8%~25%。在某一特定的温度范围内（60~90℃），这二者会随着温度急剧上升。这主要是由于结晶结构的解散，使得淀粉分子链之间螺旋结构和卷曲结构的转变。结晶结构转变的抵消了氢键束缚力，使得溶胀势和溶解度上升。物理或化学改性的淀粉对这二者均会产生影响。100℃处理16h然后缓慢连续的干燥至21℃，或者1%的淀粉乳在60~95℃之间处理30min，然后冷却再冷冻脱水后发现，95℃显示了高的溶胀势和低的溶解度。主要的原因是淀粉颗粒结构的变形和直链淀粉过度逸出。磷酸盐氧化交联的蚕豆淀粉，溶胀度变小，溶胀势变小。

淀粉在过量水中热处理，淀粉颗粒内的组分排列将会经历一个有序到无序的转变，称为糊化，这一转变的温度随不同的淀粉而有所不同。这一过程伴随着水分进入淀粉颗粒。淀粉颗粒溶解、膨胀，加热，结晶结构消失，分子间的束缚力减小，水分子进一步渗透，直链淀粉分子逸出。研究淀粉糊化性质的仪器方法很多，黏度计和差示扫描量热仪比较常用。通过这些可以知道糊化温度范围，糊化焙变，水分含量对糊化的影响等。天然淀粉的半结晶结构是许多研究者的兴趣所在。不同的仪器和方法，测得的结果有时有一定的差别，一方面是设备本身的原因，测定原理或设计的不一致，另一方面水分含量可能是一个不可忽视的原因。用乙酸改性的淀粉的糊化温度下降但是糊化温度范围变宽了124-zsl。95℃持续60min时，天然淀粉的薪度持续上升。

蚕豆淀粉的水结合力低于小扁豆淀粉的水结合力，但比豌豆淀粉和普通菜豆淀粉高。糊化温度为64~74℃。95℃时没有表现出束缚力。用磷的氯氧化物生产蚕豆的交联淀粉，结果显示水结合力、溶胀势、α-酶解消化性以及95℃的黏性都降低了，但是糊化温度、回生度等都升高了。发达国家中蚕豆多是被作为动物饲料，亚非一些落后国家和地区多是作为一种主要的蛋白质食物消费。近来，法国、英国等很多发达国家开始重视蚕豆的功效，食用部分的比例开始增加。蚕豆以初级加工为主，传统的蒸煮食品，罐头速冻产品，与其他蔬菜、畜产制品配合。制作的菜肴，分离淀粉制备粉丝，发芽生产豆芽，发酵制品，休闲油炸食品，豆沙，分离浓缩蛋白与淀粉等。

（二）蚕豆淀粉的提取

从蚕豆籽粒中分离淀粉比较困难。是由于不溶蛋白和细纤维的存在使得淀粉不容易沉降和分离，而且极容易使淀粉色泽变暗。食用豆类淀粉的分离目前一般有三种方法：碱提取、风选和湿磨分离法。Reichertand Yoimgs给出了湿磨和风选方法，然后再水洗除去吸附在淀粉上的蛋白质，最后得到含有大约0.25%蛋白质的水洗淀粉。

中国传统的分离食用豆类淀粉特别是制备生产优质粉丝用的淀粉的方法是酸浆法，酸。浆法中最主要的一点是利用其中发酵产生的乳酸菌的凝沉作用。除了传统的生产粉丝，用淀粉的酸浆分离法外，淀粉分离主要有两种方法。一是水洗分离淀粉的方法，如马铃薯和甘薯等；另一种是采用经过亚硫酸、碱液等浸泡处理后水洗获得淀粉的方法，比如玉米淀粉的制备。碱提取法是目前食用豆类淀粉常用的分离方法，一般用的浸泡剂都是氢氧化钠溶液。但是采用pH值为9的NaOH溶液浸泡时，蚕豆粉很容易发生严重结团现象，黏度显著升高，淀粉大部分被浪费，得率明显降低。

五、蚕豆蛋白质

世界范围的蚕豆栽培品种的蛋白质含量范围为20.3%~41%，平均为27.6%，是目前继大豆蛋白，油料作物蛋白之后，豆类作物中蛋白质含量排名第四高的种类。但各国过去常常作为鸡、猪、鱼类饲料使用（宗绪晓，1993；Jezierny，2010）。

（一）蚕豆蛋白质的组成

蚕豆子叶中存有主要的储存蛋白质，由清蛋白、球蛋白、谷蛋白、醇溶蛋白组成，分别是9.6%、65.6%、5.8%和0.5%（傅翠真等，1991）。根据FAO/WHO标准，蚕豆蛋白含有丰富的赖氨酸、亮氨酸、苯丙氨酸和酪氨酸，除含硫氨基酸（第一限制性氨基酸其生理价为58）及少数品种的色氨酸含量偏低外，可称为全价蛋白质。常用禾谷类和薯类互补提高含硫氨基酸含量，增加蛋白质效价到83。蚕豆蛋白质的另一个优点是生产成本低、经济效益高。因此，蚕豆是一种优质蛋白的主要来源。在国外，蚕豆蛋白质已被广泛用作咖啡增白剂、肉制品填充剂及化妆品添加剂等（李雪琴，2002）。

（二）蚕豆蛋白质的性质和功能

国内外对于蚕豆蛋白的功能特性研究，主要是其溶解性、吸水性、吸油性、乳化性、起泡性和凝胶性。如李雪琴等对蚕豆蛋白的溶解性、吸水性、吸油性、乳化性及乳化稳定性、起泡性、凝胶性等功能特性进行了研究。结果表明，蚕豆蛋白的吸油性、乳化稳定性和起泡性优于大豆蛋白，吸水性、乳化性较差，最小凝胶浓度与大豆蛋白相同。K. O. Adebowale等研究了花生、洋刀豆和虎爪豆的功能特性，包括溶解性、乳化性和乳化稳定性、凝胶性及其影响因素。

1. 蚕豆蛋白质的溶解性 蛋白质的溶解性是蛋白质最重要的一个功能特性。蛋白质的其他功能特性如乳化性、起泡性、凝胶性等都与其溶解性有关。在控制加工温度的条件下，蛋白质的溶解性与溶液的pH值、温度、离子强度等有着密切的关系。蛋白质的溶解性常用蛋白质分散度指数（PDI）来表示。

2. 蚕豆蛋白质的吸水性和吸油性 吸水性是指蛋白质充分吸水后，经离心分离，蛋白质中残留的水分含量。蛋白质的吸水能力源于蛋白质分子表面的极性基团与极性水分子具有的亲和性，蛋白质分子表面的极性基团越多，则吸水性越强。另外，蛋白质的吸水性还受溶液pH值、温度、离子强度等的影响。吸油性是指蛋白质对油脂的吸附能力，吸油性与蛋白质的种类、外界温度、加工方法有关，而且也和油脂的成分和性质有关。蚕豆蛋白质分子的疏水基团越多，其吸油性越强。资料显示，蚕豆蛋白分子的乳化能力不如大豆蛋白，可能是由于其亲水基和疏水基的比例对油水体系形成乳化液的贡献较小。但蚕豆蛋白乳化稳定性比大豆蛋白要强，这可能与蚕豆蛋白具有更加稳定的球状结构有关。

3. 蚕豆蛋白质的乳化性 蛋白质分子同时含有亲水性和亲油性基团。在油水混合液中可以扩散到油水界面形成油水乳化液，蛋白质促使油和水形成乳化液并保持乳化液稳定的能力即为蛋白质的乳化特性。乳化稳定性是指油水乳状液保持稳定的能力。乳化性通常用乳化活性指数及乳化稳定性来表示。研究表明，豆类蛋白质的乳化性在等电点附近最低，远离等电点时，其乳化性较强，可用作食品工业中良好的乳化剂。

4. 蚕豆蛋白质的起泡性　起泡性是蛋白质搅打起泡的能力，泡沫稳定性是指泡沫保持稳定的能力。蛋白质的起泡性与泡沫稳定性与 pH 值、离子强度、浓度、热处理、蛋白质的改性及蛋白质的种类有着密切的关系。蚕豆蛋白质分子具有两亲结构，在分散液中表现出较强的界面活性，具有一定程度的降低界面张力的作用。当受到急速的机械搅拌时，大量的气体混入其中，形成相当量的水—空气界面，蚕豆蛋白分子吸附到这些界面上来，降低界面张力，促进界面形成。同时由于蚕豆蛋白质的部分肽链在界面伸展开来，并通过肽链间的相互作用，形成一个二维保护网络，使界面膜得以加强，这样就促进了泡沫的形成与稳定。蛋白质的起泡性在很大程度上取决于蛋白的溶解性。蚕豆蛋白比大豆蛋白起泡能力强，说明在相同的溶液 pH 值为 7.0 时，蚕豆蛋白的溶解性优于大豆蛋白。

5. 蚕豆蛋白质的凝胶性　豆类蛋白质分散于水中形成溶胶体，蛋白质分子相互聚集，排斥力和吸引力处于平衡状态，使得蛋白质分子可以保持大量分子的高度有序的三维网状结构。如果吸引力大于排斥力，即分子间疏水相互作用加强，并形成二硫键，最终形成中间留有空隙的立体网状结构，这便是凝胶态。如果排斥力大于吸引力，则难以形成网状结构。最小凝胶浓度通常作为衡量食品蛋白质凝胶强弱的指标，最小凝胶浓度越低，表明蛋白质凝胶性越强。凝胶过程是一个动态过程，它受到多种因素的影响，包括外界环境的影响，如加热温度、pH、离子强度等。研究表明，只有达到一定的加热温度，大豆球蛋白才可以充分变性，形成二硫键和疏水相互作用共同维持的较为稳定的凝胶。pH 的变化会影响蛋白质分子的离子化作用和静电荷的数量，打破蛋白质分子的吸引力和排斥力的平衡，从而影响到蛋白质分子与水形成凝胶的过程。再者，加入盐离子，如钠离子和钙离子也可以促进蛋白质凝胶的形成。添加麦芽糖、乳糖、蔗糖和淀粉也可以增加豆类蛋白质的凝胶性。除此之外，蛋白质的凝胶形成性还受到蛋白质自身组成和结构的影响，如 J.I.Boye 和 Papalamprou 的研究都得出同样的结果，即超滤提取的蛋白质比等电点沉淀得到的蛋白质的凝胶性要强。这可能是由于超滤得到的豆类蛋白质分子量较大，且其中含有其他非蛋白类物质，有利于凝胶的形成，说明提取工艺对蛋白质的凝胶性也有很重要的影响。由于豆类蛋白质的凝胶网状结构可以吸附水分、脂肪和风味物质，因此它被广泛用于肉制品和乳制品中，这不仅大大提高了其蛋白质含量、改善口感及持水性、同时增加产品的热稳定性和风味。

另外，对蚕豆蛋白质的性质研究，还包括其表蚕豆蛋白质的水解研究。虽然蚕豆蛋白质的含量丰富，但是其中因含有抗营养成分，如蛋白酶抑制剂、植酸、凝集素，使其蛋白质的消费量受到极大限制。而经过酶解后，得到的小分子多肽就可以被人体吸收。近几年的研究也表明，小肽比完全解离的氨基酸更易、更快地被机体吸收利用。同时，豆类蛋白水解后，它的功能特性也得到很大改善。研究表明，1%~10% 的有限水解对于提高蛋白质的功能特性很有帮助。因为蛋白质的功能特性控制着它在制备、处理、储存和消费中的表现。人们提出很多改进蛋白质功能特性的方法，包括化学和酶法改性。酶法改性比化学改性的效果要好，因为它的作用条件温和、效率高、形成的副产物少。所以，研究酶解法制备豆类多肽，对于应用含丰富蛋白质的豆类来说意义重大。

（三）蚕豆蛋白质的用途

生成的蚕豆蛋白多肽可广泛应用于食品行业。在肉制品和乳制品中添加蚕豆蛋白及蛋白肽，可以增加其吸湿性和保湿性，改善产品口感，易于人体消化吸收。长期饮用含有豆类蛋白肽的乳品，可以增强机体免疫力，润肠通便，降低胆固醇，调节血脂和血糖。中国对豆类肽的研究起步较晚，主要集中于大豆肽的研究与产品开发中，对蚕豆肽的研究仍处于初级阶段。Hellersteinm 等的研究表明，大豆蛋白质经蛋白酶水解后，生成的多种低分子肽混合物，通常由 3~6 个氨基酸组成，其中必需氨基酸平衡良好、含量丰富，具有低黏度、良好的稳定性、保湿性等理化特性和控制体重、降血压、降血脂、抗癌等生理活性及保健功能。但是，随着人们健康意识的增强及对豆类蛋白肽的营养特性及功能特性认识的深入，开发蚕豆蛋白及蛋白肽深加工产品，具有广阔的市场前景。中国是蚕豆生产大国，但不是蚕豆利用强国。蚕豆蛋白质可广泛应用于肉制品、乳制品、面制品等食品领域，提高食品的营养价值、产品质量和企业的经济效益。

（四）蚕豆蛋白质的提取

目前，国外对于豌豆、小扁豆、鹰嘴豆等杂豆类的蛋白质分离提取方法主要有干法分离和湿法分离两种。干法分离是指利用破碎的杂豆中的蛋白质与淀粉等成分的密度、电荷等特性不同、利用机械的方法进行物理分离；而湿法分离是指破碎后的杂豆粉分散于一定 pH 的水中，利用蛋白质溶解于水、而淀粉不溶解于水的特性将蛋白质与淀粉等成分分离。目前国内广泛使用碱溶—酸沉的方法对豆类蛋白质进行提取分离，在碱性条件下分离提取豆类蛋白质的提取率较高。但是在碱性条件蛋白质容易变性，影响蛋白质的食用品质，且碱溶—酸沉法需要使用大量的酸碱，产生的废水难以处理。

研究报道提取豆类蛋白的方法有碱溶—酸沉法、盐提法、超滤法等，以及其他的超声波辅助提取等。

碱溶—酸沉法是蚕豆蛋白的传统提取方法。即将蚕豆粉加碱溶解，离心取上清液，用 HCL 调节上清液的 pH 值至蛋白的等电点，得到的沉淀经过干燥即为蚕豆蛋白。这种方法利用的是蚕豆蛋白在碱性 pH 值时溶解性较高，而在酸性 pH 值，尤其是其等电点附近时，溶解性较低的原理进行的。国内外学者对这种方法进行了大量的研究，如赵东海等用不同的酸和碱控制 pH 分别为 3.0 和 9.0 提取蚕豆蛋白。结果表明：用碱提取率可达 68% 以上，且由于 NaOH 碱性较强，反应剧烈，易造成蛋白质沉淀，$Ca(OH)_2$ 的提取效果比 NaOH 要好，并最终确定了用 $Ca(OH)_2$ 提取蛋白质的最佳工艺参数。周怡采用碱溶—酸沉工艺提取豌豆蛋白，并研究了浸提 pH 值、固液比、浸提温度、浸提时间对蛋白质提取率的影响，并就这四个因素进行了提取条件的优化。Chakraborty 等在 pH8.5 时提取蚕豆蛋白，然后在 pH4.5 沉淀蛋白，可以得到较高的蛋白提取率。

盐提法是利用了蚕豆蛋白质的蛋白质组成主要为清蛋白和球蛋白，而低浓度的 NaCl 溶液既可以溶解清蛋白，又可以溶解球蛋白的特性进行的。如 EleousaA. Makri 等利用 2%NaCl 盐提法得到的四季豆蛋白。

以超声波进行辅助提取，利于蛋白质的制备，可以克服水提法时间长、效率低等缺点。黄群等在蚕豆粉粒度 60 目，料液比（g：mL）1：12，40℃条件下，超声提取 10min，pH4.0 酸沉分离蚕豆蛋白，提取率可以达到 75.78%（g/g）。白小佳等将制备好的蚕豆粉，按照 1：12 的料液比溶于蒸馏水中，调节 pH 到 8.0，超声提取 20min，离心取上清液，调节 pH 到 4.2，得到沉淀，冷冻干燥 24h 后，即可获得蚕豆蛋白。

也有许多学者进行超滤等方法提取豆类蛋白的研究。如周大寨等的研究表明，用超滤分离法提取芸豆蛋白质，可以在压力差 0.3MPa、泵功率 20%、料液浓度 4%、料液 pH10.0 的条件下，经过四次超滤，得到纯度稳定在 85% 左右的蛋白质。李宝艳等通过对超滤法制备豌豆蛋白的研究，确定了膜分离的最佳温度、压力、pH 值分别为：45℃、0.8MPa、pH8.0，并对膜系统清洗方法进行了探讨。他们认为，膜分离技术，尤其是超滤膜分离技术是 21 世纪最有发展前途的一项重大生产技术，广泛用于制药、食品等领域。Vose 的研究结果显示，使用超滤提取蚕豆和红豌豆中的蛋白，可以分别得到 94.1% 和 89.4% 的提取率，影响超滤效率的因素有膜的类型、蛋白分子量、体积浓度和超滤条件，由此可见，选择合适分子量限制的膜至关重要。

蚕豆蛋白质提取工艺流程新鲜蚕豆→清理除杂→去皮→粉碎→碱水浸提→过滤→清液→加 HCl 调 pH 至等电点→过滤→沉淀→烘干→蚕豆蛋白质产品

（五）蚕豆蛋白质的利用

在国内，蚕豆主要用作蔬菜、饲料。对于蚕豆的深加工和综合利用还处于起步阶段，加工主要以初级加工为主，包括传统的蒸煮食品、豆芽、发酵制品、休闲油炸食品等，而大部分蚕豆用于生产粉丝，这仅仅利用了其中 55% 左右的淀粉，而蚕豆中 27% 左右的蛋白质却被混入粉丝废水中被排掉。这样，宝贵的蛋白质资源不仅得不到充分利用，反而对环境造成严重污染。因此，大规模的生产蚕豆蛋白质可进一步打开其在食品工业中的应用，使得蚕豆蛋白质成为功能性蛋白质的良好经济来源。

蚕豆是世界重要的豆类作物之一，具有食用、饲用、肥用和药用价值。蚕豆具有丰富的蛋白质，其蛋白质含量是水稻的 4.6 倍，小麦的近 3 倍，故蚕豆是人类重要的植物蛋白来源。蚕豆种子中的蛋白质氨基酸种类全，包括人类不能合成的 8 种必需氨基酸（亮氨酸、赖氨酸、苯丙氨酸、异亮氨酸、缬氨酸、苏氨酸、蛋氨酸、色氨酸），除色氨酸和蛋氨酸含量稍低外，其他 6 种含量都高。蚕豆中淀粉含量为 48%~62%，膳食纤维为 3.1%，Ca、P、Zn、Se 等矿物质含量高于其他许多豆类。蚕豆在中国种植广泛，产量高，并含有丰富的淀粉、蛋白质、脂肪及氨基酸等物质，是中国农作物中的主导作物，也是中国重要的粮食作物，具有较高的经济价值和食用价值。

蚕豆的饲用价值也非常高，蚕豆籽粒可提供优质的蛋白成分，可作为优质饲料中的主要蛋白来源之一。蚕豆秸秆和豆荚以及叶片中，蛋白含量可达 6.0%~17.6%，均可用作为家畜的饲料。

另外，蚕豆收获后其植株可变废为宝，循环利用，由于蚕豆茎叶的含 N 量高、鲜草量大、容易腐烂，且成本低，故常被人用作经济、环保、廉价、高效的绿肥。

而从中医角度看，蚕豆还是重要的药材，具有较高的药用价值。蚕豆籽粒含有两种糖苷嘧啶（Pyrimidineglucoside）即巢菜碱苷和伴蚕豆嘧啶，另外还含有磷脂、胆碱、植物凝集素、胰蛋白凝集素和胰凝乳蛋白酶抑制素。蚕豆籽粒可用于健脾、利湿、去水肿等。蚕豆叶含山梨酚 –3– 葡萄糖苷 –7– 鼠李糖苷、D– 甘油酸、5– 甲酰四氯叶酸、叶绿醌、游离氨基酸。可治肺结核咯血、消化道出血、外伤出血。蚕豆花具有降压、止带、止血之功效，可治咯血、吐血以及其他热病出血。蚕豆衣含 –[3–（ –D– 吡喃葡糖氧基）–4– 羟苯基]–L– 丙氨酸、L– 络氨酸、多巴，有利尿渗湿之功效可用于治疗水肿、脚气、小便不通。蚕豆荚可治尿血、咯血、消化道出血、外伤出血。近年研究表明，蚕豆中所含的单宁、植酸、凝集素、蛋白酶抑制剂如果大量摄入将会影响人体对蛋白质和矿物质的吸收，而这些抗营养因子又具有一定的抑菌、抗氧化、抗肿瘤、降血糖、降血脂等生理功能，适量摄入可预防和控制慢性疾病，有利于人体健康。蚕豆中所含有的左旋多巴（L–Dopa）成分，是人体内合成的甲肾上腺素和多巴胺的前体之一，是抗震颤麻痹药，可用于帕金森氏病的治疗。

六、蚕豆的综合利用和加工

（一）粮用

作为“小杂粮”，与其他粮食作物合理搭配，发挥人体营养平衡的作用。

（二）菜用

我国蚕豆生产在国内的加工领域可分为两大类：一是对鲜籽粒产品用作鲜销蔬菜的加工，已进入了标准化、工厂化加工程序，产供销体系相对健全，技术含量高；另一类是干籽粒加工，属于利用传统的加工技术进行地方特色产品的加工。近年来，加工工艺、加工设备及包装有了较大改进，但产品类型较少，如酱菜、小食品、淀粉等，少部分干籽粒作为加工型饲料或直接用作饲料消费。

（三）食品加工

蚕豆鲜籽粒加工生产和贸易极具优势。根据蚕豆不同的产区特点，研制开发的鲜籽粒蚕豆系列产品诸多，产品数量、品质、类型可满足市场的不同需求。同时，较多的加工研发资金投入，给蚕豆鲜籽粒加工产业注入了活力，使产业得到了迅速发展。

近年来，由于蚕豆饲用量的增加和蚕豆食品的保健作用越来越受到人们的重视，国内干籽粒蚕豆需求量不断增加，干籽粒交易量的70%都用作食品加工。如“蚕豆罐头”“油炸青皮休闲蚕豆”“香酥蚕豆”等，均受到不同消费人群的喜爱和推崇。今后，随着加工技术和营销方式的改进，优质蚕豆的市场占有份额和消费层会更加扩大和延伸。

伴随蚕豆加工业的快速发展，使蚕豆产业的加工领域呈多样化、多元化发展态势。干籽粒蚕豆的加工产品如休闲食品、保健食品、方便食品的研制和开发使干籽粒蚕豆的市场需求量逐年增长。同时，菜用型蚕豆青荚和鲜粒蚕豆速冻产品在经济发达地区销售旺盛，年需求量已远远超过对干籽粒蚕豆的需求。青海是发展蚕豆青荚和鲜粒加工产品的良好场所，具有独特的生产季节优势。在南方蔬菜供应偏紧的炎热夏季，正是鲜粒蚕豆和青荚成熟上市之时。特别是鲜粒速冻蚕豆加工方便，耐贮藏，使货架期和食用周期延长，深受消费者喜爱，市场前景非常看好。

蚕豆除食用和食品加工外，蚕豆淀粉和蚕豆蛋白质有多方面的开发和综合利用途径。

本章参考文献

白春花．蚕豆套种蓖麻高产高效栽培技术．作物杂志，2002（2）：32-33．

白应国，罗贤力，冯家富．蚕豆栽培上施用不同肥料的效果．农技服务，2007，24（7）：41．

鲍思伟．水分胁迫对蚕豆叶片渗透调节能力的影响．浙江师大学报（自然科学版），2001，24（2）：198-201．

鲍思伟，谈锋，廖志华．蚕豆对不同水分胁迫的光合适应性研究．西南师范大学学报（自然科学版），2001，26（4）：448-451．

鲍思伟．水分胁迫对蚕豆（Vici fab L.）光合作用及产量的影响．西南民族学院学报（自然科学版），2001，27（4）：446-449．

鲍思伟，齐国名，王颖君，等．叶面施硼对蚕豆膜脂过氧化作用及膜保护系统的影响．云南民族大学学报（自然科学版），2005，31（3）：396-398．

曹伟勤，陈士平，潘丽铭，等．复合肥在蚕豆上的应用效果．浙江农业科学，2003（3）：130-131．

陈国琛．蚕豆经济有效的施肥试验研究．云南农业科技，2004（6）：13-14．

陈华，郑晨华，李爱萍，等．春化时间对蚕豆幼苗若干生理生化指标的影响．福建农业学报，2012，27（8）：869-873．

陈来生．春小麦与蚕豆间作高产高效种植技术．甘肃农业科技，2003（12）：15-16．

陈清霞．稻—稻—蚕豆高产栽培模式．福建稻麦科技，2004（6）：20．

陈文龙，顾丁，柳琼友，等 . 蚕豆斑潜蝇与天敌复合系统生态学研究 . 贵州农业科学，2007，35（1）：48-50.

陈旭微，章艺 .4℃冷藏和 4℃胁迫对蚕豆和绿豆 SOD 活性的影响 . 种子，2004，23（3）：24-26.

陈永卫 . 青蚕豆间作芋艿高效种植模式 . 上海蔬菜，2007（2）：62-63.

崔学祯，赵月兰，马跃平 . 临夏州蚕豆生态气候适生种植研究 . 甘肃农业科技，2002（5）：5-7.

戴智春，张利龙，沈翠燕 . 稻茬后蚕豆移栽高产栽培技术 . 上海农业科技，2006（5）：120-121.

丁林，成自勇，郭松年，等 . 调亏灌溉对蚕豆产量和水分利用效率的影响 . 甘肃农业大学学报，2007，42（4）：123-126.

董玉明，张建明 . 施用硼、钼对蚕豆生长发育及产量的影响 . 安徽农业科学，2003，31（1）：152-153.

方唯微，马永焕，丘相国，等 . 蚕豆蛋白质的营养价值及其综合利用的研究 . 南昌大学学报，1994，16（2）：11-13.

房增国，赵秀芬，孙建好，等 . 接种根瘤菌对蚕豆 / 玉米间作系统产量及结瘤作用的影响 . 土壤学报，2009，46（5）：887-893.

冯成玉，于宝富，唐进，等 . 不同蚕豆品种的生长发育与产量结构 . 杂粮作物，2005，25（5）：319-321.

高小华 . 福建东南沿海稻后蚕豆栽培技术 . 中国土壤与肥料，2006（6）：62-63.

郭石生 . 生物有机肥在蚕豆上的应用效果研究 . 现代农业科技，2013（13）：95，97.

郭兴莲 . 青海蚕豆地方品种资源的生态类型与地理分布 . 杂粮作物，2007，27（2）：95-96.

郝桂霞，周文山 . 浅山地区蚕豆马铃薯带田栽培技术及增产效益浅析 . 青海农林科技，1998（1）：12-14.

何临平 . 青藏高原边坡区蚕豆生态气候及适生种植区划研究 . 甘肃农业，2005（1）：89.

何贤彪，周翠，杨祥田 . 密度与群体配置对蚕豆产量的影响 . 浙江农业科学，2010（4）：721-723.

黄侠敏，吴应福 . 老铁防除蚕豆、豌豆田杂草的效果 . 杂草科学，2006（3）：50-51，52.

姜秀清 . 专用肥在蚕豆上的应用效果初报 . 现代农业科技，2007（24）：120-122.

焦健，李朝周，黄高宝 . 乙烯产生抑制剂对高温胁迫下蚕豆幼苗叶片的保护作用 . 植物生态学报，2006，30（3）：465-471.

金桓先 . 蚕豆栽培技术 .1986，北京：农业出版社 .

孔庆新，张蓉蓉 . 蚕豆壳保健饮品的开发研究 . 食品研究与开发，2008，29（1）：71-73.

雷朝亮，宗良炳，吴肇玉 . 蚕豆田节肢类群落特征的初步研究 . 动物学报，1989，35（3）：318-327.

雷宏军，朱端卫，刘鑫，等 . 施用石灰对酸性土壤上蚕豆生长的影响 . 华中农业大学学报，2003，22（1）：35-39.

李淑敏，李隆，张福锁 . 丛枝菌根真菌和根瘤菌对蚕豆吸收磷和氮的促进作用 . 中国农业大学学报，2004，9（1）：11-15.

李树清，倪喜云，黄克军，等 . 无公害反季节蚕豆栽培技术 . 农业环境与发展，2004（1）：9，11.

李雪琴，苗笑亮，裘爱泳 . 蚕豆蛋白的提取分离及相对分子质量的测定 . 无锡轻工大学学报，2003，22（6）：71-74.

李燕宏，洪健，谢礼，等 . 蚕豆萎蔫病毒 2 号分离物侵染对蚕豆叶片光合活性和叶绿体超微结构的影响 . 植物生理与分子生物学学报，2006，32（4）：490-496.

李迎春 . 蚕豆的机械化生产技术及效益分析 . 农业开发与装备，2014（6）：94.

李勇杰，陈远学，汤利，等 . 不同根系分隔方式对间作蚕豆养分吸收和斑潜蝇发生的影响 . 植物保护科学，2006，22（10）：288-292.

李永清，王玉珍，邓玉芳 . 临夏高寒阴湿区蚕豆 / 马铃薯复合种植适宜密度试验研究 . 甘肃农业科技，2002（9）：8-9.

李玉顺，杨正林，石玉林，等 . 地膜栽培蚕豆品种试验初报 . 贵州农业科学，2004，32（3）：60-61.

刘霞 . 磁场对蚕豆种子根生长和细胞分裂的影响 . 天津师范大学学报（自然科学版），2001，21（1）：61-63.

刘霞 . Na_2CO_3 胁迫对蚕豆幼苗几种生理生化指标的影响 . 枣庄学院学报，2008，25（2）：98-101.

刘霞 . 碱胁迫对蚕豆幼苗叶片质膜和光合性能的影响 . 北方园艺，2010（14）：31-33.

刘新成，李秋祯，王轶，等 . 磁场对蚕豆种子根生长和细胞分裂的影响 . 天津师范大学学报（自然科学版），2001，21（1）：61-63.

刘亚丽 . 甲醇和抗坏血酸对蚕豆衰老的影响 . 安徽农业科学，2006，34（4）：620-621.

刘洋 . 春蚕豆试管苗炼苗和移栽技术研究 . 青海大学学报（自然科学版），2004，22（3）：57-58，61.

刘玉皎 . 青海蚕豆地方品种资源的生态性与地理分布 . 青海农林科技，2007（1）：47-48，53.

刘玉皎，李萍，张小田，等 . 蚕豆百粒重遗传变异及改良研究 . 青海农林科技，2007（3）：1-2，7.

刘玉皎 . 青海蚕豆种质资源形态多样性分析 . 植物遗传资源学报，2008，9（1）：79-83.

路敏琦，李俊，姜昕，等 . 我国蚕豆根瘤菌的多样性和系统发育研究 . 应用与环境生物学报，2007，13（1）：73-77.

骆平西，张思竹，陈雪梅 . 蚕豆种质资源抗锈病鉴定研究 . 作物品种资源，1991（4）：32-33.

马长莲 . 蚕豆套种胡萝卜种植技术 . 青海农技推广，2005（1）：53.

马建列，白海燕，康晓慧 . 西昌市蚕豆病害调查及防治对策 . 杂粮作物，2002，22（4）：237-238.

马镜娣，汪凯华，王学军，等 . 播期和密度对大粒蚕豆产量及其他性状的影响 . 江苏农业科学，2001（6）：18-19.

马镜娣，庞邦传，王学军，等 . 江苏省蚕豆种质量鉴定和评价利用 . 南京农专学报，2002，18（2）：13-16.

庞雯，杨示英，蔡庆生，等 . 蚕豆品种资源试种鉴定结果分析 . 广西农业科学，2002（4）：177-179.

庞雯，杨示英，宗绪晓，等 . 广西原产和外引蚕豆种质资源鉴定评价 . 植物遗传资源科学，2002，3（4）：39-43.

强继业 . 阳光对蚕豆吸收磷素营养的影响 . 河南师范大学学报（自然科学版），2002，3（3）：120-122.

任红旭，陈雄，吴冬秀 . CO_2 浓度升高对干旱胁迫下蚕豆光合作用和抗氧化能力的影响 . 作物学报，2001，27（6）：729-736.

石建斌，侯万伟，刘玉皎，等 . 青海不同生态环境下蚕豆蛋白亚基差异性研究 . 江西农业大学学报，2011，33（6）：1 056-1 061.

时丽冉，曹永胜 . 盐胁迫对蚕豆植株光合性能和渗透调节能力的影响 . 杂粮作物，2008，28（5）：312-315.

宋元林 . 特种蔬菜栽培 . 2001，北京：科学技术文献出版社 .

孙梅菊 . 临潭县干旱区地膜蚕豆不同覆膜播种方式试验初报 . 甘肃农业科技，2001，（4）：23.

谭洪卓，田晓红，刘明，等 . 20 种蚕豆淀粉物理特性、糊化回生特性与粉丝品质的关系 . 食品与生物技术学报，2010，29（2）：230-236.

汪丹媚，高群玉，黄立新 . 蚕豆淀粉的性质研究 . 食品科技，2004（9）：4-7.

王宏炜，史亚琪，黄峰，等 . $HgCl_2$ 短时处理对蚕豆叶片光合作用的效应 . 作物学报，2008，34（1）：157-162.

王海飞，关建平，马钰，等 . 中国蚕豆种质资源 ISSR 标记遗传多样性分析 . 作物学报，2011，37（4）：595-602.

王海飞，关建平，孙雪莲，等 . 世界蚕豆种质资源遗传多样性和相似性的 ISSR 分析 . 中国农业科学，2011，44（5）：1 056-1 062.

王俊珍 . 胡麻混种蚕豆套种玉米、大豆高产栽培技术 . 甘肃农业科技，2002（1）：37.

王开峰，廖柏寒，刘红，等 . 模拟酸雨和 Zn 复合污染对蚕豆生长及其生理生化特性的影响 . 环境科学学报，2005，25（2）：203-207.

王利华，吴万昌，施永军，等 . 蚕豆田草害综合治理的研究 . 上海农业科技，2005（5）：104.

王鹏云，曾艳，李万春，等 . 蚕豆生长发育的温度指标分析 . 气象，2008，34（5）：94-100.

王平生，何正英，唐黎葵，等 . 春蚕豆根瘤菌生长动态及施肥增产效应研究 . 甘肃农业科技，2001（3）：36-37.

王清湖，敬岩，张慧，等 . 接种根瘤菌和施磷肥对蚕豆共生固氮及产量的影响 . 甘肃科学学报，1996，8（4）：16-19.

王有毅，岳淑兰，丁书川，等 . 半干旱二阴区双垄全膜覆盖马铃薯套种蚕豆栽培技术 . 甘肃农业科技，2007（12）：41-42.

韦立秀，朱麟，杨振德，等．蚕豆叶片气孔对甲醛污染的反应研究．安徽农业科学，2008，36（18）：7 570–7 571.

魏兰芳，董艳，汤利，等．小麦蚕豆间作条件下不同施氮量对作物根际微生物数量的影响．云南农业大学学报，2008，23（3）：368–374.

巫朝福，张先炼，吴淑琴．蚕豆花芽分化的研究．内蒙古农业科技，1994（3）：1–3.

吴春芳，姜永平，徐泉方，等．蚕豆对改善居民营养的作用．中国食物与营养，2006（12）：51–53.

吴云，李宗澧，杨剑虹．壳聚糖处理对不同紫色土壤种植下蚕豆共生固氮影响的研究．天然产物研究与开发，2005，17（4）：418–423.

夏明忠．不同蚕豆品种对光照时间的反应．种子，1988（2）：28–30.

夏明忠．遮光对蚕豆花荚形成和脱落的影响．植物生态学与地植物学学报，1989，13（2）：171–179.

夏明忠．水分亏缺对蚕豆光合特性影响的初步研究．植物生态学与地植物学学报，1990，14（3）：281–286.

夏明忠．遮荫对蚕豆产量及根瘤生长的影响．西南农业学报，1997，10（1）：53–59.

夏明忠．蚕豆抗营养因子研究．西昌学院学报（自然科学版），2005，19（2）：1–5.

夏明忠．蚕豆生理生态学，2003，成都：四川大学出版社．

夏明忠，华劲松．不同生态区蚕豆品种的光合特性研究．西昌学院学报（自然科学版），2005，19（4）：1–4.

肖靖秀，郑毅，汤利，等．小麦蚕豆间作系统中的氮钾营养对小麦锈病发生的影响．云南农业大学学报，2005，20（5）：640–645.

肖靖秀，周桂凤，汤利，等．小麦 / 蚕豆间作条件下小麦的氮、钾营养对小麦白粉病的影响．植物营养与肥料学报，2006，12（4）：517–522.

肖焱波，李隆，张福锁．小麦 / 蚕豆间作体系中的种间相互作用及氮转移研究．中国农业科学，2005，38（5）：965–973.

肖焱波，段宗颜，金航，等．小麦 / 蚕豆间作体系中的氮节约效应及产量优势．植物营养与肥料学报，2007，13（2）：267–271.

肖焱波，郭涛，魏朝富，等．不同轮作方式下蚕豆节约氮对玉米产量的影响．中国农学通报，2008，24（6）：186–189.

肖占文．河西走廊冷凉灌区春蚕豆播期与密度试验研究．耕作与栽培，2003（2）：25，34.

谢礼，刘文洪，洪健，等．复合侵染的蚕豆黄花叶病病原诊断．电子显微学报，2006，25（2）：168–171.

徐东旭，高运青，尚启兵．不同施肥处理对蚕豆主要农艺性状的影响．河北农业科学，2008，12（1）：67–68.

徐晶明，黄梅卿．果园绿肥蚕豆的栽培与利用．中国农技推广，2002（2）：50.

许建平，徐瑞国，施振云，等．水稻—绿肥（蚕豆）轮作减少氮化肥用量研究．上海农业学报，2004，20（4）：86-89.

杨彩红，柴强.间甲酚对不同供水条件下小麦蚕豆的化感作用.农业现代化研究，2007，28（5）：614-617.

杨和团，杨家贵.保山透心绿蚕豆地膜覆盖栽培试验研究初报.云南农业科技，2005（2）：17.

杨家贵，杨和团，赵毕昆，等.旱地秋播蚕豆覆膜高产栽培技术.作物杂志，2006（4）：62.

姚玉璧，邓振镛，王毅荣，等.甘肃省蚕豆气候生态条件及适生种植区划研究.干旱气象，2005，23（1）：58-62.

叶文伟，章根儿，李汉美，等.施肥时间对冬蚕豆产量与品质的影响.浙江农业科学，2012（1）：59-60.

游修龄.蚕豆的起源和传播问题.自然科学史研究，1993（2）：116-173.

张恩和，张新慧，王惠珍.不同基因型春豌豆对磷胁迫的适应性反应.生态学报，2004，24（8）：1 589-1 593.

张谷丰，张夕林，吴国祥，等.广灭灵防除蚕豆田杂草应用技术研究.上海农业科技，2002，（4）：88-89.

张怀之，黄静珍.蚕豆抗低温冷害栽培技术探讨.云南农业科技，1997（1）：12-13.

张夕林，张谷丰，孙雪梅，等.40%丙广乳油防除蚕豆田杂草的效果评价.现代农药，2002（6）：36-37.

张亚丽，陈占全.春蚕豆钾肥用量研究.高效施肥，2010（1）：17-19.

郑殿升，方嘉禾.高品质小杂粮作物品种及栽培.北京：中国农业出版社，2001.

郑卓杰，中国食用豆类学.北京：中国农业出版社，1997.

周照留，赵平，汤利，等.小麦蚕豆间作对作物根系活力、蚕豆根瘤生长的影响.云南农业大学学报，2007，22（5）：665-671.

作者分工

前言……………………………………………………………………………………邢宝龙

第一章

第一节……………………………邢宝龙，王桂梅，晋凡生，张耀文，冯　高

第二节……………………………邢宝龙，殷丽丽，晋凡生，张耀文，冯　高

第二章

第一节………………………………………………………………井　苗，王彩兰

第二节………………………………………………………………王　孟，张　芳

第三节………………………………………………………………王　斌，马永安

第四节………………………………………………………………王　孟，马永安

第五节………………………………………………………………王　斌，张　芳

第六节………………………………………………………………井　苗，王彩兰

第三章

第一节………………………………………刘小进，王金明，殷　霞，王根义

第二节………………………………………王金明，杨　霞，封　伟，徐万岗

第三节………………………………………刘小进，谭爱萍，刘延军，杜红梅

第四节………………………………………封　伟，王金明，殷　霞，刘安玲

第五节………………………………………殷　霞，封　伟，杨　霞，刘延军

第六节………………………………………谭爱萍，刘小进，刘安玲，李海涛

第四章

第一节………………………………………………………………王桂梅，邢宝龙

第二节………………………………………………………………王桂梅，邢宝龙

第三节……刘支平，杨　芳，冯　钰
第四节……王桂梅，邢宝龙
第五节……刘支平，杨　芳，冯　钰
第六节……王桂梅，邢宝龙

第五章

第一节……殷丽丽，邢宝龙
第二节……殷丽丽，邢宝龙
第三节……殷丽丽，邢宝龙
第四节……刘　飞
第五节……张旭丽
第六节……殷丽丽，邢宝龙，马　涛

第六章

第一节……王梅春
第二节……王梅春
第三节……肖　贵，王梅春，墨金萍
第四节……肖　贵，王梅春，墨金萍
第五节……连荣芳
第六节……连荣芳

第七章

第一节……杨晓明
第二节……杨晓明，殷丽丽
第三节……王梅春，杨晓明
第四节……杨晓明
第五节……杨晓明，殷丽丽，王桂梅
第六节……杨晓明

全书统稿……曹广才